高等学校电子信息类教材

新一代信息通信技术新兴领域"十四五"高等教育系列教材

通信抗干扰工程与实践

（第3版）

Communication Anti-jamming Engineering and Practice, 3rd Edition

姚富强　著

電子工業出版社

Publishing House of Electronics Industry

北京 • BEIJING

内 容 简 介

基于作者在通信抗干扰领域的研究成果和实践经验，本书较为系统地阐述了通信抗干扰工程与实践中有关经典和前瞻性内容。全书共15章，经典内容主要有通信抗干扰基本概念、基本理论、典型技术体制，跳频、直扩、跳码、差分跳频通信工程与实践，快速高精度位同步，典型通信装备和无线通信网络抗干扰，跳频通信战场管控，通信抗干扰评估和作战运用等，发展了扩谱通信抗干扰理论和技术；前瞻性内容主要有全数字发信机、无线通信内生抗干扰、盲源分离通信抗干扰等，提出了通信抗干扰的一些新理论、新概念、新方法与新技术。

本书通俗易懂，循序渐进，力求实用，形成了理论与实际相结合、技术与战术相结合、经典内容与前瞻性内容相结合等自身特色，适用于本领域高年级本科生、研究生以及科研人员、科研管理人员、教学人员、装备检验人员、通信技术干部和指挥人员等。

本书可为读者提供以下帮助：厘清、完善和修正有关通信抗干扰的基本概念，设计和分析通信抗干扰波形，明确通信抗干扰共用技术的实现途径，检验和运用通信抗干扰装备，评估通信装备抗干扰作战效能，了解通信抗干扰技术前沿动态等。

图书在版编目（CIP）数据

通信抗干扰工程与实践 / 姚富强著. -- 3版.
北京 : 电子工业出版社, 2025. 1. --（高等学校电子信息类教材）. -- ISBN 978-7-121-49848-0

Ⅰ. TN975

中国国家版本馆CIP数据核字第2025KJ6313号

责任编辑：钱维扬　张来盛
印　　刷：三河市鑫金马印装有限公司
装　　订：三河市鑫金马印装有限公司
出版发行：电子工业出版社
　　　　　北京市海淀区万寿路173信箱　邮编：100036
开　　本：787×1 092　1/16　印张：29　字数：780千字
版　　次：2008年12月第1版
　　　　　2025年1月第3版
印　　次：2025年1月第1次印刷
定　　价：168.00元

凡购买电子工业出版社的图书有缺损问题，请向购买书店调换。若书店售缺，请与本社发行部联系。联系及邮购电话：（010）88254888，88258888。

质量投诉请发邮件至zlts@phei.com.cn，盗版侵权举报请发邮件至dbqq@phei.com.cn。

本书咨询联系方式：（010）88254459；qianwy@phei.com.cn。

前　言

通信抗干扰是电磁空间重要的无形战斗力，是军用无线通信的刚性要求。2017 年美国国防部高级研究计划局（DARPA）评出 13 项赢得作战优势的突破性军事技术，通信抗干扰位列第四。

影响通信系统性能的干扰可简单地分为内部干扰（Interference）和外部干扰（Jamming）。解决内部干扰的途径一般归类为电磁兼容问题；外部干扰主要有人为恶意干扰、人为无意干扰、工业干扰和自然干扰等，抗外部干扰（Anti-jamming）是本书的主要研究内容。目前，人为恶意干扰同时向大功率压制性干扰和低功率智能干扰等方向发展，强功率电磁攻击也已成为现实威胁。很多场合的民用通信也需要采取相应的抗干扰措施。

本书旨在总结作者及其团队长期在本领域技术研究、工程实践和研究生指导中的主要体会。本书先后于 2008 年和 2012 年出版了第 1 版和第 2 版，回答或解决了读者在科研、试验和使用中遇到的不少问题与困惑，自出版以来得到广大读者的关注和厚爱，被一些高校和科研机构列为研究生教材和工具书，对推动本领域的科技进步和研究生培养发挥了积极作用。同时，有关专家对其可读性、理论性、系统性、实用性以及深度与广度等都给予了充分肯定，并提出一些建设性的改进意见。所有这些，都让作者感到非常欣慰。

为更好地适应技术进步和形势发展，现出版第 3 版。与第 2 版相比，第 3 版的修改幅度较大，主要包括：对第 1 章～第 11 章和原第 14 章（调整为第 12 章）进行了修改完善；删除了不太适合于形势发展的有关内容（原第 12 章、原第 13 章、原第 15 章）；作为前瞻性内容，增加了全数字发信机（第 13 章）、无线通信内生抗干扰（第 14 章）和盲源分离通信抗干扰（第 15 章）等内容。各章之间既有一定的联系，又具有相对独立性，读者可根据需要选读或通读。具体编排如下：

第 1 章　通信抗干扰概述。重点分析通信抗干扰应用需求，阐述通信抗干扰主要内容及其扩展、通信抗干扰技术体制定义和分类、有关基本概念及其相互之间关系等。本章内容有助于理解通信抗干扰的作用、地位和研究范围，为通读本书提供知识储备。

第 2 章　通信干扰与抗干扰基本理论及其局限性和价值。重点总结常规通信干扰基本理论和常规扩谱通信抗干扰基本理论要点，分析常规最佳通信干扰理论与常规扩谱通信抗干扰理论的局限性和价值。本章内容有助于掌握通信抗干扰基础知识，以便明确和理解通信抗干扰设计的努力方向。

第 3 章　跳频通信工程与实践。重点讨论常规跳频通信的基本原理、基本概念、关键技术、增效措施和适用范围等一系列工程与实践问题。本章内容有助于理解和分析跳频通信装备在科研和使用中出现的现象及问题，为掌握和发展跳频通信提供支撑。

第 4 章　直扩通信工程与实践。重点讨论常规直扩通信的基本原理、基本概念、关键技术、增效措施和适用范围等一系列工程与实践问题。本章内容有助于理解和分析直扩通信装备在科研和使用中出现的现象及问题，为掌握和发展直扩通信提供支撑。

第 5 章 跳码通信工程与实践。重点提出一种预编码跳码直扩体制，并讨论跳码通信的基本原理、关键技术、性能分析以及跳码的扩展体制等问题。本章内容有助于推动跳码直扩技术体制的发展和开拓新的应用范围，为进一步提高直扩通信系统性能提供支撑。

第 6 章 差分跳频通信工程与实践。重点讨论和完善一种新型跳频扩谱体制——差分跳频通信的基本原理、G 函数算法、误码扩散、频率检测方法和抗干扰能力等问题。本章的讨论有助于理解差分跳频新体制、新技术，为发展短波高速跳频通信提供借鉴。

第 7 章 快速高精度位同步技术与实践。重点提出和讨论一种通信抗干扰共性技术——快速高精度位同步技术，阐述其应用需求和设计原理，分析其性能，给出实验结果。本章的讨论有助于理解和推广这种共性技术，为完善通信抗干扰系统设计提供支撑。

第 8 章 典型通信装备抗干扰技术体制与实践。重点讨论典型通信装备的基本抗干扰技术体制及其与工作频段、装备形式和战术使用等因素的关系。本章内容有助于理解通信抗干扰技术体制的适用性和边界条件，为选择通信抗干扰技术体制提供参考。

第 9 章 无线通信网络抗干扰基础与实践。重点讨论无线通信网络抗干扰的基本概念和应用需求，研究跳频电台组网的基本原理、基本性能以及典型抗干扰网系运用机理和方法等。本章的讨论有助于区别网络抗干扰与链路抗干扰，为实现通信抗干扰网系运用奠定基础。

第 10 章 跳频通信战场管控工程与实践。重点讨论和分析跳频通信战场管控的需求，研究跳频通信战场管控体制及其实施过程和对跳频信号的影响等。本章的讨论有助于理解跳频通信使用的特殊性，为更好发挥跳频通信作战效能奠定基础。

第 11 章 通信抗干扰评估方法与实践。重点讨论通信抗干扰评估指标体系以及设备级（系统级）通信抗干扰评估方法和通信对抗演习效果的评估方法。本章的讨论有助于理解通信抗干扰评估的基本方法及其特殊性，为实施通信抗干扰性能和效果评估奠定基础。

第 12 章 通信电磁进攻与电磁防御作战运用。重点讨论通信攻防双方作战策略、作战程序、电磁欺骗和复杂电磁环境下通信抗干扰训练等通信电磁战作战运用的一般性问题。本章的讨论有助于理解该领域的战技结合和人机结合，为遂行无线通信抗干扰作战行动奠定基础。

第 13 章 全数字发信机技术与实践。作为前瞻性内容之一，本章重点讨论全数字发信机射频可重构和基础性能提升的基本机理，提出全数字发信机一种新的设计方法和下一步发展重点。本章的讨论有助于理解和推广应用这项新技术，为应对智能干扰威胁提供技术支撑。

第 14 章 无线通信内生抗干扰理论与技术。作为前瞻性内容之二，本章重点讨论无线通信内生抗干扰的应用需求，提出“N+1 维”内生通信抗干扰的基本构想、关键技术和下一步发展重点。本章的讨论有助于了解通信抗干扰科学思维方法，为应对未知干扰威胁寻求新突破。

第 15 章 盲源分离通信抗干扰技术与实践。作为前瞻性内容之三，本章重点讨论盲源分离通信抗干扰的应用需求，提出多通道、单通道盲源分离通信抗干扰关键技术和下一步发展重点。本章的讨论有助于推动由硬抗向容扰转变，为应对宽频段压制性干扰威胁寻求新突破。

至于自适应抗干扰和智能抗干扰的关系，作者认为，主要是智能化程度有所不同，两者之间没有明显的界限，后者是前者的高级阶段，且智能抗干扰还未形成相对完整的理论和技术体系。所以，自适应抗干扰和智能抗干扰有待进一步研究和完善，不足以单独成章，本书只在相应章节中涉及其部分内容。

综上所述，随着电磁空间攻防博弈水平的不断提高，通信抗干扰的内涵大大扩展了，不仅要研究单装链路层次的抗干扰问题，还要研究无线网络甚至网系层次的抗干扰和反侦察、抗截获、作战运用等问题，已从传统的狭义抗干扰发展到广义抗干扰——多维空间的通信电磁防御。所以，本书中的通信抗干扰是广义的，实质上是指通信电磁防御，只是习惯上仍维持“通信抗干扰”的称谓。

本书通俗易懂，循序渐进，力求实用，发展了扩谱通信抗干扰理论和技术，提出了通信抗干扰的一些新理论、新概念、新方法与新技术，多数来自工程实践和切身体会，较好地体现了理论与实际相结合、技术与战术相结合、经典内容与前瞻性内容相结合等自身特色，覆盖了短波、超短波和微波等多种通信频段，形成了较完整的通信抗干扰技术体系。

作者之所以能在通信抗干扰领域取得一些研究成果，得益于导师的指导、前辈的引领、单位的培养，以及上级机关、合作单位和众多院士、专家的指导与帮助，作者团队的成员和研究生等也给予了诸多支持与协助。在本书的出版过程中，得到国防科技大学机关、电子科学学院、第六十三研究所以及电子工业出版社等的大力支持；第 13、14、15 章是在相关论文的基础上改写而成的，论文的合作者给予了大力帮助；相关同事和学生在书稿校对中纠正了不少文字和符号错误。另外，书中引用了部分合作论文、国内外有关学者和团队成员的部分研究结论。在此一并表示深深的感谢！

没有无坚不摧的矛，也没有牢不可破的盾，通信干扰和通信抗干扰作为一对“矛盾”的双方，是永恒的发展课题。希望广大读者和同人继续关注通信抗干扰的发展，欢迎提出意见建议和开展合作研究，不断提升我国通信抗干扰理论和技术水平。

由于作者水平有限，尽管作了较多修改，本书难免还存在缺点和错误，恳请广大读者和同人批评指正。谢谢！

作　者

2024 年 8 月

目　录

第 1 章　通信抗干扰概述 ······ 1

1.1　通信抗干扰应用需求分析 ······ 1

1.1.1　军用通信的基本构成 ······ 1

1.1.2　军用通信与民用通信的根本区别 ······ 1

1.1.3　通信抗干扰的作用和地位 ······ 2

1.2　军用通信抗干扰覆盖范围的扩展 ······ 3

1.2.1　军用通信抗干扰装备范围的扩展 ······ 3

1.2.2　军用通信抗干扰空间范围的扩展 ······ 5

1.3　通信抗干扰技术体制的定义 ······ 6

1.3.1　通信抗干扰技术体制的已有定义 ······ 6

1.3.2　完善的通信抗干扰技术体制定义 ······ 7

1.4　通信抗干扰技术体制的分类 ······ 7

1.4.1　扩谱通信抗干扰技术体制 ······ 8

1.4.2　非扩谱通信抗干扰技术体制 ······ 8

1.4.3　多种通信抗干扰措施之间的关系 ······ 9

1.5　通信抗干扰技术体制选择及相关概念 ······ 9

1.5.1　通信抗干扰技术体制选择的原则 ······ 9

1.5.2　几个基本概念及其相互之间的关系 ······ 11

本章小结 ······ 13

参考文献 ······ 13

第 2 章　通信干扰与抗干扰基本理论及其局限性和价值 ······ 16

2.1　通信干扰的基本理论 ······ 16

2.1.1　常规最佳通信干扰理论 ······ 16

2.1.2　两种信号体积的较量 ······ 17

2.2　常规最佳通信干扰理论的局限性 ······ 17

2.3　常规最佳通信干扰理论的价值 ······ 18

2.4　扩谱通信抗干扰的基本理论 ······ 18

2.4.1　香农公式及其工程意义 ······ 19

2.4.2　处理增益及其工程意义 ······ 21

2.4.3　干扰容限及其工程意义 ······ 22

2.5　常规扩谱通信抗干扰理论的局限性 ······ 24

2.6　常规扩谱通信抗干扰理论的价值 ······ 25

本章小结 ······ 26

参考文献 ······ 26

第 3 章　跳频通信工程与实践 ······ 28

3.1　跳频通信基本知识 ······ 28

3.1.1　跳频通信基本原理 ······ 28

3.1.2　单路跳频信号特征 ······ 29

3.1.3　跳频通信工程有关基本概念 ······ 30

3.2　跳频处理增益算法修正 ······ 43

3.2.1　跳频处理增益已有定义存在的问题 ······ 43

3.2.2　跳频处理增益算法修正及其统一描述 ······ 45

3.3　跳频处理增益对系统能力的影响 ······ 46

3.3.1　跳频处理增益对抗阻塞干扰能力的影响 ······ 46

3.3.2　跳频处理增益对抗跟踪干扰能力的影响 ······ 47

3.3.3　跳频处理增益对组网能力的影响 ······ 48

3.3.4　跳频处理增益对反侦察性能的影响 ······ 48

3.4　跳频图案的性能分析与检验 ······ 49

3.4.1　跳频图案复杂度分析 ······ 49

3.4.2　跳频图案的均匀性和随机性检验 ······ 51

3.5　跳频信号损伤及其估算 ······ 53

3.5.1　跳频信号损伤的产生原因分析 ······ 53

3.5.2　跳频信号损伤比的理论估算 ······ 55

3.5.3　跳频信号损伤比的工程测量 ······ 57

3.6　自适应跳频 ······ 57

3.6.1　阻塞干扰的特性与弱点分析 ······ 57

3.6.2　自适应跳频的含义及作用 ······ 58

3.6.3　频率自适应跳频技术 ······ 59

3.6.4　频率自适应跳频性能分析 ······ 62

3.7　跳频通信主要干扰威胁 ······ 68

3.7.1　跟踪干扰 ······ 68

3.7.2　阻塞干扰 ······ 70

3.7.3　其他干扰 ······ 72

3.8　跳频通信抗干扰增效措施 ······ 73

3.8.1　抗跟踪干扰增效措施 ······ 73

3.8.2　抗阻塞干扰增效措施 ······ 74

3.8.3　抗多径干扰增效措施 ······ 77

3.8.4　有关共用增效措施 ······ 77

3.8.5　跳频通信增效措施小结 ······ 81

3.9　跳频体制的特点及适用范围 ······ 82

3.9.1　常规跳频体制的特点及适用范围 ······ 82

3.9.2　改进型跳频体制的特点及适用范围 ······ 85

本章小结 ······ 85

参考文献 86

第 4 章　直扩通信工程与实践 90

4.1　直扩通信基本知识 90

4.1.1　直扩通信基本原理 90

4.1.2　单路直扩信号特征 91

4.1.3　直扩通信工程有关基本概念 93

4.2　直扩处理增益算法修正 100

4.2.1　直扩处理增益已有定义存在的问题 100

4.2.2　直扩处理增益算法修正分析 100

4.3　直扩处理增益对系统能力的影响 102

4.3.1　直扩处理增益对抗干扰能力的影响 102

4.3.2　直扩处理增益对组网能力的影响 103

4.3.3　直扩处理增益对反侦察能力的影响 103

4.4　直扩编码和译码 104

4.4.1　直扩编码与纠错编码的异同点 104

4.4.2　直扩编码方式 105

4.4.3　多进制直扩编码和译码的实现 106

4.5　直扩相关峰衰落概率分布 107

4.5.1　“直扩死区”及其出现的概率 107

4.5.2　相关峰衰落概率分布密度 109

4.6　直扩多径分集及其实现 113

4.6.1　多径分集的基本概念 113

4.6.2　一种简化的直扩多径分集方案 113

4.6.3　直扩多径分集的效果 115

4.7　直扩伪码优选 116

4.7.1　直扩伪码优选的数学模型描述 116

4.7.2　基于 0-1 规划的直扩伪码优选算法 119

4.7.3　计算机搜索 122

4.8　直扩通信的主要干扰威胁 122

4.8.1　非相关干扰 122

4.8.2　相关干扰 123

4.8.3　其他干扰 124

4.9　直扩通信抗干扰增效措施 124

4.9.1　抗非相关干扰增效措施 125

4.9.2　抗相关干扰增效措施 126

4.9.3　抗多径干扰增效措施 127

4.9.4　有关共用增效措施 127

4.9.5　直扩增效措施小结 129

4.10 直扩体制的特点及适用范围 …… 129
4.10.1 常规直扩体制的特点及适用范围 …… 129
4.10.2 改进型直扩体制的特点及适用范围 …… 132
本章小结 …… 133
参考文献 …… 134
第 5 章 跳码通信工程与实践 …… 137
5.1 跳码通信基本知识 …… 137
5.1.1 跳码通信研究的意义 …… 137
5.1.2 跳码通信基本类型 …… 138
5.1.3 跳码通信基本原理 …… 139
5.2 跳码通信关键技术 …… 144
5.2.1 跳码合成技术 …… 144
5.2.2 跳码图案产生技术 …… 145
5.2.3 跳码同步技术 …… 147
5.2.4 跳码速率的选择 …… 151
5.3 跳码通信体制的扩展 …… 151
5.3.1 跳码/跳频通信体制和系统原理 …… 152
5.3.2 跳码/跳时通信体制和系统原理 …… 152
5.4 跳码通信性能分析 …… 153
5.4.1 跳码通信基本性能 …… 153
5.4.2 跳码通信抗干扰性能 …… 155
5.4.3 跳码通信反侦察性能 …… 162
5.5 跳码通信指标体系 …… 165
本章小结 …… 167
参考文献 …… 167
第 6 章 差分跳频通信工程与实践 …… 169
6.1 差分跳频基本知识 …… 169
6.1.1 差分跳频通信基本原理 …… 169
6.1.2 差分跳频信号帧结构 …… 170
6.1.3 差分跳频体制的特点 …… 171
6.2 短波差分跳频最高跳速分析 …… 173
6.2.1 短波差分跳频跳速的制约因素 …… 173
6.2.2 短波天波信道群时延对跳速的影响 …… 174
6.3 差分跳频 G 函数算法 …… 176
6.3.1 线性 G 函数算法及其性能检验 …… 176
6.3.2 一种改进型 G 函数算法及其性能检验 …… 181
6.4 差分跳频通信中的误码扩散及其校正 …… 183
6.4.1 误码扩散的形成及类型 …… 183

6.4.2 无误码扩散差分跳频映射的构造 …… 184
6.5 短波差分跳频信号的频率检测方法 …… 185
6.5.1 影响短波差分跳频信号频率检测的因素 …… 185
6.5.2 基于 STFT 的频率检测方法 …… 186
6.5.3 基于 STFT 与 G 函数相结合的频率检测方法 …… 188
6.5.4 基于小波分析的频率检测方法 …… 191
6.5.5 基于修正周期图的频率检测方法 …… 192
6.5.6 基于 Viterbi 译码算法的频率检测方法 …… 196
6.6 差分跳频通信抗干扰能力 …… 198
6.6.1 抗阻塞干扰能力 …… 198
6.6.2 抗跟踪干扰能力 …… 198
6.6.3 抗多径干扰能力 …… 199
本章小结 …… 199
参考文献 …… 200
第 7 章 快速高精度位同步技术与实践 …… 202
7.1 位同步的作用机理 …… 202
7.2 常规位同步技术及其存在的问题 …… 202
7.3 一种新型快速位同步技术方案 …… 206
7.3.1 设计思想 …… 206
7.3.2 快速捕获问题 …… 206
7.3.3 环路滤波问题 …… 209
7.3.4 环路切换问题 …… 210
7.4 位同步性能分析 …… 211
7.4.1 基带脉冲的相位抖动 …… 211
7.4.2 一阶环性能分析 …… 212
7.4.3 二阶环性能分析 …… 214
7.4.4 自动切换电路性能分析 …… 220
7.4.5 自动变阶数字锁相环整体性能 …… 222
本章小结 …… 223
参考文献 …… 223
第 8 章 典型通信装备抗干扰技术体制与实践 …… 225
8.1 典型扩谱体制的抗干扰性能比较 …… 225
8.1.1 对典型扩谱体制的几点认识 …… 225
8.1.2 典型扩谱体制特性的综合比较 …… 226
8.1.3 典型多址方式及其与抗干扰的关系 …… 227
8.2 短波通信及其抗干扰体制 …… 231
8.2.1 短波通信的战术使用特点 …… 231
8.2.2 短波通信的发展及需求 …… 231

8.2.3 典型短波模拟通信抗干扰体制及其关键技术 …… 233
8.2.4 典型短波数字通信抗干扰体制及其关键技术 …… 236
8.2.5 短波跳频非对称跳频频率表技术 …… 243
8.3 超短波通信及其抗干扰体制 …… 245
8.3.1 超短波通信的战术使用特点 …… 245
8.3.2 超短波通信的发展及需求 …… 245
8.3.3 典型超短波通信抗干扰体制及其关键技术 …… 247
8.4 微波通信及其抗干扰体制 …… 253
8.4.1 微波接力通信的战术使用特点 …… 254
8.4.2 微波接力通信的发展及需求 …… 254
8.4.3 典型微波接力通信抗干扰体制及其关键技术 …… 257
8.5 末端通信及其抗干扰体制 …… 266
8.5.1 末端通信的战术使用特点 …… 266
8.5.2 末端通信的发展及需求 …… 266
8.5.3 典型末端通信抗干扰体制及其关键技术 …… 267
本章小结 …… 269
参考文献 …… 269

第 9 章 无线通信网络抗干扰基础与实践 …… 273

9.1 通信网络抗干扰的基本知识 …… 273
9.1.1 通信网络抗干扰的基本概念 …… 273
9.1.2 通信网络抗干扰应用的需求 …… 274
9.1.3 通信网络抗干扰的研究内容 …… 275
9.2 跳频组网方式及其性能分析 …… 277
9.2.1 跳频组网方式分类及存在的问题 …… 278
9.2.2 跳频同步组网及其性能分析 …… 278
9.2.3 跳频异步组网及其性能分析 …… 282
9.2.4 跳频正交组网与跳频非正交组网 …… 284
9.2.5 几种组网方式之间的关系 …… 285
9.3 跳频电台有效反侦察组网与运用 …… 285
9.3.1 跳频电台反侦察组网的意义 …… 285
9.3.2 跳频网分选概率与跟踪干扰概率 …… 286
9.3.3 跳频电台有效反侦察组网数量 …… 288
9.3.4 高密度跳频异步组网方法及性能分析 …… 290
9.4 跳频电台的组网状态及其转换 …… 294
9.4.1 组网状态及其划分 …… 294
9.4.2 典型组网状态的转换及其条件 …… 295
9.5 跳频电台协同互通及其运用 …… 296
9.5.1 跳频电台的定频互通 …… 296

9.5.2 跳频电台的跳频互通 …… 297
9.6 干扰椭圆分析及其运用 …… 297
9.6.1 干扰椭圆及其意义 …… 297
9.6.2 干扰椭圆的形成机理 …… 298
9.6.3 干扰椭圆的特点分析 …… 298
9.6.4 干扰椭圆的运用 …… 300
9.6.5 干扰椭圆与差分跳频的关系 …… 301
9.7 短波通信组网及其运用 …… 302
9.7.1 对短波通信组网能力的要求 …… 302
9.7.2 短波通信组网的复杂性 …… 302
9.7.3 短波通信网的网络结构 …… 303
9.7.4 短波通信网的协同点及其分布 …… 304
9.7.5 短波跳频组网运用 …… 305
9.8 战术电台互联网及其运用 …… 306
9.8.1 战术电台互联网与战术互联网的关系 …… 307
9.8.2 战术电台互联网及其组网要求 …… 307
9.8.3 战术电台互联网的基本组网形式 …… 308
9.9 微波接力机组网及其运用 …… 309
9.9.1 微波接力机与野战地域通信网的关系 …… 309
9.9.2 微波接力机组网要求 …… 310
9.9.3 微波跳频接力机组网 …… 311
9.9.4 微波直扩接力机组网 …… 314
9.10 跳码通信组网及其运用 …… 314
9.10.1 跳码同步组网 …… 314
9.10.2 跳码异步组网 …… 315
9.11 差分跳频组网及其运用 …… 316
9.11.1 差分跳频组网参数种类分析 …… 316
9.11.2 差分跳频同步组网特性分析 …… 317
9.11.3 差分跳频异步组网特性分析 …… 320
本章小结 …… 324
参考文献 …… 324
第 10 章 跳频通信战场管控工程与实践 …… 327
10.1 跳频通信战场管控的需求 …… 327
10.1.1 海湾战争的教训及原因分析 …… 327
10.1.2 跳频通信设备使用特点分析 …… 328
10.1.3 跳频通信战场管控目的 …… 329
10.2 跳频通信战场管控体制 …… 331
10.2.1 统一跳频通信战场管控体制 …… 331

10.2.2 战场电磁频谱管控 …… 332
10.2.3 跳频通信设备管控 …… 332
10.2.4 跳频通信参数管控 …… 333
10.2.5 几种管控之间的关系 …… 333
10.2.6 跳频参数的种类和内涵 …… 334
10.3 跳频通信战场管控运用 …… 336
10.3.1 管控要素及基本步骤 …… 336
10.3.2 无缝管控的需求及原理 …… 336
10.3.3 远程管控的需求及原理 …… 337
10.3.4 实时管控的需求及原理 …… 338
10.3.5 短波跳频参数管控的特殊问题 …… 339
10.4 跳频通信管控对跳频信号特征的影响 …… 340
10.4.1 对跳频信号频域特征的影响 …… 340
10.4.2 对跳频信号时域特征的影响 …… 340
10.4.3 对跳频信号空间域特征的影响 …… 341
10.4.4 对跳频信号网域特征的影响 …… 341
本章小结 …… 341
参考文献 …… 342
第 11 章 通信抗干扰评估方法与实践 …… 343
11.1 通信抗干扰评估的基本知识 …… 343
11.1.1 评估的基本概念 …… 343
11.1.2 评估方法分类 …… 343
11.2 通信抗干扰评估指标体系 …… 344
11.2.1 层次分析法原理 …… 344
11.2.2 通信抗干扰评估指标体系建立的原则 …… 345
11.2.3 通信抗干扰评估指标体系的内容和结构 …… 345
11.3 效能评估法 …… 349
11.3.1 基本概念 …… 349
11.3.2 评估模型及算法 …… 349
11.3.3 评估范例 …… 352
11.4 灰关联评估法 …… 352
11.4.1 基本概念 …… 352
11.4.2 评估模型及算法 …… 353
11.4.3 评估范例 …… 355
11.5 模糊综合评估法 …… 358
11.5.1 基本概念 …… 359
11.5.2 评估模型及算法 …… 359
11.5.3 评估范例 …… 361

11.6 能力指数评估法 362
11.6.1 基本概念 362
11.6.2 评估模型及算法 363
11.6.3 评估范例 364
11.7 德尔菲法 365
11.7.1 基本概念 365
11.7.2 评估模型及算法 365
11.8 通信对抗演习效果评估方法 366
11.8.1 通信对抗演习效果评估的意义 366
11.8.2 兰切斯特评估法 367
11.8.3 平均时效评估法 369
11.9 几种典型的评估方法比较 371
本章小结 372
参考文献 373

第 12 章 通信电磁进攻与电磁防御作战运用 375

12.1 常用通信干扰类型划分 375
12.1.1 通信干扰来源划分 375
12.1.2 通信干扰方式划分 375
12.1.3 通信干扰样式划分 376
12.2 通信电磁进攻作战运用 376
12.2.1 通信电磁进攻的一般作战策略 376
12.2.2 通信电磁进攻的一般作战程序 379
12.3 通信电磁防御作战运用 380
12.3.1 通信电磁防御作战运用模型 380
12.3.2 通信电磁防御一般作战策略 381
12.3.3 通信电磁防御一般战术方法 382
12.4 现代通信电磁欺骗及其运用 386
12.4.1 现代通信电磁欺骗的作用和意义 386
12.4.2 无线电佯动的一般战术方法 387
12.4.3 跳频佯动的一般战术方法 388
12.5 复杂电磁环境与通信抗干扰训练 389
12.5.1 复杂电磁环境的实质 389
12.5.2 电磁环境对无线通信的影响 390
12.5.3 复杂电磁环境下的通信抗干扰训练 390
本章小结 392
参考文献 393

第 13 章 全数字发信机技术与实践 394

13.1 研究背景 394

13.2 射频技术的发展需求……396
13.3 国内外研究进展……396
13.4 射频功放对发信机系统性能的影响……398
13.4.1 模拟射频功放主要指标相互矛盾的机理……398
13.4.2 模拟射频功放对发信机系统性能的制约……400
13.4.3 数字射频功放提高发信机系统性能的机理……400
13.5 数字射频功放及全数字发信机的基本原理……401
13.5.1 数字射频功放的基本原理……401
13.5.2 全数字发信机的基本原理……403
13.6 全数字发信机主要关键技术……403
13.6.1 宽频段直接数字射频调制技术……403
13.6.2 高效低带外无用发射的脉冲编码技术……404
13.6.3 多电平射频开关功放及其脉冲驱动技术……405
13.6.4 非线性抑制与补偿技术……405
13.6.5 射频成形滤波技术……406
13.7 下一步发展重点……406
本章小结……407
参考文献……407
第14章 无线通信内生抗干扰理论与技术……411
14.1 研究背景……411
14.2 内生通信抗干扰的内涵……412
14.2.1 内生的含义……412
14.2.2 已有典型通信抗干扰技术的统一描述……412
14.2.3 内生通信抗干扰的基本概念及统一描述……415
14.3 “*N*+1维”内生通信抗干扰构想……417
14.3.1 “*N*+1维”内生通信抗干扰方法……417
14.3.2 “信道维”内生通信抗干扰方法……419
14.4 内生通信抗干扰的关键技术……420
14.4.1 多维通信抗干扰空间构造……420
14.4.2 基于RIS的“信道维”通信抗干扰……420
14.5 下一步发展重点……421
本章小结……422
参考文献……422
第15章 盲源分离通信抗干扰技术与实践……426
15.1 研究背景……426
15.2 盲源分离通信抗干扰基本原理……427
15.3 盲源分离通信抗干扰主要关键技术……428
15.3.1 多通道盲源分离抗干扰技术……428

15.3.2 单通道盲源分离抗干扰技术 …… 432
15.4 盲源分离通信抗干扰技术的主要特点 …… 434
15.5 下一步发展重点 …… 435
本章小结 …… 436
参考文献 …… 436

缩略语 …… 441

第1章　通信抗干扰概述

本章内容属于顶层设计和基本概念研究的范畴，重点分析通信抗干扰应用需求，阐述通信抗干扰覆盖范围的扩展，通信抗干扰技术体制的定义和分类，通信抗干扰技术体制的选择以及相关的基本概念及其相互之间的关系等。本章的讨论有助于读者理解通信抗干扰的作用、地位和研究范围，为通读本书提供知识储备。

1.1　通信抗干扰应用需求分析

分析通信抗干扰的应用需求，关键在于如何认识军用通信与民用通信的根本区别以及通信抗干扰的作用和地位。

1.1.1　军用通信的基本构成

根据作战行动的等级划分，军用通信可分为战略通信、战役通信和战术通信三个层次[1-2]。其中，战略通信是指为统帅部遂行战略指挥而建立的通信，战役通信是指为战区、战役军团遂行战役指挥而建立的通信，战术通信是指为战术兵团、作战分队遂行战术指挥而建立的通信。有的场合将营以下通信称为战斗通信或单兵通信，多数场合将战斗通信归入战术通信，不再单列战斗通信。

根据通信信道的媒介划分，以上三个层次的通信都有无线通信和有线通信两种基本形式。军用有线通信多用于和平时期，作为战时备份通信手段。军用无线通信又分为固定通信（固定大功率台站之间的通信）和机动通信。其中，固定通信一般用于战略、战役通信指挥；军用机动通信主要用于机动作战指挥，包括陆地机动通信、海上机动通信和空中机动通信等，是战时指挥通信的主体，在战时恶劣条件下甚至是唯一通信手段。

根据通信频段划分，军用无线通信可分为不同频段的无线通信，如短波通信、超短波通信、微波通信等，是通用机动通信的主用频段，还有一些特种无线通信需要采用更低和更高的频段。

根据装备形式划分，军用机动通信装备又分为无线电台、接力机、卫星通信系统、散射通信系统、流星余迹通信系统和对潜通信系统等，还可根据装备平台分为可穿戴、手持、背负、车载、机载、舰载、星载等形式。

值得指出，在机械化战争时代，三个层次的通信在系统构成上相对独立[2]，通信抗干扰的重点集中于战术无线通信[3]，而战略通信、战役通信的重点在于信息保密。在联合信息化作战时代，尤其随着远程精确打击等作战样式的出现，通信抗干扰正逐步覆盖三个层次无线通信，同时三个层次的通信逐步走向融合[2]。

如果没有特别指明，本书中的军用通信均指军用无线通信，尤其是军用机动通信。

1.1.2　军用通信与民用通信的根本区别

从一般意义上讲，军用通信（或称为军事通信）与民用通信的根本区别在于军用通信必须具有顽强的战时生存能力[3]，尤其是复杂电磁环境下的生存能力。无线通信是战时的主要指挥控制手段，其生存能力主要表现在抗干扰、反侦察、抗截获和抗摧毁等方面。随着武器装备的发展、新型作战样式的出现以及诸军兵种联合作战的需要，战场打击力度和准确性显著增强，战场横向信息流迅速增加，部队机动和部署的时间大大缩短。因此，军用通信装备除了具备顽强的生存能力以外，还要具备很强的快速机动和协同互通能力。这就要求对军用通信装备的多重需求进行一体化的联合设计，以全面提高其整体电磁防御作战能力。特别是海湾战争结束后，世界各国充分认识到提高军用通信装备综合性能的重要性，纷纷投入巨资发展高性能军用通信新装备，它已成为体现国力和军队战斗力的一个新的竞赛场。

试举一个容易理解的例子：民用移动通信手机使用广泛，且在和平时期通信效果好、使用方便。经常有人会问：既然手机这么方便，为什么不给军队每人发一部手机，还要搞那么多复杂的军用通信装备呢？实际上，基于地面基站系统的民用蜂窝移动通信手机不能或很难用于战时，尤其难以用于战术机动通信，主要原因如下：

（1）现有民用手机依赖众多的地面基站等既有设施，且各基站之间主要靠光缆连接，抗毁性没有保证，战时一旦基站被摧毁，通信便无法进行；而军用无线通信要求无中心，以提高抗毁性，使用中任何属台都可以用作主台。同时，不能保证在作战地域有基站和信号覆盖。

（2）民用蜂窝移动通信体制很难做到无线电静默，因为所有地面基站及其控制系统都是不间断工作的，以保证用户在任何时间与任何人进行通信；而军用无线通信在使用中有时为了隐蔽性，必须采用无线电静默，在需要时开机即通。

（3）尽管民用手机可以跨区域漫游，但基于地面基站的民用蜂窝移动通信仍属于小区制甚至微小区制（几十米至几百米），不适应机动作战所需的陆、海、空等多维空间无中心、大区制机动组网通信。

（4）民用手机没有抗人为干扰的措施，且采用固定频率，一旦遭受干扰，通信即中断。例如，在一些会场和演习中，只要放置一部简单的手机干扰器，手机通信便立即失灵。

（5）手机信号没有加密措施，且信号单一、特征透明，容易被侦察和截获。

尽管后两个弱点可以经过技术改造予以弥补，但前三个弱点是由通信体制决定的，无法改变。然而，在没有对抗性或对抗性较弱的场合，如非战争军事行动、和平时期的日常办公以及战时的有关常规信息传输等，军队也可以使用一些民用通信设施，共享国家信息化建设资源（如卫星直联手机、有关民用通信系统等），以提高军队整体通信能力，但需要考虑和解决信息加密、军民用通信的相关接口以及民用通信设施的征用法规等问题。尽管如此，根据军队的核心作战任务，应坚持以军用通信装备为主、民用通信设备为辅的原则[4]。

作为一个常识，需要正确区分系统内部产生的干扰和来自外部的干扰。系统内部干扰一般由电路设计不当、接地不好以及系统间频率冲突等因素所致，系统内部干扰在翻译成英文时习惯上译为 Interference，解决方法一般归类为电磁兼容（Electromagnetic Compatibility，EMC）问题。系统外部干扰来源很多，主要有人为恶意干扰、人为无意干扰、自然干扰、工业干扰等；系统外部干扰在翻译成英文时习惯上译为 Jamming，应对措施为抗干扰（Anti-Jamming，AJ），通信抗干扰对应的英文为 Communication Anti-Jamming（CAJ）。若无特别提醒，本书讨论重点是抗系统外部干扰，尤其是抗人为恶意干扰。

1.1.3 通信抗干扰的作用和地位

在现代战争中，面对作战指挥和电磁空间安全[5]的重大需求，军用通信的内涵大大扩展了，主要表现在两个方面：一是从传输上升到信息服务，二是从保障上升到防御作战。随之，通信抗干扰的作用和地位不断提升，它已成为维护电磁空间安全（尤其电磁频谱可用性安全）的主要手段[6]。

在军用通信装备的众多要求中，抗干扰能力是最基本的要求。2017 年，美国国防部高级研究计划局（DAPRA）评出 13 项赢得作战优势的军事技术[7]，通信抗干扰位列第四。可见，美国对通信抗干扰的作用和地位给予了足够重视。我们清醒地看到，外军在通信侦察、通信截获、通信干扰和新概念武器等方面同步发展，技术水平和快速反应能力不断提高。尤其近些年来，军事强国新的作战理论和作战平台不断出现，其电磁进攻武器已覆盖几乎所有军用通信频段，电磁干扰同时向大功率压制性干扰和低功率智能干扰等方向发展，强功率定向能电磁攻击也已成为现实威胁，加上全时空、全天候的电磁侦察技术，形成了新的电磁进攻“软”“硬”杀伤态势（本书称之为广义干扰），使得拥有、使用和隐蔽通信电磁频谱信号变得十分困难，对防御方通信装备在未来战争中的生存形成了严重威胁，必然出现争夺制电磁频谱权的殊死斗争。可见，在现代战争条件下，通信抗干扰已从一种保障手段或战斗力的倍增器，发展到电磁空间的一种主要防御作战手段，也是一种实实在在的无形战斗力。由于电磁空间的开放性，谁都可以使用，什么样的手段都可以采用，可以“导演”出千变万化的“战争剧本”。因此，军用无线通信装备如何在开放的电磁空间中生存并发挥应有的作用，是各国军事家关心的一个重要问题。

战时任何信息的传输以及信息系统与武器平台之间的链接都离不开无线通信，因而无线通信必然成为战争双方软硬杀伤的重点目标。如果无线通信不能在恶劣的电磁空间生存，那就意味着军队的指挥信息系统在战时不能有效地运行。因此，没有通信就没有指挥，没有指挥就没有胜利，在干扰环境下，没有抗干扰一切等于零。无论是主战通信装备，还是各种平台与信息系统之间以及不同的信息系统之间的连接，都应采取相应的抗干扰手段。

另外，频谱的需求是无限的，而频谱资源是有限的，随着通信技术的发展，民用无线电用户迅速增加，使得无线电频谱越来越紧张和拥挤，不少民用无线电通信占用的频谱进入了军用频段，或军民共用相同频段，使相应频段军民用无线通信装备出现严重的互扰，在城市和郊区尤为严重。这是军用无线通信在新的历史时期需要考虑的另一个新的问题，不能说一种通信装备可以抗敌方干扰，而不能抗来自民用的干扰；或者只能在边远地区使用，而不能在城市和郊区使用。也就是说，通信装备不仅要考虑抵抗敌方的人为恶意干扰，还要考虑抗人为无意干扰、工业干扰和自然干扰等。

经过几十年的艰苦努力，国内外通信抗干扰技术和装备取得了较大的发展。但是，军用通信抗干扰是一个无止境的研究课题，涉及基础理论、技术体制、关键技术、性能评估、战场管控和作战运用等一系列问题，并随着“矛”的发展而发展。在通信对抗中，没有无坚不摧的矛，也没有牢不可破的盾。

1.2 军用通信抗干扰覆盖范围的扩展

随着战争形态和信息技术的发展，军用通信抗干扰覆盖范围大大扩展了，主要表现在装备范围扩展和空间范围扩展两个方面。

1.2.1 军用通信抗干扰装备范围的扩展

军用通信抗干扰的历史可以追溯到第一次世界大战时期，典型的战例[8]是 1914 年英、德两国在地中海发生的一场海战中的通信电子战行动，德舰向英舰发射了与英舰无线电通信频率相同的噪声干扰，而英舰多次改变通信频率企图避开干扰，从此拉开了人类历史上军用通信抗干扰的序幕。

在很长的一段时间内，军用通信主要采用战术抗干扰手段，即：利用干扰时间和频率空隙，进行手动改频、按协议换频或加大功率硬抗等。后来逐步出现了技术抗干扰手段，尤其是自20世纪六七十年代人们正式认识扩展频谱通信的概念[9]以后，加上数字通信、新型器件和自适应等现代技术的逐步应用，军用通信抗干扰技术及其装备发展迅速，迄今已基本完成以下五个方面的转变[4, 10-13]：

（1）由模拟通信抗干扰，发展到数字通信抗干扰。所谓模拟通信和数字通信，是针对信道而言的，分别对应于信道中传输的是模拟信号和数字信号。模拟通信和数字通信采用的抗干扰手段是不尽相同的，一般来说，模拟通信采取的抗干扰手段受到较大的限制，而适应于数字通信的抗干扰手段较多，工程实现也较方便。

（2）由语音通信抗干扰，发展到语音通信和数据通信抗干扰并举。语音通信和数据通信是针对终端和通信业务而言的。基于信道的模拟通信和数字通信都可以实现语音通信和数据通信。信息化战争对数据通信的需求越来越大，但仍然少不了语音通信。在工程中，要根据信道传输体制和通信业务需求，对通信抗干扰采用合理的设计，包括通信抗干扰技术体制的选择和新技术的应用等。

（3）由战术通信抗干扰，发展到战术、战役和战略无线通信抗干扰并举。在机械化作战时代，人们一般认为[2]：战略、战役通信的重点问题是信息保密，战术无线通信的重点问题是抗干扰。然而，在联合信息化作战时代，随着精确制导、远程打击和“非接触”作战样式的出现，通信干扰装备已由战术型装备发展到战役、战略型装备，并且战役、战略通信的信号覆盖范围广，对其侦察和干扰更容易，通信抗干扰必须向战役、战略无线通信装备扩展。

（4）由单装链路抗干扰，发展到无线网络、网系抗干扰。一般意义上的通信抗干扰是指点对点通信的单装链路抗干扰，而现代战争追求和实现的是无线网络甚至网系层次上的抗干扰，以提高军用无线网络和网系的整体抗干扰能力。这里的无线网络是指相同体制无线通信装备的集合，无线网系是指不同体制无线通信装备和系统的集合。

（5）由无线电台抗干扰，发展到更大范围的机动通信抗干扰。在信息作战背景下，机动通信的内涵及范围已由传统的“车载非动中通”通信扩展到手持、背负、车载、舰载、机载、星载和嵌入式等形式的无线电台、微波接力通信、移动通信、数据链、空中转信、卫星通信以及一些特殊无线通信手段等，同时也包括由这些通信手段的设备或系统组成的网络及网系，如单兵信息系统、战术电台互联网、战术互联网、野战地域通信网、野战综合业务数字网等，并与国防网、军用电话网等互联互通，有些还与移动武器平台直接链接。

可见，现代军用通信抗干扰装备的覆盖范围越来越广泛。值得关注的一个动态是，虽然通信抗干扰的重点是无线通信，但有线通信也存在抗干扰、抗截获等防御问题。由于光纤具有通信容量大、体积小、重量轻、保密性好、抗干扰能力强等突出优点，已代替传统的有线电缆，成为各国固定通信网的主要传输手段。然而，针对光纤网络的攻击技术和手段也逐渐增多，作为军用和国防光纤通信网，同样存在诸多不安全因素[14-17]：通过注入强大的光功率来损坏光纤链路及光器件，通过注入一定功率的光信号、光噪声或延时转注来干扰光纤通信，截获光纤传输的信息，人为切断光纤，等等。这些恶意攻击手段不仅已经存在，而且有的已实际应用，所以也需要研究相应的防御措施。

1.2.2 军用通信抗干扰空间范围的扩展

在信息作战条件下，制信息权的实质是制电磁频谱权[18]，集中表现为通信电磁战（Electromagnetic Warfare，EW）[19-20]（以前称为通信电子战）。所谓通信电磁战，又称通信对抗（Communication Countermeasures，CCM），是指为削弱敌方通信装备的使用效能，保护己方通信装备的有效使用而进行的电磁斗争。通信电磁战主要包括三大功能要素，即通信电磁进攻（EA）、通信电磁防御（EP）和通信电磁支援（ES）[3, 20]，如图 1-1 所示，这是一个完备的体系结构。其中，通信电磁进攻与通信电磁防御是通信电磁战一对矛盾的双方，通信电磁进攻目前主要包括侦察、截获、干扰和高功率电磁脉冲（Electromagnetic Pulse，EMP）攻击等，通信电磁防御目前主要包括反侦察、抗截获、抗干扰和抗高功率电磁脉冲攻击等。同时，通信电磁进攻与通信电磁防御均需要电磁支援，否则都会无的放矢。

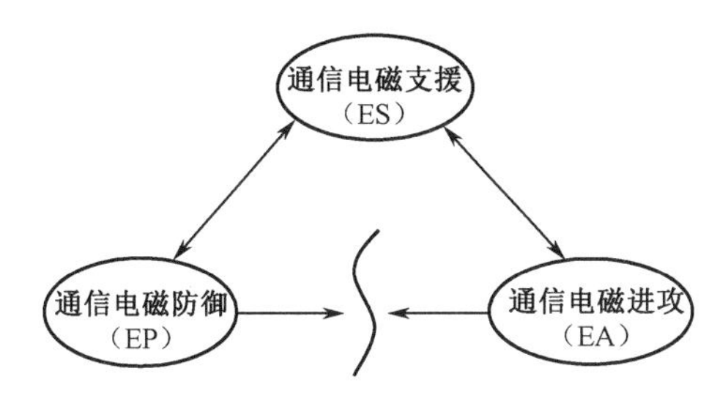

图 1-1　通信电磁战的体系组成

值得指出，通信电磁战与通信对抗在概念上是基本类同的，只是不同国家的习惯提法不同而已[2, 19]。西方国家原来习惯称之为通信电子战（现称为通信电磁战），苏联（现俄罗斯）习惯称之为无线电电子斗争[8]，我国则习惯称之为通信对抗。从通信电磁战的体系组成和内涵可见，通信电磁进攻不等于通信对抗，通信对抗不单纯等于干扰与抗干扰。同理，很好理解电子对抗（Electronic Countermeasures，ECM）和电磁对抗（Electromagnetic Countermeasures，ECM）的概念，它们分别与电子战（EW）和电磁战（EW）类同。因电子对抗（ECM）或电磁对抗（ECM）有攻有防，是一个矛盾体，所以传统意义上的电子反对抗（ECCM）概念是模糊的，或是不存在的。

随着通信电磁进攻技术（尤其智能干扰技术）的发展，需要思考：军用通信抗干扰空间应该如何扩展，以应对已知和未知干扰威胁？作者认为，应站在更高的层次上，用广阔的视野把握好其发展趋势，至少涉及以下五个方面：

（1）由抗固定干扰向抗动态干扰转变。这是因为军用通信装备面临的电磁环境越来越恶劣，特别是敌我双方激烈的电磁对抗行动，加上大量军、民用电磁设备的电磁辐射及自然干扰、工业干扰，将形成多种类型、起伏多变、错综复杂的高密度动态电磁环境态势，而不仅仅是有限个固定不变的干扰信号。

（2）由抗压制性干扰向抗压制性干扰和抗智能干扰并重转变。这是因为通信电磁进攻方在发展基于频率域、时间域和功率域压制性干扰的同时，又在发展灵巧式干扰、欺骗性干扰和非法接入等智能干扰，甚至未知干扰，希望以较小的功率代价实现通信干扰。

（3）由单纯通信抗干扰向通信抗干扰与战场管控相结合转变。这是充分发挥通信装备抗干扰作战效能和网系运用的必要条件，尤其是跳频通信更需要战场管控，否则各跳频网之间会出现严重的互扰。

（4）由单纯通信抗干扰向通信抗干扰与电磁支援相结合转变。电磁支援的作用主要是提供战场电磁环境的变化，通信抗干扰与电磁支援相结合能使通信装备具备很好的战场认知能力。实际中，通信抗干扰所需的电磁支援主要体现在通信装备对电磁环境的认知和对电磁频谱管理的支持上。

（5）由单域抗干扰向多域多层次多功能（“三多”）体系抗干扰转变。在传统的频率、功率等维域抗干扰基础上，实现频率域（简称频域）、时间域（简称时域）、功率域、码域、统计域、变换域和调制域等多域[21-34]，物理层、链路层和网络层等多层次，反侦察、抗干扰、反欺骗、抗接入等多功能的通信电磁防御，也可理解为基于“三多”的通信抗干扰技术体系架构，如图 1-2 所示。

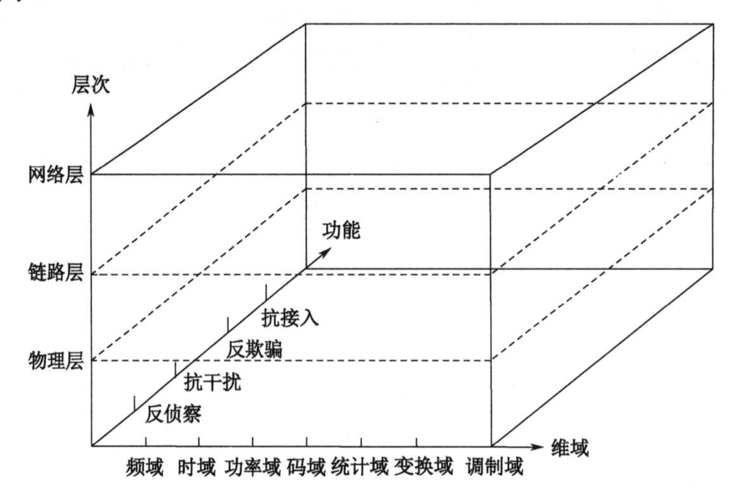

图 1-2　“三多”通信抗干扰技术体系架构示意图

值得指出，以上所述主要是在信号空间采取技术措施，或仅是在信号空间增加了维域，以应对电磁软攻击（通信系统硬件不受损伤）。在技术高度发展的今天，一方面要考虑继续扩大抗干扰空间及其维域，如信道空间、语义空间、极化空间等[29-31]，以提高通信抗干扰的稳健性（又称鲁棒性）；另一方面，还应考虑通信装备抗电磁强攻击问题，如电磁脉冲炸弹和高功率定向能武器等，而机动通信装备抗电磁强攻击的难度很大。

1.3　通信抗干扰技术体制的定义

对通信抗干扰技术体制进行合理的定义并理解和应用它，是通信抗干扰顶层设计的重要内容之一。通信抗干扰技术体制的定义是随着技术的发展而变化的。

1.3.1　通信抗干扰技术体制的已有定义

从更大的范围来看，通信体制有通信指挥体制、通信装备体制和通信技术体制等。通信抗干扰技术体制属于通信技术体制的范畴（如未明确说明，本书中的“体制”均指通信技术体制）。

从实质意义上讲，通常所说的通信波形与通信技术体制是等同的，一种通信波形实际上就是一种通信技术体制的具体体现，也就代表了一种通信技术体制。只不过通信技术体制常常是在理论研究和顶层规划层次上讨论的，而通信波形常常是在系统设计和工程实现层次上讨论的。同理，讨论通信抗干扰技术体制及其实现，实际上就是讨论通信抗干扰波形设计问题。

通信技术体制是指通信装备（设备、系统、网络）为完成其通信任务而采取的传输、交换以及信号处理等技术的总和[32-36]。通信技术体制比通信抗干扰技术体制范围更广，通信抗干扰技术体制是通信技术体制的重要组成部分。

对于通信抗干扰技术体制的定义，已经有过多年的探讨[3, 13, 32-36]，文献[2]给出的定义是：通信抗干扰技术体制是指通信装备和系统为抵抗电子进攻方利用电磁手段干扰通信电磁频谱，以提高其在干扰威胁环境中的生存能力所采取的抗干扰技术体系结构。在此基础上，国家军用标准 GJB 5929—2007《军用无线通信抗干扰通用要求》[36]给出了进一步的定义：通信抗干扰技术体制是指通信系统、网络和设备为抵抗敌方利用电磁能所进行的干扰以及非敌方干扰，以提高其在通信电子战中的生存能力所采取的抗干扰技术体系结构。后一定义比前一定义的完善之处在于：区分了通信装备与通信系统、通信网络和通信设备的关系；增加了非敌方干扰和抗非敌方干扰的内容。

通信抗干扰技术体制已有定义的不足主要有：没有涉及反侦察、抗截获和抗电磁强攻击等内容，仍属于狭义抗干扰的范畴。在新的条件下，需要作一些修正或扩展。

1.3.2 完善的通信抗干扰技术体制定义

本书给出更完善的定义是：通信抗干扰技术体制是指通信装备（设备、系统、网络）为抵抗敌方通信干扰、通信侦察、通信截获、通信欺骗、非法接入和电磁强攻击等电磁进攻手段以及非敌方干扰，以提高其在复杂电磁环境中综合作战效能所采取的通信抗干扰、反侦察、抗截获、反欺骗、抗接入和抗电磁强攻击等通信电磁防御技术体系结构与技术的总和。

从以上定义可以分析其中的一些含义。一是通信抗干扰已从单层次、单维域、单功能的狭义抗干扰，扩展到多层次、多维域、多功能的广义抗干扰，即通信电磁防御。二是通信抗干扰技术体制的“母体”，即通信装备，已发展到通信设备、通信系统和通信网络，因而通信抗干扰技术体制不仅涉及抗干扰，还涉及协同互通和网系运用等多重需求。三是通信抗干扰应对的重点对象是敌方可能进行的电磁软攻击和强攻击。所谓电磁软攻击，是指一般意义上的利用常规量级的电磁能所进行的通信干扰（包括灵巧式干扰）以及通信侦察、通信截获、通信欺骗等，通信装备没有硬损伤；所谓电磁强攻击，主要是指利用高功率瞬间电磁能或定向能直接对通信装备的攻击。四是由于敌方的电磁进攻在时域、频域、功率域、空间域、速度域等空间上是不断变化的，所以通信抗干扰技术体制要在多维空间上形成体系结构。五是非敌方干扰主要是指来自民用用频设备的干扰、军用通信装备的己方互扰以及工业干扰和自然干扰等，实践表明，这些非敌方干扰已经给军用无线通信造成了越来越严重的影响，已从一般性技术问题上升到事关全局的不可忽视的问题[37]。六是通信抗干扰技术体制的重点虽然是针对生存能力而言的，但通信抗干扰技术体制不是独立的，与通信的基本技术体制、平台形式、工作频段、通信距离、作战运用、战场管控、威胁特点等要素密切相关，要与具体的通信装备相适应，不能简单地堆砌，要进行一体化设计，与通信装备一起形成合理的技术体系结构，其最终目标是提高通信装备在多重威胁条件下的作战效能。

1.4 通信抗干扰技术体制的分类

从广义通信抗干扰的概念出发，通信抗干扰技术体制有很多种，很难对其进行准确的分类。为便于理解和方便记忆，本书将通信抗干扰技术体制简单地分类为扩展频谱（Spread Spectrum，简称扩谱）和非扩谱两类。当然，不排除其他分类方法。

1.4.1 扩谱通信抗干扰技术体制

所谓扩谱通信抗干扰技术体制（简称扩谱技术体制），是指将原信号带宽进行扩展传输的通信抗干扰技术体制[9]。扩谱技术体制主要有直接序列扩谱（Direct Sequence Spread Spectrum，DSSS；简称直扩或 DS）、跳频扩谱（Frequency Hopping Spread Spectrum，简称跳频或 FH）、跳时扩谱（Time Hopping Spread Spectrum，简称跳时或 TH）、线性脉冲调频（Chirp）以及它们的多种组合形式（或称混合扩谱）等。

直扩体制是指用具有高码率的伪随机码（又称伪随机序列或伪噪声码）将原信息码流的频谱扩展后进行发送、传输和接收的通信体制。扩展后的传输带宽远大于原信息码流的信号带宽。根据使用需求和直扩进制以及直扩带宽的差异，直扩体制又分为二进制直扩、多进制直扩、窄带直扩和宽带直扩等。

跳频体制是指射频频率在一定频段范围内以离散的增量伪随机跳变的通信体制，射频频率的覆盖范围远大于单频率点的信号带宽。根据使用需求和收发双方射频是否同步跳变，跳频体制又分为同步跳频和异步跳频。传统的跳频体制一般均为同步跳频（不等于同步组网）；而异步跳频是 1996 年才出现的一种新的跳频体制[38-41]，将在后续有关章节中具体介绍。

跳时体制是指通信信号在时间上伪随机跳变，从而扩展频谱的通信体制。这种体制具有较好的抗截获性能，但由于其工作频率一般不变化，抗瞄准干扰性能较差，在通信抗干扰中较少采用或不单独采用。

线性脉冲调频体制是指一种进行线性调制扫频，从而扩展频谱的通信体制。虽然其频谱被扩展，但其时域和频域信号特征较明显，容易被敌方侦察，一般在通信中也不单独采用。

通信中采用的扩谱技术体制主要是直扩体制、跳频体制和直扩/跳频混合扩谱体制（简称直扩/跳频体制）等，在混合扩谱体制中有时也涉及跳时（TH）体制。扩谱是当前国际上通信抗干扰的基本技术体制，也是现役通信装备的主流抗干扰技术体制。

以上所述的扩谱技术体制已经过了工程和使用的实践，它们与常规的定频通信相比，均取得了较好的效果，但也逐步暴露了不少问题。因此，相继出现了一些采用增效措施的改进型或新的扩谱技术体制，如实时频率/功率自适应跳频、变速跳频、高速差分跳频等[36-39]，并表现出较好的应用前景，成为值得关注的新的研究热点。

值得指出，虽然“扩谱”已经是一个比较经典的概念了，但还有人经常将“直扩”称为“扩频”，这是不妥的，主要原因有：一是频率（Frequency）不能扩展，只有频谱（Spectrum）才能扩展；二是直扩和跳频都是扩谱，如果将直扩称为扩频，那跳频又是什么？逻辑关系相互矛盾了。

1.4.2 非扩谱通信抗干扰技术体制

非扩谱通信抗干扰技术体制（简称非扩谱技术体制）是指扩谱技术体制以外的通信抗干扰技术体制，主要有自适应滤波、干扰陷波、干扰限幅、自适应选频、捷变频、功率自动调整、自适应天线调零、智能天线、信号冗余、分集接收、高效调制、信道编码、信号交织、突发（或称猝发）传输和正确组网等，同样属于通信抗干扰的研究范围和内容，近些年又在发展非扩谱盲源分离抗干扰[21]和内生抗干扰[29-30]等新思路。

可见，扩谱技术体制主要涉及频域、时域和速度域，而非扩谱技术体制涉及频域、功率域、空间域、变换域、统计域、时域和网络域等。

实践表明，将非扩谱技术体制与扩谱技术体制进行有机地结合，可进一步提高通信抗干扰性能。

1.4.3 多种通信抗干扰措施之间的关系

在工程实践和装备使用中，还涉及通信抗干扰技术和通信抗干扰战术以及它们之间的关系等问题。

通信抗干扰技术是指实现某种通信抗干扰技术体制所采用的具体途径和技巧。对于不同通信装备所采用的通信抗干扰技术，有些相同，有些不同，与通信抗干扰技术体制、通信装备形式、通信装备用途、通信频段、数据速率和器件水平等因素有关。

通信抗干扰战术是指基于已有的通信装备，采用战术手段，以更好地发挥通信装备抗干扰效能或减弱干扰造成的影响。与常规定频通信相比，通信抗干扰装备所需的战术被赋予了新的内涵，需要在传统通信战术的基础上有所发展。

通信抗干扰技术、通信抗干扰战术和通信抗干扰技术体制之间是相互联系、相互依存、相互促进的，可以统称为通信抗干扰措施。

通信抗干扰措施虽然很多，例如可基于时域、频域、空间域、速度域、功率域、网络域、统计域等，实现多维空间的抗干扰，但从技术上讲，所有通信抗干扰措施的目的只有一个，即提高通信接收机的信干比 S/J。一切通信抗干扰措施均围绕 S/J 展开，可将 S/J 定义为抗干扰“核”。

值得指出，已有扩谱和非扩谱通信抗干扰技术措施均基于信号空间的处理，也可以理解为当前通信攻防行为主要发生于信号空间，而将信道当作共同适应的对象。实际上，随着内生抗干扰概念[29-30]的提出，通信抗干扰已从信号空间开始向信道、语义等空间扩展，本书第 14 章将对无线通信内生抗干扰进行阐述。

通信抗干扰总的发展趋势为：由扩谱通信逐步向智能抗干扰和内生抗干扰发展。

1.5 通信抗干扰技术体制选择及相关概念

通信抗干扰技术体制的选择是一个很复杂的问题，既要考虑信息作战的需求和通信装备适应性，还要考虑我国通信技术的整体水平和实用性等。

1.5.1 通信抗干扰技术体制选择的原则

通信抗干扰技术体制的最终选择，反映出系统设计者的智慧。根据作者的实践体会，军用通信抗干扰技术体制的选择需要遵循以下原则[3]。

1. 抗干扰与协同互通相结合

无论是技术上，还是使用上，通信抗干扰技术体制的发展都不能各自为政，在电磁对抗和联合作战条件下，既要发展通信抗干扰新技术，实现干扰环境下的“扰中通”，又要统一通信抗干扰技术体制，实现直通直达的“协同通”，即通信抗干扰技术体制需要同时满足“扰中通”“协同通”等多重需求，这是选择军用通信抗干扰技术体制必须首先考虑的问题。

只有工作频段相同、通信抗干扰技术体制及其参数相同，才能实现射频链路的协同互通。因此，并不是所有的通信抗干扰装备都能协同互通的，还与通用和专用通信装备及其工作频段等因素有关。至于什么是通用和专用通信装备，需要统一认识。在机械化大陆军作战时代，一般认为陆军通信装备为通用通信装备，其他军兵种通信装备为专用通信装备，这种划分方式显然不符合信息化条件下联合作战的需要了。应以联合作战共用信息流为依据，战场共用和需要协同互通的通信装备为通用通信装备，反之为专用通信装备。为了联合作战协同互通的需要，承载战场共用信息流的通用通信装备技术体制和通信抗干扰技术体制需要、也必须统一，否则就会导致协同互通困难，制约联合作战能力的提高。专用通信装备技术体制没必要、也不可能统一。例如，不同工作频段的电磁波传播等特性是不一样的，不可能采用相同的抗干扰技术和技术体制，但必要时应该接入公网。因此，需要本着“建立协同界面，兼顾特殊需求”的原则，对通信抗干扰技术体制进行专门研究、统一规划和设计认证，加强通信抗干扰技术体制的管理，使各军兵种无线通信装备之间既能实现干扰条件下的协同互通，又能满足各自的特殊需求，推动通信抗干扰技术体制的开发、应用和管理，逐步做到“扰中通”“协同通”与“多样化”需求的辩证统一。

2. 顶层设计与系统设计相结合

顶层设计和系统设计事关重大，且关系密切。实践证明，必须坚持先顶层设计，后系统设计的思路。顶层设计的首要任务是在搞清作战需求基础上，进行通信技术体制和通信抗干扰技术体制的选择。必须站在网系对抗、体系对抗的高度，综合考虑国情和军情的特殊性、干扰威胁的变化、技术体制连续性、实现可行性、装备特点、使用环境、战场管控、协同互通、网系运用等顶层设计因素。

系统设计是实现通信技术体制和通信抗干扰技术体制的重要环节。在系统设计过程中，要重点考虑抗干扰系统的完整性、技术的针对性、指标的合理性、防护的层次性（实际中干扰可能是从物理层、链路层和网络层跨层进入的）、组网的适应性以及抗干扰与反侦察、抗截获一体化设计等问题。为确保系统设计的成功，需要对所采用的通信抗干扰技术体制和关键技术性能进行仿真研究与科学评估。在系统设计时可能有些顶层设计的具体要求还不够明确，这就需要考虑系统的扩展能力，如软硬件接口、存储空间、冗余资源等。

3. 综合应用与装备适配相结合

应根据工作频段、装备形式、装备用途等因素，充分考虑通信抗干扰技术体制的综合应用和装备平台的适配性问题。一方面，要尽可能综合应用多种通信抗干扰技术体制和技术，通常不仅要采用扩谱技术体制，还要采用非扩谱技术体制以及相应的增效措施，以形成综合抗干扰能力，保证通信装备在电磁威胁环境中能抗得住、通得上；另一方面，要考虑通信装备平台的适配性，并非任何一种通信抗干扰技术体制和技术在某种通信装备上都是适用的，或者说综合抗干扰不是多种通信抗干扰技术体制和技术在一种通信装备上的简单堆砌，而应是科学的综合和有机的适配，如频段适配、带宽适配、体积适配、功耗适配、业务适配、速率适配、互通适配、组网适配、结构适配、环境适配和成本适配等。

例如，车载和舰载通信装备以及较高频段通信装备可以采用多种或较复杂的抗干扰技术体制，而手持台和其他单兵小型通信装备可采用不少于一种或简单一些的抗干扰技术体制，但要求与同频段其他较高层次通信装备的一种抗干扰技术体制相同，以实现可能的协同互通。

4. 先进性与实用性相结合

通信抗干扰技术体制的选择及系统设计要特别强调先进性与实用性的结合，不能仅追求单个通信抗干扰技术体制及单项技术指标的先进性，盲目地与外军装备某项具体指标攀比，而忽视其实用性，多种体制和技术组合后更是如此。因为有些技术指标之间往往是相互制约的，不可能保证每一项指标都很先进。如果将外军不同装备中的各单项高指标作为一种装备的技术指标集，则更是不可取的。从部队使用的角度看，更应该重视实用性，实用性主要包括可靠性、经济性、高效性和使用方便等，注重人性化设计。先进性固然很重要，但在军事装备中应以实用性为前提。

任何一种通信新装备，如果其实用性不强，在部队不好用、不管用，那么无论其技术多先进，都将失去使用价值。总之，通信抗干扰装备既需要先进性，更需要实用性，而且其操作越简单越好。这是所有军事装备的工程设计必须共同遵守的一项基本原则。

5. 战术与技术相结合

通信抗干扰是一个典型的战术与技术相结合的问题，以技术“斗勇”，以战术“斗智”，涉及的因素主要有战场和电磁环境的时变性、部队编制体制、作战样式、协同互通关系、组网方式、无线电静默、平战结合、战场管控和装备操作等。所有这些因素既有战术问题，又有技术问题。在战技结合问题上，通信抗干扰技术体制的选择及系统设计主要考虑两个方面：一是要给部队的战术使用带来方便，技术要为战术服务，指挥员的战术思想和作战想定要能通过技术途径实现；二是要把一些战术思想融入抗干扰技术的应用和系统设计，如同步信号的伪装与保护、组网方式设计、抗干扰手段转换，以及作战图案与训练图案设置等。

另外，通信抗干扰作战运用方案的制定，也要紧密结合现役通信装备的抗干扰技术体制及战技性能，避免作战运用与通信装备技术性能相脱节。

6. 典型体制与增效措施相结合

经过较长一段时间的研究与应用，国际上第一代采用典型扩谱技术体制的军用通信装备已暴露出不少问题，或者说技术上已经落后了。但是，经过多年的实践，人们有了较为深入的体会，从理论到实践都认识到典型扩谱技术体制的优点和不足，逐步明确了相应通信抗干扰技术体制的改进途径及增效措施。

在电子信息技术迅速发展和战场电磁环境越来越恶劣的今天，我们必须有一个清晰的思路：每一种通信抗干扰技术体制都不是万能的，使用范围和适应的干扰环境也不一样，不能以个别性的前提，得出普遍性的结论；传统的或常规的典型扩谱技术体制已很难适应新的战场电磁环境和通信电磁战的需要，要在原有基础上有新的发展，应与相应的增效措施相结合；有些增效措施确实增强了原有通信抗干扰技术体制的效果，有些增效措施甚至使原有通信抗干扰技术体制发生了质的变化。

1.5.2 几个基本概念及其相互之间的关系

从广义抗干扰的角度看，在通信抗干扰技术体制的选择与应用中，目前有几个基本概念及其相互之间的关系需要讨论和强调[3, 42-55]，其他有关概念及其相互关系将陆续在后续章节中讨论。

1. 通信干扰、通信侦察和通信截获的关系

通信干扰（Communication Jamming，CJ）一般是指利用电磁波手段，在通信频段上发射一定功率或强度的调制信号，攻击敌方无线通信电磁频谱，压制通信接收机和网络节点，使之不能正常接收所需信号，以削弱和破坏其无线通信装备作战效能所采取的行动和措施。

通信侦察（Communication Reconnaissance，CR）一般是指搜索并接收敌方无线通信的辐射信号和网络协议信号，分析、分选、存储其技术参数并测向（Direction Finding，DF）、定位

（Fixed Position，FP）所采取的行动和措施，以判断其属性和用途，获取敌方信息或确定攻击目标（干扰或摧毁）。在实施过程中，有战前通信侦察和战时通信侦察之分。

通信截获（Communication Interception，CI）一般是指利用与敌方相同的接收方式或特殊的接收手段，截获敌方的无线电射频信号以及网络协议信号，并在基带上对通信加密信号进行解密，以获取敌方有效信息所采取的技术措施，一般有信号发现、信号捕获、信号分析和信息还原四个过程。

由此可以看出几个共性的问题：一是通信干扰、通信侦察和通信截获不是独立的，相互之间具有紧密的联系；二是通信侦察的主要目的有两个，要么是获取信息，要么是确定攻击目标，有效的侦察是实现有效干扰（尤其是灵巧式干扰）和信息还原的前提；三是通信侦察涉及的范围比通信截获更广，它包含通信截获，但仅用于通信干扰的通信截获不需要信息还原；四是通信侦察和通信截获都属于非合作的第三方，很多通信参数是先验未知的，其信息的截获主要有射频信号截获和基带信息截获两个层次及其相应的过程；五是战术级通信截获的所有过程或通信侦察的其他过程都需要很强的实时性，战略级通信截获或通信侦察的实时性要求可适当降低。

2. 通信抗干扰、反侦察和抗截获的关系

正是由于通信干扰、通信侦察和通信截获都是电磁进攻的重要手段，且相互之间的联系紧密，并且有效干扰和截获的前提是有效的侦察，因此通信电磁防御从理论上应把反侦察作为第一道防线，然后才是抗干扰和抗截获。通信抗干扰、反侦察、抗截获不仅都是通信电磁防御的重要环节，同样重要，缺一不可，而且还是相互联系的，通信装备中不存在独立的抗干扰、反侦察和抗截获单元。应在深入研究通信抗干扰的基础上，高度重视它与反侦察、抗截获的一体化设计问题。

通常所说的通信加密，一般是指在敌方已经截获和破译载体信号规律并能正常接收信号的条件下通信方抗信息破译的措施，即基于基带的信息保密措施。射频信号抗截获主要表现在发送信号的低检测概率、低截获概率和低利用概率等性能。如果敌方难以在射频上匹配和截获信号，也就谈不上在基带上破译信息。所以，只要切断电磁进攻方以上过程中的一个，就可能阻止敌方截获有效信息或有效干扰。以低截获概率为代表的抗截获技术与基带密码技术的结合，是保证军用通信安全的重要途径。

基于以上分析，应强调反侦察波形设计的重要性。如果将已有扩谱波形中的某些参数由固定的扩展为实时变化的，则即使扩谱处理增益相同，也可提高反侦察和抗截获能力，还可进一步提高抗相关干扰和非相关干扰的能力，如非线性变速跳频、伪随机变间隔跳频、变频率表跳频和伪随机跳码直扩等。当然，还有其他需要进一步研究的技术途径。

3. 通信电磁支援和通信电磁防御的关系

由图 1-1 可见，通信电磁支援是通信电磁战三大功能要素的重要组成部分，是指通信电磁进攻和通信电磁防御双方在战前和战时各自使用的近似实时的电磁环境信息收集活动，并确定当前敌方通信装备或干扰装备及侦察装备的种类和位置，为制定、调整通信电磁进攻或通信电磁防御作战计划服务。

长期以来，通信电磁防御所需的通信电磁支援措施被忽视了，或者说虽做了相应的工作，但没有从应有的高度和通信电磁战的体系上来认识它。传统的观念认为通信电磁支援主要是为通信电磁进攻服务的，如：先侦察后干扰，并在干扰中实时监视干扰效果。值得强调的是，通信电磁进攻需要通信电磁支援是正确的，但通信电磁防御同样需要通信电磁支援，在复杂电磁

环境下更是如此，否则会存在盲目性。用于通信电磁防御的通信电磁支援，其目的主要是实时感知电磁环境和作战对象的干扰样式，以采取有针对性的抗干扰和频谱支援等措施。需要重点考虑的问题主要有：一是干扰感知与通信抗干扰一体化设计，提高通信装备对电磁干扰的感知能力和抗干扰的针对性、实时性；二是通信网络及信道参数的战场统一管控，提高通信装备的网系运用能力和发挥其应有的作战效能；三是频谱监测与通信装备干扰感知的界面划分，避免两类装备对电磁环境重复监测和资源不能共享。

本章小结

本章分析了军用通信抗干扰的需求，明确了军用通信与民用通信的根本区别以及军用通信抗干扰的作用和地位；论述了军用通信抗干扰的覆盖范围，明确了信息作战背景下通信抗干扰装备范围和空间范围的扩展；完善了通信抗干扰技术体制的定义并分析了其内涵，明确了通信抗干扰技术体制“母体”的变化和通信抗干扰重点对象的变化及其最终目标；讨论了通信抗干扰技术体制的基本分类方法，明确了通信抗干扰技术体制的基本类型；提出了通信抗干扰技术体制的选择原则，明确了选择通信抗干扰技术体制应注意的主要问题；最后，阐述了通信干扰、通信侦察、通信截获、通信电磁支援等基本概念及其相互关系，为通信抗干扰、反侦察、抗截获和通信电磁支援一体化设计奠定了基础。

本章的重点在于军用通信抗干扰的作战需求、军用通信抗干扰覆盖范围的扩展以及通信抗干扰技术体制的定义和内涵等。

参考文献

[1] 中国人民解放军军事科学院．中国人民解放军军语[Z]．北京：军事科学院出版社，2011．

[2] 于全．战术通信理论与技术[M]．北京：人民邮电出版社，2020．

[3] 姚富强．军事通信抗干扰及网系应用[M]．北京：解放军出版社，2004．

[4] 姚富强．军事通信抗干扰工程发展策略研究及建议[J]．中国工程科学，2005（5）：24-29．

[5] 中华人民共和国主席令（第 67 号）．中华人民共和国国防法[Z]．（2020-12-26）

[6] 姚富强，张余，柳永祥．电磁频谱安全与控制[J]．指挥与控制学报，2015，1（3）: 278-283．

[7] DAPRA．Changing how we win[R]．Defense Advanced Research Projects Agency, USA，2017-03．

[8] 侯印鸣，李德成，孔宪正，等．综合电子战[M]．北京：国防工业出版社，2000．

[9] 狄克逊．扩展频谱系统[M]．王守仁，项海格，迟惠生，译．北京：国防工业出版社，1982．

[10] 姚富强，赵杭生，柳永祥．军事通信抗干扰技术创新设想及建议[J]．战术通信研究，2005（1）．

[11] 姚富强．机动通信的发展及建议[J]．军队指挥自动化，2005（2）．

[12] 姚富强．新一代军事通信装备电子防御总体设想与建议[C]．2007 军事通信抗干扰研讨会，2007-09，天津．

[13] 姚富强．军事通信抗干扰的发展与建议[J]．军队指挥自动化，2008（1）．

[14] MEDARD M，MARQUIS D，BARRY R A，et al. Security issues in all-optical networks[J]. IEEE Network Magazine，1997（3）．

[15] 刘忠英，姚富强．军用光网络安全技术分析[C]．2007 军事通信抗干扰研讨会，2007-09，天津．

[16] 汪超，罗青松．光网络安全及防范技术研究[J]．广西通信技术，2004（1）：19-22．

[17] 谢小平，张引发，邓大鹏，等．全光网络光层安全问题研究[J]．光通信技术，2004（3）．

[18] 张训才．深化军事通信抗干扰理论研究，提高我军复杂电磁环境下作战能力[J]．军队指挥自动化，2007（5）．

[19] 中国人民解放军总装备部．通信兵主题词表释义词典：GJB 3866—99[S]．中华人民共和国国家军用标准，1999-08．

[20] 美国参谋长联席会议．联合电磁频谱作战: JP3-85[R]．中国电子科技集团公司第三十六研究所《通信电子战》编辑部，译．2020-05．

[21] 姚富强，于淼，郭鹏程，等．盲源分离通信抗干扰技术与实践[J]．通信学报，2023（10）．

[22] 许士敏，陈鹏举．频谱混叠通信信号分离方法[J]．航天电子对抗，2004（5）．

[23] 付卫红，杨小牛，刘乃安，等．基于概率密度估计盲分离的通信信号盲侦察技术[J]．华中科技大学学报，2006（10）．

[24] 付卫红，杨小牛，刘乃安，等．通信侦察中通信复信号的盲源分离方法[J]．华中科技大学学报，2007（4）．

[25] 李冲泥，陈豪．变换域自适应滤波技术在扩频通信抗窄带干扰中的应用[J]．上海交通大学学报，2000（2）．

[26] 张忠培，王传丹，文红．变换域通信抗干扰新技术研究[C]．2007 军事通信抗干扰研讨会，2007-09，天津．

[27] RADCLIFFE R A，GERACE G C．Design and simulation of a transform domain communication system[C]．IEEE MIL COM’97，October，1997.

[28] SWACKKAMMER P J, TEMPLE M A，RAINES R A．Performance simulation of a transform domain communication system for multiple access application[C]．IEEE MIL COM’99，November，1999.

[29] YAO F Q，ZHU Y G，SUN Y F，et al．Wireless communications “N+1 dimensionality” endogenous anti-jamming theory and techniques[J]．Security and Safety，2023（3）．

[30] 朱勇刚，孙艺夫，姚富强，等．基于多智能超表面的信道空间内生抗干扰方法[J]．通信学报，2023（10）．

[31] 王雪松．瞬间极化雷达理论、技术及应用[M]．北京：国防工业出版社，2023．

[32] 朱自强，赖仪一，姚富强．无线通信抗干扰技术体制综述（上）[J]．现代军事通信，1999（1）．

[33] 朱自强，赖仪一，姚富强．无线通信抗干扰技术体制综述（下）[J]．现代军事通信，1999（2）．

[34] 姚富强．通信抗干扰技术体制有关问题研究及建议[C]．2005 军事通信抗干扰研讨会，2005-10，成都．

[35] 姚富强，赖仪一，朱自强，等．军事通信抗干扰技术体制论证[R]．南京：总参谋部第六十三研究所，1999-12．

[36] 中国人民解放军总装备部．军用无线通信抗干扰通用要求：GJB 5929—2007[S]．中华人民共和国国家军用标准，2007-03．

[37] 孙进，齐晓刚，左维军．科学认识复杂电磁环境下通信兵的地位和作用，全面提高部队作战通信与指控能力[J]．军事通信学术，2007（6）．

[38] AGILE．Robust radio offers speed and reliability[J]．Signal Magazine，1995（2）．

[39] HERRICK D L，LEE P K. CHESS: A new reliable high speed HF radio[C]. IEEE MIL COM’96，Oct.1996.

[40] HERRICK D L，LEE P K．Correlated frequency hopping：an improved approach to HF spread spectrum communications[C]．Proceedings of the 1996 Tactical Communications Conference. Fort Wayne, Indiana, April 30 - May 2,1996.

[41] 姚富强，刘忠英．短波高速跳频 CHESS 电台 G 函数算法研究[J]．电子学报，2001（5）．

[42] 郑辉．军事通信抗截获技术体制与能力评估[C]．2005 军事通信抗干扰研讨会，2005-11，成都．

[43] 姚富强．商议军事通信和电磁频谱管控若干问题[C]．2008 军事电子信息学术会议，2008-10，南昌．

[44] 姚富强．跳频处理增益有关概念分析与修正[J]．电子学报，2003（7）．

[45] 姚富强．扩展频谱处理增益算法修正[J]．现代军事通信，2003（1）．

[46] 柳永祥，姚富强，梁涛．变间隔、变跳速跳频通信技术[C]．2006 军事电子信息学术会议，2006-11，武汉．

[47] 姚富强，张少元．一种跳码直扩通信技术体制探讨[J]．国防科学技术大学报，2005（5）．

[48] 姚富强，张毅．一种新的通信抗干扰技术体制：预编码跳码扩谱[J]．中国工程科学，2011（10）．

[49] 姚富强，扈新林．通信反对抗发展战略研究[J]．电子学报，1996（4）．

[50] 张毅，姚富强，蒋海霞．跳码扩谱通信技术体制研究及发展建议[C]．2006 军事电子信息学术会议，2006-11，武汉．

[51] 蒋海霞，张毅，姚富强．跳码直扩通信系统抗干扰性能分析与仿真[J]．现代军事通信，2007（1）．

[52] PARK S，SUNG D K．Orthogonal code hopping multiplexing[J]．IEEE Communications Letters，2002（12）．

[53] NGUYEN L．Self-encoded spread spectrum communications[C]．IEEE Military Communications Conference，1999.

[54] NGUYEN L．Self-encoded spread spectrum and multiple access communications[C]．IEEE 6th International Symposium on Spread Spectrum Techniques and Applications，September，2000.

[55] JANG W M，NGUYEN L．Capacity analysis of M-user self-encoded multiple access system in AWGN channels[C]．IEEE 6th International Symposium on Spread Spectrum Techniques and Applications，September，2000.

第2章　通信干扰与抗干扰基本理论及其局限性和价值

本着攻防结合研究的原则，本章重点总结常规通信干扰基本理论和常规扩展频谱（简称扩谱）通信抗干扰基本理论的要点，分析常规最佳通信干扰理论和常规扩谱通信抗干扰理论的局限性和价值。本章的讨论有助于读者掌握通信抗干扰的基础知识，为明确和理解通信抗干扰设计的努力方向提供帮助。

2.1　通信干扰的基本理论

古人云：知己知彼，百战不殆。要研究通信抗干扰，首先要研究通信干扰，搞清楚其基本理论和基本思路。

2.1.1　常规最佳通信干扰理论

作为通信干扰方，总是希望实现最佳干扰[1-2]，即完全压制住对方的无线通信。其基本准则是：干扰信号在频率域（简称频域）、时间域（简称时域）、功率域、空间域等多维空间上均覆盖通信信号，且干扰信号波形与通信信号波形相关，企图实现多维空间的压制，即：干扰信号的体积大于通信信号的体积。所谓信号体积，是指信号基本要素组成的多维空间的大小。例如，功率 P、频率 F 及其信号存在时间 T 三种最基本要素形成的信号体积为

$$V = P \cdot F \cdot T \tag{2-1}$$

记干扰信号体积和通信信号体积分别为 $V_j = P_j \cdot F_j \cdot T_j$ 和 $V_c = P_c \cdot F_c \cdot T_c$，则在频域、时域、功率域三维空间上实现最佳干扰的条件是

$$V_j \geqslant V_c \tag{2-2}$$

其物理意义如下：

在频域上，干扰信号带宽要覆盖通信信号带宽，且干扰信号的频谱特性与通信信号的频谱特性相吻合（即频域波形相关）。

在时域上，干扰信号的存在时间要覆盖通信信号的存在时间，且干扰信号的时域特性与通信信号的时域特性相吻合（即时域波形相关）。

在功率域上，到达通信接收机输入端的干扰信号功率电平要等于或大于通信信号的功率电平。

当然，除了频率、时间、功率三要素以外，还有信号空间等其他参数。

这就是基于点对点干扰和功率战（射频功率）概念意义上的最佳通信干扰理论的主要内容，本书称之为常规最佳通信干扰理论。其核心，一是信号相关，二是功率压制，最终目的是力求提高通信接收端的干信比。这种以功率压制为核心的最佳通信干扰理论在很长一段时期内指导了通信干扰技术和装备的发展，并产生了一系列的通信干扰方式和干扰样式，同时也牵引了通信抗干扰技术和装备的发展。

2.1.2 两种信号体积的较量

任何事物都是相对的，有矛就有盾，或者有盾就有矛。在实战中由于地理位置、功率大小、频率范围、反应速度、侦察分选、电源供应以及人为判断等方面的原因，干扰方难以实现真正意义上多维空间的覆盖和波形相关干扰，即在实战中难以保证最佳干扰。多数实现的是非最佳干扰，即：在一部分空间内干扰信号覆盖通信信号，而在另一部分空间内干扰信号难以或不能覆盖通信信号，但仍然可以实现一定程度的干扰效果，只不过其效果不如最佳干扰。对于有些特殊的通信信号，干扰方也不需要实现多维空间的覆盖。例如，对跳频通信的部分频带阻塞干扰和同步信号干扰等，如果部分频带阻塞干扰达到一定的带宽，使常规跳频通信系统不能有效工作，则无须干扰整个跳频频段；如果能有效干扰跳频同步信号，则无须干扰跳频通信信号。

常规最佳通信干扰理论实际上也为通信抗干扰的研究提供了有益的启示。作为通信方，也根据干扰信号体积与通信信号体积之间的关系，力图使通信信号体积大于干扰信号体积，或在部分空间上突破干扰信号体积的约束，迫使干扰方从最佳干扰退化为非最佳干扰。一方面，针对干扰方的技术弱点，采用电磁反侦察的技术措施和战术措施，阻止干扰方获得通信信号的特征；另一方面，当干扰为非最佳干扰时，可以利用其差异，在频域、时域、功率域、空间域，甚至速度域、变换域和网络域等多维参数空间上，采用抗干扰技术和战术综合措施去掉或减弱干扰所造成的影响。由于通信干扰实际的非最佳性，带来了通信抗干扰的可能性。在很长一段时期内，为了寻求对付最佳通信干扰的措施，以实现或逼近所谓的最佳通信抗干扰，通信方付出了极大的努力，由此也产生了一系列的通信抗干扰技术体制以及大量的通信抗干扰装备。

可见，干扰信号体积与通信信号体积之间的关系，是干扰与抗干扰双方共同遵守和利用的基本理论依据之一。在这个无声的战场上，没有无坚不摧的矛，也没有牢不可破的盾，可谓斗智、斗勇、斗技术、斗战术，道高一尺，魔高一丈，表现出对抗双方综合实力的较量。

2.2 常规最佳通信干扰理论的局限性

通信电磁进攻的主要目的是对敌方通信实施有效干扰，切断其信息传输链路。但是，新的军事变革和通信抗干扰新理论、新技术的发展，使得通信电磁进攻面临着不少新的瓶颈[3]，就常规最佳通信干扰理论来说，其局限性主要表现在以下三个方面[4]。

1．对通信网络和网系干扰的局限性

常规最佳通信干扰理论很难解决和适应对通信网络和网系的干扰问题。对应这一问题，常规最佳通信干扰理论是建立在点对点通信干扰基础上的，只适应对通信射频链路的干扰。然而，现代军用通信在向多路由、多节点、多层次和高密度网络及网系运用方向发展，常规的干扰点对点射频链路的策略未必能很好地适应对通信网络和网系的干扰。因此，需要探索面对通信网络及网系的最佳通信干扰理论及其干扰效果评价方法，如：对由同种通信设备或系统组成的通信网络的有效干扰策略，对在同一地域内由多种通信网络组成的通信网系的有效干扰策略，对多层次、高密度通信网系的有效干扰策略，对通信网络和网系协议层的有效干扰策略，通信网络干扰和网系干扰的有效性及其定义，等等。

2．对高效通信干扰的局限性

常规最佳通信干扰理论很难解决和适应新的高效通信干扰（以较小的功率及带宽代价达到所需的干扰效果）问题。对应这一问题，常规最佳通信干扰理论是建立在射频功率压制性干扰基础上的，旨在实现通信接收端的最大干信比。在这种理论指导下，出现了大功率、部分频带强压制策略和一系列基于功率合成的超大功率通信干扰装备，在很长一段时间内促进了通信干扰技术和装备的发展。但是，随着新型反辐射武器的发展和精确打击作战样式的出现，这类大功率通信干扰装备面临着遭受精确打击的严重威胁。在这种背景下，人们自然会对这种压制性通信干扰理论和方法的生命力提出质疑。实际上，采用大功率干扰只是实现有效干扰的手段之一，但不是唯一的手段；只要能达到扰乱敌方信息比特（bit）接收的目的，什么手段都可以采用。因此，需要探索基于降低干扰功率的新的最佳通信干扰理论与实现方法，逐步实现由“功率战”向“比特战”的过渡和大功率压制性干扰策略向“灵巧”式干扰策略过渡[5]。

不得不承认，进入 21 世纪以后，通信干扰同时向大功率压制性干扰和低功率智能干扰等方向发展，应引起我们的高度重视。同时，需要探讨最佳智能干扰理论。

3．对变参数通信信号干扰的局限性

常规最佳通信干扰理论很难解决和适应对变参数通信的干扰问题。对应这一问题，常规最佳通信干扰理论是建立在通信信号参数相对固定基础上的。尤其是相关干扰，需要先对通信信号参数进行准确侦察，然后才能进行有效相关干扰。例如，跳频跟踪干扰所需的跳速、频率间隔、频率范围和跳频图案等，直扩相关干扰所需的载频和码型等，如果任一通信信号参数伪随机跳变或按其他规律不断变化，相关干扰都难以完成。在实施相关干扰过程中，干扰信号还应与通信信号保持严格的同步。非相关干扰也需要事先侦察基本的通信信号参数，如频率范围、频率间隔和载频等。即使扩谱通信信号具有低截获概率特性，只要参数是固定的，经过一段时间的积累，总是可以得到所需的通信参数。

然而，随着技术的发展，通信信号波形越来越复杂，通信信号参数越来越多，且有些参数不再是固定的。通信信号参数的实时变化意味着通信信号体积的实时变化，对于这样的参数变化的信号，如何侦察？如何干扰？尤其是如何进行相关干扰？这是常规的通信干扰理论和技术难以解决的问题，需要探讨新的途径。

2.3　常规最佳通信干扰理论的价值

在新的历史条件下，虽然常规最佳通信干扰理论存在一些局限性，需要创新和发展，但其理论价值和实际贡献是很大的。首先，常规最佳通信干扰理论引导了近代通信干扰技术和通信干扰装备的发展，并在近代战争甚至现代局部战争中发挥了很好的作用。其次，常规最佳通信干扰理论提出的“相关干扰”的思想在当今甚至未来都具有生命力和指导意义，只不过是在更加复杂的密集信号环境中如何实现对目标信号的相关干扰，存在不少新的技术问题需要进一步研究解决。例如，对跳频同步信号的精确干扰和欺骗性干扰以及对协议的灵巧干扰等，本质上仍为相关干扰。

实际上，通信干扰及通信侦察的新理论、新技术在不断发展[3-12]，可能孕育着新的通信干扰理论的出现，但在追求新的最佳干扰方面“相关干扰”理论不会过时。从事通信抗干扰研究的工作者应密切关注和关心其发展动态。

2.4　扩谱通信抗干扰的基本理论

扩谱通信体制是目前广泛采用的通信抗干扰技术体制，可以理解为通过扩展通信信号频谱来分散干扰方的干扰功率。很多经典著作对其基本理论进行了详细的描述，这里试图用较少的篇幅，对其主要内容及其局限性和价值进行概述，为后续讨论工程问题奠定理论基础。

2.4.1 香农公式及其工程意义

香农公式是一个被广泛公认的通信理论基础和研究依据，也是近代信息论的基础。这里不去追究它的推导过程，而注重其结论的含义及工程应用。

1. 香农公式定义

扩谱通信的理论基础是著名的香农公式[13-15]，它是由香农（C. E. Shannon）用信道容量表示的，即对于高斯白噪声信道，有

$$C = W\log_2\left(1+S/N_0\right) \tag{2-3}$$

式中，C 为信道容量（bit/s）；W 为传输信号所用的带宽（Hz），有时用 BW 表示；N_0 为噪声平均功率；S 为信号平均功率；S/N_0 为信号与噪声的功率之比，即信噪比。

式（2-3）中的 W 是指在信道传输过程中的信号带宽以及与之相匹配的系统带宽。式（2-3）表明：信道容量取决于传输带宽 W 和信噪比 S/N_0，与窄带宽、低功率的信号相比，宽带宽和高功率的信号具有更大的信道容量 C。而信道容量又反映了在一定信道条件下通信系统无差错传输信息的能力。更具体地说，式（2-3）给出了当给定信号平均功率与噪声平均功率时，在具有一定带宽 W 的信道上，单位时间内能传输的信息量的极限值。值得指出，这是一个理论上的极限值，与调制类型和其他信道参数无关[16]。

如果能采取一定的措施，在信道条件一定的前提下，使信道容量增大，也就是通信能力增强；或者说在保持通信容量一定的前提下，能容忍更大的噪声功率，也就是抗干扰能力增强。可见，信道容量实际上表明了通信系统的通信能力，而保证一定误码率条件下通信容量的能力就表明了抗干扰能力。所以，香农公式表明了系统的通信能力与系统（传输）带宽以及信噪比之间的关系。下面基于香农公式在信道噪声为高斯白噪声的前提下进行一些概念性的讨论，以得到一些有益的结论。

2. 信道容量的三要素

由于噪声平均功率 N_0 与系统带宽 W 有关，假设单边噪声功率谱密度为 n_0，则噪声平均功率 $N_0 = n_0 \cdot W$。因此，香农公式的另一种表达形式为[15]

$$C = W\log_2[1+S/(n_0W)] \tag{2-4}$$

由上式可见，信道容量 C 与“三要素” W、S、n_0 有关，只要这三个要素确定，则信道容量 C 也就随之确定。

3. 信道容量的极限及所需的最小信噪比

人们都希望信道容量越大越好，即：由信源产生的信息能以尽可能高的传输速率通过信道。那么信道容量能否无限增加呢？从式（2-4）可以看出，在带宽 W 一定的情况下，增大 S 或减小 n_0 都可提高信道容量 C，这也是一个理论依据。极限情况下，当 $n_0 \to 0$ 或 $S \to \infty$ 时，均可使 $C \to \infty$。n_0 为 0 意味着无噪声，S 为无穷大意味着发射功率为无穷大，然而这都是物理不可实现的。当无限增大带宽 W 时，由于噪声功率 $N_0 = n_0 \cdot W$，N_0 也趋向无穷大，将不能使信道容量 C 趋向无穷大。经理论证明[15]，有如下结果：

$$\lim_{W\to\infty} C = (S/n_0)\log_2 \mathrm{e} \approx 1.44\, S/n_0 \tag{2-5}$$

可见，当带宽 $W \to \infty$ 时，信道容量 C 是有固定极限值的，也是通信系统在带宽无穷大条

件下具有任意小差错率的信息传输速率的最高极限值。

现在的问题是，假设通信系统达到了极限信息传输速率，每比特信号能量 E_b 与噪声功率谱密度 n_0 之比至少需要多大呢？经理论证明[15]，有如下结果：

$$E_b / n_0 \approx -1.6\,\text{dB} \tag{2-6}$$

式（2-5）和式（2-6）是香农公式给出的理想通信系统的性能极限，为通信系统设计指明了努力的方向，只有尽力逼近它，但很难达到它；因为，任何一个实际的通信系统都不可能实现无穷大的带宽。

4. 带宽与功率的互换性

从以上分析和香农公式可以看出，在单边噪声功率谱密度 n_0 一定的条件下，一个给定的信道容量可以通过增加带宽 W 而减小信号功率 S 的办法实现，也可以通过增加信号功率 S 而减小带宽 W 的办法实现。这就是说，信道容量可以通过带宽与信号功率或信噪比的互换而保持不变。也可以说，分别通过增加信号功率 S 和带宽 W 都可以提高信道容量 C 。但是，哪种方式的效果更好呢？由式（2-3）并参照对数函数关系，当 S/N_0 一定时，信道容量 C 与带宽 W 呈线性关系，上升速度较快；当带宽 W 一定时，信道容量 C 与信号功率 S 近似呈对数关系，上升速度较缓慢。理论上还可以证明[15]，在具有极限信息传输速率的理想系统中，输出信噪比随着带宽的增加而按指数规律增加。也就是说，增加带宽可以明显地改善输出信噪比。由此可见，若以增加带宽换取功率的减小，只要增加较小的带宽就可以节省较大的功率，或者说以带宽换功率的效果更好，理论分析和工程实践都证明了这一点。

根据带宽－功率的这一互换原理，应该尽可能扩展信号的传输带宽，以提高系统的输出信噪比，这就是扩谱通信抗干扰的基本原理。例如，跳频通信射频覆盖的带宽比信号的原始带宽大得多，直扩后的信号带宽比直扩前的信号带宽大得多。

在军用通信中，扩谱除了提高通信能力和抗干扰能力以外，直扩通信的小发射功率和低功率谱密度以及跳频通信射频频率的伪随机跳变等，均有利于通信反侦察、抗截获。从这些方面看，都希望以增大带宽换取功率的减小。在一些功率十分宝贵的场合，扩谱更能显示其优势。例如，天际间的通信以及航天飞船与地面的通信等，其信号十分微弱，扩谱是实现其最佳通信的方式之一。而在频率资源十分紧张的场合，扩谱又受到限制，因为扩谱信号占用了很大的带宽，任何扩谱信号对同频段其他通信信号都会形成背景干扰，此时考虑的主要问题是设法提高频谱利用率，军用通信甚至还要提高信号功率，以获取更高的信噪比；除非其他扩谱信号的带宽足够宽、功率谱足够低，不足以造成相互干扰。一般来说这是很难做到的。所以，带宽与功率如何互换合适，要视具体情况而定。

5. 理想通信

综上所述，扩谱是提高通信系统抗干扰能力和通信能力的一个重要途径，并且信号和系统的带宽越宽，越能接近系统的性能极限；如果能将原信号的频谱扩成无限宽，并且系统又具有无限宽的传输带宽，即可达到理想通信的目的。众所周知，对于信号带宽，理论上只有白噪声才具有无限宽的频谱（有限带宽中的噪声是有色噪声）。所以，理想通信的载体信号是白噪声，即理论上白噪声通信是理想通信。然而，这仅仅是理想目标和理论界限，只能尽可能地接近它，但永远都难以达到它，它是物理不可实现的。其原因主要有以下两点：一是任何一个实际通信系统的带宽都是有限的，不可能传输无限宽的频谱信号；二是由于白噪声具有极强的自相关特性，只和自己相关，不与其他任何信号相关，再加上白噪声无法控制和预置，因而即使系统可以适应无限宽的频谱，通信的双方或多方也将无法实现同步。正因为如此，实际的扩谱通信系统中采用的都是伪随机码（伪噪声码），而无法采用真正意义上的白噪声。

现在的问题是：既然白噪声的频谱无限宽，那么如何理解实际有限带宽的直扩信号淹没在噪声电平以下呢？实际工程中的噪声可能是白噪声、热噪声和背景噪声的混合，其功率谱的值是确定的，有限带宽直扩信号的功率谱可能在噪声电平以上，也可能在噪声电平以下。当发射功率足够小，带宽扩展足够宽时，直扩信号功率谱总能做到小于噪声电平值[16]，形成所谓的负信噪比，在接收端经相关解扩后可以解调出信息。尽管某一直扩通信系统呈现负信噪比，在频谱仪上仍然能看到直扩信号的频谱，这是由于直扩信号功率谱与噪声电平相叠加的缘故。此时对同频段的通信相当于提高了背景噪声，同样会对其形成干扰，也可以被第三方检测到。因此，必须正确理解直扩信号淹没在噪声电平以下，但不是白噪声电平以下；只有白噪声的功率谱才能达到无限宽，而实际系统的扩谱带宽不可能无限宽，所以任何实际系统扩谱信号的功率谱也就不可能低于白噪声，这一点需要更正。

2.4.2 处理增益及其工程意义

任何一个处理单元或系统的输出与输入信噪比的比值称为其处理增益，经典著作中将扩谱处理增益 G_{P} 定义为扩谱后带宽 W 与扩谱前带宽 B 的比值[13-15]，即

$$G_{\mathrm{P}} = W / B \tag{2-7}$$

以分贝（dB）表示为

$$G_{\mathrm{P}} = 10\lg(W / B) \quad (\mathrm{dB}) \tag{2-8}$$

对于跳频体制，W为射频跳变时所能覆盖的全部射频带宽，也就是从最低频率到最高频率所覆盖的全部射频频率范围（通常称之为跳频带宽）；B 即为跳频的瞬时带宽，也就是原信号经跳频压缩和中频调制后的带宽或经射频搬移后的射频瞬时带宽，该瞬时带宽是窄带的，略宽于相同数据速率信号的定频通信中频调制后的带宽。可见，在概念上，跳频体制的射频瞬时带宽与其跳变覆盖的全部射频带宽是不一样的。

对于直扩体制，W为直扩调制后的带宽，也就是信码经伪随机码调制后的中频带宽或经射频搬移后的信号带宽；B 为直扩前的原信号带宽。可见，直扩体制的射频瞬时带宽与直扩中频调制带宽是一样的，但与原信息带宽是不一样的。

对于直扩/跳频体制，W为射频跳变时所能覆盖的全部射频带宽，B 为原信号带宽。直扩/跳频体制可理解为经历了两次扩谱：一是对原信号带宽 B 进行直扩，二是将直扩后的带宽作为瞬时带宽进行射频带宽为 W 的跳频扩谱。在相同信息传输速率和相同直扩方式条件下，与无直扩的纯跳频体制相比，直扩/跳频体制的瞬时带宽即为直扩带宽，对频率资源的需求也增加了；与单频率点的纯直扩体制相比，直扩/跳频体制的载频数量和射频覆盖范围增加了，但对直扩瞬时带宽提出了限制。由于直扩/跳频体制也是扩谱技术体制，其处理增益 G_{DH} 仍可按式（2-7）和式（2-8）计算，很容易得出直扩/跳频体制的处理增益 G_{DH} 与直扩处理增益 G_{DS} 和跳频处理增益 G_{FH} 的关系为

$$G_{\mathrm{DH}} = G_{\mathrm{DS}} \cdot G_{\mathrm{FH}} \tag{2-9}$$

以分贝表示为

$$G_{\mathrm{DH}} = 10\lg G_{\mathrm{DS}} + 10\lg G_{\mathrm{FH}} \tag{2-10}$$

虽然直扩/跳频体制的处理增益等于直扩处理增益与跳频处理增益之和，但并不等于其处理增益比纯跳频、纯直扩处理增益大大增加。实际上，只要射频工作带宽没有增加，直扩/跳频体制处理增益也不会增加；因为此时瞬时带宽增加了，可用频（率）点减少了，并且此时直

扩带宽也不能像纯直扩那样宽，在射频带宽资源相等的情况下，实际的直扩/跳频体制的处理增益与纯直扩或纯跳频处理增益相当。尽管如此，直扩/跳频体制仍具有较大的优势，将在后续章节中介绍。

扩谱处理增益表示了系统解扩前后信噪比改善的程度和敌方干扰扩谱系统所要付出的理论代价，是系统抗干扰能力的重要指标，但仅是理论上的抗干扰能力，后面将具体讨论。

2.4.3 干扰容限及其工程意义

本节在讨论经典干扰容限的概念及工程意义的基础上，重点讨论直扩和跳频的干扰容限及其区别，这是扩谱通信中的重要概念和基本常识。

1. 干扰容限的一般表示及工程意义

关心的问题是，扩谱系统到底能容忍多大的干扰还能正常工作？由于处理增益仅是一种理论上的概念或者理论值，用处理增益还不能完全回答这一问题。根据前人的研究，将扩谱通信系统能维持点对点正常工作的实际抗干扰能力（满足正常解调要求的最小输出信噪比）定义为干扰容限 $M_{\rm j}$，其表达式为[13-15]

$$M_{\rm j} = G_{\rm P} - [L_{\rm s} + (S/N_0)_{\rm out}] \tag{2-11}$$

与式（2-3）类似，式（2-11）的推导过程与调制类型和其他信道参数无关；但对于实际系统，该式中各参量的值与系统的调制类型和相应的信道参数有关。在式（2-11）中，$G_{\rm P}$ 为扩谱处理增益；$(S/N_0)_{\rm out}$ 为接收机解调输出端所需的最小信噪比；$L_{\rm s}$ 为扩谱系统解扩解调的固有处理损耗，它是由扩谱信号处理以及工程实现中的误差对信号造成的损伤而引起的。可见，实际中当 $G_{\rm P}$ 一定时，希望 $L_{\rm s}$ 和 $(S/N_0)_{\rm out}$ 越小越好，干扰容限一般小于处理增益。根据工程经验，$L_{\rm s}$ 一般为 1～2.5 dB，最大不超过 3 dB，$[L_{\rm s} + (S/N_0)_{\rm out}]$（即干扰容限与处理增益的差值）一般为 5 dB 左右；对于不同的技术方案和工程实现水平，$L_{\rm s}$ 和 $(S/N_0)_{\rm out}$ 的具体值有所不同，在装备研制和验收中应对此进行界定和考核。对于一个实际的扩谱系统，式（2-11）右边的各参量都有确定的值，即干扰容限也是一个确定的值；而无论是敌方干扰，还是非敌方干扰，都将消耗扩谱系统的干扰容限。所以，在实际使用中应尽可能减少或避免非敌方干扰，以发挥扩谱系统抗敌方干扰的潜力。

顺便指出，这里提到的概念或术语是干扰容限，当外部干扰超过扩谱系统的干扰容限时，扩谱系统即不能正常工作。这就回答了扩谱系统能容忍多大干扰还能正常工作的问题。因此，不能将干扰容限称为“抗干扰容限”，在以往的指标界定和一些文献中经常出现误用，应引起注意。

基于干扰容限的物理意义，在技术方案制定和信道机设计中，要着力提高扩谱系统的干扰容限。

式（2-11）表明，干扰容限与扩谱处理增益、系统的固有处理损耗和输出端所需的最小信噪比三个因素有关，扩谱处理增益越大，系统的固有处理损耗和解调所需的最小信噪比越小，干扰容限就越大。所以，应尽量提高扩谱处理增益，降低系统的固有处理损耗和解调所需的最小信噪比。系统的扩谱处理增益主要与信息传输速率、频率资源、扩谱解扩方式等因素有关；系统的固有处理损耗和解调所需的最小信噪比主要与扩谱解扩方式、交织与纠错方式、调制解调性能、自适应处理、信号损伤、同步性能、时钟精度、器件稳定性、弱信号检测能力、接收机灵敏度等指标有关。这些都是提高干扰容限和系统基本性能的切入点。式（2-11）同时也说明：尽管扩谱处理增益与系统抗干扰能力有直接的关系，但它不能完全代表系统的抗干扰能力，还与其他因素有关。

根据以上讨论，干扰容限表明了系统维持点对点正常通信的实际抗干扰能力，这一基本概念对于几种扩谱体制都是适用的；但对于不同的扩谱体制，干扰容限的表现形式则不尽相同。

2. 直扩干扰容限及其工程意义

式（2-11）如何与直扩体制相对应？如何分析常规直扩干扰容限的效应和机理？根据式（2-7）和式（2-8），直扩处理增益在理论上表明干扰信号功率被直扩系统解扩过程降低的倍数，也是敌方为了干扰直扩通信系统并实现与相同功率干扰定频非直扩通信系统同样的效果所要付出的功率代价。可见，直扩通信理论上的抗干扰能力就是处理增益：在理论上，如果到达通信接收端的干扰信号电平比通信信号电平大的倍数不大于直扩处理增益，直扩通信系统就应该能正常工作。但是，由于直扩和解扩过程中的一些实际误差、器件的非理想性以及系统互扰等原因，造成了直扩通信系统的固有损耗和直扩通信接收机所需的最小输出信噪比增加，使得常规直扩通信系统实际抗干扰能力要小于直扩处理增益。可见，常规直扩通信系统的干扰容限（即实际抗干扰能力）表现为在直扩带宽内接收机实际能承受的最大干扰电平，或者说常规直扩通信系统直扩带宽内能允许干扰电平比信号高多少分贝还能正常工作，而对其有效干扰的带宽不敏感。常规纯直扩通信系统只在一个频率上工作，该系统的干扰容限及其工程意义很好理解。这里所述的常规直扩是指无干扰感知、无自适应陷波的"盲直扩"，即在直扩带宽内只要落入干扰功率，直扩通信系统就会出现误码。

另外，在军用码分多址直扩通信装备研制、试验中，如果各用户直扩码的部分相关特性不好，在组网通信时各码分用户间将出现严重的多址互扰，进一步增大系统固有损耗和所需的最小输出信噪比，抵消直扩处理增益。试举一个较为极端的实例：某直扩通信系统的处理增益为30 dB，由于互扰严重，使得$[L_s+(S/N_0)_{out}]$大于30 dB，则该系统干扰容限为负值，即没有能力抵抗外部干扰。由此可看出直扩组网通信时直扩处理增益与干扰容限、抗干扰能力的关系，说明直扩通信系统是一个自损耗系统，工程中应设法降低自损耗，如优化直扩码的相关性和实施战场管控等。

3. 跳频干扰容限及其工程意义

式（2-11）如何与跳频体制相对应？如何分析常规跳频干扰容限的效应和机理？这是以前的经典著作没有涉及或没有考虑的一个工程问题。由于跳频通信系统在多个频率上跳变，如何理解该系统的干扰容限及其工程意义，需要深入讨论。根据式（2-7）和式（2-8），跳频处理增益在理论上表明跳频通信系统在射频可用带宽内的可用频率数，也是敌方为了阻塞或干扰跳频通信并实现与相同功率干扰常规定频通信同样的效果所要付出的理论代价，此时干扰机的功率需要在每个跳频频率上平均分配。可见，跳频通信理论上的抗阻塞干扰能力就是可用频率数：在理论上，如果被有效干扰频率数不大于可用频率数，跳频通信系统就应该能正常工作。但是，由于数据压缩、跳频同步和解调过程中的一些实际误差以及器件的非理想性等因素，造成了跳频通信系统的固有损耗，加上跳频通信接收机要维持最小的输出信噪比，工程中跳频同步的维持也需要有一定数量频率的支持，使得跳频通信系统实际抗阻塞干扰能力要小于可用频率数。需要注意，在实际跳频通信工程中，尽管每个跳变频率的接收灵敏度可能不尽相同，但实现跳频同步后，各频率均在同一个中频上进行解调，所以跳频所需最小信噪比即为中频解调所需的最小信噪比。例如：按照跳频接收机的一般技术水平，设跳频频率数为N，跳频处理固有损耗为2.5 dB，跳频所需最小解调输出信噪比（或信干比）的门限值为2.4 dB，代入式（2-11）并求反对数，可得跳频干扰容限约为 0.32N（百分比）。这就是常规跳频的干扰容限（即实际抗阻塞干扰能力）为可用频率数的 30%～40%的基本原因。当然，该值不是理论值，是随着技术水平和技术方案的变化而变化的。从误码率角度看，也可得到类似结果：文献[17]指出“只要当误码率 P_{ec}＞15%～20%时，即认为通信被压制”。取误码率门限为 15%，根据常规跳频通信系统稳态误码率公式 $P_{ec}=0.5\times J/N$[18]，可得对应的 J/N =30%，即常规跳频抗阻塞能力（干扰容限）约为 0.3N，与上述结果相符。

实际上，以上范例是以跳频加纠错编码为前提的，若没有纠错编码，跳频干扰容限就难以达到 (30%～40%) N。这是因为跳频干扰容限与纠错编码关系十分密切，主要表现在纠错编码可以降低跳频通信系统解调器所需最小输出信噪比的要求，从而提高跳频干扰容限；或者说，无纠错编码跳频通信系统的干扰容限是很低的——跳频本身没有纠错能力，必须与纠错编码同时使用。

总之，跳频通信系统的干扰容限表现为在可用射频带宽内接收机实际能承受的被有效干扰的频率数，这种表现形式与直扩通信系统的干扰容限是不同的。值得指出的两点，一是在跳频通信干扰中，对于被干扰频率，只要干信比达到了有效干扰的要求，再加大干扰功率就没有意义，即跳频通信系统对窄带或部分频带干扰功率的增加不敏感；二是虽然跳频干扰容限及处理增益主要是针对阻塞干扰而言的，与跟踪干扰没有直接的关系，但实际中较大的跳频干扰容限和处理增益会间接提高跳频通信系统的抗跟踪干扰性能。

从作战运用角度看，如果没有有效的管控措施，跳频组网通信时各网都在相同和不同频段跳频，会出现严重的网间互扰，将进一步增大系统的固有损耗，抵消部分或全部跳频处理增益，从而没有能力抵抗外部干扰。由此可看出跳频组网通信时跳频处理增益与干扰容限、抗干扰能力的关系，说明跳频扩谱系统也是一个自损耗系统，工程中应设法降低自损耗。这也是跳频通信需要战场管控的理论依据。

2.5 常规扩谱通信抗干扰理论的局限性

综上所述，扩谱是基于香农信息论概念的一种通信抗干扰基础理论，这里称之为常规扩谱通信抗干扰理论。与常规通信干扰理论类似，面对新的军事变革和通信干扰、抗干扰新技术的发展以及无线通信网系运用的需求，常规扩谱通信抗干扰理论在军用通信领域也面临着不少新的挑战，其局限性主要表现在以下四个方面[4]。

1. 对通信网络及网系抗干扰的局限性

常规的扩谱通信理论难以描述通信网络及网系的通信能力和通信容量。对应这一问题，常规的扩谱通信理论是建立在点对点通信基础上的，其核心问题是严格定义了点对点通信的信道容量，并用信噪比定义了通信与噪声干扰之间的关系。其基本目的是在通信接收端干信比比较大的情况下，力求提高解扩解调输出端的信干比。然而，这些理论只适用于点对点的通信链路抗干扰，而军用通信在向多路由、多节点、多层次和高密度方向发展，仅从链路层次上考虑抗干扰已不再适应军用通信网络及网系抗干扰的要求，需要探索面对通信网络的新理论及其实现方法，如：通信网络和网系的抗干扰能力如何描述，信道编码与网络路由如何结合，信息论与通信网络如何融合，通信网络的最大传输容量极限是什么，如何逼近通信网络最大传输容量，等等。

另外，仅就点对点的通信链路抗干扰而言，扩谱通信抗干扰理论还有两点不足：一是对跳频干扰容限缺乏明确的论述（本章对其进行了完善）；二是对扩谱处理增益计算的前提条件缺乏明确的论述[19-20]（将在本书第 3 章、第 4 章中给予完善）。

2．对通信高效抗干扰的局限性

常规的扩谱通信理论难以支撑高效抗人为恶意干扰，高效抗人为恶意干扰是指以较小的功率及带宽代价达到所需的抗干扰效果。对应这一问题，常规的扩谱通信理论是建立在抗普通固定干扰基础上的，主要在于处理增益和常规信噪比的处理与较量。但在军用通信中，敌方的干扰千变万化，常规的扩谱技术体制已表现出了明显的脆弱性，如：如何抵抗动态干扰，如何描述跳频信噪比，如何提高跳频、直扩体制的抗阻塞干扰性能和反侦察性能，在带宽受限的条件下如何提高抗干扰能力，等等。在这种背景下，人们自然也会对这种常规扩谱理论和方法的生命力提出质疑。从哲学上讲，扩谱是手段不是目的，保证通信才是目的，该扩谱时就扩谱，不该扩谱时就不扩谱，即便扩谱处理增益是零，只要能够通信就行，什么手段都可以采用。

因此，需要探索基于抗人为恶意干扰的新的最佳通信抗干扰理论及其实现方法，为了对付“诱骗”“灵巧”等干扰，需要逐步实现由被动抗干扰向智能抗干扰的过渡。

3．对通信抗相关干扰的局限性

常规扩谱通信理论没有涉及扩谱参数实时变化的问题，而无论是跳频还是直扩等扩谱通信，都存在着相关干扰的巨大威胁。对应这一问题，常规的扩谱通信理论是建立在固定参数扩谱基础上的：从理论到实践，基本上是根据传输速率、频谱资源和可能的干扰威胁进行扩谱通信系统的设计，其扩谱参数多是固定的，或在一次通信中是不变的，如固定的频率间隔、固定的跳速、固定的跳频图案、固定的直扩码型等。正因为如此，即使频谱扩展得足够宽，经过一段时间的积累，固定的通信参数总是会被敌方侦察和截获，加上侦察干扰的处理速度越来越快，固定参数扩谱通信系统遭受相关干扰的威胁也就在所难免。

因此，基于常规扩谱通信理论基础上的固定参数扩谱技术不足以抗相关干扰，或固定参数扩谱通信系统的抗相关干扰能力很弱。通信方需要寻求变参数扩谱和其他新的途径，以进一步提高反侦察、抗截获和抗相关干扰的综合能力。

4．对频谱资源利用率的局限性

常规扩谱通信理论的基本思想本来就是以带宽换功率，无论是跳频还是直扩，都以扩大带宽换取通信容量的提升，即以牺牲频谱资源为代价来提高抗干扰能力，从而使得频谱资源利用率大为降低，其降低的倍数即为频谱扩展的倍数（等于扩谱处理增益）。从理论到实践，扩谱技术体制都存在抗干扰能力与传输速率、抗干扰能力与频谱资源的矛盾。可见，尽管扩谱技术体制是一种目前还在广泛应用的通信抗干扰体制，但随着用频装备急剧增长，它以牺牲频谱资源为代价的体制性缺陷越来越难以容忍。

因此，需要研究一些高效利用频谱的抗干扰体制，即在不增加频谱资源的条件下，进一步提高抗干扰能力，以化解或减轻抗干扰与频谱资源、抗干扰与数据速率之间的矛盾，如高效纠错编码、盲源信号分离抗干扰[21]和内生抗干扰[22-23]等。

2.6 常规扩谱通信抗干扰理论的价值

在新的历史条件下，虽然常规扩谱通信抗干扰理论存在一些局限性，需要更新和发展，但其理论价值和实际贡献是很大的。首先，常规扩谱通信抗干扰理论引导了近代通信抗干扰技术和通信抗干扰装备的发展，并在近代战争甚至现代局部战争中发挥了很好的作用。其次，常规扩谱通信抗干扰理论的基本思想为通信抗干扰研究提供了基础理论框架，对今后的通信抗干扰理论和技术研究仍然具有指导意义。

实际上，在常规扩谱通信抗干扰理论基础上，近年来很多学者致力于通信抗干扰新理论、新方法、新技术的研究，取得了不少新的研究成果[21-34]，如多用户信息论、网络信息论、网络抗干扰、实时自适应跳频、智能抗干扰、变速率跳频、变间隔跳频、跳码扩谱、盲源分离抗干扰、内生抗干扰等，可望孕育新的通信抗干扰理论和技术。

本章小结

本章在工程实践的基础上，总结了常规通信干扰理论和常规扩谱通信抗干扰理论的主要内容、要点及相关概念的工程意义；重点分析了常规最佳通信干扰理论和常规扩谱通信抗干扰理论的局限性和价值，为后续研究奠定了理论基础，明确了今后的努力方向。从本章的初步分析可见，常规最佳通信干扰理论和常规扩谱通信抗干扰理论的局限性出现了惊人的一致，只不过两者的目的是相反的：一个是基于点对点的干扰，另一个是基于点对点的抗干扰；一个是基于提高干信比，另一个是基于提高信干比；一个是需要寻求干扰变参数通信信号的新途径，另一个是需要寻求提高抗相关干扰能力的新途径。这是必然的，是殊途同归，而不是一种巧合。因为干扰和抗干扰本身就是一对矛盾，它们是相互制约、相互作用、相互依存的，矛盾的一方存在局限性，另一方自然也存在局限性；但只要一方出现了进步，就意味着另一方也会有发展。

本章的重点在于常规最佳通信干扰理论和常规扩谱通信抗干扰理论的局限性及其原因，以及干扰、抗干扰的对立统一关系等。

参考文献

[1] 徐穆洵．现代通信对抗研究[R]．《通信对抗》编辑部，1995．

[2] 姚富强．军事通信抗干扰及网系应用[M]．北京：解放军出版社，2004．

[3] 杨小牛．突破“瓶颈”，把握未来——通信对抗发展思考[J]．通信对抗，2004（2）．

[4] 姚富强．常规干扰与抗干扰理论的局限性分析[C]．2005 军事通信抗干扰研讨会，2005-11，成都．

[5] 杨小牛．电子战？信息战？从信号战走向比特战[J]．电子对抗，2001（6）．

[6] 王炎芳．对通信对抗装备发展的几点思考[C]．第十届通信对抗学术年会，2004-11，三亚．

[7] 罗利春．通信对抗的挑战与基础研究[C]．第十届通信对抗学术年会，2004-11，三亚．

[8] 付大毛．通信对抗系统发展方向[C]．第十届通信对抗学术年会，2004-11，三亚．

[9] SPEZIO A E．Electronic warfare systems[J]．IEEE Transactions on Microwave Theory and Techniques，2002（3）．

[10] DARPA．Behavioral learning for adaptive electronic warfare broad agency announcement：DARPA-BAA-10-79[R/OL]．(2010-07-09)

[11] 王沙飞，鲍雁飞，李岩．认知电子战体系结构与技术[J]．中国科学：信息科学，2018（12）．

[12] 美国参谋长联席会议．联合电磁频谱作战：JP3-85[Z]．中国电子科技集团公司第三十六研究所《通信电子战》编辑部，2020-05．

[13] 狄克逊．扩展频谱系统[M]．王守仁，项海格，迟惠生，译．北京：国防工业出版社，1982．

[14] TORRIERI D．Principles of military communication systems[M]．Artech House，1981．

[15] 樊昌信，徐炳祥，詹道庸，等．通信原理[M]．北京：国防工业出版社，1984．

[16] 泊伊泽．通信电子战系统导论[M]．吴汉平，等译．北京：电子工业出版社，2003.
[17] 朱庆厚，朱耀明．通信干扰原理与技术[M]．合肥：中国人民解放军电子工程学院，1992.
[18] 柴瑞贤，赵丽屏，张锁敖．跳频通信的抗干扰性能分析[C]．1999 军事通信抗干扰研讨会，1999-10，南京．
[19] 姚富强．跳频处理增益有关概念分析与修正[J]．电子学报，2003（7）.
[20] 姚富强．扩展频谱处理增益算法修正[J]．现代军事通信，2003（1）.
[21] 姚富强，于淼，郭鹏程，等．盲源分离通信抗干扰技术与实践[J]．通信学报，2023（10）.
[22] YAO F Q，ZHU Y G，SUN Y F，et al．Wireless communications "N+1 dimensionality" endogenous anti-jamming theory and techniques[J]．Security and Safety，2023（3）.
[23] 朱勇刚，孙艺夫，姚富强，等．基于多智能超表面的信道空间内生抗干扰方法．通信学报，2023（10）.
[24] EPHREMIDES A，HAJEK B．Information theory and communication networks：an unconsummated union[J]．IEEE Transactions on Information Theory，1998（10）.
[25] XIE L L，KUMAR P R．Network information theory for wireless communication：scaling laws and optimal operation[J]．IEEE Transactions on Information Theory，2004（5）.
[26] ZHANG S Y，YAO F Q．Research on the adaptive frequency hopping technique in the correlated hopping enhanced spread spectrum communication[C]．2004 4th International Conference on Microwave and Millimeter Wave Technology Proceedings，Aug. 2004，Beijing，China.
[27] ZHANG S Y，YAO F Q，CHEN J Z，et al．Analysis and simulation of convergent time of AFH system[C]．2004 7th International Conference on Signal Processing Proceedings，Sep.4, 2004，Beijing，China.
[28] 姚富强．军事通信抗干扰工程发展策略研究及建议[J]．中国工程科学，2005（5）.
[29] 张毅，姚富强．基于可靠性的抗干扰通信网性能仿真[J]．系统仿真学报，2004（5）.
[30] 姚富强．一种高效跳频异步组网方式研究及应用[C]．2004 军事电子信息学术会议，2004-10，长沙．
[31] 姚富强，张少元．一种跳码直扩通信技术体制探讨[J]．国防科技大学学报，2005（5）.
[32] 姚富强，朱自强，赖仪一，等．网络抗干扰技术探讨[J]．现代军事通信，1999（3）.
[33] 张毅，姚富强．网络抗干扰的初步研究与效能分析[J]．现代军事通信，2002（2）.
[34] 姚富强，赵杭生，柳永祥．军事通信抗干扰若干技术创新设想[J]．战术通信研究，2005（1）.

第3章　跳频通信工程与实践

跳频通信技术体制是目前国际上军用通信装备应用最广的一种通信抗干扰体制。本章主要讨论常规跳频通信的基本原理、基本概念，以及增益计算、信号损伤、关键技术、干扰威胁和增效措施等一系列工程与实践问题。本章的讨论有助于理解和分析跳频通信装备在科研和使用中出现的现象及问题，为完善和发展跳频通信提供支撑。

3.1　跳频通信基本知识

本节主要概述跳频通信的基本知识，有些是基本原理，有些是新的工程概念。这是进一步研究跳频通信必须掌握的基础。

3.1.1　跳频通信基本原理

跳频通信是指在跳频控制器的统一控制下，通信双方或多方射频频率在约定的频率表（N 个频率的集合，有时也称为频率集）内以离散频率的形式伪随机且同步地跳变，射频在跳变过程中所能覆盖的射频带宽远远大于原信息带宽，因而扩展了频谱。所以，跳频通信也称为跳频扩谱通信，是扩谱通信的一个重要分支[1-2]，特别是在战术通信中跳频扩谱的应用更为广泛。实现跳频通信的前提条件是收发双方或多方的工作频段、跳频同步算法和跳频图案算法必须相同，收发双方必须实现和维持跳频同步，所有这些都得益于各收发端跳频控制器的统一控制。基于以上机理，常规跳频通信属于同步跳频，即收发双方是在跳频同步条件下完成跳频通信的，而非异步跳频。

跳频通信发信机和接收机的原理框图如图 3-1 所示（默认收发双方均有功率放大器）。发送方的原始信源（数据或话音）首先经过中频调制；如果是数据，一般还要先经过跳频数据压缩和纠错编码。中频已调信号与频率合成器（Frequency Synthesizer，简称频合器）输出的跳变射频信号混频，进行射频搬移。在跳频控制器控制下，一方面对应于跳周期（每跳的持续时间，有时也称为跳频周期），对基带数据进行压缩处理；另一方面，控制跳频图案产生器（又称伪随机码产生器，英文中习惯称之为 PRG，即 Pseudo Random Generator）产生频率控制字加到频合器的输入端，频合器输出的频率比实际发射的射频频率一般要高（或低）一个中频。射频已调信号在各跳频频率驻留时间内经带通滤波器、功率放大器（简称功放）和天线发送出去。为降低频谱污染，在换频时间内，应关闭功放。在跳频控制器控制下，收、发频合器输出的射频频率同步跳变，接收端接收的射频跳变信号先经过射频滤波器，然后与接收端频合器输出的跳变频率信号混频，得到中频已调信号，经中频带通滤波器后，进行中频解调、基带再生，得到原始信息。以上过程只有在收发双方实现了跳频同步和有效跳频控制的条件下才能进行。

跳频通信的抗干扰能力主要体现在抗阻塞干扰和抗跟踪干扰两个方面。在干扰机干扰信号功率和跳频信号功率均一定的条件下，跳频通信抗阻塞干扰的机理主要是依靠 N 个射频频率来分散敌方的干扰功率，使得在一定数量的通信频率被有效干扰的条件下系统还能有效工作，常规的跳频通信是不能躲避阻塞干扰的；跳频通信抗跟踪干扰的机理主要是依靠高于跟踪干扰机的跳速来躲避引导式跟踪干扰，依靠跳频图案的随机性和非线性来躲避波形跟踪式干扰。当然，跳频通信装备组网后的整体抗干扰能力还与其他因素有关。

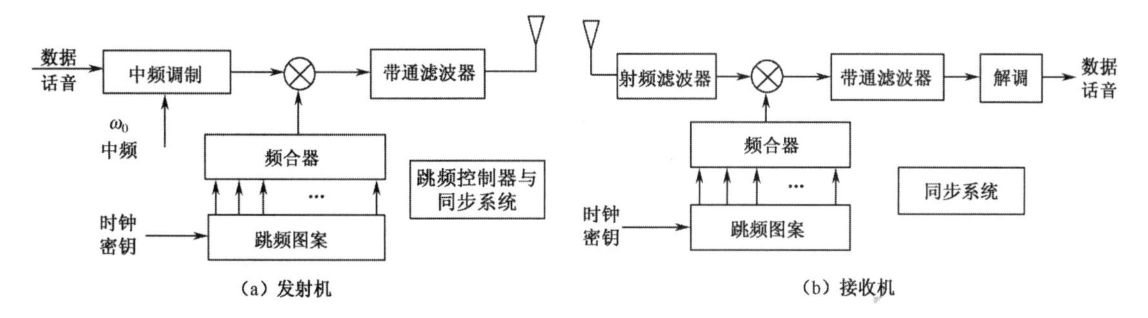

图 3-1　跳频通信原理框图

值得指出，跳频通信方式在民用通信中也得到应用。民用跳频通信主要用于抵抗自然干扰和非人为恶意干扰以及跳频多址等；而军用跳频通信除了包含民用跳频通信的一些基本的抗干扰要求，更重要的是抗敌方人为恶意干扰和反侦察，这使得军用跳频通信和民用跳频通信在系统设计和使用等方面有很大的不同。民用跳频通信可以仅仅在数学关系和信号关系上表现为频率的跳变。例如，民用跳频通信可以采用固定的频率表和固定的跳频同步方式，对其跳频同步和跳频图案的反侦察和抗截获等性能没有特殊的要求，但这种跳频通信方式不能用于军用通信，在后续章节的讨论中会逐渐体会到这一点。

3.1.2　单路跳频信号特征

单路跳频信号特征主要是指点对点跳频通信的时域和频域信号特征，不涉及跳频网域特征。

1. 单路跳频信号数学表达式

一般单路跳频发送信号可表示为

$$s(t)=Am(t)\cos[\omega_n t+\varphi(d,t,\Delta\omega)],\ nT_{\mathrm{h}}\leqslant t<(n+1)T_{\mathrm{h}},\quad n\text{ 为整数} \tag{3-1}$$

式中，A 为信号振幅（也可以写成 $\sqrt{2P}$，P 为功率）；$m(t)$ 为原始信息；ω_n 为跳频频率表中的某一频率点（简称频点）；d 为差错编码后的信码；$\varphi(d,t,\Delta\omega)$ 为调制函数；T_{h} 为跳周期，是跳频速率的倒数。如果跳频信号在传输过程中没有受到干扰和引入噪声，接收端的跳频信号表达式也可以是式（3-1），只是振幅 A 减小了。实际上，跳频信号在传输中会受到人为和非人为的干扰及噪声污染，实际进入接收机的信号除了跳频信号外，还要加上这些干扰及噪声。

如果空中存在多路跳频信号，即组网使用，则进入每个跳频接收机的信号为多路跳频信号的混合叠加。

2. 单路跳频信号时域特征

单路跳频信号的时域特征主要表现为：以随时间跳变的频率 ω_n 为中心频点的时域调制信号。每跳的持续时间称为跳周期 T_{h}，为换频时间和频率驻留时间之和，跳频信号时域示意图如图 3-2 所示，跳周期不同于后续研究的跳频图案周期。换频时间是指信道机频率切换暂态过程所需的时间，主要由频合器的切换时间和信道机的上升时间及下降时间等因素引起。为了保证有效的跳频通信，工程中一般要求换频时间小于跳周期的 10%，最大不超过 20%，在换频时间内跳频频合器的输出频率处于不可控状态，不能传递有效信息。频率驻留时间是指有效频率的持续时间，在此时间内完成有效信息的传递。每跳信号的驻留时间可以相同，也可以不相同，常规跳频中的每跳驻留时间相同。可见，从时域上看，跳频信号是周期性的脉冲信号，不连续。

一个跳周期内包含了 T_h/T_c 个数据位，T_c 为信道传输数据的码元宽度。一般，由于换频时间内不能传输信息，工程中要对原信息数据进行压缩，有时还要插入一些跳频控制信息（工程中常称为勤务信息），使得实际空中数据速率 $R_c = 1/T_c$ 要高于原信息（传输）速率 $R_b = 1/T_b$，即 T_c 要小于 T_b。

3. 单路跳频信号频域特征

单路跳频信号频域特征主要表现为：在理想情况下，频合器输出的未调制跳频信号频谱是离散分配在可用工作频段内的一条条谱线，如图 3-3 所示；但实际上频合器输出每跳信号频谱具有 $2R_h$ 的带宽（R_h 为跳频速率），这是由于每跳信号加了时宽为 T_h 的时域矩形窗的缘故，如图 3-4 所示。射频调制后的跳频信号瞬时带宽主要取决于空中数据速率 R_c 和调制方式，一般为 $2R_c$，这是空中传输的实际跳频瞬时信号带宽，且有 $2R_c > R_h$。工程应用时，跳频信号瞬时带宽一般应小于或等于频率集的最小频率间隔Δf，如图 3-5 所示。在跳频通信过程中，各频率的跳变规律是伪随机的。可见，从频域上看，跳频信号是伪随机突发的，也不是连续的。

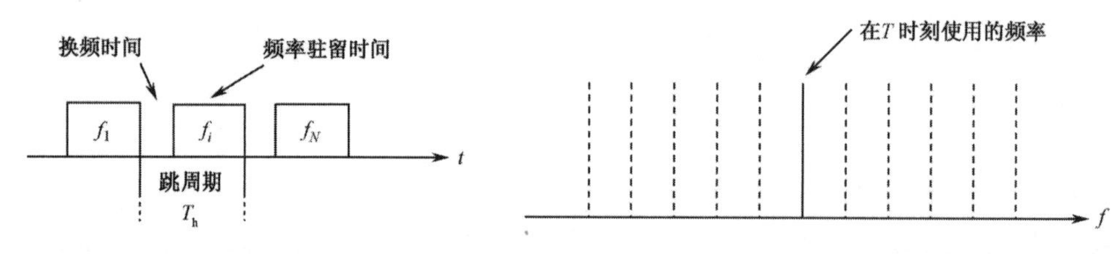

图 3-2　跳频信号时域示意图　　图 3-3　理想的频合器输出跳频信号频谱

实际中，频率集可以设置为固定频率集，也可以是可变频率集；可以等频率间隔设置，也可以不等频率间隔设置；可以连续频段设置，也可以不连续频段设置（即允许存在空白频段）。应根据需要进行设置，涉及战术使用问题。但是，无论频率集如何设置，通信中各频率的跳变均应具有伪随机特性。

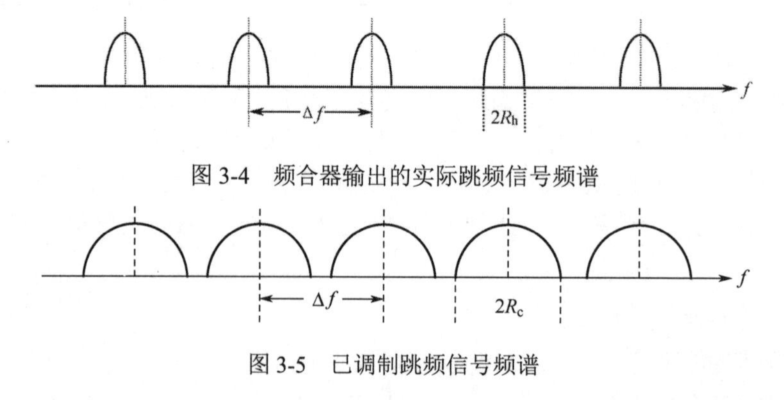

图 3-4　频合器输出的实际跳频信号频谱

图 3-5　已调制跳频信号频谱

3.1.3　跳频通信工程有关基本概念

为了正确认识跳频通信的优势与不足，本节对跳频通信工程中的一些基本概念进行讨论，这些概念是从事军用通信抗干扰工程的有关人员必须掌握的。

1. 跳频通信的稳健性

长期以来，对如何评价跳频通信与定频通信的性能，存在一些模糊认识甚至争议[3]，主要有：既然跳频通信采用了比定频通信多得多的频率，具有了较大的跳频处理增益，在任何情况下跳频通信效果都应该优于定频通信；但事实并非如此。

首先，在没有干扰的情况下，定频通信的能力实际上比跳频通信强。这是由于跳频通信在换频时间内不能传输信息，为了信息传输的完整性，在发送端要将原连续的数据流进行压缩，在频率驻留期间发送，而在接收端要对间断的压缩数据流进行解压，还原成连续的数据流。所以，跳频信道中实际传输的数据速率要高于原数据速率（对应于定频通信速率）。根据香农信息论，在同样信号功率和信道条件下，高数据速率信号的每比特能量要小于低数据速率信号的每比特能量，即比特信噪比下降，使得高速率传输时的误码率要高于低速率传输时的误码率。再加上跳频同步误差、位同步误差、信道机调谐误差、接收机各频点灵敏度误差、功放和天线频响平坦度误差等因素，造成跳频处理的固有损耗，或者说跳频信号在处理中受到了损伤，使得在无干扰和同等功率条件下跳频通信距离比定频通信距离一般缩短 1/5 左右[4]。

其次，在民用或工业用频设备形成的固定干扰（人为无意干扰）环境下，定频通信的效果可能仍然比常规跳频通信效果好。这是因为：若固定干扰超过跳频通信系统的干扰容限，跳频通信将无法工作，即使固定干扰没有超过跳频通信的干扰容限，也会有一部分跳频频率受到无意干扰，从而影响跳频通信的效果；对于定频通信，则有可能在众多的固定干扰空隙中选择一个以上较干净的频点进行通信，相当于无干扰或干扰较弱的定频通信。

尽管在无干扰和人为无意干扰环境条件下，定频通信可以通过频率选择，得到较好的通信效果，但并不能说明定频通信具有战场适应能力。因为在战场干扰环境下，定频通信的频点只要遇到敌方人为恶意干扰便不能工作，遇扰即通信中断，是不可靠的。而跳频通信在遇到一定干扰情况下，即使存在一定的误码，也能维持通信不中断，从而比定频通信表现出明显的优越性，这就是跳频通信的稳健性，即：跳频通信以扩展频谱、系统复杂性和信号损伤为代价，换来了抗干扰能力的提高。例如，在演习训练中，若不对民用手机频率实施干扰，大家会感到民用手机很好用；但只要对其进行干扰，手机通信就马上中断。又如，在海湾战争中，伊军定频电台在联军强大的干扰面前一筹莫展；而在科索沃战争中，南联盟军队的跳频电台却发挥了很好的作用。

另外，即使跳频通信被有效干扰而致使通信中断，也迫使敌方付出了比干扰定频通信大得多的代价。因此，跳频抗阻塞干扰能力是相对于人为恶意干扰条件下的定频通信而言的，不能以个别性的前提得出“在干扰条件下，定频能工作，跳频反而不能工作”的普遍性结论，应该正确评价和对待跳频通信与定频通信的性能特点及作战运用。实际上，在无干扰和人为无意干扰环境中，只需使用定频通信即可；而跳频是针对敌方恶意干扰而设计和使用的。如果在敌方恶意干扰的情况下，跳频通信效果还是不如定频通信，那就是跳频组网、网间电磁兼容和战场管理控制等方面可能存在问题，或装备可靠性存在问题。

2. 数字跳频与模拟跳频

跳频扩谱技术体制存在数字跳频和模拟跳频两种基本体制。所谓数字跳频，是指以跳频方式在数字信道上传输数字信息的跳频体制，即：在频率驻留时间内传输数字信息且采用数字调制，而不管信源是模拟信号还是数字信号，也不管信道机本身是否是数字化实现的。在数字信道中传输的数字信息也许代表数据，也许代表语音或其他信息。所谓模拟跳频，是指以跳频方式在模拟信道上传输模拟信息的跳频体制，即：在频率驻留时间内传输模拟信息且采用模拟调制，也不管信道机本身是否是数字化实现的。在模拟信道中传输的模拟信息可能代表数据，也可能代表语音或其他信息。

以上两种跳频体制在实际装备中都有所采用，但以数字跳频为多数。相比而言，数字跳频具有更多的优点，如：便于提高跳速、便于跳频同步设计、便于传输数据、便于数据加密等。后两个优点是显而易见的，这里解释前两个优点。

由图 3-2 可见，在相邻两跳之间存在换频时间，在此时间内是不能传送信息的。如果不对原信息进行处理，对应于换频时间内的信息就会被白白丢掉，造成语音通信时出现间断、耳机中出现“咔嚓”声，数据通信时出现固定的误码。在数字跳频时，由于传送的是数字信息，可对信息流进行一定的压缩，提高空中传输速率，将应在换频时间内传送的信息放到频率驻留时间内传送，在接收端进行相反的解压过程，恢复成原速率和原信息，从而避免了换频时间内的信息丢失。如果换频时间足够短，数据压缩倍数就很小，使得通信质量的变化与跳速的关系不太明显；所以数字跳频可以适当提高跳速，这是数字跳频的典型特征之一。在模拟跳频时，由于传输的是模拟信号，不便压缩处理，造成换频时间内的信息丢失，通信质量随着跳速的增加而明显恶化，这是模拟跳频的典型特征之一，也是模拟跳频跳速难以提高的重要原因。为了保证通信质量，模拟跳频一般只好采用低速跳频，如短波模拟跳频电台等就是这样。

关于对跳频同步设计的影响，主要由于同步信息一般是数据信息，在数字跳频中可以和数据流一并处理，从而带来了很多的方便；在模拟跳频中需要使用传输跳频同步信息的专用调制解调器，以模拟信号传送跳频同步所需的数据，如此带来了跳频同步设计的诸多不便。这里顺便指出一点：与模拟跳频同步设计类似，在模拟跳频通信中，只要有用于数据传输的调制解调器，就可以实现在模拟跳频信道上传输数据；在数字跳频通信中，只要有语音编码器，就可以实现在数字跳频信道上传输语音。所以，不能认为传输数据的跳频就是数字跳频。

3. 跳频数据平衡

综上所述，在数字跳频中发送端和接收端要分别进行数据压缩和解压，使得发送端压缩前后的数据速率不一样（压缩后数据速率与压缩前数据速率之比称为数据压缩比），接收端解压前后的数据速率也不一样，但发送端压缩后的数据速率与接收端解压前的数据速率相同，发送端压缩前的数据速率与接收端解压后的数据速率相同，并且压缩前和解压后的数据流是连续的，压缩后和解压前的数据流是间断的，如图 3-6 所示。其中，接收端解压单元的输入间断数据流是在中频解跳解调后的基带数据。

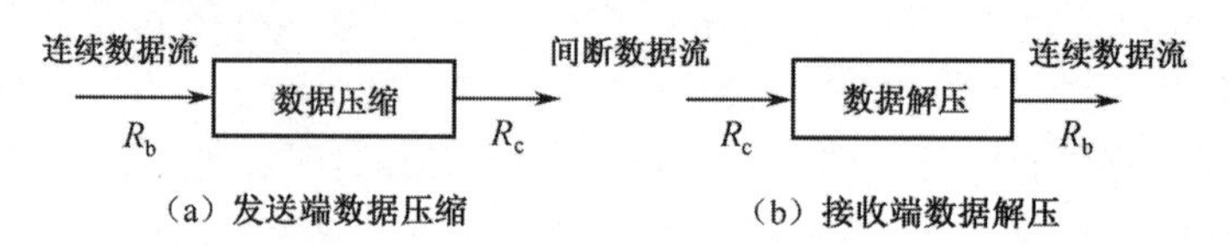

图 3-6　跳频数据压缩与解压示意图

可见，尽管压缩前后或解压前后的数据速率不一样，但压缩单元或解压单元输入输出的信息量（即单位时间内传输的数据比特数）应该是一样的，这就是跳频数据平衡或数据比特平衡。收发两端都遵循以下的跳频数据平衡公式[5]：

$$M \cdot T_h \cdot R_b + n_c = M \cdot (T_h - t) \cdot R_c \text{，} \quad M \geqslant 1 \tag{3-2}$$

式中，T_h 为跳周期；R_b 为压缩前或解压后的数据速率；R_c 为压缩后或解压前的数据速率；t 为换频时间；n_c 为发送端加入的跳频控制所需的勤务信息位数；M为收发双方跳频数据平衡所需的跳周期数，一般 $M \geqslant 1$，常规的跳频电台一般都在几跳周期内完成数据平衡。式（3-2）是一个经典的跳频数据平衡关系式，其两端即为在M跳数据平衡时间内压缩或解压单元输入和输出的信息比特数。

根据式（3-2），由于跳频的数据压缩和解压分别需要一个数据存储缓冲（缓存）的过程，该过程所需的时间开销即为跳频数据处理时延（简称跳频时延），其大小为$M \cdot T_\text{h}$；在保证时钟精度情况下，当$M=1$时，接收端或发送端存在一个满足跳频数据平衡的最小时延T_h，收发最小跳频时延合计为$2T_\text{h}$，即跳频时延主要与数据平衡所需的跳周期数和跳速有关。例如，跳速为250 Hop/s（跳每秒）时，跳周期$T_\text{h}=4\text{ ms}$，则收发最小跳频时延为8 ms。在R_b和R_c一定的情况下，由于$R_\text{c}>R_\text{b}$，如果发送端缓存时间过短，则存储器中的数据会被读空；相应地，如果接收端的存储时间过短，则存储器中的数据就会溢出。这两种情况下的数据平衡都将遭到破坏，失去平衡点，从而造成误码。相反，如果收发数据缓存时间过长，则会引起跳频时延增大。实际中，有时$M=1$对应的最小跳频时延仍很难满足工程的需要，希望进一步降低跳频时延，此时需要突破常规最小跳频时延极限，在更小的时间片内实现跳频数据平衡[5]。

跳频通信系统中还有其他环节也会引起数据传输时延，如语音编解码、纠错编解码、交织解交织、空中传输等，所有环节的时延总和为收发之间的传输时延；相比之下，开销较大的是跳频时延和交织处理时延。如果收发时延太大，会引起两个方面的问题：一是造成数字话音的延迟和回声。实践表明，收发双向时延在50 ms以上时，人耳就有明显的感觉；在100 ms以上就难以忍受。如果仅仅是点对点通信，还勉强可以接受；如果需要中继通信，特别是多跳中继，这个矛盾将很突出。二是在与交换机相接的跳频链路中，如果传输时延太长，会引起信令接续困难，甚至接续不上，造成呼损率增大，通信实时性降低。因此，希望跳频（处理）时延和交织处理时延越小越好，特别是在有语音通信的场合。但是，处理时延的过分降低又会引起其他方面的问题，需要在系统设计中予以权衡。在纯数据通信的场合，对传输时延的要求可以适当降低。

工程中，图3-6中的数据压缩和数据解压均可以使用“先入先出”（First Input First Output, FIFO）存储器实现，在跳频同步条件下，利用R_b、R_c对应的时钟读入和读出相应速率的数据，即可完成跳频数据压缩和解压。

4. 跳频信噪比与信干比

根据香农信息论，无线通信必须保证其解调输出端达到一定的信噪比，这样才能正常解调。对于定频通信，由于频率单一，只要在使用的频率上满足正常解调的信噪比即可。对于跳频通信，由于在一张频率表的多个频率上跳变，各频率通道上的噪声和接收灵敏度等不尽相同，使得各实际频率的信噪比离散性较大。所以，跳频通信在某个频率上的信噪比不能描述在多个频率上跳频的信噪比的全貌。

为此，引入跳频信噪比中值的概念。设跳频频率集的频率数为N，第i个频率为f_i（其中$i=0,1,\cdots,N-1$），各频率被使用的概率为P_i，在f_i上的信噪比为D_i，定义跳频信噪比中值D_FH为跳频频率集上所有信噪比的期望值[6]：

$$D_\text{FH}=\sum_{i=0}^{N-1}P_iD_i\ \text{(dB)} \tag{3-3}$$

工程中一般要求频率集中各频率等概使用，即$P_i=1/N$，则式（3-3）可改写成

$$D_\text{FH}=\sum_{i=0}^{N-1}\frac{D_i}{N}\ \text{(dB)} \tag{3-4}$$

记跳频解调所需的最小信噪比中值的门限为D_s，为了维持正常的跳频通信，必须满足如

下关系：

$$D_{\mathrm{FH}} \geqslant D_{\mathrm{s}} \tag{3-5}$$

对于一个实际的跳频通信系统，D_{s} 值的大小是固定的，它直接影响跳频干扰容限，希望它越小越好。而 D_{FH} 是在跳频通信应用过程中的实际跳频信噪比，希望它越大越好，它与环境因素有关，直接影响跳频组网及跳频网系运用的性能。

在跳频组网和网系运用中，式（3-3）和式（3-4）可以推广到跳频信干比（Signal-to-Jamming Ratio，SJR）和信干噪比（Signal-to-Jamming-Noise Ratio，SJNR）。此时，影响 D_{FH} 或影响式（3-5）成立的因素很多，主要是各种类型的干扰，可分为敌方人为恶意干扰和人为无意干扰以及网间互扰等。其中，敌方人为恶意干扰是不可控制的，只能硬抗或躲避；而人为无意干扰和网间互扰等，可以通过科学合理的网系规划和资源配置等管理手段加以克服，消除或减少其影响，使跳频通信尽可能满足式（3-5），达到跳频通信网系运用、高效跳频组网和减少跳频干扰容限消耗的目的。由此也可看出跳频通信战场管控的必要性，与第 2 章中所述跳频通信战场管控的理论依据是一致的。当然，这是以获得人为无意干扰信息或可用频率信息为前提的，具体内容将在第 10 章中讨论。

5. 跳频可用频率

在跳频通信系统研制和使用中，对于给定的跳频带宽资源，需要明确什么样的频率可用？涉及跳频带宽、空中传输速率和最小频率间隔等因素[7]。

设：两种不同的跳频带宽分别为 W_1 、W_2 ，且 $W_2 = 2W_1$ ；空中传输速率为 R_{c} ；信号瞬时带宽为 B ；最小频率间隔（有时称最小频率步进）为 Δf 。

不失一般性，避开具体的实现方式，以下针对实际系统中常见的几种典型的跳频模型进行讨论。

跳频模型 1：

$$M_1 = \{W_1, R_{\mathrm{c}}, \Delta f > B, B < 2R_{\mathrm{c}}\} \tag{3-6}$$

其频谱图如图 3-7（a）所示。

跳频模型 2：

$$M_2 = \{W_1, R_{\mathrm{c}}, \Delta f = B, B = 2R_{\mathrm{c}} \text{ 或} B < 2R_{\mathrm{c}}\} \tag{3-7}$$

其频谱图如图 3-7（b）所示。

跳频模型 3：

$$M_3 = \{W_1, R_{\mathrm{c}}, \Delta f = B/2, B = 2R_{\mathrm{c}} \text{ 或} B < 2R_{\mathrm{c}}\} \tag{3-8}$$

其频谱图如图 3-7（c）所示。

跳频模型 4：

$$M_4 = \{W_1, R_{\mathrm{c}}, \Delta f = B/4, B = 2R_{\mathrm{c}} \text{ 或} B < 2R_{\mathrm{c}}\} \tag{3-9}$$

其频谱图如图 3-7（d）所示。

跳频模型 5：

$$M_5 = \{W_2, R_{\mathrm{c}}, \Delta f = B/2, B = 2R_{\mathrm{c}} \text{ 或} B < 2R_{\mathrm{c}}\} \tag{3-10}$$

其频谱图如图 3-7（e）所示。

模型 1 和模型 2 可以归为同一类，略有区别。在模型 1 中，各频点的瞬时频谱不相互邻接。在模型 2 中，各频点的瞬时频谱相互邻接，并且一个频点瞬时频谱的零点落在相邻频点瞬时频谱的零点上，是模型 1 的扩展。对于这两种模型，若一个频点受干扰，对其他频点不造成影响。

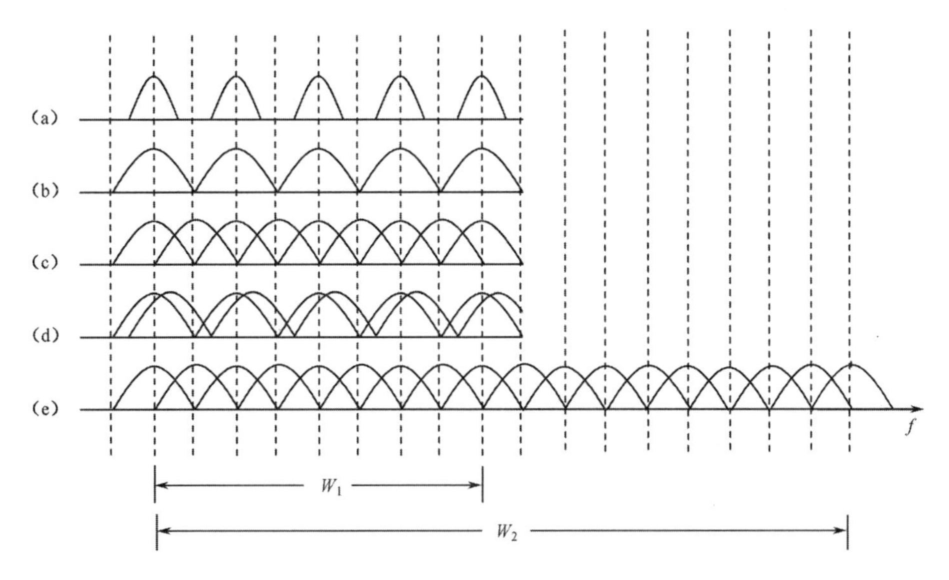

图 3-7 几种跳频模型对应的频谱

模型 3 和模型 4 可以归为同一类，也略有区别。其基本特征是发生了相邻频点瞬时频谱的重叠，实际中与所用空中数据速率、频率资源和收发信机的设计有关，一般在频率资源有限、数据速率较高以及采用直扩/跳频混合体制时容易出现这种情况。模型 3 频谱重叠的方法是一个频点瞬时频谱的中心落在相邻频点瞬时频谱的零点上，且一个频点的瞬时频谱与两个相邻频点的部分频谱重叠。模型 4 频谱重叠的比例更大。对于这两种模型，从表面上看，频谱重叠大大减少了对频率资源的需求；在点对点通信（或使用定向天线、同步组网或 TDM/TDMA）时，由于本频点信号消失后，才出现另一个频点信号，相邻跳之间存在时间差，每个时刻只有一个频点瞬时频谱出现，即使相邻频点成为相邻跳，也不会发生频率碰撞，可以维持正常的解调和频率分离。但是，若某一个频点受到干扰，则模型 3 左右相邻的两个频点都会受到干扰，模型 4 受干扰的频点更多。同理，在非点对点全向天线异步跳频组网通信时，模型 3 形成的网间干扰比模型 1 和模型 2 严重，模型 4 又比模型 3 更严重。

模型 5 的频谱重叠情况与模型 3 一致，只是跳频带宽增加了 1 倍，其跳频处理增益增加了 3 dB，实际上比模型 1、模型 2 和模型 4 也增加了 3 dB。后面将讨论，模型 1～模型 4［即图 3-7 中（a）～（d）］的跳频处理增益是一样的。

现在讨论模型 4 中最小频率步进（小于最小频率间隔）应如何设置，其前提是保证接收机能正常解调。在纯跳频通信系统中，最小频率步进至少为频合器的最小频率间隔；在直扩/跳频通信系统中，最小频率步进要综合考虑频合器的最小频率间隔、直扩解扩器件的频率分辨范围和直扩前的原信号带宽，至少应取三者之中的最大值。

根据以上分析，按模型 1、模型 2 方法设置的各频率一定是可用的；按模型 3～模型 5 设置的各频率，只要保证接收机能正常分辨和解调，在点对点通信时是可用的，但在非点对点异步跳频组网通信时会出现一个干扰频率干扰几个通信频率的情况（含人为干扰或网间干扰），且频谱重叠越多，这种情况越严重。其中，模型 3 为频谱重叠的临界状态，也是经典著作中指出的允许频谱重叠的极限情况[1]。

以上从技术层面讨论了跳频频率的可用性问题，但跳频频率的可用性在使用上还与外界的一些禁用频率有关，如国际上规定和国家规定的有关保护频率、救生频率以及作战设定的有关备用频率等，尽管这些频率可能处于跳频工作带宽内，跳频通信设备本身从技术上也可用，但从管理层面在设置频率表时都应将其设为禁用频率，将这些频率扣除。

综上所述，对于给定的跳频频段，不是所有的频率都是可用的，这既与跳频网络和跳频设备有关，也与频率管理等因素有关。

6. 跳频链路（系统）增益

跳频链路增益亦称跳频系统增益，它与跳频处理增益不是一个概念，它不是描述抗干扰能力的指标，也不能认为跳频处理增益越大，跳频链路增益也越大。跳频链路增益是一项综合指标，它是天线增益与信道机增益之和（dB），表明了系统的功率余量和通信能力，是最终影响通信距离的直接因素。正常情况下，跳频链路增益越大，在相同发射功率条件下通信距离就越远。

跳频信号在发送和接收过程中有损伤，且跳频实际传输的空中数据速率要高于原始数据速率等，使得在同等条件下跳频链路增益要小于定频链路增益，这是导致在无干扰情况下跳频通信距离小于定频通信距离的直接原因。影响跳频链路增益的因素很多，主要有：跳频数据压缩与解压性能，跳频同步维持性能，弱信号检测性能，调制解调性能，信号再生性能，时钟及位同步性能，放大器（包括功放）性能，接收机增益控制性能，滤波器性能，调谐性能，机内电磁兼容性能，收发隔离性能，接收机灵敏度一致性，以及天线对跳频的适应性等。可见，其中不少因素与影响跳频系统损耗的因素是一样的，只是考虑问题的角度不同。也就是说，一些具体单元的性能好坏，直接影响到系统多方面的性能乃至整体性能。

明确了跳频链路增益的影响因素，也就明确了提高跳频链路增益的途径。但是，与定频链路增益相比，跳频链路增益最小降低量的理论值是客观存在的，主要是数据压缩带来的信号损伤，后面将讨论。

7. 跳频速率

跳频速率（简称跳速）一般定义为射频频率每秒跳变的次数，单位为 Hop/s（跳每秒）。跳速与跳周期互为倒数关系，若跳速为 200 Hop/s，则跳周期为 5 ms。

在实际中，经常会涉及低速、中速和高速跳频的划分问题。一般有两种划分跳速的方法：一种是按绝对跳速划分，一般认为低于 100 Hop/s 为低速跳频或慢速跳频（Slow Frequency Hopping，SFH），100～1 000 Hop/s 为中速跳频（Medium Frequency Hopping，MFH），1 000 Hop/s 以上为高速跳频或快速跳频（Fast Frequency Hopping，FFH）[3]。另一种是按跳速与信息（传输）速率的关系划分[2, 8]，当 $T_h / T_c > 1$ 时（$T_c = 1/R_c$，传输比特时间宽度）为低速跳频，即每跳传输多比特（bit）信息，跳速低于信息速率；当 $T_h / T_c = 1$ 时为中速跳频，即每跳传输 1 bit 信息，跳速等于信息速率；当 $T_h / T_c < 1$ 时为高速跳频，即多跳传输 1 bit 信息，跳速高于信息速率。第一种划分方法便于实际应用和多种跳频通信装备之间以及与干扰机之间的比较，但不便于理论研究。第二种划分方法便于理论研究，但不便于实际应用；若按此方法划分，无论绝对跳速有多高，目前国际上几乎所有跳频通信装备都属于低速跳频，显然不便区分和比较。在实际的不同场合中，这两种方法都有所应用，但第一种划分方法应用较多。

跳频通信跳速的选择主要与敌方跟踪干扰机的跳速、敌方干扰机与跳频通信装备之间可能的距离[2, 9-10]、跳频工作频段、跳频信道机的设计、数据速率等因素有关。

从理论上讲，跟踪干扰是跳频通信的最大克星，跟踪干扰与抗跟踪干扰主要是对抗双方在速度域的较量；如果实现了有效的跟踪干扰，跳频通信效果就与定频通信受到有效瞄准干扰一样，跳频通信将失去处理增益。所以，一般认为跳频通信的跳速越高，抗跟踪干扰的能力就越强。但是，从跳频信道机工程实现的角度看，提高跳速也是有限度的，会受到诸如信道机反应时间、频合器换频时间、CPU 处理速度、空中信道特性、装备成本等因素的制约，并且过高的跳速还会引起频谱溅射污染问题，从而降低跳频网间电磁兼容性能。从战场反侦察的角度看，如果跳速过低，当然容易被敌方侦察；但如果采用与敌我双方差异太大的过高跳速，也容易暴露目标，引来敌方的火力摧毁或阻塞干扰。另外，如果采用信号积累的方式，对跳频信号进行侦察，并且侦察接收机的处理速度足够快，则当跳频通信的跳速越高时，侦察方越容易积累，给跳频信号的侦察反而带来方便。实际上，有效的跟踪干扰与抗干扰不仅仅取决于跳速，还与功率、通信距离、干扰距离、跳频密钥分配、跳频图案算法、跳频组网、反侦察能力等因素有关。实践表明，只要能做到正确地跳频组网和跳频密钥分配，有效阻止干扰方对跳频目标网的侦察分选，即使跟踪干扰机的反应速度高于跳频通信的跳速，也难以实现跟踪干扰。目前，国际上还未见在跳频组网运用（达到一定的组网数量）条件下，成功跟踪干扰几百跳每秒跳频通信网的报道。所以，跳速是抗跟踪干扰的重要指标，但不是唯一指标，实际中未必一定是跳速越高越好，而要考虑多方面的因素，以确定合适的跳速。不能简单地认定跳速越高，抗跟踪干扰能力就越强。

不同频段的信道特性及频率资源不仅制约了数据速率，还制约了跳速，使得跳速与频段和数据速率之间构成了一定的制约关系。例如，常规短波数字跳频的跳速要低于超短波以上波段数字跳频的跳速。理论上也可证明，对于不同频段和不同数据速率，存在最高极限跳速[11-12]。

有些跳频通信装备需要设置几种跳速，此时在系统设计和使用中需要考虑“跳速牵引”问题。所谓跳速牵引，是指在当前跳速受到干扰时，主台主动人工改变跳速，属台会自动收到主台发出的跳速牵引信息，从而自动地将网内属台牵引到新的跳速上，无须属台操作员操作。

为了更好地遂行反侦察和抗跟踪干扰，有的跳频通信装备在工作时可在多个跳速上自动选择，即变速跳频，甚至非线性变速跳频。

8. 跳频同步

根据跳频通信所处状态的不同，跳频同步涉及的内容主要有：跳频网间同步、跳频初始同步、跳频同步维持、跳频再同步、迟后入网同步、比特同步以及跳同步（也是帧同步）等。其中，跳频初始同步是跳频同步设计和使用的重点。

跳频网间同步主要是指在跳频组网过程中各跳频网之间的同步，即网与网之间的定时关系，与跳频组网方式有关：如果是同步组网，则网间需要严格的定时关系；如果是异步组网，则网间不需要定时关系。关于跳频同步组网和跳频异步组网的内容将在后面介绍。

跳频初始同步是指同一跳频网内的各用户从开机后的未同步状态到跳频通信状态的过程，无论是跳频同步组网还是跳频异步组网，均需要跳频初始同步。在相同跳频图案算法的前提下，通信双方或多方只有在同一时刻具有相同的频率号，即先完成跳频初始同步，才能跳频通信。然而，无论跳频收发信机具有多少种跳频图案算法，在某一个通信时段内，跳频通信的所有收发信机的跳频图案算法都是预置好的，且是相同的。所以，只要实现了在某一时刻、某个频率上同时起跳，就实现了跳频初始同步，包括收发频率号对准和收发跳的时间对准（跳同步）。可见，跳频初始同步实际上是通信双方或多方消除相互之间频率、时间二维不确定性的过程，以实现跳频接收机的解跳，然后在固定的中频上解调。因此，跳频初始同步的过程实际上就是通常所说的解跳的过程。值得指出的是，“解跳”是数学意义上的提法，在跳频通信工程中并没有除了跳频初始同步以外的“解跳”单元。

在工程中，实现跳频初始同步实际上就是完成跳频初始同步信息的有效传输。由于收发双方都是根据各自的时钟来计算频率的，加上各自的跳频图案算法又是相同的，因此初始同步信息主要就是时间信息。为了组网和使用的需要，还有一些勤务管理信息需要在同步过程中一并传输。

那么，在没有实现跳频初始同步的条件下，又如何完成初始同步信息的传输呢？问题的焦点是在什么频率上传输初始同步信息。一种方法是在预先约定的固定初始同步频率上定频传输初始同步信息。这种方法实现简单，但其定频初始同步频率的射频特征与同步后跳频通信频率的射频特征相差明显，一旦被敌方侦察和干扰，就不能实现跳频初始同步，也就不能实现跳频通信。另一种方法是发送端和接收端在 m 个跳变的频率上发送和扫描接收初始同步信息，并且实时替换 m 个初始同步频率。这种初始同步方法的抗干扰和反侦察性能较好，但实现较复杂，需要设置专门的跳频初始同步算法。为了保证跳频初始同步的性能，一般采用第二种跳频初始同步方法。一种采用快发慢收的跳频初始同步方式如图 3-8 所示，快发的主要目的是同步频率在空中暴露的时间短。从数学关系上看，也可以慢发快收，但快发慢收有利于反侦察，这是显而易见的。

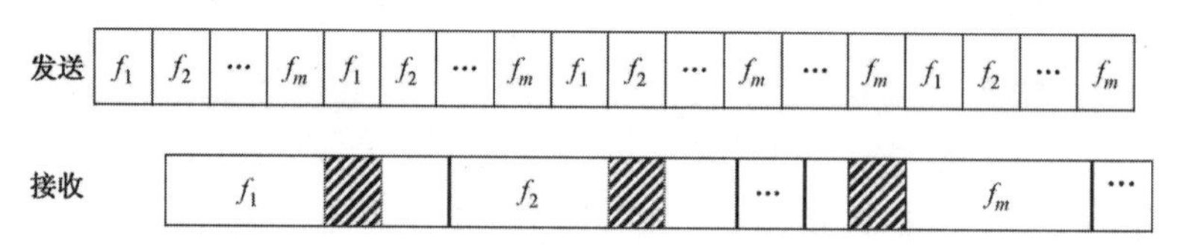

图 3-8　一种采用快发慢收的跳频初始同步方式

跳频初始同步所需的时间，称为跳频初始同步建立时间，其长短与工作频段、跳速、所用同步频率数、数据速率和跳频初始同步概率等因素有关。一般短波跳频初始同步建立时间为秒数量级，超短波及其以上频段的跳频初始同步建立时间为毫秒数量级或更短。

跳频初始同步成功的次数 N_s 与跳频初始同步总次数（跳频初始同步成功次数 N_s+跳频初始同步失败次数 N_f）之比，称为跳频初始同步可靠性。当统计的次数足够大时，该比值就是跳频初始同步概率 P_s，即

$$P_s = N_s / (N_s + N_f) \tag{3-11}$$

式（3-11）对于其他同步的测试也是适用的，一般总的统计次数在 100～300 次范围内，野外试验一般可掌握在 100 次上下。

工程中，跳频初始同步建立时间和跳频初始同步概率是跳频同步的重要指标，也是跳频同步系统性能的重要标志，但它们之间是相互矛盾的。一般规律是：跳频初始同步建立时间长，跳频初始同步概率就高；反之亦然。很难同时做到初始同步建立时间短和跳频初始同步概率高。这两项指标理论值的计算与具体的跳频初始同步方案有关，在此不便给出统一的计算公式。值得指出：跳频初始同步概率是以一定的信道误码率为条件的，这一点需要在指标体系和测试时予以注明，否则没有意义。

跳频同步维持是指通信双方从跳频初始同步建立到跳频失步所经历的过程，所需的时间为跳频同步维持时间（亦称跳频同步保持时间）。跳频初始同步建立后，在跳频通信状态下，如果没有采取其他同步维持措施，通信双方主要依靠各自的时钟精度来维持跳频同步。跳频失步一般定义为收发跳之间相对漂移达 1 跳周期（严格时，一般定义为 1/3 跳周期）。设时钟稳定度为 $\pm\xi$，跳周期为 T_h，则跳频同步维持时间为

$$T_k = T_h / (2 \times \xi) \tag{3-12}$$

可见，跳频同步维持时间主要与跳周期和时钟稳定度两个因素有关，时钟稳定度越高，跳

频同步维持时间越长。例如，若跳周期为 5 ms（跳速为 200 Hop/s），时钟稳定度为$\pm 1\times 10^{-6}$，则跳频同步维持时间为 41.66 min；若按 1/3 跳周期计算，则跳频同步维持时间为 13.8 min。一般来说，这个数量级的跳频同步维持时间在单信道、单话路情况下基本可以保证一次战术性的通话。而对于需要一直传输数据的通信装备，尤其是群路通信装备，要求通信装备一旦正常工作，跳频同步就必须长期保持，不允许有重复的初始同步过程，即一次同步、长期维持，即使出现意外或故障，只要通信装备恢复正常，就必须实现快速的自动再同步。这就需要采用相应的技术措施和一些特殊的设计。例如，每隔若干跳或每跳插入一定的同步校正信息，以延长实际的同步维持时间。

跳频同步的维持性能还影响到跳频链路增益及通信距离。若跳频同步维持性能较好，则意味着在信道恶劣和弱信号条件下跳频同步仍能正常建立和维持，等效于跳频系统的链路增益较高，跳频通信距离也就较远，也等效于提高了跳频干扰容限。

跳频再同步是指在跳频通信过程中，从跳频失步到自动恢复跳频同步的过程。跳频再同步除了一些特定的规约以外，其主要内容与跳频初始同步类似。相应的指标主要有再同步建立时间、再同步概率等。

迟后入网同步是指跳频电台从“离网”状态到“在网”状态所经历的跳频同步过程。迟后入网同步是使用全向天线的跳频电台的特有问题之一，与跳频电台所处的状态有关。跳频电台正常工作时所处的状态只有两种可能之一，即“在网”状态和“离网”状态，其判决依据是属台与主台之间或两两电台之间实时时间的误差范围（或称之为时差）。如果某电台的实时时间与所在跳频网其他电台的实时时间在规定的误差范围之内，则该电台处于“在网”状态，一般主台只要正常开机即被默认处于“在网”状态；如果某电台与网内电台在上一次跳频通信后静默的时间过长或由于电台出现故障经修复后再使用等原因，造成该电台的实时时间可能超出了所属跳频网的相对时差范围，该电台即处于“离网”状态，此时该电台不能进行正常的跳频初始同步。跳频电台由“离网”状态进入“在网”状态的过程称为迟后入网（简称迟入网），迟后入网过程实际上就是迟后入网（跳频）同步过程，其主要指标是迟后入网同步概率和迟后入网同步时间。与跳频初始同步不同的是，“离网”电台的实时时间超出了可以进行正常跳频初始同步的时间范围，需要采取特殊的迟后入网跳频同步设计。

迟后入网（跳频）同步一般分为三种方式，即点名式、申请式和积累式，有的系统只有其中一种方式，有的同时具有两种或三种方式供选择使用。所谓点名式迟后入网，是指在跳频组网初始化过程中，主台采用电子点名的方式，检查是否有“离网”电台；如果有“离网”电台，主台就在预定的迟后入网频率上发迟后入网同步引导信息，“离网”电台则在预定的迟后入网同步频率上接收迟后入网同步引导信息，从而被引导入网。所谓申请式迟后入网，是指某电台发现自己“离网”后，在预定的迟后入网同步频率上向“在网”电台发迟后入网申请；网内主台收到迟后入网申请后，如果认为有必要，就在预定的迟后入网频率上发迟后入网同步引导信息，将“离网”电台引导入网。所谓积累式迟后入网，是指主台既不点名，“离网”电台也不申请，所有“在网”电台在正常的跳频通信过程中，每隔一定的跳数，在预定的频率上发送一部分跳频同步信息，“离网”电台则在预定的频率上逐步接收和积累同步信息，等收全所需的同步信息后，即实现了跳频迟后入网。

跳频比特同步是指跳频解调中的比特同步过程。在所有跳频同步过程和数字跳频通信过程中，都需要快速可靠的比特同步（又称位同步），以快速可靠地解调同步信息和信源信息。由于比特同步是在解调后实现的，属于常规技术，可像定频通信一样从信息流中提取比特同步信息，并不断调整和维持；只是因为跳频数据信息是突发的，对比特同步的建立速度和维持性能要求相对提高，尤其在跳频初始同步建立过程中。在第 7 章中将专门讨论快速高精度位同步问题。

工程实践表明，跳频同步是跳频通信系统设计的关键，尤其是跳频初始同步，通信对抗双方都认为它是跳频通信系统的脆弱点，更是通信电磁进攻的重点目标之一。对跳频初始同步的主要要求如下：

（1）应具有很好的反侦察性能。反侦察是初始同步信号设计的第一关，应尽可能减少同步信号的频域和时域特征。主要要求：同步频率的跳速与跳频通信的跳速一致，跳频同步频率为跳频频率表中的子集，且随机均匀分布和实时更换，并对同步频率进行必要的伪装等；跳频初始同步帧结构与跳频数据传输帧结构一致，跳频初始同步数据速率与跳频数据传输速率一致，并且同步信号在空中暴露的时间尽可能短（即跳频同步建立时间短）等。从通信方的战术使用和提高通信时间效率的角度来看，也希望跳频同步建立时间越短越好。

（2）具有很好的抗干扰性能。应该说，跳频初始同步信号的抗干扰性能比跳频通信的抗干扰性能更为重要。在恶劣的电磁环境中，即使跳频通信不能正常进行，也要求能建立跳频初始同步，即在低信噪比和干扰条件下具有很高的跳频初始同步概率。因为在实战中，如果跳频初始同步性能较好，哪怕通信效果不理想，只要能传递一点信息，都有利于取得战争的胜利，所以要高度重视跳频同步信号抗干扰问题，采取特殊措施，例如对同步信息采取低速率的高冗余度相关编码、多跳重传、弱信号检测，以及对同步频率实时更换等。在工程设计中，只要有一个同步频率未被有效干扰，就能正常建立跳频同步。

（3）应具有很好的反假冒性能。通信电磁进攻方除了对跳频通信网进行侦察和干扰以外，有时还可能进行截听，甚至冒充对方通信台站，企图扰乱对方指挥或调动对方部队。要达到此目的，敌方电台（或被俘获的我方电台）会设法进入我方跳频通信网；而在跳频通信过程中是难以冒充入网的，可能性较大的是从跳频初始同步过程中冒充入网。因此，跳频初始同步技术及其战术使用必须考虑反敌方电台的假冒问题，要求具备对合法跳频同步信号的识别能力。主要手段有：设计复杂的跳频同步算法，预置相关识别码，以及人工甄别等。

但是，跳频初始同步的众多性能要求既相互联系，又相互矛盾，尤其是跳频初始同步建立时间与跳频初始同步概率的矛盾更为突出。根据不同通信装备的战术技术（战技）要求，为了解决多种矛盾，对跳频同步性能进行折中和优化，在工程上出现了千变万化的跳频同步方案。实践表明，在跳频通信的控制算法、跳频图案算法和跳频频率集等均相同的条件下，若跳频初始同步算法不同，即使只差 1 bit，也不能实现跳频互通。可见，跳频初始同步算法是跳频互通的必要条件之一，也是跳频技术体制和跳频控制的重要内容。

9. 跳频图案

跳频图案一般是指在伪随机码（伪随机序列）的控制下，射频频率随时间按伪随机跳变的规律而形成的一个时间—频率关系矩阵（简称时频矩阵），如图 3-9 所示。跳频图案是敌方侦察和破译的重点目标之一，如果敌方掌握了跳频图案规律，则很容易实施波形跟踪干扰。为了提高跳频通信电磁反侦察能力和便于使用，在不同的场合一般采用不同的跳频图案。因此，要求跳频图案算法

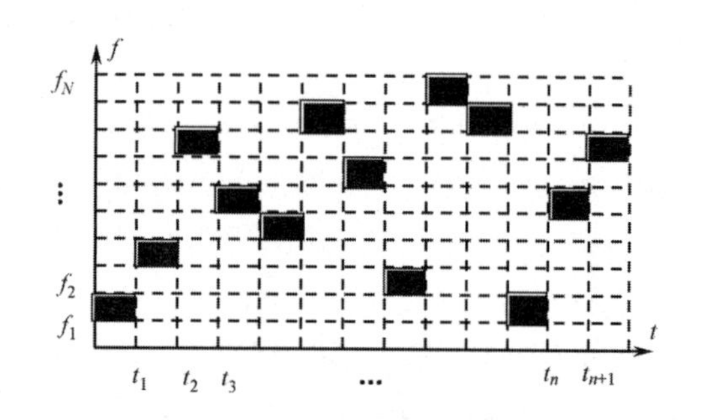

图 3-9　一组跳频图案的时间—频率关系矩阵

及其密钥具备相应的受控功能。

图 3-10 为一种传统的跳频图案产生原理示意图[13-14]。

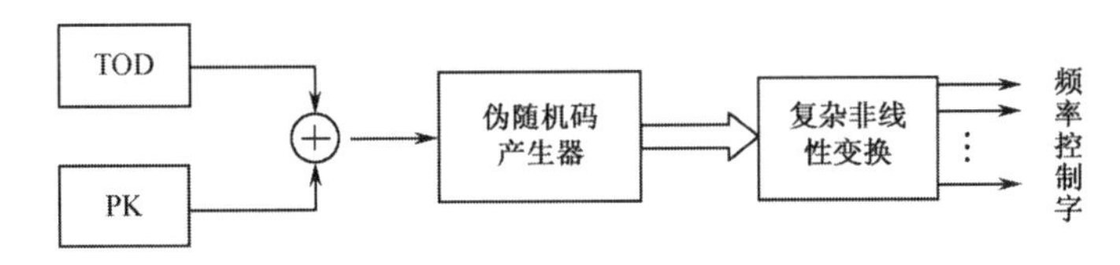

图 3-10 一种传统的跳频图案产生原理示意图

图 3-10 中的 TOD（Time of Day）为实时时间，是以跳（Hop）为单位推进的；PK（Primary Key）是跳频原始密钥（简称跳频密钥）。实际中一般预先设置多组跳频密钥，供使用时选择；但同一跳频网内的各用户必须使用相同的跳频密钥，且跳频密钥的数量应与跳频组网的数量相对应。TOD 与 PK 由跳频控制器统一控制。TOD 与 PK 运算后即形成一种流动密钥，相当于一跳一密，控制伪随机码的状态，然后对伪随机码进行复杂非线性变换，从而产生各跳变频率控制字（Frequency Control Word，FCW）（又称频率控制码、频率号或跳频码序列），以控制频合器的跳变，一般跳频密钥长度与伪随机码码长设置得相同。将产生跳频图案的单元称为跳频图案产生器，也称为伪随机码产生器（PRG）。其中，伪随机码可以是 M 序列、m 序列、Bent 序列、Gold 序列、混沌序列以及其他新型码序列等，不同的码序列具有不同的性能，工程中要根据码序列的性能和系统要求予以选定，实际上这也是当前的一个研究热点。复杂非线性变换的作用：一是完成伪随机码到频率控制码一一对应的非线性运算，增加跳频图案的复杂度；二是完成由伪随机码码长到频率控制码码长的转换。一般伪随机码码长要大于频率控制码码长，且频率控制码码长是与频率表中的频率数相对应的，设频率控制码码长（频率控制字长度）为 m，则频率数为 2^m。可见，在跳频图案产生过程中，伪随机码（序列）未必就是跳频码序列。但从广义上讲，跳频码序列也是一种伪随机码；不过这里所指的伪随机码是有特定含义的，或者说伪随机码与跳频码序列是有区分的。

由图 3-10，可用一个隐式公式描述跳频图案产生的过程：

$$N_{\mathrm{FCW}} = N_{\mathrm{L}}[S(\mathrm{TOD},\mathrm{PK})] \tag{3-13}$$

式中，N_{FCW} 为跳频码序列；$N_{\mathrm{L}}[\cdot]$ 表示非线性运算；$S(\cdot)$ 表示伪随机码（序列）的移位运算；TOD 是实时时间（以二进制数表示）；PK 是跳频原始密钥。

可以看出，跳频图案产生的核心是伪随机码，而不是真正意义上的随机码，所以在跳频图案计算中，跳频码序列和跳频图案势必出现重复。将跳频码序列不出现重复的最大序列长度定义为跳频码序列周期（无量纲），将跳频图案不出现重复的最长时间定义为跳频图案周期（量纲为时间）。设：伪随机码的码长为 n，跳周期为 T_{h}，跳频密钥长度与伪随机码码长设置得相同，且一跳对应伪随机码的一个状态，所以跳频码序列周期（也是跳频密钥量）为

$$P_{\mathrm{k}} = 2^n \tag{3-14}$$

跳频图案周期为

$$T_{\mathrm{PRG}} = P_{\mathrm{k}} \times T_{\mathrm{h}} \tag{3-15}$$

可见，跳频图案周期 T_{PRG} 虽然与跳频码序列周期 P_{k} 和跳周期 T_{h} 有关，且 T_{PRG} 与 P_{k} 和 T_{h} 呈线性关系，与 n 呈指数关系，但这里的三个“周期”是不完全相同的概念。例如，若 T_{h}=5 ms（跳速为 200 Hop/s），$n = 32$，则跳周期为 5 ms，跳频码序列周期为 2^{32}，跳频图案周期为 248.5 天；而当 $n = 40$ 时，跳周期仍为 5 ms，跳频码序列周期为 2^{40}，跳频图案周期为 176.7 年。在

战术使用中，一次通信的时间远远小于跳频图案周期，而每次跳频同步后跳频图案又从新的起点开始重新计算。

对跳频图案的主要战术技术要求如下[3, 13]：

（1）应具有不可递推性，即阻止敌方从我方当前频率或若干个频率推算出下一个频率。这涉及跳频密钥设置、跳频图案周期、跳频码序列特性等。其中，跳频密钥必须具有可预置性和运算后的流动性。跳频图案周期必须足够长，一般要求大于数年，有时甚至要求数十年或100年以上，且不能在其周期中有小周期重复。跳频图案必须具有很好的随机性（功率谱平坦）、一维均匀性（每个频率出现的概率趋于相等）和二维连续性（任意两个频率连续出现的概率控制在一定的范围内）。跳频图案的一维均匀性还直接影响到跳频组网和抗阻塞干扰性能，若其均匀性不好（例如，一部分频率出现的概率高，一部分频率出现的概率低），则不仅跳频组网困难，而且敌方可能对出现概率高的频率子集进行选择性阻塞干扰，给跳频通信带来更大的影响。

（2）应具有不可逆推性，即阻止敌方从我方当前频率或若干个频率逆推出跳频图案算法和跳频密钥。这涉及跳频图案的非线性算法、码序列的复杂度以及跳频密钥的时域处理等。要求从跳频密钥经伪随机码运算和非线性运算（或一体化运算）可计算出唯一的频率控制码，而从当前频率不能逆推出跳频图案算法和跳频密钥，且跳频密钥的时域处理又加大了这种逆推的复杂度。

民用跳频通信系统中的跳频图案要简单得多，没有以上苛刻的要求，只要实现较好的均匀性和频率—时间的数学对应关系即可。

值得指出，随着技术的发展，跳频图案未必一定需要伪随机码控制，但要满足一定的约束关系。例如，利用信息码流产生跳频图案的差分跳频体制等[15-17]。从这个意义上讲，跳频图案的定义应修正为：按照某种约束关系，射频频率随时间跳变的规律即为跳频图案。

10. 跳频信道

在定频通信中，信道的概念就是指频率（或者说频道），具有一维特性，即：在调制及编码方式等确定的前提下，只要频率相同即可实现通信，这是一个众所周知的概念。

跳频通信的信道具有多维性，在同种跳频通信装备和相同跳频体制（跳频控制、跳频同步、跳频图案、跳频频率集、调制方式、工作频段、工作方式等相同）的前提下，要实现跳频通信和跳频互通，至少跳频频率集、跳频密钥、网号等跳频参数要相同，并且实时时间（TOD）在允许的误差范围内。所以，跳频信道至少包含跳频频率集、跳频密钥、网号和实时时间等跳频参数（Frequency Hopping Parameter, FHP），对应于一个可以互通的跳频通信网。可见，在跳频通信中，信道和频道是有区别的，信道包含了频道，频道是信道的子集；而在定频通信条件下，信道就是频道。由于网系运用和协同互通的需要，在电台中还涉及网号和台号等参数，以实现网呼和单呼功能；在微波接力机组网中还涉及链路号和站号等参数，以实现路由选择功能。为了方便战术使用和战场管理控制，往往将实时时间以外的多种跳频参数进行有机的组合（实时时间可由操作员在面板上预置），形成不同的跳频信道，分别对应于不同的跳频通信网和相应的协同互通关系。因此，跳频信道是指完成跳频通信和跳频互通所需的信道参数的集合。

在使用中，可将跳频信道号作为跳频网的地址。操作员只要在面板上选择一定的跳频信道号或经网控选择，即可实现本网跳频通信和同体制的跳频互通。当选择本网规定的信道号时，可实现本网跳频通信；需要跳频互通时，可选择对方的跳频信道号，互通完毕后再返回本网信道。所以，跳频信道是具有特定含义的。在实际中，不同用途跳频通信装备的信道参数内容有所不同，由业务部门利用专门管理设备规划，并由跳频参数注入器向跳频通信装备注入；操作员可不必知道其具体内容，就像定频通信选择频率一样，在跳频通信时选择跳频信道号即可，使用方便。第 10 章将专门讨论跳频通信战场管理控制问题。

11. 跳频实时时间及其时差校正

在以上的讨论中，涉及跳频实时时间（TOD）问题。TOD 是实现跳频同步和控制跳频起点频率的主要参数，其本质是指各跳频通信装备实现跳频同步所需的机内相对时间，类似于有些系统中“时统”的概念。从机理上，TOD 与物理时间（或作战时间）可以一致，也可以不一致。在使用中，只要各跳频通信装备的 TOD 值在跳频同步允许的相对时差以内，就应该能顺利实现跳频同步，同步概率一般可达 95%以上；如果在允许的时差以外，则有可能实现跳频初始同步，但不能保证一定能实现跳频初始同步，其同步概率仅为同步频率数与跳频频率集中频率数之比。可见，跳频同步允许的时差是描述跳频同步的重要指标之一。为了保证在跳频同步校正之后，经过很长的无线电静默还能实现跳频同步，希望跳频同步允许的相对时差越大越好。根据战术使用要求，该时差一般在几分钟至 10 min 范围内，但时差太大也会引起其他问题，与跳频同步频率的更换速度有关。

TOD 时差校正主要有两个过程：一是作战之前，尽管跳频通信装备关机后，机内的时钟电路仍在工作，但此时的时钟精度不高，不能保证开机后能实现正常的跳频同步，尤其是在装备库存的时间较长时。所以，在作战之前必须进行一次人工校正，首先按北京时间（或作战时间）校对手表，再按手表时间在跳频通信装备面板上预置“年、月、日、时、分、秒”即可。二是跳频通信装备展开后，主要靠装备本身自动校正，必要时也可依靠手表时间辅助校正。如果机内 TOD 值在规定的时差范围之内，则可在跳频同步过程中自动实现时差校正；如果 TOD 值在规定的时差范围之外，则通过迟后入网方式自动实现时差校正。

如果跳频同步不是依靠 TOD 方式实现的，而是采用其他同步方式（例如，依靠某一高精度时钟、卫星授时或者战场统一授时等实现精确定时和校时，且授时误差在跳频同步允许的范围内），则不再需要以上过程。当然，这种方法是仅依托第三方进行跳频同步的，不能单独使用，否则其安全性难以保证。

3.2 跳频处理增益算法修正

在 3.1 节中，讨论了几种跳频模型（参见图 3-7）的频率可用性问题，但这些模型的跳频处理增益如何计算是一个更为深入的问题。这与装备研制、装备验收及战术使用都有密切的关系，既是一个理论问题，也是一个工程问题[3, 18]。

3.2.1 跳频处理增益已有定义存在的问题

跳频处理增益看起来是一个简单的概念，前人和已有的文献对跳频处理增益进行了有关阐述，其基本概念在人们的思想中已根深蒂固。但在实际工作中遇到了一些问题，给技术指标界定和装备验收带来了不便，甚至争论不休。主要是跳频最小频率间隔的设置与跳频处理增益的关系如何界定，涉及跳频处理增益计算的前提条件。这一问题已困惑了跳频通信工程领域很多年。

在跳频通信过程中，对于收发双方而言，某一时刻只出现一个瞬时频谱，该瞬时频谱即为原始信息经跳帧处理和调制后的频谱，其带宽稍大于原信息速率定频通信时的带宽，并且该瞬时频谱的射频是跳变的。跳频处理增益计算的依据是第 2 章中扩谱处理增益 G_P 的定义式，即式（2-8）和式（2-9）。

文献[1]指出：在频域上两两相邻的跳频瞬时频谱不交叠（即跳频最小频率间隔$\Delta f_{\min}$大于跳频瞬时带宽B，如图 3-11 所示），或两两相邻瞬时频谱零点相接（即跳频最小频率间隔$\Delta f_{\min}$等于跳频瞬时带宽B，如图 3-12 所示）的前提条件下，跳频处理增益等于全部可用频率数N（跳频总带宽W中宽度为B的频率数）：

$$G_{\mathrm{FH}} = W / B = N ，\quad \Delta f_{\min} > B \text{ 或 } \Delta f_{\min} = B \tag{3-16}$$

式中，W为跳频覆盖的总带宽，B为跳频瞬时带宽。也可取分贝：

$$G_{\mathrm{FH}} = 10\lg N \ (\mathrm{dB})，\quad \Delta f_{\min} > B \text{ 或 } \Delta f_{\min} = B \tag{3-17}$$

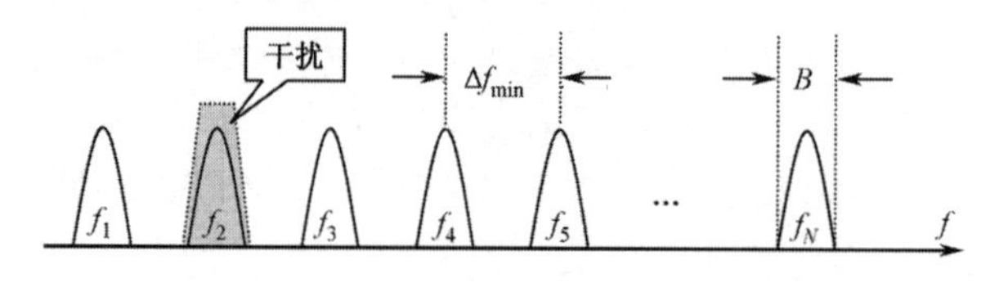

图 3-11　$\Delta f_{\min}>B$，相邻瞬时频谱不交叠

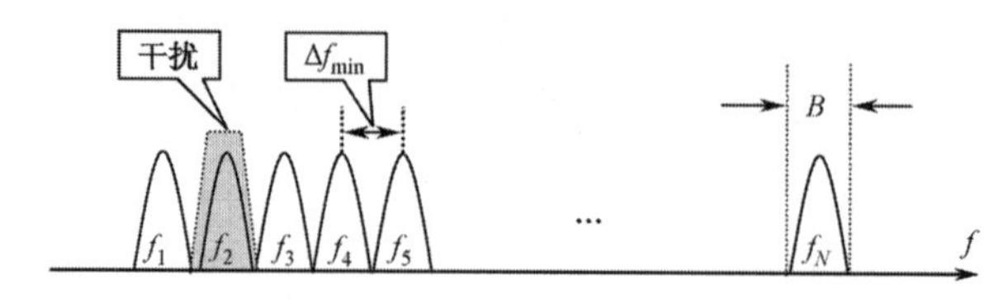

图 3-12　$\Delta f_{\min}=B$，相邻瞬时频谱零点相接

现在的问题是式（3-16）和式（3-17）跳频处理增益定义的适用范围不够全面，并且还存在不够准确或有疑义之处：一是式（3-16）和式（3-17）在$\Delta f_{\min} > B$和$\Delta f_{\min} = B$两种条件下得出了相同的结论，尽管可用频率数的概念没有错误，但不便于实际操作。例如，在实际频率数相同时，这两种情况的跳频带宽显然是不一样的。二是实际中还存在$\Delta f_{\min} < B$的情况，如图 3-13 所示，此时又如何计算其跳频处理增益？式（3-16）和式（3-17）没有给出。在实际频率数相同的前提下，又如何度量和比较$\Delta f_{\min} > B$、$\Delta f_{\min} = B$和$\Delta f_{\min} < B$三种情况下的跳频处理增益和抗阻塞干扰能力？三是在实际装备中，可用频率数N不一定等于实际频率数N_{a}，可用频率数应等于跳频总带宽W与B之比，实际频率数等于跳频总带宽W与$\Delta f_{\min}$之比，而$\Delta f_{\min}$不一定等于B；只有在$\Delta f_{\min} = B$时，才有$N = N_{\mathrm{a}}$。

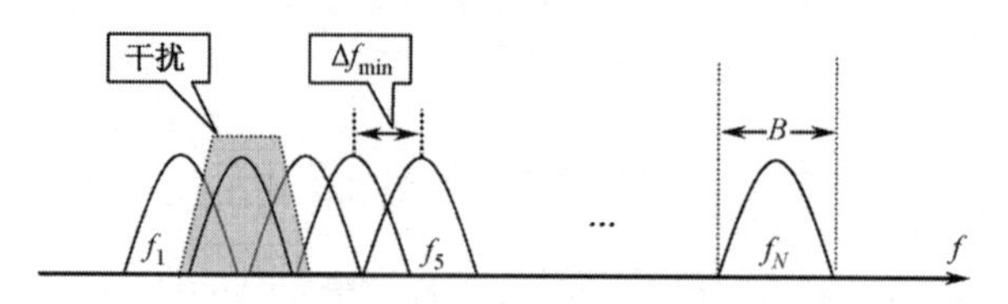

图 3-13　$\Delta f_{\min}<B$，相邻瞬时频谱交叠

从理论上讲，可用频率数表明了系统潜在的抗阻塞干扰能力。而在工程实践中所提的频率数往往是指实际频率数，并且多数情况下可用频率数在实际装备中仅是一个理论值（禁用频率除外），因而出现了概念上的模糊和争议。

可见，图 3-7 中的五种跳频模型可以归结为图 3-11、图 3-12 和图 3-13 分别对应$\Delta f_{\min} > B$、$\Delta f_{\min} = B$和$\Delta f_{\min} < B$的三种情况，这三种情况反映了跳频频率分布的共性问题。下面就以这三种情况为前提，对跳频处理增益的定义和算法进行修正，以期得到一种能适用于这三种情况

的统一的定义和算法。

3.2.2 跳频处理增益算法修正及其统一描述

先分别讨论$\Delta f_{\min}>B$、$\Delta f_{\min}=B$和$\Delta f_{\min}<B$三种情况下的跳频处理增益算法的修正，然后进行统一描述。

1. $\Delta f_{\min}>B$时跳频处理增益算法的修正

在式（3-16）和式（3-17）中，$\Delta f_{\min}>B$与$\Delta f_{\min}=B$两种情况下跳频处理增益的定义和算法是一样的。很容易理解，在实际跳频频率数N_a相等的条件下，这两种情况抗阻塞干扰的能力是不一样的，应是前者大于后者。因为，尽管实际跳频频率数相等，但$\Delta f_{\min}>B$时的最小跳频间隔是$\Delta f_{\min}$，没有将可用频率数W/B作为实际频率数，而将$W/\Delta f_{\min}$作为实际频率数，可用频率数大于实际频率数，即$N>N_a$；$\Delta f_{\min}=B$时的最小跳频间隔是B；$\Delta f_{\min}>B$时的跳频总带宽$N_a\cdot\Delta f_{\min}$要大于$\Delta f_{\min}=B$时的跳频总带宽$N_a\cdot B$，敌方付出的代价也是前者大于后者。在$\Delta f_{\min}>B$的情况下，系统中的可用频率数是一个理论值，而实际跳频频率数又不足以表示跳频处理增益，需要在式（3-16）和式（3-17）的基础上进行修正：

$$G_{FH}=W/B=N=N_a\cdot k\text{，}\quad \Delta f_{\min}>B \tag{3-18}$$

$$G_{FH}=10\lg N_a+10\lg k\ \text{(dB)}\text{，}\quad \Delta f_{\min}>B \tag{3-19}$$

式中，N为可用频率数；N_a为实际频率数；k为修正因子，$k=N/N_a=\Delta f_{\min}/B$，$k>1$，$k$表示在实际频率数相同条件下，$\Delta f_{\min}>B$时的跳频带宽大于$\Delta f_{\min}=B$时的跳频带宽的倍数，也是可用频率数多于$\Delta f_{\min}>B$时实际频率数的倍数。

2. $\Delta f_{\min}=B$时跳频处理增益算法的修正

当$\Delta f_{\min}=B$时，可用频率数N等于实际频率数N_a，在实际装备中可以直接得到，从图3-12可得到严格的数学关系：

$$W=N\cdot\Delta f_{\min}=N\cdot B=N_a\cdot B \tag{3-20}$$

由此可得

$$G_{FH}=W/B=N=N_a\text{，}\quad \Delta f_{\min}=B \tag{3-21}$$

或

$$G_{FH}=10\lg N=10\lg N_a\ \text{(dB)}\text{，}\quad \Delta f_{\min}=B \tag{3-22}$$

可见，式（3-20）和式（3-21）分别是式（3-18）和式（3-19）的一部分，或者说式（3-20）和式（3-21）仅在$\Delta f_{\min}=B$条件下成立。式（3-20）、（3-21）是跳频处理增益计算的一个最基本的公式，但是以$\Delta f_{\min}=B$为条件的，可以将其作为其他两种情况的比较标准；而以前人们常常将跳频处理增益等于跳频频率数的结论不加条件地套用。

3. $\Delta f_{\min}<B$时跳频处理增益算法的修正

在式（3-16）和式（3-17）中没有对$\Delta f_{\min}<B$情况下的跳频处理增益计算进行描述，而这种情况在实际中又经常遇到。此时，可用频率数小于实际频率数，即$N<N_a$，两两相邻的跳频瞬时频谱出现了重叠，此时跳频可用频率数也是一个理论值。$\Delta f_{\min}<B$与$\Delta f_{\min}=B$相比较，即使两种情况的实际跳频频率数相等，其抗阻塞干扰的能力也是不一样的，应是前者小于后者。很容易理解，尽管实际跳频频率数相等，但$\Delta f_{\min}<B$的跳频总带宽$N_a\cdot\Delta f_{\min}$要小于$\Delta f_{\min}=B$时的跳频总带宽$N_a\cdot B$，频谱出现重叠的部分对跳频处理增益没有贡献，敌方对$\Delta f_{\min}<B$时付出的代价要小于$\Delta f_{\min}=B$时，并且一个干扰频率可以干扰多个相邻的跳频频率，参见图

3-13。另外，在使用全向天线和相同频率表（或部分频率相同）进行跳频组网时，$\Delta f_{\min} < B$ 还会引起己方的网间互扰。因此，在这种情况下，实际跳频频率数也不足以表示跳频处理增益，需要在式（3-16）和式（3-17）的基础上进行修正：

$$G_{\mathrm{FH}} = W / B = N = N_{\mathrm{a}} \cdot k, \quad \Delta f_{\min} < B \tag{3-23}$$

$$G_{\mathrm{FH}} = 10\lg N_{\mathrm{a}} + 10\lg k\ (\mathrm{dB}), \quad \Delta f_{\min} < B \tag{3-24}$$

式中，N 和 N_{a} 分别为可用频率数和实际频率数；k 为修正因子，其物理意义是在实际频率数相同条件下 $\Delta f_{\min} = B$ 跳频带宽大于 $\Delta f_{\min} < B$ 跳频带宽的倍数，也是 $\Delta f_{\min} < B$ 实际频率数大于可用频率数的倍数，即 $k = N / N_{\mathrm{a}} = \Delta f_{\min} / B$，$0 < k < 1$。

4. 修正后的统一表达式及其实用性

根据以上分析结果及其适用条件，可以看出：$\Delta f_{\min} = B$、$\Delta f_{\min} > B$ 和 $\Delta f_{\min} < B$ 时的跳频处理增益算法修正后的数学表达式在形式上是一致的，仅仅是修正因子 k 分别等于 1、大于 1 和小于 1。所以，$\Delta f_{\min} = B$、$\Delta f_{\min} > B$ 和 $\Delta f_{\min} < B$ 三种情况下的跳频处理增益可以合并成同一个表达式，即修正后跳频处理增益的统一定义和算法为

$$G_{\mathrm{FH}} = W / B = N = N_{\mathrm{a}} \cdot k \tag{3-25}$$

$$G_{\mathrm{FH}} = 10\lg N_{\mathrm{a}} + 10\lg k\ (\mathrm{dB}) \tag{3-26}$$

式中，N_{a} 为实际频率数；k 为修正因子，$k = \Delta f_{\min} / B$，$k > 0$。

式（3-25）和式（3-26）在扩谱通信基本理论基础上，客观地反映了跳频相邻瞬时频谱不重叠、重叠和两两零点相接三种情况对跳频处理增益的影响，给出了相同标准的跳频处理增益统一表达式，涉及的三个参数 N_{a}、$\Delta f_{\min}$ 和 B 在对应的系统中都是实际的参数，可经系统设计和测量得到，具有很强的实用性和可操作性。但在计算时要注意前提条件，不能简单地将系统实际频率数作为跳频处理增益。

在一次跳频通信中全体跳频频率的集合称为跳频频率表，式（3-25）和式（3-26）中的实际频率数是指一张频率表中频率的个数，而不一定是工作频段中的频率数。一种跳频通信装备一般有多于 1 张的跳频频率表，每张频率表中的频率数一般设计为相等，必要时也可不相等。根据战场管理的需要，频率表中的频率可以是工作频段中的所有可用频率，也可以是其中的部分频率。

总之，无论最小频率间隔取何值，跳频处理增益都应等于相应工作频段的可用频率数。如果用实际频率数计算，则要乘以修正因子 k，而不能直接用实际频率数计算跳频处理增益，这一核心概念在实际工程中需要特别注意。

3.3 跳频处理增益对系统能力的影响

跳频处理增益不仅与跳频通信系统的抗阻塞干扰能力有关，还与抗跟踪干扰、组网和反侦察等能力有关。如何看待跳频处理增益对系统能力的影响，是跳频通信工程中需要讨论的问题。

3.3.1 跳频处理增益对抗阻塞干扰能力的影响

跳频通信的干扰威胁主要有阻塞干扰和跟踪干扰两种基本类型。系统的抗阻塞干扰能力主要表现在跳频干扰容限和功率等方面，当跳频固有损耗和所需解调最小信噪比一定时，跳频干扰容限的大小就取决于跳频处理增益。当然，如果系统组网后具有迂回通信能力，也有利于抗阻塞干扰。从跳频处理增益的定义可以看出，跳频处理增益主要是针对抗阻塞干扰能力而言的。

在系统发射功率和组网能力一定的条件下，系统的抗阻塞干扰能力主要依赖于跳频处理增益。

图 3-11、图 3-12 和图 3-13 所示三种情况，对于同样的实际跳频频率数 N_a 和同样带宽的阻塞干扰，其可通频率数是不相同的：当 $\Delta f_{\min} = B$ 时，若 J 个频率被干扰，则可通频率数为 $N_a - J$ 个；但 $\Delta f_{\min} > B$ 时的被干扰频率数要小于 J 个，则可通频率数大于 $N_a - J$ 个；当 $\Delta f_{\min} < B$ 时，相邻频谱产生交叠，此时一个干扰频率可以干扰多个相邻的跳频频率，可通频率数小于 $N_a - J$ 个。相比之下，定频通信只有一个射频相对固定的频点，如果此时受到瞄准干扰，且干扰功率足够大，则通信会中断，如图 3-14 所示。因此，从理论上讲，只有有效阻塞干扰跳频通信频率表的 N 个可用频率，才能达到与干扰定频通信同样的效果；但从第 2 章关于跳频干扰容限的分析和实际效果来看，$\Delta f_{\min} = B$ 和 $\Delta f_{\min} > B$ 时的抗阻塞干扰能力一般小于各自跳频总带宽或总频率数的三分之一，$\Delta f_{\min} < B$ 时的实际抗阻塞干扰能力还要低于此值，可以将此值称为常规跳频通信实际抗阻塞干扰能力的门限值——干扰容限。如果干扰带宽超过该门限值，跳频通信效果将严重恶化甚至使通信中断。实际上，此时系统得不到应有的跳频处理增益。

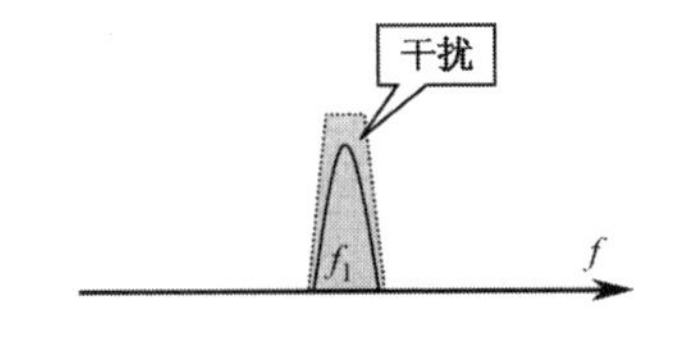

图 3-14　定频通信受到瞄准干扰

由以上分析可见，对于常规跳频通信系统，跳频处理增益越大，系统的抗阻塞干扰能力越强。但是，在实际工程中，由于跳频通信系统的频率集一般是固定不变的，在受到点频和部分频带阻塞干扰（包括民用干扰）的情况下，系统仍盲目地往受干扰频点上跳，从而造成“频率盲区”，使得系统平均误码率 $0.5 \times J / N$ 随着受干扰频率数 J 的增加而线性增加，形成了所谓的“盲跳频”现象（如图 3-15 所示）。这是常规跳频体制的最大弱点，因而也将常规跳频称为“盲跳频”。常规跳频通信是不能躲避干扰的，只能“打一枪换一个地方”。美国学者 Don J. Torrieri 将这一现象描述为：“尽管设计跳频通信系统的目的是希望躲避干扰，但它可能会跳入一个非期望的频谱区域。”[19] 针对“盲跳频”及其三分之一频段干扰门限效应机理，干扰方可采用“三分之一频段（或频率数）”干扰策略[20-21]，此时常规跳频系统实际得到的有效跳频处理增益只有理论值的三分之一左右。在这种情况下，提高跳频处理增益，可以提高抗阻塞干扰的绝对门限值；但不能提高“三分之一”相对门限值，而需要采取其他增效措施，如频率自适应跳频和信道编码等。

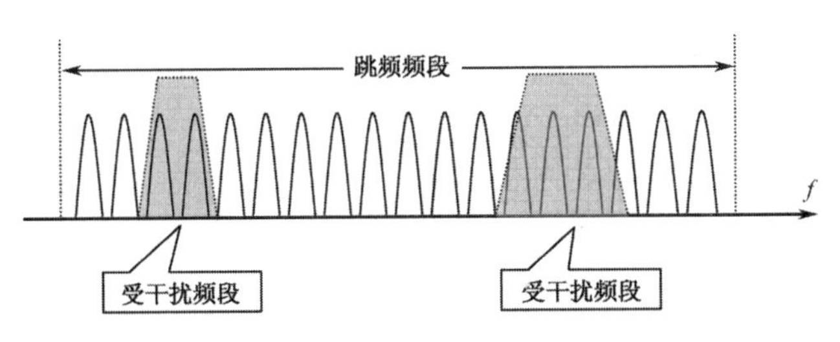

图 3-15　“盲跳频”的形成

3.3.2　跳频处理增益对抗跟踪干扰能力的影响

从理论上讲，跳频处理增益与系统的抗跟踪干扰能力和组网能力没有直接的关系，但从使用角度看还有一定的联系。

跳频通信系统的抗跟踪干扰能力主要与跳频速率、组网能力、跳频图案和跳频密钥等因素有关，但在使用中较大的跳频处理增益有利于提高抗跟踪干扰能力。一方面，跳频频率数越多，敌方对跳频信号的侦察分选就越困难，也就越难确定跳频通信网的干扰目标和干扰频率集。另一方面，跳频频率数越多，迫使跟踪干扰发射机需要有更大的干扰带宽和更大的频率集；如果跳频频率数和跳频带宽超过了跟踪干扰发射机的频率范围，即使干扰机的跟踪速度足够快，也实现不了有效的跟踪干扰。例如，若同时工作的各个跳频通信网的跳频频率集中只有两个频率，则干扰方可很容易地实现跳频频率集的侦察分选和跟踪干扰。

3.3.3 跳频处理增益对组网能力的影响

无论采用何种跳频组网方式，都要求有足够多的跳频频率数量，这是实现跳频组网的重要前提；否则，难以实现跳频组网和跳频同步。例如，若跳频频率资源只有两个频率，不仅很难分配跳频同步频率，更谈不上跳频组网。跳频处理增益越大，意味着跳频频率数越多。

对于跳频异步组网，若跳频频率足够多，足以选择一定的频率数实现跳频同步，同时方便使用不同频率集来组成多个正交的跳频异步网，即使使用同一张频率表，也可以组若干个异步跳频网。对于跳频同步组网，理论上用一张具有 N 个频率的跳频频率表可以组 N 个跳频同步网。频率数越多，同步组网数量也越多。可见，跳频频率数越多，越有利于跳频组网和跳频同步。在第 9 章中将专门介绍跳频组网方法。

3.3.4 跳频处理增益对反侦察性能的影响

从一般意义上讲，通信的反侦察性能主要体现在低检测概率性能、低截获概率性能和低利用概率性能等方面[22]。下面讨论跳频处理增益对跳频通信反侦察性能的影响。

所谓跳频通信的低检测概率（Low Probability of Detection, LPD）性能，是指跳频信号能否被敌方侦察接收机发现的性能。发现通信中的跳频信号是侦察方对跳频通信侦察的基本要求。由于跳频信号是暴露的，在背景噪声之上，为正的信噪比，且射频跳变特征明显，侦察方一般采用宽带接收机侦察跳频信号，对其检测并不困难。可以说跳频信号基本上不具备低检测概率性能，或者说跳频信号不属于 LPD 信号，并且跳频信号的 LPD 性能明显劣于直扩通信信号，这是由跳频通信技术体制决定的。基于此，跳频频率数的多少（即跳频处理增益的大小）对提高跳频信号的 LPD 性能没有直接贡献，在侦察方使用宽带接收机时更是如此。

所谓跳频通信的低截获概率（Low Probability of Interception, LPI）性能，是指跳频信号在被敌方侦察接收机发现的基础上，其信号特征和技术参数能否被分析和识别的性能。截获并分析和识别跳频信号是引导有效干扰的基本要求。跳频信号的 LPI 性能与跳频图案设计、同步信号伪装设计、频率表设计、跳速设计、频率间隔设计、组网能力和参数管理等诸多因素有关。跳频信号的 LPD 性能虽然远远不及直扩通信信号，但它具有优良的 LPI 性能，这是跳频通信反侦察设计的重点。跳频频率数越多（即跳频处理增益越大），跳频组网数就越多，空中的跳频信号也就越复杂，迫使敌方侦察接收机采用更大的分析带宽和具有更优良的技术性能；所以，增大跳频处理增益有利于提高跳频通信的 LPI 性能。例如，若跳频通信系统只在两个频率上跳频，这是很容易被截获和跟踪的。

所谓跳频通信低利用概率（Low Probability of Employ, LPE）性能，是指跳频信号被敌方侦察接收机截获后，其携带的信息和情报能否被还原和获取的性能。还原和获取跳频通信的信息和情报是对跳频通信侦察的最高要求。从狭义上理解，跳频信号的 LPI 性能是针对射频而言的；而跳频信号的 LPE 性能是针对基带信息而言的，主要取决于基带信息的加密技术。从这个意义上讲，跳频信号对 LPE 性能没有贡献。但是，从广义上讲，若跳频通信系统具有很好的 LPD 和 LPI 性能，把住了射频的关口，敌方的侦察接收机也就谈不上从基带上获取有用信息和情报了。可见，广义的 LPE 性能具有综合性，应该包括 LPD、LPI 和狭义 LPE 性能。因此，增大跳频频率数和跳频处理增益仍然有利于提高跳频通信的 LPE 性能。

3.4 跳频图案的性能分析与检验

跳频图案的性能主要涉及跳频图案周期、跳频图案复杂度和跳频图案的随机性、均匀性等指标。关于跳频图案周期，根据技术方案和式（3-15）直接进行理论计算即可。这里结合工程实践，重点讨论跳频图案复杂度分析和跳频图案的随机性、均匀性检验等问题。

3.4.1 跳频图案复杂度分析

为了保证跳频图案具有不可逆推性，阻止敌方从当前跳及前几跳的频率逆推跳频密钥和跳频图案算法，希望跳频图案（或跳频码序列）具有较好的复杂度。由图 3-10 可知，跳频图案和跳频码序列在本质上是一致的，跳频图案的复杂度就是跳频码序列的复杂度。

1. 影响跳频图案复杂度的因素

在跳频图案的产生过程中，虽然伪随机码（伪随机序列）本身可以具备一定的非线性和复杂度，但是为了使跳频图案具备更好的不可逆推性，进一步提高跳频图案的抗破译性能，同时将伪随机码的位数变换为适合控制频合器的位数，一般不把伪随机码直接作为跳频码序列，而在伪随机码的基础上，进行复杂的非线性变换，最后生成跳频码序列。

目前，工程上常采用基于移位寄存器的二进制伪随机码来产生跳频码序列，其产生过程有线性和非线性之分。为了克服线性序列容易被破译的弱点，应考虑采用非线性反馈循环移位伪随机码作为产生跳频码序列的基础序列。本书将这种非线性变换称为第一类非线性变换（线性反馈循环移位仅作为它的一个特例），将从伪随机码到跳频码序列之间的非线性变换称为第二类非线性变换。这两类非线性变换从不同的侧面影响着跳频码序列的复杂度，进而直接决定了跳频码序列的抗破译能力。

可见，跳频图案的产生有两个关键步骤：一是伪随机码的产生；二是复杂非线性变换。并且，此处的伪随机码以及跳频图案还与 TOD 和 PK 有关，分析过程中要考虑 TOD 递增对复杂度的影响。对于二进制伪随机码复杂度的问题，已有了比较成熟的研究成果[23]可以借用；而对于由图 3-10 产生的跳频图案复杂度的分析，涉及以上较多的因素[24]。

下面先分别讨论以上两类非线性变换的复杂度问题，再综合考虑两种因素，讨论跳频码序列综合复杂度问题。

2. 第一类非线性变换复杂度

二进制伪随机码是跳频码序列产生的基础；同样，二进制伪随机码复杂度的分析也是跳频码序列复杂度分析的基础。

二进制伪随机码都可以由线性移位寄存器产生[23]，只是有些码序列用线性移位寄存器来产生时，所需移位寄存器的级数会大到难以忍受的程度。然而，如果在反馈移位时加上一定的非线性运算，会使所需的移位寄存器的级数大幅度减少。有鉴于此，为了便于线性序列与非线性序列复杂度的比较，人们通常把非线性移位寄存器序列的复杂度定义为[23]：产生该非线性序列的等效线性移位寄存器的长度。求取这样一个等效线性移位寄存器的长度，可以用

Berrekamp-Messey 算法[23-24]来完成，其核心思想是用数学归纳法求出一系列线性移位寄存器。

这种算法实质上是一系列迭代的过程，其规律性非常强，易于编程，计算较为方便。因此，它不失为一种计算非线性码序列等效线性复杂度的有效方法。有了该算法以后，就可以比较线性和非线性码序列的复杂度。

由于在每个跳频码序列的产生过程中都要用到一次伪随机码的产生过程，并且每次所用的伪随机码的长度是一个范围有限的随机数，因此可以通过重构序列的方法计算第一类非线性变换的复杂度。

根据跳频码序列的产生方法可知，第一类非线性变换的复杂度受伪随机码的非线性、“TOD+1”、每次循环移位的次数（即每产生一个跳频码序列所使用的伪随机码的长度）等因素的影响。进一步的分析表明[24]：非线性伪随机码的复杂度比线性伪随机码的复杂度有很大幅度的增加；“TOD+1”运算使基于同一种伪随机码重构产生的跳频码序列增加了非线性；基于 m 序列和 M 序列的跳频码序列第一类非线性变换复杂度差距较大，前者低于后者。

3. 第二类非线性变换复杂度

第二类非线性变换是一个从 n bit 到 m bit 频率控制字的变换，对该类非线性变换除了有一定的非线性复杂度要求以外，还要求这种变换对跳频码序列的随机性、均匀性等性能不造成太大的影响。因此，对这种变换的要求比较高，目前还没有成熟的理论，工程上常采用以下两种方法：

（1）直接位变换法——对伪随机码进行一系列按位进行的线性、非线性复合运算，以达到从跳频码序列到伪随机码之间不可逆推的目的。

（2）非线性转移矩阵法——在 n bit 伪随机码到 m bit 的频率控制字 $(n > m)$ 之间进行非线性变换，文献[13, 24]提出了一种通过构建非线性转移矩阵 $\boldsymbol{T}_{n\times m}$，从而实现由 $1\times n$ 矩阵（行矩阵）到 $1\times m$ 矩阵变换的方法：

$$\boldsymbol{L}_{1\times n}\cdot\boldsymbol{T}_{n\times m}=\boldsymbol{N}_{1\times m} \tag{3-27}$$

第二类非线性变换显然与第一类非线性变换有着不同的含义，当然也必须采用新的方法来衡量其非线性变换的复杂度。

由以上方法可以看出，不管采用哪种方法，第二类非线性变换实质上都是一系列按位进行的非线性运算。因此，把这类非线性变换的复杂度定义为非线性变换的步数，这样很容易求得第二类非线性变换的复杂度[24]。例如，直接位变换法的变换复杂度 l_2 可定义为按位进行变换的步数的累加和。要注意的是：在这类变换中，在累计变换步数时要求变换的方法最简，否则会造成人为夸大复杂度的后果；非线性转移矩阵法的变换复杂度 l_2 可定义为非线性转移矩阵的行数、列数之积，即 $l_2=n\times m$。要注意的是适当构造非线性转移矩阵，以保证所产生的跳频码序列的随机性和均匀性同时满足要求。

4. 跳频码序列综合复杂度

至此，分别分析了跳频码序列的第一、二类非线性变换的复杂度，现在需要讨论的问题是如何完整地表达一组跳频码序列的综合复杂度。由以上分析可知，第一类非线性变换的复杂度是用等效线性移位寄存器的级数来表征的，第二类非线性变换的复杂度是用位变换的步数来表征的，两者的量纲不一致。为了统一量纲，需定义一个新的量，以方便表征跳频码序列的综合复杂度[13, 24]。

定义 3-1　如果第一类非线性变换复杂度的单位是“级”，第二类非线性变换复杂度的单位是“步”，则定义一个表征跳频码序列综合复杂度的量，其单位为“级·步”，其数值等于第一类变换复杂度与第二类变换复杂度的乘积。

这样的定义，在工程上能较好地综合两类非线性变换对跳频码序列复杂度的贡献。从物理意义上讲，每进行一次第一类非线性变换后都要进行第二类非线性变换中的每一步变换，因此综合复杂度应该是两类复杂度的乘积。

不排除还有其他更有效的跳频图案复杂度分析方法，当然，跳频图案复杂度分析与跳频图案的产生方法有关。

3.4.2 跳频图案的均匀性和随机性检验

对于采用某种方法产生的跳频图案，需要利用概率与数理统计以及谱估计等原理对其均匀性和随机性等主要性能进行可靠的检验。

1. 跳频图案均匀性检验方法

为了便于组网和提高抗阻塞干扰性能，希望跳频图案（跳频码序列）具有较好的均匀性，即各跳变频率在工作频段内均匀分布，并包含跳频图案的遍历性。理论和实践表明，跳频图案中各频率均匀分布比非均匀分布具有更好的抗阻塞干扰性能[25]。

值得指出，均匀性好不等于随机性好。例如，顺序跳频的均匀性很好，但没有随机性。

跳频码序列的均匀性可分为两类来描述。一类是：任意产生的某一频率号是在$0\sim 2^m-1$（m是频率控制字的位数）之间的一个随机变量，从统计意义上讲，要求其等概率出现，其概率均为$1/2^m$，对这样的问题进行检验，称之为一维等分布检验；另一类是：第i个频率号与第$i+1$个频率号连续出现的概率应该是$1/(2^m)^2$，对这样的问题进行检验，称之为二维连续性检验。其中，$N=2^m$是频率数。

1）一维等分布检验

伪随机频率号（或称伪随机序列字）$X_i\,(0\leqslant X_i\leqslant 2^m-1)$应等概率出现，即

$$P(X_i)=1/2^m \tag{3-28}$$

为了证实这个假设，采用χ^2检验，对各种数据进行T次统计，并根据这些结果，用多数判决法进行最终判决。

2）二维连续性检验

伪随机频率号的各对连续字出现也应等概率，对于m bit 字，有

$$P(X_{i+1}/X_i)=1/(2^m)^2 \tag{3-29}$$

为了证实这个假设，采用χ^2检验，对各种数据进行T次统计，并根据统计结果，用多数判决法进行最终判决。

3）具体检验

检验方法的基本思想如下[14, 26-27]：

根据检验所取的m个观察值$x_1,x_2,\cdots,x_m$来检验关于总体分布的假设H_0：总体X的分布概率为$P(x=x_i)=p_i$，$i=1,2,\cdots,k$。

把随机试验结果的全体S分为k个互不相容的事件$A_1,A_2,\cdots,A_k$，其中A_i满足以下关系：$A_1\cup A_2\cup\cdots A_k=S$，$A_iA_j=\varPhi$（$i\neq j$；$i,j=1,2,\cdots,k$）。于是，在假设$H_0$下，可以计算$p_i=P(A_i)$，$i=1,2,\cdots,k$。在$m$次试验中，事件$A_i$出现的频率$f_i/m$与$p_i$有差异。若$H_0$为真，则这种差

异并不显著；若 H_0 为假，这种差异就显著。基于这种思想，皮尔逊（Pearson）使用统计量[26-27]：

$$\chi^2 = \sum_{i=1}^{k} \frac{(f_i - mp_i)^2}{mp_i} \tag{3-30}$$

作为检验理论（即假设 H_0）与实际符合程度的尺度，并证明了如下定理：

定理 3-1 若 m 充分大（$m \geqslant 50$），则不论总体属什么分布，统计量总是服从自由度为 $k-r-1$ 的 χ^2 分布。其中，r 是被估计参数的个数。

于是，若在假设 H_0 下得到 χ^2 值，有

$$\chi^2 > \chi_\alpha^2 (k-r-1) \tag{3-31}$$

则在水平 α 下拒绝 H_0；若上式中不等号反向，就接受 H_0。这里，目标分布为已知，其概率 p_i 为定值，因此估计参数个数 $r=0$。

根据上述思想，即可对所用跳频码序列进行均匀性检验[14]。

2. 跳频图案随机性检验方法

为了保证跳频图案具有不可递推性，即阻止敌方从当前跳及前几跳的频率预测下一跳的频率或从以前跳的频率来预测当前跳的频率，希望跳频图案（或跳频码序列）具有较好的随机性。值得指出，跳频图案的随机性好包含了均匀性好，但均匀性好不等于随机性好。

跳频码序列是一种经过非线性运算和位变换后的伪随机码，伪随机码的随机性是用功率谱的特性来表征的。理想随机码（序列）的功率谱是平坦的（白色的），而伪随机码的功率谱有波动。因此，跳频码序列的功率谱越平坦，其随机性越好。

跳频码序列的随机性检验即为跳频码序列功率谱估计问题。功率谱估计的方法有很多[28]，如相关函数法、周期图法、最大熵估计法、最小交叉熵法、最大似然法等。较为常用的是周期图法，从频域上直接求序列的傅里叶变换或 z 变换，其中又有平均周期图法、平滑周期图法（窗函数法）和平滑周期图平均法之分。

一般多采用平滑周期图法进行功率谱估计。平滑周期图平均法与平滑周期图法的基本思想是一致的，但其估计值的方差更小，估计准确度更高。因此，这里采用平滑周期图平均法对跳频码序列进行功率谱估计[14]，以检验其随机性的优劣。

设序列 $x(n)$ 的功率谱为 $P_{xx}(\omega)$，把 $x(n)$ $(0 \leqslant n \leqslant N-1)$ 序列分成长度为 L 的 K 个重叠段，就可以求得周期图谱（功率谱）估值。

在实现过程中，各序列段重叠 $L/2$ 个样点，序列段的总数目为

$$K = [(N - L/2)(L/2)] \tag{3-32}$$

式中，$[\cdot]$ 表示取整运算。

第 i 段的数值定义为

$$x_i(n) = x(i \cdot (L/2) + n) \cdot W_\mathrm{d}(n), \quad 0 \leqslant n \leqslant L-1,\ 0 \leqslant i \leqslant K-1 \tag{3-33}$$

式中，$W_\mathrm{d}(n)$ 为 L 个点的数据窗函数（如矩形窗函数、汉明窗函数等）。经窗处理后序列段 $x_i(n)$ 的 M 点（$M>L$）离散傅里叶变换为

$$X_i(k) = \sum_{n=0}^{M-1} x_i(n) \mathrm{e}^{-\mathrm{j}2\pi kn/M}, \quad 0 \leqslant k \leqslant M-1,\ 0 \leqslant i \leqslant K-1 \tag{3-34}$$

式（3-34）是用快速傅里叶变换（FFT）算法计算的（如果 $L<M$，则序列 $x_i(n)$ 要用 $M-L$ 个 0 值取样补齐）。

对修正周期图 $S_i(k) = |X_i(k)|^2$（$0 \leqslant k \leqslant M-1, 0 \leqslant i \leqslant K-1$）求平均，以产生归一化角频

率 $2\pi k / M$ 处功率谱估值

$$S_{xx}\left(2\pi k / M\right)=\frac{1}{KU}\sum_{i=0}^{K-1}S_i(k),\quad 0\leqslant k\leqslant M-1 \tag{3-35}$$

式中，$U=\sum_{n=0}^{L-1}W_{\mathrm{d}}^2(n)$。

该功率谱的计算是一种统计估计方法，其估值与功率谱真值之间存在误差，其均方差值的大小取决于估值的统计平均量，即其期望和方差。

进一步的分析表明[14]，将序列先进行分段处理，再求各分段处理结果的平均，其功率谱估计的均方差与分段数 K 成反比，要尽量在 L 一定时增加 K。

3.5 跳频信号损伤及其估算

前面在讨论跳频通信稳健性时曾指出：在无干扰情况下，跳频通信的效果不及定频通信，或者说在获得同样通信性能的情况下，定频通信距离大于跳频通信距离，即跳频方式与定频方式相比存在“跳频信号损伤”。

这里要研究的问题是跳频信号损伤产生的主要原因、跳频信号损伤与跳频设计参数之间的关系、跳频系统损耗的下界以及跳频信号损伤的测量等。

3.5.1 跳频信号损伤的产生原因分析

多数跳频体制为数字跳频，这里主要讨论数字跳频的信号损伤，本书中若不特别说明，跳频均指数字跳频。不失一般性，跳频通信系统采用二进制频移键控（BFSK）调制方式，为简化分析，这里不考虑差错编码。跳频发射信号可表示为[29]

$$s(t)=\sqrt{2p}\sin[\omega_0 t+\omega_n t+d_n\Delta\omega\, t],\quad nT_{\mathrm{b}}\leqslant t<(n+1)T_{\mathrm{b}},\ n\text{ 为整数} \tag{3-36}$$

式中，p 为信号功率；ω_0 为 BFSK 调制的中心频率；ω_n 为跳频频率表中的频点；d_n 为数据信号，取双极性信号，即 $d_n=\pm 1$；$\Delta\omega$ 为 BFSK 相对于 ω_0 的频偏；T_{b} 为码元周期。对于跳频通信系统，FSK 一般采用非相干检测[30]。

定频 BFSK 的信号可表示为

$$s(t)=\sqrt{2p}\sin(\omega_0 t+d_n\Delta\omega t),\quad nT_{\mathrm{b}}\leqslant t\leqslant(n+1)T_{\mathrm{b}},\ n\text{ 为整数} \tag{3-37}$$

式中，各符号的物理意义与式（3-36）相同，所不同的是没有 ω_n。

这里，将准确同步，忽略换频时间，跳频带宽内各频率上的发射、接收功率相等，跳频带宽内各频率接收灵敏度相同等都定义为理想情况，在理想情况下有

$$\mathrm{FH}(\cdot)\times\mathrm{FH}^{-1}(\cdot)=1 \tag{3-38}$$

式中，$\mathrm{FH}(\cdot)$、$\mathrm{FH}^{-1}(\cdot)$ 分别表示跳频、解跳传输函数。此时式（3-36）中的跳频信号等效为式（3-37）中的普通 BFSK 信号。在加性高斯白噪声（AWGN）信道下，其误码率为[31]

$$P_{\mathrm{BFSK}}=\frac{1}{2}\exp(-\frac{\varepsilon_{\mathrm{b}}}{2N_0}) \tag{3-39}$$

式中，$\varepsilon_{\mathrm{b}}=pT_{\mathrm{b}}$ 为每比特信号的能量；N_0 为 AWGN 的单边功率谱密度。

可见，在理想情况下，当跳频通信系统以相同的信号功率和信息速率工作于跳频或定频方式时，对于相同的误码率指标要求，二者的通信距离相同，即不存在跳频损伤。

然而在工程上，由于器件水平的限制，跳频信号存在频率切换时间，同步也不是理想的，而且在整个跳频带宽内，各跳频频率上的收发功率会有波动，每个频率上的接收灵敏度也不尽一致，等等。所有这些非理想性必然导致跳频信号的损伤。其中，同步误差、功率波动以及接收机各频率接收灵敏度等因素，可以通过有效的技术手段使其保持在很小的范围以内，而频合器和信道机（含功放）的频率跳变则有一个暂态过程（如图 3-16 所示），难以做到无缝隙跳变，所以其换频时间是跳频通信系统设计中不可避免的，而且是影响最大的因素。为便于分析，以下仅考虑由换频时间引起的跳频损伤。

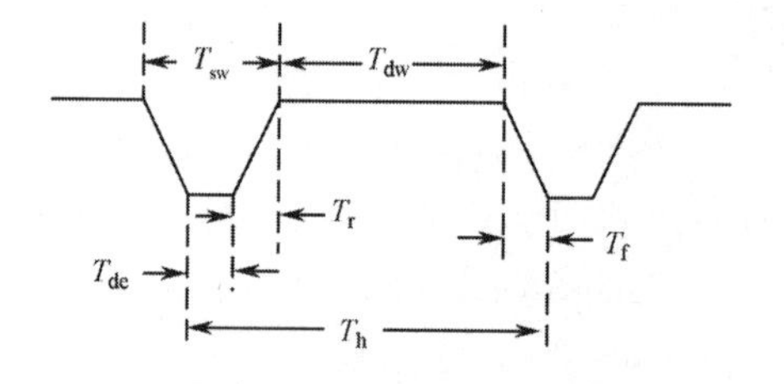

图 3-16 跳周期中的暂态过程

根据图 3-16，一个跳周期 T_h 在时间上可以分成四部分：跳频驻留时间 T_{dw}，跳频系统仅在驻留时间内传输信息；无响应时间 T_{de}，在此期间无信号输出；上升时间 T_r；下降时间 T_f。其中后三个时间段之和称为换频时间 T_{sw}。

于是一个跳周期可以表示为

$$T_h = T_{dw} + T_{de} + T_r + T_f \tag{3-40}$$

换频时间主要由频合器、滤波器、功放等器件的响应速度决定。一方面，过于陡峭的上升沿和下降沿在器件上难以实现；另一方面，如果相邻频率切换时间过短，也会造成大量的频谱溅射，对己方其他网台形成干扰。由于有效信息只能在驻留时间内传输，如果换频时间太长，则在每跳周期内跳频通信系统的稳定工作时间就会缩短，从而降低系统的传输效率。

由于换频时间的存在，跳频通信系统必须在驻留时间内把整个跳周期内应传送的信息传送完毕，根据跳频数据平衡公式（3-2），一个实际的跳频通信系统必须满足

$$R_b \cdot T_h \leqslant R_c \cdot T_{dw} \tag{3-41}$$

式中，R_b、R_c 分别为发送端跳频数据压缩前和压缩后的信息速率。定义跳频数据平衡比为

$$\gamma = \frac{R_b}{R_c} \leqslant \frac{T_{dw}}{T_h} \leqslant 1 \tag{3-42}$$

其倒数即跳频数据压缩比。

由于管理和控制的需要，跳频通信系统中还要加入其他有关勤务信息，因此跳频通信系统不但要在驻留时间内以 R_c 的速率将 $R_b \cdot T_h$ 比特（bit）的有效信息传送完毕，还必须传送一些额外信息，即式（3-41）通常取小于号。为了提高系统的可靠性，有时还在驻留时间的两端留有一定的保护时隙，将速率为 R_b 的连续信息流压缩成速率为 R_c 的间断信息流在跳频驻留时间内传送。这样，发送端数据压缩处理后的信道信息速率将进一步增加。

可见，由于跳周期内存在切换时间，跳频通信的有效信息只能在不大于每跳驻留时间的时间段内以压缩后的高速率传输，当以相同的功率、通信距离分别工作于定频和跳频状态时，每比特的信号能量甚至每跳周期内的信号能量必然小于定频信号以相同有效速率在一个跳周期时间内传输时相应的信号能量。根据香农信息论，以相同的发射功率，要达到相同的误码性能（又称误码率性能），在无外界干扰的情况下，跳频通信距离必然小于定频通信距离。可见，跳频频率切换时间是产生跳频信号损伤的主要原因，而跳频信号损伤又是导致跳频通信距离小于定频通信距离的主要原因。

3.5.2 跳频信号损伤比的理论估算

定义 3-2 在相同有效信息速率和误码率的前提下，跳频通信系统以相同的发射功率工作于跳频方式和定频方式的通信距离之比为跳频信号损伤比或跳频损伤比（Impairment Ratio of Frequency Hopping，IRFH）[29]。

下面先分析跳频信号损伤比与跳频通信有关参数的关系和规律。假设跳频通信系统工作于定频方式的信息速率为 R_b，码元周期为 T_b，接收功率为 p_{r1}，每比特信号能量为 ε_1；工作于跳频方式的跳频同步是理想同步，跳频信道传输速率为 R_c（即在跳频方式下由 R_b 经数据压缩后的传输速率），码元周期为 T_c，接收功率为 p_{r2}，每比特信号能量为 ε_2，在同等发射功率、获得相同误码率条件下，定频方式与跳频方式的通信距离分别为 d_1、d_2。则有

$$\varepsilon_1 = p_{r1}T_b = \frac{p_{r1}}{R_b} \tag{3-43}$$

$$\varepsilon_2 = p_{r2}T_c = \frac{p_{r2}}{R_c} \tag{3-44}$$

当跳频与定频方式的误码性能相同时，根据式(3-39)，$\varepsilon_1 = \varepsilon_2$，再由式(3-43)和式(3-44)，有下式成立：

$$\frac{p_{r1}}{p_{r2}} = \frac{R_b}{R_c} = \gamma \tag{3-45}$$

为便于分析，假定跳频信号与定频信号的传输损耗主要由自由空间的损耗决定。信号在自由空间的损耗为[32]

$$L_f = 10\lg\left(\frac{p_t}{p_r}\right) = -10\lg\left[\frac{G_tG_r\lambda^2}{(4\pi)^2 d^2}\right] = -10\lg\left[\frac{G_tG_r\lambda^2}{(4\pi)^2}\right] + 10\lg d^2 \tag{3-46}$$

式中，L_f 为传播损耗，为正值，单位为 dB；p_t、p_r 分别为发射和接收功率；G_t、G_r 分别为发射和接收天线的增益；λ 为工作频率对应的波长；d 为传播距离。

跳频和定频方式工作于同一工作频段，跳频频率表中不同频率的波长相差很小，因此，两种工作方式的波长、天线增益等近似相同。根据式（3-46）可以得到

$$L_{f1} = 10\lg\left(\frac{p_t}{p_{r1}}\right) = -10\lg\left[\frac{G_tG_r\lambda^2}{(4\pi)^2}\right] + 10\lg d_1^2 \tag{3-47}$$

$$L_{f2} = 10\lg\left(\frac{p_t}{p_{r2}}\right) = -10\lg\left[\frac{G_tG_r\lambda^2}{(4\pi)^2}\right] + 10\lg d_2^2 \tag{3-48}$$

这里 L_{f1}、L_{f2} 分别表示定频、跳频信号的传播损耗。不同通信距离引起的定频、跳频信号传播损耗差 ΔL 为

$$\Delta L = L_{f1} - L_{f2} = 10\lg\left(\frac{p_{r2}}{p_{r1}}\right) = 10\lg\left(\frac{d_1}{d_2}\right)^2 \tag{3-49}$$

由式（3-45）和式（3-49）以及数据平衡比的定义可得

$$\frac{p_{r1}}{p_{r2}} = \left(\frac{d_1}{d_2}\right)^2 = \gamma \leqslant 1 \tag{3-50}$$

即跳频信号最小损伤比为

$$d_2/d_1 = \sqrt{\gamma} = 1/\sqrt{R_c/R_b} \tag{3-51}$$

由式（3-51）可见，在调制方式、发射功率和误码率一定的前提下，跳频、定频通信距离之比与数据速率提高倍数的平方根成反比。

在相同发射功率和通信距离条件下，跳频通信系统与定频通信系统的链路增益之差就是非理想跳频系统的额外系统损耗，在数值上可表示为

$$L_s(\mathrm{dB}) = 10\lg(\varepsilon_1 / N_0) - 10\lg(\varepsilon_2 / N_0) \tag{3-52}$$

式中，ε_1 / N_0、ε_2 / N_0 分别是定频和跳频通信系统输入端的信噪比。当仅考虑数据平衡造成的系统损耗时，由式（3-43）、式（3-44）、式（3-52）可以得到跳频通信系统损耗为

$$L_s(\mathrm{dB}) = 10\lg\left(\frac{\varepsilon_1 / N_0}{\varepsilon_2 / N_0}\right) = 10\lg\left(\frac{p_r / R_b}{p_r / R_c}\right) = 10\lg\left(\frac{R_c}{R_b}\right) = 10\lg\left(\frac{1}{\gamma}\right) \tag{3-53}$$

式（3-53）仅仅是由跳频信号频率切换造成的系统损耗（跳频信号损伤）；如果还考虑跳频同步误差、功率波动以及跳频接收机的灵敏度等因素，跳频通信系统损耗值将进一步增加。所以，式（3-53）是跳频通信系统损耗的下界，它与数据平衡比之间的关系如图 3-17 所示。例如，当数据平衡比为 0.8 时，跳频通信系统损耗的下界约为 1 dB。

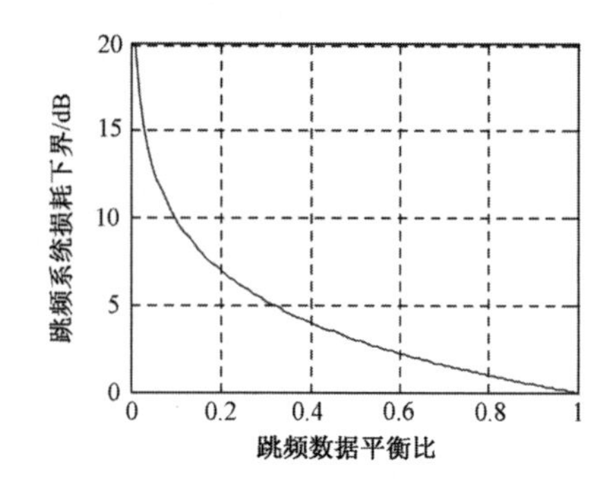

图 3-17　跳频通信系统损耗下界与数据平衡比的关系

根据干扰容限的表达式（2-12），系统损耗越大，干扰容限就越小，系统的抗干扰能力也就越弱。可见，降低跳频数据压缩比和提高跳频通信系统在高数据速率时的信号检测性能是提高跳频干扰容限的有效途径之一。

对于模拟跳频通信系统，一般不采用数据压缩，频率切换会导致系统在换频时间内丢失信息。所以，在无干扰时，模拟跳频通信系统的通信效果也必然不及模拟定频通信系统；在有干扰时，模拟跳频通信系统因为具备抗干扰能力，其通信效果比模拟定频通信系统好。但是无论有无干扰，当模拟跳频通信与模拟定频通信的发射功率相同时，由于模拟跳频通信系统未采用数据压缩，在跳频驻留时间内，模拟跳频信号与模拟定频信号的信噪比相同，因而两者通信距离相同；但在换频时间内，模拟跳频通信系统有信息丢失，最终导致接收机输出的模拟信息质量下降，当跳速较低时，耳机里可听到明显的咔嚓声。所以，模拟跳频通信系统的跳频信号损伤主要表现为信息丢失所造成的模拟信息质量下降，而不影响通信距离。也就是说，模拟跳频系统的通信距离与跳频信号损伤并没有直接关系。

关于换频时间对模拟跳频信号的损伤，可以这样来理解：一段完整的模拟语音信息在送入跳频信道后，被切成了碎片，由于换频时间一般不随跳速变化而变化，因此跳速越高，换频时间占频率驻留时间的比例越大，丢失的信息越多，语音质量下降越大；若采用低速模拟跳频，则换频时间占频率驻留时间的比例减小，丢失的信息相对减少，语音质量自然提高；若跳速低到 0 hop/s，则成为定频通信，语音信息不丢失。

综上所述，对于跳频信号损伤，可以得出如下结论：在理想情况下，不存在跳频信号损伤；器件水平的限制和跳频传输的特点决定了数据平衡比 $\gamma < 1$，也就是说，在工程上存在跳频信号损伤；跳频信号损伤比主要与 γ 有关，与其平方根成正比；式（3-53）是跳频通信系统损耗（跳频信号损伤）的下界；即使 $\gamma = 1$，由于跳频通信系统的复杂性和解跳误差带来的损失，也会存

在跳频信号损伤；对于模拟跳频通信系统，跳频信号损伤主要表现为模拟信息质量的降低。

3.5.3 跳频信号损伤比的工程测量

以上讨论了跳频信号最小损伤比和跳频最小损耗，它们从不同的角度反映了同样的本质问题，可以统称为跳频信号损伤。这为跳频信号损伤的工程实践和装备验收提供了理论依据，在方案设计时可以按此进行估算。

按照跳频信号损伤的定义和理论分析，跳频信号损伤的测试方法一般有两种。一是室外测量，即在相同发射功率和有效信息速率且不加人为干扰的条件下，改变收发双方的通信距离，使定频通信和跳频通信的误码性能相同，通过两种通信方式的通信距离即可得到实际的跳频信号损伤比。然而，这种方法在实际中会受到很多外界因素的影响。二是室内测量，即在相同发射功率和有效信息速率且不加人为干扰的条件下，通过有线射频电缆连接，并串联射频衰减器，通过调节衰减器的衰减值，当定频工作和跳频工作的误码率相同时，读得两种工作方式的链路增益，其链路增益的差值（或衰减器衰减量的差值）即为实际的跳频信号损伤值。由以上讨论可知，这两种测量方法实际上殊途同归，但室内测量的方法往往可以排除一些外界因素的影响，测量值比较准确。

3.6 自适应跳频

第 2 章的 2.4.3 节和本章的 3.3.1 节分别讨论了跳频干扰容限和常规跳频体制存在的“盲跳频”问题。可见，系统设计者希望进一步提高跳频的干扰容限和抗阻塞干扰能力。

3.6.1 阻塞干扰的特性与弱点分析

为应对阻塞干扰威胁，早期的自适应跳频（Adaptive Frequency Hopping，AFH）主要是指频率自适应跳频和功率自适应跳频。

为使 AFH 设计更有针对性，这里先对阻塞干扰的特性与弱点作一些分析。干扰机发射总功率 P_{j} 等于平均干扰功率 P_{sj}（或每个频率的干扰功率）与干扰带宽 N_{j}（或被干扰频率数）的乘积。根据长方形面积公式，当干扰机发射总功率一定时，P_{sj} 与 N_{j} 是相互制约的：干扰带宽越小，平均干扰功率越大（干扰功率占优势）；干扰带宽越大，平均干扰功率越小（干扰带宽占优势）。也就是说，分配到每个频率上的干扰功率随着干扰频率数的增加而线性下降，如图 3-18 所示。可见，阻塞干扰在干扰机发射总功率一定时，不能做到干扰功率和干扰带宽同时占优势，从而给频率和功率自适应跳频抗干扰带来了可能。

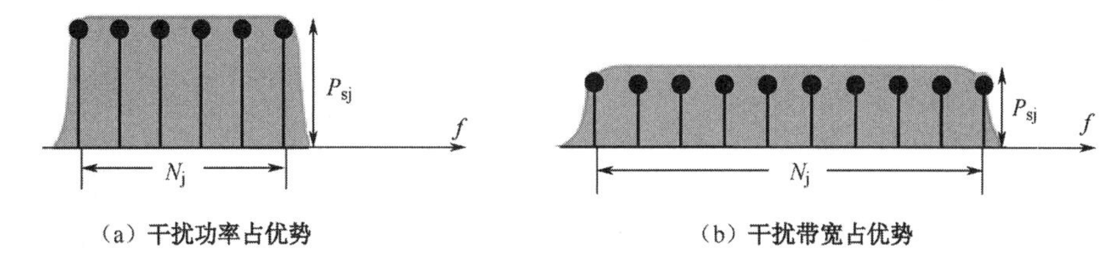

图 3-18 阻塞干扰的特性与弱点

3.6.2 自适应跳频的含义及作用

自适应跳频（AFH）是在定频自动频率控制（Automatic Frequency Control，AFC）基础上发展起来的。

自从跳频通信概念出现以来[1-2]，为了提高跳频通信的抗阻塞干扰能力，人们在采取一些增效措施的同时，主要追求跳频处理增益，即增加可用频率数[7]。然而，由于跳频通信抗阻塞干扰的门限效应[18, 33]，使得仅仅依靠提高跳频处理增益难以解决抗阻塞干扰问题，在人为恶意干扰情况下更是如此。需要采取有效措施，以进一步提高抗阻塞干扰能力；实现这一目标的重要途径，就是采用自适应跳频（AFH）技术。

从公开报道的文献来看，文献[34, 35]较早提出并建立了短波 AFH 通信系统模型，指出 AFH 技术不仅能够抑制固定干扰，而且通过调整发射功率，还能使系统具有较好的 LPI 特性；在此基础上，文献[36, 37]分析了短波信道存在有限干扰条件下 AFH 模型的 LPI 特性以及功率控制算法；文献[38]指出将 AFH 技术应用于无线个人区域网（WPAN），可以提高 WPAN 系统的抗干扰性能；文献[39]分析了 AFH 模型的收敛时间问题等。AFH 模型主要用于短波抗部分频带固定干扰的分析与处理以及常规电磁环境，在民用通信中具有可行性，但能否在人为恶意干扰环境中应用还值得进一步研究。

实际上，与 AFH 有关的内容很广，如跳频频率表自动扫描建立、跳速 AFH、数据速率 AFH、频率 AFH、功率 AFH 等。

跳频频率表自动扫描建立是在定频自动链路建立（Automatic Link Establishment，ALE）基础上发展起来的，指在跳频通信之前扫描各可能的通信频率，将无干扰频率或干扰较弱的频率组成跳频频率表，在通信过程中不再改变频率表。从严格意义上讲，这种方式不属于 AFH 的范畴，只能称其为空闲信道搜索（Free Channel Search，FCS）[40-41]与常规跳频的结合：如果跳频通信过程中出现干扰，它依靠处理增益和纠错编码硬抗；当超过保护的干扰容限后，跳频通信会中断，重新 FCS 后，再进入跳频同步和跳频通信过程。跳速 AFH 是指根据跟踪干扰的情况，自适应地改变跳频通信系统的跳速，以抵抗跟踪干扰。数据速率 AFH 是指根据电磁环境的变化，自适应地改变跳频通信系统的数据速率，以提高跳频通信系统的战场适应性。频率 AFH 是指在跳频通信过程中根据阻塞干扰的情况，实时动态地修改频率表，删除受干扰频率，以提高跳频通信系统的抗阻塞干扰性能。功率 AFH 是在定频自动功率控制（Automatic Power Control，APC）基础上发展起来的，指根据干扰功率的变化和跳频通信系统误码率的变化，自适应地改变跳频通信系统的发射功率，以提高跳频通信系统的硬抗能力、网间电磁兼容性以及电磁反侦察性能，工程中主要有频段功率自适应和逐跳功率自适应两种基本类型。这里重点讨论频率 AFH 及其与功率 AFH 的结合，这是在人为恶意干扰环境中最为关键和有效的手段。

常规跳频通信的抗阻塞干扰能力，主要在于它能容忍跳频频率集中多少个频率被干扰。前面章节的理论分析和实际试验表明：频率集中 30%左右的频率数被有效干扰时，跳频话音基本可懂，此时系统的平均误码率约为$0.5 \times 30\% = 1.5 \times 10^{-1}$。这在以话音为主的跳频电台中还是可以接受的，但在以数据传输为主的跳频通信系统中，这样的误码率就不允许了；尽管此时可能听到一些断续的话音，但系统的终端难以正常同步，系统运行受到严重影响，特别是在高速数据传输的跳频通信系统中。如果频率集中大于 30%的频率数被有效干扰，则常规跳频通信中断。

另外，由于跳频体制本身不具备纠错能力，为了降低系统的误码率，一般都要采取前向纠错（FEC）技术。但是，FEC 的纠错能力也是有限的和有条件的。当 FEC 的编码冗余度确定后，它的纠错能力也就确定了。实践表明，FEC 也存在一个误码率门限效应。例如，对于某种纠错方案，当误码率小于 10^{-2} 时，纠错效果较明显，当误码率大于 10^{-2} 时，改善的能力有限，甚至越纠越乱。这就意味着 FEC 主要对少量频率干扰以及零星的突发干扰能起到很好的纠错作用；但当有效干扰频率数超过一定数量时，FEC 就难以发挥作用了。

要解决常规跳频通信系统的“盲跳频”问题，打破“三分之一频段/频率数”干扰策略，关键是采用频率和功率二维 AFH 技术。根据以上分析，一种应对人为恶意干扰的 AFH 总体设计原理示意图如图 3-19 所示。当干扰功率占优势时，采用频率 AFH，在跳频通信过程中自动探测和避开干扰频率，使系统在无干扰或弱干扰频率上跳频（通信不中断）；当干扰带宽占优势时，采用功率 AFH，以提高可用频率的信噪比；如果干扰功率较弱，则自适应地降低发射功率，以提高网间电磁兼容性能。

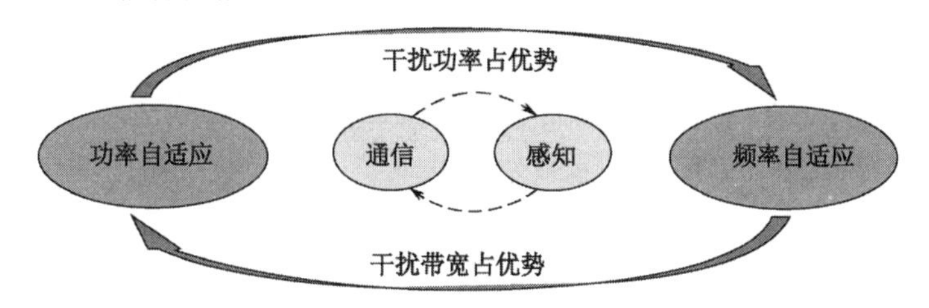

图 3-19　一种应对人为恶意干扰的 AFH 总体设计原理示意图

作为一种指导思想，值得指出的是：跳频不是目的，而是手段，保证通信才是最终目的。采用频率 AFH 时，虽然希望跳频频率数越多越好，但在干扰严重时，关键并不在于实际跳频频率数的多少，而在于能否自动避开干扰，自动寻找干扰频率空隙进行跳频通信；即使 N 个频率中只剩下几个频率甚至 1 个频率没有受干扰，也能按跳变方式完成通信。在这种情况下，跳频干扰容限会发生较大的变化，跳频处理增益与跳频干扰容限不再构成紧密的关系。

从方法论到装备实践，自适应跳频（AFH）是一种“敌变我变”策略（敌进我退、敌退我追），先期体现了认知无线电（Cognitive Radios，CR）[42]“频谱感知、干扰避让”等基本思想。

3.6.3　频率自适应跳频技术

本节主要讨论频率自适应跳频（频率 AFH）的处理过程、基本算法和基本原理。

1. 频率 AFH 处理过程

频率 AFH 的处理过程如图 3-20 所示。当完成跳频同步后，伴随着跳频数据传输，系统同时进入频率 AFH 处理过程。在处理过程中，首先要完成对受干扰频率的检测与估计，接着在可用频率上重复进行通知与应答过程，以使通信双方确认受干扰频率，只要跳频频率表没有全部被压制或干扰，该过程总是能够实现的。

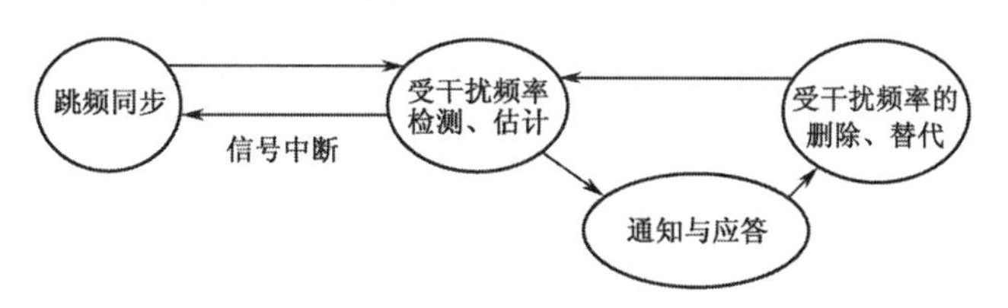

图 3-20　频率 AFH 处理过程

确认过程完成后，通信双方同时删除受干扰频率，并用无干扰频率或弱干扰频率替代。若为双工跳频，通信双方分时进行同样的检测与估计、通知与应答以及受干扰频率的删除与替代过程。

2. 受干扰频率的检测与估计算法

受干扰频率检测与估计的目的是判定频率 f_i 受到干扰还是无干扰，这是跳频通信系统频率自适应处理的一个重要环节。即：有两个假设 H_0 和 H_1，H_0 表示受干扰为真，H_1 表示无干扰为真。可见，这是一个典型的基于二元假设的检测与估计问题，其检测与估计模型如图 3-21 所示[3, 43]。其中，假设信源就是全体假设的集合；概率转移机构是指在事先知道假设信源哪个假设为真的条件下，将假设信源按一定的概率关系映射到观察空间；观察空间是在假设信源不同的输出下，全体可能的观察值的集合；判决空间是所有可能判决结果的集合，其元素及其个数应与假设信源相同。

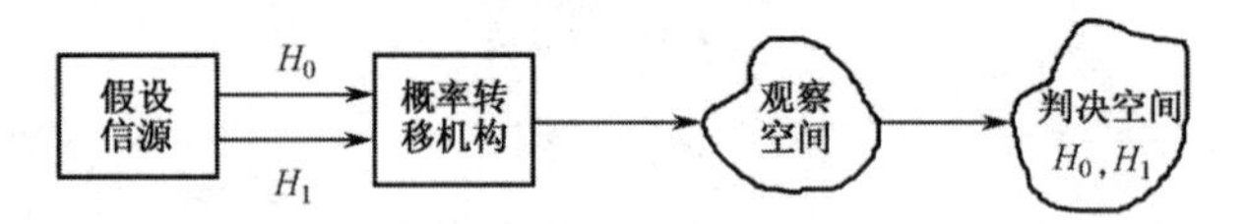

图 3-21　基于二元假设的检测与估计模型

这种检测与估计的典型算法是二元假设的贝叶斯检测与估计算法[43]，其目的是根据从观察空间得到的观察值，按照某种检验规则来判决哪个假设为真，即：确定两个假设 H_0、H_1 后，对观察空间中子样个数为 L 的每个观察值 $(r_1, r_2, \cdots, r_L)$，计算它们的似然比（Likelihood Ratio，LR）$\Lambda(\vec{r})$，并与某个固定门限 η（由假设 H_0、H_1 的先验概率及代价函数确定）作比较，按如下准则进行判决（最小平均代价）：

$$\Lambda(\vec{r}) \geqslant \eta, \quad \text{判 } H_1 \text{ 为真} \tag{3-54}$$

$$\Lambda(\vec{r}) < \eta, \quad \text{判 } H_0 \text{ 为真} \tag{3-55}$$

式中，$\Lambda(\vec{r}) \triangleq \dfrac{p(\vec{r}/H_1)}{p(\vec{r}/H_0)}$，$p(\vec{r}/H_1)$ 和 $p(\vec{r}/H_0)$ 为对应的两个转移概率密度；$\eta \triangleq \dfrac{P_0(C_{10}-C_{00})}{P_1(C_{01}-C_{11})}$，$P_0$、$P_1$ 分别为 H_0、H_1 出现的概率，C_{ij}（$i, j \in \{0,1\}$）为代价函数。

判决是在得到具有 L 个子样的全部观察值的似然比之后进行的，L 的大小事先规定好，每次判决时 L 是固定不变的。判决域如图 3-22 所示[43]。

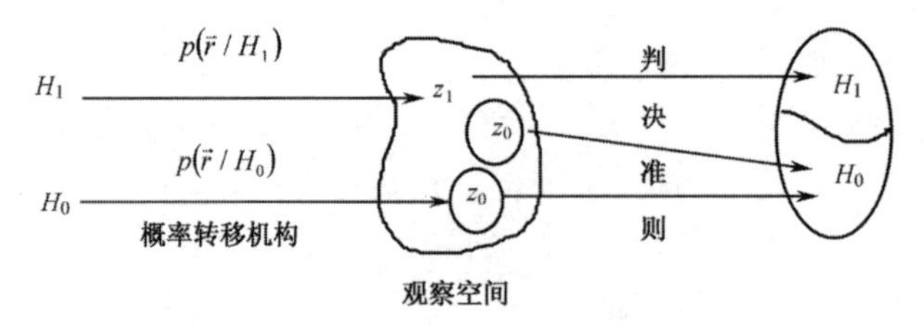

图 3-22　二元贝叶斯检测与估计的判决域

AFH 中子样个数（容量）L 即为对某个频率的观察次数，观察空间中观察值的数量即为频率表中的频率数，这两个数值以及对单个频率受干扰的判决门限值在一次通信中都是设定的。所以，从理论上讲，实现该算法并不困难。问题是这种算法需要知道两个转移概率密度 $p(\vec{r}/H_1)$ 和 $p(\vec{r}/H_0)$，以便计算似然比。同时，还需要知道两个先验概率 P_0、P_1 和代价函数 C_{ij}，以计算似然比判决的门限值。这对于跳频通信系统是很困难的，因为系统很难知道干扰方要干扰哪个或哪几个频率的先验知识，也就是说每个频率受干扰的概率密度及概率只能作为未知量，简单的推测不能作为依据。

因此，要对上述算法作一些修正。对于二元检测，一般有 $C_{00}=C_{11}$， $C_{10}=C_{01}$，所以有

$$C_{10}-C_{00}=C_{01}-C_{11} \tag{3-56}$$

此时，判决准则变为

$$\Lambda(\bar{r})=\frac{p(\bar{r}/H_1)}{p(\bar{r}/H_0)}\underset{H_0}{\overset{H_1}{\gtrless}}\frac{P_0}{P_1} \tag{3-57}$$

可得到如下等价关系：

$$P_1 p(\bar{r}/H_1)\underset{H_0}{\overset{H_1}{\gtrless}}P_0 p(\bar{r}/H_0) \tag{3-58}$$

由此可推得最终的等价判决关系：

$$P(H_1/\bar{r})\underset{H_0}{\overset{H_1}{\gtrless}}P(H_0/\bar{r}) \tag{3-59}$$

式（3-59）中的左右两边分别为观察 $\bar{r}$ 已经出现的条件下，假设 H_1 和 H_0 为真的概率，因此按最小平均代价的贝叶斯准则，在当前情况下变为最大后验概率（Maximum Posterior Probability，MAP）准则。

在 AFH 系统中，后验概率是可以实时得到的；因为可以通过附加信道或跳频冗余信道对每个频率进行特殊的编码，以对每个跳频频率的受干扰情况进行实时监测，并且该编码对于收发两端是已知的。子样容量 L 即为一次判决对某一频率 f_i 的检测次数，设编码码长为 M，受干扰时每个频率编码的检测门限为 M_1，则每个频率单次检测受干扰为真的概率为

$$P_1(H_0/r_1)=\sum_{i=0}^{M-M_1}C_M^i P_e^i(1-P_e)^{M-i} \tag{3-60}$$

对 f_i 平均检测 L 次，若每次均受干扰，则认为 f_i 受干扰为真，其概率为

$$P(H_0/\bar{r})=\prod_{i=1}^{L}P_i(H_0/r_i) \tag{3-61}$$

f_i 无干扰为真的概率为

$$P(H_1/\bar{r})=1-P(H_0/\bar{r}) \tag{3-62}$$

3. 受干扰频率的报告与应答

报告与应答是指接收方检测出某一频率受干扰后，以信令的方式在可用频率（反馈信道）上通知发送方，而发送方收到该信令后，又以同样的方式向接收方发应答信令，等接收方收到应答信令后，双方即完成了某一频率受干扰的确认过程（Acknowledgement，ACK）。完成该过程的条件是：在频率表中至少有一个或几个频率没有受干扰。

报告与应答信令传输的正确性对于频率 AFH 处理十分重要。为此，需要采用高冗余度的纠错编码，并且在好频率上反复传输，直至完全正确为止。

4. 受干扰频率的替换

在检测和估计出受干扰频率并经通信双方确认后，如何替换受干扰频率也是一个十分重要的环节。一般可采用两种替换方式：一种方式是从当前频率表中选取无干扰频率或弱干扰频率进行替换[3, 44-46]，如图 3-23 所示；另一种方式是从整个频率集中选取理想的频率，如图 3-24 所示。在图 3-23、图 3-24 中，黑色频率为当前频率表中的频率，白色频率为备用频率。

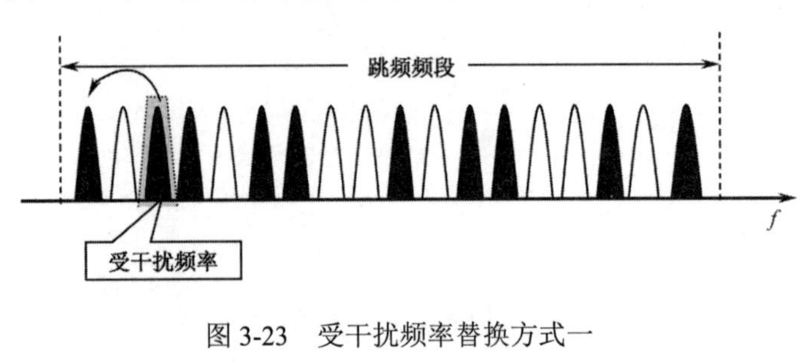

图 3-23　受干扰频率替换方式一

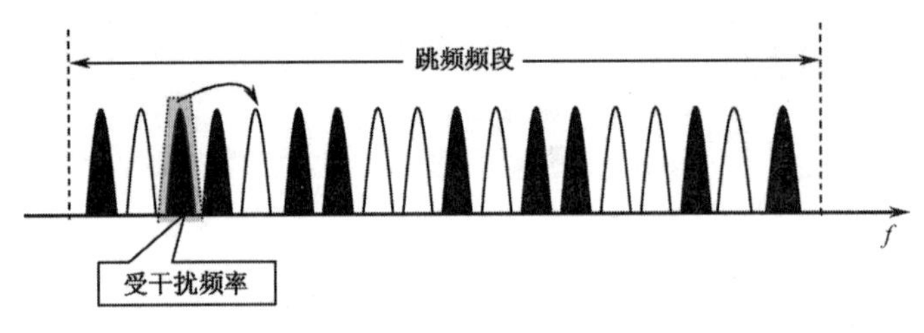

图 3-24　受干扰频率替换方式二

两种频率替换方式各有优劣。前者对受干扰频率检测与估计算法的运算量较小，系统复杂度较低；其缺点是随着干扰频率的增加，当前频率表中的可用频率数逐步减少。后者是从备用频率中向当前频率表中逐步添加新的频率，当然这是以存在备用频率资源为前提的，并且其运算量较大，系统复杂度较高。值得注意的是，为了提高系统抗阻塞干扰的性能，两种替换方式都要求保持跳频图案算法的随机性和均匀性。影响频率替换的因素还有数据传输的可靠性、检测估计的可靠度以及对频率 AFH 收敛时间的要求等。

5. 其他有关工程问题

以上主要从系统的层面研究了频率 AFH 的基本原理和基本思想。实际上，频率 AFH 是一项非常复杂的技术，为了取得更好的实用性，还应考虑其他很多实际的工程问题。例如，单工与双工跳频的频率 AFH 处理，频率 AFH 处理的实时性与准确性的关系，同步过程对严重干扰的处理，对动态阻塞干扰的处理，受干扰频率的数量超过频率 AFH 抗阻塞干扰能力时的处理，以及频率 AFH 抗截获技术等。

3.6.4　频率自适应跳频性能分析

对于自适应跳频（AFH）的完整性能指标体系，目前学术界还没有明确的结论。下面重点以频率 AFH 为例，分析一些在系统设计和使用中所关心的典型性能。

1. 干扰容限

由以上分析可知，频率 AFH 最多能处理的受干扰频率数为

$$N_{\text{jmax}} = N - 1 \tag{3-63}$$

式中，N 为跳频频率集中的频率数。

式（3-63）表明，频率集中只要有一个频率未被有效干扰，就可在该频率上进行“单频跳”通信。然而，这只是一个理论值或理想值，实际中能处理的受干扰频率数 N_{j} 有以下关系：

$$N_{\mathrm{j}} \leqslant N-1 \tag{3-64}$$

实际上，由跳频干扰容限的物理意义可知，N_{j} 就是频率 AFH 的干扰容限，即可以容忍的被有效干扰的频率数，而常规跳频通信的干扰容限为 $0.3N$。可见，此时的跳频干扰容限与跳频处理增益已不构成直接关系了，并且突破了常规跳频“三分之一频率数”干扰容限的制约。为了保证系统可靠运行，实际系统在剩下几个频率未受干扰时，虽然可正常运行，但系统面临崩溃的危险，需要采取其他相应的处理措施。

2. 受干扰频率处理时间

受干扰频率处理时间是指从检测某个频率受到有效干扰到该频率受干扰信令正确传输完毕所需的时间。该参数不是一个确定值，而是一个在一定范围内的随机变量，与频率检测方法、跳频频率数和受干扰频率数 J 等因素有关，其均值为[45]

$$T_{\mathrm{j}}=\frac{1}{J}\sum_{i=1}^{J}T_{\mathrm{j}}(f_i) \tag{3-65}$$

式中，$T_{\mathrm{j}}(f_i)$ 是第 i 个受干扰频率的处理时间。$T_{\mathrm{j}}(f_i)$ 没有明确的解析表达式，所以严格按式（3-65）计算 T_{j} 比较困难，但可以按以下途径估算 T_{j} 的极限值。

实际上，T_{j} 分为三部分：受干扰频率 f_i 的检测与估计时间 T_1，受干扰频率 f_i 报告信令正确传输时间 T_2，受干扰频率 f_i 应答信令正确传输时间 T_3。所以有

$$T_{\mathrm{j}}=T_1+T_2+T_3 \tag{3-66}$$

在频率数为 N 的跳频频率集中，每个频率出现的概率为 $1/N$，所以每个频率受干扰的检测与估计时间 T_1 的最大值为

$$T_{1\max}=N\cdot L\cdot T_{\mathrm{h}} \tag{3-67}$$

式中，T_{h} 为跳周期，L 为一次判决对某一频率 f_i 的检测次数。

在干扰报告信令传输中，设定只要一跳收到即为真，干扰频率数最多为 $N-1$，所以 T_2 的最大值为

$$T_{2\max}=N\cdot T_{\mathrm{h}} \tag{3-68}$$

假定应答信令传输过程及机理与报告信令类似，则有

$$T_3=T_2 \tag{3-69}$$

$$T_{3\max}=N\cdot T_{\mathrm{h}} \tag{3-70}$$

$$T_{\mathrm{j}\max}=N\cdot L\cdot T_{\mathrm{h}}+2N\cdot T_{\mathrm{h}}=(2+L)\cdot N\cdot T_{\mathrm{h}} \tag{3-71}$$

例如，当 $L=3$、$N=64$、$T_{\mathrm{h}}=4\ \mathrm{ms}$ 时，$T_{\mathrm{j}\max}=1.28\ \mathrm{s}$。

若 N 个频率中只有一个频率受干扰，则 T_{j} 的最小值为

$$T_{\mathrm{j}\min}=N\cdot L\cdot T_{\mathrm{h}}+2T_{\mathrm{h}}=(N\cdot L+2)\cdot T_{\mathrm{h}} \tag{3-72}$$

例如：当 $L=3$、$N=64$、$T_{\mathrm{h}}=4\ \mathrm{ms}$ 时，$T_{\mathrm{j}\min}=0.776\ \mathrm{s}$。

设受干扰频率数为 J，且跳频图案相邻时间的两个频率不重复，由于跳频图案的遍历性，根据式（3-66）可得

$$T_{\mathrm{j}}=N\cdot L\cdot T_{\mathrm{h}}+2(J+1)\cdot T_{\mathrm{h}} \tag{3-73}$$

由式（3-73），对于不同数量的受干扰频率数，完成频率 AFH 处理所需的时间如图 3-25

所示（$L=3$、$N=64$、$T_h=4\ \mathrm{ms}$）。

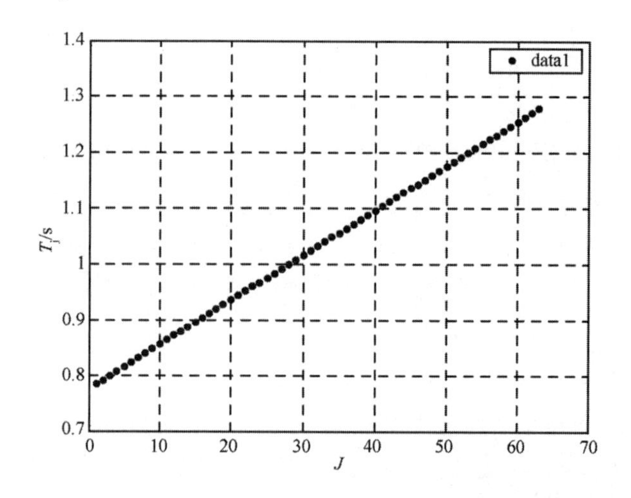

图 3-25　频率 AFH 处理对于不同受干扰频率数所需的时间

由此可见，对于一定数量的受干扰频率，跳频通信系统的频率 AFH 处理存在一个暂态过程；受干扰频率数越多，该暂态过程持续的时间就越长。暂态过程结束后，系统即进入相对稳定的跳频数据传输状态。在这种稳定状态下，若出现少量频率被干扰，则很快会处理完毕。

3. 自适应收敛时间

以上分析的受干扰频率的几种处理时间最大值，可用于系统设计中的工程估算，以确定相应时间的数量级。然而，分析中是以一跳好频率能正确传输自适应信令（含一个或多个受干扰频率的报告与应答等）为前提的。实际上，这种信令传输的正确性不仅与受干扰频率数有关，还与好频率的传输质量有关。

为了更为准确地描述以上问题，这里将从检测出受干扰频率（坏频率）到收发双方完成坏频率更换所需的时间定义为自适应收敛时间[39, 46]，简称收敛时间。这个时间就是式（3-66）中的T_2+T_3，为一个时间间隔，起始时刻为通信接收方通过链路质量分析检测出受干扰频率时，终止时刻为通信双方同时更换受干扰频率时。

在通信双方自适应信令交互的过程中，涉及一个传输可靠性的问题，即收发双方必须在正确传输概率达到一定值时才能同时更换受干扰频率；否则，将引起双方跳频频率集不一致，从而中断跳频通信。考虑单向的信息传输，接收方通过一跳或多跳反馈给发送方频率检测信息，假定要通过 k 跳传送，其可靠性才能满足要求，那么每跳信息传输可靠性是累加的关系。设每一跳为A_j事件（$j=1, 2, \cdots, k$），根据概率统计原理，可以得到k跳可靠传输信息的概率累计值[39]：

$$P' = P(A_1) \cup P(A_2) \cup \cdots \cup P(A_k) = \bigcup_{j=1}^{k} P(A_j) \tag{3-74}$$

假设在当前频率集$\{f_i\}$中有J个受干扰频率，由于跳频图案的均匀性，所以每一跳可靠传输的概率为

$$P(A_j) = (1-\frac{J}{N}) \cdot P_j \tag{3-75}$$

式中，P_j为第j个频率未受干扰时正确传输的概率。

对于理想信道，假设每个频率的信道传输概率相同，且均为P_j'，式（3-74）可以进一步

转化为[39]

$$P' = \sum_{i=1}^{k} (-1)^{k-1} \cdot C_k^i \cdot \left[(1 - \frac{J}{N}) \cdot P_j' \right]^i \tag{3-76}$$

假定收发双方通过 k 跳后，P' 达到一定值，满足系统可靠性要求。当系统的跳速为 R_h（Hop/s）时，收敛时间为

$$T = k / R_h \ (\mathrm{s}) \tag{3-77}$$

根据式（3-75）、式（3-76）和式（3-77），性能仿真曲线如图 3-26 所示。

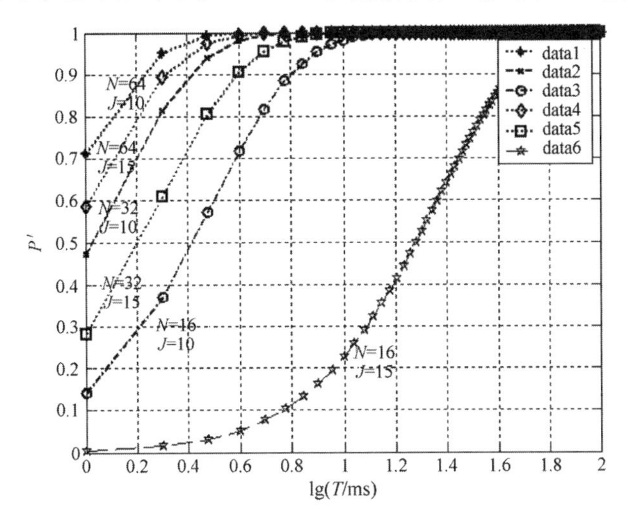

图 3-26　N=16、32、64 在 J 为 10、15 时的性能仿真曲线

仿真条件：收发双方已实现准确跳频同步；每个频率的信道传输概率相同，总和为 1；跳速为 250 Hop/s（即跳周期为 4 ms）；假设频率集大小分别为 16、32 和 64 个频点；约定交互信息正确概率为 0.999 时即为可靠传输，此时收发双方更换坏频率，完成频率 AFH 处理。

由图 3-26 可以看出：收敛时间受频率集中频率总数和受干扰频率数的影响较大。当受干扰频率较少时，收敛时间较短；当前频率集中频率总数越多，处理受干扰频率的能力越强（处理相同数目受干扰频率的收敛时间越短）。

受干扰频率处理时间和收敛时间等因素共同决定了频率 AFH 通信的实时性。

4．抗阻塞干扰能力

常规跳频（Conventional Frequency Hopping，CFH）的抗阻塞干扰能力主要用跳频处理增益（即可用频率数）和跳频干扰容限两个指标来描述，这是相对于定频通信抗干扰能力而言的。频率 AFH 抗阻塞干扰能力可以用系统误码率改善的倍数和干扰容限改善的倍数两个指标来描述，这是相对于常规跳频抗阻塞干扰能力而言的。

为此，首先需要讨论跳频通信在多个频率受到有效干扰时的误码率计算。

不失一般性，以数字跳频为例来讨论。在高斯白噪声条件下，以调幅（AM）、调频（FM）、调相（PM）为基础，常用数字调制方式对应的数字通信系统的误码率公式如下[47-49]：

相干 OOK（或 2ASK）

$$P_e = \frac{1}{2} \mathrm{erfc}\left(\frac{\sqrt{r}}{2} \right) \tag{3-78}$$

非相干 OOK（或 2ASK）：

$$P_e \approx \frac{1}{2}e^{-\frac{r}{4}} \tag{3-79}$$

相干 FSK

$$P_e = \frac{1}{2}\mathrm{erfc}\left(\sqrt{\frac{r}{2}}\right) \tag{3-80}$$

非相干 FSK

$$P_e = \frac{1}{2}e^{-\frac{r}{2}} \tag{3-81}$$

相干 PSK

$$P_e = \frac{1}{2}\mathrm{erfc}\left(\sqrt{r}\right) \tag{3-82}$$

非相干 PSK

$$P_e = \frac{1}{2}e^{-r} \tag{3-83}$$

上述公式中，r 为信噪比，$\mathrm{erfc}(x)$ 为互补误差函数：

$$\mathrm{erfc}(x) = \frac{2}{\sqrt{\pi}}\int_x^{\infty} e^{-t^2}\mathrm{d}t \tag{3-84}$$

很多文献习惯上把互补误差函数写为 $\mathrm{Q}(x)$，即 $\mathrm{erfc}(x)=\mathrm{Q}(x)$，变量 x 越大，其函数值越小。

考察式（3-78）至式（3-83），各式具有一个共同的特点[47]，即当噪声远大于信号（$r \to 0$）时，误码率的最大值为 0.5（$P_e \to 1/2$）。

干扰机在实施干扰时，大多采用噪声调制，当跳频通信的某一跳被有效干扰时，无论采用何种调制方式，该跳的最大误码率为 0.5，而有关经典著作中误认为最大误码率为 1[1]，应予以纠正。

根据以上频率 AFH 处理的机理，设受干扰频率数为 J，频率 AFH 能处理的受干扰频率数为 N_j（允许 N_j 个频率被有效干扰，此为频率 AFH 干扰容限），则系统稳态受干扰频率数为 $J-N_j$。

若只考虑 J 个受干扰频率对系统误码率的影响，则常规跳频系统稳态误码率近似为

$$P_{ec} = 0.5\frac{J}{N} \tag{3-85}$$

注：文献[1]中所述为 $P_{ec} = J/N$。

同样，若只考虑 J 个受干扰频率对系统的影响，经频率自适应处理后，跳频通信系统在剩余受干扰频率影响下的稳态误码率近似为

$$P_{ea} = 0.5\frac{J-N_j}{N} \tag{3-86}$$

常规跳频和实时频率 AFH 的稳态误码率比较如图 3-27 所示（$J=63$，$N=64$）。

这里，将同样阻塞干扰情况下两种跳频方式误码率的相对比值 G（频率 AFH 相对于常规跳频系统误码率改善的程度）定义为频率 AFH 的增益[45]，这是最终追求的目标。由式（3-85）和式（3-86）可得

$$G = \frac{P_{ec}}{P_{ea}} = \frac{0.5\dfrac{J}{N}}{0.5\dfrac{J-N_j}{N}} = \frac{J}{J-N_j} \tag{3-87}$$

其变化曲线如图 3-28 所示（$J = 63$，$N = 64$）。

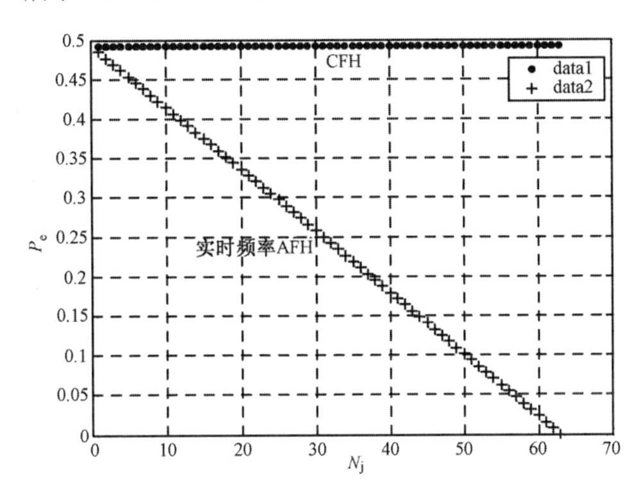

图 3-27　常规跳频（CFH）与实时频率 AFH 的稳态误码率比较

由图 3-27、图 3-28 可见，频率 AFH 的 P_{ea} 随着 N_j 的增加而线性降低，而其增益 G 随着 N_j 的增加而非线性增加，当 N_j=J 时，P_{ea}=0，$G \to \infty$。此时，系统由于阻塞干扰而造成的误码率为 0，只剩下由于传输损耗、系统的固有损耗、白噪声等因素而造成的误码率了。因此，尽管有很多频率被干扰，系统也将获得在无干扰频率上跳频通信的效果。当然，频率 AFH 的绝对误码率还与其他很多因素有关，这属于常规通信研究的范畴，在此不再赘述。

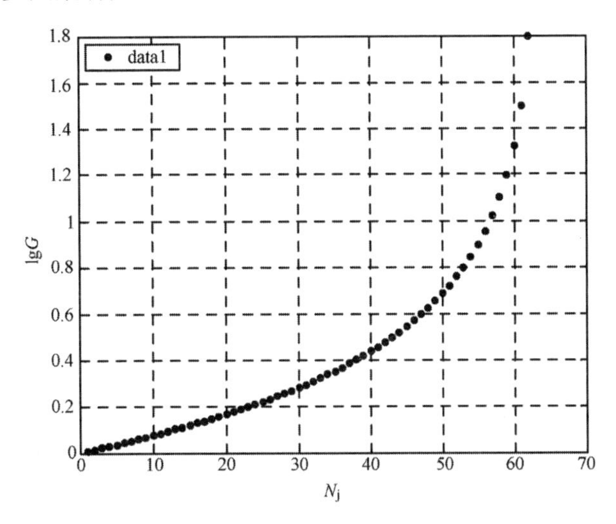

图 3-28　频率 AFH 增益变化曲线

在第 2 章 2.4.3 节中，已得出常规跳频干扰容限约为 0.32N，而频率 AFH 干扰容限为 N_j，其改善的倍数（或称干扰容限增益）为

$$G_M \approx (10/3) \times (N_j / N) \tag{3-88}$$

例如，当 $N = 64$，N_{jmax}= 63 时，则 N_j/N = 98.44%，G_M≈3.281；当 N_j = 60 时，N_j/N= 93.75%，

$G_M \approx 3.125$，将常规跳频30%左右的抗阻塞干扰能力提高到90%以上。可见，频率AFH的抗阻塞干扰能力大幅度提高，可以打破人为“三分之一频段/频率”的干扰策略。

值得指出的是，频率AFH抗阻塞干扰能力的提高是以增大频域和时域资源开销为代价的（工程上一般要求自适应处理的资源开销不能超过系统资源的10%），其抗干扰能力也是有限度的，不能要求在频率集中所有频率均被有效干扰的情况下和在所有干扰样式下都能正常工作。

另外，可以认为，自适应抗干扰是智能抗干扰的初级阶段，它与智能抗干扰之间主要是智能化程度不同，两者之间没有明确的界限。智能抗干扰的核心是智能认知、智能决策、波形机动和频谱机动等[50]，目前还不够成熟。

3.7 跳频通信主要干扰威胁

在前述内容中已涉及跳频通信的一些干扰威胁。为了工程设计的针对性，本节对此进行一些系统性的归纳。一般来说，跳频通信面临的干扰威胁主要有人为干扰和自然干扰等，其中人为干扰又分为人为恶意干扰和人为无意干扰。干扰威胁从技术上可以归为三种基本的类型：一是跟踪干扰，二是阻塞干扰，三是多径干扰。当然，不排除其他分类方式。不同的通信装备和不同的使用环境，所面临的干扰威胁也不尽相同。

3.7.1 跟踪干扰

所谓跟踪干扰，是指干扰信号能跟踪跳频信号频率跳变的一种干扰方式，干扰信号的瞬时频谱较窄，但力求覆盖跳频通信每个频率的瞬时频谱。从理论上讲，跟踪干扰是一种时域、频域相关干扰，因为干扰射频信号特征与跳频通信射频信号特征在时域、频域相吻合，只不过双方的调制信号不尽相同：干扰的调制信号可以是热噪声、脉冲等，而跳频通信的调制信号为有效信息。毋庸置疑，跟踪干扰属于人为恶意干扰。

根据典型的实现途径，跟踪干扰可分为波形跟踪干扰、引导式跟踪干扰和转发式跟踪干扰等类型[3]。

1. 波形跟踪干扰

波形跟踪干扰的基本原理是：先在众多跳频网台信号中分选欲干扰的跳频网，然后快速破译其跳频图案，得到跳频通信频率的跳变规律以及跳速信息，最后按其规律在每个跳频频率驻留时间内，同步地施放窄带瞄准干扰，从时间和频谱上都与跳频通信每一跳的信号相重合，以实现对跳频信号波形的准确跟踪。

可见，波形跟踪干扰是以跳频网台信号分选和快速破译跳频图案为前提或代价的。这种干扰方式的优点主要是干扰功率集中，干扰效率高，且可做到不干扰己方通信；缺点主要是需要跳频通信的先验知识多，由于跳频图案的重复周期长，且算法复杂，再加上战场电磁环境复杂和通信方战术运用等因素，战场实时进行跳频网台分选和破译跳频图案的运算量及技术难度很大，在实战中波形跟踪干扰不容易实现。但是，一旦实现了波形跟踪干扰，即跳频信号与干扰信号波形相关或部分波形相关，只要跟踪跳速和干扰功率足够大，跳频通信的每一跳瞬时频谱就都会受到有效干扰。此时相当于定频通信受到瞄准干扰，干扰效果达到最佳，跳频通信将完全失去处理增益。波形跟踪干扰的时域效果示意图如图3-29所示，图中假设当前跳是由f_2跳到f_i。从这个意义上说，波形跟踪干扰在频域上和时域上都实现了与跳频通信波形相关，是跳频通信的最大克星。随着微电子技术的发展，电子器件的运行速度逐步提高，实用化波形跟踪干扰机的应用是可能的。

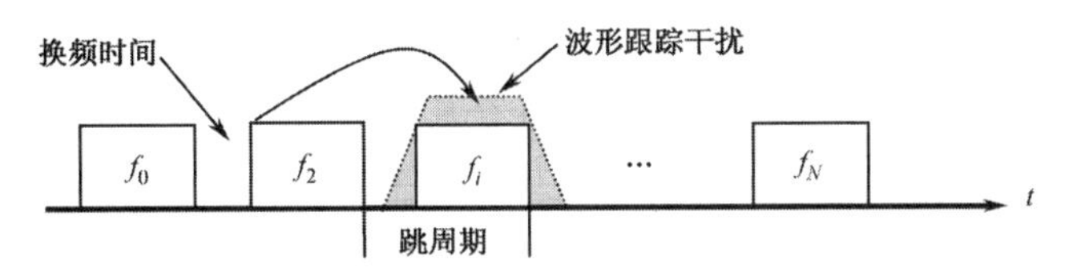

图 3-29 波形跟踪干扰时域效果示意图

2. 引导式跟踪干扰

引导式跟踪干扰的基本原理是：只要出现一个跳频通信频率，就立即引导干扰机在该频率上实施干扰，侦察和干扰引导均在跳频通信的一个跳频驻留时间内完成，或先侦察和存储需要干扰的跳频通信频率，然后只要这些频率出现，即引导干扰机实施干扰。

可见，引导式跟踪干扰是以快速侦察和引导干扰为前提或代价的。这种干扰方式的优点主要是不需要破译跳频图案和进行跳频网台分选，虽然与跳频图案的算法没有直接的关系，但也实现了频域波形相关，其技术实现较为简单，干扰功率也很集中，还可做到不干扰己方通信；缺点主要是由于侦察、引导需要占用时间资源，只有在每一跳的频率驻留后一部分时间内才能引导干扰频率，因而尽管在频域上干扰信号频谱可以覆盖跳频信号瞬时频谱，但在时域上不能实现 100%的干扰效率（一般为 70%～80%），或者说在时域上只能实现部分波形相关，与侦察和干扰引导的反应速度有关。引导式跟踪干扰的时域效果示意图如图 3-30 所示，图中也假设当前跳是由 f_2 跳到 f_i。

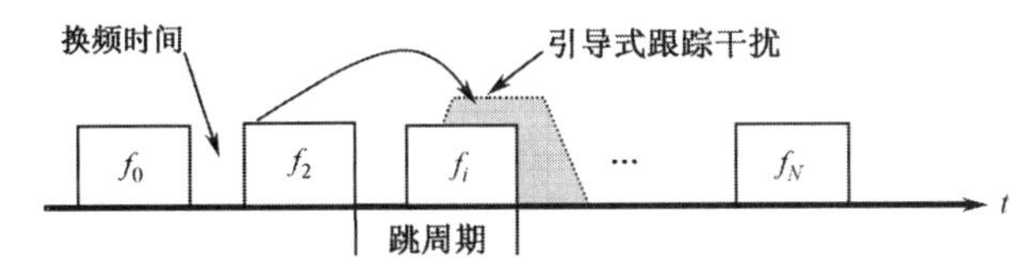

图 3-30 引导式跟踪干扰时域效果示意图

据引导式跟踪干扰的机理，在跳频通信技术实现时，应尽量将有效信息安排在每跳驻留时间的前一部分，而在驻留时间的后一部分尽量留出一定的保护时隙。

3. 转发式跟踪干扰

转发式跟踪干扰可以看成一种简单的跳频跟踪干扰方式。转发式跟踪干扰的基本原理是：将接收的跳频信号进行放大并增加额外的噪声调制信号，再发送出去，或不经过处理直接发送出去，从而对当前跳的跳频通信频率形成干扰，其前提是接收、处理跳频通信当前跳的信号以及将它转发到跳频接收机全部过程所需的时间小于跳频驻留时间。因此，转发式跟踪干扰信号的带宽等于跳频通信瞬时带宽，其干扰效果类似于引导式跟踪干扰，即频域波形相关、时域波形部分相关（跳频信号传输和转发处理需要一定的时间），不需要破译跳频图案和进行跳频网台分选，干扰功率集中，不干扰己方通信。转发式跟踪干扰的时域效果示意图与图 3-30 类似。如果转发式跟踪干扰的功率较大，则同样对跳频通信造成很大的干扰威胁。工程中，转发式跟踪干扰存在收发隔离、信号分辨等技术难题，即弱信号接收与大功率发射之间需要有效隔离，需要分辨哪些信号转发、哪些信号不转发。

以上三种跟踪干扰方式都有一个类似的处理过程：干扰方先接收跳频信号，经过处理后，再发射窄带干扰信号。不同的是波形跟踪干扰对跳频信号先进行一段时间的侦收和分析，然后按跳频图案规律与跳频信号同步地每跳发送干扰信号；而后两种跟踪干扰是每跳都接收跳频信号，经处理后再发送干扰信号。

值得指出的是，跟踪干扰虽然是跳频通信的克星，可以对跳频通信形成最佳干扰或准最佳干扰，但它在实施过程中是有前提的。此外，跟踪干扰还存在干扰跳速与跳频通信跳速、干扰信号传输时延与跳频信号传输时延、干扰信号功率与跳频信号功率以及跳频带宽与干扰机带宽等多种约束因素，并遵守干扰椭圆原理[3, 9]，这些都是跟踪干扰的弱点，使其往往在实战中难以实施，或难以获得预想的效果。目前，干扰方实施跳频跟踪干扰最大的不足就是难以对跳频网台信号进行准确的分选，或者说能分选的跳频网络数量有限，在跳频高密度组网运用时更为困难[3, 62-65]。所以，当跟踪干扰机跳速高于跳频通信跳速时未必一定能实现跳频跟踪干扰，这是有科学依据的。

3.7.2 阻塞干扰

所谓阻塞干扰（有时称为拦阻干扰），是指同时在频域上覆盖全部跳频通信频率或部分跳频通信频率的一种干扰方式。阻塞干扰不跟踪跳频通信频率的跳变，其带宽可宽可窄。实际上，阻塞干扰是一种非相关干扰，即干扰射频信号特征与跳频通信射频信号特征不吻合或不完全吻合。很明显，只要功率足够大，人为恶意干扰、人为无意干扰和工业干扰等都有可能对跳频通信造成阻塞干扰。

根据典型的实现途径，人为恶意阻塞干扰可分为宽频段或部分频段阻塞干扰、梳状阻塞干扰、跳变碰撞阻塞干扰和扫频碰撞阻塞干扰等方式。

宽频段或部分频段阻塞干扰的基本原理是：先侦察欲干扰的跳频通信的最低频率、最高频率，获得跳频通信频段信息，再对跳频通信全频段或部分频段进行无缝隙的固定或轮流功率压制性干扰。这种干扰方式的优点主要是不需要太多的跳频通信先验知识，实现和使用都比较简单，能获得较好的干扰效果；缺点主要是容易干扰己方通信，干扰功率不够集中，当总的干扰功率一定时，干扰带宽越宽或干扰频点越多，落到每个通信频率上的平均干扰功率就越小。为了保证足够的干扰功率，一般要采取功率合成甚至空间功率合成技术[66]。宽频段阻塞干扰能覆盖跳频通信网较大的频率范围或全部跳频频段，在这种方式下，一台或数量较少的干扰机难以保证干扰功率的要求，其典型频域效果示意图如图 3-31 所示。部分频段阻塞干扰覆盖的跳频通信频率范围较小，干扰功率相对集中一些，其典型频域效果示意图如图 3-32 所示。

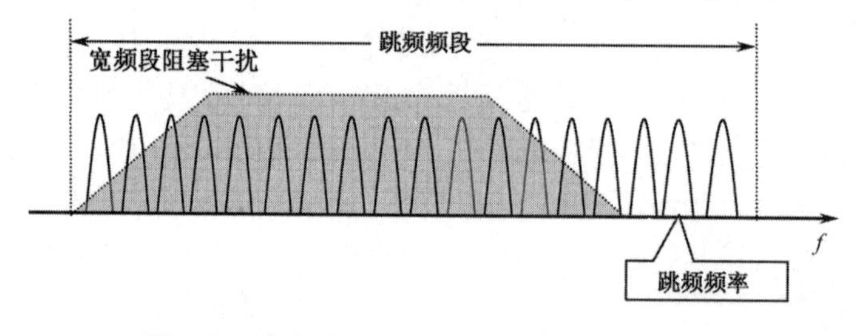

图 3-31　宽频段阻塞干扰典型频域效果示意图

梳状阻塞干扰的基本原理是：在获得跳频通信工作频段信息的基础上，还要获得跳频通信频率集的频率间隔（即跳频过程中的最小频率间隔），然后按照跳频通信的频率间隔，针对全部或部分通信频率同时进行固定或轮流的多频率窄带瞄准干扰，而不采用无缝隙的频谱覆盖。

多音阻塞干扰也可以归入梳状阻塞干扰。梳状阻塞干扰典型频域效果示意图如图 3-33 所示。这种干扰方式的优点主要是落到各通信频率上的干扰功率要比宽频段或部分频段阻塞干扰方式集中，提高了功率利用率；原因是避免了跳频瞬时频谱间隙内的干扰功率浪费。若跳频通信的各频率之间是固定等间隔的，则梳状阻塞干扰更容易实现，是对付跳频通信的一种简单而有效的干扰方法。缺点主要是所需的跳频通信先验知识（如频率间隔等）比宽频段或部分频段阻塞干扰多，容易干扰己方通信。

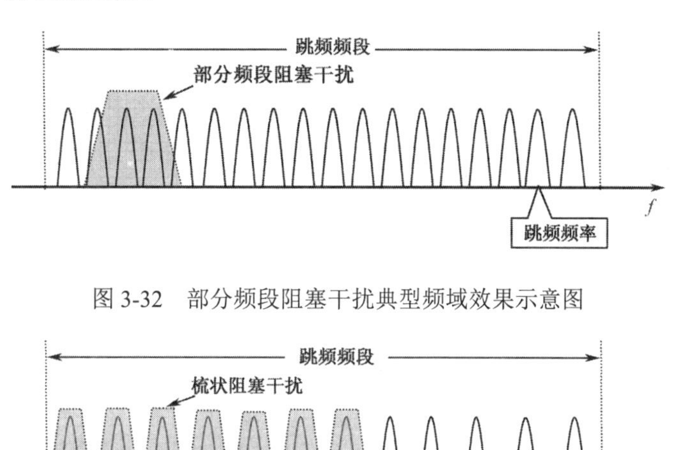

图 3-32　部分频段阻塞干扰典型频域效果示意图

图 3-33　梳状阻塞干扰典型频域效果示意图

跳变碰撞阻塞干扰（有时称为频率捷变干扰）的基本原理是：只需获得跳频通信频段信息，然后采用比跳频通信高得多的跳速，在跳频通信全频段或部分频段内进行高速伪随机跳变，以实现对该频段内每个跳频通信频率的伪随机碰撞干扰。这是针对跳频通信的一种新的阻塞干扰方式。这种干扰方式的优点较为明显，除了只需较少的跳频通信先验信息外，主要是干扰功率的利用率高，这是由于干扰功率集中于一个瞬时频率，比梳状阻塞干扰更为集中（因为梳状阻塞干扰同时出现多个梳状干扰频谱），每个通信频率在其一次驻留时间内将被碰撞干扰多次。例如，跳频通信跳速为 200 Hop/s，干扰跳变速率为 10^5Hop/s，则跳频通信频率每次驻留时间内将被平均碰撞约 500 次，若干扰跳变速率足够快，则可达到宽频段或部分频段强功率阻塞干扰的效果，而实际只有一个快速跳变的窄带干扰谱。缺点主要是对每个跳频通信频率不能形成时间连续的阻塞干扰，使得每个跳频通信频率不至于造成整跳的突发误码，只能在每次碰撞的时间内形成突发误码，其突发误码长度即为碰撞干扰的驻留时间，即：突发误码分成了很多小块，只要跳频通信交织处理时间足够快，就可以打散这种分块的突发误码，这给纠错处理带来方便。另外，这种阻塞干扰方式也容易干扰己方通信。

扫频碰撞阻塞干扰的基本原理是：先获得跳频通信频段和跳频通信频率集的频率间隔等信息，然后在跳频通信全部或部分频率上，按照跳频通信的频率间隔，由频率低端到频率高端，每隔一定的时间依次出现一个窄带的干扰频谱，并不断地重复这种频率扫描过程，以对跳频通信频率形成碰撞干扰。这种干扰方式的优点同样是干扰功率集中，某一瞬时也只出现一个窄带的干扰频谱。缺点主要是干扰效率可能不及梳状阻塞干扰和高速随机碰撞干扰，这是由于在某个窄带干扰频率驻留时间内，未必一定能碰上跳变的通信频率，在实际使用中存在最佳扫频速率选择问题，与干扰对象的跳速有关。同样，这种干扰方式可能对己方通信形成干扰。

以上几种基本的阻塞干扰方式有一个共同的特点，即与跳频图案算法无关。宽频段或部分频段阻塞干扰和梳状阻塞干扰在当前干扰时间内干扰信号的频谱是固定不变的，其干扰效果与跳频通信的跳速无关，可将它们视为固定阻塞干扰。相比之下，跳变碰撞阻塞干扰和扫频碰撞阻塞干扰的干扰瞬时频谱是窄带的，且干扰频率不断变化，不仅干扰功率更为集中，而且与跳频通信的跳速构成了一定的联系，可将此类阻塞干扰方式视为动态阻塞干扰。这些动态阻塞干扰可以理解为时分意义上对各单频的瞄准干扰，它们对跳频通信技术体制甚至频率 AFH 通信技术体制都构成了很大的威胁，应引起足够的重视。

虽然阻塞干扰方式目前还很难做到一机干扰所有跳频频率或频率集，但无论何种阻塞干扰方式，其实现和使用都比跟踪干扰简单。跳频通信无论组网与否，其信号的频谱都是暴露的，跳频通信频率覆盖范围和频率数以及频率间隔等参数是很容易被侦察的，这就给实施阻塞干扰带来了方便。在获得跳频通信有限先验知识和干扰功率足够大的前提下，阻塞干扰也可以对跳频通信形成最佳干扰或准最佳干扰。加上常规跳频体制存在“三分之一频段/频率数”的干扰容限效应，使得阻塞干扰更容易奏效，在高数据率跳频数据传输时更是如此。所以，阻塞干扰是目前干扰方最常用且非常有效的干扰方式，也是目前干扰方对于跳频通信干扰的优势所在。但是，干扰方也不可避免地要为此付出代价，如遭受火力打击等。

3.7.3 其他干扰

以上讨论的干扰威胁主要是人为恶意干扰。在实际中，跳频通信还会遇到一些自然干扰和人为无意干扰的威胁。

同一信源信号在通过多条路径或经多次反射、散射传输后形成多径信号，这些多径信号到达同一接收点的时间（相位）不同，造成多径干扰。多径干扰不是人为造成的。多径干扰的结果是使接收信号出现随机的起伏变化，称为多径衰落，其机理在不少经典著作和其他文献中都有介绍[67-69]，这里不再赘述。

多径信号对跳频通信的干扰，主要表现为本跳信号经多径传输后先后落入接收端的本跳或后续相同频率的驻留时间内，从而形成干扰，使通信质量降低。对于常规的中低速跳频通信，多数多径信号的时延一般远小于跳周期，当前跳的多径信号会落入本跳驻留时间内。当跳速高到多径信号的时延大于跳周期时，多径信号会落入后续其他跳的驻留时间内；如果多径信号的频率与击中的跳频频率相同，则形成干扰，否则不形成干扰。从跳频通信多径干扰的机理看，它类似于转发式跟踪干扰。所不同的是，转发式跟踪干扰可能加入了信号放大和额外的噪声调制，干扰功率有所增大；而多径干扰信号在自然的传输中有所减弱，其信号强度不及直射波或主路径信号，并且除了原有的调制信号外，没有额外的人为调制信号。

随着民用通信事业的迅速发展，民用无线电信号越来越密集，而频率资源有限，尤其在有些军民共用频段上，对军用无线通信造成了严重的非规则的梳状阻塞干扰，这属于人为无意干扰。这些干扰有些来自民用无线电台的工作频率，有些来自民用无线电台主频的旁瓣和谐波，有些干扰频率是固定的，有些干扰频率是时间不确定的，且干扰频率相当密集，形成了一个名副其实的梳状强阻塞干扰带，寻找干净频带已相当困难。

工业干扰（如电火花、强电场等）对跳频通信会造成较大的影响，往往表现为在很宽频段内提高了背景噪声，有时是固定的，有时是非固定的。不同地域工业干扰的强度和形式有所不同。例如，工厂车间内行车经过，铁水出炉，电焊机以及医疗用频设备等，都会对军民无线电通信产生干扰。

有些自然干扰（如天体运动、太阳黑子活动等），对军民用无线电通信也会造成影响，尤其是短波通信、卫星通信更为敏感。如果遇到这种干扰，通信链路会造成中断，常规的技术措施难以抵抗。

此外，跳频通信装备在组网使用以及与其他军用通信、雷达、导航等用频装备在同一地域使用时，还会遇到严重的己方干扰，即互扰、自扰。

实践表明，除了人为恶意干扰以外，在常用短波、超短波和微波频段，背景噪声干扰电平不断增大，为了保证自己用频装备的工作，不断增大发射功率，电磁环境呈现出一种非合作的不断恶化的趋势，其中短波电磁环境恶化尤为严重[70]，使得电磁环境治理迫在眉睫。

可见，当今的军用通信同时面临着敌方和非敌方以及工业和自然等的严重干扰威胁。跳频通信不仅要应对敌方人为恶意干扰，还要应对来自民用无线电通信的人为无意干扰，军用用频装备的互扰、自扰，以及工业干扰和自然干扰等问题。

3.8 跳频通信抗干扰增效措施

随着通信干扰技术的发展，一般意义上的常规跳频通信面临着严峻的挑战。需要在维持跳频通信基本特点的基础上，针对跳频通信的主要干扰威胁和跳频通信的优势与不足，从技术和战术两个方面以及多维空间上采取一些增效措施[3, 71]，以进一步提高跳频通信的抗干扰能力。工程实践表明，有些措施是非常成功和有效的。

3.8.1 抗跟踪干扰增效措施

由以上分析可知，实现跳频跟踪干扰是需要很多前提的，通信方可针对这些前提，采取一些提高抗跟踪干扰能力的增效措施。

1. 提高跳频组网及战术使用能力

实际上，这是对抗双方在网域的一种较量，是现代条件下体系对抗的重要体现。跳频组网的主要目的有：一是提高跳频通信的反侦察能力。在正确组网和跳频组网数量足够多的条件下，干扰方在众多的频率交错、时延交错的跳频网台信号中难以区分通信方的频率集，也难以建立各频率集与各跳频网的对应关系，从而降低干扰方对跳频网台信号的侦察分选能力，也就相应地提高了跳频通信抗跟踪干扰能力。二是提高跳频网系运用能力。在正确组网条件下，即使干扰方成功干扰某一条或多条链路，通信方也可以利用迂回的方式完成通信，除非所有链路均被干扰。同时，正确的跳频组网还便于相同跳频体制的协同互通和同地域多种跳频网系的共存。不同通信装备组网的形式和机理有所不同，组网主要解决的是使用问题。不过，在技术上要保证具有跳频组网的功能。

除了正确组网运用以外，还有一些可供使用的战术手段，如跳频伴动、频率集优化设置等[71]。

使用者和工程设计人员在各自的实践中都需要将这种网域较量、网系运用的观念和新的战术手段作为一个重要的指导思想（具体问题将在第 9 章中介绍）。

2. 适当提高跳速或采用变速跳频策略

在干扰方正确分选跳频网和干扰功率足够大的前提下，主要表现为对抗双方在速度域的较量，引导式跟踪干扰与抗干扰表现得尤为突出。因此，单网使用或点对点使用时跳频速率必须高于敌方跟踪干扰机的最高跳速，将这种跳频速率定义为跳频通信的安全跳速。在速度域较量过程中，跳频速率达到或高于安全跳速时，就可以抵抗跟踪干扰。此时，跳速越高，抗跟踪干扰能力就越强。但是在正确组网条件下，抗跟踪干扰已不仅仅是跳速问题；当通信跳速低于安全跳速时，同样可以抗跟踪干扰，不能认为抗跟踪干扰一定要使通信跳速高于安全跳速。当然，跳频通信装备最好应具有大于安全跳速的能力，以便于特殊情况下的单网使用。对于一些点对点使用的跳频通信装备，其跳速必须要高于安全跳速，否则会存在被跟踪干扰的威胁。安全跳速是相对的，将随着跟踪干扰速度的变化而变化。

另外，采用变速跳频或变驻留时间的策略也是一种很好的提高抗跟踪干扰的增效措施。跳速或信号驻留时间伪随机变化，甚至非线性变化，有利于打破跟踪干扰策略，或增加敌方对跳频参数侦察和跟踪干扰的难度。变速跳频涉及很多工程技术问题，如跳速等级、跳速同步、跳速变化率、跳速图案控制、跳速图案周期等，也涉及使用问题。

工程中还可以采用一种“跳速牵引”方案，即设置多种跳速；一旦当前跳速被干扰，主台就选择新的跳速，而网内各属台被自动牵引到新的跳速上。

3. 提高跳频图案的技术性能和使用水平

这是一种对抗双方在图案域的较量，主要针对波形跟踪干扰。跳频图案设计和使用的基本目的，是使敌方难以从当前频率或当前一段时间的频率跳变规律预知未来频率跳变规律和反推出跳频密钥，即：在频率跳变规律上与敌方“捉迷藏”，以躲避敌方的波形跟踪干扰。在技术上，要求跳频图案算法复杂度高，重复周期长，无小周期循环，随机性和均匀性好，具有宽间隔跳频能力，具有多组不同的算法，并具有算法和跳频密钥灵活应用的能力。

在使用上，首先要正确设置、运用和区分训练跳频图案和作战跳频图案，并且作战跳频图案应采用多种算法，至少训练和作战使用的跳频图案不相同，以防止或阻止敌方的战前和战时的技术侦察。另外，使用者应能根据不同跳频装备的跳频组网要求和作战任务、作战进程合理分配和使用跳频图案及跳频密钥，并且能根据战场电磁干扰情况实时更换，以增大敌方战时破译跳频图案的难度，力求避免敌方的波形跟踪干扰，同时也方便己方的跳频网系运用。

3.8.2 抗阻塞干扰增效措施

针对阻塞干扰的机理，提高跳频通信抗阻塞干扰性能的增效措施主要有以下几个方面。

1. 空闲信道搜索技术

一般意义上的空闲信道搜索（FCS）是指在通信之前接收端扫描发送端所发送的约定频率探测信号，分析各拟用频率质量，删除被干扰频率，将无干扰或干扰较弱的频率组成跳频频率表，然后系统在该频率表上跳频。可见，这是从预选信道定频通信推广到跳频的一种新技术，属于有源探测技术，收发双方需要一个发送、搜索、信令传输、应答、确认等完备的过程，因而需要一段较长的时间。这种技术实现起来较为简单，适合在阻塞干扰较为固定的环境中使用，也有人将其称为频率 AFH（自适应跳频）技术，如某些新型短波电台、法国的 PR4G 超短波跳频电台[40]以及瑞典的 RL-400 系列跳频接力机等。FCS 主要用在通信之前删除被干扰频率，因而可以减轻跳频通信开始时的压力，尤其是便于跳频同步；但在通信过程中遇到新干扰时不能实时处理。所以，采用 FCS 技术的跳频通信系统在跳频通信过程中的抗阻塞干扰效果仍相当于常规跳频系统，当干扰严重到不能正常工作时，系统被迫重新回到 FCS 状态，扫描信道后再进入跳频同步和跳频通信过程，或寻找干净频点进入定频工作状态。于是，与没有采用

FCS 技术的常规跳频相比，FCS 具备了较好的抗固定阻塞干扰的能力，也可提高跳频同步可靠性，但在人为有意干扰环境中存在两点不足：一是信道扫描需要较长的时间，处理干扰的实时性不强；二是系统可能在 FCS 和跳频通信两种状态中来回倒换，造成通信中断和系统不稳定。可见，这种技术实际上不足以称为频率 AFH。

在 FCS 的工程设计中，应注意以下几点：一是 FCS 与通信方式的适应性设计，不同的通信方式（如双工通信和半双工通信等），FCS 设计有很大的差别；二是 FCS 的快速性设计，涉及通信装备硬软件资源的充分利用和快速算法设计等，以保证快速跳频建链；三是 FCS 的隐蔽性设计，FCS 信号的时域和频域特征应尽量与跳频信号一致，并与跳频信号互为掩护，这一点与跳频同步的隐蔽性设计相似；四是 FCS 探测结果的均匀性设计，采用合理的映射方法，当探测的可用频率很少或较多时，均能映射成较均匀的跳频频率表。

对于定频通信和直扩通信，需要实现自动频率控制（AFC）。

2. 频率/功率 AFH 与 FCS 相结合技术

前已述及，在跳频处理增益一定的条件下，常规跳频对于阻塞干扰会出现“盲跳频”现象，其干扰容限一般在频率集的三分之一左右，导致干扰方可实现“三分之一频段/频率数”干扰策略。这是香农信息论没有进一步阐明的问题，也是目前制约常规跳频抗阻塞干扰能力的重要瓶颈。

在常规跳频的基础上，采用频率/功率自适应技术，形成频率/功率 AFH，是打破这个瓶颈的有效措施。该项技术可在通信过程中实时检测和删除被干扰频率，辅以功率对抗，以进一步提高跳频通信系统的干扰容限和网间电磁兼容性能，甚至抗动态阻塞干扰。但是，如果在通信之前阻塞干扰就十分严重，导致跳频初始同步建立困难，很可能会影响 AFH 链路的建立。若将频率/功率 AFH 技术与 FCS 技术结合使用，则会有更好的效果；因为前者主要抗通信过程中的阻塞干扰，后者主要用于删除通信前的固定阻塞干扰。

3. 频域、功率域、时域等多域处理技术

一般意义上的阻塞干扰在频域、时域和功率域上是固定的，或者在一段时间内是固定的，称为固定阻塞干扰。固定阻塞干扰的效果与跳频通信的跳速没有直接关系。例如，对于一定的跳频频率数和某固定阻塞干扰，无论是高跳速还是低跳速，通信频率落入干扰频带内的概率都是一样的，即通信误码率是相同的。

实际中，敌、我、友、民用系统等的用频信号在频域、时域和功率域甚至空间域高度混合，存在频域上固定、时域上不固定，时域上固定、频域上不固定，或者时域、频域上都不固定的阻塞干扰，多种信号及其在空中的合成，使得接收的合成信号往往是不断变化的，成为真正意义上的动态阻塞干扰。例如，敌方的扫描阻塞干扰和随机跳变碰撞阻塞干扰，以及它们的合成信号等。在动态阻塞干扰的情况下，干扰效果与通信跳速建立了一定的联系，仅靠频域一维处理已力不从心，而应考虑在频域、功率域、时域等多域空间上进行联合检测与处理，以提供准确的干扰信息。实际上，这是一种通信方的电子支援措施，若将这种技术与跳频技术相结合，可以更好地抵抗通信过程中的动态阻塞干扰，并将固定阻塞干扰视为动态阻塞干扰的一种特殊情况。

4. 自动更换频率集技术

任何一种抗干扰技术或手段的能力都是有限的，频率 AFH 也是如此。当跳频工作频率集被严重干扰到只剩下极少可用频率时，系统当前的频率 AFH 能力已到达极限状态或崩溃的边

缘，此时若不采取措施，系统的跳频通信将被迫中断。为了进一步扩大频率 AFH 抗阻塞干扰的范围，增强系统的生存能力，可以采用一种自动生成与更换频率集的技术，当跳频通信系统在当前频率集上工作达到极限状态时，系统自动产生并更换另一个新的工作频率集，以摆脱当前的阻塞干扰。根据频率资源，新的频率集可以在原有频段内生成，也可在新的频段上生成。

实际上，可以认为这种增效措施是频率 AFH 功能的一种扩展，在工程中需要重点考虑以下几个问题：一是对新频率集自动生成的要求，不能占用太多的系统资源，以免影响通信的时效性，并注意新频率集频点分布的均匀性；二是新频率集自动更换的判决，只有在干扰严重、系统即将达到极限状态时才予以更换，保证新频率集更换进程的准确启动；三是新频率集自动更换的时机，要求通信双方及时同步地更换到相同的新频率集上，保证跳频通信不中断，尽量做到无损伤切换。

5. 频率冗余设计技术

对于相邻瞬时频谱不重叠且没有增加频率冗余度的常规跳频通信系统，其在受到阻塞干扰时的平均误码率参见式（3-85）。

例如，对于 $N=64$，当 64 个频率全部被干扰时，系统平均误码率为 0.5，与定频通信被瞄准干扰的效果相同；当只有 1 个频率被干扰时，引起的系统平均误码率为 7.8×10^{-3}，虽比定频通信抗干扰能力提高了 64 倍，但误码率仍不尽人意；当干扰频率数达 6 个或 7 个时，系统平均误码率约为 5×10^{-2}，此时话音还基本可以听懂，但数据业务已难以承受了；当干扰频率数达 20 个左右时（接近频率集中频率数 64 的三分之一），系统平均误码率上升到 10^{-1} 数量级，跳频通信将被迫中断。

采用增加频率冗余度、实现频率分集功能的方法，也是一种很好的抗阻塞干扰、改善误码率的途径。具体方法是用多个频率（多跳）传送相同的 1 bit 信息，然后进行大数判决。这时跳频通信系统的平均误码率可由下式给出：

$$P_e=\sum_{x=r}^{C}\binom{C}{x}P_c^x\ Q^{C-x} \tag{3-89}$$

式中：P_c 为无频率冗余时的系统误码率，$Q=1-P_c$，r 为判决频率集中的判决频率数门限，C 为判决频率集的频率数。

例如，1 bit 信息用 3 个频率来传送，接收时按 3 中取 2 的准则判决，则有

$$P_e=\sum_{x=2}^{3}\binom{3}{x}P_c^xQ^{3-x}=3P_c^2Q+P_c^3 \tag{3-90}$$

经过 3 中取 2 的频率冗余之后，以上 1 个频率和 6（或 7）个频率被干扰两种情况下的平均误码率分别为

$$P_c=7.8\times10^{-3}\text{ 时，}\ Q=1-P_c=0.992\text{ ，}\ P_e=1.81\times10^{-4}$$

$$P_c=5.0\times10^{-2}\text{ 时，}\ Q=1-P_c=0.950\text{ ，}\ P_e=7.25\times10^{-3}$$

可见，误码率得到了明显的改善，且 P_c 越小，改善的程度越大。若采用 7 中取 4，效果会更好。如果加上宽间隔跳频图案设计，使得两两相邻跳频频率之间的间隔很宽，则可提高频率分集效果：当前频率受干扰，下一个频率未必受干扰，更有利于判决的正确性和系统性能的改善。

这种频率冗余设计方法在实际应用中受到了数据速率和跳速的限制。实际上，这是一种以提高跳速为代价的方法。例如，用 3 跳传 1 bit，对于数据速率为 16 kbit/s 的系统，所需跳速为

16 000×3＝48 000（Hop/s），这在以前是很难实现的，在器件水平较高的今天则存在实现的可能性。但对于几百千比特每秒的群路传输场合，这种方法会导致过高的跳速，几乎不存在实现的可能性。如果多跳传一组信息（多比特），再进行大数判决，则可以降低跳速；但由于每跳传输的比特数很大，在大数判决处理中需要占用过多的时间资源，将明显影响话音和数据传输的实时性，特别在高速群路通信时链路回声太大，难以接受。所以，这种方法不太适用于高速数据和话音传输的场合，而比较适合低速数据传输且传输实时性要求不太高的场合。

实际上，采用这种方法抗阻塞干扰正是跳频体制最初的一个出发点[2]，但后来由于数据速率越来越高，且过高的跳速很难实现，导致人们改变了设计思路，目前普遍使用一跳中传输多比特不同信息的跳频体制。

3.8.3 抗多径干扰增效措施

从理论上讲，跳频体制抗多径干扰的机理主要有两个方面。一是利用多径时延与跳速的关系抗多径干扰：如果跳频的驻留时间小于多径时延，则经多径传输的多径信号不会落入本跳内，从而躲避多径信号对本跳的干扰；当多径信号落入后续其他不同频率的跳频驻留时间内时，不会形成干扰；当多径信号落入其他相同频率的跳频驻留时间内时，在跳速较低的情况下，多径信号传输的时间较长，干扰强度不大。二是利用频率冗余设计抗多径干扰：多跳传输相同的信息，经大数判决，实现频率分集。

遗憾的是，这两种途径都要求通信系统具有极高的跳速和极短的驻留时间，实际系统中难以做到。例如在陆地移动通信中，多径时延为微秒（μs）数量级，躲避多径需要上万跳每秒的跳速；短波天波的多径时延为毫秒（ms）数量级，躲避天波多径也需要上千跳每秒的跳速。过高的跳速虽然可以躲避多径对本跳的干扰，但有可能干扰其他相同频率的后续跳。

如果采用频率冗余设计，根据上面的分析，无论每跳传 1 bit 信息还是传多比特信息，跳速都要成倍增加，并且还会产生较大的信号处理时延，工程上和使用时都难以接受。目前国内外实际跳频通信装备的跳速与抗多径的要求均相差很大，仅依靠跳速抗多径实际上很难做到，要靠其他技术措施予以解决，如直扩/跳频混合扩谱、时频域均衡技术、交织纠错技术以及多种分集技术等。需要提出的一点是，提高功率对于抗多径干扰没有什么作用。

可见，依靠跳频体制本身是很难抗多径干扰的，这一观点与有些文献的阐述存在差别。

3.8.4 有关共用增效措施

由以上分析可知，对于不同的干扰所采取的增效措施是不一样的。除了这些增效措施以外，还有一些共用的增效措施，对于抵抗多种干扰和提高系统性能都有贡献。

1. 选择合适的调制方式

从一般意义上讲，跳频通信体制的调制方式比较灵活，可以是模拟调制，也可以是数字调制；可以是调频、调相，也可以是调幅。但实际中并不这么简单，高性能的调制解调是跳频通信系统的关键技术之一，选择合适的调制方式是提高跳频通信系统整体性能的一个重要问题[72-73]；既要考虑跳频传输的要求，还要考虑信道特性、通信技术体制、误码性能等因素。调制方式不仅影响到系统的基本性能（如数据速率、信号检测等），而且还影响到系统的抗干扰性能（如抗阻塞干扰、抗跟踪干扰、抗多径干扰、抗噪声干扰和抗网间干扰等）。

在常规的通信系统中，调制方式的选择主要考虑所用信道的传输特性，目的是有效利用信道资源，减小噪声的干扰，提高系统性能。

在跳频通信系统中，除了自然的信道特性以外，还需要考虑更多的因素，主要有：一是适应载频的跳变甚至快速跳变，即不因射频跳变对解调形成干扰或造成其他影响；二是在跳频带宽一定的条件下提高跳频处理增益，即每跳已调信号的跳频瞬时带宽要尽量窄，以增加跳频可用频率数；三是在频率间隔一定的条件下传输更高的数据速率，即提高频谱利用率，这也是当前的一个研究热点。

以上需要考虑的几种因素，也是跳频通信调制方式选择的约束条件。不难看出，这些条件之间实际上是存在矛盾的，在工程设计中需要进行统一的折中考虑，或寻求新的高效调制解调方法。

与定频通信相比，射频跳变将给接收端的解调带来影响。首先，在射频跳变条件下，接收机中的自动增益控制（AGC）作用有限，当信号突然增大时会发生限幅，使信号失真，误码率恶化。这就要求采用恒包络调制，幅度上不携带信息，如FSK调制。同时，恒包络调制有利于降低对功放的线性要求，减少非线性失真和限幅失真[72]。从这个意义上讲，基于单边带调幅的短波模拟跳频电台存在天生的不足。另外，接收端经收发双方跳变的射频混频后成为中频，不容易提取相干载波，很难跟踪多普勒频移和收发双方的频（率）差，也很难做到接收中频的相位连续，而从一个频率到另一个频率相位的改变都将被跳频相干解调器作为信息解调出来，容易对接收端形成以跳为周期的脉动干扰，不便采用相干解调方式，一般需要寻求对频差、相（位）差不太敏感的非相干解调方式。当然，若能实现完善的相干解调，系统的性能将会更佳。

然而，传统FSK调制方式的频谱不够集中，频谱和功率利用率不高，难以满足跳频瞬时频谱带宽窄和高数据速率传输的要求。文献[72, 74-76]分别分析了高斯最小频移键控调制（GMSK）、π/4正交相移键控调制（π/4-QPSK）和多进制连续相位调制（MCPM）等调制方式的性能，可以较好地满足数字跳频通信调制解调的需求。其中，GMSK支持非相干解调，包络恒定，对频差和幅度变化不敏感，旁瓣衰减快，带外辐射低，具有出色的功率利用率和较高的频谱利用率；π/4-QPSK支持非相干解调，抗多径和衰落的性能好，其频谱利用率优于GMSK，相位不连续，近似恒包络，用于非相干检测时对频差和幅度变化敏感，有带外辐射，功率利用率不理想；MCPM支持非相干解调，包络恒定，频谱更集中，且具有编码特性[74-75]（CPM可以分解为一个线性连续相位编码器和一个无记忆调制器），对频差和幅度变化不敏感，功率利用率较高，频谱利用率一般。可见，尽管以上几种调制方式可以较好地满足跳频通信调制解调的约束条件（不排除还有更好的调制方式），但都不是十全十美的，加上信道的多径、衰落等因素，还需要考虑均衡技术的应用。

2. 宽间隔跳频技术

宽间隔跳频技术是跳频通信工程中的一个重要研究分支，也是提高跳频通信抗干扰能力的一种增效措施，主要涉及跳频图案的设计。

宽间隔跳频的物理意义是任一对时间相邻的两个跳频频率之间的频率间隔必须大于某一个固定值。这种跳频方式有助于进一步提高抗阻塞干扰的性能，这是因为：尽管它与非宽间隔跳频相比，其各跳频频率受干扰的概率是一样的，但它较好地避免了连续出现的频率受干扰，便于纠错处理，最终提高了系统误码性能。例如，如果不是宽间隔跳频，一个与跳频瞬时带宽相同的干扰信号可能同时干扰相邻的多跳通信。

一般来说，宽间隔跳频与跳频控制不形成直接关系，核心问题是宽间隔跳频码序列（或称跳频地址码）的生成。其方法有多种，相关文献讨论了这一问题[51-57]。

宽间隔跳频码序列一方面带来了频域上的宽间隔特性，但另一方面，正是由于这种宽间隔特性，使得下一跳频率只能在整个跳频频率集的一个子集中选取，而不是整个跳频频率集中的任一个频率，其随机性能自然受到了影响。人们需要了解这种随机性能的损失如何分析、损失有多大以及宽间隔跳频码序列如何构造等方面的问题，相关文献讨论了这些问题[57-60]。同时，跳频图案的重复周期也可能受到影响。

3. 增加可用跳频频率数

前面已经提到，增加可用跳频频率数（即增大跳频处理增益）虽然主要是针对抗阻塞干扰而言的，但也有利于提高抗跟踪干扰能力。

增加可用跳频频率数（增加跳频带宽），是常规跳频提高抗阻塞干扰能力的一种基本方法，对抗效果在于干扰频率数占跳频可用频率数的比例，如美军“先进极高频卫星通信系统”（AEHF）跳频带宽达几十吉赫（GHz）。

在干扰频率数和跳频可用频率数均一定的条件下，只要干扰功率足够大，继续加大干扰功率时就对跳频通信不再增加干扰效果。然而这是从理论上讲的，在实际中即使干扰频率数和跳频可用频率数均不变，继续加大干扰功率时，对跳频通信还可能增加干扰效果；因为干扰功率加大后，不仅干扰信号主频的功率加大了，而且干扰谐波频率的功率也加大了，其谐波频率会对跳频频率集中的其他可用频率造成干扰，相当于增加了干扰频率。

至于增加可用跳频频率数提高抗跟踪干扰能力，则是对抗双方在频率跟踪范围的一种较量。虽然跟踪干扰机主要指标是跳频网台信号分选能力和跟踪速度，但可跟踪的频率范围也是一项重要指标；若跳频通信的可用频率数及跳频带宽超出了跟踪干扰机的频率范围，跟踪干扰也是难以实现的。可见，跳频可用频率越多，越有利于抗跟踪干扰，这一观念是需要再次强调的。

增加可用跳频频率数的途径主要有两个：一是在频率资源一定的条件下，采用高效调制技术和降低数据速率，压缩跳频瞬时带宽，以增加可用跳频频率数；二是增加跳频带宽，这需要更多的频率资源。这两种途径既涉及使用问题，又涉及技术问题。在工程设计和战术使用中，要尽最大可能将给定的可用带宽和可用频率数用够，以保证最大的跳频处理增益。

4. 变间隔跳频技术

由于工程实现方便和器件功能等原因，目前大多数跳频通信装备都采用等间隔跳频方式：无论最小频率间隔 Δf 取多大，跳频图案的随机性有多好，跳频频率表中的各频率一般都是按 Δf 整数倍的规律变化的，或两两相邻频率之间的频率间隔要么相等，要么成整数倍，频率间隔为单一参数。这就给电子进攻方的侦察和干扰带来了方便，只要获取最低和最高跳频频率及 Δf 三个参数，就等于获取了整个跳频频率集信息。在这种情况下，梳状阻塞干扰的各干扰频率可以很容易地与对应的各跳频频率相重合，也可方便实施跟踪干扰，干扰效率大大增加，从而形成了相应的跳频侦察与干扰体制。如果两两相邻频率之间的频率间隔不相等，或不成整数倍，即频率间隔为多参数，则可望打破相应的跳频侦察与干扰体制，进一步提高跳频通信的反侦察和抗干扰能力。

5. 交织与纠错技术

交织与纠错是两个不同概念、不同用途的信道编码技术（交织有时也称为交错），从理论上可以分开设计，也可以联合设计；而在实际中有的单独采用纠错，更多的是进行交织与纠错联合设计和使用。这是一种基于信号处理的非扩谱抗干扰技术。

由于人为干扰和非人为干扰等原因，通信过程中会发生数据传输错误，这种错误主要分为三种情况：突发错误、随机错误以及突发错误与随机错误并存。军用无线通信无论工作在哪个频段，这三种情况都有可能发生。单纯的纠错技术对于随机错误可以起到较好的效果，但对于突发错误以及突发错误与随机错误并存的情况就力不从心了。如果先把突发错误打散，变成随机错误，再利用纠错技术进行纠错，将会取得很好的效果，这就是所谓的交织与纠错联合设计。

在发送端，将数据或经纠错编码后的码流每隔一定的长度排成一个 m 行、n 列的矩阵（码阵），该矩阵称为交织矩阵，用交织方法构造的码称为交织码，m 称为交织次数或交织度，每一行的码集合称为交织码的行码或子码。发送时，以列的次序从左向右依次发送；接收时，仍按原规律排成矩阵，但以行的次序从上到下依次取出数据，并进行译码，即解交织。由此可见，即使在传输过程中，某一列或多列由于受干扰而发生突发错误，也可以经过交织和解交织，将突发错误分散到每个行中去，降低了每列错误之间的相关性；当交织度足够大时，可将突发错误变成随机错误或短突发错误，给纠错减轻了压力，从而改善系统的误码性能。

但同时，交织和解交织以及纠错编码和译码都需要进行数据的存储和处理，会产生数据的延迟，特别是交织处理需要的时间资源较多，给通信的实时性带来很大的影响。对于话音通信会产生延迟和回声，对于数据通信会给信令传输和交换带来不便。尤其在群路通信时，这种较大的延迟更难以容忍，严重时可能导致交换机不能正常工作，造成用户的呼通率降低。这就需要改变设计和使用方式，解决的思路主要有两个：一是从使用上考虑，在点对点通信时加大交织深度，而在组网使用时降低交织深度，以牺牲误码性能为代价保证网络连接；二是从技术上考虑[77]，力求改变“交织深度越大，误码率越低，处理时延越长”的线性关系，寻求新的交织编码算法，使得交织深度减小较多，而误码率不至于恶化太大。相对于交织来说，纠错编码与译码的处理时延要小得多，但仍要考虑减小其时延的措施。关于交织和纠错的具体实现，相关技术文献有专门介绍，在此不再展开讨论。

6. 功率对抗策略

所谓功率对抗策略，是指在功率 AFH 技术的基础上，进一步加大功率，以提高抗人为恶意干扰的性能，即硬抗能力。如果干扰方突破了跳频通信网的多重防线，可以对跳频通信网实施跟踪或阻塞等方式的干扰，这种情况最终表现为对抗双方在功率域的较量，类似于定频通信提高功率抗瞄准干扰。采用功率对抗策略，可谓“狭路相逢勇者胜”，也是抗人为恶意干扰的最后防线。

在使用中，无论是自适应调整功率还是人工调整功率，都必须遵循一条原则：在可以正常通信的条件下，发射功率越小越好，以提高己方的网间电磁兼容性能和对敌方形成低截获概率信号；只有在遭到强干扰或者由于通信距离太远造成信号场强太弱的情况下才加大发射功率，属于不得已而为之。

另外，正是由于功率大小直接涉及反侦察、网间电磁兼容性和硬抗，所以功率参数也应纳入战场管理的范围，并提出相应的使用要求。这既涉及使用问题，也涉及技术问题。

7. 低数据速率传输

根据香农信息论和通信原理[48]，在相同的信道容量、发射功率、通信体制、抗干扰体制以及电磁干扰环境条件下，传输的数据速率越低，每比特的信号能量越大，接收信噪比就越大，系统的抗干扰能力也就越强。同时，降低数据速率还有利于抗多径干扰和增加可用跳频频率数。所以，在电磁干扰较严重的情况下，适当降低数据速率可望提高误码性能；不过这要以降低数据速率为代价，也是不得已而为之的。但是，数据速率不能无限制地降低，应以能提供维持战场各作战单元基本运转所需的信息量为原则，否则就失去了通信的意义。

8. 直扩/跳频混合扩谱技术体制

直扩/跳频混合扩谱（有些文献称为跳频/直扩混合扩谱[1]，没有本质上的区别）可以理解为在跳频的基础上增加直扩，也可以理解为在直扩的基础上增加跳频；既可以看作一种增效措施，也可以看作一种二维的抗干扰技术体制。

这种混合扩谱技术体制既提高了系统的反侦察性能，也提高了系统的抗干扰性能。在反侦察方面，由于直扩/跳频混合扩谱将纯跳频瞬时频率的功率谱明显降低，将纯直扩的固定载频变为跳频，因而其反侦察性能均强于纯跳频和纯直扩。在抗干扰方面，正是由于反侦察性能提高了，直扩/跳频系统的抗跟踪干扰和抗阻塞干扰性能也相应地得到了提高；但在频率资源一定的情况下，直扩/跳频系统的处理增益未必得到了提高，也就是说直扩/跳频系统抗干扰性能的提高不一定由处理增益所致。在抗多径干扰方面，直扩/跳频比纯跳频会有明显提高；因为可以利用直扩尖锐的相关峰分离一部分多径信号，进而实现多径分集。值得指出，要使直扩/跳频系统获得更好的反侦察和抗干扰性能，需要以更多的频率资源为代价。但在工程实践中，频率资源一般很难得到保证，此时只能降低数据速率或降低直扩/跳频系统的直扩带宽，形成所谓的窄带直扩/跳频或多进制直扩/跳频混合体制。

9. 其他共用增效措施

除了以上增效措施以外，还有一些其他共用增效措施。例如：接收机射频前端强干扰抑制技术，提高接收机抗饱和干扰能力；降低跳频信号损伤的技术，可以增大跳频干扰容限和提高弱信号检测性能，也就提高了抗干扰能力和干扰条件下的通信距离；采用干扰与信号分离或自适应干扰抵消技术，可在节省频率资源的条件下，提高抗阻塞干扰性能和抗网间干扰性能；在较高频段采用多波束智能天线等空间域抗干扰措施，可提高反侦察性能和抗人为干扰能力；采用跳频参数战场管控技术，可大大提高跳频通信的网间电磁兼容性能以及跳频通信装备的抗干扰能力和通信能力[6, 41, 78-85]，最终提高系统的综合抗干扰能力。另外，正确的战术使用，可以在跳频通信装备已有技术性能的基础上，最大限度地发挥跳频通信潜在的抗干扰能力和反侦察能力，其内容涉及面很广，以上章节已经有所涉及，后续章节中还将介绍有关战术使用方面的问题，部队在实际使用中也会有更多更好的战术思想。

3.8.5 跳频通信增效措施小结

以上从不同角度讨论了一些跳频通信抗干扰的增效措施。为了直观和方便使用，下面给出增效措施的小结。当然，在工程实践和装备使用中，广大同人还会有更好的经验，这里提出的一些体会仅供参考。

1. 常规跳频通信体制需要改进

常规跳频通信体制虽然与定频通信体制相比具有较好的抗干扰能力，但存在“三分之一频段/频率数”干扰门限效应，难以适应恶劣的电磁干扰环境，需要作较大的改进。有些增效措施已经上升为公认的抗干扰技术体制，如 AFH、直扩/跳频等，这些都是理论和实践经验的总结。另外，无论采用什么先进的技术和增效措施，跳频通信装备都需要进行组网运用和跳频参数的战场综合管控，点对点和单网使用的生存能力都是很弱的。

2. 跳频通信增效措施的用途

在以上多种跳频通信增效措施中，有些具有单一的用途，有些对几种干扰都具有抵抗能力，具体如表 3-1 所示。其中，“√”表示相应的增效措施对于相应的用途有贡献。从表 3-1 也可以看出，没有哪一种增效措施能抵抗所有的干扰。

表 3-1　跳频通信增效措施小结

	电磁反侦察	抗跟踪干扰	抗固定阻塞干扰	抗动态阻塞干扰	抗多径干扰	抗白噪声干扰	网间电磁兼容
正确组网	√	√	√	√			√
提高跳速		√			√		
变速跳频	√	√					
跳频图案优化	√	√	√				
空闲信道搜索			√				√
频率自适应			√	√			√
功率自适应	√	√	√	√		√	√
时域、频域等多域处理	√	√	√	√			√
接收机前端强干扰抑制		√	√	√			√
自动更换频率集	√	√	√	√			√
频率冗余设计		√	√	√	√	√	
分集技术			√	√	√		
增加可用跳频频率数	√	√	√	√			
高效调制方式		√	√	√	√	√	√
变间隔跳频	√	√	√	√			
交织与纠错		√	√	√	√	√	
低数据速率传输		√	√	√	√	√	
直扩/跳频混合	√	√	√	√	√		√
降低跳频信号损伤		√	√	√	√	√	
干扰与信号分离			√	√			√
自适应干扰抵消			√	√			√
空间域抗干扰措施	√	√	√	√			
宽间隔跳频		√	√	√	√		
跳频参数战场管控	√	√	√	√			√
战术使用	√	√	√	√			√

3. 提高跳频通信整体抗干扰能力需要多种措施的综合

虽然一种增效措施可能有多个用途，但仅靠一种措施是远远不够的，需要多种措施的有机综合，即采用综合抗干扰技术体制和措施，实现多域空间的抗干扰，并且要与电磁反侦察紧密结合。然而，多种措施的综合会带来系统的复杂性，还会增大系统的体积、重量和功耗。尽管随着器件技术的发展，体积、重量和功耗问题得到了缓解，但系统设计的复杂性问题依然存在。所以，需要根据系统的用途、层次和装备形式等因素，进行合理的选择和设计，避免盲目地简单堆砌。

3.9　跳频体制的特点及适用范围

在讨论跳频体制基本原理、主要干扰威胁和增效措施的基础上，本节主要总结其特点及适用范围[3]，这对于跳频通信装备的科研和使用具有实际意义。

3.9.1　常规跳频体制的特点及适用范围

这里所说的常规跳频体制，是指没有自适应能力的中低速和固定跳速的基本跳频体制，它是我们研究跳频体制及相应技术的基础。很长一段时间以来，人们对此进行了积极的探索和应用，基本上掌握了其特点及使用。

1. 常规跳频体制的特点

常规跳频体制的特点很多，这里所述的内容可能与有些传统的结论不尽相同。

1）抗干扰和反侦察能力

常规跳频体制的抗阻塞干扰能力是相对于定频通信抗瞄准干扰而言的。严格地讲，常规跳频体制并不能躲避阻塞干扰，抗干扰效果主要取决于受干扰频率的数量占跳频频率数的比例：此比例越小，抗阻塞干扰效果越好；反之亦然。实际上，这是在频域中频率数量上的一种硬抗。由于常规跳频体制没有频率自适应能力，且存在“三分之一频段/频率数”干扰门限效应，所以其抗阻塞干扰（特别是抗宽频段阻塞干扰）的能力较弱，在高速数据跳频传输时更差。在使用中，一般采用技术管理措施来减弱固定干扰的影响，但在跳频通信过程中遇到阻塞干扰时则无法处理。对于抗扫描干扰，由于在某一个时刻只有一个干扰频点出现，常规跳频体制对抗扫描干扰反而表现出较好的优势。常规跳频体制在抗跟踪干扰时主要依靠跳速、组网、功率、迂回等措施，单网或点对点使用时只能依靠跳速和功率硬抗，抗跟踪干扰能力也有限。对于波形跟踪干扰，还要考虑跳频图案的算法等问题。

无论是抗跟踪干扰还是抗阻塞干扰，跳频处理增益（可用频率数）是一个重要指标。常规跳频体制的处理增益主要取决于跳频频段和频合器以及天线的覆盖范围等因素，与跳频体制本身及跳频控制没有直接关系。在一般情况下，可以得到较高的处理增益，但在频率资源受限且要求高速数据传输时，提高处理增益受到很大限制。例如短波跳频通信，由于空中信道特性和信道机调谐等，处理增益受到更大的限制，往往只能实现窄带跳频。

前已述及，跳频体制虽然扩展了频谱，频率在整个跳频频段上跳变，但在每一个频率驻留时间内的瞬时射频功率较大；因而跳频信号是暴露的，隐蔽性及反侦察能力较差，这是跳频体制相对于直扩体制的一个弱点。在跳频通信装备技术性能确定以后，只能依靠正确组网和跳频参数战场管控等措施提高反侦察性能，进而提高抗截获和抗跟踪干扰能力。但是，在跳速较高和频点较密集时，敌方尽管很难侦察其跳频图案和网络关系并截获其信息，但还是很容易侦察跳频网系的跳频频段、跳频频率集、频率间隔等参数，从而方便地实施阻塞干扰。

2）远近效应特性和抗多径衰落能力

由于跳频系统不是在一个固定的频率上通信的，而是在一个较宽的频段内按照跳频图案伪随机跳变，不能在相同频率上同时传输和检测多用户信息，远处发送的跳频信号只有在某一时刻的跳频瞬时信号与接收端近处的其他强发射信号频率相同时，或者远处的跳频信号带宽较窄，并且其跳频频率范围又正好与近处的发送信号工作频段及带宽相吻合时，才发生阻塞现象。所以，跳频体制具有较好的远近效应特性，这是跳频体制相对于直扩体制的一个优点。

前已述及，从理论上讲，只要跳速高到一定程度，并且在实现多跳传输相同信息（频率分集）的条件下，跳频体制就可以具备较强的抗多径干扰和选择性衰落的能力。但是，实际的常规跳频体制的跳速难以高到其驻留时间与多径时延相比拟的程度，在数据速率较高时更难以做到频率分集；除非大大降低信息速率或采取多个接收机接收相同的信息。所以，常规跳频体制抗多径干扰和选择性衰落的能力较差，这是跳频体制相对于直扩体制的一个弱点。

3）组网特性和频谱利用率

跳频体制可以实现同步组网、异步组网、迟后入网、网呼、单呼、同体制跳频互通以及定频呼叫跳频等组网功能，具有陆海空大区域、小区域动态组网能力，这是跳频体制相对于直扩体制的一个突出优点。

跳频同步组网时，由于各网之间频率严格正交，频谱利用率较高。分频段异步组网和非正交同频段异步组网时，频谱利用率较低；但采用跳频参数战场管控措施时，可以实现正交或准正交同频段异步组网，此时也可以达到较高的频谱利用率。

4）同步特性

跳频通信系统中的同步主要有跳频初始同步、比特（位）同步、跳同步（帧同步）等，在同步组网中还有网间同步问题。

军用、民用跳频初始同步的要求差别很大，民用跳频初始同步可以不考虑同步的抗干扰和反侦察问题，实现比较简单，只要实现双方同时起跳即可，跳频初始同步建立时间可以做到很短。而军用跳频初始同步除了同步信息的传输和保护以外，还需要考虑众多复杂的问题，如迟后入网同步和定频、跳频呼叫以及有关勤务信令等。实践表明，军用跳频初始同步要比直扩伪码同步复杂，且跳频初始同步建立时间也相对较长。这一点不同于有些经典著作中介绍的跳频同步比直扩同步容易，且建立时间短的结论[1-2]。

比特同步对于军用、民用跳频通信系统没有什么本质差别，只是军用跳频通信系统在干扰条件下比特同步要求更高。由于发送端和接收端的中频调制信号都是间断的，一般要求比特同步建立快、维持特性好，否则无法实现解跳和解调，这一点类似于时分多址系统中的比特同步。为了保证信码恢复的正确性，还要求比特同步的相位抖动小，在高速数据通信时更是如此，这一点与定频高速数据通信对比特同步的要求相同。关于如何获得优越的比特通信性能，将在第 7 章中具体讨论。

在跳频初始同步、比特同步正常建立的基础上，跳同步即可建立，得到每跳的标志信号，用于跳频控制和每跳的数据处理。

跳频同步组网的网间同步是军用跳频通信的一个特有问题，还处在不断完善和研究中。

2. 常规跳频体制的适用范围

由于跳频体制的跳频带宽可宽可窄，组网灵活，且有很好的远近效应特性，是一种较好的军用通信抗干扰技术体制。

从原理上讲，常规跳频体制适用于从短波到微波的多种频段，甚至更低、更高的频段和背负、车载、舰载、机载、星载等多种装备形式的动态组网，多址性能较好。但是，除了信道机的一些技术因素以外，由于空中信道特点以及信息速率等因素，不同频段适应的跳频带宽和跳速有所差别。短波地波通信时，在采用快速电调谐滤波器的情况下，可以实现较宽频段和分频段跳频；天波跳频通信时，跳频带宽一般在 2 MHz 以下。常规短波跳频体制的跳速一般不超过 100 Hop/s，天波允许的最高极限跳速一般为 5 000 Hop/s 左右[11]。值得指出，短波中大功率电台不宜采用跳频体制，这是由于短波中大功率天波传输信号的覆盖范围广，其工作频率及谐波会对己方通信造成较大干扰。超短波通信可以实现全频段和分频段跳频；常规超短波跳频体制的跳速一般为几百至上千跳每秒，也存在极限跳速问题[12]。对于极限跳速，主要考虑传播特性以及数据速率与跳速的制约关系，而不考虑信道机的频率切换时间。微波通信可以实现很宽的跳频带宽（几十至几百兆赫）和较高的跳速（几百至上千跳每秒），主要取决于信道机技术、信息速率和可用频率资源；当微波群路数据速率较高时，若干扰点较多，常规跳频体制的使用受到很大限制。从信道条件和工作频段看，卫星通信既可以采用低跳速和窄带跳频，也可以采用高跳速和宽带跳频。另外，由于跳频的瞬时频谱是窄带的，略宽于相同信息速率的常规定频通信的频谱，只要跳频通信的调制方式与常规定频通信相同，跳频通信设备在定频工作时就可与相应的常规定频通信设备兼容互通。

3.9.2 改进型跳频体制的特点及适用范围

跳频体制的改进主要从频域、速度域以及频域与速度域相结合等方面着手，再加上其他辅助措施。这样可以在保留常规跳频体制优点的同时，使跳频体制具备更强的战场生存能力。

频域改进的内容主要有频率 AFH 和增加跳频带宽，最好实现宽频段的频率 AFH。从技术和工程角度看，目前这是可以实现的。其主要特点是抗部分频带和宽频段阻塞干扰的能力强，适用于较恶劣的电磁环境；但其抗多径干扰的能力没有提高，需要采用其他辅助措施予以弥补，并且跳频带宽的增加在实际装备中往往受到很大限制。

速度域改进的内容主要有变速跳频和高速跳频，最好实现从低速到高速大跨度的自适应变速跳频，甚至非线性变速跳频。其主要特点是抗跟踪干扰能力强，在实现高跳速的情况下，可以改善跳频体制的抗多径干扰能力，适用于跟踪干扰环境和移动跳频通信。即使只实现从低速到中速的变速跳频，也可能打破常规跟踪干扰的策略，抵抗较高跳速的跟踪干扰。但是，其抗阻塞干扰的能力没有提高，除非实现超高跳速的频率分集。从技术和工程角度看，实现中低速的变速跳频是可能的，而实现高跳速有很多具体问题。

如果将频域改进与速度域改进结合起来，实现宽频段频率自适应大跨度变速跳频体制将是比较理想的。这样，就可以方便地做到同时具备抗阻塞干扰、抗跟踪干扰和抗多径干扰的能力，适用电磁环境的范围将更为广泛。但是，跳频信号暴露的缺点仍然存在，并且由于技术较复杂，不太适用于层次较低的通信装备；如果跳速没有高到一定程度，抗多径干扰能力仍难以提高。

本章小结

本章结合工程实践，通过对跳频通信基本知识和基本原理的介绍，较系统地明确了跳频通信的有关工程概念；通过对跳频处理增益原始定义存在问题的分析，修正了跳频处理增益的计算方法，得出了便于工程应用的简洁结论，明确了跳频处理增益对跳频通信系统主要能力的影响；通过对跳频图案性能的分析与检验，明确了跳频图案的主要性能指标及常用的分析和检验方法；通过对跳频信号损伤产生原因和性能的分析，得出了跳频信号损伤比的计算方法、公式及理论下界，明确了降低跳频信号损伤的技术途径，给出了跳频信号损伤比的工程测量方法；通过对一般意义上的频率 AFH 技术的研究，明确了 AFH 的含义及作用，给出了频率 AFH 的一般处理过程和算法，分析了频率 AFH 系统的基本性能；通过对几种典型跳频干扰方式的分析，明确了跳频通信面临的主要干扰威胁及干扰机理；通过分析和总结跳频通信增效措施，明确了跳频通信系统设计的努力方向。最后，通过对常规跳频体制和改进型跳频体制特点的总结，进一步明确了跳频体制的适用范围。

如果实现了较完善的跳频通信系统的设计和正确组网使用，应该说跳频通信网就能具备比较强的整体电磁防御能力。在这种情况下，进攻方要想完全压制跳频通信，不太可能像干扰定频通信那么容易。从战争理论来看，即使跳频通信被有效压制，也不能视为防御方（通信方）的失败，因为迫使进攻方付出了极大代价，还会因此暴露干扰源的目标，招致火力摧毁，这也是防御方得到的好处。

本章的重点在于跳频通信的基本原理、跳频处理增益计算、跳频图案性能的分析与检验、跳频信号损伤的产生原因与性能分析、频率 AFH 原理、跳频通信典型干扰威胁、跳频通信抗干扰增效措施等。

参考文献

[1] 狄克逊．扩展频谱系统[M]．王守仁，项海格，迟惠生，译．北京：国防工业出版社，1982.

[2] TORRIERI D．Principles of military communication systems．Artech House，1981.

[3] 姚富强．军事通信抗干扰及网系应用[M]．北京：解放军出版社，2004.

[4] 骆如楠．Jaguar-V 跳频无线电系统[J]．军事通信技术，1983（3).

[5] 姚富强，李永贵，陈建忠，等．小时延跳控器技术方案论证报告[R]．南京：总参谋部第六十三研究所，1999-07.

[6] 李永贵，姚富强，毛虎荣．通信抗干扰网系共存问题研究与对策[C]．2005 军事通信抗干扰研讨会，2005-11，成都.

[7] 姚富强．关于跳频可用频率数与抗干扰性能关系的讨论[C]．1997 军事通信抗干扰研讨会，1997-10，南京.

[8] Poisel R A．现代通信干扰原理与技术[M]．通信对抗技术国防科技重点实验室，译．北京：电子工业出版社，2005.

[9] 姚富强，张毅．干扰椭圆分析与应用[J]．解放军理工大学学报（自然科学版），2005（1).

[10] 杨小牛．关于军事通信抗干扰的若干问题——从通信对抗角度谈几点看法[C]．2005 军事通信抗干扰研讨会，2005-10，成都.

[11] 刘忠英，姚富强，曾兴雯．短波跳频最高跳速的确定[J]．西安电子科技大学学报，2002（10).

[12] 周运伟，赵荣黎．VHF 跳频电台的跳速极限及其对策[C]．1999 军事通信抗干扰研讨会，1999-10，南京.

[13] 扈新林，姚富强．一种实用的跳频码序列产生方法[J]．军事通信技术，1995（1).

[14] 扈新林，姚富强．跳频码序列性能检验探讨[J]．军事通信技术，1995（2).

[15] HERRICK D L，LEE P K. CHESS: a new reliable high speed HF radio[C]. IEEE MIL COM’96，Oct.1996.

[16] HERRICK D L，LEE P K．Correlated frequency hopping：an improved approach to HF spread spectrum communications[C]．Proceedings of the 1996 Tactical Communications Conference.

[17] 姚富强，刘忠英．短波高速跳频 CHESS 电台 G 函数算法研究[J]．电子学报，2001（5).

[18] 姚富强．跳频处理增益有关概念分析与修正[J]．电子学报，2003（7).

[19] TORRIERI D．扩展频谱通信系统原理[M]．牛英滔，朱勇刚，胡绘斌，等译．2 版．北京：国防工业出版社，2014.

[20] 姚富强，信俊民，扈新林．跳频通信有效反侦察组网数的确定[J]．现代军事通信，1995（3).

[21] 姚富强，陈建忠．野战网群路通信抗干扰及组网体制研究[C]．1999 军事通信抗干扰研讨会，1999-10，南京.

[22] 李玉生，赖仪一，姚富强．关于跳频通信 LPI 特性的讨论[C]．2003 军事通信抗干扰研讨会，2003-10，合肥.

[23] 杨义先，林须端．编码密码学[M]．北京：人民邮电出版社，1992.

[24] 扈新林，姚富强．跳频码序列复杂度分析[J]．通信学报，1996（5).

[25] 电子工业部第三十六研究所．跳频/扩频通信最新干扰技术进展（论文汇编）[G]．电子工业部第三十六研究所，1995.

[26] 吴祈耀，朱华，黄辉宁．统计无线电技术[M]．北京：国防工业出版社，1980．
[27] 王铭文．概率论与数理统计[M]．辽宁：辽宁人民出版社，1983．
[28] 何振亚．数字信号处理的理论与应用[M]．北京：人民邮电出版社，1983．
[29] 张毅，姚富强．跳频通信损伤研究[J]．西安电子科技大学学报，2005（3）．
[30] SIMON M K, OMURA J K, SCHOLTZ R A, et al. spread Spectrum communications handbook[M]. McGraw-Hill，2002.
[31] PROAKIS J G．Digital communication[M]．3rd ed. McGraw-Hill, 1995.
[32] RAPPAPORT T S．Wireless Communications[M]．Prentice Hall，1996.
[33] 姚富强．扩展频谱处理增益算法修正[C]．2002 军事电子信息学术会议，2002-12，海口．
[34] ZANDER J．Adaptive frequency hopping in HF communications[C]．Proc. IEEE MILCOM’93，Boston，1993.
[35] ZANDER H，MALMGREN G．Adaptive Frequency Hopping in HF Communication[C]．IEE Proceedings – Communications, 1995，142（2）．
[36] ANDERSSON G．LPI performance of an adaptive frequency-hopping system in an HF interference environment[C]．Proc. ISSSTA’96，Mainz，Germany，1996.
[37] BARK G．Power control in an LPI adaptive frequency hopping system for HF communication[C]．Proc. HF Radio Systems and Techniques’97，Nottingham，UK，July 1997.
[38] 沈连丰，邹乐，宋扬，等．一种适用于 WPAN 应用环境的高速自适应跳频系统及其性能分析[J]．电子学报，2002（10）．
[39] ZHANG S T，YAO F Q，CHEN J Z，et al．Analysis and simulation of convergent time of the AFH system[C]．The 7th International Conference on Signal Processing（ICSP’04），Aug. 2004，Beijing，China.
[40] 王晓青．法国的 PR4G 通信系统[J]．外军电信动态，1991（7）．
[41] 赵丽屏，李永贵，姚富强．跳频参数的无缝管理[C]．2005 军事通信抗干扰研讨会，2005-11，成都．
[42] MITOLA J，MAQUIRE G J．Cognitive radios：making software radios more personal[J]．IEEE Personal Communications，1999（4）．
[43] 蒋锦新，应新瑜．信号检测与估计理论[M]．西安：西北电讯工程学院出版社，1986．
[44] 俞世荣．自适应跳频通信及其抗干扰性能[J]．通信技术，1999（2）．
[45] 姚富强，张少元，李永贵，等．一种实时频率自适应跳频处理方法研究[J]．现代军事通信，2008（3）．
[46] 张少元，陈建忠，李永贵．实时跳频频率自适应关键技术的研究[C]．2003 军事通信抗干扰研讨会，2003-10，合肥．
[47] 柴瑞贤，赵丽屏，张锁敖．跳频通信的抗干扰性能分析[C]．1999 军事通信抗干扰研讨会，1999-10，南京．
[48] 樊昌信，徐炳祥，詹道庸，等．通信原理[M]．北京：国防工业出版社，1984．
[49] 沈振元，聂志泉，赵雪荷．通信系统原理[M]．西安：西安电子科技大学出版社，1993．
[50] YAO F Q，ZHU Y G，SUN Y F，et al．Wireless communications “N+1 dimensionality” endogenous anti-jamming theory and techniques[J]．Security and Safety，2023（3）．
[51] 陈文德．宽间隔的跳频图样[J]．系统科学与数学，1983（4）．
[52] 洪福明，张世平．宽间隔跳频图样的探讨[J]．成都电讯工程学院学报，1985（增刊 2）．
[53] 李斌，赖仪一．一种宽间隔码序列的研究[J]．通信工程学院学报，1988（2）．

[54] 梅文华．宽间隔的非重复跳频序列族[J]．通信学报，1994（6）．
[55] SHAAR A A，DAVIS P A. A survey of one-coincidence sequences for frequency-hopped spread-spectrum systems[C]．IEE Proceedings F (Communications, Radar and Signal Processing)，1984（7）．
[56] 何维苗，李剑澄，叶永涛．一种新的实现宽间隔跳频的方法——随机平移替代法[C]．1999 军事通信抗干扰研讨会，1999-10，南京．
[57] 关胜勇，姚富强．基于 Markov 过程的宽间隔跳频地址码序列的分布特性研究[J]．电子学报，2003（7）．
[58] 陆大絟．随机过程及其应用[M]．北京：清华大学出版社，1986．
[59] PROAKIS J G．Digital communications[M]．3rd ed．Beijing：Publishing House of Electronics Industry，1998．
[60] 关胜勇，姚富强．宽间隔跳频地址码序列的两种模型[C]．2003 军事通信抗干扰研讨会，2003-10，合肥．
[61] 姚富强，陈建忠，张锁敖，等．战术微波数字保密接力机抗干扰技术体制考虑[C]．1997 军事通信抗干扰研讨会，1997-10，南京．
[62] 吴凡，姚富强，李玉生．跳频网台信号分选技术研究[J]．通信对抗，2005（1）．
[63] 吴凡，姚富强．跳频信号侦察的现状与发展趋势[J]．现代军事通信，2005（2）．
[64] 吴凡，姚富强，李玉生．跳频同步正交网台信号分选关键技术研究[C]．2005 年通信与信号处理年会，2005-05，桂林．
[65] 吴凡，姚富强．基于反侦察技术的跳频异步网台信号分选[C]．2005 军事通信抗干扰研讨会，2005-11，成都．
[66] 陈琨，张巨泉．大功率干扰机对短波通信的干扰效能评估[J]．通信对抗，2005（3）．
[67] LEE W C Y．Mobile Communication Engineering[M]．New York：McGraw-Hill，1982．
[68] 杨留清，张闽申，徐菊英．数字移动通信系统[M]．北京：人民教育出版社，1995．
[69] 姚富强．现代专用移动通信系统[D]．西安：西安电子科技大学，1992．
[70] 姚富强，刘忠英，赵杭生．短波电磁环境问题研究——对认知无线电等通信技术再认识[J]．中国电子科学研究院学报，2015（2）．
[71] 姚富强，李永贵，陆锐敏，等．无线通信抗干扰作战运用方法教范[M]．北京：解放军出版社，2015．
[72] 刘忠英，柳永祥，姚富强，等．超短波跳频通信调制方式的选择[C]．2007 军事通信抗干扰研讨会，2007-09，天津．
[73] RAPPAPORT T S．无线通信原理与应用[M]．蔡涛，李旭，杜振民，译．北京：电子工业出版社，1999．
[74] 益晓新，沙楠，潘焱．超短波 OFDM-CPM 高速数据电台研究[C]．2006 军事电子信息学术会议，2006-12，武汉．
[75] RIMOLDI B E．A decomposition approach to CPM[J]．IEEE Transactions on Information Theory，1988（2）．
[76] 张贤达，保铮．通信信号处理[M]．北京：国防工业出版社，2000．
[77] GUAN S Y，YAO F Q，CHEN C W．A novel interleaver for image communications with theoretical analysis of characteristics[C]．2002 International Conference on Communications Circuits and Systems and West Sino Expositions Proceedings，Chengdu，June 29-July 1，2002．
[78] 姚富强，李永贵．战场频率及综合参数管理[C]．首届战区频谱管理研讨会，2001-05，广州．
[79] 姚富强．通信抗干扰有关现状分析与发展建议[C]．2001 军事通信抗干扰研讨会，2001-10，武汉．
[80] 姚富强．“XX”演习引发的思考与建议[C]．2001 军事通信抗干扰研讨会，2001-10，武汉．

[81] 姚富强，李永贵，毛虎荣．跳频通信装备的战场管理[C]．2001 军事通信抗干扰研讨会，2001-10，武汉．

[82] 毛虎荣，李永贵．如何发挥现有跳频通信设备的效能[C]．2001 军事通信抗干扰研讨会，2001-10，武汉．

[83] 赵丽屏，李永贵．跳频参数远程管理[C]．2003 军事通信抗干扰研讨会，2003-11，合肥．

[84] 吴凡，姚富强．战场跳频参数管理对跳频网系信号的影响[C]．2005 军事通信抗干扰研讨会，2005-11，成都．

[85] 毛虎荣，李永贵，姚富强．跳频电台效能发挥现状及分析[C]．2005 军事通信抗干扰研讨会，2005-11，成都．

第 4 章　直扩通信工程与实践

直扩通信的应用范围也很广泛。本章主要讨论常规直扩通信的基本原理、基本概念、关键技术、干扰威胁、增效措施、装备使用等一系列工程与实践问题。本章的讨论，有助于加深对直扩体制及直扩通信的认识，也便于理解和分析直扩抗干扰通信装备在科研、试验和使用中出现的一些现象及问题。

4.1　直扩通信基本知识

本节主要概述直扩通信中必须掌握的基本知识，有些是基本原理，有些是新的工程概念。

4.1.1　直扩通信基本原理

直扩体制的理论依据是香农信息论，它指出了理想通信的方式是噪声通信。为了物理可实现性，后来人们采用了伪噪声（Pseudo Noise，PN），并在直扩通信系统中用不同的伪随机码（伪随机序列，又称伪噪声码或 PN 码）代替伪噪声。

在发送端，用高速率伪随机码（简称伪码）对要发送的信息码流进行基带和中频扩谱调制，然后进行射频调制，发送和传输中的信号带宽主要取决于伪码带宽，且比原始信息带宽大得多（伪码速率远远大于原始信息速率），其功率谱密度大大降低。在接收端，先用本地载波对接收的射频信号进行混频，得到中频已调直扩信号，然后在中频用与发送端相同的伪码进行相关解扩，将有用宽带信号还原成原窄带信号，再经解调再生单元恢复信息数据。同时，对于在传输中引入的干扰信号，若与直扩信号不相关（即干扰信号与直扩信号的码型不一致），则经解扩处理后自动被扩展成宽带信号，其展宽的倍数与发送端通信信号被展宽的倍数相等，即对非相关干扰进行所谓的“反直扩”，经过中频滤波器（其带宽与直扩信号带宽相同）后，大部分非相关干扰被滤除，而信息码流被解出；若干扰信号与直扩信号相关（即干扰信号与直扩信号的码型一致），则接收机无法区分干扰信号与通信信号，直扩通信将受到相关干扰，此时直扩通信将失去处理增益。直扩通信的原理框图如图 4-1 所示（注：工程上有时在中频同时实现解扩和解调，有时也在基带进行扩谱和解扩，视其技术方案和器件种类而定）。

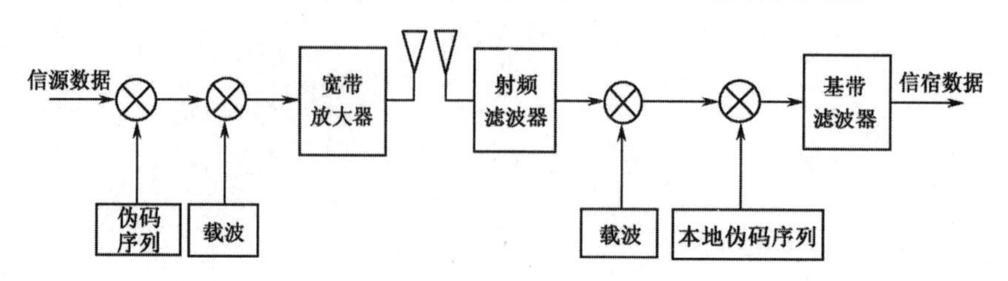

图 4-1　直扩通信原理框图

从直扩通信的基本原理可以看出，直扩通信之所以具有较好的抗干扰能力，是由于接收端对不相关的干扰信号进行所谓的“反直扩”，使干扰信号频谱大为展宽，在解扩过程中降低了干扰信号的功率谱密度，同时对通信信号进行相关接收，从而提高了接收机输出端的信干比；

直扩通信之所以具有较好的反侦察和抗截获能力，是由于发送端对通信信号进行了直接序列频谱的扩展，在传输过程中降低了通信信号的功率谱密度，可以理解为“化整为零”，起到了较好的“隐身”作用。当然，不同的直扩方式和技术方案，其抗干扰、反侦察、抗截获及其他通信性能会有所不同，下面将具体讨论。

4.1.2 单路直扩信号特征

单路直扩信号特征主要表现为点对点直扩通信的时域和频域信号特征，没有网域特征。

1. 单路直扩信号数学表达式

一般地，单路直扩发送信号可表示为

$$s_{\mathrm{DS}}(t) = Ad(t)p(t)\cos[\omega_0 t + \varphi] \tag{4-1}$$

式中，A 为信号振幅，$d(t)$ 为原始数据信息，$p(t)$ 为伪码序列，ω_0 为固定载频，φ 为相位。如果直扩信号在传输过程中没有受到干扰，接收端的直扩信号表达式也为式（4-1），只是振幅 A 减小了。实际上，直扩信号在传输过程中会受到人为、非人为的多种干扰和噪声的污染，实际进入接收机的信号除了直扩信号外，还要加上这些干扰和噪声。

如果空中存在多路直扩信号，即组网使用，则进入每个直扩接收机的信号为多路直扩信号的混合叠加。

2. 单路直扩信号时域特征

直扩信号的时域关系示意图如图 4-2 所示。假设发送端信息数据（信码）1 对应的伪码序列为 10011，信息数据 0 对应的伪码序列为 01001，伪码速率是信息速率的 5 倍，如图 4-2（a）和（b）所示。从数学关系上看，对信码进行直扩调制的过程实际上是信码与伪码序列进行某种逻辑运算的过程，如果该运算为同或运算，则当信码与伪码序列的电平相同时，同或后为高电平；信码与伪码序列的电平不同时，同或后为低电平。如果信码为 10，则直扩调制后的码序列（即同或运算后的发送序列）为 1001110110，如图 4-2（c）所示，其速率与伪码序列的速率相同，称其为码片速率。在接收端，用与发送端相同的伪码序列［称为本地伪码序列，如图 4-2（d）所示］对接收到的直扩序列［即图 4-2（c）所示序列］进行相同的同或运算，即可还原发送端的信码 10，如图 4-2（e）所示。

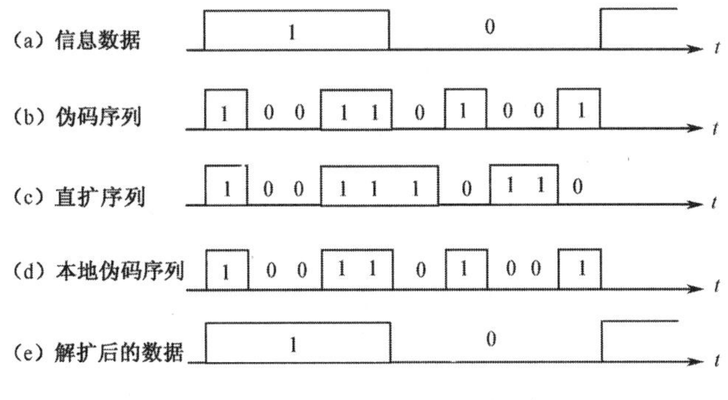

图 4-2 直扩信号的时域关系示意图

另一种更简单也较常用的直扩信号的时域关系是信息数据与伪码序列不进行同或及其他逻辑运算，而先将经过优选的伪码序列存放在存储器中，用信息数据作为伪码序列存储器的地址，直接用信息数据选择对应的伪码序列进行发送，其示意图如图 4-3 所示。这样，如果信码 1 和 0 对应的伪码序列仍分别是 10011 和 01001，则对应信息数据 10 发送的直扩序列为图 4-2（b）中的 1001101001，接收端对收到的直扩序列进行滑动相关检测或匹配相关检测，只要检测到 10011 即为信息数据 1，检测到 01001 即为信息数据 0，从而还原发送端的信息数据 10。

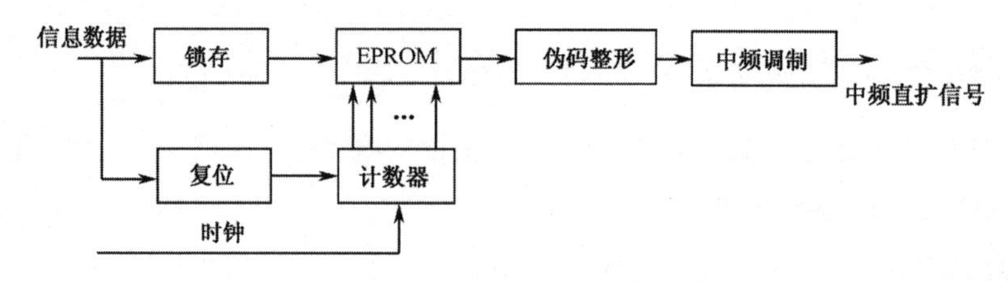

图 4-3　一种简单的直扩调制器示意图

由此可见，信息数据与伪码序列之间无论采用何种运算关系，都具有一个共同的特征：发送的直扩序列携带了信息数据，且信道中真正传输的码序列的速率要比原信息数据速率高得多，原信息带宽被扩展，并且只有与本地伪码序列相关的有用信号才被正确检测，否则不能或难以被检测。

在实际工程中，信息数据和伪码一般都取双极性信号 ±1，即逻辑上的 1 对应于+1，逻辑上的 0 对应于−1。

3. 单路直扩信号频域特征

直扩信号的频域关系示意图如图 4-4 所示。直扩前的信号频谱（原信息频谱）是一个窄带频谱，如图 4-4（a）所示。原信息频谱在基带和中频被直扩调制后变为宽带频谱，其功率谱密度大幅度下降，经射频调制而成为空中发射频谱，如图 4-4（b）所示。该频谱在空中传输过程中会受到人为或非人为的干扰（单频、多音、窄带或部分频带干扰等），使到达接收机的频谱实际上为有用信号的低密度谱和干扰的高密度谱的叠加，如图 4-4（c）所示。根据信号的傅里叶变换关系，时域的相关运算对应于频域的卷积运算，经解扩、解调后，对于有用信号，由于其在时域上与本地伪码序列相关，因而对应于频域上的卷积运算将已扩展的有用信号频谱转换为窄带的原信息频谱；对于干扰信号，如果其在时域上与本地伪码序列不相关，因而对应于频域上的卷积运算将较窄的干扰信号频谱反而扩展成宽带谱（反直扩），其扩展的倍数与发送端有用信号的扩展倍数 G 相同，干扰频谱的密度下降为 $1/G$（理论值）。经过中频滤波器后，绝大部分有用信息频谱分量被滤出，中频滤波器的带宽原则上等于直扩信号带宽，只有在中频滤波器带宽内的低密度干扰谱分量才通过中频滤波器，如图 4-4（d）所示。因此，与非直扩的常规定频通信相比，直扩体制大大抑制了干扰。应该指出，这里所述的干扰实际上是常见的非相关干扰，而对于相关干扰并非如此，这一点将在后续章节中具体讨论。

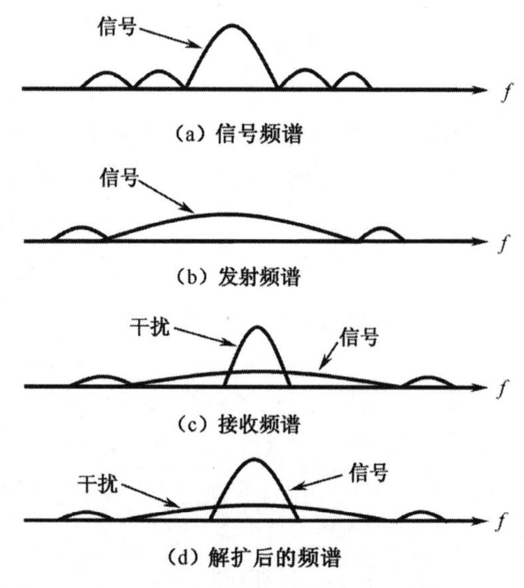

图 4-4　直扩信号的频域关系示意图

4.1.3　直扩通信工程有关基本概念

与跳频通信一样，直扩通信中也有不少工程概念需要讨论清楚，以便在工程实践中正确认识直扩通信的优势与不足。

1. 直扩进制数

以上所述直扩的基本原理实际上是基于二进制直扩的，并且普通的教材中介绍的直扩基本原理一般也基于二进制直扩。在实际工程中，有时为了满足系统设计要求和提高通信效率，还要采用多进制直扩（MDS）方式。所谓二进制直扩，是指一个用户用两个伪码序列（码长为n）分别表示信息码中一位信息 1 和 0 的两个状态，通常 n 取2^{i-1}或2^{i}，$i=1,2,\cdots$。直扩调制原理参见图 4-3，并且在二进制直扩中一位信码对应一个信息符号位，所以一个二进制直扩用户的接收机需要两个伪码序列作为直扩码，其存储地址也为两个，因而需要两个解扩支路，然后经择大判决获得信码，如图 4-5 所示。所谓多进制直扩，是指一个用户用 M 个伪码序列表示一个信息符号位中的 M 种状态（$M\geqslant 2$），此时的一个符号位含有 2 位以上的信息码。对于使用时分多址或频分多址的直扩通信系统，由于不用伪码序列区分用户，所以各用户可用同样的伪码序列。

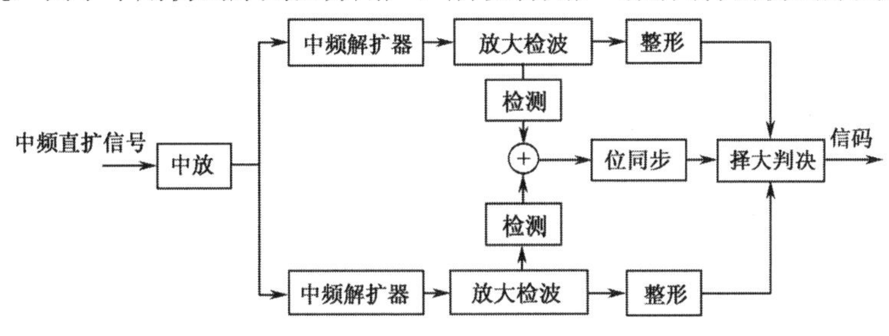

图 4-5　二进制解扩单元原理框图

例如：假设一个符号位含有 2 位信息码，则 $M=2^2=4$，此时一个用户需要 4 个伪码序列分别表示一个符号位中的 4 种状态，这种情况即为四进制直扩。从工程上讲，直扩的进制数等于所需的伪码序列的个数；从数学关系上讲，设直扩进制数为 M，一个符号位中的信息位数为 k，则 M 与 k 的关系为

$$M=2^{k},\ k=\log_{2}M\ \ (M\geqslant 2,k\geqslant 1) \tag{4-2}$$

可见，M 进制直扩的一个用户需要 M 个伪码序列作为直扩码，其直扩调制器与二进制直扩调制器类似，但其伪码序列数量及存储地址数量为 M（实际上 M 个 k 位信码即为对应伪码序列的地址）。同理，在接收端需要 M 个解扩支路，然后经择大判决获得信码，一种四进制解扩单元原理框图如图 4-6 所示。

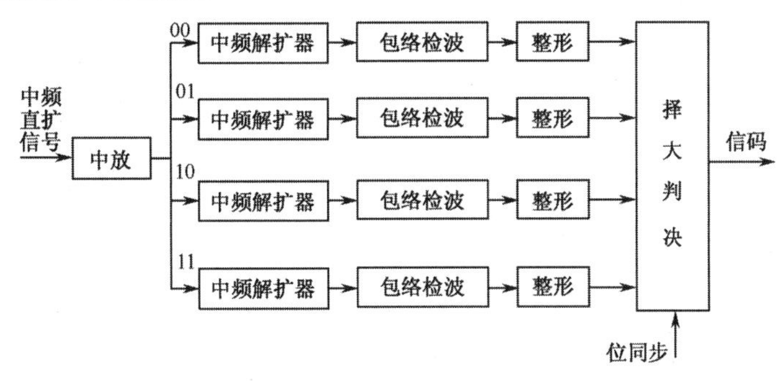

图 4-6　一种四进制解扩单元原理框图

也可以将直扩调制理解为一种信道编码（n, k），n/k 即为频谱扩展倍数：当 $k=1$ 时，为二进制直扩；当 $k>1$ 时，为多进制直扩。可见，式（4-2）包括了二进制直扩和多进制直扩。

一般来说，二进制直扩伪码序列的码片速率要比信码速率大得多，其频谱扩展倍数很高，且为 $n/1=n$ 倍（一定是整数倍），需要占用很大的传输带宽。而多进制直扩则不然，在伪码序列长度一定的条件下，它的频谱扩展倍数下降为 $1/k$，使得信号带宽扩展缓慢，并且其频谱扩展倍数既可以为整数，也可以不是整数。例如：当 n 为 32，k 为 2 时，$n/k=16$ 为整数；而当 n 为 32，k 为 3 时，n/k 为小数。在信码速率和伪码序列长度一定的条件下，多进制直扩的频谱扩展倍数要比二进制直扩小。基于以上原因，有时将多进制直扩称为软直扩或缓直扩，它往往给系统设计和系统性能带来诸多方便和好处。

2. 直扩带宽的选择

从抗干扰的角度看，直扩的处理增益越大，系统的干扰容限越大，抗干扰能力就越强。有时，为了得到较大的处理增益而采用较大的系统带宽。但是，从工程实际效果看，如果频谱扩得过宽，难免有较多的带内窄带干扰会进入接收机前端，如民用无线电干扰、工业干扰和自然干扰等，这些无意干扰将抵消系统很大一部分处理增益，使得干扰容限大大降低，此时直扩通信系统将没有多大能力去抵抗人为恶意干扰了。所以，直扩带宽未必越宽越好，应进行适当的折中，特别是直扩/跳频混合扩谱体制中的直扩。如果确实需要增大直扩处理增益，则只能以增加系统复杂度和降低信息速率为代价，采用多进制直扩和低信息速率直扩。对于天基通信（尤其是深空通信），环境和条件有所不同，其功率有限，信号强度弱，除了天际间的有关自然干扰外，其他的干扰较小。在这种情况下，需要加大直扩码码长和降低信码速率，无论是二进制直扩还是多进制直扩，都可以考虑以带宽和时间为代价，实现弱信号的积累和相关检测。

从反侦察和抗截获的角度看，与直扩带宽也有密切的关系。目前，对直扩信号的侦察体制基本上是建立在时间积累的基础上的，在低输入信噪比和高斯白噪声条件下，直扩信号侦察一般遵循下式[1-2]：

$$(S/N_0)_{\mathrm{o}} = (S/N_0)_{\mathrm{i}}^2 \cdot T \cdot W \tag{4-3}$$

式中，$(S/N_0)_{\mathrm{o}}$ 和 $(S/N_0)_{\mathrm{i}}$ 分别为侦察接收机的输出和输入信噪比，T 为观察（积累）时间，W 为直扩信号带宽。式（4-3）表明，在给定直扩带宽情况下，无论输入信噪比多低，总能通过时间积累使输出信噪比达到可检测的要求值。从式（4-3）也可以看出，直扩信号带宽越窄，为达到同样的输出信噪比所需的积累时间就越长。也就是说，直扩带宽窄并不意味着就越容易侦察，而是正好相反，即对于带宽较窄的直扩信号，在同样的积累时间内所能达到的输出信噪比相对于带宽较宽的直扩信号要小。因此，从反侦察、抗截获的视角来看，直扩带宽的选取不是越大越好，并且应尽可能地缩短单次连续通信的时间，使侦察方难以通过时间积累的办法提高侦察接收机的输出信噪比。

另外，直扩带宽的选择还与工作频段和信息速率等有关。由于天线和滤波器设计以及频段特性等，较高的工作频段可以对应较大的直扩带宽。从这个意义上讲，考虑到对应频段的相频特性，对于较低的频段一般难以或不宜采用直扩体制，如 HF 和 VHF 频段；即使采用，一般也基于窄带或带内直扩，并以降低信息速率为代价，但不排除有关特殊需求对应的一些新的手段。

总之，直扩带宽应根据系统的使用环境、用途和抗干扰、反侦察、抗截获等因素进行折中考虑。

3. 直扩与多径时延的关系

多径干扰是一种典型的非人为干扰，是客观存在的。在军用通信中，需要陆、海、空三维空间的大区制动态组网，相对于民用蜂窝移动通信的小区制而言，军用通信中的多径干扰更为恶劣，这是军用通信抗干扰必须面对的一个重要问题。从机理上讲，跳频通信和直扩通信都可以抗多径干扰，但由于伪码速率一般要比跳频速率高得多，因此直扩的抗多径干扰能力要强于跳频。然而，直扩通信并不是对所有的多径干扰都有效的，与传输信号的多径时延值以及如何处理多径信号等紧密相关。需要深入研究直扩抗多径干扰的机理，全面了解影响直扩抗多径干扰性能的因素，从而为工程设计奠定基础。

在变参信道中，存在多径衰落问题。例如在陆地移动通信中，信号通过重重障碍、多物体反（散）射进行合成，移动台相当于在多波束中穿行，表 4-1 给出了在 850 MHz 频段测得的典型多径时延分布[3]。多条路径信号在空中进行叠加，当多径信号的相位相同时合成信号得到增强；当相位相反或不同时合成信号减弱，造成接收的合成信号出现大幅度变化。这种现象称为多径衰落，衰落深度有时达 40 dB 之多[3]，这在陆地移动通信中将严重影响通信质量。其典型的衰落值与对应的概率统计如表 4-2 所示[4-5]。除了具备动中通的移动通信装备，非动中通（含车载和固定）通信装备和背负式通信装备在不同的通信地域和位置也存在多径衰落问题，只不过没有移动通信那样严重。在短波通信中，地波传输时主要由地面物体造成多径，而在天波传输时[6]，经过电离层不同模式传输的信号到达接收机的时延差值在 0.5～4.5 ms 之间，等于和大于 2.4 ms 的概率约占 50%，等于和大于 0.5 ms 的概率约占 99.5%，而大于 5 ms 的概率仅占 0.5%。可见，在一些非动中通的通信装备中，仍然需要考虑多径问题。

表 4-1　850 MHz 频段的典型多径时延分布

	市　区	郊　区
最大时延（30 dB）/μs	5.0～12	0.3～7.0
平均多径时延/μs	1.5～2.5	0.1～2.0
时延标准偏差/μs	1.0～3.0	0.2～2.0
均方根/μs	1.3	0.5

表 4-2　典型衰落值与对应的概率统计

衰落值/dB	0	5	10	15	20	25	30
概　率	0.7000	0.1500	0.1000	0.0250	0.0100	0.0025	0.0010

在多径传播环境中，多径传输媒质存在一个相干带宽 Δf_c，其定义如下[7-8]：

$$\Delta f_c = 1/\tau_{max} \tag{4-4}$$

式中，τ_{max} 为最大多径时延差。

相干带宽 Δf_c 就是信号衰落相邻零点在频率轴上的频率间隔。对于常规通信，为了不引起明显的频率选择性衰落，一般要求传输信号的带宽小于多径传输媒质的相干带宽 Δf_c。但是，人们总是希望有较高的传输速率，而较高的传输速率会带来传输带宽的增加，还会带来由频率选择性衰落引起的严重的码间干扰（又称码间串扰）。为此，通常要限制信息速率。直扩通信可以较好地解决频率选择性衰落问题，其机理如下：

（1）信息带宽和传输带宽不相同，可以分开处理，用很大的带宽传输窄带的信息。这样，小部分频谱衰落不会使信号产生严重畸变，从而减轻衰落的影响[7]。

（2）利用相关接收后直扩相关峰尖锐的特点，分离多径，在此基础上实现多径分集[5, 9-10]。

在直扩通信中，为了消除码间干扰和实现多径分离，分别要求

$$T_s > \tau_{max} \tag{4-5}$$

$$\tau_{min} > T_c \tag{4-6}$$

式中，T_s 为直扩前的信码符号宽度，一个信码符号宽度含有 $k \geqslant 1$ 个信码码元，对于二进制直扩，T_s 为 1 个信码码元宽度；T_c 为直扩码码片宽度（或称伪码码元宽度）；τ_{max} 和 τ_{min} 分别为最大和最小多径时延差。

为使式（4-5）成立，一般采用多进制直扩编码，即一个直扩码对应多个信息码元；为使式（4-6）成立，一般通过提高伪码速率来满足，但因受到器件速度和系统带宽的限制，T_c 值不可能无限制地减小，而多径时延差是客观存在的，有时式（4-6）只能得到部分满足。

从直扩通信的基本原理可知，可以利用尖锐的解扩相关峰分离多径，在这一点上比常规定频通信具有明显的优势。但是，直扩相关峰分离多径的能力也是有限的，与相关峰的宽度和多径信号传输时延差的相对大小有关。当多径信号与相关主峰重叠时，仍然会造成合成相关峰的衰落，其衰落概率分布以及多径分集的实现问题将在本章的后续内容中讨论。

4. 直扩信号的同步

直扩通信中的同步问题主要有网同步、伪码同步、位同步和帧同步等。

由于直扩通信中的工作频率是相对固定的，直扩通信的网同步类似于常规定频通信的网同步，其主要作用是：在每个通信节点（用户）上再生统一的时钟，以校正信号经传输后的时延变化，使接收到的数据流与本地时钟的频率、相位一致。对于移动通信，由于用户处于不断的运动之中，会引起多普勒频移、严重的相位噪声和深衰落，甚至出现收不到信号和帧滑动的现象，在大区制的野战移动通信中更为严重。

军用通信网同步的基本要求是：

（1）要具有很高的抗毁性和可靠性，一旦主时钟发生故障，其他用户能按协议自动代替主时钟，不能因主台被毁或出现故障而使通信中断；

（2）要具有很高的定时精度，以适应高速率数据传输的需要，还与通信对象之间的同步定时关系有关，避免因定时精度和相差积累造成滑码，这在双工移动通信中尤为重要；

（3）要具有很好的网络拓扑结构适应性，以满足网络拓扑结构和互联互通关系的需要，并且网络拓扑结构还可能随战场环境的变化而变化；

（4）要具有较为简单的实现方式，以适应通信装备体积小、灵活机动的要求（特别是移动台和手持台），需要综合考虑定时精度、定时关系和装备形式等多种因素。

明确了网同步的基本要求，便于讨论网同步方式。网同步方式主要有主从同步和准同步等。

主从同步指所有网内用户的时钟直接或间接地从属于主时钟的定时信号，主时钟以广播方式传送到网内各用户，各用户从接收到的数据流中提取主时钟并锁定到主时钟上，作为各用户自己的时钟。主从同步又分为两种基本类型：

（1）简单主从同步，如图 4-7 所示。图中①为主时钟，可以由主台或基站担任，由它发送基准时钟，其他用户台按此同步；

（2）等级主从同步，如图 4-8 所示。图中①～⑤为 1～5 号时钟，一旦 1 号时钟出现故障或被毁，则由 2 号时钟发送基准时钟；2 号时钟出现故障或被毁，由 3 号时钟发送基准时钟……以此类推。

主从同步的主要优点是：由于用户台时钟处于不断的校正之中，因而不会出现相差积累，也不会产生帧滑动，可适当降低对用户台时钟源精度的要求（如10^{-5}）。简单主从同步的抗毁性难以保证，而等级主从同步的抗毁性较好。

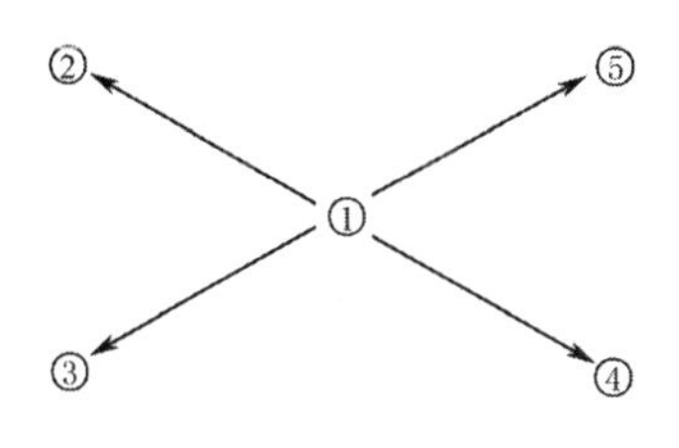

图 4-7　简单主从同步

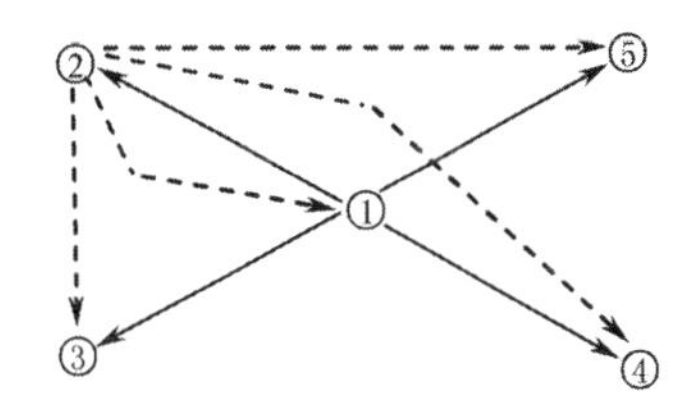

图 4-8　等级主从同步

准同步又称独立时钟准同步，是指网内每个用户设置高精度（如10^{-7}）时钟源，用两个用户之间的时钟频差来校正本地时钟，以使用户时钟在足够长的时间内不发生滑动，从而认为网内时钟是同步工作的。但是，由于体积和功耗的限制，在不用恒温槽和特殊材料时钟源的条件下，用于野战的机动通信装备一般很难设置高稳定性和高精度时钟，随着通信时间的延长，可能出现帧滑动现象，并且在有基站集中控制的系统中，用户之间的信息传递要经过基站转接，因此准同步不太适用于野战条件下的机动通信等场合，而采用具有主时钟替换功能的等级主从同步较适宜。表 4-3[5, 11]给出了主从同步和准同步对典型网络结构的适应性。

表 4-3　两种网同步的适用性

	星状网	等级网	分布式网	环形网	集中式网
主从同步	适合	适合	—	适合	适合
准同步	—	—	适合	—	适合

关于网同步，有两点需要说明：一是关于双工通信问题，为了消除传输时延的影响和相差积累，有时还需要在两两用户之间实现双主时钟同步，即不分主从，谁先主呼即为主，被呼方为从，也可认为双方互为主从、动态变化。二是关于卫星授时问题，随着卫星导航、定位、授时技术的发展，卫星授时技术进入了实用化阶段，可以为陆基、空基、海基通信网提供定时服务，给通信网同步带来了方便；但要配置专门的授时接收机，并且卫星授时的抗毁性较差，需要采用传统的网同步措施作为备份。

伪码同步是直扩通信中的一个特有问题，也是实现解扩的实质问题之一，一般在中频或基带处理。传统的伪码同步方法是滑动相关搜索法，采用的是锁相环（PLL），如包络相关跟踪环、延迟锁相环等。这种方法的优点是有利于获得很高的处理增益[12]，技术比较成熟；其缺点是同步时间长，很难满足快速同步的要求。在相干解调中，还有载波同步的问题，技术复杂。若采用声表面波器件（SAWD）在中频同时实现非相干解扩解调，可简单而有效地解决这个问题（与相干解调解扩相比，其信噪比性能有所下降），即：向 SAWD 中注入预定的伪码，使之处于等待状态；一旦接收到的伪码与本地 SAWD 中的伪码相同，则输出相关峰，即完成了伪码同步，同时也实现了解扩。这样既没有搜索时间，也不需要另加伪码同步电路，还避开了复杂的载波同步问题。

实现高性能的位同步（又称为比特同步），是完成有效解调的重要环节。实际上，解扩相关峰中不仅携带了信码信息，而且还携带了位同步信息。但是，由于信号传输和干扰等，直扩相关峰有时出现较大的衰落，甚至出现相关峰漏检，或出现互相关峰或部分相关峰，造成相关峰的错检。因此，电路中相关峰输出点的信号不能直接作为位同步信号，需要一个可靠、快速且精确的位同步电路，从解扩相关峰中提取稳定的位同步信号，用于位同步信号的再生和信码的解调判决。在主从同步的系统中，位同步信号还作为属台的时钟。因而，位同步处于非常重要的地位。特别在时分/直扩（TDM/DS）和直扩/跳频（DS/FH）系统中，往往解调后得到的是依时分帧结构或跳频帧结构断续的数据流，对直扩信号的位同步提取与保持提出了非常严格的要求，主要有快速捕获、精确跟踪、抗干扰能力强和相位连续且保持时间长等。其基本方法是采用数字锁相环（DPLL），而不采用模拟锁相环。但在传统的利用数字锁相环实现位同步的方法中，存在捕获时间与跟踪精度的矛盾[13]。具体的实现途径将在后续章节中重点讨论。

有了可靠的位同步，就可以按常规的原理实现帧同步。例如，在每一帧的起始位置插入一组特殊的码字作为帧同步码（也称为帧头），与有效信码一样被直扩后传输；接收端只要接收到帧同步码，即得到了一帧的起始时刻。需要考虑的工程问题主要有：一是帧同步码码长的选择。从传输效率上看，希望帧同步码短一些，以缩短帧同步时间和传输更多的有效信码；从帧同步可靠性出发，又希望帧同步码长一些，以提高帧同步的抗干扰能力和降低虚假同步概率。综合考虑这些因素，工程中帧同步码码长一般不超过帧长度的1%。二是帧同步码码型的选择，希望它的相关性能好，与信码发生互相关的概率尽可能低，一般选相关性能较好的巴克码或其他码型作为帧同步码。实际上，这两个工程问题之间有着紧密的联系，是相互制约的，需要折中考虑。

5. 解扩器件的选择

直扩通信中解扩器件的选择很有讲究，不仅与系统方案设计有关，还与战术使用有关。目前的解扩器件主要有声表面波解扩器件和数字解扩器件两大类，也可以按实际需要由FPGA（Field Programmable Gate Array，现场可编程门阵列）实现。FPGA属于数字解扩器件，它处理速度快、可靠性高，同时具有直扩调制和解扩解调功能以及经可编程控制实现伪码码型可变等优点。声表面波解扩器件就是声表面波匹配滤波器，其核心结构是在压电晶体表面分别制作电－声和声－电转换的输入和输出叉指型换能器，由其中抽头延迟线的可编程性实现直扩码字的更换[14]。相比而言，数字解扩器件的体积和插入损耗较小，通过级联控制等措施可适应较长的码长或变码长，处理灵活；但其解调和解扩一般分开处理（尽管集成在一个芯片内），并在基带解扩，解扩处理的时间开销较大。而声表面波解扩器件的体积和插入损耗较大，实现的码长相对短一些，级联处理不太灵活，但它具有两大特性：一是可在中频同时完成解调和解扩，解扩处理的时间开销小；二是具有频域的窄带特性。其中第一个特性已被人们广泛认识和应用，但第二个特性还没有被人们完整地认识，具有可资利用的潜力。所谓频域窄带特性，是指：对于接收信号来讲，声表面波解扩器件相当于一个宽带的带通滤波器，其带宽为直扩信号的带宽；但对于直扩信号的中心频率来讲，它又是一个“窄带”滤波器，其“带宽”仅为其允许的频率偏差。声表面波解扩器件一般用于中频解扩[14]，其中心频率即为通信系统的中频，当中心频率发生偏差时，解扩相关峰便迅速下降[15]。

声表面波解扩器件的第二个特性在实际工程中有利有弊。不利的方面是对声表面波解扩器件的设计、制造和使用提出了很高的要求，因为制作工艺的一致性、系统工作频率的稳定性、基片材料的性能、工作环境温度以及动中通的多普勒效应等都会造成频率偏差，使直扩通信性能下降。有利的方面是在可以保证系统和声表面波解扩器件稳定性的情况下，这一特点将给抗瞄准干扰和直扩/跳频混合体制的系统设计带来方便。因为此时通信方可以做到其频率偏差很小，因而系统稳定。但对于干扰方来说，由于没有直扩通信系统射频和中频的先验知识，只有依靠侦察获得通信方暴露在空中的有关波形参数，如果干扰信号的射频与通信系统的射频误差较大，经混频后的干扰信号的中心频率与通信系统对应的中频偏差也较大，干扰信号就会被声表面波器件的“窄带”特性所抑制；干扰方要想获得较好的干扰效果，必须大大提高干扰频率的准确度，需付出更大的代价。在直扩/跳频混合扩谱通信系统中，为了避免组网时的邻道干扰，一般要求跳频最小频率间隔不小于直扩带宽，使得在给定工作频段内的跳频可用频率数受到很大限制。根据声表面波解扩器件的频域“窄带”原理，可以允许直扩/跳频混合扩频的频谱重叠，而在接收端进行“窄带”接收，理论上只要其跳频最小频率间隔大于声表面波解扩器件所允许的频率偏差，即可避免己方的邻道干扰，可在给定的工作频段内进一步增加跳频频率数。

可见，数字解扩器件和声表面波解扩器件各有优势，应根据不同的系统设计和战术使用要求予以选取。对于有些工作于中频的数字解扩器件是否也具有以上所述的频域“宽窄”特性，有待于进一步研究。

6. 直扩码分多址及其应用

直扩通信占据的信号带宽较宽，在频率资源有限的情况下很难通过频分复用技术实现多址通信。所以，在直扩通信中大量采用不另外占用频率资源的码分多址技术。

与民用码分多址通信相比，军用码分多址通信在移动通信条件下有着特殊的问题。它有两种使用环境。一种是在和平时期使用，可以沿用民用蜂窝移动通信体制，甚至嵌入民用蜂窝移动通信系统，主要考虑信息保密问题。另一种是野战条件下的移动通信，此时不能完全套用民用蜂窝码分多址移动通信体制，主要原因有两个：一是野战移动通信要求用户台和基站都要实现动中通，基站不能固定，甚至要求无中心移动通信，通信双方可能都处于运动之中，其多径干扰和衰落更为严重，而民用移动通信的基站是固定的；二是大区制，移动用户之间以及外围站与基站之间的直接通信距离远远大于民用移动通信系统中相应的通信距离，各用户之间的通信距离相差很大且不断变化，网络拓扑结构异常，是一种大区制的动态组网，远近效应和多址干扰更为严重，直扩码分的功率控制十分困难，而民用蜂窝码分多址通信基于基站的小区制，甚至微微小区制。对于车载非动中通码分多址通信，如直扩码分多址接力通信，由于是在非移动条件下的通信，通信环境要好一些，可以人工或自动调整各发射机的功率。

下面简单介绍军用和民用码分多址通信中的两个共性问题。

一是远近效应与功率控制问题。所谓远近效应，是指某接收机在接收远处发射机的微弱信号时，会受到近处同类发射机强信号以及其他人为或非人为干扰的影响，甚至被阻塞，这在移动通信中（尤其是野战大区制移动通信中）更容易出现。在直扩码分多址通信中，要求所接收到的每个用户的信号具有同样的功率，以便提高用户总容量[16]。要做到这一点，就必须实现自动功率控制。这在小区制民用蜂窝码分多址移动通信系统中可以较好地解决。而在野战大区制有效通信区域内，各用户台发送到某接收机的信号功率变化范围要比民用移动通信大得多，如何实现功率控制，使得到达同一接收机的各路信号功率趋于一致，是一个十分困难的问题。

二是伪码序列的优选问题。直扩码分多址通信体制的典型特征，是对不同的用户分配相应的伪码序列，作为各用户的地址码。需要强调的是，用于每个用户的地址码不仅仅是一个伪码，而是一组伪码，其个数与直扩的进制数相对应，并且每组伪码需要优选，并非任何一个码字都能作为直扩地址码。因此，如何选择合适的伪码序列作为直扩通信各用户的地址码，在直扩码分多址通信中是一个十分重要的问题。需要重点考虑的因素，是直扩进制数、伪码序列数学模型、自相关特性、互相关特性、部分相关特性、编码增益、码型选择、0-1 分布特性、伪码序列的谱特性、直扩编码方式和优选算法等。

伪码序列性能的优劣除了直接影响多址性能以外，还对系统的通信性能有直接的影响。例如，如果自相关值与互相关值或部分相关值的比值较大，其判决门限电平可以相应提高，也就提高了解调解扩时的输出信噪比，最终提高系统的误码性能，所需的信号功率也较低。另外，伪码序列的性能还与系统的反侦察和抗干扰能力关系密切。有关具体技术内容将在后续章节中讨论。

4.2 直扩处理增益算法修正

在 4.1.3 节中提出了多进制直扩问题，本节重点讨论直扩进制数与直扩处理增益的关系，完善直扩处理增益的算法及定义。

4.2.1 直扩处理增益已有定义存在的问题

与跳频处理增益一样，直扩处理增益也是一个十分重要的概念。随着研究的逐步深入和多进制直扩体制的出现，人们对直扩处理增益的原始定义、算法和含义也存在一些不同认识，同样需要澄清和修正。

计算直扩处理增益的基本依据是第 2 章中扩谱处理增益的定义式。但是，该定义没有指出直扩处理增益与直扩进制数的关系，使得人们由此得出了直扩处理增益就是带宽扩展倍数的结论。然而，进一步的分析表明，这只在二进制直扩条件下才成立。而在多进制直扩条件下直扩处理增益应该如何计算是存在疑义的，直接导致了装备研制、方案论证和装备验收中概念的模糊。

4.2.2 直扩处理增益算法修正分析

先讨论直扩处理增益算法修正的表达式，然后对二进制直扩和多进制直扩进行对比分析，并指出多进制直扩带来的优势和问题。

1. 直扩处理增益的算法修正

在二进制直扩条件下，直扩处理增益为

$$G_{\mathrm{DS}}=10\lg(W/B)=10\lg(R_{\mathrm{c}}/R_{\mathrm{b}})=10\lg n \quad (\mathrm{dB}) \tag{4-7}$$

式中，W 和 B 分别为直扩后和直扩前的信号带宽，R_{c} 为直扩后的码片速率（或称伪码码元速率），R_{b} 为直扩前的信息速率，n 为直扩码码长。这种计算被广泛接受，无疑义。下面讨论一般意义上直扩处理增益的计算。

实际上，直扩处理增益最本质的内涵是接收机解扩前后信噪比改善的程度，即解扩器所获得的信噪比增益。由于多进制直扩时一个信息符号中包含了 k 位信码，集中了 k 个信码的能量，在相同功率条件下，一个信息符号能量比 1 位信码的能量增加了 k 倍，因此有

$$G_{\mathrm{DS}}=\frac{(S/N_0)_{\mathrm{o}}}{(S/N_0)_{\mathrm{i}}}=(W/B)\cdot k=(n/k)\cdot k=n,\quad k\geqslant 1 \tag{4-8}$$

用分贝表示为

$$G_{\mathrm{DS}}=10\lg(n/k)+10\lg k=10\lg n \quad (\mathrm{dB}),\quad k\geqslant 1 \tag{4-9}$$

式中，n 为直扩码码长，$(S/N_0)_{\mathrm{o}}$ 和 $(S/N_0)_{\mathrm{i}}$ 分别是解扩后和解扩前的信噪比，$G_{\mathrm{s}}=10\lg(n/k)$ 为频谱扩展增益，$G_{\mathrm{c}}=10\lg k$ 为多进制直扩编码带来的编码增益。式（4-9）又可以表示为

$$G_{\mathrm{DS}}=G_{\mathrm{s}}+G_{\mathrm{c}}=10\lg n,\quad k\geqslant 1 \tag{4-10}$$

式（4-8）、式（4-9）和式（4-10）得出了无论是二进制还是多进制，直扩处理增益均等于直扩码码长的结论。这是一个统一的表达式，适于二进制（$k=1$）和多进制（$k>1$）两种情况。而在跳频处理增益的修正表达式中，无论最小频率间隔如何分布，跳频处理增益均等于可用频

率数。这与直扩处理增益的修正表达式是类似的，可谓殊途同归。

2. 直扩处理增益的分析

式（4-8）、式（4-9）和式（4-10）实际上明确了直扩处理增益与直扩进制数的关系，那么又如何理解多进制直扩处理增益及其与二进制直扩处理增益在物理意义上的区别呢？

（1）多进制直扩处理增益虽然等于直扩码码长，但并不等于频谱扩展倍数。因为此时频谱扩展倍数等于 n/k（$k>1$），而不是 n。所以，不加条件地认为直扩处理增益就等于频谱扩展倍数是不妥的。

（2）多进制直扩处理增益由两部分组成。一是频谱扩展倍数（或称频谱扩展增益）；二是编码增益。只有在二进制直扩条件下，频谱扩展倍数才等于直扩处理增益。所以，式（4-8）、式（4-9）和式（4-10）包含了二进制直扩处理增益，也是直扩处理增益原始定义及其算法的修正和推广。

（3）多进制直扩体现了频谱扩展和编码的结合。在二进制直扩时，$k=1$，其编码速率最低，为 $1/n$，此时 $G_{\mathrm{c}}=10\lg 1=0\,\mathrm{dB}$，没有编码增益，但其频谱扩展增益最大；在多进制直扩时，$k>1$，其编码速率较高，为 k/n，此时 $G_{\mathrm{c}}=10\lg k>0\,\mathrm{dB}$，但其频谱扩展增益降低。最终的处理增益维持不变，或理解为总的处理增益是守恒的，即：在信道条件和信码速率一定的条件下，频谱扩展增益与编码增益是相互制约的，不可能同时增大。

（4）多进制直扩提高了系统的频谱利用率。如果二进制和多进制直扩的信息速率 R_{b} 相等，且处理增益 G_{DS} 也相等，则二进制直扩后的码片速率为 $n\cdot R_{\mathrm{b}}$，而多进制直扩后的码片速率为 $(n/k)\cdot R_{\mathrm{b}}$，使得传输带宽压缩至 $1/k$。

（5）多进制直扩增大了系统容量。如果二进制和多进制直扩的处理增益相等，且直扩后的码片速率也相等，则二进制直扩的信息速率为 R_{b}，而多进制直扩允许的信息速率为 $k\cdot R_{\mathrm{b}}$，信息速率扩大至 k 倍。

（6）多进制直扩通信能力优于二进制直扩。如果二进制和多进制直扩的信息速率相等，且直扩后的码片速率也相等（即直扩带宽相等），则多进制直扩处理增益增大为二进制直扩的 k 倍（多了编码增益），使得在功率相同、接收机灵敏度相同的条件下，多进制直扩的通信距离要大于二进制直扩；或在相同通信距离条件下，多进制直扩的误码性能要优于二进制直扩。

（7）直扩处理增益与各用户信号功率的大小无关[17]。也就是说，各通信用户信号功率相等和不相等时，直扩处理增益不变化。

由以上分析可以明显看出，与二进制直扩相比，在一定条件下，多进制直扩具有很多优势，如压缩传输带宽、减少进入接收机前端的外部干扰、增大通信容量、提高通信距离、改善误码性能等。

3. 多进制直扩带来的问题

从理论上讲，只要直扩码码长相等，二进制直扩和多进制直扩对应的干扰容限也是相等的。但是，根据第 2 章中干扰容限的公式，干扰容限不仅与处理增益有关，还与接收机解调所需的最小输出信噪比和直扩系统解扩解调的固有处理损耗有关。理论和实践表明，在相同直扩码码长条件下，多进制直扩所需伪码序列的数量、伪码优选的难度和系统的复杂度增加，伪码的互相关性能恶化，带来的结果是：多进制直扩解调所需的最小输出信噪比有所提高，相应地解扩解调的固有处理损耗也有所增加，从而导致干扰容限的下降，并且用户数量也受到限制。因此，虽然多进制直扩能够带来一些优势，但在工程中其进制数的选择需要考虑对多种因素的折中。对于点对点通信，或用户数较少时，多进制直扩优势将得到充分发挥。

4.3 直扩处理增益对系统能力的影响

与跳频通信类似，直扩处理增益对系统能力的影响主要体现在抗干扰、组网、反侦察等方面。

4.3.1 直扩处理增益对抗干扰能力的影响

直扩通信的干扰威胁主要有非相关干扰和相关干扰（含转发式干扰）两种基本类型，系统的抗非相关干扰能力主要表现在直扩干扰容限和功率等方面，当直扩的固有损耗一定时，干扰容限就取决于处理增益。从直扩通信的基本原理和处理增益的算法定义可以看出，直扩处理增益主要是针对抗非相关干扰能力而言的，也是与常规定频通信抗干扰能力相比较而言的，是有限度的。在系统发射功率和组网能力一定的条件下，系统的抗非相关干扰能力主要依赖于直扩处理增益。关键在于直扩接收机能容忍多大的干扰电平，即干扰容限。如果干扰电平达到直扩通信系统干扰容限的极限，就只有靠加大功率硬抗了，因为实际系统的干扰容限是不变的。

可见，对于常规直扩通信系统，直扩处理增益越大，系统抗非相关干扰能力就越强。但是，在实际工程中，由于频率资源有限、宽带系统实现等方面的原因，处理增益的选择受到一定的限制。另外，即使频率资源充足，宽带系统也可以实现，但有些工业干扰和民用干扰容易进入接收机，将抵消一部分干扰容限，实际直扩系统的抗非相关干扰能力未必是随着处理增益的增加而成比例增加的。所以在多种情况下，常规直扩通信仅靠提高处理增益难以进一步提高抗非相关干扰能力。

常规直扩通信系统的抗相关干扰能力，与常规跳频通信的抗跟踪干扰能力是类似的。直扩相关干扰信号的码型、码长、载频甚至相位都是与通信信号相同或类似的，只是调制信号有所不同，可能干扰信号功率还大于通信信号功率。此时，直扩接收机不能区分外来的相关干扰信号，而将其作为有用信号进行相关接收，无法对其进行“反直扩”，于是对相关干扰信号将失去处理增益，只有靠加大功率硬抗和纠错处理了。从这个意义上讲，直扩处理增益的大小对相关干扰没有影响或没有直接的关系。然而，有效的直扩相关干扰是以有效的侦察截获为前提的，若处理增益足够大，直扩带宽足够宽，直扩信号的功率谱足够低，使得敌方难以获取直扩信号的参数，也就无法实施相关干扰。从这个意义上讲，提高直扩处理增益将有利于抗相关干扰。例如，直扩处理增益在 15 dB 以下，从目前的侦察水平来看，是很容易实现截获和实施相关干扰的。

多径信号也可以看成一种特殊的相关干扰，因为它与主路径信号来自同一信源，通信参数是一致的。然而，直扩通信系统对这种相关干扰是可以抵抗的，这是由于经不同路径的传播，各多径信号到达同一接收机的时延（相位）与主路径信号出现了明显的差异，因此利用直扩信号尖锐的相关峰可以分离多径信号，还可以通过多径分集接收技术，利用多径信号（因为信源相同）加强解扩相关峰。在信码速率和直扩进制数一定的条件下，直扩码越长（处理增益越大），则伪码码片速率越高，直扩相关峰越窄，能分离和利用的多径信号越多。所以，在采用多径分集接收的直扩通信系统中，增大处理增益有利于提高抗多径干扰的能力。而在人为相关干扰中，一般很难考虑干扰信号与有用信号的时延差，即认为直扩接收机对相关干扰的相关峰与有用信号相关峰重合，这是最恶劣的情况。若相关干扰信号的相关峰与有用信号相关峰存在传输时延，直扩接收机就能将两者分离，但此时系统不能将干扰信号与有用信号进行分集接收和利用，因为干扰的调制信号是噪声或杂乱信号，与有用信号来自不同信源，没有利用价值。

4.3.2 直扩处理增益对组网能力的影响

直扩（DS）通信的组网主要基于码分多址（CDMA）的原理，形成DS/CDMA组网体制。在有些情况下直扩可与时分多址和频分多址相结合，形成DS/TDMA和DS/FDMA组网体制。

对于DS/CDMA，系统各用户的载频相同，码组不同，需要有足够多相关性好的直扩码组，作为各用户的地址；若处理增益较低，则码长较短，可选的码组数量受限，难以满足DS/CDMA组网要求。所以，提高直扩处理增益（即增加码长）有利于提高DS/CDMA的组网能力。但是，DS/CDMA是一种自损耗系统，同时工作的码分用户数越多，多址干扰越严重（系统的固有损耗动态增加），干扰容限就越小，使抗干扰能力下降。所以，DS/CDMA系统的用户数量与抗干扰能力是矛盾的，在系统参数一定时，难以同时兼顾抗干扰能力和用户容量。同时，要着力解决功率自适应及远近效应问题。

对于DS/TDMA，系统各用户的直扩码组可以相同，但工作的时隙不同，以不同的时隙来区分不同的用户。此时，用户容量主要取决于时隙数的多少，时隙越多，用户容量就越大。而且，外围用户的信号是突发的，不连续。由于直扩信号对原始信号进行了很多倍的频谱扩展，加上时分信号的突发性，为了维持数据信息不丢失，需要在发送端和接收端对数据分别进行压缩和解压，使得在直扩频谱扩展的基础上，传输带宽进一步加大，并且时隙越多，压缩率越高，系统带宽越大。所以，在DS/TDMA系统中，增大直扩处理增益，不利于提高用户容量，这里也出现了抗干扰能力与用户容量的矛盾。

对于DS/FDMA，系统各用户的直扩码组可以相同，但工作的频率不同，以不同的频率来区分不同的用户。此时，用户容量主要取决于频率数的多少，可用频率数越多，用户容量就越大。但是，由于各用户的直扩码组相同，为了避免多址干扰，各用户最小频率间隔要大于等于直扩带宽。这样一来，为了保证足够的用户容量，直扩带宽越大，需要的频率资源就越多，实际中难以做到。所以，在DS/FDMA系统中，增大直扩处理增益，也不利于提高用户容量，这里同样出现了抗干扰能力与用户容量的矛盾。

4.3.3 直扩处理增益对反侦察能力的影响

与讨论跳频通信的反侦察性能类似，下面讨论直扩处理增益对其低检测概率性能、低截获概率性能和低利用概率性能的影响。

直扩通信的低检测概率（LPD）性能是指直扩信号被敌方侦察接收机发现的性能。在第2章中已经指出，虽然任何有限带宽直扩信号的功率谱不可能低于无限带宽白噪声的功率谱，但当发射功率足够小、带宽扩展足够宽时，直扩信号的功率谱总能做到小于背景噪声电平值，形成所谓的负信噪比。所以，直扩信号属于LPD信号，具备很好的LPD性能，明显优于跳频信号的LPD性能，这是由直扩通信体制决定的。而且，直扩处理增益越大，直扩信号的LPD性能越好。

直扩通信的低截获概率（LPI）性能是指直扩信号在被敌方侦察接收机发现的基础上，其信号特征和技术参数被分析和识别的性能。直扩信号的LPI性能与码型及其变化、码长及码速率、组网能力及参数管控等诸多因素有关。直扩信号既具有优良的LPD性能，又具有优良的LPI性能。直扩处理增益越大，直扩信号的功率谱越低，直扩码分组网数就越多，将迫使敌方侦察接收机采用越大的分析带宽和具有越优良的技术性能；所以，增大直扩处理增益有利于提高系统的 LPI 性能。

直扩通信的低利用概率（LPE）性能是指直扩信号被敌方侦察接收机截获后，其携带的信息和情报被还原和获取的性能。从狭义上讲，直扩通信的 LPE 性能属于基带的反破译性能，与直扩的处理增益不构成直接关系。然而，广义的直扩 LPE 性能具有综合性，应该包括 LPD、LPI 和狭义 LPE，射频上优良的 LPD、LPI 性能有利于提高 LPE 性能。因此，增大直扩处理增益有利于提高直扩系统的 LPE 性能。

4.4 直扩编码和译码

直扩编码和译码涉及直扩通信技术体制的核心问题，其实质是在直扩条件下，如何选择直扩码码长 n 与信码位数 k 的对应关系，即直扩方式 (n, k)，使得系统的得益（整体效果）最大。

4.4.1 直扩编码与纠错编码的异同点

如果将直扩通信系统与常规数字通信系统相比较，直扩方式（n, k）实际上是一种信道编码，它与常规的纠错编码在理论依据、目的以及实现途径等方面既有相同之处，也有不同之处，具有一些特殊性。

信道编码定理[18-23]：每个信道都具有一确定的信道容量 C，对任意满足 $R < C$ 的速率 R，存在传输速率为 R、码长为 n 的分组码，用最大似然译码，随着码长（分组长度 n）的增加，可以达到任意小的译码错误概率 P_e，即

$$P_e \leqslant A_b 2^{-nE_b(R)} \tag{4-11}$$

同时，存在存储级数 m 足够大的卷积码，使得

$$P_e \leqslant A_c 2^{-(m+1)nE_c(R)} \tag{4-12}$$

以上两式中，A_b 和 A_c 为大于 0 的系数；$E_b(R)$ 和 $E_c(R)$ 称为误差指数，且是 R 的正实函数，由信道特性决定，随着信道容量 C 的增加而增加；比值 $R = k/n$ 称为码率（有的文献将其称为编码速率）[23]。

信道编码定理中得到的“限”值实际上是所有码集上的平均错误概率[22]，某些码的性能一定优于这个平均值；所以，该定理只是保证了存在满足式（4-11）和式（4-12）的码，但未指出如何去构造它们。

式（4-11）和式（4-12）表明了两个方面的含义：一是对任意的 $R < C$，在码率 $R = k/n$ 不变时，通过增加分组长度 n 或增加卷积码的存储级数 m，用分组码或卷积码可实现任意小的错误概率，从而引出了纠错编码。二是增加信道容量，可使 $E_b(R)$、$E_c(R)$ 增加，从而获得任意小的错误概率。由第 2 章中的式（2-3）（香农公式）可知，在信噪比一定的条件下，通过增加系统带宽，可增加信道容量，从而引出了宽带通信直至扩谱通信。

可见，式（4-11）和式（4-12）给我们指出了两条降低误码率的途径，并且扩谱与纠错编码的理论依据和目的是相同的。虽然解决问题的途径有所不同，但它们不是独立的；如果综合两方面来考虑[24-25]，效果会更佳。

直扩通信是扩谱通信的一种重要实现方式。如果将直扩通信系统与常规数字通信系统相比较，直扩部分相当于信道编码，而解扩部分相当于信道译码。因此，直扩方式实际上可以看成一种（n, k）信道编码，可借助分组码或卷积码的理论分析它。所不同的是，为了扩展频谱，

直扩编码是要寻求一种最小码距$d_{\min}$大、码率k/n低的编码；而纠错编码中的码率要比直扩编码的码率大得多。

4.4.2 直扩编码方式

综上所述，直扩方式实际上是一种（n,k）编码，进制数为 $M=2^k$，即需要2^k条伪码作为直扩码，相应地需要2^k条解扩支路。$k=1$ 时为二进制直扩，$k\geqslant 2$时为多进制直扩。下面从处理增益、抗多径和编码增益诸方面，讨论(n,k)的选择。

在直扩编码中，选择（n,k）一般有以下几个步骤：

第一步，基于抗干扰、反侦察和带宽等要求，确定最低处理增益；

第二步，基于信码速率和伪码速率，考察抗多径和码间干扰的性能；

第三步，基于可选的直扩编码方式，考察处理增益和编码增益；

第四步，基于分析结果，最终确定（n,k）。

例 4-1 某直扩通信系统信码速率为 128 kbit/s，工作带宽最大为 4 MHz；可能面临的侦察水平和干扰水平分别为 15 dB 和 10 dB，试选择直扩编码方式（n,k）。

首先，考虑到面临的侦察和干扰水平，可选处理增益不小于 15 dB，此时直扩码码长至少应为 32。设直扩处理固有损耗为 3 dB，则干扰容限为 12 dB（大于 10 dB）；在二进制直扩条件下，$k=1$，频谱扩展倍数和处理增益均为 32/1=32，系统直扩后的最高信道传输速率为 128 kbit/s×32=4 096 kbit/s，直扩带宽为 4 MHz；在多进制直扩条件下，若维持频谱扩展倍数不变，则最高信道传输速率仍为 4 096 kbit/s，即直扩带宽均为 4 MHz，则信码速率还可以提高。可见，选频谱扩展倍数为 32 时，可满足抗干扰、反侦察和带宽要求。

其次，考察抗多径和码间干扰的性能。抗多径性能主要有两个方面：一是直扩相关峰能否分离多径；二是多径相关峰是否会散布在多个信码符号间隔当中，引起码间干扰。由式（4-6）（多径时延差与直扩相关峰的关系）可知，当信号的最小多径时延差$\tau_{\min}$大于伪码码元宽度T_c时，多径信号可以被区分和分离。这里，伪码速率为 4 096 kbit/s，其码元宽度T_c为 0.244 μs，参照表 4-1，基本满足式（4-6）。由式（4-5）（多径时延差与信码符号宽度的关系）可知，当最大多径时延差$\tau_{\max}$小于信码符号宽度T_s时，可以避免码间干扰。这里的信码速率为 128 kbit/s，若采用直扩编码（32, 1），即二进制直扩，可得其最小的信码符号宽度为 1 个信码码元宽度 7.8 μs，参照表 4-1，满足式（4-5）；若采用多进制直扩，则信码符号宽度为 2 个以上信码码元宽度，更能满足式（4-5）。

再次，对于可选的多种直扩编码方式，根据式（4-9）和式（4-10），考察其处理增益和编码增益。对于频谱扩展倍数 32，可选的直扩编码方式有（32, 1）、（64, 2）、（128, 4）、（256, 8）等。虽然这几种编码方式的码率R是一样的，但编码增益G_c和处理增益G_{DS}却不一样。

当直扩编码方式为（32, 1）时：$n=32, k=1, R=1/32$，频谱扩展倍数为 32，则频谱扩展增益为$G_s=10\lg 32=15$ dB，处理增益G_{DS}也为 15 dB，编码增益G_c为 0 dB。此时的直扩编码为二进制编码，二进制编码无编码增益。

当直扩编码方式为（64, 2）时：$n=64, k=2, R=1/32$，频谱扩展倍数为$1/R=64/2=32$，频谱扩展增益G_s为 15 dB，处理增益G_{DS}为 18 dB，编码增益G_c为 3 dB，此为四进制直扩编码。

同理，可求得直扩编码方式为（128, 4）、（256, 8）时的处理增益和编码增益，如表 4-4 所示。可见，处理增益随着码长n的增加而增加，编码增益随着k的增加而增加，且处理增益为频谱扩展增益与编码增益之和；若保持频谱扩展倍数不变，k需要与直扩码码长n同时增加，这就是导致直扩编码速率低的原因；如果保持码长不变而增加 k，则编码增益上升较快，但频谱扩展倍数又大大减小，这就是纠错编码的问题了。

表 4-4　几种直扩编码方式的处理增益和编码增益

直扩编码方式	n	k	R	G_c/dB	G_S/dB	G_{DS}/dB
（32，1）	32	1	1/32	0	15	15
（64，2）	64	2	1/32	3	15	18
（128，4）	128	4	1/32	6	15	21
（256，8）	256	8	1/32	9	15	24

另外，尽管几种直扩编码方式的处理增益、编码增益不同，但频谱扩展倍数和直扩带宽仍相同。同时，相对于二进制直扩，多进制直扩的选码难度较大，系统实现较复杂。

综合以上分析，可将所讨论的几种直扩编码方式的性能进行全面的比较，如表 4-5 所示。

最后，确定(n, k)。综合考虑几种直扩编码方式的性能和实现的复杂度，选(32, 1)或(64, 2)直扩编码方式均能满足系统要求。

表 4-5　几种直扩编码方式的性能比较

直扩编码方式	选码难度	系统复杂度	抗多径能力	G_c	G_{DS}	直扩带宽
(64, 2)（128, 4）（256, 8）	较复杂	复杂	好	较高	较高	4 MHz
(32, 1)	容易	简单	一般	无	15 dB	4 MHz

4.4.3　多进制直扩编码和译码的实现

由以上分析可见，对于不同的直扩编码方式，系统的整体性能不一样，其中多进制直扩对系统性能的贡献是明显的。但多进制直扩实现的复杂度有所增大，例如，直扩编码（128, 4）和（256, 8）分别需要 2^4 个和 2^8 个解扩译码支路。

参照纠错编码理论[20-21]，解决这个问题的一个较好的方法是采用级联编码与级联译码，可以降低系统复杂度。其两级级联编译码的原理是：对于原码（n, k），寻找（n_1, k_1）和（n_2, k_2），且 $n = n_1 \cdot n_2$，$k = k_1 \cdot k_2$，形成$(n_1 \cdot n_2, k_1 \cdot k_2)$直扩编译码，即把 k 个二进制信码分成 k_1 段，每段有 k_2 个码元，也就是说，先对二进制信码进行（n_1, k_1）的直扩编码，然后再对（n_1, k_1）编码信号进行（n_2, k_2）二次直扩编码，译码时进行逆过程。其中，（n_1, k_1）叫外编码，（n_2, k_2）叫内编码，如图 4-9 所示。理论上，还可以采用更多级的编译码。采用直扩级联编译码后，与一级直扩编译码相比，由于维持原（n, k）不变，所以从理论上讲，系统的性能指标没有改变，但复杂度大大降低。例如，对于一级编码，需要 2^k 个解扩译码支路，而采用二级级联后，需要的解扩译码支路数为 $2^{k_1} + 2^{k_2}$。如果 $k_1 = k_2 = \sqrt{k}$，则复杂度降低为一级编码时的 $1/K$，其中

$$K = \frac{2^k}{2^{k_1} + 2^{k_2}} = 2^{k-\sqrt{k}-1} = 2^{k(1-\frac{1}{\sqrt{k}}-\frac{1}{k})} \tag{4-13}$$

当 k 很大时，

$$K \to 2^k \tag{4-14}$$

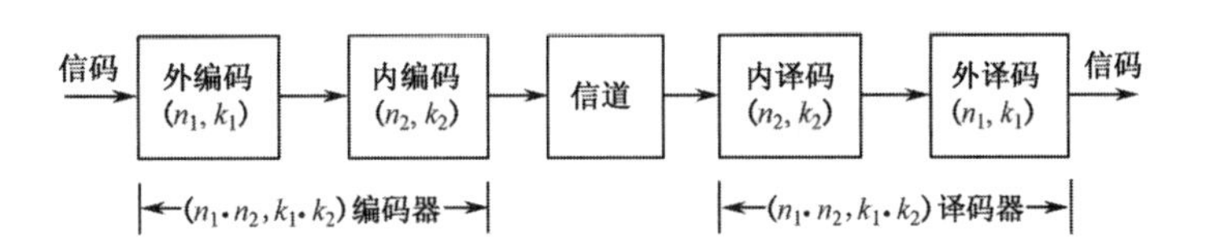

图 4-9　直扩级联编码与级联译码

可见，随着 k 值的增加，K 值也越大。这意味着直扩进制数越大时，采用级联编译码方法在复杂度上的得益越大。例如，对于（128, 4），如果用一级直扩编译码．则需要 $2^4=16$ 个相关解扩支路；若采用两级级联，只需 8 个相关支路（每级为 4 个），其级联形式有：（16, 2）与（8, 2），或（32, 2）与（4, 2）。为了解扩器件的一致性和增大处理增益，可选 $n_1=n_2$，且适当取大一些，如采用（16, 2）与（16, 2）级联，或（32, 2）与（32, 2）级联，或（64, 2）与（64, 2）级联等。随着 n 的增加，这三种级联形式的抗多径性能越来越强，处理增益也越来越增大。一种采用两级级联解扩译码的接收机框图如图 4-10 所示。另外，实际中 k 值也不能取得太大，应在系统要求与复杂度之间权衡。随着数字器件和 SAW 器件的发展，系统整体性能与复杂度之间可得到更好的权衡。

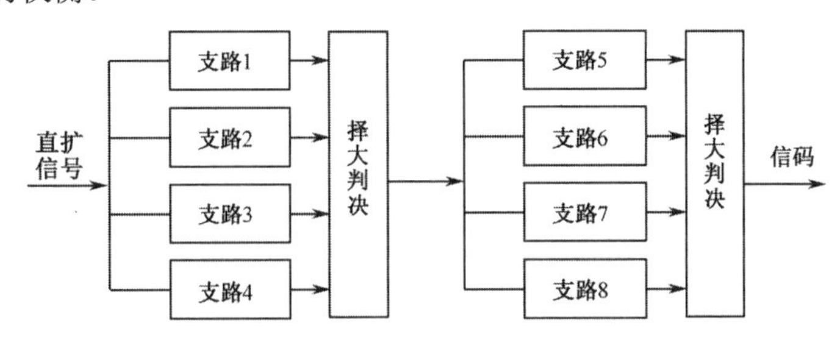

图 4-10　两级级联解扩译码接收机框图

4.5　直扩相关峰衰落概率分布

在式（4-5）、式（4-6）和 4.4 节中，都对直扩编码提出了明确的抗多径要求。然而，在实际动中通时未必总能满足这些要求，需要了解在这种情况下直扩相关峰的变化规律，为准确地分析和设计直扩移动通信系统提供较完整的理论基础。

4.5.1　“直扩死区”及其出现的概率

当直扩码码片宽度 T_c 确定后，随着多径时延差 τ_i 的随机变化，会出现 $\tau_i > T_c$ 和 $0 \leqslant \tau_i \leqslant T_c$ 两种情况。当 $\tau_i > T_c$ 时，直扩相关峰可以成功地分离多径，此为正常扩谱的情况；当 $0 \leqslant \tau_i \leqslant T_c$ 时，多径峰与主相关峰发生部分或全部重叠，多径峰不能被分离，并且由于多径峰相位的随机性，会造成主相关峰的衰落。这里，将区域 $0 \leqslant \tau_i \leqslant T_c$ 称为“直扩死区”。至此，希望进一步了解“直扩死区”出现的概率及其与哪些因素有关。为此，必须先明确多径时延差 τ_i 的定义及分布[5, 26]。

定义 4-1　设移动台在某一时刻接收到一组多径信号，其中最短路径（主峰对应的路径）为 L_0，第 i 路信号的路径为 $L_i(L_i \geqslant L_0)$，设 $\Delta L_i = L_i - L_0$，则电波通过 ΔL_i 的传播时间为 τ_i，即多径时延差（又称差分时延），可表示为

$$\tau_i = \Delta L_i / c \tag{4-15}$$

式中，c 为空气中电磁波速度，τ_i 实际上是一个随机变量。

为了研究 τ_i 的分布，Cox 等人先后做了大量的野外测试，结果表明[27-31]，τ_i 在很多情况下服从或近似服从指数分布：

$$p(\tau_i)=\frac{1}{T_0}\exp\left(-\frac{\tau_i}{T_0}\right),\quad 0\leqslant\tau_i<\infty \tag{4-16}$$

式中，T_0 是一个反映地形特征的参数，其量纲为时间。

文献[31]进一步从理论上推导了 τ_i 的分布密度为

$$p(\tau_i)=l\alpha c\,\mathrm{I}_0(2\sqrt{l\alpha c\tau_i\lambda})\exp(-\lambda-l\alpha c\tau_i),\quad 0\leqslant\tau_i<\infty \tag{4-17}$$

式中，$\mathrm{I}_0(\cdot)$ 为零阶修正贝塞尔函数，l 为对接收信号有贡献的通信区域单位体积内反（散）射体的数目，α 为反（散）射体的平均几何反射面积，λ 为一个反映电波传播特征的参数，c 为空气中电磁波速度。

当 $\lambda\to 0$ 时，式（4-17）退化为指数分布：

$$p(\tau_i)=l\alpha c\exp(-l\alpha c\tau_i) \tag{4-18}$$

可见，式（4-18）与式（4-16）相符，所以有 $T_0=1/(l\alpha c)$。

当 $\lambda\to\infty$ 时，由贝塞尔函数的渐近特性 $\underset{x\to 0}{\mathrm{I}_0}(x)\to 0$，知

$$p(\tau_i)\to 0 \tag{4-19}$$

当 $0<\lambda<<\infty$ 时，$p(\tau_i)$ 由式（4-17）决定。

文献[31]的分析表明：$\lambda\to 0$ 对应于电波在 ΔL_i 内不再发生多次反（散）射，即电波传播的反（散）射频度很低（1～3 次），但不等于路径数很少；$\lambda\to\infty$ 对应于反射频度趋于∞。测试结果表明[32]：移动通信中接收到的 L 条多径信号一般只经过次数很低的反（散）射，而高次反（散）射的信号可以忽略，这是由于高次反（散）射信号的衰减太大所致，这与 $\lambda\to 0$ 时的情况是一致的。

综上所述，式（4-17）较好地反映了多径时延差的分布，且包括了指数分布，而实测结果是满足指数分布的，所以指数分布是有理论和实际根据的，同时指数分布计算方便。于是，由式（4-5）、式（4-6）和式（4-16），可得到多径峰落入相关主峰内不能分离的概率，即“直扩死区”出现的概率为

$$P_{\text{dead}}=\int_0^{T_c}p(\tau_i)\,\mathrm{d}\tau_i=\int_0^{T_c}\frac{1}{T_0}\exp\left(-\frac{\tau_i}{T_0}\right)\mathrm{d}\tau_i=1-\exp\left(-\frac{T_c}{T_0}\right) \tag{4-20}$$

式中，T_0 为一常数，根据文献[29, 31]，求得 $T_0\approx 0.47\mu\text{s}$。根据式（4-20），表 4-6 给出了不同 T_c 典型值对应的 P_{dead} 值，图 4-11 给出了 P_{dead} 与 T_c 的关系曲线。

表 4-6 “直扩死区”出现的概率

T_c/μs	0.00	0.05	0.10	0.15	0.20	0.25
P_{dead}	0.00	0.10	0.19	0.27	0.34	0.41
T_c/μs	0.30	0.35	0.40	0.45	0.50	0.55
P_{dead}	0.47	0.52	0.57	0.62	0.65	0.68

可见，P_{dead} 与 T_c 有直接的关系，随着 T_c 的增加，P_{dead} 呈指数上升。这就从理论和定量上解释了“直扩死区”出现的概率与伪码码元宽度的关系，与定性理解是吻合的。这也是系统设计中需要关注的问题，为工程中选择 T_c 提供了一个理论依据。当然，T_c 的选择还与其他因素

有关。

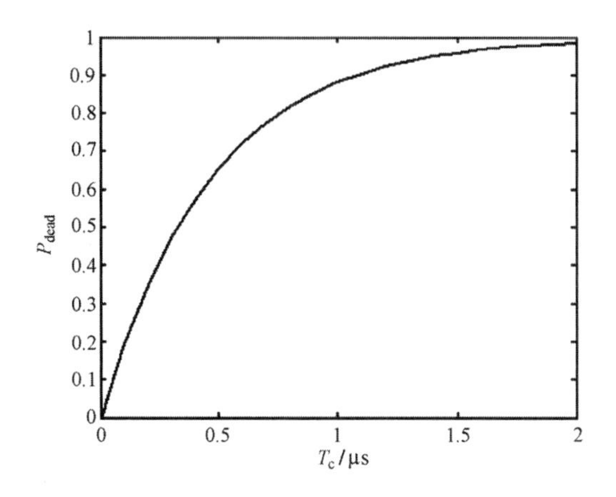

图 4-11 P_{dead}与T_c关系曲线

4.5.2 相关峰衰落概率分布密度

虽然“直扩死区”出现的概率很好地描述了多径不能分离的概率，但是不能分离未必一定是由于衰落；因为落入主峰内的多径峰有时加强主峰，有时削弱主峰。所以，需要继续研究直扩相关峰包络的衰落分布规律[5, 26]，以便将直扩通信与常规定频通信进行比较。

经中频相关接收后，可以得到一系列的相关峰。在一个信码符号T_s内，这些相关峰可以看作一个主峰和L个多径峰之和：

$$\begin{aligned} r(t) &= A_0(t)\cos(\omega_0 t-\theta_0)+\sum_{i=1}^{L}A_i(t)\cos[\omega_0(t-\tau_i)-\theta_i] \\ &= A(t)\cos[\omega_0 t+\theta(t)],\quad A_0(0)>A_i(0),\quad 0<t\leqslant T_s,\quad 0\leqslant\tau_i<\infty \end{aligned} \tag{4-21}$$

$$\begin{aligned} A(t) &= \sqrt{\left[A_0(t)+\sum_{i=1}^{L}A_i(t)\cos[\omega_0(t-\tau_i)-\theta_i]\right]^2+\left[\sum_{i=1}^{L}A_i(t)\sin[\omega_0(t-\tau_i)-\theta_i]\right]^2} \\ &= \sqrt{B^2(t)+C^2(t)},\quad A_0(0)>A_i(0),\quad 0<t\leqslant T_s,\quad 0\leqslant\tau_i<\infty \end{aligned} \tag{4-22}$$

$$\theta(t)=\arctan\frac{C(t)}{B(t)},\quad A_0(0)>A_i(0),\quad 0<t\leqslant T_s,\quad 0\leqslant\tau_i<\infty \tag{4-23}$$

式中，$B(t)=A_0(t)+\sum_{i=1}^{L}A_i(t)\cos\left[\omega_0(t-\tau_i)-\theta_i\right]$；$C(t)=\sum_{i=1}^{L}A_i(t)\sin[\omega_0(t-\tau_i)-\theta_i]$；$\omega_0$为中频；$A_0(t)$是主峰的自相关函数，无随机成分；$A_i(t)$为多径峰的包络；$A(t)$为合成相关峰的包络。

根据大数定律和中心极限定理，当L足够大时，$B(t)$和$C(t)$都收敛于正态随机过程，于是$A(t)$服从广义瑞利分布：

$$p(A)=\frac{A}{\sigma^2}\exp\left(-\frac{A_0^2+A^2}{2\sigma^2}\right)\mathrm{I}_0\left(\frac{A\rho}{\sigma}\right) \tag{4-24}$$

式中，σ为标准偏差，$\rho=A_0/\sigma$为相关后的信噪比，$\mathrm{I}_0(\cdot)$为零阶修正贝塞尔函数，$A_0(t)$和$A(t)$分别简记为A_0和A。

用功率表示有：$P=A^2$，$A=\sqrt{P}$，根据雅可比变换可得功率的分布为

$$p(P)=\frac{p(A)}{\mathrm{d}P/\mathrm{d}A}=\frac{1}{2A}\cdot p(A)=\frac{1}{2\sigma^2}\exp\left[-\frac{1}{2\sigma^2}\left(P+A_0^2\right)\right]\mathrm{I}_0\left(\frac{\sqrt{P}A_0}{\sigma^2}\right) \tag{4-25}$$

$\mathrm{I}_0(\cdot)$ 可以表示成级数的形式：

$$\mathrm{I}_0(x)=\sum_{n=0}^{\infty}\frac{x^{2n}}{2^{2n}(n!)^2} \tag{4-26}$$

当 $x\ll 1$ 时，有

$$\mathrm{I}_0(x)=1+\frac{x^2}{4}+\cdots\approx\exp\left(\frac{x^2}{4}\right) \tag{4-27}$$

当 $x\gg 1$ 时，有

$$\mathrm{I}_0(x)\approx\exp(x)\cdot\frac{1}{\sqrt{2\pi x}} \tag{4-28}$$

下面在式（4-24）和式（4-25）基础上，进一步分析 $\tau_i > T_\mathrm{c}$ 和 $0\leqslant\tau_i\leqslant T_\mathrm{c}$ 两种情况下 A 和 P 的分布密度。实际上，主峰是最先到达接收机的直扩伪码的自相关函数：

$$A_0(t)=\begin{cases} n\left(1-n|t|/T_\mathrm{s}\right), & 0\leqslant|t|\leqslant\dfrac{T_\mathrm{s}}{n}=T_\mathrm{c} \\ 0, & 其他 \end{cases} \tag{4-29}$$

式中，n 为直扩码码长。

当 $\tau_i > T_\mathrm{c}$ 时，为正常扩谱情况，多径峰没有落入主峰范围内，由于 $A_0(t)$ 的尖锐性，此时主相关峰值远远大于多径峰值，即信噪比很大（$\rho\gg 1$），由式（4-22）、式（4-29）有

$$A\approx A_0\approx n \tag{4-30}$$

因为 $AA_0/\sigma^2=(A_0/\sigma)^2=\rho^2\gg 1$，于是由式（4-24）、式（4-29）可知，$A$ 趋于下列分布：

$$\begin{aligned} p(A)&=\frac{A}{\sigma^2}\exp\left(-\frac{A_0^2+A^2}{2\sigma^2}\right)\frac{\exp\left(AA_0/\sigma^2\right)}{\sqrt{2\pi AA_0/\sigma^2}} \\ &\approx\frac{1}{\sqrt{2\pi\sigma^2}}\exp\left[-\frac{(A-n)^2}{2\sigma^2}\right] \end{aligned} \tag{4-31}$$

可见，此时 A 趋于正态分布。

由式（4-25）、式（4-28）和式（4-29），可得功率 P 趋于下列分布：

$$\begin{aligned} p(P)&=\frac{1}{2\sigma^2}\exp\left(P+A_0^2\right)\frac{\exp\left(\sqrt{P}A_0/\sigma^2\right)}{\sqrt{2\pi\sqrt{P}A_0/\sigma^2}} \\ &\approx\frac{1}{2\sigma\sqrt{2\pi n\sqrt{P}}}\exp\left[-\frac{\left(\sqrt{P}-n\right)^2}{2\sigma^2}\right] \end{aligned} \tag{4-32}$$

可见，式（4-31）、式（4-32）均与直扩码码长 n 有关，分别是 $\tau_i > T_\mathrm{c}$（正常直扩）情况下 A 和 P 分布密度的近似表达式。n 越大，接收相关峰的均值越大，精度就越高；反之，精度就越低。只要保证 $A_0/\sigma\approx n/\sigma\gg 1$，则式（4-31）、式（4-32）即可认为是较精确的表达式，或足够精确。

当 $0\leqslant\tau_i\leqslant T_\mathrm{c}$（直扩死区）时，多径信号落入主峰范围之内，并与主峰发生重叠。较为恶劣的情况是 $A^2\gg A_0^2$，L 个 A_i^2 之和占主导地位，即主峰出现时的信噪比很小，相当于 $A_0^2\to 0$。

此时由式（4-27）有

$$\mathrm{I}_0\left(\frac{AA_0}{\sigma^2}\right)\to 1,\quad \mathrm{I}_0\left(\frac{\sqrt{P}A_0}{\sigma^2}\right)\to 1 \tag{4-33}$$

根据式（4-24）、式（4-25）、式（4-27），可得

$$p(A)\approx\frac{A}{\sigma^2}\exp\left(-\frac{A^2}{2\sigma^2}\right) \tag{4-34}$$

$$p(P)\approx\frac{1}{2\sigma^2}\exp\left(-\frac{P}{2\sigma^2}\right) \tag{4-35}$$

可见，此时 A 趋于瑞利分布，功率 P 趋于指数分布，且均与直扩码码长 n 无关。

由于非直扩的常规定频通信系统接收信号的包络也服从瑞利分布[8, 33]，且功率服从指数分布，与式（4-34）和式（4-35）相符。所以，直扩系统在 $0\leqslant\tau_i\leqslant T_{\mathrm{c}}$（直扩死区）时的性能相当于常规定频通信系统，此时将出现较为严重的快衰落现象，式（4-34）和式（4-35）与直扩码码长 n 无关便很好理解了。

根据直扩相关峰的衰落概率分布，可以给出以下的定量比较。

（1）当 $0\leqslant\tau_i\leqslant T_{\mathrm{c}}$（直扩死区）时，相关峰 A 高于门限值 A_α 的概率为

$$\begin{aligned}P_1(A>A_\alpha\,|\,0\leqslant\tau_i\leqslant T_{\mathrm{c}})&=\int_{A_\alpha}^{\infty}p(A\mid 0\leqslant\tau_i\leqslant T_{\mathrm{c}})\mathrm{d}A\\&\approx\int_{A_\alpha}^{\infty}\frac{A}{\sigma^2}\exp\left(-\frac{A^2}{2\sigma^2}\right)\mathrm{d}A\\&=\exp\left[-A_\alpha^2/(2\sigma^2)\right]\end{aligned} \tag{4-36}$$

功率高于门限 P_α 的概率为

$$\begin{aligned}P_1(P>P_\alpha\,|\,0\leqslant\tau_i\leqslant T_{\mathrm{c}})&=\int_{P_\alpha}^{\infty}p(P\mid 0\leqslant\tau_i\leqslant T_{\mathrm{c}})\mathrm{d}P\\&\approx\int_{P_\alpha}^{\infty}\frac{1}{2\sigma^2}\exp\left(-\frac{P}{2\sigma^2}\right)\mathrm{d}P\\&=\exp\left[-P_\alpha/(2\sigma^2)\right]\end{aligned} \tag{4-37}$$

（2）当 $\tau_i>T_{\mathrm{c}}$（正常直扩）时，在满足相关后信噪比 $\rho^2\gg 1$ 的条件下，相关峰 A 高于门限值 A_α 的概率为

$$\begin{aligned}P_2(A>A_\alpha\,|\,\tau_i>T_{\mathrm{c}})&=\int_{A_\alpha}^{\infty}p(A\,|\,\tau_i>T_c)\mathrm{d}A\\&\approx\int_{A_\alpha}^{\infty}\frac{1}{\sqrt{2\pi\sigma^2}}\exp\left[-\frac{(A-n)^2}{2\sigma^2}\right]\mathrm{d}A\\&=1-\Phi\left(\frac{A_\alpha-n}{\sigma}\right)\end{aligned} \tag{4-38}$$

式中，$\Phi(x)$ 为概率积分函数，为一高斯函数，其定义为

$$\Phi(x)=\frac{1}{\sqrt{2\pi}}\int_{-\infty}^{x}\exp\left(-\frac{z^2}{2}\right)\mathrm{d}z \tag{4-39}$$

功率高于门限 P_α 的概率为

$$P_2(P>P_\alpha|\tau_i>T_c)=\int_{P_\alpha}^{\infty}p(P|\tau_i>T_c)\mathrm{d}P$$

$$\approx\int_{P_\alpha}^{\infty}\frac{1}{2\sigma\sqrt{2\pi n\sqrt{P}}}\exp\left[-\frac{\left(\sqrt{P}-n\right)^2}{2\sigma^2}\right]\mathrm{d}P$$

由于 $P=A^2$，$\mathrm{d}P=2A\mathrm{d}A$，且此时 $A\approx A_0(0)=n$，所以有

$$\begin{aligned}P_2(P>P_\alpha|\tau_i>T_c)&\approx\int_{\sqrt{P_\alpha}}^{\infty}\frac{A}{\sigma\sqrt{2\pi nA}}\exp\left[-\frac{(A-n)^2}{2\sigma^2}\right]\mathrm{d}A\\&=\int_{\sqrt{P_\alpha}}^{\infty}\frac{A}{\sqrt{2\pi\sigma^2}}\exp\left[-\frac{(A-n)^2}{2\sigma^2}\right]\mathrm{d}A\\&=1-\Phi\left(\frac{\sqrt{p_\alpha}-n}{\sigma}\right)\end{aligned}\tag{4-40}$$

比较式（4-36）、式（4-37）、式（4-38）和式（4-40）发现，当 $P_\alpha=A_\alpha^2$ 时，有

$$P_1\left(A>A_\alpha|0\leqslant\tau_i\leqslant T_c\right)=P_1\left(P>P_\alpha|0\leqslant\tau_i\leqslant T_c\right)=P_1\tag{4-41}$$

$$P_2\left(A>A_\alpha|\tau_i>T_c\right)=P_2\left(P>P_\alpha|\tau_i>T_c\right)=P_2\tag{4-42}$$

这与实际意义是相符的，说明了推导结果的正确性。

这里，将正常直扩和非扩谱（或直扩死区）接收信号高于同一判决门限电平概率的比值定义为直扩的体制增益：

$$G=10\lg\left(P_2/P_1\right)\ (\mathrm{dB})\tag{4-43}$$

若令 $\sigma=4,n=32$，并考虑到高斯函数的对称性 $\Phi(-|x|)=1-\Phi(|x|)$，可得表 4-7 所示数据。G 与 A_α 的关系曲线如图 4-12 所示。

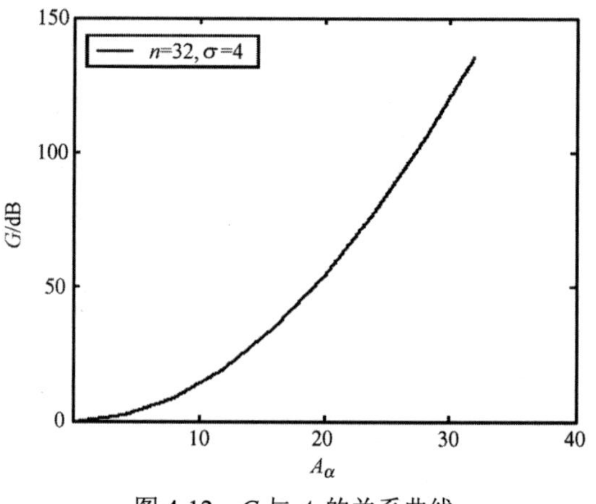

图 4-12　G 与 A_α 的关系曲线

由以上分析，可得出以下几点结论：

（1）当正常直扩（$\tau_i>T_c$）时，相关峰的包络趋于正态分布，与直扩码码长有关。

表 4-7　一组直扩体制增益

A_α	0	4	8	12	16	20	24	28	32
P_1	1	0.6065	0.1353	0.0111	0.0003	3.7×10^{-6}	1.5×10^{-8}	2.3×10^{-11}	1.2×10^{-14}
P_2	1	0.9999	0.9999	0.9999	0.9999	0.9986	0.9772	0.8413	0.5000
P_2/P_1	1	1.648	7.390	90.08	3333	2.7×10^{5}	6.5×10^{7}	3.6×10^{10}	4.2×10^{18}
G/dB	0	2.169	8.633	19.54	35.23	54.31	78.14	105.63	136.19

（2）当出现“直扩死区”（$0\leqslant\tau_i\leqslant T_c$）时，直扩相关峰的包络趋于瑞利分布，功率趋于指数分布，与直扩码码长无关。

（3）直扩系统处于“直扩死区”时相当于非扩谱系统，此时出现衰落现象，直扩码码长不起作用。

（4）在同样信道条件下，正常直扩的接收相关峰超过判决电平门限值 A_α 的概率，比非扩谱（或直扩死区）系统接收信号电平超过 A_α 的概率大得多，这说明了正常直扩的抗干扰能力。如果加上多径分集，效果会更佳。

（5）直扩体制增益 G 随着门限的增加而增加，并且在门限较大时增加较快。这说明正常直扩条件下，可以设置比非直扩系统高得多的检测门限。

4.6 直扩多径分集及其实现

多径信号若处理不好，会成为干扰；若将多径信号加以利用，则多径信号有利于提高通信系统的性能。下面具体讨论。

4.6.1 多径分集的基本概念

为了抵抗多径传播造成的衰落和提高通信可靠性，人们常采用自适应均衡和分集接收等技术。

自适应均衡是利用自适应均衡器来达到在不占用额外频率资源的条件下，最大限度地消除多径传播引起的码间干扰，减小衰落的目的。但是，自适应均衡技术在实际工程中往往受系统复杂度的限制，抽头数不可能很多，不易实现较高的处理增益[34]，且一般用于窄带系统[35]。

常用的分集接收技术有频率分集、空间分集和时间分集等。其基本原理是：在不同的频率上发送和接收相同的信息，在不同的地域同时接收同一信源的信息，或者在不同的时间发送和接收相同的信息，然后采用某种规则进行合并和判决。

以上技术（或措施）都有一个共同的特点——将多径信号视为干扰，其基本思想是如何抑制和克服多径信号。其实，多径信号不同于一般的干扰信号，多径信号与主路径信号都发自同一个信源，携带了相同的信息，只不过经过不同的路径传播后到达同一接收机的时间先后（即相位）不同而已，造成了接收合成信号的起伏与衰落。将各路多径信号按一定的准则进行合并处理，加强主路径接收信号电平之后再作判决，即利用多径信号来提高接收端的输出信噪比，以改善传输质量，而不是去抑制它，这就是所谓的多径分集（Multipath Diversity）。在这种思想指导下，虽然多径信号的存在本身是一件坏事，而利用多径信号后则将坏事变成了好事，这是一种非常好的工程设计思想。当然，这是以增加系统复杂度为代价的。直扩技术的应用和器件技术的进步，给多径分集技术带来了方便，也给分集技术开辟了一条新的途径：利用尖锐的直扩相关峰先分离多径信号，然后进行合并，以增强主相关峰电平。

4.6.2 一种简化的直扩多径分集方案

最早的多径分集接收机可追溯到 20 世纪 50 年代美国麻省理工学院林肯实验室的 Price 和 Green 为军方研制的短波电传系统 F9C 中的 Rake 接收机[36, 37]，该接收机通过抽头延迟线和相关器阵列，将分布在各条路径上的信息进行合并。Rake 接收机分集路数多，信息利用率高，具有优越的性能；但是其结构复杂，还需要专门的信道预测器探测控制参量，调整困难。文献[35]推导了一种与 Rake 接收机相似的最佳非相干接收机，比 Rake 接收机更容易实现，但其结构仍较复杂。文献[38]提出了一种适用于 DPSK 的差分相干多径分集检波后积分（Post Detection Integrating，PDI）接收机，它能将分散在一定范围内的多径分量进行收集，从而实现多径分集。其结构如图 4-13 所示，其中 T 为载波周期。基于这种机理的接收机不可避免地也会将其他的杂散收集在内，因而其性能比理想的 Rake 接收机降低 2～3 dB[10, 38]，并且相干接收会增加设备的复杂度。

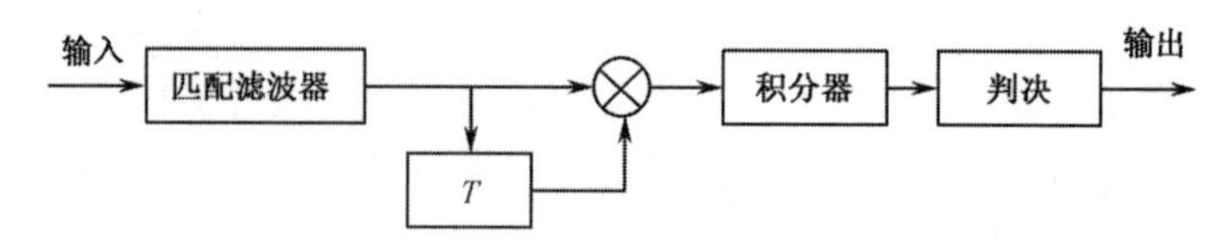

图 4-13　一种检波后积分（PDI）接收机

实践中，人们总是希望在保持一定性能的条件下，尽可能降低系统的复杂度，因而对直扩信号多采用非相干解扩解调，以避开载波同步的难题。基于此，作者所在研究小组曾研究了一种更为简单的非相干 PDI 多径分集直扩接收机[5, 39]，如图 4-14 所示，它对应一个解扩解调支路。

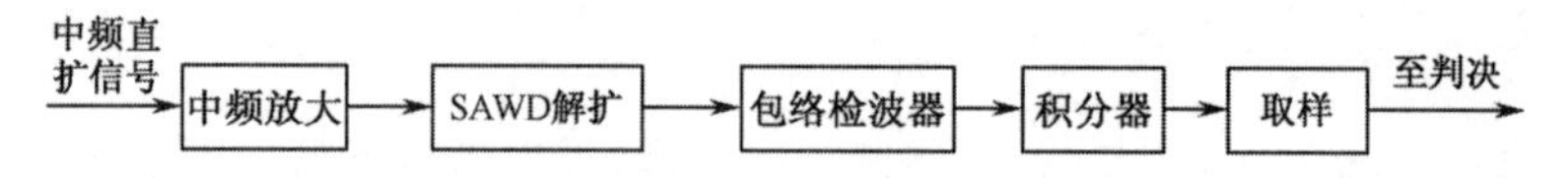

图 4-14　一种非相干 PDI 多径分集直扩接收机

综上所述，由于直扩伪码具有尖锐的自相关特性，当多径时延差 τ_i 超过一个伪码码元宽度 T_c（即 $\tau_i > T_\mathrm{c}$）时，多径信号对主相关峰信号不会构成威胁，只有 $\tau_i < T_\mathrm{c}$ 时的多径信号才可能对主相关峰构成威胁。另外，当 $\tau_i > T_\mathrm{c}$ 时，信号通过 SAWD 后，不仅主路径信号产生一个相关峰，而且时延差为 τ_i 的多径信号也产生相关峰，只不过出现时刻相对于主相关峰迟延了 τ_i。经检波后即可取出这些相关峰的包络值。多径峰也带有同样的信息，用图 4-14 所示的办法可将其能量进行累加（积分），然后判决，以提高输出信噪比。

可见，图 4-14 所示的接收机只对 $\tau_i > T_\mathrm{c}$ 的多径信号起作用。由 4.5.2 节的分析，SAWD 输出端合成相关峰 A 的包络在 $\tau_i > T_\mathrm{c}$ 的情况下近似服从正态分布，则经线性包络检波器输出的包络峰值也近似服从正态分布，参照式（4-31），有

$$p(A) = N(n, \sigma^2) \tag{4-44}$$

式中，$N(a,b)$ 为正态分布密度函数的简写形式，a 为均值，b 为方差。

由于在传播过程中其他多径峰值 A_i 也各自独立地受到同样机理的多径干涉作用，所以各多径峰 A_i 本身在 $\tau_i > T_\mathrm{c}$ 时也近似服从正态分布，即

$$p\left(A_i\right) = N\left(\alpha_i \cdot n, \sigma_i^2\right) \tag{4-45}$$

式中，α_i 是多径峰 A_i 相对于主峰的衰减系数，$0 \leqslant \alpha_i \leqslant 1$；$\sigma_i^2$ 是 A_i 的方差。

积分器的作用是

$$G_\mathrm{i} = \int_0^t A(t)\mathrm{d}t = \sum_{i=0}^{L} A_i \tag{4-46}$$

式中，$A(t)$ 为包络检波后的信号电压；A_i 为各相关峰（包括多径峰）的峰值；L 为有效多径峰个数，它与积分长度 t（积分上限）有关。L 和 t 的确定涉及传播理论和工程实现。

由于多径散射，相关解扩后得到一个脉冲串，这是移动通信中的时延散布现象。记 $\varDelta$ 为除了主峰以外的所有可分离多径信号在时间上的总宽度（又称为时延扩展或时延散布），如图 4-15 所示。

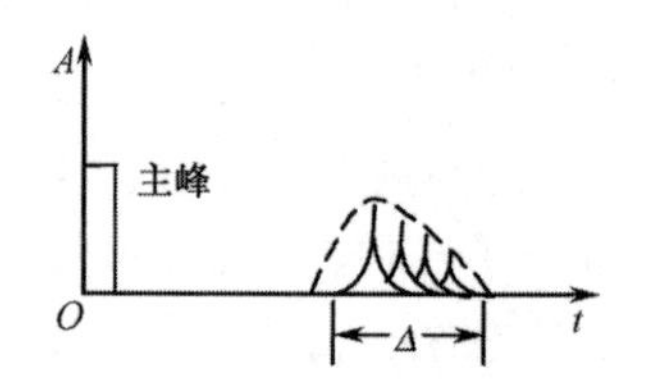

图 4-15　时延散布示例

为了积累所有可能出现的多径信号，t 值应取主峰宽度 T_c 与Δ之和，即

$$t = T_c + \Delta \tag{4-47}$$

由于可分离的多径峰宽度也为 T_c，加上在［0，t］内不一定处处以 T_c 等间隔出现多径峰，因此 L 的估计值为

$$\tilde{L} = \frac{t}{T_c} = \frac{T_c + \Delta}{T_c} \tag{4-48}$$

因为 T_c 与直扩信号带宽 W 的关系为

$$T_c = 1/W \tag{4-49}$$

所以得到

$$\tilde{L} = \frac{\Delta + \frac{1}{W}}{\frac{1}{W}} = W \cdot \Delta + 1 \tag{4-50}$$

由此可见，W 和Δ 越大，可以得到比较大的潜在分集增益。但是，若系统不采取多径分集措施，这种分集增益是得不到的。另外，由于信号带宽与信道相干带宽的相互制约作用，Δ 太大未必是好事，必须适当降低信码速率，或采用多进制直扩。

在实际应用中，t的选择要综合考虑以下两个因素：一是为了获得可能的积分效果，t必须大于多径时延；二是为了避开较大的互相关峰，t一般应小于半个信码符号宽度。

4.6.3 直扩多径分集的效果

下面从理论和实践两个方面考察直扩多径分集的效果。

由以上分析，在图 4-14 中积分器的输出端就得到了 $L+1$ 个独立的正态随机变量之和。由统计无线电理论[40-41]可知，$L+1$ 个统计独立的正态随机变量之和仍服从正态分布，其均值和方差分别为原均值和方差的代数和，则有

$$p(G_i \mid \tau_i > T_c) = N(m_{G_i}, \sigma_{G_i}^2) \tag{4-51}$$

$$m_{G_i} = n + \sum_{i=1}^{L} \alpha_i \cdot n = n \cdot \left(1 + \sum_{i=1}^{L} \alpha_i\right), \quad L \leqslant L_{\max} \tag{4-52}$$

$$\sigma_{G_i}^2 = \sigma^2 + \sum_{i=1}^{L} \sigma_i^2, \quad L \leqslant L_{\max} \tag{4-53}$$

因为 $0 \leqslant \alpha_i \leqslant 1$，所以 $m_{G_i} > m_0 = n$ 。

基于以上原因，如果进行类似于表 4-7 中直扩体制增益的计算和比较，则 P_1 可维持不变，而 P_2 和 P_2/P_1 相应增加。由此可得到如下结论：在保持同样检测门限值时，多径分集条件下接收机输出信噪比和检测概率比只用相关接收（无多径分集）时要大，直扩体制增益进一步提高，这是由于获得了多径分集增益的结果。换句话说，在保持同样检测概率的条件下，多径分集增大了相关主峰的电平，可以采用更高的检测门限，提高了判决时的信噪比，于是干扰可得到进一步抑制，自然也就降低了系统的误码率，从而得到了较好的多径分集效果。

实验中，采用一组模拟的多径信号对所述非相干 PDI 多径分集直扩接收机（一路）进行了观察和测试[42]，其典型数据如表 4-8 所示，其多径分集后的相关峰包络波形如图 4-16 所示。在 α_i=1 时，主峰幅度与多径峰幅度相等，主峰位置发生错判，使位同步发生失步，这是正常的。

表 4-8　一组模拟多径分集测试数据

主峰幅度	多径峰幅度	α_i	主峰积分值/V	多径增值/V	取样值/V	同步
$1.0V_{\text{p-p}}$	$0.0V_{\text{p-p}}$	$0<\alpha_i<1$	4.0	0.0	4.0	正常
	$0.7V_{\text{p-p}}$			0.4	4.4	
	$0.8V_{\text{p-p}}$			0.5	4.5	
	$0.9V_{\text{p-p}}$			0.7	4.7	
	$1.0V_{\text{p-p}}$	$\alpha_i=1$				失步

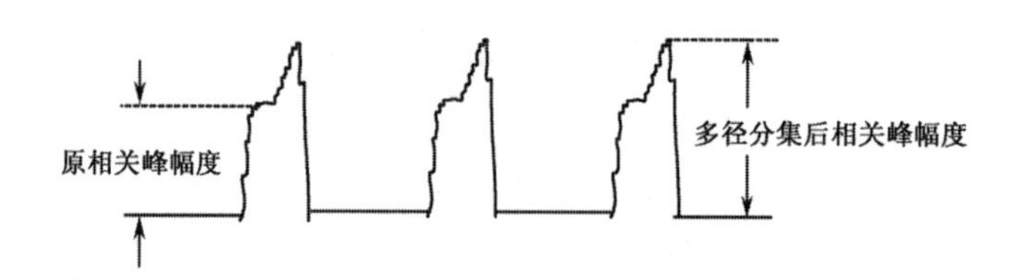

图 4-16　多径分集后的相关峰包络波形

值得指出的是：以上提出的直扩多径分集方案是以非相干解扩解调为基础的，主要目的是说明直扩多径分集的基本原理；如果采用相干解扩解调的直扩多径分集，则其性能还会提高，但系统复杂度要增加。这是相干、非相干调制解调两种基本通信体制性能的差异问题，不在本书讨论之列。

4.7　直扩伪码优选

直扩通信系统设计和使用的一个重要的前提是使用性能优良的伪码。本节从最优化理论和工程实际出发，讨论直扩伪码优选问题[5, 43]。

4.7.1　直扩伪码优选的数学模型描述

直扩伪码性能的好坏，直接关系到多址干扰、干扰容限、误码率、用户数等系统性能。长期以来，很多学者致力于直扩伪码优选问题的研究，取得了一些可喜的成果。比较成熟的伪码序列可以分为线性序列（如 m 序列、Gold 序列等）和非线性序列（如 M 序列、混沌序列、Bent 序列等）。但是，直扩伪码优选还没有形成一个统一的或公认的理论和方法，主要存在两个方面的问题：一是注重研究伪码的自相关和互相关特性，而忽视了研究部分相关特性及其影响；二是很难找到较为合理的伪码优选数学描述方法。针对这两个方面的问题，这里从最优化理论和工程实际出发，力求在伪码优选数学模型和寻找合适算法等方面提供一些帮助。

在工程实践中，首先是选择直扩编码方式（n, k），接着就是选择长为 n 的伪码，重点考虑伪码序列的数学模型、自相关特性、互相关特性、部分相关特性、0-1 平衡分布特性、随机性能和优选算法等。在直扩传输和相关解扩过程中，信码的 0-1 序列是随机的，伴随直扩调制，接收端相关解扩器件工作于随机码流的环境之中，实际中出现了严重的部分相关现象。所以，仅用自相关和互相关不能满足于直扩解扩过程中直扩码相关性的动态分析。

所谓自相关，是指相关解扩器对各自应匹配的伪码的相关响应；所谓互相关，是指相关解扩器对其他伪码的相关响应；所谓部分相关，是指在某一时刻输入相关解扩器的前一组码［如（x_i）码］的后一部分与后一组码［如（y_i）码］的前一部分形成的一组新码（复合序列）与相关解扩器件中的固有伪码产生的响应，如图 4-17 所示。

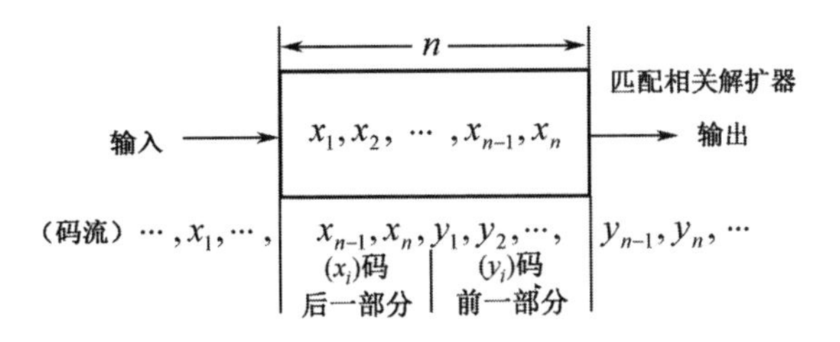

图 4-17　部分相关响应形成示意图

由前面的分析可知，（n, 1）、（n, 2）是两种基本的直扩编码方式，下面着重讨论这两种基本直扩编码方式伪码优选的数学模型问题，其他直扩编码方式的伪码优选可照此类推。

对于（n, 1）的直扩编码，一个用户只需要 2 组伪码，分别对应信息码流中的 1 和 0。设：$X=(x_1, x_2, \cdots, x_n)$ 为任意一个二元序列，$Y=(y_1, y_2, \cdots, y_n)$ 为与 X 长度相同的另一个二元序列，其中 x_i、y_i 只取 0 或 1。Z 为 X、Y 的一个复合序列，有

$$Z_1 = X \cup Y = (x_1, x_2, \cdots, x_n, y_1, y_2, \cdots, y_n) \tag{4-54}$$

$$Z_2 = Y \cup X = (y_1, y_2, \cdots, y_n, x_1, x_2, \cdots, x_n) \tag{4-55}$$

由于相关解扩器件的长度固定为 n，则有如下定义：

自相关响应

$$R_x(j) = \sum_{i=1}^{n} x_i x_{|i+j|n} \tag{4-56}$$

$$R_y(j) = \sum_{i=1}^{n} y_i y_{|i+j|n} \tag{4-57}$$

互相关响应

$$R_{xy}(j) = \sum_{i=1}^{n} x_i y_{|i+j|n} \tag{4-58}$$

$$R_{yx}(j) = \sum_{i=1}^{n} y_i x_{|i+j|n} \tag{4-59}$$

且有

$$R_{xy\max}(j) = R_{yx\max}(j) \tag{4-60}$$

下标“i”“j”按模 n 运算。

对于部分相关响应，如图 4-17 所示，此时的匹配相关解扩器相当于一个长度为 n 的门函数，使得复合序列 Z 中只有 n 位与解扩器本地伪码发生部分相关作用，由两部分构成，其中一部分是自相关响应，另一部分是互相关响应，即

$$R_{xxp}(j) = \sum_{i=1}^{m} x_i x_{|i+j|n} \tag{4-61}$$

$$R_{xyp}(j) = \sum_{i=m+1}^{n} x_i y_{|i+j|n} \tag{4-62}$$

则部分相关响应为

$$
\begin{aligned}
R_{xz_1}(j) = R_{xz_2}(j) = R_{xz}(j) \\
&= R_{xxp}(j) + R_{xyp}(j) \\
&= \sum_{i=1}^{m} x_i x_{|i+j|n} + \sum_{i=m+1}^{n} x_i y_{|i+j|n} \\
&= \sum_{i=1}^{n} x_i z_{|i+j|n}
\end{aligned} \tag{4-63}
$$

同理，

$$
R_{yz}(j) = \sum_{i=1}^{n} y_i z_{|i+j|n} \tag{4-64}
$$

两个解扩通道都存在三种相关响应，如图 4-18 所示。

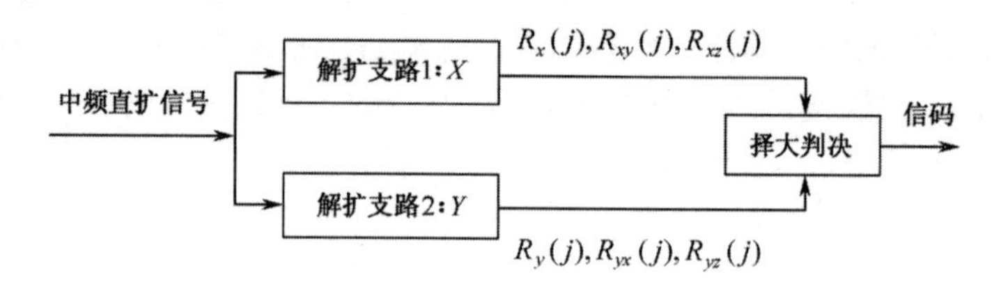

图 4-18 （n, 1）解扩通道的三种相关响应

对于(n, 2)的直扩编码，一个用户需要 2^2 组伪码，分别对应信码中的 00、01、10 和 11 四种情况。设四组长度相同的伪码为：$X=(x_1,x_2,\cdots,x_n)$、$Y=(y_1,y_2,\cdots,y_n)$、$H=(h_1,h_2,\cdots,h_n)$和$W=(w_1,w_2,\cdots,w_n)$，则复合序列有以下几种：

$$
Z_1 = X \cup Y, Z_2 = X \cup H, Z_3 = X \cup W, Z_4 = Y \cup H, Z_5 = Y \cup W, Z_6 = H \cup W
$$

自相关响应有

$$
R_x(j), R_y(j), R_h(j), R_w(j)
$$

互相关响应有

$$
R_{xy}(j), R_{xh}(j), R_{xw}(j), R_{yh}(j), R_{yw}(j), R_{hw}(j)
$$

部分相关响应有

$$
\begin{aligned}
&R_{xz_1}(j), R_{xz_2}(j), R_{xz_3}(j), R_{yz_1}(j), R_{yz_4}(j), R_{yz_5}(j), \\
&R_{hz_2}(j), R_{hz_4}(j), R_{hz_6}(j), R_{wz_3}(j), R_{wz_5}(j), R_{wz_6}(j)
\end{aligned}
$$

以上各相关函数的数学定义类同式（4-56）～式（4-64）。工程中希望自相关函数值越大越好，互相关和部分函数值相关越小越好。可按工程要求分别将三种相关设置一定的门限数值，从而构成满足一定主旁瓣比的伪码充分条件，也就是说只有满足三种相关条件的码才可以作为伪码。

为了便于伪码优选的计算机搜索，可将工程中必须满足的一些基本条件作为伪码的必要条件，以方便优选。例如，记ω_n为伪码码重，优选伪码对码重的基本要求是

$$
\omega_n \propto \left[\frac{n}{2} - \Delta, \frac{n}{2} + \Delta\right] \tag{4-65}
$$

式中，Δ为一较小的正整数，视工程要求而定，涉及伪码的 0、1 平衡特性问题。举一个极端的例子，码长为 n 的全 1 码和全 0 码显然是不能应用的，但若没有式（4-65）的基本要求，则全 1 码和全 0 码都可能成为计算机搜索的对象，从而浪费时间资源。

当伪码采用双极性码时，式（4-65）与直扩伪码序列具有均值近似为 0 的性质是一致的（当 $n \gg 1$时，均值为 0）[8, 17]。

应该说，必要条件不是唯一的。在实际工程中，还可以根据需要设置其他必要条件，以进一步减少不必要的运算量。例如，如果自相关的旁瓣过大也会影响系统的性能，文献[44]给出了相关时间不为 0 的最大自相关函数 R_a 和最大互相关函数 R_m 的最大值，需要满足如下不等式：

$$R_{\max} = \max\left(R_a, R_m\right) \geqslant n \cdot \sqrt{\frac{L-1}{nL-1}} \tag{4-66}$$

式中，L 是相关序列集合中的序列数。可以根据工程需要，将式（4-66）也设置为一个必要条件。

值得指出的是，以上主要讨论和完善了伪码本身描述的数学模型及其有关应考虑的因素，但没有考虑信码调制对伪码相关性能的影响。实际通信中的伪码相关性能要劣于单纯选码时的相关性能，或者说所选出的伪码用于实际通信系统时的相关性能要下降，其中的一个主要原因是在信码调制伪码过程中给相关性能带来的下降，加上信噪比的动态变化，会出现相关主瓣与其旁瓣之比的恶化及多峰和漏峰等现象，最终结果是固有损耗的增加。因此，不仅在系统设计和伪码优选中要留有余量，尽量提高相关主瓣与旁瓣的比值，而且需要采取相应的技术措施，以弥补实际系统中伪码相关性能的下降。

4.7.2 基于 0-1 规划的直扩伪码优选算法

伪码优选过程就是寻找满足上述条件的伪码的过程，其运算量是相当大的。利用最优化理论中的 0-1 规划模型和算法来解决此问题，不失为一条有效途径。

在整数规划中，如果所有变量的取值限制为 0 或 1，则称为 0-1 整数规划，简称 0-1 规划，其中的变量称为 0-1 变量。0-1 规划的标准模型为[45-47]

$$\min \ \text{or} \ \max \ \sum_{j=1}^{n} C_j x_j \tag{4-67}$$

$$\begin{aligned} \text{s.t.} \ & \sum_{j=1}^{n} a_{ij} x_j + b_i \geqslant 0, \quad i = 1,2,\cdots,m \\ & x_j = 0 \text{或} 1, \quad j = 1,2,\cdots,n \end{aligned} \tag{4-68}$$

式中，C_j、a_{ij}、b_i 都是整数。式（4-67）为目标函数，式（4-68）为约束条件。

对于变量具有上界限制的非 0-1 整数规划，经过适当的变换，都可以化为 0-1（整数）规划问题来处理[47]。所以，0-1 规划对于 0-1 变量和非 0-1 变量都可以应用。

求解 0–1 规划最简单的方法是穷举法（或称显枚举法），即穷举每个变量各种可能的组合，并验证所有的约束条件，从而确定最优解。这是非常浪费时间的，如果变量的个数为 n，则要检查 2^n 个组合。

为了降低运算量，常采用隐枚举法[48]。这种算法只需检验变量取值组合的一部分，就能找到最优解。隐枚举法降低运算量的原因主要有：

第一，设置并动态改变过滤条件。

对于某一组可行解，若得到 $x_0 = \sum_{i=1}^{n} C_j x_j$，则可增加一个约束条件，并作为第一约束条件，即

$$\sum_{j=1}^{n} C_j x_j \geqslant x_0, \quad \text{目标函数为 max 时} \tag{4-69}$$

$$\sum_{j=1}^{n} C_j x_j \leqslant x_0, \quad \text{目标函数为 min 时} \tag{4-70}$$

该约束条件称为过滤条件。一旦过滤条件不满足，则后面的条件就不必再检查了，因而减少了运算次数。

在计算过程中，若某一可行解对应的 x_0 值已满足过滤条件，立即把过滤条件右边的值改为目前的最大值（或最小值），然后继续做下去。显然，过滤条件的这种动态改变，可以过滤更多的多余计算。

第二，重排变量 x_j 的顺序，使得较早地改变过滤条件。

求 min 时，使目标函数中 x_j 的系数递减；求 max 时，使目标函数中 x_j 的系数递增；约束条件中的 x_j 也随之重新排列，变量也按相应的顺序取值，以使目标函数较早地出现最优值，从而较早地改变过滤条件，使运算量更小。

为了建立适应计算机运算的 0-1 规划算法，一般在执行隐枚举法之前，要把 0-1 规划调整成满足下列 3 个条件的标准形式[48]：

（1）目标函数最小化。对于最大化问题可以通过求 $-f$ 的最小化来达到此要求。

（2）目标函数中的系数均为正数。要保证此条件满足，只需对系数为负的变量作变量代换 $y_i = 1 - x_i$ 即可。

（3）约束条件用“≥0”表示，只需对“≤”的约束两边乘以-1 并移项即可。

至此，可将隐枚举法的算法归纳如下：

（1）将 0-1 规划问题化为标准问题，即最小化、目标函数是非负系数，约束条件全为“≥0”。

（2）用尝试法（或其他方法）得到一个可行解（称为种子解）及对应的目标值，构造一个过滤条件。

（3）选取满足必要条件的数值，并检查过滤条件。若过滤条件为负数，则停止检查，重新取数；否则，转入（4）。

（4）修改过滤条件，并依次检查所有的约束条件，一旦过滤条件为负数，则停止检查，转入（3）；否则，转入（5）。

（5）标注满足条件，记录目标值，转入（6）。

（6）检查是否全部完毕。若全部完毕，则把所有满足条件的解作为最优解输出，并打印最优解的个数；否则，返回（3）。

以上算法实际上是一种剪枝法，其剪枝原理如图 4-19 所示，图中有箭头的树枝为有用树枝，无箭头的树枝为无用树枝。

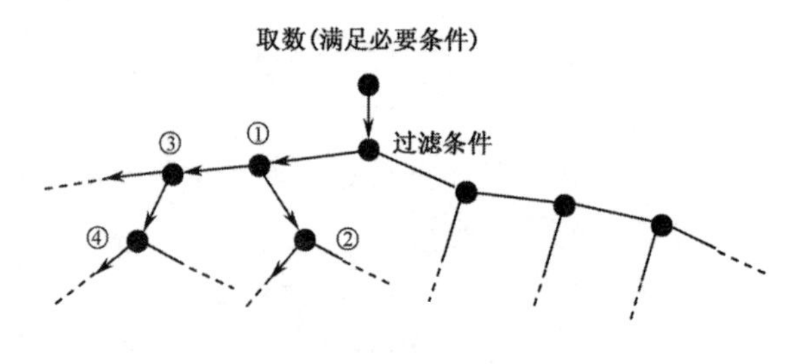

图 4-19　剪枝原理

可见，无用树枝被成片地剪掉，运算量的减少就是显而易见的了。

对于具体的 0-1 规划问题，可根据以上算法画出程序流程图。

从直扩伪码优选的数学模型和 0-1 规划算法及其标准形式可见，直扩伪码优选可以归结为一个 0-1 规划问题。据此，可以得到适合于直扩伪码优选的 0-1 规划模型。

例 4-2 对于（n, 1）的直扩编码，伪码优选的 0-1 规划模型为模型 1（Model 1）：

$$
\begin{aligned}
&\text{Model 1}\\
&\min R_{xy}(j),\quad 1\leqslant j\leqslant n\\
&\text{s.t.}\quad H=R_x(0)-\frac{n}{2}\geqslant 0 && ①\\
&I=R_y(0)-\frac{n}{2}\geqslant 0 && ②\\
&J=a-R_x(j)\geqslant 0,\quad j\neq 0 && ③\\
&K=b-R_y(j)\geqslant 0,\quad j\neq 0 && ④\\
&L=c-R_{xy}(j)\geqslant 0,\quad 1\leqslant j\leqslant n && ⑤\\
&M=d-R_{xz}(j)\geqslant 0,\quad 1\leqslant j\leqslant n && ⑥\\
&N=e-R_{yz}(j)\geqslant 0,\quad 1\leqslant j\leqslant n && ⑦
\end{aligned}
$$

求解：

（1）满足要求的序列有多少对；

（2）满足要求的各序列的值。

该模型中的目标函数和约束条件是在 0-1 规划的思想指导下设置的。对于目标函数，选互相关函数而不选自相关和部分相关函数，是由于自相关函数的最大值（j=0 时）应是确定值，而部分相关峰的数量又多于互相关峰的数量。至于约束条件，是按先易后难的顺序排列的。有意把自相关放函数在前面，因为它容易计算，可以较早地过滤一些不必要的变量组合，使运算进入有用树枝。另外，条件①②是为了 0-1 平衡分布特性而设置的。模型中的五个常数（a～e）为自相关旁瓣和互相关、部分相关的门限值，它们根据工程需要确定，可以动态修正，由此可得到最大相关主峰与最大旁峰之比，并可设 a=b 和 d=e。

例 4-3 对于（n, 2）的直扩编码，其 0-1 规划模型与模型 1 类似。所不同的是，此时互相关函数的个数大于 1，如果将所有互相关函数都作为目标函数，则成了多目标规划，势必增大运算量。实际上，可将多目标模型化为单目标模型，即：只选互相关函数中的任一个作为目标函数，并按工程要求将其他的互相关函数分别设置一定的门限，作为约束条件，得模型 2（Model 2）：

$$
\begin{aligned}
&\text{Model 2}\\
&\min R_{xy}(j),\quad 1\leqslant j\leqslant n\\
&\text{s.t.}\quad H_i=R_i(0)-\frac{n}{2} && ①\\
&I_l=a-R_l(j)\geqslant 0,\quad j\neq 0 && ②\\
&J=b-R_{xy}(j)\geqslant 0,\quad 1\leqslant j\leqslant n && ③\\
&K_m=c-R_m(j)\geqslant 0,\quad 1\leqslant j\leqslant n && ④\\
&Q_n=d-R_n(j)\geqslant 0,\quad 1\leqslant j\leqslant n && ⑤
\end{aligned}
$$

求解：

（1）满足要求的序列组数；

（2）满足要求的各序列的值。

其中，i 和 l 均分别取 x、y、h、w；m 分别取 xh、xw、yh、yw、hw；n 分别取 xz_1、xz_2、

xz_3、yz_1、yz_4、yz_5、hz_2、hz_4、hz_6、wz_3、wz_5、wz_6。

可见，①和②包含了平衡特性和所有自相关旁瓣的约束；③为目标函数对应的过滤条件；④包含了除 $R_{xy}(j)$ 以外的所有互相关的约束；⑤包含了所有部分相关的约束。

4.7.3 计算机搜索

以搜索 64 位 M 序列为例，若采用穷举法，则需要搜索 2^{64} 个码字，运算量很大。下面利用以上算法缩小搜索范围，并从 m 序列中取“种子”。

实际上，M 序列和 m 序列都是常用的基本序列，m 序列的相关特性比 M 序列好，但同样码长条件下的 m 序列的数量比 M 序列少得多，且 M 序列中包含了由 m 序列加长的 M 序列[49]。关于这两种序列的数量有如下定理[7, 49-50]：

（1）N 级 m 序列的数量为

$$m_N = \varphi(2^N - 1)/N \tag{4-71}$$

式中，$\varphi(\cdot)$ 为欧拉函数。

（2）N 级 M 序列的数量为

$$M_N = 2^{2^{N-1}-N} \tag{4-72}$$

因为码长 n =64 的伪码序列，相应移位寄存器的级数 N =6，参考欧拉函数的定义[51]，可算出对应的 m 序列和 M 序列的条数分别为

$$m_6 = \varphi(2^6 - 1) = 63 \times (1-1/3)(1-1/7)/6 = 6$$
$$M_6 = 2^{32-6} = 2^{26} = 6.7108864 \times 10^7$$

可见，M 序列的数量确实比 m 序列大得多，但不等于每个 M 序列码都能满足相关性要求。尽管如此，2^{26} 也比穷举法中的 2^{64} 小得多，2^{26} 可以被实际的计算机运行所接受。目前，对 M 序列的研究尚未找到足够有效的数学工具，实际产生出来的满足相关特性的 M 序列的数量还不多[7]。因此，有必要将上述的模型和算法用于 M 序列的优选搜索。

在实际编程时，搜索过程可以有两个方案：一是考虑到长度为 63 的 m 序列是由 6 级移位寄存器产生的，共有 6 个，且长度加 1 后又包含在 M 序列中，因此可先在 m 序列中找出若干具有较好相关性的序列，作为种子，然后化问题为单一规则，求出一族比较好的序列；二是从自相关特性开始过滤，再逐步利用其他条件进行过滤。

由于采用了以上优化算法，加上当前计算机运算速度大大提高，实际运行得到了较为满意的结果。具体流程图及结果这里从略。

4.8 直扩通信的主要干扰威胁

直扩通信的主要干扰威胁有：人为恶意的非相关干扰、相关干扰，人为无意的非相关干扰、多址干扰，以及自然的多径干扰等。

4.8.1 非相关干扰

常规直扩通信的载频在通信中是不变的，但其传输信号是宽带的，且在当前通信中信号带宽也是不变的。所以，虽然它与非直扩的常规定频通信有很大的不同，但也有相同之处，可以将常规直扩通信看成一种特殊的定频通信。

对常规定频通信的干扰一般有窄带瞄准干扰（含单频干扰）和宽带阻塞干扰两大类。所谓窄带瞄准干扰，一般是指用一部窄带瞄准干扰机干扰某个特定频道的定频通信。所谓宽带阻塞干扰，一般是指采用一部（或几部并列）宽带阻塞干扰机干扰某频段内所有频道的定频通信。

然而，若采用以上窄带瞄准干扰方式干扰直扩通信，尽管其载频可以做到与直扩通信的载频相同，但由于干扰信号与直扩信号不相关，干扰信号将被直扩接收机限幅或陷波，然后被“反直扩”而扩展，只有一小部分干扰能量通过直扩接收通道。当然，如果窄带干扰功率足够大，将会强行阻塞直扩接收机，也可获得较好的干扰效果。若采用宽带阻塞干扰方式干扰直扩通信，由于其干扰信号也与通信信号不相关，也将被直扩接收机扩展，并且处于直扩频带以外部分的干扰信号对直扩通信没有影响。如果宽带干扰信号的功率足够大，也将会强行阻塞直扩接收机。可见，若采用非相关干扰方式干扰直扩通信，将难以获得好的干扰效果，即：从理论上讲，不能仅以干扰频谱的宽窄对直扩通信实施瞄准和阻塞干扰。但是，非相关干扰也是可以实现对直扩通信的有效干扰的，就看付出多大的代价。

在实际通信干扰装备中，非相关干扰实现简单，使用方便，较多地被采用；它一般表现为带内窄带强功率干扰和覆盖直扩带宽的宽带干扰两种基本类型，并以干扰机的数量和干扰功率为代价，在通信频点或频段上强行阻塞和压制，而不顾及通信的伪码序列。非相关干扰类似于跳频阻塞干扰，在一机干扰多机的情况下，功率分散；但如果多机分（频）段干扰，则具有功率优势。

从最佳干扰理论出发，应根据直扩通信的特点，从干扰码序列的角度来实施瞄准干扰和阻塞干扰[52]，即相关干扰，可以获得更好的直扩干扰效果。

4.8.2 相关干扰

为了得到更好的直扩干扰效果，一种有效干扰方式是用于瞄准干扰的直扩码序列与欲干扰对象的直扩伪码序列相同或相近，并且只对特定频道的直扩通信实施有效的瞄准干扰，而不干扰其他频道的直扩通信。这不仅要求在频域上干扰信号载频要瞄准直扩通信信号的载频，干扰信号带宽与直扩通信信号带宽相吻合，而且在时域上干扰所采用的码序列及码速率应与直扩通信伪码序列及码速率相吻合，使得采用此伪码序列调制的干扰信号的时域波形与该直扩通信信号的时域波形相同或相近，从而对该直扩通信实施有效的瞄准干扰。将这种瞄准干扰称为波形重合干扰或波形瞄准干扰[52]。实际上，这是一种波形相关干扰。由于这种干扰信号的波形与直扩通信信号波形相吻合，不需要太大的干扰功率，只要到达通信接收端的干扰信号功率等于通信信号功率，即可实现有效干扰。

如果阻塞干扰的直扩码序列与多个干扰对象的直扩码序列都具有很强的互相关性，从而力争同时对多个干扰对象都产生干扰效果，这种干扰方式也称为波形相关干扰，只不过其相关性要弱于第一种。它一般在两种情况下使用：一是干扰方希望采用一台或少量直扩干扰机干扰某一类型的多台直扩接收机，即实现同类型的多目标干扰；二是干扰方难以掌握某特定频道的直扩通信伪码序列，但知道该直扩通信伪码序列的基本类型。与波形瞄准干扰类似，多目标相关干扰也采用伪码序列调制，并且干扰载频要接近直扩信号中心频率。若多个直扩通信用户采用相同载频，则可采用一机干扰多目标。若多个直扩通信用户采用的载频不同，则一般需要采用一对一的干扰；但若一台干扰机同时在多个载频上干扰多个目标，则干扰功率将线性下降。无论是一机对多机干扰，还是一对一的干扰，干扰伪码序列与直扩通信伪码序列的互相关性越强，干扰效果越好。这种互相关性越强，意味着干扰能量越集中在通信中心频率附近，通过通信接收机中频滤波器的干扰能量也越大，需要付出的干扰功率也就越小。其互相关性表现在码型、码长和码速率等方面。因此，寻找互相关性强的干扰码序列是干扰方的一项艰巨任务。在直扩通信波形瞄准干扰中，由于干扰码序列与直扩伪码序列之间近似形成自相关，直扩伪码序列自相关值与通信、干扰码序列的相关值之间的比值近似为 1，所以实现有效干扰时直扩通信接收端所需的干扰功率与通信信号功率相等或接近即可。

以上两种直扩通信的相关干扰方式可以得到最佳的干扰效果，是直扩通信的最大克星。但其前提是对直扩通信伪码序列的有效侦察与识别，这在战时是很难做到的。

通过以上分析可见，相关干扰类似于破译跳频图案后的跳频跟踪干扰。并且，由于直扩相关干扰没有跳频跟踪干扰的时延约束关系，因此一旦获取通信方的伪码序列，直扩相关干扰就比跳频跟踪干扰更容易实施，在不需要多大功率代价的情况下，便可对直扩通信实施最佳干扰。此时，系统固有的直扩处理增益也将失去作用，或者说系统得不到直扩处理增益，干扰容限接近为 0 dB 或为负值，直扩通信系统无法工作。

4.8.3 其他干扰

以上讨论了针对直扩的人为有意干扰。与跳频通信类似，实际中直扩通信还会遇到一些自然干扰和人为无意干扰的威胁。

首先是由于自然环境的散射和折射形成的多径干扰。由于多径信号来自同一信源，除了各多径信号的相位有所不同和幅度有所衰减外，其他波形参数与主路径信号一致，对直扩通信来说相当于未经额外调制和放大的转发式相关干扰。多径信号对直扩通信的干扰，主要表现在多径时延小于直扩伪码码片宽度时造成接收端直扩相关峰的衰落，使通信质量降低。若多径时延大于直扩伪码码片宽度，则不仅不形成干扰，还可以采用多径分集接收技术来有效利用多径信号。

其次是民用无线电干扰、工业干扰、自然干扰和多址干扰等。进入直扩带宽内的民用无线电干扰和工业干扰，对于直扩通信来说，前者往往是单频点或多频点的窄带干扰，后者往往表现为宽带干扰，两者均属于非相关干扰，会抵消直扩通信系统的一部分干扰容限。与跳频体制类似，对由于天体运动造成的自然干扰，直扩体制也是难以抵抗的。在直扩码分多址通信中，当多用户采用相同载频时，由于各用户所用直扩码组之间难以做到理想的正交，还存在多址干扰。考虑到在伪码优选中，有意使各码组之间的互相关性尽可能地小，可以认为这是一种弱相关干扰。但是，随着同时激活的用户数的增加，多址干扰会变得越来越严重，使得系统的抗人为干扰能力大为降低。

除此之外，与跳频通信类似，在组网使用以及与其他军用通信装备在同一地域使用时，直扩还会遇到严重的己方互扰威胁。

可见，直扩通信不仅要考虑敌方人为恶意的相关干扰和非相关干扰，还要考虑其他非相关干扰、自然干扰和自扰等问题。

4.9 直扩通信抗干扰增效措施

在明确直扩体制的主要干扰威胁之后，本节有针对性地讨论直扩体制可能采取的一些增效措施[53]。

4.9.1 抗非相关干扰增效措施

直扩非相关干扰是一种非最佳干扰，此时只要干扰容限大于 0 dB，就有可能实现抗干扰。由于在直扩带宽以外的干扰对通信系统不构成威胁，因此主要考虑落入直扩带宽内的非相关干扰。

1. 自适应窄带滤波、陷波

前已述及，在常规直扩通信中，直扩带宽未必越宽越好。从一般意义上讲，若直扩带宽很宽，则较多的非相关窄带干扰容易进入接收机前端，会抵消一部分处理增益和干扰容限。若直扩带宽较窄，则进入直扩带宽内的窄带干扰数量减少。但是，这种窄带非相关干扰可能是人为恶意的，也可能是人为无意的或其他原因所致。对于人为恶意的窄带干扰，无论直扩带宽是宽还是窄，都有可能进入直扩带宽内。对于人为无意干扰，减小直扩带宽可能避开一部分窄带干扰，但其反侦察和抗人为干扰的能力又将受到影响。总之，需要有效解决进入直扩带宽内的窄带干扰问题，以减少直扩干扰容限的损失，这是军用直扩通信需要着力解决的一个重要问题。

在实际工程中，进入直扩带宽以内的非相关窄带干扰有时是固定的，有时又随时间的变化而变化。为此，需要在接收机前端扩展的频带内对窄带干扰实现实时的自适应滤波。由于此时通信信号频谱宽于干扰信号频谱，对带内干扰的滤除实际上表现为对干扰的陷波。然而，要达到这一目的，需要解决三个方面的技术问题：一是滤波器带内的陷波频点要随着干扰频点的变化而变化，最好是能滤掉所有带内干扰频率，这就要求窄带自适应滤波器不仅应具有快速跟踪干扰的能力，而且要具有能滤除多个干扰频率的能力。实际工程中，应提出干扰跟踪速度和滤除干扰频率数的指标。二是即使做到了第一点，还要求滤波器在干扰频点处有陡直的陷波特性，以减少有用信号能量的损失。但是，在干扰频点较多的情况下，尽管滤波器在干扰频点处的陷波特性很陡直，也会造成有用信号能量的较大损失，使得解扩后的时域相关峰值下降以及主峰与其旁瓣的比值下降，在同样判决门限的条件下，误码率上升，如图 4-20 所示。如何较好地解决这一问题，是系统设计者需要考虑的一个重要问题。三是难以对付带内的快速扫描干扰，此时要求自适应滤波具有更快的反应能力。

(a) 直扩频谱与窄带干扰

(b) 滤波后的直扩频谱

(c) 相关峰的变化

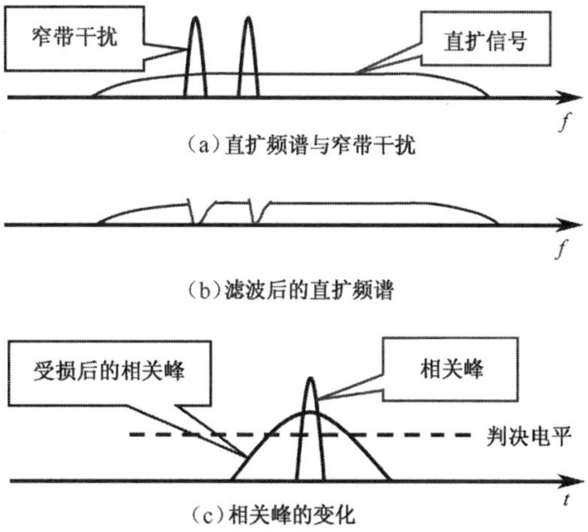

图 4-20 窄带干扰对解扩性能的影响

目前，虽然对这项技术的研究还有待于进一步深入，但已进入实用化水平，陷波深度一般在 25～30 dB 范围内，干扰频率滤除数量可以做到几个以上；业界提出了基于时域、频域及变换域的多种窄带干扰抑制算法，逐渐趋于成熟。这方面的文献报道很多[54-62]，在此不再赘述。

2. 其他增效措施

对于宽带非相关干扰，自适应窄带滤波措施就难以发挥作用了，即使采用多个窄带滤波器拼接，会损失较多的信号能量。可以采取的措施主要有：一是限幅措施，以对付干扰功率较大的宽带非相关干扰，降低干扰的幅度，防止直扩接收机被推向饱和；二是适当降低信息速率和增大直扩处理增益，利用增加信息比特的能量和直扩对非相关干扰的“反直扩”作用，减少干扰的影响；三是加大功率硬抗，以提高直扩接收机输入端的信干比。当然，这些措施对于窄带强功率干扰也同样起作用，且有利于提高抗相关干扰的能力。

4.9.2 抗相关干扰增效措施

虽然相关干扰是直扩通信的最佳干扰和最大威胁，但不等于不能抵抗，需要在直扩基本体制的基础上，采取一些增效措施。

1. 变码直扩策略

由于同步建立时间和工程实现等，军用通信中难以使用长度很长的直扩伪码，使用较多的还是短码，尤其对于陆基通信来说。至于长码和短码的划分，目前还没有权威的定义，文献[1]基于相对比较的层面给出了一种定义：把一个直扩码对应一个信息码元宽度的直扩码称为短码，如 GPS 的 C/A 码；而把一个直扩码对应多个信息码元宽度的直扩码称为长码，如 GPS 的 P 码。类似于跳频速率的划分，除了相对比较意义上的码长划分外，可能还应该有绝对码长的划分问题，即码长超过一定的数值为长码，低于该值为短码。但是，无论何种划分方式，若采用固定的长度较短的直扩码，在通信中随着信息码流的变化，固定的短码在信道中将重复出现，就给敌方侦察带来了方便。另外，即使采用长码，若码型长期固定不变，敌方也可以通过平时大量的侦察和有关积累算法推算出码型。

在过去相当长的一段时间内，对直扩码型的侦察识别一直是一个难题；但近些年来外军在该领域取得了不少新的进展，不仅可以检测直扩信号的存在，还能估计出直扩信号的载频和伪码参数，对固定码型的直扩体制已具备了实施相关干扰的能力。实际上，直扩相关干扰机本身并没有多大的技术难度，关键是如何实现对直扩信号的实时侦察与识别。

实现直扩相关干扰的前提是对直扩信号的有效侦察，而目前对直扩信号的侦察体制基本上是建立在时间积累的基础上的。所以，直扩抗相关干扰的前提是有效的反侦察，其切入点是尽可能地缩短单次连续通信的时间，使侦察方无法通过时间积累的方法提高侦察接收机的输出信噪比。

为此，采用变码直扩的策略，以打破侦察方基于时间积累的侦察体制，即：在通信过程中直扩码型能够按照某种规律自动变换，甚至码型跳变，以增加码型识别的难度。文献[63-65]提出和研究了一种跳码扩谱通信体制，进一步的分析表明，这种体制可明显提高直扩通信系统的反侦察和抗相关干扰能力，具体问题将在第 5 章中讨论。

国外学者从不同的角度提出了另一种跳码方式，称之为自编码直扩（Self-Encoded Spread Spectrum）[66-67]，其基本原理是利用前 n 个信码比特作为第 n+1 个信码的直扩码来进行直扩调制，利用信息码流的随机性保证直扩码的随机性，并且每隔一个信息码元改变一次伪码，这将在第 5 章一并讨论。

对于已有的直扩通信系统，即使做不到自动变换直扩伪码，也应根据通信协议，做到人工更换或半自动更换。

2. 其他增效措施

针对直扩相关干扰的特点，还有其他一些增效措施可以采用，主要有：

（1）适当增加码长及处理增益。无论是固定伪码直扩还是跳码直扩，增加码长都有利于增加码型被识别的难度。当然，如果直扩码被敌方有效侦察与识别，则直扩通信直接面对相关干扰时，长码和短码都将失去处理增益。

（2）对直扩码型提出更高的要求。在以上相关内容中讨论了伪码优选对直扩通信基本性能和码分多址性能的影响。实际上，伪码序列性能的优劣对电磁反侦察和抗相关干扰同样具有至关重要的作用。如果伪码序列具有很好的自相关特性，则伪码只与自己相关，不与别的码字相关，或与别的码字相关性很小。这一方面使得敌方在侦察时很难找到与之匹配的码字；另一方面使得敌方在进行相关干扰时，只要码字自相关特性有一点偏离，直扩通信接收机就将干扰信号作为非相关信号进行扩展处理，使相关干扰效果下降。同时，互相关峰值低也非常有利于抵抗敌方的相关干扰。当敌方很难找到与通信伪码自相关较一致的伪码序列作为相关干扰码，或者采用一机干扰多个直扩信道时，往往会用一些互相关值较大的码字作为相关干扰码。只要伪码序列不仅自相关性能好，而且互相关峰值低，敌方就很难实现相关干扰。所以，直扩通信的伪码优选对于反侦察和抗相关干扰十分重要，这也是军用直扩通信与民用直扩通信的一个重要区别。当然，性能好的伪码序列也有利于抗非相关干扰和多径干扰。

（3）实现自动频率控制（AFC）。通信双方预置一组或多组频率，在遇到干扰时按协议进行变化。

（4）加大功率硬抗。这是在进攻和防御双方装备技术性能一定的条件下，直扩通信直接遇到相关干扰时通信方（防御方）迫不得已采用的最后一招。

4.9.3 抗多径干扰增效措施

直扩体制抗多径干扰的性能要先天性地优于跳频体制。直扩体制提高抗多径干扰能力的途径主要有以下两个方面。

1. 多径分集接收

首先是提高伪码码片速率。无论信息速率多高，只要伪码码片速率提高到码片宽度小于多径时延，就可以有效地分离多径信号，以便处理。在实际工程中，一般直扩伪码码片速率都可以做到高于跳频速率，并且可以高到足以分离多径（微秒数量级）。这就是直扩体制抗多径干扰能力优于常规跳频体制的原因。同时，提高伪码码片速率直接降低了直扩信号功率谱密度，也有利于反侦察、抗相关干扰和网系间的电磁兼容，但这是以增加带宽为代价的。其次，在分离多径信号的基础上，将本信码码元内的同源多径信号累加起来，再进行译码判决，即进行多径分集处理，这可以有效地提高输出信噪比，而在常规跳频体制中是很难做到的。

2. 增大信码符号宽度

多径分集和译码都是在信码符号内进行的，如果信码符号宽度小于多径时延，则本信码码元的多径信号就会落入别的码元中，造成码间干扰，并且宽度较小的信码码元所携带的信号能量小，输出信噪比低，误码性能差。这也是同等信道容量条件下，高速率传输的误码率高于低速率传输误码率的原因。因此，为了避免码间干扰，要求信码符号宽度大于多径时延。在二进制直扩中符号宽度就是码元宽度，增大符号宽度就是直接降低信码速率。为了维持一定的信码速率，增大信码符号宽度往往与多进制直扩相结合，将多个信码码元作为一个信码符号，此时将得到更多的好处。

4.9.4 有关共用增效措施

与跳频体制一样，直扩体制对于不同的干扰所需的增效措施是不尽相同的，但也有一些共用的增效措施。

1. 与跳频体制相结合，形成直扩/跳频混合扩谱

直扩/跳频混合扩谱是一种将直扩后的较宽的低谱密度信号作为瞬时信号进行载频跳变的

扩谱体制。在工程上，一般采用先直扩后跳频的方式，先在基带或中频进行直扩调制，然后进行跳频扩谱。在数学上也可以先跳频后直扩，与前者是等效的；但先跳频后直扩方式需要在射频完成直扩调制，难度增大。直扩/跳频混合扩谱体制的优势与不足，将在后续章节中具体叙述。

2. 采用多载频直扩

在单频点直扩的基础上，采用多载频直扩，经合并后发送；接收端先对各路直扩信号分别进行解扩，再对多路载频解扩信码进行大数判决，以实现直扩信号的频率分集功能。这种措施可以提高系统的电磁反侦察和抗相关、非相关干扰以及抗多径衰落的能力，但也不可避免地带来了系统复杂性的增加。当然，多路载频也不能固定不变，至少可以通过人工改频或经过网控改频。

3. 采用多进制直扩

多进制直扩的机理在前面章节中已有详细介绍，在此不再赘述。这种措施具有很多综合优点，如谱密度低、频谱利用率高、进入接收机前端的外部干扰少、抗多径能力强、信息速率高、码间干扰小、误码率低和通信距离远等，且可以兼顾，最终提高了系统的通信效能，是一种实现高效直扩通信的有效途径，目前已得到了成功应用。但要高度重视的是，多进制直扩可能引起系统的固有损耗增加、伪码相关性能下降等问题，从而导致干扰容限降低。

4. 提高频率的稳定性

直扩通信系统中的频率主要有射频和中频以及时钟频率等，任何一种频率不稳定都会导致直扩通信系统性能的恶化，特别是利用声表面波器件解扩时。

声表面波器件一般在中频解扩，声表面波器件的中心频率即为直扩通信系统的中频。从以上的分析可见，声表面波器件具有灵敏的频偏特性，如果由于射频或中频或声表面波器件本身的中心频率特性不稳定而发生偏移，将会导致解扩相关峰值的急剧下降，解扩信噪比便随之恶化。如果直扩通信系统中各种频率的稳定性很好，则声表面波器件灵敏的频偏特性又会给直扩通信系统带来优良的性能。所以，不仅要求直扩通信系统的射频和中频稳定，而且要求解扩器件的频率特性也必须稳定。

另外，时钟的不稳定和位同步信号相位的抖动也将影响到基带信码的恢复。如何获得高性能的位同步信号，将在第 7 章中专门予以讨论。

5. 其他共用增效措施

其他共用增效措施主要有：在较高频段采用多波束智能天线等空间域抗干扰技术，可以提高反侦察性能以及抗相关干扰和非相关干扰能力；采用干扰与信号分离或自适应干扰抵消技术，可提高抗人为恶意干扰性能和网间干扰性能；正确组网和采用有效的战场管控，类似于跳频通信，多种直扩码的应用涉及直扩通信组网问题，可以将多种直扩码表及工作频率等作为直扩通信战场管控的参数，接受相应战场管控系统的统一管理，以避免己方直扩通信频率和直扩码的相互干扰；正确选择工作频段，尽可能选择较干净或干扰较少的频段，以减少民用和自然干扰进入直扩接收机，最好选择较高频段或开发新的频段；对于战时敌方恶意干扰，直扩通信系统应该具有检测和自动改频或手动改频功能，也可以与战场频率监测系统相接口，获得关于干扰信息的电磁支援，避开一些较大功率的固定干扰；采用交织与纠错，这是一种通用的非扩谱技术，由于交织与纠错均在基带处理，所以对于跳频、直扩和其他通信系统都适用。

4.9.5 直扩增效措施小结

与跳频体制的分析结论一样，常规直扩体制需要改进才能适应军用通信环境，其增效措施很多，有时需要多种措施综合，对付不同的干扰需要采用不同的手段，但有些是共同的，如表4-9所示。其中，“√”表示相应的增效措施对于相应的用途有贡献。

表 4-9 直扩体制增效措施小结

	电磁反侦察	抗相关干扰	抗非相关干扰	抗多径干扰	抗白噪声干扰	码间干扰	信息速率	电磁兼容
变码直扩	√	√						
伪码优选	√	√	√					√
自适应滤波			√					
限幅		√	√					
降低信息速率		√	√	√	√	√		
自动频率控制	√	√	√					√
提高功率		√	√		√			
提高伪码速率	√	√	√	√				√
多径分集		√	√	√	√			
直扩/跳频	√	√	√	√				√
多载频直扩	√	√	√	√				
多进制直扩			√	√	√	√	√	√
提高频率稳定性		√	√					
优选频段	√	√	√				√	√
交织与纠错		√	√	√	√	√		
正确组网	√	√	√					√
空间域抗干扰	√	√	√					
干扰与信号分离		√	√					√
自适应干扰抵消		√	√					√
战场管控	√	√	√					√
抗干扰决策		√	√					

4.10 直扩体制的特点及适用范围

在讨论直扩体制基本原理、主要干扰威胁和改进措施的基础上，本节主要总结其特点及适用范围[53]，这对于直扩通信装备的科研和使用具有实际意义。

4.10.1 常规直扩体制的特点及适用范围

这里所说的常规直扩体制，是指没有自适应带内滤波的固定码型的二进制直扩体制，它是研究直扩体制及相应技术的基础。很长一段时间以来，人们对此进行了积极的探索和应用，基本上掌握了其特点及使用。

1. 常规直扩体制的特点

与常规跳频体制的特点相对应，下面对常规直扩体制的有关典型特点进行叙述，其内容也可能与有些文献的总结不尽相同。

1）抗干扰和反侦察能力

直扩通信可以看成一种特殊的定频通信，只不过其带宽比常规的定频通信宽得多，其谱密度也比常规定频通信和纯跳频通信低得多，这是所有直扩体制的一个基本特性。所以，直扩体制可以理解为一种隐蔽式抗干扰措施。值得指出，随着侦察技术的发展，目前仅靠直扩体制作为隐蔽通信手段已远远不够了。直扩体制抗相关干扰能力（类似于跳频抗跟踪干扰）关键在于直扩码型特性（类似于跳频图案），固定码型直扩体制抗相关干扰能力较弱。其抗非相关干扰能力（类似于跳频抗阻塞干扰）关键在于处理增益和干扰容限，即在直扩带宽内能容忍多大的干扰电平，表现为干扰电平占干扰容限的比例。此比例越小，抗非相关干扰效果越好；反之亦然。此时，实际上是在功率域上的一种硬抗。

常规直扩体制的处理增益主要取决于直扩码码长，直扩码码长的选择与信息速率、伪码码片速率、直扩进制数、频率资源以及天线覆盖范围等因素有关。在频带资源受限又要求高速数据传输时，提高处理增益受到很大的限制。处理增益是常规直扩体制重要的抗非相关干扰指标，处理增益低，则生存能力弱，难以适应现代战场环境。但若常规直扩的带宽太宽，直扩带宽内又会进入较多的固定干扰，往往以降低信息速率、降低伪码码片速率或增大进制数为代价。所以，实际的常规直扩系统一般不容易得到较高的处理增益。

直扩信号的功率谱密度低，具有很好的反侦察能力，主要表现在低检测概率性能、低截获概率性能和低利用概率性能等，这是直扩体制（包括常规直扩和改进型直扩）相对于跳频体制的一个突出优点。一般来讲，处理增益越大，这种优点越突出。在军用通信中可以利用这一优点，从电磁反侦察的角度进一步提高抗干扰能力。然而，直扩信号的功率谱密度虽然很低，用简单的功率谱分析仪难以检测到信号的存在，但并不意味着它不能被检测。这是由于它的频谱并非无限宽，均为带限直扩信号，且在常规直扩通信系统中的直扩码组是固定不变的。同时，直扩信号对于同频段的其他通信系统也相当于提高了背景噪声。所以，只能说直扩信号的低截获概率特性给敌方的侦察和干扰带来了难度，但不能得出敌方不能对其进行侦察和干扰的结论。

2）远近效应特性和抗多径衰落能力

通过前面的分析可知，直扩体制（包括常规直扩和改进型直扩）的远近效应特性差，这是直扩体制相对于跳频体制的一个突出弱点，因而限制了其在机动环境下多用户组网运用。但是，其抗多径干扰和选择性衰落的能力较强，这是直扩体制相对于跳频体制的另一个突出优点，无论是组网还是点对点通信，直扩体制的抗多径能力容易做到强于跳频体制。可见，这里所述的“弱点”和“优点”都与运动中的通信有关，或者说在运动中通信时表现更为明显，似乎存在客观上的矛盾，对此应有充分的认识。在技术方案设计中，要力求避开“弱点”，尽可能地利用“优点”。

3）组网特性和频谱利用率

由于直扩体制在相同频率上传输码分多用户信息时，存在多址干扰问题，通信质量随着同时工作的用户数的增加而下降，况且直扩体制难以克服远近效应，因此直扩体制的陆、海、空三维空间大区制动态组网能力较差，工作地域范围也受限，并且同时工作的用户数和组网数受到限制，频谱利用率不高。这是直扩体制相对于跳频体制的一个弱点。军用大区制码分多用户直扩通信不同于民用小区制码分多址通信，在此不再赘述。

4）调制解调和同步特性

直扩体制一般采用数字调相方式，其解调有相干解调，也有非相干解调。直扩/跳频混合体制中的直扩调制还要重点考虑调制系数，使得瞬时信号的能量越集中越好。与跳频体制的调制解调一样，高效的调制解调也是直扩体制的关键技术之一。

前已述及，直扩体制中的同步问题主要有网同步、伪码同步、位同步和帧同步等，关键是伪码同步和位同步。在直扩体制研究的初始阶段，伪码同步是一大难题，其同步建立的时间也较长，但随着匹配滤波器技术的发展和成熟，伪码同步的难题迎刃而解，同步建立的时间大为缩短。位同步作为一种通用数字技术，近些年来在同步建立时间和精度等方面也得到了很大的发展[70-73]，但有些现役或在研装备还在采用传统的数字锁相环技术（只不过是采用集成芯片而已），使得跟踪速度往往达不到要求。

2. 常规直扩体制的适用范围

由于常规直扩体制固有的一些特性和不足，使其在军用通信中的适用范围既有优势，也有劣势。

常规直扩体制不宜用于较低的频段。这里所说的较低频段，主要是指超短波（甚高频，VHF）和短波（高频，HF）及以下频段。常规直扩体制之所以不宜用于较低频段，主要原因如下：

（1）在正常信息速率情况下，很难得到较高的处理增益。在短波和超短波频段，由于频率间隔和中频带宽较窄，使得直扩倍数受限，很难做到大倍数扩谱，通常只能实现窄带直扩，无非以大幅度降低信息速率或增加复杂度（多进制直扩）为代价。因此，干扰容限做不高，抗干扰能力有限。同时，短波和超短波作为战术通信频段，多数应用场合是地－空、空－空、岸－舰、舰－舰以及陆地机动通信，极易受到敌方的升空干扰，由于升空干扰具有自由空间传播的优势，升空增益高、干扰强度大，因通信方的干扰容限太小而难以抵抗。另外，当通过降低信息速率（即通信容量）换取较大的处理增益时，又难以与标准数据速率和已有语音编码体制兼容。

（2）难以克服远近效应，使得大区域动态组网的多址性能差。特别是在用于陆、海、空三维空间动态组网时，很难发挥直扩多址组网能力。为了减小远近效应的影响，必须实现自动功率控制，否则只能用于有限的范围或点对点通信；但在大区域动态组网情况下，自动功率控制是很难做到的。

（3）短波频段的直扩更具有特殊性[73-76]。电离层是一种色散媒介，使得空中信号传输的群时延（同一传输信道对不同频率信号传输的时延差）随频率变化。直扩体制对射频链路的相频特性有严格的要求，色散会引起直扩通信系统的相关解扩损失，导致处理增益下降，而且传输信号带宽越宽，色散引起的信号失真越严重，相关解扩损失也越大。同时，短波频段用户拥挤，邻台信号也形成有色背景噪声干扰[77]，同样会造成处理增益的损失。也就是说，在短波信道条件下，由于信道色散对处理增益造成的损失，直扩的处理增益将低于理论值。另外，不同地点、不同方向电离层的频域特性在相同时刻也有差异，当区域较大的多用户同时工作时，其公共可通频率窗口更窄，不能像卫星通信那样提供一个相对稳定的“转发器”信道，从而影响短波直扩系统的组网。因此，常规直扩体制虽然从技术上可以在短波频段实现，但其处理增益、数据速率和组网功能受到很大的限制。

常规直扩体制适用于特高频（UHF）及以上频段且相对位置比较固定的场合。在 UHF 及以上频段，频带资源比较丰富，容易获得比较大的直扩处理增益；若各通信用户之间的相对位置比较固定，可以避免或减小远近效应，此时采用直扩体制较为合适。虽然在部分 UHF 频段的通信装备中可以采用直扩体制，以发挥其克服多径干扰的优势，但由于远近效应的影响，只能用于一些车载或固定通信的场合，如野战指挥所之间的通信和微波接力通信等。值得注意的是，纯直扩系统是一个自干扰系统，其处理增益不仅要用于抗己方的多址干扰，还要用于抗人为干扰和背景干扰。如果系统主要用于多址，则很少甚至没有抗人为有意干扰的能力。如果要有足够的抗敌方人为有意干扰能力，则只能牺牲或限制直扩码分多址的系统容量，或采用直扩加其他多址的方式。另外，尽管直扩也是定频通信，但其频谱是宽带谱，不能与常规的定频通信兼容互通。

常规直扩体制可以起到一定的隐蔽通信的效果。直扩体制的低截获概率特性，除了有利于抗干扰以外，在大幅度扩展带宽和降低信息速率的情况下，还可以用来实现一定程度的隐蔽通信，这要视对手的水平而定。

4.10.2 改进型直扩体制的特点及适用范围

这里所说的改进型直扩体制，指的是改进型纯直扩体制和直扩/跳频混合扩谱体制。

1. 改进型纯直扩体制的特点及适用范围

直扩体制的改进主要从码型变换、自适应窄带滤波、多进制直扩以及多载波直扩等方面着手，再加上其他辅助措施。可以在保留常规直扩体制优点的同时，使纯直扩体制具备更强的电磁反侦察以及抗相关干扰和非相关干扰能力，提高通信质量。当采用多进制直扩后，适用的频段可以适当下移，因此改进型纯直扩的适用范围有所扩大。但是，改进型直扩的远近效应问题仍然存在，组网能力没有提高，并且载频仍然固定不变，即使能改变或采用多载波，也难以达到抵抗瞄准跟踪干扰的水平。

2. 直扩/跳频混合扩谱体制的特点及适用范围

由前面的讨论可知：尽管改进型纯跳频和改进型纯直扩的战场生存能力有所提高，适用的范围也有所扩大，但是有些体制性缺陷仍然存在。例如，跳频体制低截获概率特性差和抗多径干扰能力难以提高，直扩体制的远近效应特性差和载频固定不变或变化慢，等等。这使得改进后的纯跳频体制和纯直扩体制仍有一些战术使用上的不足。经比较可见，纯跳频体制的缺点正是纯直扩体制的优点，反之亦然。如果将直扩体制与跳频体制合并，形成直扩/跳频混合扩谱体制，将会得到较好的优势互补。在直扩/跳频混合扩谱设计中，除了讨论过的问题以外，还需要注意和认识以下几点：一是采用多种直扩带宽。在实际的直扩/跳频混合扩谱体制中，由于频率资源受限，直扩带宽不宜太宽，一般采用窄带直扩加跳频，纯直扩时的带宽可以相对宽一些，可采用不同的直扩倍数或不同的直扩方式调整直扩带宽，以适应直扩/跳频、纯直扩等的不同信息速率，这也是实际系统中往往采取多种直扩带宽的原因。二是采用直扩/跳频扩谱混合体制的出发点不在于提高扩谱处理增益，而在于优势互补和提高系统的整体性能。实际上，在频率资源有限的情况下，直扩/跳频混合扩谱也不能提高或提高不了多少处理增益。三是直扩/跳频混合扩谱体制既综合了直扩和跳频的优点，又克服了纯直扩和纯跳频体制的一些缺点。

在保留纯直扩体制和纯跳频体制各自优点的基础上，直扩/跳频混合扩谱体制至少有以下几点好处：一是提高了反侦察能力。这是由于综合了直扩体制信号谱密度低和跳频体制频率伪随机跳变的优点，使得敌方的电磁侦察更为困难。二是提高了组网能力。这是由于增加了一维频域分割，可以按跳频规则组网，克服了纯直扩体制由于伪码序列相关性和远近效应而不便于大范围组网的不足。三是提高了动中通能力。这是由于直扩的加入，可以克服一部分多径干扰。四是提高了直扩抗相关和非相关干扰的能力。这是由于实施直扩相关干扰除了需要获取伪码码型参数，还需要获取和瞄准直扩信号的载频，即直扩载频也是干扰信号需要与其相关的一维参数；即使敌方获取了码型参数，当其载频跳变时，又破坏了干扰信号与直扩信号的相关性，自然提高了系统的抗相关干扰能力。对于直扩的非相关干扰，如果直扩载频伪随机跳变，将迫使敌方付出多载频非相关干扰的代价，这也使通信方“得益”。

在以往的实践中，人们对“直扩/跳频混合扩谱体制综合了直扩和跳频的优点”的观点比较统一，而对“克服了纯直扩和纯跳频体制的缺点”的观点似乎有不同的看法，认为直扩/跳频混合扩谱体制虽然综合了直扩和跳频的优点，但也不可避免地存在各自的缺点，因而对直扩/跳频混合扩谱体制的得与失持保留意见。实际上，从多年的实践来看，除了频率资源问题外，还没有发现直扩/跳频混合扩谱体制有什么大的不足，确实克服了纯跳频和纯直扩各自的不足；主要是由于纯直扩与纯跳频体制各自的优缺点具有互补性。当然，系统复杂度、同步时间开销以及信号合并损伤会有一些增加。只要设计合理、系统稳定，直扩/跳频混合扩谱体制是可以达到比较好的性能的。但是，采用直扩/跳频混合扩谱体制应以较宽的频带资源、适当的信息传输速率为前提；否则，其作用也难以发挥，反而还会带来系统的复杂性和信号的损伤。所以，直扩/跳频混合扩谱体制性能的提高也是有限度的。

本章小结

本章结合工程实践，通过对直扩通信基本知识和基本原理的介绍，较系统地明确了直扩通信的有关工程概念；通过对直扩处理增益原始定义所存在问题的分析，修正了直扩处理增益的算法，得出了便于工程应用的简洁的结论，明确了直扩处理增益对直扩通信系统主要能力的影响；通过对直扩编码与译码方法的研究，明确了直扩编码与纠错编码的异同点，直扩编码方式，以及多进制直扩编码与译码的实现途径；通过对直扩相关峰衰落概率分布规律的研究，明确了“直扩死区”的概念以及它与多径时延、直扩码片宽度的关系和出现的概率；通过对直扩多径分集的研究，明确了直扩多径分集的基本概念，给出了一种简化的直扩多径分集方案，得出了直扩多径分集的接收效果；通过对直扩伪码优选的研究，给出了直扩伪码的数学模型描述和一种基于 0-1 规划的直扩伪码优选算法；通过对几种典型直扩干扰威胁的分析，明确了直扩干扰的基本原理和直扩通信面临的主要干扰类型；通过分析和总结直扩通信增效措施，明确了直扩通信系统设计的努力方向。最后，通过对常规直扩体制和改进型直扩体制特点的总结，进一步明确了直扩体制的适用范围。

如果实现了较完善的直扩通信系统设计和正确组网使用，应该说较高频段的直扩通信将具备比较强的整体电磁防御能力。

本章的重点在于直扩通信的基本原理、直扩处理增益计算、直扩编码方式、多进制直扩编码与译码、“直扩死区”的概念、直扩多径分集、直扩伪码优选、典型直扩干扰方式以及直扩体制的增效措施等。

参考文献

[1] 杨小牛．关于军事通信抗干扰的若干问题——从通信对抗角度谈几点看法[J]．现代军事通信，2006（1）．

[2] 王铭三．通信对抗原理[M]．北京：解放军出版社，1999.

[3] LEE W C Y．Mobile communication engineering[M]．New York：McGraw-Hill，1982.

[4] SON Le Ngoc．Mobile communication[Z]．西安：西安电子科技大学，1991．

[5] 姚富强．现代专用移动通信系统研究[D]．西安：西安电子科技大学，1992．

[6] 沈琪琪，朱德生．短波通信[M]．西安：西安电子科技大学出版社，1990．

[7] 樊昌信，徐炳祥，詹道庸，等．通信原理[M]．北京：国防工业出版社，1984．

[8] 张贤达，保铮．通信信号处理[M]．北京：国防工业出版社，2000．

[9] SCHOLTZ R A．The origins of spread spectrum communications[J]．IEEE Transactions on Communications，1982，COM-30.

[10] 郭梯云．移动信道中多径衰落对数字传输的影响及分集技术的应用[J]．通信学报，1991（1）．

[11] 华如壁．野战综合通信系统网同步技术[J]．外军电信动态，1991．

[12] 李振玉，卢玉民．扩频选址通信[M]．北京：国防工业出版社，1988．

[13] 万心平，张厥盛，郑继禹．通信工程中的锁相环路[M]．西安：西北电讯工程学院出版社，1983．

[14] 曾兴雯，刘乃安，孙献璞．扩展频谱通信及其多址技术[M]．西安：西安电子科技大学出版社，2004．

[15] 毕见鑫，姚富强，陈建忠．直扩通信中声表面波匹配滤波器频域特性研究[J]．现代军事通信，1996（4）．

[16] VITERBI A J．CDMA：principles of spread spectrum communication[M]．New York：Addison-WeSley Publishing Company，1995.

[17] 朱近康．扩展频谱通信及其应用[M]．合肥：中国科学技术大学出版社，1993.

[18] SHANNON C E．A mathematical theory of communication[J]．The Bell System Technical Journal，1948（3）.

[19] VITERBI A J，OMURA J K．Principles of digital communication and coding[M]．New York：McGraw-Hill，1979.

[20] 王新梅．纠错码与差错控制[M]．北京：人民邮电出版社，1989．

[21] 王新梅，肖国镇．纠错码——原理与方法[M]．西安：西安电子科技大学出版社，1991．

[22] 林舒，科斯特洛．差错控制编码基础和应用[M]．王育民，王新梅，译．北京：人民教育出版社，1986．

[23] 林舒，科斯特洛．差错控制编码（原书第 2 版）[M]．晏坚，何元智，潘亚汉，等译. 北京：机械工业出版社，2007.

[24] YAO F Q，DU W L，WU G Y，et al．Research on the coding and decoding of DS/SS[C]．Proceedings of ICCT’92，Published and Distributed by International Academic Publishers，Sept.16-18，1992，Beijing，China.

[25] 姚富强，杜武林．直接序列扩谱的编码与译码研究[J]．现代通信技术，1992（3）．

[26] 姚富强，杜武林．直接序列扩谱相关峰的衰落概率分布[J]．电子学报，1993（1）．

[27] COX D C．Delay Doppler characteristics of multipath propagation at 910 MHz in a suburban mobile radio environment[J]．IEEE Transactions on Antennas and Propagation，1972（5）.

[28] COX D C. 910 MHz urban mobile radio propagation：multipath characteristics in New York City[J]. IEEE Transactions on Vehicular Technology，1973（4）.

[29] COX D C，LECK R. Distributions of multipath delay spread and average excess delay for 910-MHz urban mobile radio paths[J]. IEEE Transactions on Antennas and Propagation，1975（2）.

[30] COX D C，LECK R. Correlation bandwidth and delay spread multipath propagation statistics for 910-MHz urban mobile radio channels[J]. IEEE Transactions on Communications，1975（11）.

[31] 李元青．移动通信中多径传播时延的分布密度[J]．电子学报，1986（2）.

[32] CLARKE R H. A statistical theory of mobile radio reception[J]. BSTJ，1968（6）.

[33] 杨留清，张闽申，徐菊英．数字移动通信系统[M]．北京：人民教育出版社，1995.

[34] 文晓，张传庆．泛欧移动通信网概述[J]．移动通信，1990（6）.

[35] OCHSNER H. Direct-sequence spread-spectrum receiver for communication on frequency- selective fading channels[J]. IEEE Journal on Selected Areas in Communications，1987（2）.

[36] PRICE R，GREEN P E. A communication technique for multipath channels[J]. Proceedings of the IRE，1958，46（3）：555-570.

[37] SCHOLTZ P A. The origins of spread-spectrum communications[J]. IEEE Transactions on Communication，1982，COM-30，.

[38] TURIN G L. Introduction to spread-spectrum antimultipath techniques and their application to urban digital radio[C]. Proceedings of the IEEE，1980，68（3）.

[39] 姚富强，邬国扬，杜武林．一种新型直扩 PDI 多径分集接收机[J]．军事通信技术，1993，Sum 48.

[40] PAPOULIC A. 概率、随机变量与随机过程[M]. 保铮，等译. 西安：西北电讯工程学院出版社，1986.

[41] 章潜五．随机信号分析[M]．西安：西北电讯工程学院出版社，1986.

[42] 邬国扬，等．DS/TDM/TDMA 移动通信系统关键技术——扩频调制、解调解扩及同步系统研究报告[R]．西安：西安电子科技大学，1991.

[43] 姚富强．0-1 规划与伪码搜索[J]．解放军通信工程学院学报，1995（1）.

[44] WELCH L R. Lower bounds on the maximum cross correlation of signals[J]. IEEE Transactions on Information Theory，1976（5）.

[45] 傅远德．线性规划和整数规划[M]．成都：成都科技大学出版社，1989.

[46] 高旅端，陈志，史明仁，等．线性规划：原理与方法[M]．北京：北京工业大学出版社，1989.

[47] 陈开周．最优化计算方法[M]．西安：西北电讯工程学院出版社，1985.

[48] 何叔俭，戴家幸．线性规则与网络技术[M]．上海：华东化工学院出版社，1989.

[49] 查光明，熊贤祚．扩频通信[M]．西安：西安电子科技大学出版社，1990.

[50] 肖国镇，梁传甲，王育民．伪随机序列及其应用[M]．北京：国防工业出版社，1984.

[51]《数学手册》编写组．数学手册[M]．北京：人民教育出版社，1979.

[52] 徐穆洵．直扩通信的最佳干扰研究[J]．电子对抗，1994（2）.

[53] 姚富强．军事通信抗干扰及网系应用[M]．北京：解放军出版社，2004.

[54] MILSTEIN L B. Interference rejection techniques in spread spectrum communication [C]. Proceedings of the IEEE，1988，76（6）.

[55] FATHALLAH H A. Subspace approach to adaptive narrow interference suppressing in DSSS[J]. IEEE Transactions on Communication，1997（12）.

[56] 孙丽萍，胡光锐．直接序列扩频通信中窄带干扰抑制的奇异值分解方法[J]．电子与信息学报，2003（9）.

[57] 张春海，卢树军，张尔扬．DSSS 通信系统中窄带干扰抑制的子空间跟踪法[C]．2005 军事通信抗干扰研讨会，2005-11，成都.

[58] 高勇，任楠楠. 微波接力机中窄带干扰的位置检测[C]. 2005 军事通信抗干扰研讨会，2005-11，成都.

[59] 卢树军，张春海，王世练，等. DS-MSK 中频数字接收机中基于快速更新子带自适应滤波的窄带干扰抑制[C]. 2005 军事通信抗干扰研讨会，2005-11，成都.

[60] 薛巍，罗武忠. 直扩通信系统窄带干扰频域抑制滤波器门限设置方法[C]. 2007 军事通信抗干扰研讨会，2005-9，天津.

[61] 刘斌，陈西宏. 基于 NLMS 算法的自适应滤波在抗窄带干扰中的应用[C]. 2007 军事通信抗干扰研讨会，2005-9，天津.

[62] 薛巍，向敬成，周治中. 一种直扩通信系统窄带干扰变换域抑制方法[J]. 信号处理，2002（4）.

[63] 姚富强，扈新林. 通信反对抗发展战略研究[J]. 电子学报，1996（4）.

[64] 姚富强，张少元. 一种新型跳码扩谱通信体制研究[C]. 2004 军事电子信息学术会议，2004-10，长沙.

[65] 姚富强，张少元. 一种跳码直扩通信技术体制探讨[J]. 国防科技大学学报，2005（5）.

[66] NGUYEN L. Self-encoded spread spectrum communications[C]. IEEE Military Communication Conference，1999.

[67] NGUYEN L. Self-encoded spread spectrum and multiple access communications[C]. IEEE 6th Int. Symp. Spread Spectrum Tech. & Appli.，2000.

[68] TORRIERI D. Principles of military communication systems[M]. Artech House，1981.

[69] 姚富强，张厥盛，邬国扬. TDM/TDMA 比特同步系统研究[J]. 西安电子科技大学学报，1991（2）.

[70] YAO F Q，ZHANG J S，WU G Y. Research about LL-DPLL changing order automatically[C]. Proceedings of ICCAS’91，Published by the IEEE Circuits and Systems Society，Shenzhen，June，1991.

[71] 姚富强，张厥盛，邬国扬，等. 快速高精度数字锁相环研究[J]. 电子学报，1993（7）.

[72] 邬国扬，王青，姚富强. 一种极大似然估计的自动变阶位同步方案[J]. 通信学报，1994（2）.

[73] MILSON J D，SLATOR T. Consideration of factors influencing the use of spread spectrum on HF sky-wave paths[C]. Second Conference on HF Communication Systems and Techniques，1982.

[74] SKAUG R. An experiment with spread spectrum modulation on an HF channel[C]. Second Conference on HF Communication Systems and Techniques，1982.

[75] CHOW S，CAVERS J K，LEE P F. A spread spectrum modem for reliable date transmission in the high frequency band[C]. Second Conference on HF Communication Systems and Techniques，1982.

[76] 薛磊，王可人. DS 技术用于高频数据通信的考虑[J]. 现代军事通信，1998（3）.

[77] 姚富强，刘忠英，赵杭生. 短波电磁环境问题研究——对认知无线电等通信技术再认识[J]. 中国电子科学研究院学报，2015（2）.

第5章　跳码通信工程与实践

跳码扩谱（简称跳码，也可称为时变直扩）是在直扩体制基础上发展起来的一种新的扩谱体制，它在抗相关干扰方面具有明显优势。本章重点提出和讨论一种预编码跳码体制，探讨跳码通信的基本原理、关键技术、性能分析以及跳码的扩展体制等问题。本章的讨论有助于推动直扩体制的发展和开拓新的应用范围。

5.1　跳码通信基本知识

本节主要讨论跳码通信研究的必要性，跳码通信的基本类型、基本原理以及它与直扩体制和跳频体制的联系等。

5.1.1　跳码通信研究的意义

自从扩谱通信的概念[1]提出以来，直扩（DS）体制在军用、民用通信中都得到了较为广泛的应用。但是，随着理论研究与工程实践的进一步深入，直扩体制（特别是 DS/CDMA 混合体制）的军事应用遇到了一些技术难题。例如，由于远近效应，只能实行小区或微小区[2-5]，以实现有效的实时功率控制；但网络控制又变得复杂，不便于在大区制和机动条件下进行动态直扩组网和使用。另外，由于直扩伪随机码（简称直扩伪码）的相关性和多址干扰，在作为码分多址使用时，相同地域同时工作的网络数量和用户数量仍然受到限制。这些原因导致直扩体制抗干扰能力与组网及用户数量之间的矛盾难以兼顾。尽管有众多的学者投身于直扩码型的研究，大区制/多用户条件下的直扩码型选择问题至今仍没有很好地解决。更为重要的是，多数系统采用固定的直扩码组，或在一段时间内进行直扩码组替换，虽然随着信码符号的变化，所用码组中的直扩码字在传输中也变化，但各直扩码与信码符号之间的对应关系是固定的，因而直扩码字的变化是具有重复性的。这种固定性和重复性使得常规直扩体制受到侦察、截获和相关干扰的严重威胁。正是这些原因（当然还有其他一些原因），限制了直扩体制在战术通信中的广泛应用，使得当前大多数战术通信装备以采用跳频抗干扰体制为主。

针对以上问题以及军事应用需求，多年来人们提出了一些改进型的直扩体制，主要有：

（1）直扩（DS）体制与时分多址（TDMA）相结合，形成 DS/TDMA 混合体制[6-7]；

（2）直扩体制与跳频（FH）体制相结合，形成 DS/FH 混合体制。

在 DS/TDMA 混合体制中，由于采用时分信道区分用户，而不用码分信道和频分信道区分用户，全系统采用相同的直扩码和载频，在每个时分信道中只有约定的用户之间通信，远近效应具有单一性，便于功率控制，使得远近效应问题迎刃而解[7-8]。但是，由于时分信道数随着用户数的增加而增加，时分多址所要求的数据压缩比也相应增加，系统的传输带宽和信号处理时延进一步增大，工程实现有困难；或者系统容量受到限制，使得系统用户数尽管优于频分体制[4]，但在小区制条件下还是小于码分体制[2-3]。在 DS/FH 混合体制中，由于可按跳频方式进行组网，以直扩组大网，跳频组小网，远近效应可以较好地解决，抗干扰、反侦察能力也有所提高，用户量一般能满足军用要求。同时，DS/FH 混合体制的抗多径能力要强于常规跳速纯跳频体制的抗多径能力，具体取决于所采用的直扩码片速率；但系统设计和管理要相对复杂一些，并且直扩码难以实时更换的问题仍然存在，反侦察能力也有待进一步提高。可见，尽管以上两种改进型直扩体制的系统性能有所提高，但还是存在一些问题，影响实用性。不过，这两种改进型直扩体制的优劣给了我们有益的启示：在直扩的基础上，实现一种直扩码字随时间跳变的跳码直扩（Code Hopping Spread Spectrum，CHSS）通信体制（即时变直扩），使得直扩信号增加一维时域分割空间，以进一步提高直扩体制的反侦察、抗相关干扰和组网能力。这是军用通信中高度关注的问题。

然而，以上只是从直扩通信本身的需求讨论了跳码扩谱的必要性。实际上，针对常规固定码直扩侦察的机理，跳码扩谱更具必要性。在第 4 章直扩带宽选择中已涉及直扩侦察接收机的机理和理论依据，将其数学表达式重写为式（5-1），其中参数的意义同式（4-3）。

$$(S/N_0)_{\text{o}} = (S/N_0)_{\text{i}}^2 \cdot T \cdot W \tag{5-1}$$

式（5-1）说明，对于固定码直扩，在直扩带宽一定的情况下，无论信噪比多低，通过 T 时间的积累，总是能检测到直扩码的存在和所需的直扩码，以实施相关干扰或还原数据信息。其根本原因是，采用固定直扩码时（常用的还是短码），随着数据信息传输的进行，固定直扩码重复出现。可见，常规固定码型直扩的反侦察、抗截获性能的提高受到了理论上的限制。式(5-1)也说明，若能破坏时间积累的机理，就能进一步提高直扩反侦察、抗截获性能。采用跳码扩谱体制后，跳码驻留时间可以做到远远小于直扩侦察所需的积累时间 T。也就是说，直扩侦察接收机的输出端永远达不到所需的信噪比。

5.1.2 跳码通信基本类型

所谓跳码（即跳码扩谱），是指直扩码字及其与信码符号之间的对应关系按照规定的算法随时间跳变的直扩体制，也称为跳码直扩。根据目前的研究成果和跳变码字形成的机理，跳码体制可以分为两种基本类型。一种是预编码直扩（Pre-Encoded Spread Spectrum，PESS）的跳码，简称预编码跳码，即基于预知码集上的直扩码伪随机跳变（不是指信道纠错编码）。例如，本书作者在文献[8]中较早提出了基于可编程器件，从固定码型直扩演变为变码、跳码直扩的基本思想，并在文献[9-10]中提出和讨论了可能的跳码直扩技术方案（实际上是预编码）；文献[11]研究了短码跳码在蜂窝 DS/CDMA 系统中的应用，并与长码性能作了分析对比；文献[12]提出将这种跳码体制用于民用 DS/CDMA 移动通信系统下行链路中的多址接入，称为正交跳码复用（Orthogonal Code Hopping Multiplexing，OCHM）；文献[13]提出了一种基于混沌序列产生跳码图案的混沌跳码通信实现方法，由于在直扩码之外又多了跳码图案参数，因而有望提高 DS/CDMA 系统的接入能力。另一种基本跳码类型是自编码直扩（Self-Encoded Spread Spectrum，SESS）的跳码，简称自编码跳码，它利用信码作为直扩码，由于信码是随机变化的，因此实现了跳码。例如，文献[14]首次提出了这种自编码跳码的基本原理；文献[15]提出将这种自编码跳码体制用于多址通信；文献[16]分析了在加性高斯白噪声（AWGN）信道中多用户自编码跳码的系统容量；文献[17]进一步讨论了这种自编码直扩通信的原理与机制；文献[18]研究了自编码直扩的同步问题；文献[19]对自编码直扩和常规直扩进行了性能比较。

跳码通信是近十几年来提出的一种扩谱通信新技术，尽管它以常规直扩为基础，但由于其直扩码字是跳变的，因此它不仅具备了常规直扩系统的特点，也自然具备了类似于跳频系统的一些特征。

5.1.3 跳码通信基本原理

如上所述，跳码通信体制有预编码跳码和自编码跳码两种基本类型（这种划分仅是本书观点），下面分别讨论这两种跳码通信体制的基本原理。

1. 预编码跳码通信基本原理

所谓预编码跳码通信，实际上是借用跳频通信的原理对固定伪随机码（简称伪码）直扩体制的一种扩展，即：选定 M 组直扩码的直扩码集（由 M 组码字组成的码字表，类似于跳频通信中的频率表），同网的各用户采用同一个载频，并按照跳码图案在 M 组直扩码上伪随机跳变。在每一个瞬时，网内各用户均同步地跳到同一组直扩码上。类似于跳频图案的定义，这里将直扩码字随时间跳变的规律称为跳码图案。对应于跳频通信系统中的各要素和预编码跳码通信的要求，可得预编码跳码通信系统原理框图如图 5-1 所示。

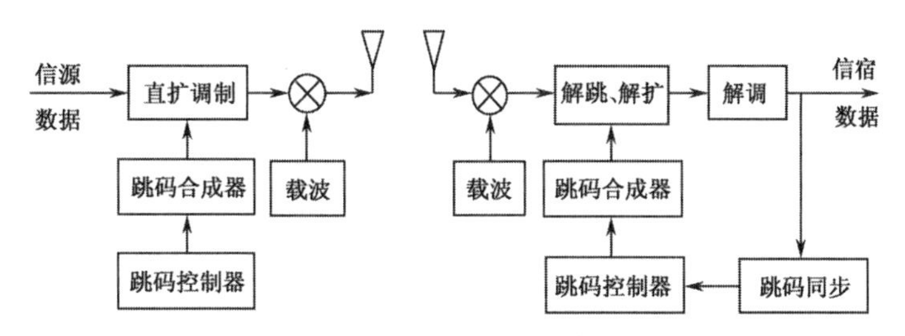

图 5-1 预编码跳码通信系统原理框图

预编码跳码通信系统的主要工作过程：在发送端（简称发端），跳码图案由跳码控制器产生，跳码码集的优选由跳码合成器完成，在跳码控制器的控制下跳码合成器伪随机地产生不同的直扩码组，并根据直扩进制数和各直扩码字与信码符号的对应关系，对信源数据进行直扩调制，然后经射频调制，最终形成发射的跳码信号。在接收端（简称收端），射频跳码信号先与本地载波混频，得到中频跳码直扩调制信号，由跳码同步单元完成收发跳码图案的同步，收端以伪随机同步跳变的直扩码组及相应直扩码字与信码符号的对应关系对接收的跳码信号进行解跳、解扩和解调处理，最终恢复出所需的信码。

对于多种类型的非相关干扰，由于与收端的直扩码不相关，经解扩处理后带宽被展宽，其被抑制的程度同样与直扩码码长有关。对于相关干扰，由于跳码比常规直扩多了直扩码的跳变，且跳码图案具有很好的随机性和非线性等性能，相关干扰难以实施。

信源数据 $d(t)$ 可用下式表示：

$$d(t)=\sum_{k=0}^{\infty}d_k g_{\mathrm{d}}(t-kT_{\mathrm{s}}) \tag{5-2}$$

式中，d_k 为双极性信号，即取 ± 1；$g_{\mathrm{d}}(t)$ 为门函数，有

$$g_{\mathrm{d}}(t)=\begin{cases}1, & 0\leqslant t\leqslant T_{\mathrm{s}}\\ 0, & \text{其他}\end{cases} \tag{5-3}$$

跳码合成器的输出（直扩伪码信号）可以表示为

$$p_i(t)=\sum_{k=0}^{n-1}p_{ik}g_{\mathrm{c}}(t-kT_{\mathrm{c}}) \tag{5-4}$$

式中，p_{ik} 为第 i 个直扩码的第 k 个码元，与数据一样取双极性信号；n 为直扩码码长。同样，有

$$g_c(t)=\begin{cases}1, & 0\leqslant t\leqslant T_c\\ 0, & 其他\end{cases} \tag{5-5}$$

对于双极性信号，相乘与模 2 加是相同的，因此发送的跳码信号表达式为

$$s_{CH}(t)=Ad(t)p_i(t)\cos(\omega_0 t+\varphi),\quad i=1,2,\cdots,M \tag{5-6}$$

式中，A 为信号振幅，ω_0 为信号载频，φ 为信号相位，M 为直扩码组数量。

接收机解跳解扩过程可表示为

$$r'(t)=r(t)\cos(\omega_0 t)c'(t) \tag{5-7}$$

式中，$r(t)=s_{CH}(t)+n(t)+J(t)+I(t)$，为接收机接收的混合信号，其中后三项分别是噪声、人为干扰和用户间的多址干扰；$c'(t)$ 为收端的伪码。

与常规直扩一样，由于噪声、人为干扰以及用户间的多址干扰与直扩码不相关，或不完全相关，经收端解扩处理（反直扩）后，这些非相关信号的带宽被展宽，使得进入后级窄带中频解调滤波器的干扰、噪声的能量大大降低，即提高了解调器输入端的信干比，从而提高了系统的抗干扰能力。由于干扰方不知道跳码通信系统的跳码码集和跳码图案，难以形成相关干扰，即使有少量码组遭受相关干扰，也不会对跳码通信系统造成明显的影响。

根据预编码跳码通信系统的基本原理，结合常规直扩和跳频通信的基本原理，可采用对偶分析的方法，定性地描述预编码跳码通信与常规直扩和跳频通信相应要素的对应关系。预编码跳码通信与常规直扩通信、常规跳频通信在系统层面的主要对应关系分别如表 5-1 和表 5-2 所示。

表 5-1　预编码跳码通信与常规直扩通信的对应关系

预编码跳码通信	常规直扩通信	备　注
多个直扩码组	一个直扩码组	不同
直扩码组跳变	直扩码组固定	不同
跳码速率	不跳，跳码速率为 0 Hop/s（跳/秒）	不同
跳码图案	无	不同
跳码同步（解跳）	无	不同
换码时间	不跳，换码时间为无穷大	不同
跳码数据平衡	不存在	不同
跳码密钥	无	不同
载频固定	载频固定	相同
直扩码组与信码符号无关	各直扩码组与信码符号无关	相似
当前跳内各直扩码字与信码符号一一对应	通信过程中，各直扩码字与信码符号一一对应，且码字重复出现	相似
直扩带宽	直扩带宽	相同
直扩码字合成	直扩码字优选	相似
窄带干扰自适应滤波	窄带干扰自适应滤波	相同
解扩、解调	解扩、解调	相同
直扩码同步	直扩码同步	相同
位同步	位同步	相同
二进制或多进制直扩	二进制或多进制直扩	相同
直扩处理增益	直扩处理增益	相同
跳码处理增益	无	不同
跳码干扰容限	直扩干扰容限	不同

表 5-2 预编码跳码通信与常规跳频通信的对应关系

预编码跳码通信	常规跳频通信	备 注
直扩码字	频率	不同
直扩码字表	频率表	相似
可用直扩码字数	可用频率数	相似
直扩码跳变	频率跳变	相似
跳码速率	跳频速率（跳速）	相似
换码时间	换频时间	相似
跳码数据平衡	跳频数据平衡	相似
跳码图案	跳频图案	相似
跳码密钥	跳频密钥	相似
跳码图案同步（解跳）	跳频图案同步（解跳）	相似
码组驻留时间	频率驻留时间	相似
跳变码组与信码符号无关	跳变频率与信码符号无关	相似
抗非相关干扰	抗阻塞干扰	相似
抗相关干扰	抗跟踪干扰	相似
异步跳码组网	异步跳频组网	相似
同步跳码组网	同步跳频组网	相似
跳码迟后入网	跳频迟后入网	相似
定码呼叫跳码	定频呼叫跳频	相似
码组合成器	频率合成器	不同
码组合成器每次提供一组码字	频率合成器每次提供一个频率	不同
跳码直扩带宽	跳频扩谱带宽	不同
跳码处理增益	跳频处理增益	不同
跳码干扰容限	跳频干扰容限	不同
窄带干扰自适应滤波	跳频自适应滤波	相似
兼容常规固定码直扩	兼容常规定频通信	相似

在预编码跳码通信中，每次跳变就出现一个直扩码组，含有多个直扩码字，其数量的多少与直扩进制数有关。例如，二进制直扩时一个码组中有两个直扩码字，可以取互为反码。由于直扩码组的伪随机跳变，且每个码组的直扩码字不同（特殊情况下允许一定的直扩码组相同，重复使用），使每跳中直扩码字与信码符号的直扩调制编码关系也随之时变；但在本跳驻留时间内，各直扩码字与信码符号的直扩调制编码关系一一对应，且维持不变。而在常规直扩通信中，采用的是含有多个直扩码字的一个固定直扩码组，根据直扩进制数，在通信过程中各直扩码字与信码符号一一对应关系也是固定的，只是随着信码的变化，各直扩码字重复出现。可见，预编码跳码通信中实际上存在两个要素的时变，即直扩码组的跳变及直扩码字与信码符号直扩调制编码关系的跳变，并由多个不同的直扩码组组成直扩码组集（或称直扩码组表），且直扩码组的跳变与信息码流无关，但码组内各直扩码字与当前跳传输的信码符号有对应关系。对应于跳频通信，每跳是一个单频，不是一个频率组，且与信码符号无关，由多个频率组成一张频率表。因此，需要正确理解预编码跳码、常规直扩和跳频体制中的“跳变”“固定”“重复”

"对应""相同"和"相似"等关系。

综上所述，预编码跳码（也称预编码跳码直扩）借用了跳频扩谱的原理和概念，是常规直扩体制的推广。可以认为，常规直扩是预编码跳码直扩的一种特殊形式：当预编码跳码直扩采用一个直扩码组时即退化为常规直扩；当常规直扩由固定伪码扩展成多个跳变码组时，即转化为预编码跳码直扩。

可见，预编码跳码直扩对常规固定码直扩具有很好的兼容性。也可以理解为：预编码跳码直扩体制与跳频体制之间是原理概念借用的关系，预编码跳码直扩体制与常规直扩体制之间是一般与特殊的关系，其性能的差别和对应关系将在后续内容中讨论。

2. 自编码跳码通信基本原理

常规直扩通信采用固定的伪码作为直扩码，预编码跳码通信采用预定的直扩码组集进行跳码直扩；自编码跳码通信则利用无冗余信码序列的自身及其随机性来实现跳码直扩，其实质是利用前 n 个信码比特作为第 $n+1$ 个信码的直扩码[14-19]，其系统原理框图如图 5-2 所示。

记：直扩码码长为 n，信息码元符号持续时间为 T（则信码符号速率为 $1/T$），一个信息码元符号对应一个长度为 n 的直扩码（则直扩码片速率为 n/T）。发端和收端各设有一个 n 级抽头的移位寄存器组，每级移位寄存器的延迟时间为 T，经切换开关的切换读取每级移位寄存器抽头的输出值（前 n 个信息码元符号值在二进制直扩时即为信码比特值），切换开关的切换速率即为直扩码片速率 n/T，各抽头输出值构成当前信息码元所需的直扩码。

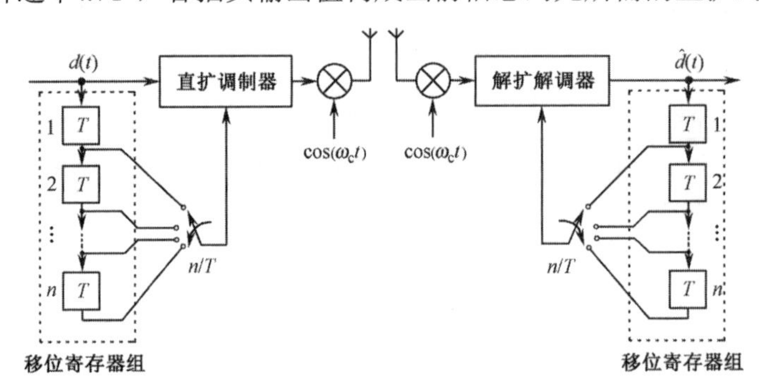

图 5-2　自编码跳码通信系统原理框图

自编码跳码通信系统的工作过程：在发端，信码一路输入直扩调制器，另一路输入移位寄存器组，由移位寄存器组形成的直扩码在直扩调制器中对信码进行直扩调制，得到基带或中频已扩信号，再经射频调制和功率放大，由天线发送出去。在收端，进行相反的处理过程，即：经射频混频后得到的中频直扩信号进入解扩解调器，恢复的信码（基带数据）反馈到收端移位寄存器组，以估计发端的直扩码，用于收端的解扩。然而，这是以收发双方已实现跳码同步（即解跳）为前提的。由自编码跳码直扩可知，其跳码速率等于信码符号速率；而预编码跳码直扩每跳为一组直扩码，其驻留时间与信息码流没有直接关系，可长可短，每跳传输的数据量也可多可少，即其跳速可高可低。

从以上的基本原理和工作过程可以看出，自编码跳码直扩的最大优点是跳码图案和直扩码直接受信码控制，因而跳码的码集不是固定的，这种码集的动态变化性相对于预编码跳码直扩具有优势。正是由于这个原因，自编码跳码直扩难以兼容固定直扩码通信体制；但若收发双方初始直扩码预置为常规直扩码，并且保持不变，也可兼容固定直扩码通信体制。另外，信码的随机性将直接影响跳码图案的随机性，只要信码的随机性有保证，就可以认为自编码跳码图案的重复周期为无穷大，或者说没有重复周期。这一点类似于后面章节将要阐述的差分跳频的跳频图案周期。正是由于这些原因，可望进一步提高自编码跳码直扩通信的反侦察性能。

然而，为了保证自编码跳码直扩的实用性，还有不少问题需要从理论上和工程上解决，主要有：

（1）收发跳码图案的同步问题。自编码跳码收发跳码图案的同步主要是收发直扩码的实时同步问题。由于直扩码直接受信码控制，相邻直扩码之间没有约束关系，需要保证实时的收发直扩码同步，而基本原理中的无冗余设计实际上是一种理想状态，很难实现收发直扩码实时同步，需要隔跳或每跳插入训练码（或勤务码、引导码）或导频，或者周期性地发送同步头[17]等。这样一来，不仅会破坏原有的无冗余设计，存在收发数据存储问题，影响数据传输的实时性，而且发送的导频或勤务跳降低了系统的反侦察和抗干扰能力，尤其是导频在军用通信中是很忌讳的。可见，自编码跳码图案的同步与预编码跳码图案同步和跳频图案同步有很大差别。

（2）原始信码的随机化处理问题。由于自编码跳码中时变的直扩码直接来源于信码，而未经处理的信码尽管在长时间的统计意义上是随机的，但会出现长连 0 和长连 1，不能保证局部的 0、1 对称，由信码映射成的直扩码很难具备严格的 0、1 平衡特性，存在直扩调制和发送信号的载波泄漏，会影响反侦察和安全性能。因此，需要对原始信码进行随机化处理，使得发送的信源达到最大熵，收端则进行相反的处理。而在常规直扩和预编码跳码直扩中，直扩码的来源和设置与信码无关，信码的随机性不影响直扩码。

（3）各直扩码之间的相关性问题。在传统的单网（或点对点）直扩和直扩码分多址通信中，各直扩码都是预先选择和分配的，相互之间的互相关值和部分相关值控制在一定的门限以下，其正交性可以得到较好的保证。而在自编码跳码直扩系统中，即使对信源进行了很好的随机化处理，但因为来源于信码的各直扩码之间的相关性没有相应的约束，不能保证各直扩码之间具有很好的正交性，这不仅在相邻直扩码之间会存在很大的互相关和部分相关，降低通信和组网性能，而且对于相关性较强的信源，可以通过线性或非线性回归等方法，预测出所用的直扩码[19]，不利于反侦察。

（4）误码传播问题。因为在自编码跳码直扩系统中，收端的直扩码序列依赖于解扩后恢复的信码，在低信噪比条件下或某一跳受到人为干扰时，恢复的数据会出现误码，直接导致下一跳直扩码和数据解扩的错误，即出现误码传播。这一点类似于后面章节将要阐述的差分跳频中的误码传播。而常规直扩系统或预编码跳码系统收端的直扩码是预定的，当前的错误不影响后续直扩码和数据解扩。文献[19]提出了基于增加移位寄存器抽头冗余度或预先存入一定数量直扩码的改进方法，使得收端直扩码不直接来源于前 n 个信码码元或不完全依赖于信码，这种方法自然能在一定程度上改进误码传播的性能，但与自编码跳码直扩依赖于信码及其随机性形成收端直扩码、提高反侦察性能的初衷似乎又不太相符。

上述问题若处理不好，将抵消自编码跳码所具有的优势，以至于达不到所希望的目的。

3. 两种跳码直扩体制的对比

根据两种跳码直扩体制及其原理的讨论，它们既有共性问题，也有个性问题。表 5-3 所示为两种跳码直扩体制主要要素的对比。随着研究的逐步深入，人们将进一步理解其内涵。

表 5-3　两种跳码直扩体制主要要素对比

比较的内容	预编码跳码直扩	自编码跳码直扩
跳码码集	每次一个码组	每次一个码字
跳码码集的动态性	每次预先给定	随着信码的变化而变化

续表

比较的内容	预编码跳码直扩	自编码跳码直扩
直扩码与信息码流的关系	跳变直扩码组与信息码流无关，但在驻留时间内的每个码字与信码符号一一对应	受信码控制，当前所用直扩码字由前有限个信码或信码符号产生，并与当前信码符号直接对应
跳码速率	与信码符号速率无关，可高可低	等于信码符号速率
跳码图案产生	由跳码图案算法产生，相邻直扩码组之间有约束关系	直接受信码控制，相邻直扩码之间没有约束关系
跳码图案随机性	伪随机	直接受信码随机性的影响
跳码图案周期	有重复周期	无重复周期
跳码图案同步	类似跳频图案同步	较为复杂
信源的随机化处理	无特殊要求	有严格要求
各直扩码之间的相关性	预先选定	难以保证，需要改进
误码传播	不存在	存在，需要改进
直扩处理增益	与直扩码码长有关	与直扩码码长有关
反侦察性能	强于常规直扩	反侦察性能强
抗相关干扰性能	强于常规直扩	抗相关干扰性能强
抗非相关干扰性能	等于直扩码码长	等于直扩码码长
组网性能	类似于跳频组网	待深入研究
对常规直扩的兼容性	可以兼容	难以兼容
工程可实现性	强	不强

5.2 跳码通信关键技术

本节提出和初步讨论两种跳码直扩体制都需要解决的一些关键技术，在工程方案中还需要根据指标要求进行深入论证，尤其对一些具有个性的问题。

5.2.1 跳码合成技术

1. 基本概念

所谓跳码合成技术，是指在跳码控制器的控制下，实时地为收、发信机提供满足要求的跳变直扩码字/码组的技术，其执行单元为跳码合成器。这是由跳码直扩通信系统引出的新概念，并借用了跳频频率合成技术的概念。对应于跳频频率合成器的指标，跳码合成器也有相应的指标，这两类合成器主要指标的对应关系如表 5-4 所示。由此可见，尽管这两类合成器功能及指标有对应关系，但其内涵有本质的区别。

表 5-4 两类合成器主要指标对应关系

跳频频率合成器	跳码合成器
每次输出一个频率	每次输出一个码字/码组
频率间隔	码距
频谱特性（相噪、杂散）	各码字之间的相关特性
换频时间	换码时间
跳频速率（跳速）	跳码速率
频率数	码字/码组个数
频率范围	—

2. 预编码跳码合成

由于预编码跳码通信系统中的直扩码集与信息码流之间没有约束关系，存在单独的跳码合成问题，其合成过程主要有两个环节：一是直扩伪码的优选，它是进行预编码跳码合成和预编码跳码通信的前提和基础；二是在直扩伪码优选的基础上，进行直扩码集的合成。

根据目前的研究状况，直扩伪码优选的方法大致可以分为两类：第一类是基于优化理论的伪码搜索方法，如 0-1 规划伪码优选方法或条件穷搜索方法等；第二类是基于生成多项式的伪码生成方法，如 m 序列、Gold 序列、M 序列的生成方法等。以上这两类方法在本书第 4 章和其他经典著作中分别有所介绍，在此不再赘述。然而，不同的伪码优选方法将对应不同的预编码跳码码集合成方案。

对应于第一类伪码优选方法，可采用存储查表的方式进行跳码合成。将预先优化搜索得到满足要求的跳码码集放在存储器中，经跳码控制器的控制，以跳码图案产生器输出的码字号作为地址，对码字存储器进行寻址，从对应的存储单元中取得所需的直扩码组或码字，即查表法合成。可见，这种码字合成器受跳码控制器和跳码图案控制，码字合成器输出的码组或码字与信息码流无关，其换码时间主要取决于直扩码的寻址和读取码序列所需的时间（或称查表时间）以及器件速度。

对应于第二类伪码优选方法，需要根据预先选定的码型，采用实时产生的方法进行直扩码合成。以采用平衡 Gold 码序列作为跳变码字为例，图 5-3 给出了一种基于平衡 Gold 序列的跳码合成器实现框图。可见，该跳码合成器输出的码组或码字与信息数据码流无关，其换码时间主要取决于直扩码生成时间和器件速度。

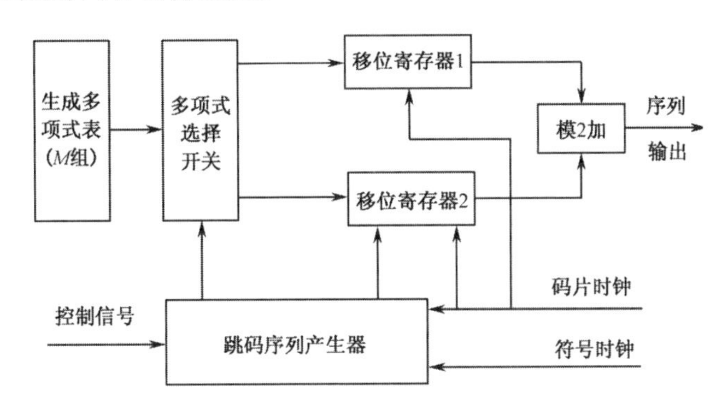

图 5-3 一种跳码合成器实现框图

3. 自编码跳码合成

与预编码跳码通信系统不同，自编码跳码通信系统中的直扩码组直接来源于信息码流。实际上，这种体制的跳码合成过程就是跳码图案的产生过程，没有单独的跳码合成问题。

5.2.2 跳码图案产生技术

1. 基本概念

在跳码通信系统中，用于对信码进行直扩调制的伪码是变化的，各直扩码按照一定的约束关系随时间伪随机变化的规律即为跳码图案。类似于跳频图案中频率与时间的关系（即时－频矩阵），一组跳码图案中码字与时间的关系（时－码矩阵）如图 5-4 所示。图中 p_i（$i = 1, 2, \cdots, M$）为跳码码集中不同的直扩码，直扩码组个数为 M。跳码图案的产生是实现跳码通信的关键技术之一，其性能的优劣直接关

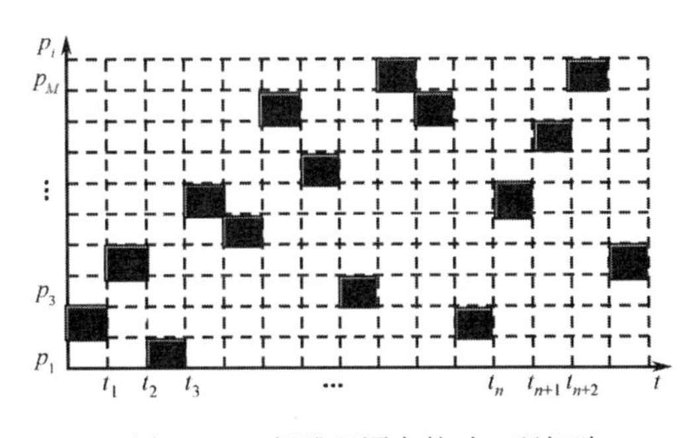

图 5-4 一组跳码图案的时－码矩阵

系到跳码通信系统的反侦察和抗干扰性能。跳码图案的要求及性能与跳频图案类似，在此不再赘述。

2. 自编码跳码图案的产生

对于自编码跳码通信系统，由于直接将前 $n-1$ 位信码作为第 n 位信码的直扩码，或从信码中提取直扩码，所以自编码跳码图案取决于信码以及从信码转换成直扩码的算法，可用如下隐式表达式描述其过程：

$$p_n = P[R(x_1, x_2, \cdots, x_{n-1})] \tag{5-8}$$

式中，$x_1, x_2, \cdots, x_{n-1}$ 分别为前 $n-1$ 位原信息码流；$R(\cdot)$ 为信码随机化算法（或称为白化算法），该算法的输出即为发送的信码；$P[\cdot]$ 为由前 $n-1$ 位发送信码到直扩码的非线性转换算法，其输出即为第 n 位信码的直扩码 p_n（若直接将前 $n-1$ 位发送信码作为第 n 位信码的直扩码，则 $P[\cdot]$ 为线性转换）。

根据自编码跳码及其图案产生的基本原理，尽管不同 $P[\cdot]$ 和 $R(\cdot)$ 算法对应的跳码图案的性能有所不同，但具备以下共性：

（1）时间相邻的直扩码相同的概率不为零。由于跳变的直扩码受控于原信码和 $P[\cdot]$ 和 $R(\cdot)$ 算法，而原信码本身是不受控的，存在相邻的时间段内原信息码流相同的可能性，经过预定的 $P[\cdot]$ 和 $R(\cdot)$ 算法后，就会出现相邻直扩码相同的情况，无非采取特定的扰码干预，这是由自编码跳码及其图案产生的机理决定的。尽管机理不同，在跳频图案和预编码跳频码案中也存在相邻跳变频率相同和相邻跳变直扩码相同的情况。

（2）跳码图案理论上不存在固定重复周期。在 $P[\cdot]$ 和 $R(\cdot)$ 算法确定的情况下，自编码跳码图案重复周期仅与原信息码流有关。由于原信息码流仅仅代表信息，在一次通信中是不重复的，由此产生的跳码图案是发散的。即使由于 $P[\cdot]$ 和 $R(\cdot)$ 算法的作用，在一次通信中可能会存在一定的重复，但该重复周期与信码有直接的关系，也是随机的。当相同的信息码流重复发送时，存在跳码周期的重复，但这是性质不同的问题。

（3）跳码图案无须实时参与运算。在传统的跳频图案产生过程中，除了跳频时序控制以外，原始跳频密钥 PK 和时间参数 TOD（实时时间）参与跳频图案运算[20-21]。而在自编码跳码图案产生过程中，主要是数据流参与跳码图案的运算，与 TOD 无关，也不需要设置跳码密钥 PK，数据流相当于跳码密钥，且数据流对于跳码通信的收端是未知的。当然，若在自编码跳码图案产生过程中，除了数据流以外还嵌入某些勤务参数，可能涉及 TOD 参与运算的问题，否则收发两端难以做到同步。

3. 预编码跳码图案的产生

与常规跳频图案的产生方法类似，预编码跳码图案的产生与信息码流没有关系，需要预先设置跳码图案算法。因此，可以借助常规跳频图案产生的研究成果，并结合跳码通信系统自身的特点予以处理。

参考跳频图案产生算法的构造及其流程，根据其使用的伪码（伪随机序列）的不同，有多种跳码图案产生方法，但都具备一个基本的物理模型，如图 5-5 所示。其中，TOD 和 PK 的意义同跳频图案产生算法，只是此处 PK 称为跳码密钥，输出的控制字用于控制直扩码跳变，而不是控制频率。

与跳频图案产生的机理类同，此处的伪码可以采用线性序列，也可以采用非线性序列，复杂非线性变换也可参照跳频图案复杂非线性变换的方式处理。

该方法产生的跳码图案由于考虑了时间信息，并且经过多次变换，大大增加了破译跳码图案的难度。同时，通过改变所采用的伪码和密钥 PK，就可以生成不同的跳码图案，使跳码图案的抗分析性能更强。该方案的可调参量多，增加了系统的灵活性，也使得生成的跳码图案形式多样。

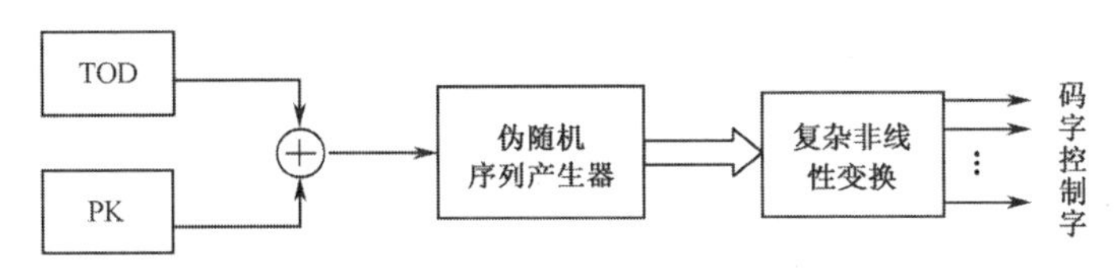

图 5-5　基于伪码（伪随机序列）的跳码图案产生示意图

与跳频图案类似，为了满足跳码通信的要求和方便对跳码图案的性能进行检验，对跳码图案的设计应提出基本的要求，也是跳码图案应具备的特点：

（1）跳码图案必须遍及跳码码集中的所有码字或码组。跳码码集中的码字或码组数量越大，并且跳码图案都能覆盖，干扰方实施相关干扰的难度就越大，通信方了也就可以获得越大的抗相关干扰增益。但码字或码组数量的多少对抗非相关干扰的性能没有影响，这一点与跳频不同，因为跳码只有一个载频。

（2）跳码图案必须具有良好的一维均匀性。在一次通信中，码集中每个码字或码组出现的概率应为 $1/M$（其中 M 为码字或码组的个数）。否则，若一部分码字/码组出现的概率高，一部分码字/码组出现的概率低，则不仅给跳码组网带来困难，而且敌方可能对出现概率高的码字/码组子集进行选择性阻塞干扰，这一点与跳频类似。

（3）跳码图案必须具有良好的随机性（功率谱平坦）。在当前出现某一码字/码组的条件下，接着出现另一个码字/码组的概率应为 $1/(M-1)$；若允许出现码字/码组重复，则下一个码字/码组出现的概率为 $1/M$，使跳码图案具有不可递推性，以阻止敌方利用我方当前或前几个码字/码组信息推算以后的码字，这一点与跳频类似。

（4）跳码图案的运算必须具有较大的非线性和复杂度。要求从跳码密钥经伪码运算和非线性运算可计算出当前唯一的码字/码组，由跳码图案算法决定；但从当前或前几个码字/码组不能逆推出跳码图案算法和唯一的跳码密钥。同时，对跳码密钥进行时域处理，以加大逆推的复杂度，这一点与跳频类似。

（5）跳码图案算法的数目尽可能多一些。采用尽可能多的跳码图案算法，一方面便于跳码通信的网系运用，可根据跳码组网需要进行跳码图案算法的分配，控制和规划其互通关系，降低各跳码网之间的码字碰撞概率，提高网间电磁兼容性能；另一方面，便于进一步提高跳码反侦察和抗跟踪干扰性能，这一点与跳频类似。

至于跳码图案性能的检验，由于其方法、过程和要求均与跳频图案性能检验类似，在此不再赘述。

5.2.3　跳码同步技术

1. 基本概念

严格地讲，跳码同步技术包括初始同步、连续同步、伪码同步、位同步和帧同步等；如果使用同步跳码组网，还有网间同步问题。其中，最重要的是跳码初始同步。

在跳码通信系统中，尽管自编码和预编码跳码图案产生的机理不同，但其直扩码都是伪随机跳变的，要想在收端正确地解扩和恢复发端原始数据信息，就必须保证收发两端的直扩码保持同步跳变，即收发两端任何瞬时的直扩码相同。这是基本的要求，也是最终的目标。如果达不到这一要求，即收发两端伪码的相（位）差大于一个码元间隔或出现一定的相差，则收端要么不能实现相关解扩，此时接收的信号将淹没在噪声中，要么收端不能实现最优的相关解扩。

为了达到以上目的，首先需要实现跳码初始同步，使收发两端起跳时刻相同，再经约定的算法保证收发两端在每一驻留时间内的码字相同，即核心是跳码图案的同步。可见，与跳频类似，跳码初始同步过程实际上就是解跳过程。由于收发两端时钟漂移等，会造成通信中的同步误差甚至失步，需要考虑通信中跳码同步的维持问题，即连续同步；在一次通信时间较长甚至要求一次同步、长期维持的通信场合更应该如此。为了解扩解调的需要，在解跳后的驻留时间内（中频或基带）需要实现伪码同步和数据位同步。虽然此时码字不跳变，但与固定码直扩的伪码同步和数据位同步还略有不同；因为此时的数据是按跳间断的，这就对伪码同步和数据位同步的速度提出了更高的要求，并且要解决和权衡速度与精度的矛盾。为了便于数据处理和系统的同步控制，需要准确地提取帧同步信号；由于在跳码通信系统中以跳为基本的帧结构，因此关键是提取跳同步信号。

以下重点讨论自编码跳码和预编码跳码的初始同步问题。

2. 自编码跳码初始同步

自编码跳码初始同步是自编码跳码通信中的一个薄弱环节和关键问题。

在固定伪码直扩通信系统中，收发两端的直扩码型都是已知的，收端可以在已知的码型上等待发端直扩码的到来，以实现收发直扩码序列的相位同步。但是，在自编码直扩通信中，收端本地的直扩码是在前面接收到的数据中获取的，是随机的；而收端并不知道当前时刻发端将要发送什么直扩码，理论上只有先对当前信号进行正确解扩，才能得到下一跳要使用的直扩码。这里就存在一个“死循环”：若收端没有确定直扩码，就不能对接收到的数据进行解扩，而不能解扩又得不到直扩码。另外，即使可以实现直扩码的初始同步，但由于直扩码随着信息码流的变化而变化，在每跳数据接收前都需要建立直扩码初始同步，因此要求初始同步建立时间要极为短暂，否则会大大降低系统的传输效率。

针对以上自编码跳码同步的特殊问题，文献[18]提出了一种周期性发送固定同步头的自编码跳码初始同步方案：在要发送的数据前先发送同步码，在收端用本地约定的同步码捕获发端同步码后，再对接收到的直扩调制数据进行解扩；获得解扩的数据后，又将它作为后续的本地直扩码，以此打破上面所述的“死循环”。同时，发端要周期性地发送同步码，即发送一段数据后再发送同步码，以便实现连续同步或系统失步后的再同步。这样一来，发端的数据帧由同步码和数据共同组成，而不仅仅是数据。收端具体的直扩码捕获和跟踪技术与固定直扩码处理类似，如滑动相关法、匹配滤波器法等，在此不再赘述。

尽管以上所述的自编码跳码初始同步方案未必是唯一的或最优的，但有一点是可以肯定的，即：原始意义上的自编码直扩通信系统[14]在理论上是无法实现同步的，只有嵌入冗余的同步信息才能实现同步。需要深入研究的是如何设计冗余同步信息才能既保证可靠同步，又能将其传输效率的损失降到最小，不同的设计方法可能导致不同的自编码跳码同步方案，直接影响到自编码跳码通信体制的实用性。

可见，如果按以上思路实现自编码跳码初始同步，则实际的自编码跳码通信系统可理解为原始自编码跳码通信概念上的变形，不能说是改进；因为实际系统的性能下降明显。例如，冗余同步信息的嵌入甚至周期性的发送不仅影响了系统的传输效率，而且降低了反侦察性能，与提出自编码直扩的初衷不太一致。因此，这种体制的实用性究竟如何，还有待于进一步研究。

3. 预编码跳码初始同步

前已述及，预编码跳码初始同步的核心是收发双方跳码图案同步，消除收发双方以下不确定性：

（1）跳码图案时间参数漂移的影响。预编码跳码通信与常规直扩通信最显著的区别在于直扩码的跳变，因此除了常规直扩通信中的同步不确定性问题之外，还存在跳码图案的不确定性问题。这里跳频图案的不确定性是指：即使收发双方跳码图案采用相同的算法、相同的跳码密钥，可以生成相同的跳频图案，但是由于双方基准时钟的漂移，导致收发双方跳码图案对应的直扩码在时间上不能对齐，接收机也就无法完成跳码信号的解扩解调。因此，在进行跳码通信之前，必须完成跳码图案的同步，主要是跳码图案时间参数的校准，保证收发双方的时一码矩阵一致。

（2）频率源频率漂移的影响。频率源频率的漂移将引起收发系统中时钟相位的漂移，积累后将导致伪码相位甚至跳码图案的偏移，还可能引起载波频率的漂移，这些都会使系统的性能下降。虽然直扩通信系统一般都使用了稳定度较高的频率源，但仍然存在初始相位的同步问题。

（3）电波传播时延的影响。即使收发系统时钟完全同频同相，由于通信距离对于接收机而言通常都是未知的，信号经空中传输后码相位的变化也将是未知的，因而接收到的信号相位仍然是未知的。

（4）多普勒频移的影响。尽管采用高精度的频率源可以尽可能减小时钟及频率的漂移，但并不能消除由于收发系统相对位置的变化产生的多普勒频移所造成的载波和码速率偏移。同时，多普勒频移还随着收发系统的相对位移速度的变化而变化。因此，由多普勒频移造成的载波和码速率偏移也是预编码跳码同步不确定性的一个主要来源。

（5）多径效应的影响。信号在传输过程中可能存在着直射、反射、绕射等多条传输路径，将导致信号码相位、跳码图案和载波频率的相位延迟，从而导致同步的不确定性。

预编码跳码初始同步主要有跳码图案同步、直扩码捕获与跟踪三部分。

跳码图案同步的前提是收发双方用于跳码的直扩码集及跳码规律相同。因此，直扩码集、直扩码初始相位以及产生跳码图案的时间、密钥等跳码参数信息的交互就成为跳码初始同步信息传输的主要内容。

众多不确定性的存在，使得收发双方即使实现了跳码图案同步，此时双方为相同的直扩码，但只要收发双方的直扩码相位偏差超过一个码片时间，接收机也无法对直扩信号进行有效的解扩处理。所以，在直扩码已知的条件下，直扩系统还需要完成直扩码的捕获与跟踪。其中，捕获的任务是通过调整接收机本地直扩码的相位，使收发直扩码的相位偏差控制在一个码片之内；跟踪的任务是在捕获完成后，进一步调整本地直扩码的参考相位，使接收机能够保持捕获状态，同时收发直扩码相位偏差尽可能保持在足够小的范围内。因此，捕获又称为粗同步，跟踪又称为细同步。

为了进一步提高预编码跳码通信系统的抗截获、反侦察性能，必须对其跳码初始同步进行反侦察设计，参照常规跳频初始同步的反侦察设计：一是以跳码方式实现跳码初始同步信息的传输，除了在数据传输阶段采用跳码通信方式以外，在跳码初始同步阶段仍以跳码的方式进行初始同步信息传输。二是用于传输同步信息的码集为预编码跳码通信码集的子集，且需要实时更换。三是减少预编码跳码初始同步过程的时域、码域和频域特征，即：初始同步过程采用的跳码速率、数据速率和频率等分别与跳码通信过程采用的跳码速率、数据速率和频率相一致。四是在保证一定初始同步概率的前提下，尽量减少跳码初始同步信号的空中暴露时间，这与数据速率和同步信息量有关。

预编码跳码通信系统的同步过程如图 5-6 所示。由于多种不确定性因素的存在，系统首先必须完成跳码图案所需的初始同步，在初始同步阶段以跳码的方式完成直扩码的捕获与跟踪，并获取时间、网号等跳码同步参数。当跳码同步参数传输完毕，也就是预编码跳码初始同步完成后，系统则转入数据传输阶段，而此时跳码中的直扩码成为已知跳变规律和码型的直扩码。因此，在数据传输阶段，除了直扩码需要跳变和收端需要提取跳帧信号以外，其伪码同步过程与普通的直扩系统的同步过程一致。

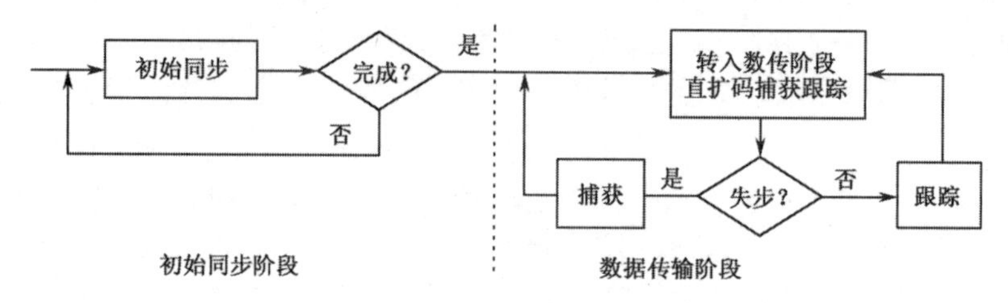

图 5-6　预编码跳码通信系统同步过程

在图 5-6 中，初始同步是预编码跳码通信系统设计的重点。与预编码跳码数据传输过程相比，预编码跳码初始同步过程时间较短，在此期间，采用高精度频率源的直扩码在完成捕获和跟踪后相位积累偏差不会太大，只要完成了直扩码的捕获，在跟踪阶段直扩码相位积累偏差在短时间内就不足以造成失步。因此，在预编码跳码初始同步阶段，直扩码的捕获比跟踪更为重要。

预编码跳码初始同步是在跳码图案未同步的状态下，通过预定的同步直扩码集以跳码的方式进行初始同步信息传递的过程。由于初始同步过程中收发双方的直扩码不一定相同（至少有一个相同），即使双方各有一个以上相同的直扩码，其相位也不同。

因此，必须在直扩码捕获跟踪之前收端采用本地同步直扩码对发端同步直扩码进行扫描接收，只有在收发双方直扩码出现相同时（此处称为直扩码“碰撞”），收端才能实现直扩码的捕获与跟踪。图 5-7 为预编码跳码初始同步过程示意图。

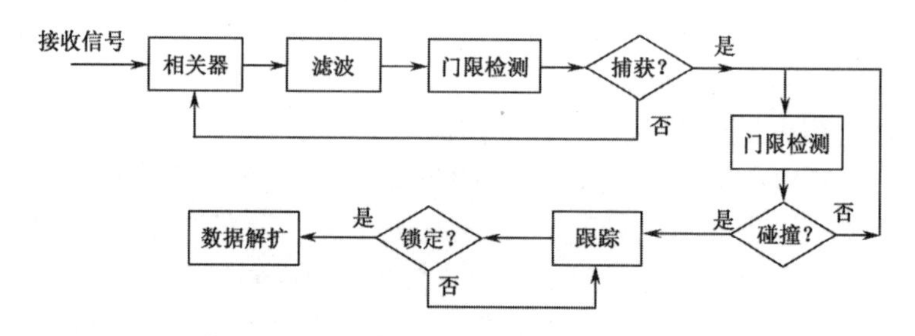

图 5-7　预编码跳码初始同步过程示意图

其工作原理是：收发双方约定一个取自可用跳码码集的同步直扩码子集，接收到的发端同步跳码信号与本地的同步跳变直扩码作相关运算。如果相关器输出相关峰高于给定门限，则保持此时的直扩码相位，并统计高于给定门限相关峰出现的次数。若统计次数大于设定的门限，则认为此时同步直扩码发生“碰撞”，并进入直扩码的跟踪阶段。锁定后，进行数据的解扩解调后续处理，并接收跳码图案参数完成跳码图案的同步。但是，同步直扩码“碰撞”的持续时间必须大于捕获及跟踪所需的时间，这是初始同步的必要条件。

按照直扩码“碰撞”机制的不同，可以将预编码跳码初始同步分为串行和并行两种跳码初始同步方式；按照捕获方案的不同，又可以将其分为滑动相关法和匹配滤波法跳码初始同步方式；等等。

先考虑一种基于滑动相关器的串行跳码初始同步方法。在跳码同步信息及直扩码相位不确定的条件下，为了实现收发双方同步直扩码的“碰撞”和减少同步信号的空中暴露时间，可采用类似于跳频初始同步中的“快发慢收”的方式进行跳码初始同步。

对于双方按一定规则选定的同步直扩码集，在收端同步直扩码的扫描周期内，收发两端至少有一个相同的同步直扩码发生“碰撞”，具备了捕获和跟踪的前提条件；一旦完成捕获与跟踪，也就可以完成跳码图案参数的解扩接收。

也可以采用并行捕获方案，收端各并行支路同时对发端各同步直扩码分别进行扫描捕获。这种方案收端不需要同步直扩码扫描跳变，而且一旦完成捕获跟踪，即可对每一同步直扩码携带的跳码同步信息进行接收。其优点是捕获时间短，不足是滑动相关器的数量较多，复杂度比串行方案高。

对应于滑动相关器的串行和并行跳码初始同步方法，可用匹配滤波器代替滑动相关器，以进一步缩短初始同步建立时间。

5.2.4 跳码速率的选择

跳码速率是指跳码通信中直扩码随时间改变的速率，单位为 Hop/s（跳/秒）。为了增加敌方分析和识别直扩码的难度，提高系统的抗相关干扰（含跟踪干扰）的性能和 LPI 能力，总是希望提高跳码速率。同样，跳码速率是衡量跳码抗跟踪干扰和 LPI 能力的重要指标，但不是唯一指标。当然，只有在预编码跳码通信中才存在跳码速率选择的问题。跳码速率的选择主要考虑以下因素[22]：

（1）直扩码的分析识别速度。要截获直扩信号，干扰方首先必须对承载直扩信号的直扩码进行分析与识别。如果通信方的直扩码跳变速率超过干扰方对直扩码的识别速度，即在干扰方能够进行有效解扩之前，通信方的直扩码就已经改变了，干扰方就无法对直扩信号进行实时截获。不同的直扩码型，对其分析识别的时间也不同，因而对其跳码速率的要求也不尽相同。

（2）相关干扰的生成速度。干扰方要实施有效的相关干扰，在分选识别出通信方的直扩码之后，还必须生成与通信方直扩信号相关的直扩信号，同时还要在一定的时间内发送出去。因此，在跳码速率的要求上，抗相关跟踪干扰的速度要求要比抗截获的速度低。如果传输信息的时效性较强，且主要考虑抗干扰性能，则可以适当降低对跳码速率的要求。

（3）跳码同步跳速。除以上两种制约因素以外，跳码速率还受跳码同步跳速的约束。为了进一步提高跳码同步信号传输的隐蔽性，通常在跳码初始同步阶段也以跳码方式传输同步信息，并采用与数据传输阶段相同的跳码速率，其同步直扩码为可用直扩码集的子集。因此，需要考虑与跳码同步匹配的跳速、同步信息速率与数据速率及其数据压缩比的兼容设计等。

（4）换码时间。换码时间主要考虑直扩码生成速度和每跳的直扩伪码同步速度等因素。直扩码的生成速度主要由直扩码的生成算法和器件速度决定，每跳直扩伪码的同步速度主要由伪码同步算法和器件速度决定。在一个跳码周期内，换码时间必须远小于跳码周期，否则系统将无法正常同步。

5.3 跳码通信体制的扩展

实际上，若将跳码体制分别与跳频、跳时体制相结合，即可由跳码体制扩展到跳码/跳频（CH/FH）和跳码/跳时（CH/TH）通信体制。

5.3.1 跳码/跳频通信体制和系统原理

在跳码体制基础上，将其固定载频扩展为跳频，或将常规直扩/跳频（DS/FH）体制中的固定码型扩展为跳码，都可以得到跳码/跳频通信体制。所以，跳码/跳频通信体制既可以看作跳码体制的扩展，也可以看作常规直扩/跳频体制的扩展，可谓是殊途同归。跳码/跳频通信系统原理框图如图 5-8 所示。

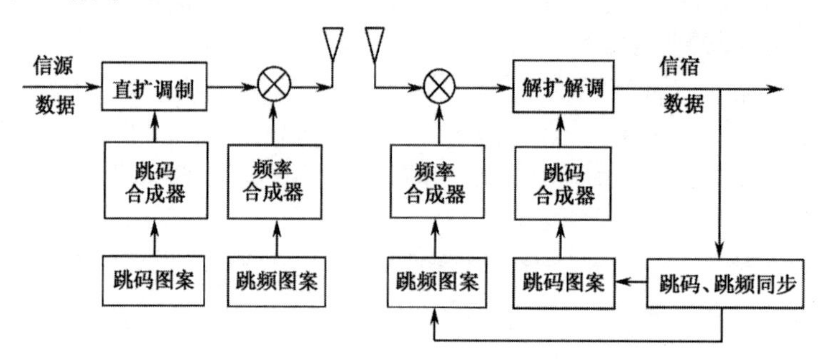

图 5-8 跳码/跳频通信系统原理框图

基本工作过程：在发端，先对来自信源的数据进行直扩调制，其中直扩部分采用跳码直扩方式；然后跳码直扩信号与频率合成器产生的载频信号混频，得到射频跳变信号，其中直扩码和载频分别由跳码合成器和频率合成器产生，分别按照预定的跳码图案和跳频图案规律伪随机跳变。在收端，先完成跳频同步，接收的射频信号与发端跳变规律一致的本地频率

合成器产生的载频进行混频（两者之间的差值为中频），得到中频跳码信号；当收发双方的直扩码跳变一致（跳码同步）时，就可以对中频跳码信号进行解扩解调处理，恢复出信源的信息。

可见，跳码/跳频通信系统同时在码字和频率二维空间上分别按照跳码图案和跳频图案伪随机跳变，可望进一步提高系统的性能。

同时，根据跳码/跳频通信的原理，当跳频变为定频时，跳码/跳频即退化为跳码；当跳码变为固定直扩码时，跳码/跳频即退化为直扩/跳频。所以，跳码/跳频体制对于跳码体制和直扩/跳频体制具有很好的兼容性。

5.3.2 跳码/跳时通信体制和系统原理

若在跳码基础上，增加跳时控制，在跳时信道上传输跳码信号，即可由跳码体制扩展到跳码/跳时体制。跳码/跳时通信系统原理框图如图 5-9 所示，图中忽略了射频调制与解调。

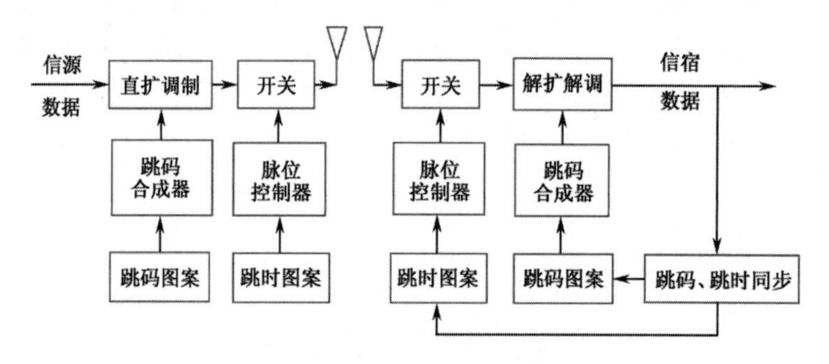

图 5-9 跳码/跳时通信系统原理框图

基本工作过程：在发端，信源的数据被跳变的直扩码调制，然后通过跳时脉位控制信号在特定的时隙中发射出去。在收端，当跳时图案同步时，跳码信号则在适当的时隙通过接收机的门控开关，然后进行跳码的同步及解扩等处理，恢复出信源的数据。

可见，跳码/跳时通信系统同时在码字和时间二维空间上分别按照跳码图案和跳时图案伪随机跳变，可望进一步提高系统的性能。

同时，根据跳码/跳时通信的原理，当跳时变为连续时间时，跳码/跳时即退化为跳码；当跳码变为固定直扩码时，跳码/跳时即退化为直扩/跳时。所以，跳码/跳时体制对于跳码体制和直扩/跳时体制具有很好的兼容性。

5.4 跳码通信性能分析

本节以预编码跳码为例，定性和定量分析跳码扩谱通信系统的基本性能、抗干扰性能和反侦察性能。

5.4.1 跳码通信基本性能

在重点分析跳码通信体制及其扩展体制的抗干扰和反侦察性能之前，先讨论一些基本性能[9]。

1. 跳码扩谱的信号特征

为了便于比较，将常规直扩（DS）系统和跳码直扩（CH）系统的发送信号表达式重写如下：

$$s_{\mathrm{DS}}(t) = Ad(t)p(t)\cos(\omega_0 t + \varphi) \tag{5-9}$$

$$s_{\mathrm{CH}}(t) = Ad(t)p_i(t)\cos(\omega_0 t + \varphi), \qquad i = 1, 2, \cdots, M \tag{5-10}$$

在以上两式中：A 为振幅；$d(t)$ 为信息序列，为取值＋1、－1 的双极性信号；$p(t)$ 、$p_i(t)$ 分别为固定直扩伪码和跳变直扩码，也为双极性信号，$p_i(t)$ 在跳码码集中由跳码图案控制而变化；M 为跳码码集中码字数量；ω_0 为调制载波；φ 为信号相位。

跳码扩谱系统与常规直扩系统均采用一个固定的载频，当 M =1 时，跳码扩谱系统即退化为常规的直扩系统。由于直扩系统的带宽主要由 $p(t)$ 和 $p_i(t)$ 中码片速率及其成形滤波器决定，与直扩码是否跳变无关，因此跳码扩谱系统的信号频谱特性与直接序列扩谱系统的频谱特性基本一致。

2. 远近效应性能

主要与固定码直扩点对点通信和直扩码分多址通信的远近效应性能作比较。

对于固定码直扩点对点通信，由于只有相互通信的两个用户，且载频和直扩码不变，功率控制方便，不存在远近效应，或者说远近效应性能好。

对于直扩码分多址通信，由于相互通信的用户多、载频相同、各用户的直扩码和通信距离不同，功率控制不便，存在远近效应，或者说远近效应性能差。

对于跳码通信，在点对点通信时，尽管码字在跳变，但在每一时刻收发双方的直扩码相同，所以其远近效应性能与固定码直扩点对点通信相同。在组网运用时，相互通信的用户多，载频相同，全网各用户的直扩码根据预定的跳码图案规律同时随着时间的变化而伪随机同步跳变，全网各用户同时工作在相同的载频和相同的直扩码上，相当于多个用户同时使用相同的直扩码和载频，用网号或台号区分不同的跳码网和用户，但不同用户之间的通信距离可能不同。与直扩码分多址通信的主要区别在于各用户直扩码的异同。可见，跳码通信系统在组网运用时，远近效应仍然存在，其性能要劣于点对点通信，优于直扩码分多址通信却不明显。

对于跳码/跳频通信，由于系统的载频同步跳变，在每个瞬时全网各用户仍工作在相同的频率上，维持了跳码的基本特征不变，并且跳频体制本身就具有很好的远近效应性能。因此，跳码/跳频通信系统的远近效应性能要优于纯跳码通信系统。

对于跳码/跳时通信，由于系统各用户仍使用相同的载频，其远近效应性能总体上与跳码通信系统相当。若能将跳时区分用户，实现时分多址功能，即在规定的时限内两个或两个以上用户通信，则其远近效应性能将优于跳码通信系统。

3. 抗多径性能

跳码通信系统维持了直扩相关峰尖锐性的特点，一般可以做到直扩码元宽度小于多径时延，在有效分离多径的基础上还可以实现多径分集[23]，因而具有较好的抗多径性能。由于该性能只与直扩码元宽度有关，它与码字是否跳变无关，因此跳码通信系统的抗多径性能与常规直扩通信系统的抗多径性能相当。

对于跳码/跳频通信系统，与跳码通信系统相比，主要是引入了跳频。在第 3 章已经指出，尽管跳频在理论上也可以实现抗多径，但要求跳频的驻留时间要小于多径时延，而常规中低跳速跳频一般都难以做到，至多只能抵抗极低概率出现的时延在毫秒级以上的多径干扰。也就是说，引入跳频以后，跳码/跳频通信系统的抗多径能力并没有明显提高，但也没有降低。

对于跳码/跳时通信系统，由于跳时信号的驻留时间一般不能与直扩伪码的码片宽度相比拟，对于抗多径没有实质性贡献。因此，跳码/跳时通信系统的抗多径性能与跳码通信系统的抗多径性能相当。

4. 多址干扰与组网性能

多址干扰性能与组网运用方式有关。

对于单网运用情况，由于跳码通信系统的全网各用户在任一时刻同时工作在相同的载频和相同的直扩码上，此时不存在多址干扰问题。可在寻址信息中通过设置台号（一组编号）的方式区分用户（类似于电台的单呼功能），网内用户数量理论上不受限制。

对于多网运用的情况，跳码通信系统的多址干扰表现为网间多址干扰，有时存在，有时未必存在，与跳码组网方式和参数配置等有关。

与跳频组网一样，跳码组网也可以分为跳码异步组网和跳码同步组网两种基本类型。

所谓跳码异步组网，是指各跳码网在同一个频率或不同频率上具有独立的跳码图案，且没有网间同步关系，使用较方便。跳码异步组网的码字配置有两种具体方法：一是各网码字表中的码字正交，一个码字表代表一个跳码网，码字表的数量等于跳码异步组网数量，此时网间不存在码字碰撞，即不存在网间多址干扰，但受到不相关码字数量的制约。二是各网码字表中的全部码字非正交或部分码字非正交，此时要么用一张码字表组多个跳码异步网，要么用多张具有部分码字相关的码字表组多个跳码网，此时均存在网间多址干扰，其组网数量与各码字表中相同码字的碰撞概率或各网间码字的相关性有关。

如果希望在同地域内组较多的异步跳码通信网，且不相关的码字数量又受限，则可考虑加入频分制，即各异步跳码网采用不同的频率，此时各异步跳码网的码集既可以相同，也可以不同。

所谓跳码同步组网，是指各跳码网采用同一码字表、同一跳码图案算法、同一频率，网间具有时间同步关系，在每一瞬时，起跳时刻相同，但各网对应的码字正交。也就是说，用一张码字表在相同频率上实现多个不碰撞的跳码网，其组网数量理论上等于码字表中的码字数量，与跳频同步组网类似。

可见，无论是跳码异步组网还是跳码同步组网，一个频率可以组多个跳码网，占用的频率资源要比跳频组网少得多，频谱利用效率要高于跳频组网。在采用多个载频的条件下，不同的频率即可区分和代表不同的跳码网集，在这个网集中，又可以利用不同的码字表或网号或跳码密钥区分不同的跳码网。因此，跳码组网具有频率（F）、码字表（C）、网号（N）和密钥（K）等多维特性，比跳频组网多了一维码子表分割空间，比传统直扩码分多址多了更多的分割空间，改变其中的任意一个参数，即可得到不同的跳码网集和跳码网。在相同资源的前提下，跳码通信系统的组网数量要大于跳频组网和传统直扩组网的数量，同步跳码组网的数量会更大。可用的频率数、码字表、网号和密钥即为跳码组网资源。

跳码组网的这种多维特性可以表示为（F, C, N, K），一组（F, C, N, K）即确定了一个跳码网，所以（F, C, N, K）也就是网址。只要（F, C, N, K）相同，就可以实现网系间的协同互通，增加了组网运用的灵活性，使用方便。

对于跳码/跳频通信系统，（F, C, N, K）中的 F 不再是单个的频率，而是扩展为一张频率表；因此，跳码/跳频通信系统的组网数量应大于跳码通信系统的组网数量。但是，由于引入了跳频，需占用更多的频率资源，在提高其他有关性能的同时，对于同样的组网数量，其频谱利用率将有所降低。

对于跳码/跳时通信系统，虽然它与跳码通信系统相比，从理论上多了一维时间分割，引入时分多址，可进一步提高组网能力，但实际上增加了使用的复杂度，其组网能力有待于进一步研究。

经过以上处理和分析，在跳码、跳码/跳频和跳码/跳时通信系统中可不采用码字来区分用户，而用台号区分用户；所以在同一个网内，只要功率可以覆盖，用户量几乎不受限制，这一点与跳频体制类似，克服了直扩码分系统中呼通率与用户量的动态制约特性。

值得提出的是，虽然从技术上讲，跳码、跳码/跳频和跳码/跳时通信系统都具有较好的组网特性，但在实际使用中有众多的参数需要合理配置，比跳频组网更为复杂，仅靠人工配置几乎是不可能的，需要借助相应的参数管理系统。

5.4.2 跳码通信抗干扰性能

本节主要分析跳码通信抗相关干扰和非相关干扰的性能，并与常规直扩通信进行比较，分析中没有考虑纠错编码的贡献。

1. 跳码通信的典型干扰威胁

与常规直扩和跳频通信系统类似，跳码通信系统的人为干扰威胁也主要分为两大类：非相关干扰与相关干扰。其中，非相关干扰主要是指利用与跳码通信信号不相关的干扰信号对跳码通信进行的压制性干扰，所采取的干扰样式一般有宽带噪声干扰、部分频带噪声干扰、单音与多音干扰、脉冲干扰等；相关干扰主要是指利用与跳码通信信号相关的干扰信号对跳码通信进行的跟踪干扰，所采取的干扰样式一般是跳码图案变化规律、各跳变码字均与跳码通信相一致的干扰信号，并在基带上施加相应的干扰调制信号。跳码相关干扰是跳码通信的最佳干扰。

2. 抗相关干扰性能

对于常规固定码型直扩通信系统而言，相关干扰就是利用直扩码的自相关或互相关特性对直扩信号实施的相同直扩码干扰或相似直扩码干扰。由于它与通信方的直扩码相同，因此具有良好的自相关性；当其中心频率对准直扩通信信号时，接收机解扩处理后，干扰能量将几乎完全进入后级的解调单元，导致解调性能恶化。因此，从这个意义上讲，常规的固定码型直扩通信系统仅仅对非相关干扰具有扩谱处理增益；但由于解扩不能削弱干扰能量，对相关干扰不具有扩谱处理增益。

然而，对于跳码通信系统，不仅具有针对非相关干扰的扩谱处理增益，而且还具有针对相关干扰的跳码处理增益。

如果干扰方采用一个或几个与跳码码集中相同的直扩码进行相关直扩干扰，在不能实时破译跳码图案的条件下，仅能对直扩码相同或相似的跳码信号驻留期间的跳码信号形成相关干扰；而对于其他直扩码相当于受到非相关干扰，扩谱处理增益仍然存在，可将这种情况称为部分码字相关干扰。此时，总的处理增益为

$$G_{\text{CH}} = (M - j)n, \quad 1 \leqslant j \leqslant M \tag{5-11}$$

取分贝数为

$$G_{\text{CH}} = 10\lg(M - j) + 10\lg n(\text{dB}), \quad 1 \leqslant j \leqslant M \tag{5-12}$$

式中，M 为跳码码集中可用直扩码字的个数（相关特性和平衡特性满足要求）；j 为被相关干扰的直扩码字的个数；n 为直扩码的长度，即为直扩处理增益；$M - j$ 为跳码增益，当 $j = M$ 时，$M - j = 0$，即所有码字都受到相关干扰，称为全相关干扰，此时尽管直扩处理增益客观存在，但失去了作用。

在全相关干扰情况下，跳码通信系统从理论上相当于固定直扩码受到有效相关干扰。但实际上干扰方至少需要与 M 个正交的直扩码字相匹配，即干扰方在理论上要付出比相关干扰一个固定码字高 M 倍的代价（这一点与跳频抗跟踪干扰不同，因为跳频频率集是暴露的），这也是由于跳码带来的好处。

如果干扰方利用转发跳码通信信号实施相关干扰，此时与跳频转发式干扰有所不同，直扩信号具有极强的多径分辨能力，而干扰机的处理时延与传输时延之和很难小于直扩信号的多径分辨率。另外，转发干扰信号的直扩码总有部分时间段的码字与接收机参考直扩码不同，这部分转发式干扰对于跳码接收机而言，仍然属于宽带非相关干扰，即每跳的相关干扰达不到100%的干扰效率。

可见，跳码通信系统抗相关干扰的性能要高于固定码型直扩通信系统，即具有跳码增益。当然，与跳频类似，这里也会出现相关干扰的门限效应，即如果码集中的一部分码字被有效相关干扰，则系统将难以正常工作，甚至通信中断。

然而，即使在单网工作条件下，要想匹配跳变的直扩码是相当困难的，目前的干扰手段还很难做到。

当跳码通信系统多网工作时，多网的跳码信号在空中交织在一起，要想相关干扰其中的一个目标网可以说是难上加难。同时工作的多个跳码网具有更强的抗相关干扰能力，估计干扰方一般不会对多个跳码网进行相关和跟踪干扰，可能性较大的是进行非相关压制性干扰。

对于跳码/跳频通信系统，干扰方对其跳码图案与跳频图案一般是未知的。即使已获知跳码图案和码集，但如果干扰信号的频率变化规律与跳频图案不相关，干扰信号也不能进入后续的中频通道；或者即使干扰信号频率变化规律与跳频图案相关，但如果干扰信号与跳码图案不相关，解扩后干扰信号仍然不能对接收机造成有效的干扰。可见，由于跳码/跳频通信系统具备时间—频率、时间—直扩码等多方面的不确定性，因此具有更强的抗相关干扰能力。

对于跳码/跳时通信系统，如果要对其实施相关干扰，将迫使干扰方在匹配跳码信号的基

础上，需要再匹配跳时信号，可进一步提高抗相关干扰能力。

3. 抗非相关干扰性能

如果干扰方对跳码通信系统中 M 个正交的码字实施非相关干扰，由于各码字均在同一个频率上和同一个带宽内工作，每一个码字的受扰情况相同，此时失去跳码处理增益，但有直扩处理增益。设直扩码码长为 n，则无论是二进制直扩还是多进制直扩，此时跳码通信系统抗非相关干扰的处理增益，即直扩处理增益[24-25]为

$$G_{\mathrm{CH}} = G_{\mathrm{DS}} = n \tag{5-13}$$

取分贝数为

$$G_{\mathrm{CH}} = 10\lg n \tag{5-14}$$

可见，跳码通信系统抗非相关干扰的性能与固定码型直扩系统相同，跳码对抗非相关干扰没有贡献。

对于跳码/跳频通信系统，它比跳码通信系统多了一维频率的跳变，设频率表中可用频率数为 N，即：干扰方实现对跳码/跳频通信系统的非相关干扰在理论上要付出比跳码通信系统高 N 倍的代价，则跳码/跳频通信系统抗非相关干扰的处理增益为直扩处理增益和跳频处理增益之和（dB），即

$$G_{\mathrm{CH/FH}} = n \cdot N \tag{5-15}$$

取分贝数为

$$G_{\mathrm{CH/FH}} = 10\lg n + 10\lg N \quad (\mathrm{dB}) \tag{5-16}$$

值得指出，在相同直扩码码长的条件下，虽然跳码直扩与固定码直扩的处理增益相同，理论上抗非相关干扰能力也相同；但由于跳码同步、跳码数据处理等原因，系统复杂度增加，必然带来信号合并的固有损伤，影响干扰容限。这就是跳码通信抗相关干扰和反侦察性能的提高所付出的代价，类似于跳频通信与定频跳频通信之间的代价关系。

4. 跳码通信系统在几种典型非相关干扰下的误码性能

跳码通信系统在几种典型非相关干扰下误码性能的分析基于图 5-10 所示的基本模型[26]。

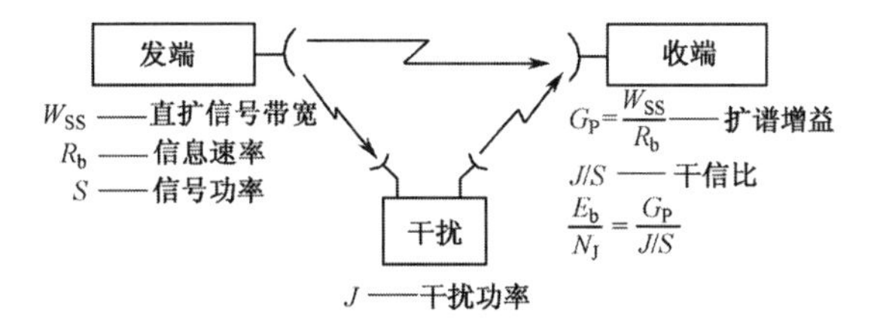

图 5-10　误码性能分析的基本模型

其中，信息速率 $R_{\mathrm{b}} = 1/T_{\mathrm{b}}$，$T_{\mathrm{b}}$ 为信码比特时宽，直扩信号带宽 $W_{\mathrm{SS}} = 1/T_{\mathrm{c}} = R_{\mathrm{c}}$，$R_{\mathrm{c}}$ 为伪码码片速率，等效干扰功率谱密度 $N_{\mathrm{J}} = J/W_{\mathrm{SS}}$。比特能量与干扰噪声之比为 $E_{\mathrm{b}}/N_{\mathrm{J}} = (S/R_{\mathrm{b}})/(J/W_{\mathrm{ss}})$。

在信息速率以及伪码长度相同的情况下，跳码通信系统的扩谱信号带宽与常规直扩通信系统的带宽相同，二者的处理增益 G_{P} 也相同。

$$G_{\mathrm{P}} = \frac{W_{\mathrm{SS}}}{R_{\mathrm{b}}} = \frac{R_{\mathrm{c}}}{R_{\mathrm{b}}} = n \tag{5-17}$$

由此可推导出

$$\frac{E_{\mathrm{b}}}{N_{\mathrm{J}}} = \frac{S}{J} \cdot \frac{W_{\mathrm{SS}}}{R_{\mathrm{b}}} = \frac{G_{\mathrm{P}}}{J/S} \tag{5-18}$$

1）抗加性高斯白噪声干扰性能

在加性高斯白噪声干扰条件下，采用 BPSK 调制的常规直扩通信系统的误码率（BER）公式为（与直扩码码长无关）[27-30]

$$P_{\mathrm{b}} = Q\left(\sqrt{\frac{2E_{\mathrm{b}}}{N_0}}\right) \tag{5-19}$$

式中，$Q(x) = \operatorname{erfc}(x)$为互补误差函数，$E_{\mathrm{b}}$为每比特信号能量，$N_0$为加性高斯白噪声的单边功率谱密度。

图 5-11 给出了由式（5-19）确定的 DS/BPSK 系统误码率（BER）的理论曲线，以及相同码长的 DS/BPSK、CH/BPSK 信号通过相同直扩仿真系统在加性高斯白噪声干扰信道下的误码率（实际统计）及其比较的仿真结果[28-29]。

仿真中，设 CH/BPSK 收发信号已理想同步，直扩码码长为 512，跳码速率为 100 Hop/s，直扩码数量为 128 组，直扩码本为平衡 Gold 码。

由仿真结果可知：在理想同步的情况下，跳码通信系统与常规直扩通信系统在加性高斯白噪声干扰信道条件下的性能相当，且与直扩码码长无关。

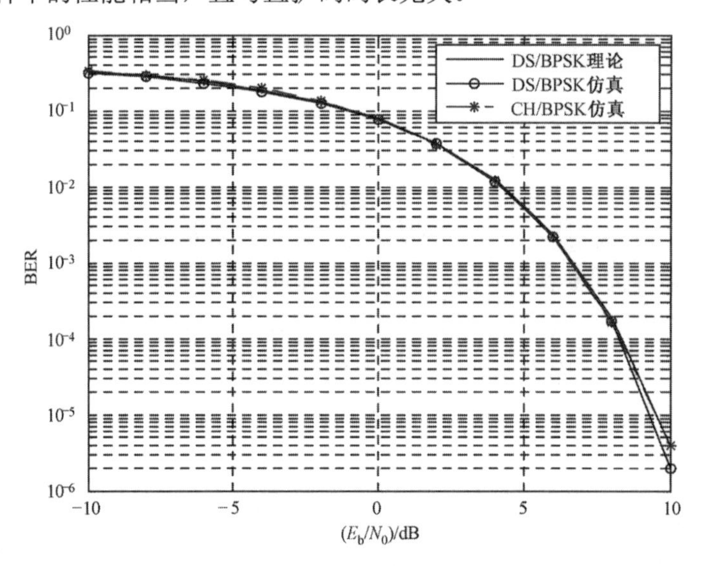

图 5-11　几种直扩通信系统抗噪声性能比较

2）抗宽带噪声干扰性能

当干扰信号带宽与跳码直扩（CHSS）信号带宽几乎相同时，称为宽带噪声干扰，如图 5-12 所示。

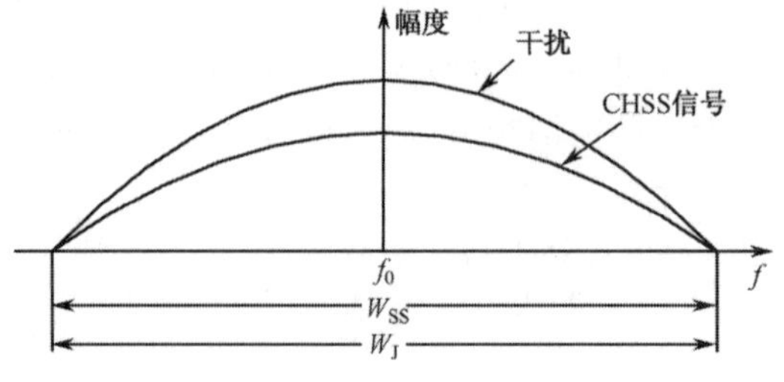

图 5-12　CHSS 信号的宽带噪声干扰

直扩码是否跳变对宽带噪声干扰不起作用，跳码通信接收机输出信噪比与输入信噪比的比值仍然为直扩码码长[28]。所以，对于宽带噪声干扰，跳码直扩与常规固定码直扩具有相同的性能。在宽带噪声干扰条件下，采用 BPSK 调制的常规直扩通信系统的误码率公式为[28-30]

$$P_{\mathrm{b}}=Q\left(\sqrt{\frac{2E_{\mathrm{b}}}{N_0+N_{\mathrm{J}}}}\right)=Q\left(\sqrt{\frac{2ST_{\mathrm{b}}W_{\mathrm{SS}}}{W_{\mathrm{SS}}N_0+J}}\right)=Q\left(\sqrt{\frac{2n}{W_{\mathrm{SS}}N_0/S+J/S}}\right) \tag{5-20}$$

图 5-13 给出了相同码长条件下 DS/BPSK、CH/BPSK 信号通过相同直扩仿真系统在宽带噪声干扰信道下的误码率（实际统计）及其比较的仿真结果[28-29]。

仿真中，设 CH/BPSK 收发信号已理想同步，直扩码码长为 512，跳码速率为 100 Hop/s，直扩码数量为 128 组，直扩码本为平衡 Gold 码，比特信噪比为 20 dB。

由仿真结果可知，在理想同步的情况下，跳码通信系统与常规直扩通信系统的抗宽带噪声干扰性能相当。图 5-13 中比特信干比为 12 dB 时二者的差异是由于仿真次数不足所致。

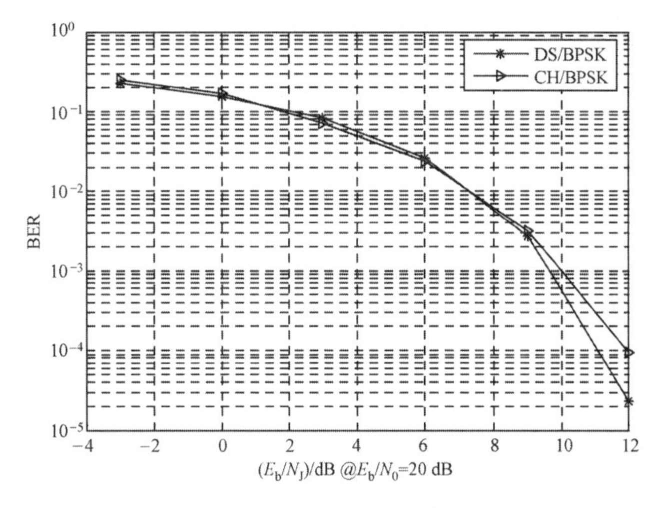

图 5-13　跳码通信系统与常规直扩通信系统抗宽带噪声干扰性能比较

3）抗部分频带噪声干扰性能

当噪声干扰的带宽小于直扩信号的带宽时，称为部分频带噪声干扰，如图 5-14 所示。干扰信号频谱可能以直扩信号频谱的中心频率为中心，如图 5-14（a）所示；也可能有所偏移，如图 5-14（b）所示。前者的干扰效果比后者好。

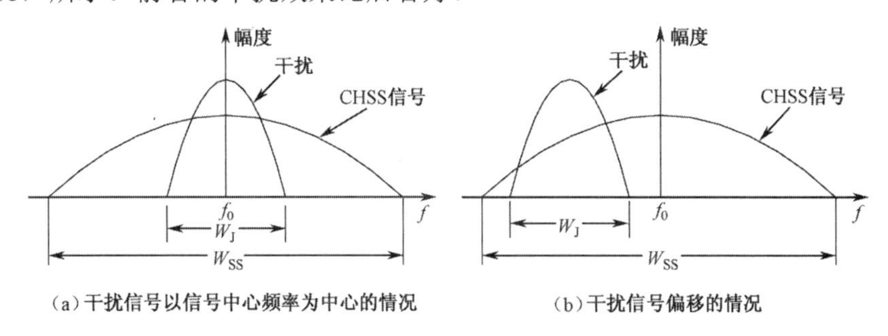

图 5-14　CHSS 信号的部分频带噪声干扰

从数学意义上讲，部分频带噪声干扰与宽带噪声干扰没有本质的区别，只是干扰带宽量的区别。在部分频带噪声干扰条件下，采用 BPSK 调制的常规直扩通信系统的误码率公式为[29-31]

$$P_{\mathrm{b}}=Q\left(\sqrt{\frac{2E_{\mathrm{b}}}{N_0+\gamma N_{\mathrm{J}}}}\right)=Q\left(\sqrt{\frac{2ST_{\mathrm{b}}W_{\mathrm{SS}}}{W_{\mathrm{SS}}N_0+\gamma J}}\right)=Q\left(\sqrt{\frac{2n}{W_{\mathrm{SS}}N_0/S+\gamma J/S}}\right) \tag{5-21}$$

在公式推导中，假设部分频带干扰机的中心频率与直扩信号中心频率相同，其中 $\gamma = W_{SS}/W_J \geqslant 1$，$W_J$ 为部分频带干扰的带宽。

比较误码率公式（5-20）和（5-21）可知：当γ=1 时，即为宽带噪声干扰；当$\gamma > 1$ 时，即为部分频带噪声干扰，也正是由于$\gamma > 1$，在干扰机功率相同和直扩码码长也相同的情况下，常规直扩系统抗宽带噪声干扰的性能要优于抗部分频带噪声干扰的性能。

图 5-15 给出了相同码长的 DS/BPSK、CH/BPSK 信号通过相同直扩仿真系统在部分频带噪声干扰信道下的误码率（实际统计）及其仿真比较结果[28-29]。

仿真中，设 CH/BPSK 收发信号已理想同步，直扩码码长为 512，跳码速率为 100 Hop/s，直扩码数量为 128 组，直扩码本为平衡 Gold 码，比特信噪比为 20 dB，干扰信号频谱的带宽与扩谱信号频谱带宽的比值 $1/\gamma$ 为 0.1，部分频带干扰信号以信号的中心频率为中心。

由图 5-13 和图 5-15 仿真结果可知，跳码通信系统抗部分频带噪声干扰的性能与常规直扩通信系统性能相当；同样条件下，跳码通信系统抗部分频带噪声干扰的性能比抗宽带噪声干扰的性能差 3 dB 左右。

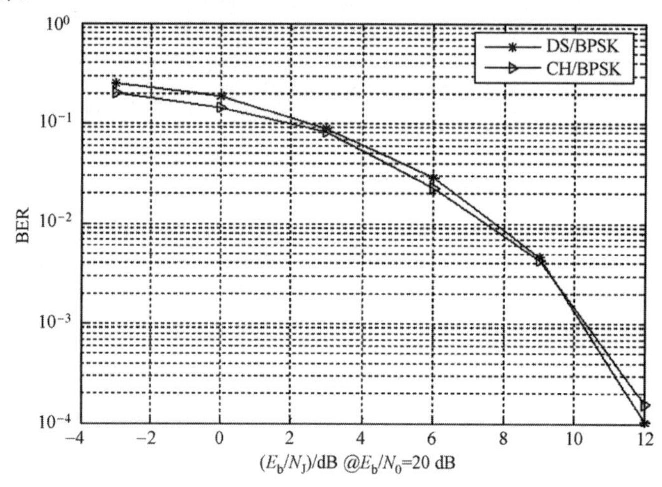

图 5-15　跳码通信系统与常规直扩通信系统抗部分频带噪声干扰性能比较

4）抗单音干扰性能

跳码直扩信号单音干扰的频谱如图 5-16 所示。文献[30]认为，干扰单音即大功率连续波（CW），可以处于直扩信号频谱 W_{SS} 内的任意位置，未必与直扩信号的载频重合，因为直扩接收机的任意宽带滤波效果对直扩带内单音干扰都不起作用。换句话说，滤波不能明显地使它衰减，或者说单音干扰的效果对其所处的直扩带内位置不敏感，尽管也存在位置优化问题。

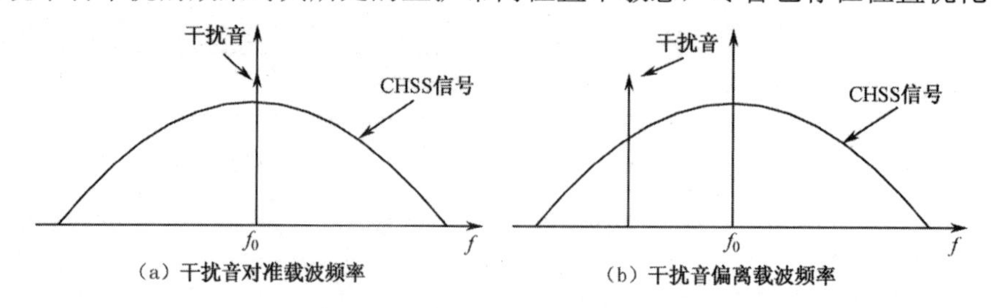

图 5-16　跳码直扩信号的单音干扰

收端的干扰信号为

$$j_T(t) = \sqrt{2J}\cos(\omega t + \varphi) \tag{5-22}$$

式中，J 为单音干扰的功率，φ为单音干扰的相位，在$[0, 2\pi]$上独立均匀分布。当单音干扰处于 W_{SS} 范围内时，若无限幅措施，单音干扰几乎可以无损耗地通过通信接收机的射频滤波器和中频滤波器。由于接收机对单音干扰的反直扩作用，直扩通信接收机输出端的单音干扰信号功率为输入端干扰信号功率的 $1/n$[27]，即对单音干扰信号抑制了 n 倍。

文献[30]指出，在直扩信号采用 BPSK 或 QPSK 数据调制条件下，单音干扰的效果主要取决于干扰信号相对于目标信号的相位，即：通信的比特差错概率 $P(e/\theta)$与干扰信号和通信信号之间的相差θ有关，要消除θ的影响，需要在$[0, 2\pi]$上求平均：

$$P_{\mathrm{b}} = \frac{1}{2\pi}\int_0^{2\pi} P(e/\theta)\,\mathrm{d}\theta \tag{5-23}$$

由于单音干扰条件下 P_{b} 的具体解析表达式非常复杂[30]，这里不便给出，主要借助仿真方法分析。

图 5-17 给出了相同码长的 DS/BPSK、CH/BPSK 信号通过相同直扩仿真系统在单音干扰信道下的误码率（实际统计）及其仿真比较结果[28-29]。

仿真中，设 CH/BPSK 收发信号已理想同步，直扩码码长为 512，跳码速率为 100 *Hop/s*，直扩码数量为 128 组，直扩码本为平衡 Gold 码，比特信噪比为 20 dB，且干扰单音处于直扩信号中间位置。

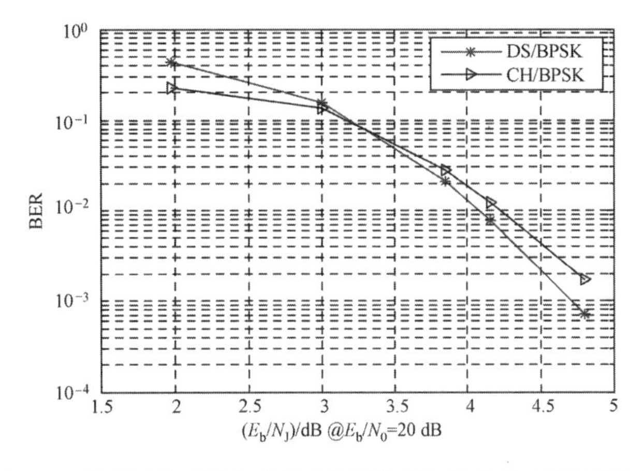

图 5-17　跳码通信系统与常规直扩通信系统抗单音干扰性能比较

由仿真结果可知，跳码通信系统抗单音干扰的性能与常规直扩通信系统抗单音干扰的性能相当。

在维持干扰总功率不变，采用 N_T 个相等功率的单音干扰信号形成多音干扰时，收端的干扰信号为[26]

$$j_M(t) = \sum_{l=1}^{N_T} \sqrt{2J/N_T}\cos(\omega_l t + \varphi_l) \tag{5-24}$$

进一步的分析表明[30-33]，在干扰总功率相等条件下，多音干扰效果未必一定比单音干扰效果好，有时比单音干扰好，有时比单音干扰差，与多音干扰信号的位置和相位有关。

5）抗脉冲干扰性能

脉冲干扰机一般在部分时间段上发射功率，干扰存在时间的概率用 ρ 表示，则无干扰的概率为$1-\rho$。假如脉冲干扰机和宽带噪声干扰机有相同的平均干扰功率，那么脉冲干扰机有更大的峰值功率，用 J_{peak} 表示：

$$J_{\text{peak}} = \frac{J}{\rho}, \quad 0 < \rho \leqslant 1 \tag{5-25}$$

在脉冲干扰条件下，采用 BPSK 调制的常规直扩通信系统的误码率公式为[26]

$$P_{\text{b}} = \rho Q\left(\sqrt{2\frac{E_{\text{b}}}{N_{\text{J}}}\rho}\right) \tag{5-26}$$

图 5-18 给出了不同ρ值、相同码长的 DS/BPSK、CH/BPSK 信号通过相同直扩仿真系统在脉冲干扰信道下的误码率（实际统计）及其仿真比较结果[28-29]。当$\rho=1$时，脉冲干扰等同于宽带噪声干扰。

仿真中，设 CH/BPSK 收发信号已理想同步，直扩码码长为 512，跳码速率为 100 Hop/s，直扩码数量为 128 组，直扩码本为平衡 Gold 码，比特信噪比为 20 dB。

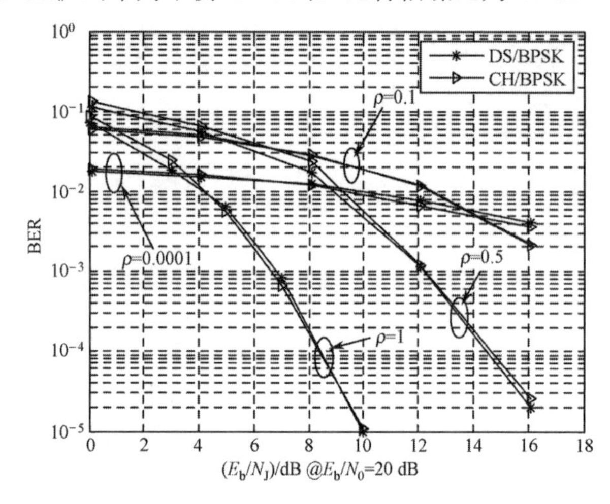

图 5-18　常规直扩通信系统与跳码通信系统抗脉冲干扰性能比较

由仿真结果可知，跳码通信系统抗脉冲干扰的性能与常规直扩通信系统抗脉冲干扰的性能相当；在同样比特信噪比条件下，脉冲干扰时的系统误码率高于宽带噪声时的误码率，即：直扩通信系统抗脉冲干扰的性能比抗宽带噪声干扰的性能差。

由图 5-11、图 5-13、图 5-15、图 5-17 和图 5-18 的仿真结果可以看出，与常规直扩通信系统相比，跳码通信系统抗非相关干扰的性能没有改善。这与前面的理论分析结果是相吻合的，也是很好理解的。

5.4.3　跳码通信反侦察性能

综上所述，虽然在相同直扩码码长的条件下，跳码通信系统抗非相关干扰的性能与常规直扩相当，但其抗相关干扰的性能大大增强，这与跳码通信系统的反侦察能力是紧密相关的。

1. 对直扩信号的一般侦察方法

敌方对直扩信号或跳码直扩信号侦察的目的一般有两个：一是实施有效干扰，二是截获和还原信息。

对直扩信号的侦察，有两项基本内容：首先是从复杂的电磁环境中发现低功率谱密度的直扩信号；其次是估计直扩信号的特征参数。这种发现和估计的过程统称为检测。其中，发现直扩信号是实施非相关干扰和实施进一步侦察的前提，而估计直扩信号的特征参数是完成对直扩信号侦察截获的必要手段。

非合作和低信噪比是直扩信号侦察需要克服的最大问题，即使对单网直扩信号的侦察，至少有以下几个技术难点[29]：

（1）直扩信号隐蔽性较好。直扩信号占用的带宽宽，信号功率谱密度低，对于接收带宽有限的侦察接收机而言，若不知道直扩信号载频的确切位置，则很难发现直扩信号和接收全部直扩带宽内的直扩信号。

（2）截获直扩码字难度大。直扩码属于严格保密的通信参数，且跳码通信的直扩码是一个时变参数，即使对直扩信号完全接收，如果不知道直扩码并实时跟踪，也难以完成对直扩信号的准确实时解扩。

（3）其他参数估计概率低。在低信噪比条件下，侦察接收机完成直扩通信信号到达时间、到达方向以及调制类型等参数估计识别的正确概率将大为降低。

当跳码通信进行组网运用后，分选跳码信号变得更为复杂，组网数量增加到一定门限后，侦察方几乎无法分选所需的信号[24]。

随着直扩通信的广泛应用，直扩信号的侦察截获技术也得到了长足的发展，形成了很多检测直扩信号的方法。

2. 跳码信号的反侦察性能分析

这里主要讨论跳码信号主要参数的估计问题，进一步明确单网跳码信号的反侦察性能。对于跳码组网后的反侦察性能，与跳频组网类似，将在后续关于组网运用的章节中讨论。

1）跳码信号的载波估计

平方倍频检测法是对常规直扩信号载波估计的典型方法[1, 26, 34]。为了比较，对于跳码信号的载波估计也采用平方倍频检测法。

假设，接收的跳码信号为

$$r(t)=s(t)+n(t)=\sqrt{2S}d(t)p_i(t)\cos(\omega_0 t)+n(t) \tag{5-27}$$

式中，$s(t)$为发射信号；S为信号功率；$n(t)$为宽带噪声；$d(t)$为数据信息，取双极性信号形式，即$d(t)=\pm1$；$p_i(t)$为跳码码集中的第i个直扩码，也为双极性信号，即有

$$d^2(t)=p_i^2(t)=1 \tag{5-28}$$

那么，接收跳码信号的平方为

$$\begin{aligned}y(t)&=s(t)s(t)+2s(t)n(t)+n(t)n(t)\\&=2S\cos^2(\omega_0 t)+2s(t)n(t)+n(t)n(t)\\&=S+S\cos(2\omega_0 t)+2s(t)n(t)+n(t)n(t)\end{aligned} \tag{5-29}$$

由式（5-29）可知：第一项为直流，第二项得到跳码信号的倍频信号，而后两项均为宽带的低功率谱噪声。因此，将式（5-29）信号通过一个带通滤波器即可得到一个相当大的载波倍频分量，该频率的一半处可能存在一个直扩信号，从而获得跳码信号的载频值。当接收信号为多个不同载频值的跳码信号时（多网工作），将得到多个载频的倍频值；同时当存在窄带干扰时，也会检测到窄带信号的倍频。所以，虽然通过平方倍频检测法可以得到跳码信号的载频，但其估计性能还受其他非同频信号以及窄带干扰信号的影响。

由式（5-27）～式（5-29）还可以看出：跳码直扩信号与固定码直扩信号的差别，在于固定伪码为$p(t)$，跳变伪码为$p_i(t)$。但由于$p^2(t)=p_i^2(t)=1$，所以平方检测不仅消除了直扩码数字调制的影响，也消除了跳码的影响，即固定码直扩信号经平方处理后的输出与式（5-29）

是相同的[34]。也就是说，与常规固定码直扩相比，跳码直扩对抵抗采用平方倍频检测原理的载波估计没有贡献。

2）跳码信号的直扩码码长估计

对于常规的直扩信号，其直扩码字在通信过程中不变，直扩码码长通常也是恒定的。因此，广泛利用自相关法估计直扩码码长。基本原理是：将直扩信号分成两路，其中一路经过一定的延时后与另一路信号相乘，再对乘积求积分即可以得到直扩信号的自相关函数。假定以τ表示延时量，那么自相关函数为

$$\begin{aligned}R(\tau)&=\frac{1}{T}\int_0^T r(t)r(t-\tau)\mathrm{d}t\\&=\frac{1}{T}\int_0^T s(t)s(t-\tau)\mathrm{d}t+\frac{1}{T}\int_0^T s(t)n(t-\tau)\mathrm{d}t+\\&\quad\frac{1}{T}\int_0^T n(t)s(t-\tau)\mathrm{d}t+\frac{1}{T}\int_0^T n(t)n(t-\tau)\mathrm{d}t\end{aligned}\tag{5-30}$$

当τ等于直扩信号码长的整数倍时，自相关函数中第一项$\frac{1}{T}\int_0^T s(t)s(t-\tau)\mathrm{d}t$出现周期性峰值；第二项和第三项是信号与噪声的相关值，在低信噪比条件下其值很小，而最后一项是噪声的自相关值，对于白噪声而言，不同时刻的噪声是互不相关的，因此也不具有周期性。因此，只要获得了信号的周期性自相关函数，直扩码的码长也就确定了。

对于跳码信号，利用相关法估计直扩码的码长主要存在以下难点：

（1）对于跳码信号，当$s(t)$和$s(t-\tau)$的直扩码相同时，可以得到自相关函数的相关峰；而当它们的直扩码不同时，则无法得到相关峰。因此，虽然可以通过长时间的统计，对跳码的直扩码码长进行估计，但与常规直扩信号的侦察相比，其时效性和准确性已经大为降低。

（2）当跳码码集的直扩码具有不同的码长时，自相关法也很难得到多个准确的直扩码码长估计。

（3）对于多进制直扩的跳码信号，如果数据信息具有很好的随机性，自相关法几乎难以获取相应的直扩码码长。

综上所述，跳码直扩与常规直扩相比，对于直扩码码长的反侦察性能有了较大程度的提高。

3）跳码信号的直扩码估计

估计直扩码是实施直扩相关干扰和高效还原直扩数据信息的前提条件。

目前对直扩码估计的方法主要有比特延迟相关法和互相关法。但是，跳码直扩从单一固定的直扩码型发展到多个直扩码型，且伪随机跳变，假定跳码码集中直扩码的个数为M，其系统的反侦察性能相对于固定码型直扩通信系统提高了αM倍($\alpha\geqslant1$)。因此，从这个意义上看，系统获得了反侦察增益。

同时，直扩码的伪随机跳变也极大地提高了对直扩码估计时效性的要求，并且跳码图案码序列至少要提供与跳频码序列同样的随机性和线性复杂度[20-21, 35]，使得对跳码条件下的直扩码估计更为困难。因此，无论从直扩码型估计的有效性、复杂性上讲，还是从其实时性上讲，跳码直扩都具备更强的反侦察、抗截获能力。

电磁进攻方对直扩通信系统的侦察主要是对直扩码型及载频的侦察。由以上的分析可知，对于跳码直扩通信系统，尽管对于载频的反侦察性没有实质性的改变，直扩码型的反侦察性能还是有了显著的提高。

4）跳码图案的估计

在第 3 章中已经述及：跳频跟踪干扰主要有三种技术途径：一是跳频图案跟踪，二是引导跟踪，三是转发跟踪。由跳码通信的机理可知，其跟踪干扰主要有跳码图案跟踪和转发，不太可能引导跟踪。要实现对跳码通信真正意义上的跟踪和相关干扰，必须要先估计出跳码图案，即：破译跳码图案。

与破译跳频图案相比，破译跳码图案有相同之处，也有不同之处。

在破译跳频图案的过程中，一般先侦察出工作频段、跳频频率集、跳速（跳周期）等基本参数，然后在并行接收的基础上，进行大量的递推和逆推运算，在计算速度足够快的情况下，破译跳频图案的可能性是存在的。然而，其前提是跳频的频谱是暴露的，其工作频段、频率集、跳速（跳周期）等基本参数是容易得到的。

但是，在破译跳码图案的过程中，如果也采用以上类似的方法，所需的前提几乎不存在；因为跳码信号在直扩码码长足够长的情况下，其频谱不是暴露的，为低功率谱，所需的工作频段、跳码码集、跳速（跳周期）等基本参数是难以得到的。这是破译跳频图案和破译跳码图案的重要差别。即使得到了基本参数，跳码图案将以随机性抵抗敌方的递推运算，将以非线性抵抗敌方的逆推运算，这一点与跳频图案是相同的。

可见，敌方破译跳码图案的难度比破译跳频图案更大。

5）扩展型跳码信号的参数估计

对于跳码/跳频信号的参数估计，除了要估计基本的跳码直扩信号参数外，还需要估计跳频信号的一系列参数，如跳周期、跳频图案、频率间隔和频率表等。然而，这是在跳码直扩的低信号功率谱的条件下，进行跳频参数估计的，要比估计纯跳频信号参数困难得多。

对于跳码/跳时信号的参数估计，除了要估计基本的跳码直扩信号参数外，还需要估计跳时信号的参数。虽然跳时的载频固定，在频域上的反侦察、抗干扰性能没有明显提高，但在时域上，跳时信号出现的时刻是伪随机的，且在跳码直扩的低信号功率谱条件下进行跳时，此时无论是侦察跳码信号，还是侦察跳时信号，都增加了难度。

综上所述，跳码直扩信号的反侦察性能优于常规直扩信号，而跳码/跳频信号和跳码/跳时信号的反侦察性能又要优于跳码直扩信号。

5.5　跳码通信指标体系

跳码是在常规直扩通信基础上发展起来的一种新的通信体制和技术，有必要了解其指标体系。结合上述的讨论和工程所需，本节分类列出跳码通信的一些主要指标，以求在不断完善的基础上，形成跳码通信指标体系。

1．跳码体制主要指标

（1）扩谱体制：跳码、跳码/跳频或跳码/跳时等。

（2）工作频段：跳码通信所在的工作频段，或允许的工作频率范围。

（3）信息速率：跳码通信的有效信源速率或终端接口速率，而非空中传输速率。

（4）跳码速率：跳码通信中直扩码随时间改变的速率，简称跳速。

（5）换码时间：从上一跳码字持续时间结束时刻到下一跳码字开始稳定工作所需的时间，该时间越短越好。

（6）码字驻留时间：系统在每一跳内有效传输信息的时间。

（7）跳周期：换码时间与码字驻留时间之和。

（8）跳码码集：一组可用直扩码字组成的集合（或称码字表）。为了兼顾通信性能和组网性能，需要对直扩码自相关、互相关、部分相关以及平衡特性等提出明确要求。一种跳码通信装备应有 1 个以上的跳码码集。

（9）码字个数：码集中满足相关特性的可用直扩码字的数量，即跳码增益。

（10）跳码码长：码集中各直扩码字的长度，它决定了直扩处理增益。各码长可相等，也可不相等。

（11）直扩码速率：跳码直扩码片的速率，其含义与常规直扩码速率相同。

（12）直扩方式：一个直扩码表示多少位信息码元，与跳码直扩的进制数有关，其含义与常规直扩方式相同。

（13）跳码码型：跳码码集中各直扩码字的类型，如 Gold 码或其他非线性码等。码型的选择不仅关系到系统的通信及组网性能，还在一定程度上决定了系统的 LPI 能力和抗相关干扰能力。

（14）直扩码的相关性：跳码码集中各直扩码的自相关、互相关和部分相关性能。它是直扩码优选的重要依据，同时也是影响跳码通信系统整体性能的重要因素。

2．跳码同步主要指标

（1）同步方式：跳码初始同步、通信过程中的连续同步、再同步和迟后入网同步方式等及其相应的要求。

（2）同步跳速：跳码初始同步信息传输的码字的跳速。要求同步跳速与数据传输阶段的码字跳速相同。

（3）同步直扩码数量：跳码初始同步信息传输所用的直扩码字数量。取自跳码码集，为跳码码集的子集，并要求实时更换。

（4）初始同步建立时间：从发端发送跳码初始同步信息的开始时刻到收发同时进入跳码数据传输时刻所经历的时间，该时间越短越好。

（5）初始同步概率：跳码初始同步建立的可靠性，其定量关系为初始同步成功的次数与初始同步总次数之比。该比值越高越好，最大为 1。

（6）迟后入网同步时间：使用全向天线的跳码电台从离网状态，经传输迟后入网同步信息，到入网所需的时间。

（7）迟后入网同步概率：跳码迟后入网同步建立的可靠性，其定量关系与初始同步概率类同。

3．跳码组网主要指标

（1）组网方式：跳码通信组网运用的方式，如同步组网、异步组网、正交组网、非正交组网等，类似于跳频组网。

（2）组网数量：在一定直扩码字、频谱资源以及通信质量条件下跳码组网的数量。同步组网的数量通常要大于异步组网的数量。

（3）组网效率：组网数量与可用直扩码字数量之比。与跳频组网效率类似，希望组网效率越高越好。

4．跳码图案主要指标

跳码图案：包括跳码图案的复杂非线性、随机性、均匀性、密钥长度、密钥量、密钥组数以及跳码图案重复周期等，其要求与跳频图案类似。

本章小结

本章通过类比跳频通信，介绍了跳码通信研究的意义、跳码通信的基本类型及其基本原理；通过阐述跳码合成技术、跳码图案产生技术和跳码同步技术，初步明确了跳码通信的主要关键技术和选择跳码速率应考虑的因素；通过阐述跳码/跳频和跳码/跳时体制及基本原理，基本明确了跳码技术体制可能的扩展；通过定量和定性分析，基本明确了跳码通信的基本性能、抗相关干扰性能、抗非相关干扰性能和反侦察性能等；最后讨论了跳码通信体制的指标体系，为工程设计和应用奠定基础。

跳码通信是在常规直扩通信基础上发展起来的一种新的扩谱体制，是抗干扰、反侦察和抗截获联合设计的一种典型范例，与传统固定码型直扩通信相比具有很多优越的性能，可望应用于超短波及以上频段。然而，跳码通信体制及技术目前尚不够成熟，不少工程问题及其作战运用方法等还有待进一步研究。

本章的重点在于跳码通信的基本原理、跳码通信的关键技术、跳码体制的扩展、跳码通信的性能优势等。

参考文献

[1] 狄克逊．扩展频谱系统[M]．王守仁，项海格，迟惠生，译．北京：国防工业出版社，1982．

[2] LEE W C Y．Mobile communication engineering[M]．New York：McGraw-Hill，1982．

[3] 朱雪龙．蜂房移动通信的频谱效率与数字化[J]．移动通信，1991（3）．

[4] RAITH K，UDDENFELDT J．Capacity of digital cellular TDMA systems[J]．IEEE Transactions on Vehicular Technology，1991（2）．

[5] 蒋同泽．微小区内电波传播模型及其对频率再用的影响[J]．现代军事通信，1994（4）．

[6] KREUTZER P．Experimental investigation on a digital mobile radio telephone system，using TDMA and spread spectrum techniques[C]．Proc. of Nordic Seminar on Digital Land Mobile Radio Communication，Espoo，Finland，Feb. 1985.

[7] 姚富强．现代专用移动通信系统研究[D]．西安：西安电子科技大学，1992．

[8] 姚富强，扈新林．通信反对抗发展战略研究[J]．电子学报，1996（4）．

[9] 姚富强，张少元．一种跳码直扩通信技术体制探讨[J]．国防科技大学学报，2005（5）．

[10] 姚富强，张毅．一种新的通信抗干扰技术体制：预编码跳码扩谱[J]．中国工程科学，2011（10）．

[11] PARKVALL S．Variability of user performance in cellular DS-CDMA-long versus short spreading sequences[J]．IEEE Transactions on Communications，2000（7）．

[12] PARK S，SUNG D K．Orthogonal code hopping multiplexing[J]．IEEE Communications Letters，2002（12）．

[13] 刘波，孙燕．一种混沌跳码通信实现方法[J]．现代军事通信，2006（2）．

[14] NGUYEN L．Self-encoded spread spectrum communications[C]．IEEE Military Communications Conference，1999.

[15] NGUYEN L．Self-encoded spread spectrum and multiple access communications[C]．2000 IEEE 6th International Symposium on Spread Spectrum Techniques and Applications，September 2000.

[16] JANG W M，NGUYEN L．Capacity analysis of M-user self-encoded multiple access system in AWGN

channels[C]. 2000 IEEE 6th International Symposium on Spread Spectrum Techniques and Applications，September 2000.
[17] 陈仲林，周亮，李仲令. 自编码直接扩谱通信原理与机制[J]. 系统仿真学报，2004（12）.
[18] 林丹，甄维学，李仲令. 自适应滤波自编码扩频系统的同步捕获研究[J]. 信息与电子工程，2005（2）.
[19] 李仲令，郭燕，周亮. 自编码扩频和直接序列扩频的性能比较[J]. 电子科技大学学报，2003（5）.
[20] 扈新林，姚富强. 一种实用的跳频码序列产生方法[J]. 军事通信技术，1995（1）.
[21] 扈新林，姚富强. 跳频码序列性能检验探讨[J]. 军事通信技术，1995（2）.
[22] 张毅，姚富强，蒋海霞. 跳码扩谱通信技术体制研究及发展建议[C]. 2006军事电子信息学术会议，2006-11，武汉.
[23] 姚富强，邬国扬，杜武林. 一种新型直扩PDI多径分集接收机[J]. 军事通信技术，1993（4）.
[24] 姚富强. 军事通信抗干扰及网系应用[M]. 北京：解放军出版社，2004.
[25] 姚富强. 扩展频谱处理增益算法修正[J]. 现代军事通信，2003（1）.
[26] SIMON M K，OMURA J K，SCHOLTZ R A，et al. Spread spectrum communication[M]. Computer Science Press，1985.
[27] 朱近康. 扩展频谱通信及其应用[M]. 合肥：中国科学技术大学出版社，1993.
[28] 蒋海霞，张毅，姚富强. 跳码直扩通信性能分析[C]. 2006军事电子信息学术会议，2006-11，武汉.
[29] 张毅，蒋海霞，姚富强. 跳码扩谱通信抗干扰与抗截获性能分析[C]. 2007军事通信抗干扰研讨会，2007-09，天津.
[30] POISEL R A. 现代通信干扰原理与技术[M]. 通信对抗技术国防科技重点实验室，译. 北京：电子工业出版社，2005.
[31] TORRIERI D. Principles of secure communication systems[M]. 2nd ed. Norwood，MA：Artech House，1992.
[32] PETERSON R L，ZIEMER R E，BORTH D E. Introduction to spread spectrum communication，upper saddle river[M]. Prentice Hall，1995.
[33] MILSTEIN L B，DAVIDOVICE S，SCHILLING D L. The effects of multiple-tone interfering signals on a direct sequence spread spectrum communication system[J]. IEEE Transactions on Communications，1982（3）.
[34] 徐穆洵. 现代通信对抗研究（论文集）[G]. 通信对抗编辑部，1995.
[35] 夏惊雷，叶永涛，贺荣. 跳码直扩系统扩频序列线性复杂度分析[C]. 2007军事通信抗干扰研讨会，2007-09，天津.

第6章 差分跳频通信工程与实践

差分跳频体制是一种新型跳频扩谱体制，旨在利用高跳速实现高数据（传输）速率，主要用于短波通信，也可用于其他频段。本章重点讨论和完善差分跳频通信的基本原理、G 函数算法、误码扩散、频率检测、抗干扰能力以及短波差分跳频最高跳速等问题。本章的讨论有助于理解和推动差分跳频体制及技术的发展与应用。

6.1 差分跳频基本知识

差分跳频体制及技术主要是伴随着提高短波通信传输速率和抗干扰能力的双重需求而发展起来的。

6.1.1 差分跳频通信基本原理

短波通信作为一种低成本、抗毁性强的通信方式，具有近、中、远程通信能力，是一种典型的“离不了，难通好，可改进”的通信方式，在军民通信中得到了广泛应用。由于短波频段低、传输信道的时变性（尤其是天波）和传统短波通信受 3 kHz 带宽限制等，其传输可靠性和传输速率始终不尽人意。虽然人们在常规短波通信体制基础上，探索和应用了跳频、直扩、自适应和改进型调制解调等多种新技术，使短波通信的抗干扰性能和数据传输性能得到了进一步提高，但其传输速率仍没有实质性突破。

可以说，国际上短波通信普遍存在以下几个方面的突出问题[1]：一是传输速率低，可靠的传输速率一直徘徊在 2.4 kbit/s 或 1.2 kbit/s 上下，通信能力弱；二是跳频速率低，一般只有几十跳/秒（Hop/s），抗跟踪干扰能力弱；三是跳频带宽窄，一般只有几百千赫，抗阻塞干扰能力弱；四是自适应的实时性差，链路建立时间长，抗动态干扰能力弱。以上问题的存在，使得当前的短波通信技术很难满足现代战争对短波大容量远程通信和适应恶劣电磁环境等的需求。

美国 Sanders 公司于 1995 年和 1996 年推出了一种相关跳频增强型扩谱（Correlated Hopping Enhanced Spread Spectrum，CHESS）电台，简称 CHESS 电台，它从一种新的高速差分跳频机理出发，有望解决短波高速率数据传输问题，同时提高抗跟踪干扰和多径干扰等的性能[2-5]。CHESS 电台的跳频带宽可达 2.56 MHz，跳频速率达 5 000 Hop/s，数据速率最低为 2 400 bit/s，不加纠错时最高可达 19 200 bit/s，几乎接近当时卫星通信的容量，这在传统的短波通信系统中是很难实现的。

CHESS 电台采用了多项先进技术，如差分跳频、异步跳频、数字信号处理、宽带接收等，其中差分跳频（Differential Frequency Hopping，DFH）及其算法是 CHESS 电台的核心技术，集跳频图案和信息调制、解调于一体，这就决定了该电台是一种全面基于数字信号处理的全新概念的短波通信系统，其技术体制和原理与常规跳频完全不同。

差分跳频通信的基本原理是：在发送端（简称发端），当前时刻的频率值 f_n 由上一跳的频率值 f_{n-1} 和当前时刻的信息符号 X_n 决定，其数学表达式为[2-5]：

$$f_n = G\left(f_{n-1}, X_n\right) \tag{6-1}$$

式中，$G(\cdot)$ 为一特定的由发送数据到发送频率的映射函数，形式上是一种差分隐式函数（本书作者在文献[5]中将其称为 G 函数，已被学术界广泛采用和认可），其频率、数据变换关系可表示成图 6-1 的形式，也是一种特殊的调制关系。

由此可见，相邻跳变频率之间通过数据序列建立了一定的相关性，即相邻频率的相关性携带了待发送的数据信息。每跳传输的信息量或比特数（Bits Per Hop，BPH）可取 1~4，通过改变跳速和 BPH，可以获得不同的数据速率。

在接收端（简称收端），通过异步跳频方式进行数字化宽带扫描接收，经 FFT 分析跳频带宽内的所有跳频信号特征，确定 f_{n-1} 和 f_n，由 G 函数的逆变换即可解调出发端的有效数据信息[2-5]，即

$$X_n = G^{-1}\left(f_{n-1}, f_n\right) \tag{6-2}$$

式中，$G^{-1}(\cdot)$ 表示 G 函数的逆变换。所以，要求 G 函数必须具有可逆性。G 函数逆变换如图 6-2 所示，也是其解调关系。

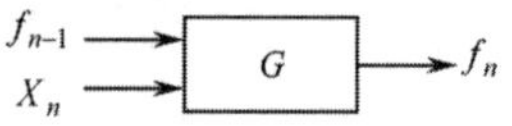

图 6-1　G 函数变换

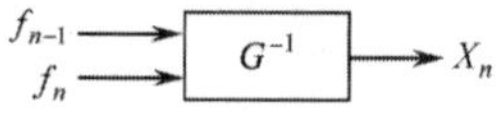

图 6-2　G 函数逆变换

一个典型的短波差分跳频通信系统原理框图如图 6-3 所示。其中，发端主要有 G 函数变换、直接数字频率合成器（DDS）和功率放大器（简称功放）等，收端主要有宽带接收、跳信号检测和 G 函数逆变换等。可见，这是一种几乎全数字化的系统结构。

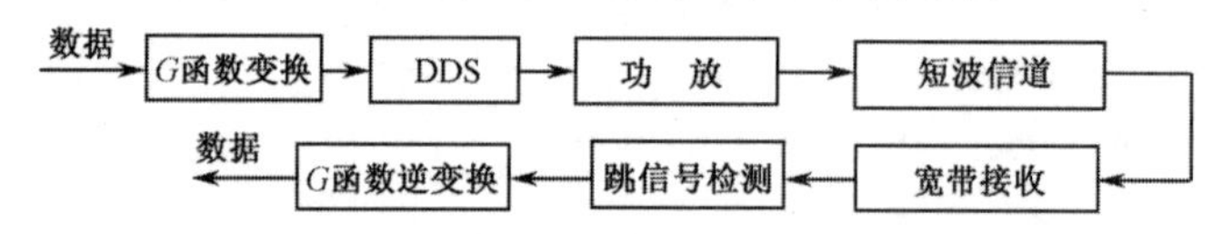

图 6-3　典型短波差分跳频通信系统原理框图

6.1.2　差分跳频信号帧结构

差分跳频采用了逐帧跳频的方式，CHESS 电台跳频信号帧结构如图 6-4 所示[2-5]。每帧跳频信号由帧头跳和数据跳两部分组成。数据跳部分由 G 函数算法生成，用来携带每帧的数据，帧头跳按不同于 G 函数的特定算法生成，每个跳频频率出现一次，跳频频率遍历整个频率集，只传帧头信息，不携带通信数据。特定的帧头信息主要完成以下三种功能[6]：帧同步、数据解跳时的时间指示和信道探测等。

帧头跳（64 跳）　数据跳（1 600 跳）

图 6-4　CHESS 电台跳频信号帧结构

在 CHESS 电台中，频率数为 64 个，每帧有 1 600 跳用于传输数据，64 跳用于传帧头信息。所以，5 000 Hop/s 可以划分为三帧，即在每秒的 5 000 跳中有 4 800 跳用于传输数据，而其余 200 跳完成同步和信道探测等辅助功能。

由差分跳频传输数据的原理可知，差分跳频体制很容易实现可变的数据速率，在帧结构划分和跳速确定的情况下，数据速率主要由 BPH 确定。在 CHESS 电台中，BPH 和可变的数据速率关系如表 6-1 所示。

表 6-1　BPH 和数据速率的关系

BPH	数据速率/（kbit/s）
1	4.8
2	9.6
3	14.4
4	19.2

6.1.3 差分跳频体制的特点

由差分跳频通信的基本原理，可总结出差分跳频体制所具有的一些基本特点[7]，也是它与常规跳频体制的主要差别。同时，涉及一些新的概念。

1. 差分跳频体制是一种相关跳频体制

差分跳频通过 G 函数变换，使相邻两跳或多跳频率与待发送的数据信息之间具有相关性，利用其相关性携带待发送的数据信息，收端也是根据其相关性原理还原数据信息。所以，这种跳频体制也称为相关跳频。在常规跳频体制中，时间上相邻的频率及频率表中的各跳变频率虽然受跳频图案的约束，但各频率与其传输的数据信息是没有相关性的，只是在各频率上调制数据信息，且调制的数据信息不限定频率表中的哪个频率，也就是说数据信息与跳频图案之间没有约束关系。可见，差分跳频和常规跳频虽然都由频率携带信息，但两者携带信息的方式是完全不同的。

2. 差分跳频体制是一种异步跳频体制

差分跳频的收端无法预先知道每个时刻的发端频率，只能通过在工作带宽内进行宽带数字化扫描来接收发端的频率，然后根据发端数据与频率之间的变换关系进行逆变换，得到发端数据信息。也就是说，差分跳频不可能实现收发跳频图案同步，收端也没有频率合成器（简称频合器）。从这个意义上说，差分跳频又是一种异步跳频体制。在常规跳频体制中，需要实现收发两端跳频图案的同步，在初始同步实现后，收端确知每一个时刻发端的频率，即收发两端在同步跳变的情况下进行信息的发送和接收。可见，差分跳频和常规跳频虽然都按跳进行信息传输，但两者的接收方式是完全不同的。

3. G 函数具备了数据调制解调功能

差分跳频不需要传统定频或跳频体制中的基带和中频调制，发端经 G 函数变换，实现数据与频率之间的“数－频”编码，即发端数据信息直接控制发端频率；收端先直接对接收到的携带信息的射频频率进行有效检测，再经过 G 函数的逆变换即可恢复出数据信息。实际上，这种变换和逆变换可以理解为是一种新的或广义的调制解调过程。在常规跳频体制中，发端先在中频进行调制，然后经跳变的频率进行射频搬移；收端经跳频图案同步，先进行射频的解跳，再在中频进行解调。可见，差分跳频和常规跳频虽然都存在调制和解调，但两者的调制和解调方式是完全不同的。

4. G 函数变换相当于动态多进制频移键控

G 函数变换实际上是一种由信息数据直接对射频的多载波频移键控（调制）[8]。当前跳要传输的数据符号决定了当前跳向下一跳转移的频率，且只可能转移到 $m=2^{\mathrm{BPH}}$ 个频率中的某一个，这符合多进制频移键控（MFSK）的概念。然而，常规 MFSK 中的频率映射是在基带和中频上进行的，且关系是固定的；而 G 函数变换中的频率映射是在射频进行的，是动态的，并且每跳都在变化。可见，G 函数变换从广义上相当于一种动态多进制频移键控。同时，根据时频调制和差分跳频原理，也可以认为 G 函数是一种 1 时 1 频的多进制时频调制。

5. G 函数具备了产生跳频图案的功能

由式（6-1）可知，差分跳频体制不再需要设置专门的跳频图案产生器，在数据传输过程中经 G 函数变换后，自动产生了跳频图案，且跳频图案直接受发端数据流和 G 函数的控制。由于数据流是随机和无法控制的，要提高差分跳频图案的性能，就要对 G 函数算法进行深入研究[5, 9-11]。因此，G函数在数据调制的同时，又具备了产生跳频图案的功能，在收端根据设定的G函数进行逆变换，即可还原出发端跳频图案中携带的信息。而在常规跳频体制中，收发两端必须有专门的跳频图案产生单元。可见，差分跳频和常规跳频虽然都存在跳频图案问题，但两者产生跳频图案的方法及处理方式是完全不同的。

6. G函数有利于提高频率检测的有效性

差分跳频的实质是G函数的相关性变换，收端主要依靠数据与频率之间的相关性还原出发端数据（称之为广义解调）。这种广义解调的前提是收端能正确地检测有效频率，否则收端无法实现对数据的解调。然而，在频率检测过程中，由于短波空中（天波）信道特性和人为干扰等因素，在有效频率处及其周围会出现干扰或非有效频率成分，使得单纯的频率检测算法发生误判。由于通信双方的G函数变换及逆变换算法都是预先设置好的，尽管收端对发端频率未知，但其频率变化的某些规律是已知的。可在频率检测算法的基础上，结合G函数对检测的频率进行甄别，以提高频率检测的有效性。

7. 差分跳频具备了高速数据传输能力

由差分跳频通信的原理可知，在BPH一定的情况下，跳速越高，数据速率就越高；在跳速一定的情况下，每跳携带的比特数越多，数据速率也越高。这就是差分跳频体制提高数据速率的基本原理，它突破了传统短波通信 3 kHz 带宽的限制。其最高数据速率和跳速主要受短波空中信道特性、频率资源、系统时钟精度和器件速度等因素的影响，也不能无限制地提高。在常规跳频体制中，数据速率的提高主要与系统带宽及调制方式等有关，与跳速高低没有直接的关系。可见，差分跳频和常规跳频虽然都希望提高数据速率，但两者提高数据速率的方式是完全不同的。

8. 差分跳频系统存在误码扩散的问题

正是由于差分跳频的频率跳变与数据流之间具有相关性，数据信息与当前跳、前一跳甚至前几跳的频率有关，使得在收端某频率的检测出现错误时，即使后续跳的频率检测正确，仍然出现误码，导致误码扩散（或称误码传播）[11]。当然，差分跳频也存在其他原因造成的误码，比如信噪比太低、信道特性和受到干扰等。在常规跳频体制中，频率跳变与传输的数据之间不存在相关性，各跳传输的数据是相互独立的，某一跳受到干扰不影响其他跳的数据，也就不存在误码扩散问题。可见，差分跳频和常规跳频虽然都存在误码问题，但两者出现误码的机理是不完全相同的。

9. 差分跳频的出发点是提高数据速率

差分跳频的基本出发点是以高跳速来提高短波数据传输的速率，而不是抵抗跟踪干扰和多径干扰，只是兼顾了很强的抗跟踪干扰能力和一定的抗多径干扰能力。这一点应予以澄清。例如，目前国际上短波频段实用跟踪干扰机的水平是几十跳/秒[1]，且短波多径时延差为毫秒数量级[12]，所以抵抗短波跟踪干扰的跳速在安全跳速（也为几十跳/秒）以上即可，抵抗大部分短波多径信号的跳速在 1 000 Hop/s 左右即可。在常规跳频体制中，提高跳速主要是为了抵抗跟踪干扰。可见，差分跳频和常规跳频虽然都希望提高跳速，但两者提高跳速的出发点和目的是不完全相同的。

10. 差分跳频系统的数字化处理程度高

由图 6-3 可知，若功放单元采用数字功放技术，加上省去了常规的调制解调单元，收发各单元几乎都可以采用数字信号处理技术。发端数据经G函数直接控制和选择单个射频频率，单个射频频率的带宽展宽主要由每跳的时间窗引起，而不是由数字调制引起的。收端直接在跳频带宽内对射频信号进行宽带扫描和数字采样，从而完成对频率的检测，再根据 G 函数的逆变换关系还原出发端数据。在常规跳频体制中，存在较多的模拟信号处理单元。可见，差分跳频系统收发两端的数字化处理都可以扩展到射频，这一点与常规跳频通信系统是不同的，与国外的同类报道也有差别[2-4]。

11. 短波差分跳频的频率选择较为困难

理论上，短波差分跳频系统可以工作于“天波窗口”的最大带宽（约为 2 MHz 或略大于 2 MHz[1-4]），比常规的窄带跳频带宽宽得多，但在带宽内同时找出 64、128 或 256 个干净的频率点（简称频点）并不容易，尤其是在夜间[13]。远程通信时，还需要交互频率可用信息。在短波常规跳频体制中，由于多种原因，其跳频带宽较窄，一般只有几十千赫至几百千赫；尽管频率配置较容易，但抗阻塞干扰能力较弱。可见，短波差分跳频和短波常规跳频虽然都希望增加跳频带宽，但短波常规跳频难以做到，而短波差分跳频从系统设计上可以做到，不过需要考虑其频率的选择与配置等问题。

6.2 短波差分跳频最高跳速分析

综上所述，差分跳频的高跳速，不仅可以提高数据速率，而且还可以提高抗跟踪干扰能力。但是，在工程中，跳频跳速的提高是有限制的，不可能无限提高，且常规跳频的最高跳速限制与短波差分跳频的最高跳速限制的机理不尽相同。本节分析制约短波差分跳频跳速的主要因素以及最高跳速的极限范围[14]。

6.2.1 短波差分跳频跳速的制约因素

在短波常规跳频体制中，影响其跳速的因素主要有空中信道特性、信道机响应时间、频合器换频时间、同步方案、跟踪干扰机的处理速度等。

根据差分跳频通信的原理及其特点，常规跳频体制中影响跳速的某些因素（如跟踪干扰机的速率、同步方案等），将不会对差分跳频的跳速产生影响；但是，其他一些因素（如信道机响应时间、频合器换频时间等），仍然会对差分跳频的跳速产生影响。另外，在高速跳频的情况下，短波信道特性对跳速将产生更大的影响。因此，制约短波差分跳频跳速的因素主要来源于两个方面：一是系统特性，二是信道特性。

1. 系统特性因素

参见图 6-3，系统特性因素主要与频合器和功放等有关。

采用常规频率合成技术难以实现短波 5 000 Hop/s 的跳速，基于目前的技术和器件水平，采用 DDS 频合器是一个有效手段。

DDS 频合器具有换频时间快、频率步进小（频率分辨率高）、相噪性能好等优点，而且电路结构简单，体积小，调试方便。它的不足之处在于输出杂散丰富，最高输出频率受限。目前，一般的 DDS 芯片的最高输出频率达 40～120 MHz 甚至更高，杂散抑制比可达 60～75 dB。虽然其频率输出范围能直接满足短波跳频通信要求，但短波差分跳频系统要求有更高的杂散抑制比；否则，会引起频率检测的错误。为此，一般需要在 DDS 外围增加一些杂散抑制电路，只是这种处理方式往往会使系统的跳速受到一定影响，但随着 DDS 技术的发展，这一点是可以解决的，或者说不足以对所需跳速造成太大影响。可见，DDS 频合器虽然是影响系统跳速的一个因素，但不是决定性因素。

在短波常规跳频系统中，功放的上升和下降时间一直是制约跳速的重要因素之一，尤其是对较大功率电台来说。例如，对于 100 W 的输出功率，功率上升和下降时间之和一般为毫秒数量级，仅功放的响应时间就将系统的跳速限制在几十跳/秒以内。所以，短波常规跳频的功放技术（尤其是窄带功放）将不再适用于差分高速跳频系统。如果采用宽带功放，则功放对跳速的制约就可大大减小。虽然宽带功放目前实现起来有较大的难度，但随着对短波宽带功放技术研究的深入，宽带功放将不再成为制约短波差分跳频跳速的因素。

2. 信道特性因素

由于短波差分跳频通信系统的信息接收主要依赖于对发端各频率信号进行的异步频率检测以及各频率之间的相关性，如果各发送的频率信号经电离层天波宽带信道传输后，不同频率信号到达收端的时延有差异，即群时延差较大，则在高速跳频情况下，频率驻留时间短，将造成频率检测的误判，最终导致接收数据的误码。又由于群时延是短波天波信道的一种固有现象，是人类无法消除的，只能努力去适应它。

因此，在宽带跳频、高速跳频的双重前提下，短波天波信道的群时延特性是制约短波差分跳频跳速的重要因素，甚至是决定因素。这是系统设计者需要高度重视的问题。而在常规短波低速（跳周期长）、窄带（群时延差小）的跳频通信系统中，短波天波信道群时延的影响可忽略不计。这是短波高速差分跳频和短波低速窄带跳频两种体制的重大区别之一。

6.2.2 短波天波信道群时延对跳速的影响

对于短波差分跳频，短波天波信道的群时延成为一个突出的问题，需要具体分析该群时延特性及其对短波差分跳频最高跳速的影响。

1. 短波天波信道的群时延特性分析

在利用天波（电离层反射）进行短波差分跳频通信时，空间信道中传播的是一个个脉冲信号。从频谱上看，其差分跳频信号的频谱不是由跳频频率组成的一条条谱线，而是以一个个跳变的频率 ω_i 为中心、具有一定频谱宽度 $\Delta\omega$ 的窄带频谱的组合，如图 6-5 所示，其中 B 为跳频总带宽。这里，各窄带频谱满足

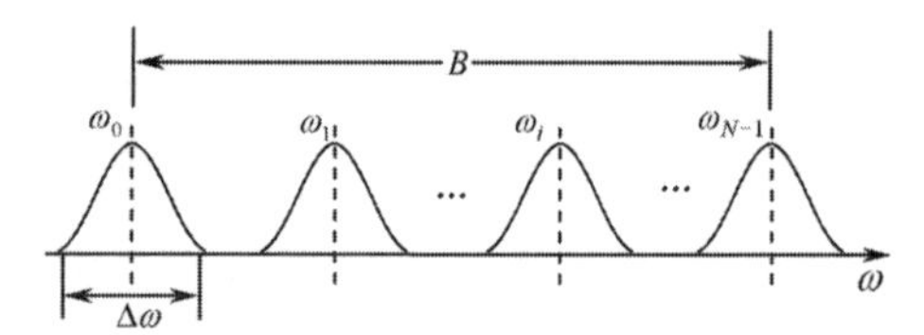

图 6-5 差分跳频信号的频谱特性

$$\Delta\omega \ll \omega_i, \quad i = 0, 1, 2, \cdots, N-1 \tag{6-3}$$

式中，N 为频率集大小。

在电磁理论中，通常用群时延来描述含有多个频谱成分的窄带频谱沿电离层相同路径的传播时延，群时延的表达式为[15]

$$\tau = \frac{\mathrm{d}\phi}{\mathrm{d}\omega} = \frac{\int \frac{\mathrm{d}(\omega n)}{\mathrm{d}\omega}\mathrm{d}z}{c} \tag{6-4}$$

式中，n 为电离层媒质的折射率，ω 为信号角频率，ϕ 为电波相位，且假设电波是沿 z 轴方向传播的。

由于短波差分跳频信号是利用电离层反射进行传播的一系列具有窄带频谱的信号，应该分析其沿同一条天波路径的传播时延，即群时延。由式（6-4）可知，群时延 τ 是 ω 的函数。也就是说，不同的频率成分同时从发端出发，沿同一条路径到达收端时，其时延是不一样的。这

说明，从发端同时发送的短波差分跳频的各窄带频谱信号，尽管沿同一条路径传输并到达收端，但不同频率信号到达的先后时间顺序会出现时延差异，所以群时延将引起短波差分跳频信号的畸变。

一般来说，在工程中，更有意义的是不同频率时延的差别，即群时延差。由于电离层是时变媒质，要想知道群时延差的大小，必须首先求出群时延的变化率，即 τ 对频率 f 的导数：

$$\dot{\tau}=\frac{\mathrm{d}\tau}{\mathrm{d}f} \tag{6-5}$$

这时，群时延差为

$$\Delta\tau=B\cdot\dot{\tau} \tag{6-6}$$

一般情况下，带宽 B 是已知的，因此 $\dot{\tau}$ 成为表征信道群时延差或群时延的重要参数。在 τ 与 f 的关系曲线（斜入射电离层观测曲线）上，$\dot{\tau}$ 即是曲线的斜率。根据前人的研究成果，图 6-6 给出了一种典型的电离层夜间观测曲线示意图[16-17]。

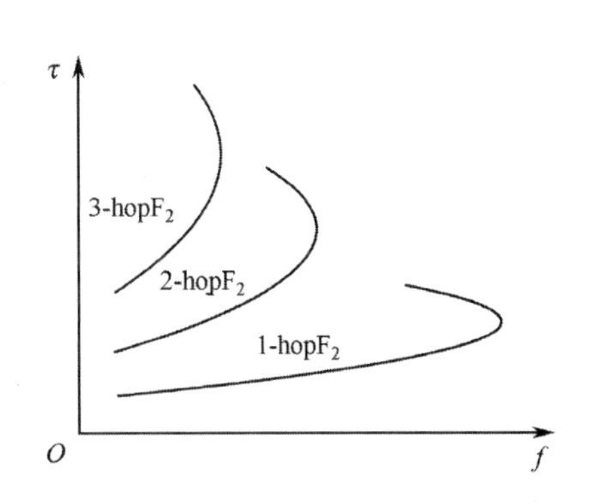

图 6-6　典型电离层夜间观测曲线示意图

从图 6-6 可以看出以下趋势：

（1）在同一传输模式中，工作频率 f 越高，$\dot{\tau}$ 越大；

（2）3-hopF_2 群时延>2-hopF_2 群时延>1-hopF_2 群时延。可见，在其他条件相同时，信号在电离层中所传输的路径越长，不仅 τ 越大，而且 $\dot{\tau}$ 也越大。

（3）频率和路径的长短对 $\dot{\tau}$ 都有影响，但频率的影响更大。

根据文献[17-18]，以路径长度 1 500 km 为例，$\dot{\tau}$ 的典型测试数值为 20～130 μs/MHz。

2. 天波群时延决定的短波最高跳速

对差分跳频通信来说，电离层色散将导致两方面的群时延作用。一是在每跳跳频脉冲内的群时延差，它使每跳脉冲宽度增大，这种脉冲展宽的作用对每跳脉冲宽度来说影响较小。例如，假设系统跳速为 5 000 Hop/s，跳周期（即每跳脉冲宽度）为 200 μs，则每跳的瞬时带宽 B_1 为 10 kHz；取较大的 $\dot{\tau}=100$ μs/MHz，则在瞬时带宽 B_1 内群时延引起的最大脉冲展宽为 $B_1\dot{\tau}=1$ μs。与每跳脉冲宽度 200 μs 相比，这种微小的脉冲展宽是完全可以忽略的。二是在跳与跳之间的群时延差，此时考虑的信号带宽是跳频覆盖的最大带宽，它引起的群时延差较大，将使前后跳的频率之间发生混叠，是影响短波最高跳速的主要天然因素。如前所述，在群时延的作用下，沿同一路径传播的不同频率的信号将有不同的传播速度。也就是说，沿同一路径到达的前一跳和后一跳信号之间的时间间隔将不再等于发送时一跳的时间间隔（跳周期），而是加入了群时延差的因素。群时延差对差分跳频信号传输的影响示意图如图 6-7 所示。

由图 6-7 可知，群时延差使前后跳改变了原来的位置关系，相邻跳信号的频率在时域上发生部分重叠。如果群时延差使前后两跳完全重叠在一起，甚至后一跳还有可能比前一跳先到达，完全改变原有的时序关系，这时这两跳将无法分离，当然也就无法识别。对差分跳频体制来讲，完全依靠前后跳的频率相关性来携带信息，如果相邻跳的频率重叠达到跳频脉冲宽度的一半以上，甚至发生更大重叠，则系统将无法区分各跳信号的频率。可见，群时延差对差分跳频信号检测的影响是极大的。

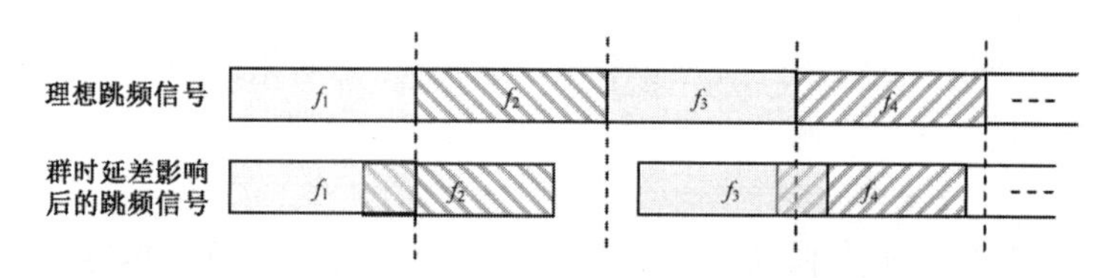

图 6-7　群时延差对差分跳频信号传输的影响示意图

在考虑群时延对差分跳频信号检测的影响时，电离层色散导致的群时延差的最大绝对值应为$B\dot{\tau}$。设系统的跳速为R_{h}，则每一跳的脉冲宽度为$1/R_{\mathrm{h}}$。如果以群时延差导致相邻频率重叠的程度达到跳频脉冲间隔的一半为最大允许容限，即

$$B\dot{\tau} \leqslant \frac{1}{2R_{\mathrm{h}}} \tag{6-7}$$

则在跳频带宽B确定的情况下，跳速将直接受到群时延的制约：

$$R_{\mathrm{h}} \leqslant \frac{1}{2B\dot{\tau}} \tag{6-8}$$

这就是从理论上决定短波差分跳频系统最高跳速的公式，即其最高跳速主要受系统带宽和群时延的制约。例如，在短波差分跳频通信系统中，若取$B = 2$ MHz，$\dot{\tau}$取典型的中间值$\dot{\tau} = 50$ μs/MHz，这时系统最高跳速将为 5 000 Hop/s 跳/秒左右。可见，CHESS 系统的跳速取 5 000 Hop/s 是有理论依据的，尽管未见短波差分跳频提出者证明这一点[2-3]。因为短波天波信道最大可通频率带宽为 2 MHz 左右，所以 5 000 Hop/s 也就是短波差分跳频系统的最高跳速；如果希望再提高跳速，就得减小跳频带宽。也可以理解为，天波信道的群时延限制了系统的跳速和跳频带宽。在中低速跳频的情况下，一般跳频系统的跳速和跳频带宽没有直接关系；但在短波高跳速时，这种结论不再成立。因此，在设计短波高速差分跳频通信系统时，需要综合考虑跳频带宽、群时延和跳速等因素。

作为比较，需要说明的是，在短波低速跳频通信系统中，由于每跳的时间间隔（即跳周期或跳频脉宽）远大于空中信道群时延差，其群时延对跳速不构成影响；而系统信道机的中频及射频滤波器引起的群时延差一般可达毫秒数量级，远远大于空中信道群时延差，这会给跳频同步和数据的传输带来影响，工程中需要重点考虑。在短波高速跳频系统中，每跳的持续时间很短，空中信道的群时延差$B\dot{\tau}$可与每跳的持续时间相比拟，加上没有常规短波通信信道机的滤波器，所以空中信道群时延成为主要矛盾。

6.3　差分跳频 G 函数算法

综上所述，差分跳频体制及其系统采用了多项先进技术，尤其差分跳频G函数算法是核心技术，不仅决定了技术体制，而且具备了产生差分跳频图案的功能，是差分跳频体制研究和系统设计的重点。

6.3.1　线性 G 函数算法及其性能检验

1. 线性 G 函数算法原理

这里所述的线性G函数算法是指基于式（6-1）定义的一种简单的映射算法[5]，其主要特点是：当前时刻的频率值f_n除了与当前时刻的信息符号X_n有关外，仅与上一跳的频率值f_{n-1}有关，并且数据与频率取值为线性关系。对这种简单映射算法的分析，有助于理解G函数的

基本原理。

由 G 函数变换的原理可知，G 函数是一个特定的函数，可以将它看作一个有向图。

在发端，通过频率和数据序列的相关编码，从频率集中映射出要发送的频率。当频率集中频率数为 N，BPH 取 2，即 1 跳携带 2 bit 信息时，此时 1 跳中频率和数据的有向图如图 6-8 所示。每个映射的频率号以 N 为模，对应于 00、01、10、11 的 4 个状态，每个频率均有 4 个可能的映射分支，即映射到下一跳有 4 个可选的频率（为频率集中的一个子集）。当然还可取与此呈线性关系的其他映射，可在算法中事先定义。

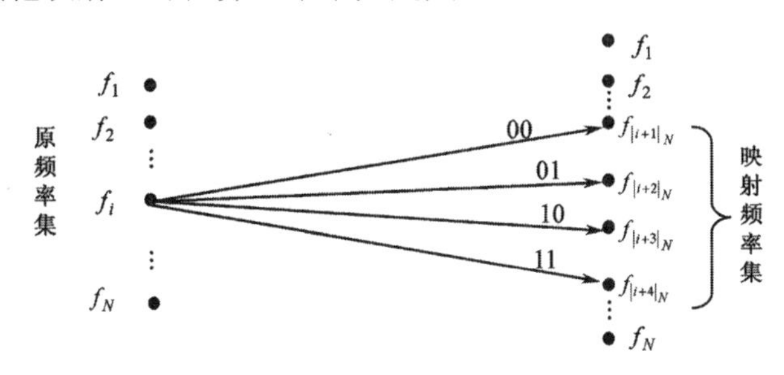

图 6-8　G 函数算法的一种有向图（1 跳）

在有向图中，每个节点为频率集中的一个频点，每个节点分出 $m=2^{\text{BPH}}$ 个分叉，m 为扇出系数，每个分叉与当前待传的信息符号一一对应。在 N 个频率中每个频率均可作出 m 个可能的映射频点（即频率转移子集中的频率数），当前的频率又作为原始频率，根据新的信息数据映射下一跳的频率。这种线性映射算法中某一跳的具体数值可以用表 6-2 来表示。

在收端，通过异步跳频方式进行数字化宽带扫描接收，经 FFT 及其改进型等频率分析算法，检测和分析跳频带宽内所有可能的频率信号特征，以确定前一跳频率 f_{n-1} 和当前跳的频率 f_n，最后由 G 函数的逆变换规则，找出频率转移路径，即可解调出发端的数据信息。

对应表 6-2，G 函数逆映射（即解调）关系如表 6-3 所示。

表 6-2　一种 G 函数的正映射关系（某一跳）

f_{n-1}	f_i			
X_n	00	01	10	11
f_n	$f_{\|i+1\|_N}$	$f_{\|i+2\|_N}$	$f_{\|i+3\|_N}$	$f_{\|i+4\|_N}$

表 6-3　一种 G 函数的逆映射关系（某一跳）

f_{n-1}	f_i			
f_n	$f_{\|i+1\|_N}$	$f_{\|i+2\|_N}$	$f_{\|i+3\|_N}$	$f_{\|i+4\|_N}$
X_n	00	01	10	11

由以上分析，可深入理解以下结论：

（1）G 函数具备数据调制解调功能。因而不需要基带调制，而直接用射频频率的相关性表示数据信息，只要频率能实现高速跳变，就可以实现数据的高速率传输。例如，跳速为 5 000 Hop/s 时，若其中 4 800 跳（Hop）用于传输数据，200 跳用于传输勤务信息，且 BPH=2，则数据速率可达 9 600 bit/s。

（2）G 函数具备跳频图案产生功能。因而不需要设置专门的跳频图案产生单元，随着数据信息的变化，经 G 函数变换自动产生频率随时间变化的跳频图案，G 函数本身就是跳频图案控制器或产生器。

2．线性 G 函数跳频图案的性能分析

以上分析明确了两个相邻跳变频率之间的映射关系。在通信中，发送频率和发送数据都是随时间而变化的，发送频率随时间变化的规律即为跳频图案，只是由 G 函数控制产生的跳频图案与传统的由专门跳频图案产生器产生的跳频图案规律有所不同，还与待发的数据有关，而传统跳频图案与发送数据无关。

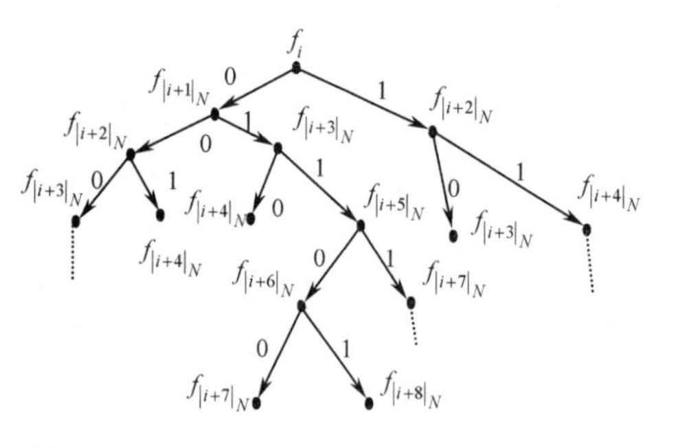

图 6-9　$N=32$、BPH=1 时的 G 函数倒立树

实际上，随着时间的变化，G 函数所涉及的频率与数据的关系可以描述为一棵随机的“倒立树”，其“树根”即为起始频率。$N=32$、BPH=1 时的 G 函数倒立树如图 6-9 所示。

设起始频率 $f_i=f_6$，一组数据与频率的对应关系如表 6-4 所示。其中，从一个频率节点向 m 个频率中的一个频率映射，一次映射即为 1 跳。可见，在一定的模值范围内，此处 G 函数变换为一线性变换。

表 6-4　$f_i=f_6$、BPH=1 时一组数据与频率的对应关系

f_i	f_6												
数据	0	1	1	0	1	1	0	1	0	0	1	0	1	…
f_n	f_7	f_9	f_{11}	f_{12}	f_{14}	f_{16}	f_{17}	f_{19}	f_{20}	f_{21}	f_{23}	f_{24}	f_{26}	…

$N=32$、BPH=2 时的 G 函数倒立树如图 6-10 所示。设起始频率 $f_i=f_6$，一组数据与频率的对应关系如表 6-5 所示。

为了更清晰地描述差分跳频数据与频率的关系，图 6-11 给出了一组差分跳频图案的时频矩阵示意图。图中起始频率 $f_i=f_6$，$N=16$、BPH=2，这里取 $N=16$ 是为了作图的方便，实际中 N 一般是大于这个值的。

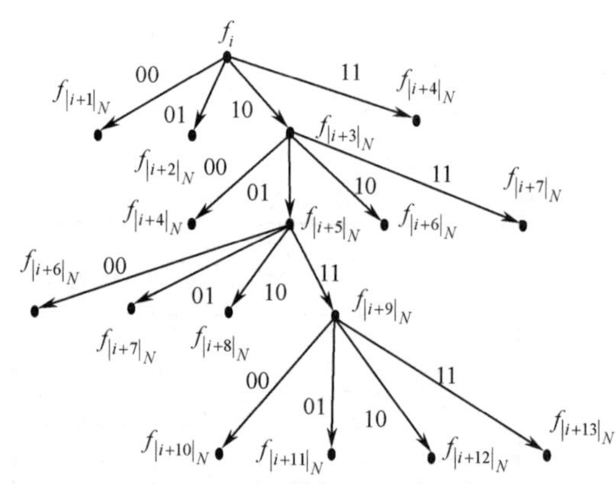

图 6-10　$N=32$、BPH=2 时的 G 函数倒立树

由以上分析，可得出如下几点与常规跳频图案不同的结论：

（1）差分跳频图案中相邻频率是否相同是可控的。按上面给出的算法规定，不会出现相邻频率相同的情况，即相邻频率相同的概率为零。当然，在个别频点的转移上也可以设置成相邻频率相同，成为转移矩阵中的一个子集；但必须与相应的数据对应，具有唯一性，相同的相邻频率在当前频率转移中不能用于表示其他数据。

表 6-5 $f_i = f_6$、BPH=2 时一组数据与频率的对应关系

f_i	f_6										
数据	10	01	11	00	11	01	10	10	00	01	11	…
f_n	f_9	f_{11}	f_{15}	f_{16}	f_{20}	f_{22}	f_{25}	f_{28}	f_{29}	f_{31}	f_3	…

（2）差分跳频图案不仅与数据流和当前频率有关，还与起始频率有关。在函数映射关系确定的条件下，必须实现起始频率的一次性相关同步：收端必须先获得起始频率的信息，否则收端不能还原数据。同时，为了提高系统的抗干扰和反侦察性能，起始频率需要不断变化。

（3）差分跳频图案的重复周期趋于无穷大。由图 6-9 和图 6-10 可知，倒立树可能的路径数（即跳频图案个数 H_G）为

$$H_G = (m)^l \tag{6-9}$$

式中，$l = n'/\text{BPH}$，n' 为一次通信中二进制数据码元总数，l 为对应的数据符号总数；m 为扇出系数。由此可见：m 为一常数，当 $n' \to +\infty$ 时，$H_G \to +\infty$，所以倒立树可能的路径数呈指数增加，是发散的，永远不会闭合。也就是说，随着时间和数据码流的延续，跳频图案的周期 $T_G \to +\infty$。实际上，在 G 函数确定后，一次通信中的具体跳频图案路径只与数据信息和起始频率有关，通信接收方和侦察方均不知道是哪条路径。

（4）差分跳频图案原则上不需要其他参数参与运算。差分跳频图案是通过 G 函数变换在跳频数据传输过程中自动产生的，其本身不存在原始密钥（PK）和实时时间（TOD）等参数参与运算的问题。实际上，数据流本身就相当于跳频密钥，并且是一种典型的实时变化、非人为控制的随机流动密钥。但是，不排除双方由于勤务控制的需要，进行时间信息的交互。

（5）G 函数跳频图案存在明显的频率转移痕迹。按照上述频率转移算法，出现以频率集的频率数 N 为模分段的痕迹，在每个以 N 为模的频率段内，表现出频率号线性递增的关系，相邻频率序号的递增值在[1, m]内取值，这是由简单的线性变换造成的（参见图 6-11）。从此可定性地看出其跳频图案的随机性不好。这一明显的特征不利于差分跳频信号的反侦察，但每一频率段的频率不会重复，除非每一段的频率起点和对应的数据流完全相同。

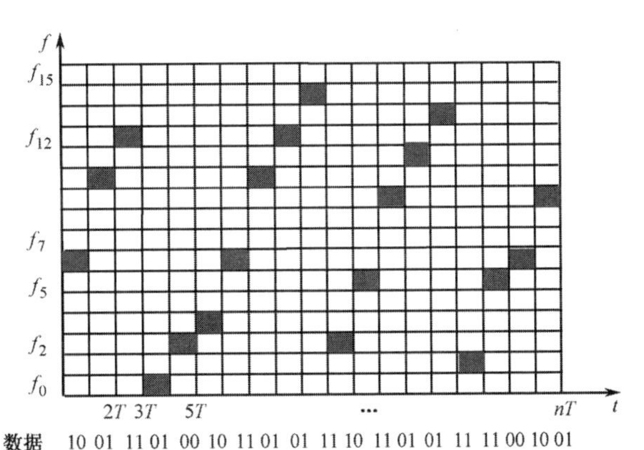

图 6-11 BPH=2 时一组差分跳频图案时频矩阵示意图

3. 线性 G 函数跳频图案的性能检验

以上分析了 G 函数跳频图案的一些特性，得出了一些初步的结论。但仅凭这些还不能判定该跳频图案是否满足要求。与常规跳频图案的要求相同，必须对跳频码序列（频率号序列）进行均匀性和随机性检验。

1）检验模型

检验模型如图 6-12 所示，要求数据流 X_n 产生 0、1 等概，并能进行长连 0 和长连 1 预置。Y_i 代表跳频码序列，即频率号序列，设频率数为 N，每个频率号用 m 个二进制数表示，则有

$$N = 2^m \tag{6-10}$$

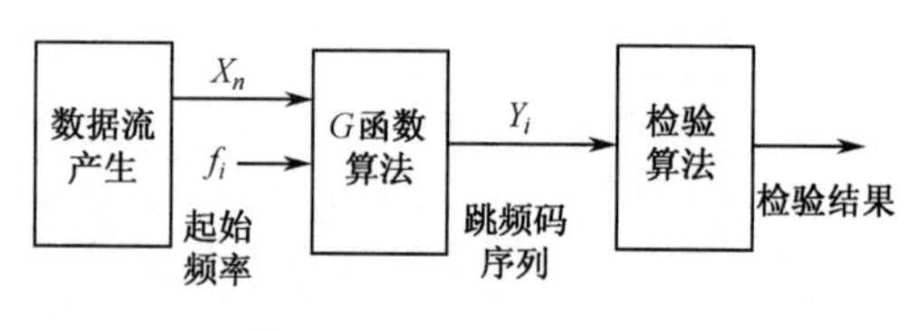

图 6-12　检验模型

2）均匀性检验

常规跳频图案要求各跳频频率在跳频带宽内均匀分布，与此类似，要求 Y_i 在 0～(N−1)范围内均匀分布。其均匀性检验主要是一维等分布检验和二维连续性检验。

一维等分布：随机序列（如跳频码序列）Y_i 的概率密度函数应该均匀，即每个频点上出现的概率应相同，有

$$P(Y_i) = P(f_i) = \frac{1}{N} = \frac{1}{2^m}，\quad 0 \leqslant Y_i \leqslant N-1 \tag{6-11}$$

二维连续性：各随机序列对（Y_i, Y_j）的概率密度应该均匀，即在第 i 个频率出现后，接着出现第 j 个频点的概率应相同，有

$$P(Y_i, Y_j) = P(f_i, f_j) = \frac{1}{N^2} = \frac{1}{(2^m)^2}，\quad 0 \leqslant Y_i，\ Y_j \leqslant N-1 \tag{6-12}$$

为了证实式（6-11）和式（6-12）的两个假设，与第 3 章介绍的常规跳频图案一维等分布检验和二维连续性检验相同，同样采用统计学中的 χ^2 准则进行检验。

3）随机性检验

在第 3 章已经指出，跳频图案的均匀性好不等于随机性好，所以需要估计跳频图案的随机性。这里，同样通过估计跳频码序列 Y_i 的功率谱来评价差分跳频序列的随机性，并同样采用平滑周期图平均法进行估计[5, 19]。

4）检验结果

检验条件：频率数 $N=64$，跳频码序列总长度 L=16 384，长连 0、长连 1 个数 h 分别为 1～4 的四组数据流，BPH 分别为 1 和 2。

一维等分布检验和二维连续性检验的计算结果分别如表 6-6 和表 6-7 所示。

表 6-6　线性 G 函数跳频码序列一维等分布检验的计算结果

数据流	χ^2 理论值	BPH =1 时的 χ^2 计算值	BPH =2 时的 χ^2 计算值
X_{n1}（h=1）	82.2447	0	0
X_{n2}（h=2）	82.2447	19.4688	33.2266
X_{n3}（h=3）	82.2447	24.6641	42.2266
X_{n4}（h=4）	82.2447	20.8047	42.1641

表 6-7　线性 G 函数跳频码序列二维连续性检验的计算结果

数据流	χ^2 理论值	BPH =1 时的 χ^2 计算值	BPH =2 时的 χ^2 计算值
X_{n1}（h=1）	4244.7142	507904	1032190
X_{n2}（h=2）	4244.7142	510612	275338
X_{n3}（h=3）	4244.7142	510823	254848
X_{n4}（h=4）	4244.7142	510432	250736

图 6-13 给出了一组（$h=4, \mathrm{BPH}=2$）线性 G 函数跳频码序列的功率谱线图[5]。同时，为了与常规跳频码序列的随机性相比较，这里也给出在相同条件下常规跳频码序列的一组功率谱线图，如图 6-14 所示[5]。两图中均采用归一化频率和归一化功率，其中横坐标表示频率，纵坐标表示功率。

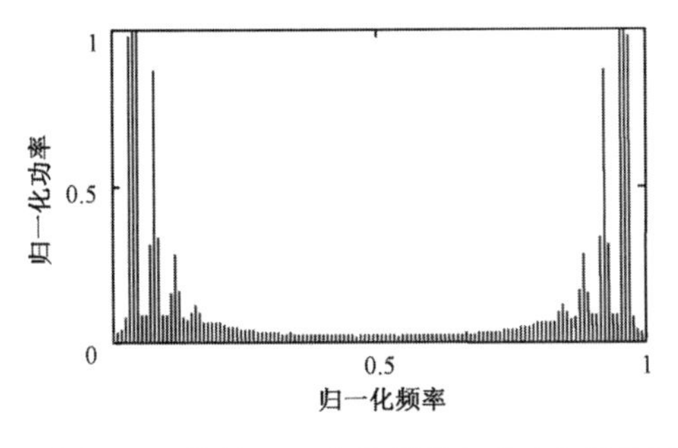

图 6-13　线性 G 函数跳频码序列功率谱线图

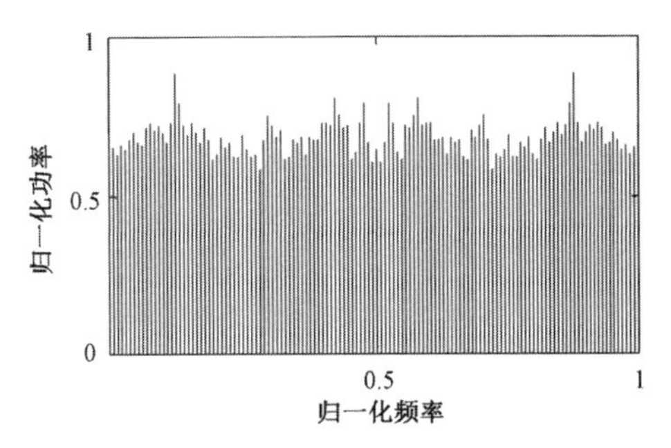

图 6-14　常规跳频码序列功率谱线图

经以上检验，可得出如下几点结论：

（1）由表 6-6 可知，所检验的几组数据的χ^2值都小于指定水平下的理论值 $\chi^2_{0.05}(N-1)$，所以线性 G 函数跳频码序列的一维均匀性较好。

（2）由表 6-7 可知，所检验的几组数据的χ^2值均大于指定水平下的理论值 $\chi^2_{0.05}(N^2-1)$，可知线性 G 函数跳频码序列的二维连续性较差。这正是由线性 G 函数算法决定的，因为当前频率 f_i 给定后，f_{i+1} 由信息码流和 BPH 决定，只能取到部分频率，这与前面的定性分析是吻合的。从表 6-7 还可以看到，随着 BPH 的增加，二维连续性逐渐变好。当 $\mathrm{BPH}=N$ 时，则 f_{i+1} 将在所有可能的频率中选取，其二维连续性将与常规跳频图案的二维连续性一致。这一特性是很好理解的。

（3）由图 6-13、6-14 可见，线性 G 函数跳频码序列功率谱和常规跳频码序列的功率谱差异较大，主要表现在线性 G 函数跳频码序列功率谱不平坦，说明其随机性不好，这与图 6-11 中出现的 G 函数跳频图案“出现以频率集个数 N 为模分段的痕迹”的定性结论是吻合的。

分析与检验结果表明：这种简单的线性 G 函数产生的跳频图案，虽然具有一维均匀性好、周期为无穷大和时变流动密钥等优点，但其随机性和二维连续性较差，不便于实际使用。因此，寻找性能优越的 G 函数算法或对差分跳频控制进行适当处理，以求改善跳频图案的随机性，是需要解决的重要问题。

6.3.2　一种改进型 G 函数算法及其性能检验

针对以上线性 G 函数跳频图案的缺陷，这里讨论一种改进型 G 函数算法[9]，并对该算法产生的跳频图案进行检验。

1. 一种改进型 G 函数算法原理

线性 G 函数的表达式如式（6-1）所示，其核心思想是利用前后跳频率 f_n、f_{n-1} 之间的相关性来携带当前的信息 X_n。

改进型 G 函数算法的主要思想是：在继承原有 G 函数相关性原理的基础上，对相关频率的数量进行扩展，即由前一跳的频率 f_{n-1}、前 r 跳的频率 f_{n-r} 和当前的信息 X_n 来决定当前的频

率值 f_n。改进型 G 函数的数学表达式为

$$f_n = G\left(f_{n-1}, f_{n-r}, X_n\right) \tag{6-13}$$

其频率、数据的变换关系可表示为图 6-15 的形式。利用 f_n、f_{n-1} 和 f_{n-r} 三个或更多频率的相关性来携带信息，不同的 r 将导致不同的跳频码序列，将大大提高 G 函数的复杂度和对不同跳频图案的可控性。

与式（6-2）和图 6-2 类似，在收端，式（6-13）的逆变换如式（6-14）和图 6-16 所示。

$$X_n = G^{-1}\left(f_{n-r}, f_{n-1}, f_n\right) \tag{6-14}$$

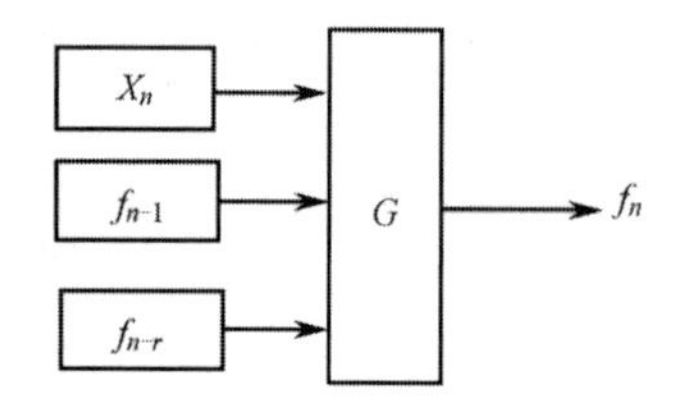

图 6-15　改进型 G 函数变换

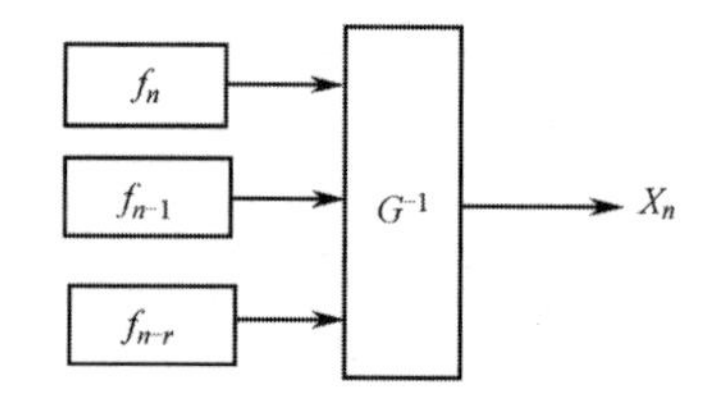

图 6-16　改进型 G 函数逆变换

在进行具体的 G 函数运算中，还应作以下几个方面的处理：

（1）对频率集进行划分。将含有 N 个频率的频率集划分为 n 个频率段，每个频率段含有 N/n 个频率。

（2）对 G 函数进行相应的模糊非线性处理[9, 20-22]。目的是提高跳频图案（跳频码序列）的复杂性和随机性。

（3）设置初始条件。因为在产生第一跳的频率时，它的前一跳和前 r 跳没有相应的频率，需要为此设置初始条件，即初始频率子集。实际上，不同的初始条件将导致不同的结果。

2. 改进型 *G* 函数跳频图案的性能检验

为定量描述和比较改进型 G 函数算法的性能，对其所生成的跳频图案（跳频码序列）进行检验[9]。

1）检验模型

检验模型如图 6-17 所示。其中，数据流为 0、1 均匀分布的二进制序列；Y_i 代表跳频码序列，它能够对前一跳和前 r 跳频率等进行初始条件调整、设置。

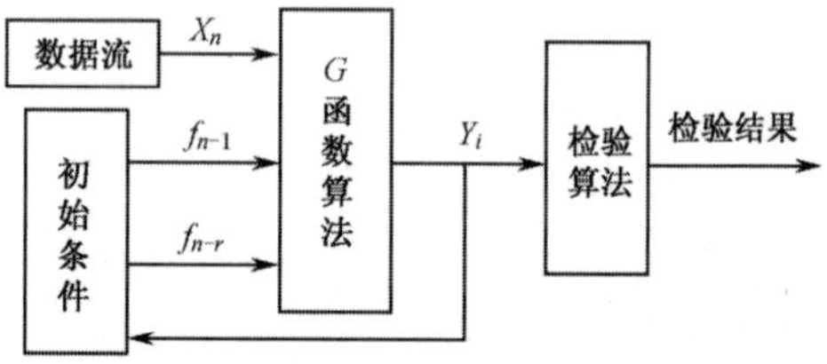

图 6-17　检验模型

2）检验方法及结果

检验内容：Y_i 的随机性、一维等分布和二维连续性检验。

检验方法：与 6.3.1 节中采用的检验方法[5]相同。

检验条件：跳频码序列总长度 $L=16\,384$；对于 G 函数，取 $N=65$，$n=5$，BPH=4，$r=10$。

检验结果：表 6-8 给出了几种不同初始条件下的一维等分布和二维连续性检验的结果。其中初始条件 1 采用全零序列为初始条件，其他初始条件在 65 个频率中均匀选取。

从表 6-8 可看出，对于几种初始条件，改进型 G 函数算法的 χ^2 检验值均小于理论值，这说明该算法所产生的跳频序列具有良好的均匀性和连续性。

同时，在不同的初始条件下，G 函数均能生成性能良好的跳频码序列，这说明这种 G 函数算法对初始条件具有很好的稳健性。

表 6-8 一维等分布和二维连续性检验结果

初始条件	一维等分布检验		二维连续性检验	
	χ^2理论值	χ^2计算值	χ^2理论值	χ^2计算值
1	83.39122	67.5460	4376.04095	4311.38
2	83.39122	53.0178	4376.04095	4034.94
3	83.39122	52.8988	4376.04095	4258.26
4	83.39122	49.7408	4376.04095	4174.71

图 6-18 给出了改进型 G 函数跳频码序列功率谱线图（类似于常规跳频码序列功率谱线，参见图 6-14），图 6-19 给出了线性 G 函数跳频码序列功率谱线图（与图 6-13 相同）。两图中均采用归一化频率和归一化功率，其中横坐标表示频率，纵坐标表示功率。从这两个功率谱线图可知，改进型 G 函数跳频码序列的功率谱有类白噪声的特性，其随机性比线性 G 函数跳频码序列有很大改善。

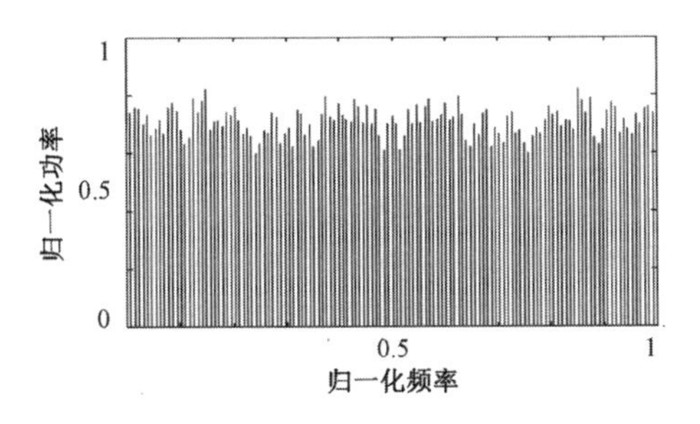

图 6-18 改进型 G 函数跳频码序列功率谱线图

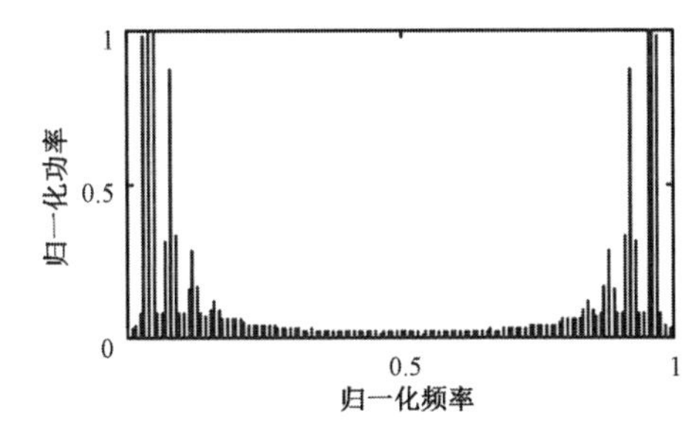

图 6-19 线性 G 函数跳频码序列功率谱线图

从检验结果可知，由于这种改进型 G 函数算法比线性 G 函数算法多了 r 和初始条件等控制参数以及相应的非线性处理，获得了类似常规独立跳频码序列产生器的随机性和均匀性，增加了系统的抗预测和抗破译性能。当然，这种性能的改善是以提高器件的运算速度为代价的，也不排除还有更好的改进算法。例如，文献[8]给出了宽间隔 G 函数算法，文献[23]给出了基于混沌映射的 G 函数算法和隐式 G 函数算法等，值得不断研究。

6.4 差分跳频通信中的误码扩散及其校正

在 6.1 节中已指出，差分跳频系统存在误码扩散（或称为误码传播）的问题。有些文献中注明“差分跳频具有纠正误跳或误码扩散的能力”[2-4, 24]，但并不是差分跳频体制本身所固有的，而是要付出代价或需要特殊处理的。

6.4.1 误码扩散的形成及类型

由式（6-1）、式（6-2）、式（6-13）和式（6-14）可知，当前接收数据的正确与否不仅取决于当前频率，还取决于前一跳的频率，或前 r 跳的频率。由此递推，只要在检测过程中出现一个频率错误，如果没有相应的规避或调整措施，那么至少会出现前后跳信息符号的差错，甚至出现后续跳解码的连续错误。造成这种特有的差错传播的本质原因，是差分跳频技术的相关性。这是差分跳频的一个固有缺陷，也是相关性带来的一种负面影响。由于短波信道存在严重的衰落和多种自然与人为的干扰，并且背景噪声也很大，接收机不可避免地会出现频率的漏检、错检等，所有这些都会导致误码扩散的出现，使系统的性能进一步恶化，甚至使系统崩溃。

可见，差分跳频中的相关性原理是一把“双刃剑”，一方面为提高数据速率带来了可能，另一方面又会造成误码扩散。如果不能解决误码扩散问题，则数据速率再高也失去了实用意义，这是实际差分跳频通信系统设计中的一个重要问题。

综上所述，从一般意义上讲，差分跳频中误码扩散是指当前跳的解码错误引起后续若干跳或所有跳的解码错误。由于相邻跳之间有特定的约束关系，可基于马尔可夫（Markov）过程原理，将差分跳频中误码扩散分为两种类型：全相关误码扩散和部分相关误码扩散[8]。

所谓全相关误码扩散，是指某跳发生解码错误，其后的所有跳都发生解码错误。就是说，一旦某一跳发生错误，所有后续跳的解码都不能回到正确的路径上来，也就发生了误码扩散的雪崩效应，无法进行通信。这是一个带有吸收壁的随机游走模型，可用图 6-20 所示的状态转移图表示[8]。其中，状态 0 表示解码正确，状态 1 表示解码错误，p 表示由状态 0 向状态 1（正确到错误）的转移概率，$1-p$ 表示由状态 0 到状态 0（正确到正确）的转移概率。只要到了状态 1，所有后续跳则依概率 1 回到状态 1，即由错误到错误的概率为 1。这种模型适应于采用硬判决进行频率检测和解码且没有抗误码扩散措施的情况。

所谓部分相关误码扩散，是指某跳发生解码错误后，错误状态能依一定的概率返回正确状态，或经过若干跳的误码后能回到正确的路径上来。这是一个连通的随机游走模型，可用图 6-21 所示的状态转移图表示[8]。其中，状态 0 表示解码正确，状态 1 表示解码错误，p 表示由状态 0 到状态 1（正确到错误）的转移概率，$1-p$ 表示由状态 0 到状态 0（正确到正确）的转移概率，q 表示由状态 1 到状态 0（错误到正确）的转移概率，$1-q$ 表示由状态 1 到状态 1（错误到错误）的转移概率。如果 $p=q$，部分相关误码扩散模型就成为二进制对称信道模型；如果 $q=0$，部分相关误码扩散模型就成为全相关误码扩散模型。可见，部分相关误码扩散模型包含了全相关误码扩散模型，或者说全相关误码扩散模型是部分相关误码扩散模型的一种特殊形式。根据部分相关误码扩散模型的以上特点，它具有广泛的适用性和一般性。

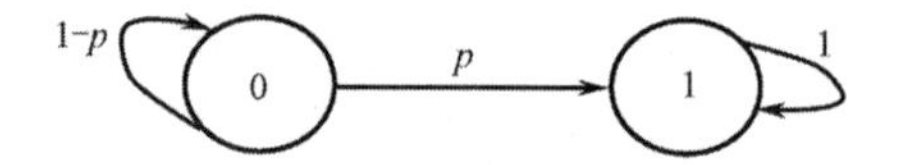

图 6-20　全相关误码扩散状态转移图

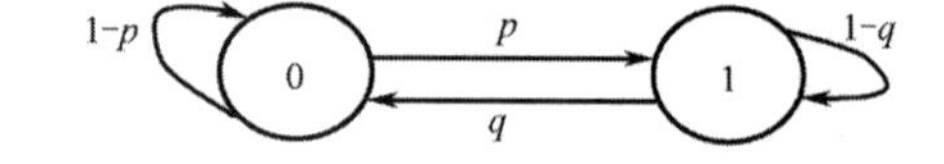

图 6-21　部分相关误码扩散状态转移图

6.4.2　无误码扩散差分跳频映射的构造

针对差分跳频体制存在的误码扩散问题，这里讨论一种构造无误码扩散的差分跳频映射方法[11, 23]，希望从理论上认识和解决差分跳频的误码扩散问题。

不失一般性，假设差分跳频频率数为 2^m，频率集为 $F=\{f_1, f_2, \cdots, f_{2^m}\}$，频率序号为 $i \in \{0, 1, \cdots, 2^m-1\}$，为了便于表述和简化计算，可采用二元有限域 GF(2) [25-26]对其进行表示。其中，频率序号可以采用 m 维二元列向量（简称频率向量）表示，数据可以采用 BPH 维二元列向量（简称数据向量）表示。那么差分跳频映射的实质就是完成当前 m 维频率向量和 BPH 维数据向量到下一跳 m 维频率向量的映射。因此，在二元域 GF(2) 上差分跳频可以表示为

$$\boldsymbol{F}_n = \boldsymbol{M}\boldsymbol{C}_n \tag{6-15}$$

式中，$\boldsymbol{M}$ 是实现差分跳频的线性变换映射，为 $m \times (m+\text{BPH})$ 矩阵，令 $\boldsymbol{M}_{m\times(m+\text{BPH})} = \begin{pmatrix}\boldsymbol{A} & \boldsymbol{B}\end{pmatrix}$，即将该矩阵分块，其中 $\boldsymbol{A}$ 为 $m \times m$ 矩阵，$\boldsymbol{B}$ 为 $m \times \text{BPH}$ 矩阵，$\boldsymbol{A}$、$\boldsymbol{B}$ 均为非零矩阵。同时，以 $\boldsymbol{F}_{n(m\times1)}$ 和 $\boldsymbol{X}_{n(\text{BPH}\times1)}$ 分别表示第 n 跳频率向量和数据向量，令

$$C_{n((L+\mathrm{BPH})\times 1)} = \begin{pmatrix} F_{n-1} \\ X_n \end{pmatrix}$$

各矩阵、向量的元素均取自GF(2)域。

展开式（6-15），得[11, 23]

$$F_n = AF_{n-1} + BX_n \tag{6-16}$$

$$BX_n = F_n - AF_{n-1} \tag{6-17}$$

这里，把式（6-16）差分跳频映射称为频率编码方程，式（6-17）差分跳频逆映射称为频率译码方程。

对于一个有效的实际系统，在利用式（6-16）和式（6-17）进行差分频率编译码时，编码方程必须满足：当前频率在不同输入数据条件下对应不同的输出频率；译码方程必须满足：相同输入频率译得唯一的数据信息。只有满足这个条件的频率编码才可译，这里称之为可译映射条件。具体描述如下：

定义6-1[11, 23] 可译映射条件为：若 F_{n-1} 相同，X_n 不同，则 F_n 不同；反之，若 F_{n-1}、F_n 相同，必有 X_n 相同。即：如果第 n 跳数据为 X_n 或 $\tilde{X}_n$，有

$$AF_{n-1} + BX_n = F_n \tag{6-18}$$

$$AF_{n-1} + B\tilde{X}_n = F_n \tag{6-19}$$

两式成立，那么必有 $X_n = \tilde{X}_n$，即相同的两个频率对应唯一的数据信息。

由此，可译映射条件对差分跳频映射的构造具有一定的约束，可以证明[11, 23]以下定理4-1可给出满足可译映射条件的线性变换矩阵约束条件。

定理6-1 只要频率编译码方程中的矩阵 B 的秩等于BPH，线性变换就可以满足可译映射条件。也就是说，构造差分跳频频率编码时，可译频率编码的约束条件为 $\mathrm{rank}(B) = \mathrm{BPH}$。

根据以上思路，文献[11, 23]具体讨论和给出了无误码扩散的差分跳频映射构造方法：但检验结果表明，其差分跳频图案的随机性和均匀性不够理想[23]，需要进一步完善，不排除还有更好的其他抑制误码扩散的措施。以上的讨论至少说明了一个道理：差分跳频中存在的误码扩散问题从理论上和实践上都是可以克服的。

6.5 短波差分跳频信号的频率检测方法

由差分跳频原理可知，只要正确检测出每跳的频率（称为跳信号检测或跳检测），收端就可以根据 G 函数逆变换恢复出数据信息。也就是说，收端正确的跳信号检测是差分跳频系统恢复数据信息的前提和必要条件。然而，在差分跳频体制下，收端无法像传统跳频那样先预知跳频频率序列，且短波信道严重的色散效应增加了频率检测的难度。所以，跳信号检测是短波差分跳频接收机设计的重要环节之一，其性能的优劣对系统性能具有决定性的作用。

6.5.1 影响短波差分跳频信号频率检测的因素

要研究短波差分跳频的跳信号检测方法，首先必须了解其信号特征和特有的问题，从而明确影响短波差分跳频信号频率检测的因素。

一是跳频体制变化带来的影响。由于差分跳频图案是受发端数据信息控制的，所以尽管频率集和 G 函数是已知的，但收发两端的跳频图案是未知的。由于差分跳频以高跳速来提高数据速率，且没有常规的调制和解调，所以差分跳频信号是一个个没有直接调制的高速跳变的单频

点。由于差分跳频图案未知，收发两端不可能同步跳频，且跳频带宽较宽，收端没有频合器，因此收端采取的是宽带异步数字扫描接收方式。正是由于这些体制上的变化，收端不可能像传统跳频体制那样通过初始同步和预知跳频图案进行解跳，而是需要逐跳地检测每一跳的频率。

二是短波信道特性带来的影响，主要是多径和群时延的影响。短波信道是一个多径信道，其多径时延 95%集中在 0.5～4.5 ms 之间[12]。在多径时延的影响下，发端发出的一串跳频信号，到达收端之后变成了多串跳频信号的叠加，以其中任意一串跳频信号作为检测的基准，其他的多径信号都是一种干扰。由于短波差分跳频系统的跳速为 5 000 Hop/s（跳周期为 200 μs），因此当前跳的多径信号不会落入本跳内，但会落入后续跳中或附近，即多径信号会导致当前检测的每一跳间隔内或附近有多个前续跳的频率信号存在。如果这些多径信号属于当前跳的转移子集，就会干扰跳变频率信号的检测和数据信息的还原，并且这种干扰是同跳速、同频率集且不同频率的干扰，非常难以排除，如图 6-22 所示。不过，由于本跳信号的频率与本跳内的其他多径信号的频率未必相同，当不相同时不会造成有用信号的幅度发生起伏变化。在传统低速跳频中，本跳的多径信号一般落入本跳内，本跳信号的频率与本跳内多径信号的频率一定相同，使每跳信号的幅度呈现瑞利衰落。

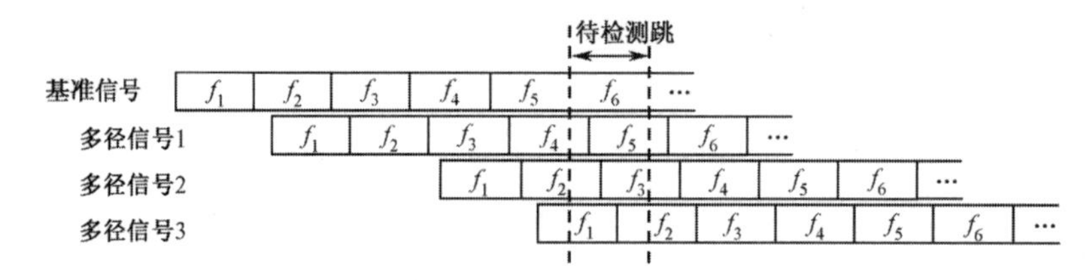

图 6-22　多径对接收信号的影响示意图

另外，在高速跳频条件下，信道群时延将对短波高速跳频通信系统的收端信号造成极大影响。在跳速达 5 000 Hop/s 和跳频带宽达到 2 MHz 左右情况下，短波空中（天波）信道群时延差可达到跳周期的一半[14]。群时延将使收端难以准确地判断每一跳的起始位置。也就是说，每跳信号在时间上难以准确估计，或跳信号在时间上无法同步，参见图 6-7。而在传统短波低速跳频通信系统中，跳周期远远大于短波空中信道的群时延差，空中信道群时延的影响可以忽略不计。在短波高速差分跳频通信系统中，由于采用宽带搜索（采样）接收方式，不存在传统短波低速跳频通信系统中的接收滤波器所造成的信道机群时延影响。而在传统短波低速跳频通信系统中，信道机滤波器（尤其是中频滤波器）的群时延对收端跳频信号有较大的影响；相比之下，空中信道群时延相对较小。

综上所述，由于短波高速差分跳频通信系统的跳速高和短波天波信道特性的影响，接收信号存在时间和频率的两维不确定性，主要表现在：收发两端跳信号在时间上不同步，任一跳周期内频率不唯一，收端每跳信号在时间上难以准确区分，等等。所有这些，都给高速差分跳频信号的频率检测带来了困难。

从以上特点和问题可以看出，短波天波信道中的高速差分跳频信号与 AWGN 信道中的差分跳频信号以及传统的低速跳频信号有很大的区别，其频率检测要复杂得多。因此，需要研究适合短波高速差分跳频信号的频率检测方法。

6.5.2　基于 STFT 的频率检测方法

短波差分跳频通信要求收端起码能异步分析每跳周期内的频率特性。文献[2]采用了比较简单的 FFT 频率检测方法，并且认为 FFT 检测方法是 MFSK 信号检测的一种等效方法。但是，这种方法难以对存在时间和频率不确定性的信号进行有效检测。下面利用短时傅里叶变换（STFT），分析具有时间和频率不确定性的短波高速差分跳频信号的频率特性。

1. 短时傅里叶变换基本原理

短时傅里叶变换作为一种时频分析方法，广泛应用于各领域的信号分析和处理[29-30]。其基本思想是：把信号划分成许多小的时间间隔，用傅里叶变换分析每个时间间隔内信号的频谱特性，以便确定在相应时间间隔内存在的频率。为了研究信号在时间 t 处的局部特性，需要加强在时间 t 处的信号，而压缩在其他时间处的信号。可通过用其中心位于时间 t 的窗函数 $\gamma(t)$ 与信号相乘来实现，即通过加窗把所关心的信号取出来，这时的信号变为

$$s_t(\tau)=s(\tau)\cdot\gamma(\tau-t) \tag{6-20}$$

式中，$s(t)$ 为待分析的原信号。可见，取出的信号是两个时间的函数，即所关心的固定时间段参考点 t 和执行时间 τ。窗函数决定了所取出的信号围绕时间 t 大体上不变，而离开所关心时间 t 的信号被大大压缩，即

$$s_t(\tau)\approx\begin{cases}s(\tau), & \tau\to t\\ 0, & \tau\text{远离}t\end{cases} \tag{6-21}$$

加窗后的信号强调了围绕时间 t 的信号，其傅里叶变换将反映围绕时间 t 的频率分布，即

$$\mathrm{STFT}_s^{(\gamma)}(t,f)=\int_{-\infty}^{\infty}\left[s(\tau)\cdot\gamma(\tau-t)\right]\mathrm{e}^{-\mathrm{j}2\pi f\tau}\mathrm{d}\tau \tag{6-22}$$

这就是信号 $s(t)$ 的短时傅里叶变换（STFT），其中 $\mathrm{STFT}_s^{(\gamma)}(t,f)$ 表示 $s(\tau)\cdot\gamma(\tau-t)$ 的傅里叶变换。一般，窗函数 $\gamma(t)$ 的时间宽度非常短，信号 $s(t)$ 乘以 $\gamma(t)$ 等价于取出信号在分析点 t 附近的一个切片，所以 STFT 反映了信号在“分析时间” t 附近的“局部谱”。正是要利用这一点来分析和检测跳变信号在所关心时间 t 附近的频谱特性。

与其他时频分析手段一样，STFT 的时间分辨率 Δt 和频率分辨率 $\Delta\omega$ 受测不准原理的限制[31]：

$$\Delta t\cdot\Delta\omega\geqslant 1/2 \tag{6-23}$$

也就是说，要想得到高的时间分辨率，需要用短的时宽，而要想得到高的频率分辨率则需要用长的时宽，即不存在短时宽又窄带宽的窗函数。可见，窗函数的特性对 STFT 非常重要，要想得到合适的时间或频率分辨率，应该合理选择窗函数。一般要求 $r(t)$ 在某个时间和频率附近聚集，例如 $r(t)$ 为高斯（Gauss）窗，$r(t)$ 和其傅里叶变换 $R(f)$ 在零点周围聚集，且其时宽和频宽特性满足测不准原理。

与连续傅里叶变换一样，对任何 STFT 的应用而言，都采用离散形式，即离散短时傅里叶变换（DSTFT）：

$$S(n,k)=\mathrm{STFT}_s^{(\gamma)}(nT,kF)=\sum_{m=0}^{L-1}\left[s(m)\cdot\gamma(m-nT)\right]\mathrm{e}^{-\mathrm{j}2\pi kFm} \tag{6-24}$$

式中，L 为窗函数的分析宽度，T 为跳周期，F 为每跳的频率。

2. 基于 STFT 的差分跳频跳信号检测

设差分跳频频率数为 N，跳周期为 T，ω_i 为每跳的角频率，为了便于后续的计算，将每跳时间内的 DFH 发送信号表示为复数形式[10, 27]：

$$s_i(t)=\sqrt{2p}\,\mathrm{e}^{\mathrm{j}\omega_i t},\quad i=0,1,2,\cdots,N-1,\quad 0\leqslant t\leqslant T \tag{6-25}$$

在 AWGN 信道条件下，差分跳频信号没有多径和群时延的影响，在每跳时间间隔内是一个单频信号，收端跳信号检测的任务是将每跳的单频信号检测、识别出来。一种简单直观的方

法是用一组与频率集中每个频率相对应的滤波器组来接收当前跳的频率。由于当前跳的频率是先验未知的，只能对整个跳频频率集进行接收，因此滤波器的个数与频率集大小 N 相等。

当 N 较大时，需要的滤波器太多，一种等效的方法是采用 STFT。当接收时间窗（简称时窗）与每跳信号在时间位置上对准时，用其宽度与跳周期 T 相同的时窗取出当前跳信号，然后应用 FFT 进行频谱分析，将属于频率集的所有频率取出来，其幅度最大的频率即认为是当前跳的频率。该检测过程如图 6-23 所示。

差分跳频接收信号 → 加时窗 → FFT频谱分析 → 择大判决 → f_i

图 6-23　基于 STFT 的差分跳频跳信号检测过程

从以上过程不难发现，应用 STFT 检测差分跳频跳信号的过程与 MFSK 信号的非相干检测的过程类似，所不同的是差分跳频中检测的都是射频频率，没有常规 MFSK 中基带频率与射频频率的区别问题。但这不影响频率检测的数学关系，这是因为[27]：第一，AWGN 信道中差分跳频信号与 MFSK 信号在时域上一样，在跳周期或在符号间隔内都表现为一个单载波；第二，这两种检测过程在本质上一样，都是在可能的 N 个判决变量中取最大值，而它们判决变量的表达式又非常类似。因此，可以认为高速差分跳频信号 STFT 检测的性能与 MFSK 非相干检测的性能相当。

MFSK 信号非相干检测的判决变量为[32]

$$F_i = \left|\int_0^T r(t)\cdot s_i^*(t)\cdot \mathrm{d}t\right| \tag{6-26}$$

将式（6-25）代入式（6-26），得

$$F_i = \sqrt{2p}\cdot\left|\int_0^T r(t)\cdot \mathrm{e}^{-\mathrm{j}\omega_i t}\mathrm{d}t\right|\sqrt{2} \tag{6-27}$$

式（6-27）实质上为每跳信号的傅里叶变换，将式（6-27）在一跳时间间隔 T 内 L 点离散化，并用数字频率 i 表示模拟角频率 ω_i，有

$$F(i) = \sqrt{2p}\cdot\left|\sum_{n=0}^{L-1} r(n)\cdot \mathrm{e}^{-\mathrm{j}2\pi in}\right| \tag{6-28}$$

这就是用时窗取出的每跳信号的 L 点 FFT 谱分析结果，其中 $F(i)$ 为择大判决的判决变量。由此可见，在 AWGN 信道条件下，高速差分跳频信号 STFT 检测的性能与 MFSK 非相干检测的性能相当。但是，在短波天波信道条件下，当前跳的频率附近会出现其他频率，若这些频率的幅值也超过检测门限，则以上方法难以判断频率的真伪，从而导致频率的误判。

6.5.3　基于 STFT 与 G 函数相结合的频率检测方法

考虑到 STFT 具有分析一个信号在任意时间点附近频率特性的能力，而差分跳频 G 函数与频率的跳变规律有关，其算法至少在一次通信中是经双方预定的，是一个可以利用的资源。因此，可以将这两者结合起来，形成一种新的差分跳频频率检测（跳信号检测）方法，以提高检测性能。

1. 检测方法描述

这种跳信号检测方法的基本思想是[10]：利用 STFT 分析一跳时间间隔内的频率特性，取出那些幅度较大而可能是跳信号的频点。在此基础上，利用发端 G 函数的算法规律来对这些接

收的频点进行筛选，选出真实的候选频点，删除多余的频点，从而寻找一条满足 G 函数算法规律的频率变化路径，即所需的跳频频率序列。

在进行 STFT 分析时，应先选取窗函数。与其他窗函数相比，Gauss 窗具有最小的时间分辨率和频率分辨率乘积，即在基于测不准原理的式（6-23）中取等号：

$$\Delta t \cdot \Delta\omega = 1/2 \tag{6-29}$$

基于此，可选 Gauss 窗作为分析窗。由于跳速为 5 000 Hop/s，所以取窗口宽度为 200 μs，每次窗口移动 200 μs。

具体的跳信号检测方法如下[10]：

（1）对当前任意接收到的信号加窗，即窗函数与接收信号相乘，取出窗内的信号，并认为是当前的一跳信号；

（2）对加窗取出的信号作短时傅里叶变换（STFT），实际中是作离散短时傅里叶变换（DSTFT）；

（3）取出当前窗变换结果中所有频率的最大幅度值；

（4）设置幅度门限，取出当前变换中所有大于门限的频率；

（5）在取出的频率中，用 G 函数算法规律来删除一些不在当前跳转移子集中的频率；

（6）保存剩余的频率，这些频率可能是有效频率，窗向后推移 200 μs；

（7）重复（1）～（6），接收、检测下一跳信号的可能有效频率，并存储；

（8）用 G 函数的算法规律逐跳筛选这些按跳存储的频率，经过一定的存储长度后，就可以选取一条满足 G 函数算法的路径，即是要检测的频率路径。

在上面的检测方法中，一般选取每一跳中最大幅度的 1/2 作为幅度门限。这是一种相对门限，它会随着信道条件、信号幅度在每跳中进行自适应调整。在正常情况下，有效频率的幅度一般都能通过这个门限的检测，这是因为：①在短波高速跳频系统中，多径不像在低速跳频系统中那样造成本跳信号幅度出现忽大忽小的明显变化。②接收信号的幅度主要受信道慢衰落的影响，且对整个短波频段的影响程度是相同的[12]。虽然在差分跳频中多径会造成同跳速、同频率集且不同频率的干扰，但这种干扰的幅度不会突然比有用频率的幅度大很多而使其小于门限。而且，在通信之前和通信过程中一般都采用自适应选频技术来保证频率集中的频率可用，以避免出现某些频率突然不可用而造成该频率幅度小于门限的情况。③短波跳频电台在正常工作时的收端最小输入信噪比一般为 10～20 dB[12]，在此条件下，有用频率的幅度总是能大于一跳中最大幅度的 1/2，这也为后面的仿真所证实。

当然，短波信道条件发生突变的情况也是存在的，主要是由于信道的剧烈变化（如电离层扰动等），将导致频率集中的频率在一段时间内检测不到，无法筛选出符合 G 函数算法的路径。另外，由于信道衰减、背景噪声太大或功率太小等，也可能检测不到有效频率（漏检），即有效频率没有通过门限。在正常信道中，尽管出现连续几跳有效频率漏检的可能性很小，但随机出现一跳有用频率漏检是可能的，甚至是常见的。以上两种情况均会造成通信误码，当再次检测到有效频率时，G 函数将重新开始跳频频率序列的筛选。

从以上跳信号检测方法的步骤可见，这是一种基于收发异步的频率检测方法，与传统跳频依靠初始同步和预知跳频图案来解跳是不同的。在此基础上，用 G 函数的算法规律来删除不可能出现的频点，消除每跳时间间隔内频率的不唯一性。所以，采用 STFT 分析和 G 函数删除频点、选取路径相结合的方法，可以解决在高速跳频条件下短波信道给跳信号检测带来的一些困难。

2. 检测性能仿真

如前所述，对收端差分跳频跳信号检测影响最大的因素是信道的群时延和多径效应，它们不仅使跳信号无法在时间上收发同步，而且在任一跳时间间隔内频率不唯一。因此，以下主要针对信道群时延和多径在一跳时间间隔内对跳信号检测的影响进行性能仿真。性能仿真原理框图如图 6-24 所示[10]。

仿真条件：收端对接收的射频信号进行下变频处理，得到频率较低的"基带信号"，根据 G 函数生成的跳频序列和信道条件来构造信号，跳频信号频率为 10 kHz, 20 kHz, 30 kHz, 40 kHz, …, 1 280 kHz，共有 128 个频率，即频率集大小为 128；每跳发送信号为矩形脉冲，跳速为 5 000 Hop/s，跳频信号的频谱按邻道相接方式分布，信号的总带宽为 1 280 kHz；取窗口宽度为 200 μs 的 Gauss 窗，信噪比（SNR）为 9 dB（属于信道条件较差的情况）；在 AWGN 信道条件下，考虑信道群时延、多径效应以及它们的综合等情况。用 STFT 分析当前跳的频率特性，其结果如图 6-25～图 6-28 所示[10]。其中，纵轴和横轴分别是归一化幅度和归一化频率，图 6-25 是仅考虑高斯白噪声时收端信号的频谱图，图 6-26～图 6-28 分别是仅考虑在信道群时延、多径以及它们的综合影响下收端信号的频谱图。

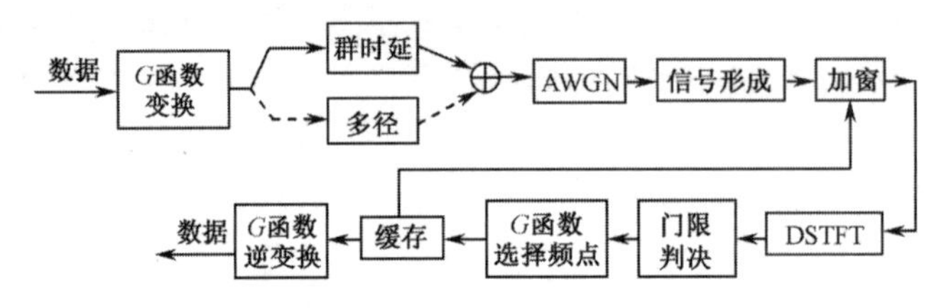

图 6-24　跳信号检测性能仿真原理框图

由仿真结果，可得如下几点结论：

（1）从时域上看，群时延的作用会使邻近跳的频率进入 Gauss 窗，但由于 Gauss 窗对其中心附近信号的加强以及对远离其中心位置的信号的抑制作用，会使进入 Gauss 窗的邻近跳的频率得到较好的抑制，使这些信号的幅度降低，如图 6-26 所示。

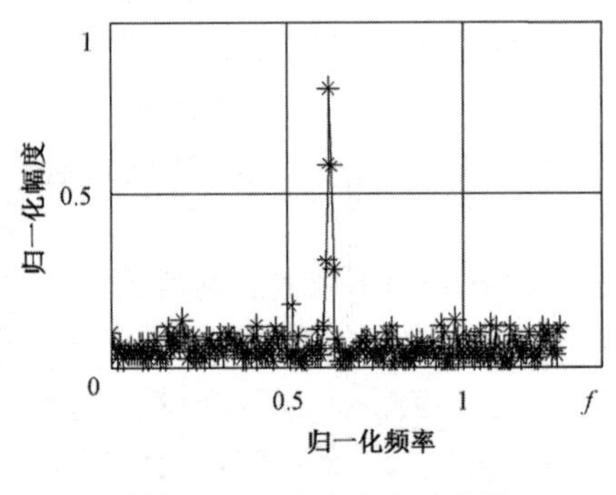

图 6-25　仅有高斯白噪声情况

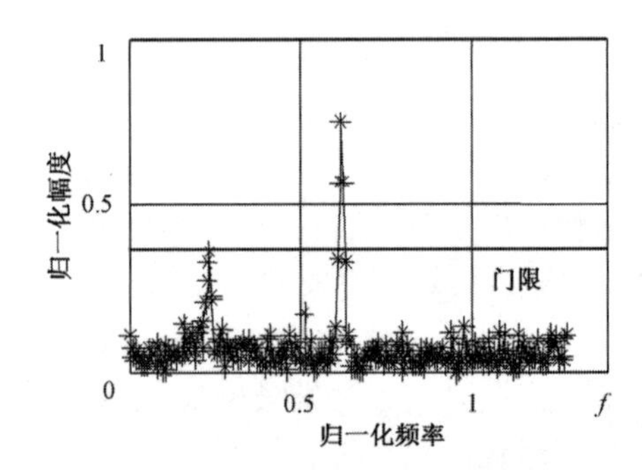

图 6-26　群时延影响

（2）虽然由于多径效应，会有多个频率进入 Gauss 窗，但有用信号的幅度不会受其影响，如图 6-27 所示。

（3）在综合以上两种因素情况下，Gauss 窗内会出现多个频率，同时由于多径和群时延的共同作用，会使跳频序列中某些相同的频率同时进入窗内，从而造成 Gauss 窗内最大幅度发生变化，如图 6-28 所示。

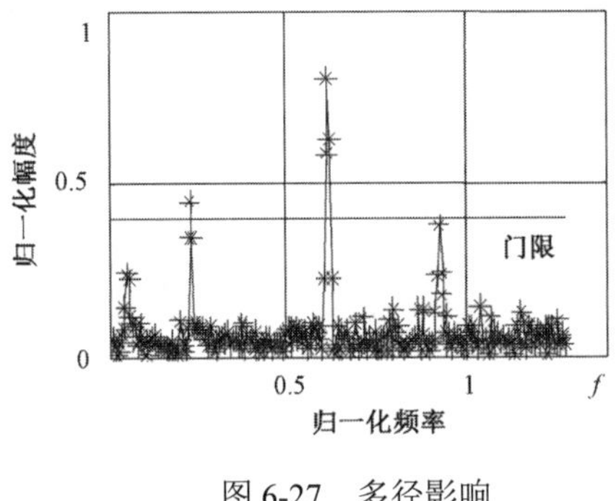

图 6-27　多径影响

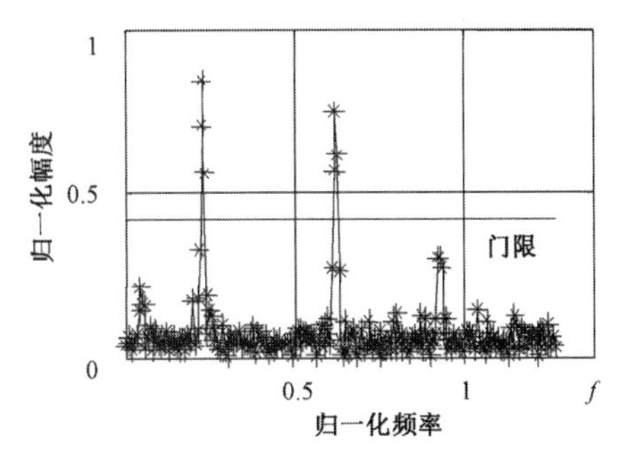

图 6-28　多径与群时延综合影响

（4）虽然信道造成的影响非常复杂，但在这四种情况下，所需频率的幅度总大于 Gauss 窗内最大幅度的 1/2。也就是说，在 STFT 中，有用信号总能通过跳信号检测方法的门限判决，虽然通过门限的频率不止一个。

以上结论说明，STFT 可以很好地对差分跳频信号进行分析，再结合 *G* 函数的算法规律对跳频率进行筛选、存储检测，进而寻找出一条满足 *G* 函数算法规律的路径，就是所需检测的跳频率序列。

G 函数筛选频率、选择路径的过程示意图如图 6-29 所示。采用频率号 0～127 分别表示 128 个频率，每一列的频率表示用 STFT 分析、检测到的每跳频率，箭头指向表示路径前进的方向。

从图 6-29 可看出，尽管由于短波信道的多径、群时延等特性的影响，STFT 检测出的每跳频率不唯一，但利用 *G* 函数的映射规律，可以删除每跳不满足 *G* 函数算法规律的多余频点，并且经过若干跳后，还删除了多余的路径，保留了一条符合 *G* 函数算法的路径，即是所需检测的频率序列，如图 6-29 中粗线所示。一般通过 4~7 级缓存后，可将有效的跳频频率识别出来，而删除多余的误跳，从而正确解调出数据。

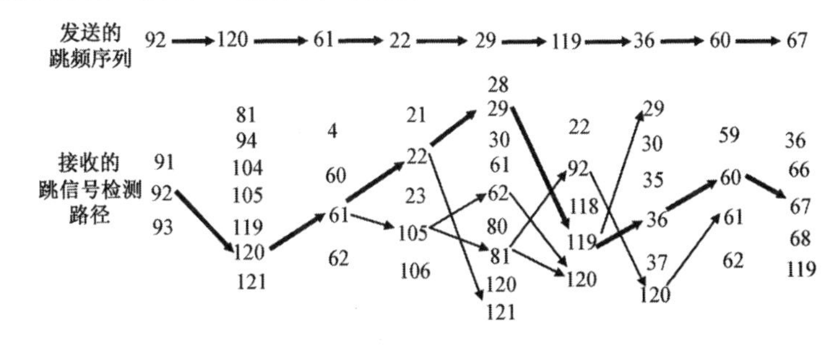

图 6-29　利用 *G* 函数进行频率筛选的过程示意图

6.5.4　基于小波分析的频率检测方法

小波分析是一种性能优良的时频分析方法[27, 29-33]，具有可变的尺度因子和平移因子，使得它在时域和频域都具有比 STFT 更好的局部特性，并且借助信号和噪声小波分解特性的不同，小波分析还可以用来“消噪”，进而获得高性能的谱估计。因此，可以利用小波分析在谱估计上的优势来进行差分跳频的跳信号检测[27]。

采用小波分析进行差分跳频跳信号检测的基本方法是：先将接收信号进行小波分解，由于在跳周期内差分跳频信号幅度具有较平缓的特性，而白噪声幅度具有剧烈变化的特性，在不同尺度因子下信号和噪声的小波分解特性不一样，可以利用这一点来改善在噪声中检测跳信号的性能。然后对降低噪声后的信号进行 FFT 变换，取出变换结果中最大值对应的频率，即是所需检测的频率。

该方法在进行差分跳频信号的谱估计之前进行了“消噪”处理，所以基于小波分析的跳信号检测方法对信噪比的要求较低，而基于 STFT 的跳信号检测方法要求较高的信噪比。因此，在 AWGN 信道中，基于小波分析的跳信号检测方法比基于 STFT 的跳信号检测方法对信噪比的适应性更强，但实现起来要复杂一些。

同理，为了发挥 G 函数算法的作用，进一步提高差分跳信号检测性能，可将小波分析与利用 G 函数进行频率筛选相结合，其方法和过程与 6.5.3 节类似，在此不再赘述。

6.5.5 基于修正周期图的频率检测方法

以上讨论的几种频率检测方法，对存在时间不确定性的频率检测具有较好的效果，但难以有效解决因频率不确定性导致检测性能恶化的问题。为此，本节讨论一种基于修正周期图的差分跳频频率检测方法[23, 28]，以求在时间和频率均不确定时对差分跳频频率进行更为有效的检测。

1. 差分跳频信号的最佳检测

差分跳频接收信号可以表示为

$$r_m(t)=\mathrm{Re}[r_{lm}(t)\mathrm{e}^{\mathrm{j}2\pi f_c t}]=r_s(t)+n(t),\quad m=0,1,\cdots,N-1,\quad 0\leqslant t\leqslant T \tag{6-30}$$

式中，m 为跳频频率号，N 为跳频频点数，$\mathrm{Re}[\cdot]$为取实部运算，$r_{lm}(t)$ 为跳频信号的等效低通信号，f_c 为带通信号的载频，T 为跳周期，$n(t)$为单边功率谱为 N_0 的带通加性高斯白噪声，$r_s(t)$ 为信号部分。

接收信号的等效低通信号为

$$r_{lm}(t)=\sqrt{2p}\,\mathrm{e}^{\mathrm{j}(2\pi m\Delta f t+\varphi_m)}+z(t),\quad m=0,1,\cdots,N-1,\quad 0\leqslant t\leqslant T \tag{6-31}$$

式中，Δf 为频率间隔；p 为接收的信号功率；φ_m 为相应等效低通信号的相位，假定该相位是一未知的随机变量；$z(t)$ 是 $n(t)$ 的等效低通形式，为单边功率谱为 N_0 的复加性高斯白噪声，$n(t)=\mathrm{Re}[z(t)\mathrm{e}^{\mathrm{j}2\pi f_c t}]$。

由式（6-30）、式（6-31）可知，差分跳频信号与 MFSK 具有相同的信号形式。根据文献[32]可知，在一个码元周期内，随机相位的 MFSK 信号能够保持正交的最小频率间隔为码元周期的倒数。因此，要在一个跳周期内保持正交，相位未知的跳频信号最小频率间隔为 $1/T$。这里取最小频率间隔，即 $\Delta f=1/T$。

以 $f_s=N\cdot\Delta f$ 的频率对式（6-31）信号进行采样，每个跳频信号可以得到 N 个样本：

$$r_{lm}(n)=\sqrt{2p}\,\mathrm{e}^{\mathrm{j}(\frac{2\pi mn}{N}+\varphi_m)}+z(n),\quad m,n=0,1,\cdots,N-1 \tag{6-32}$$

由高斯白噪声的性质可知，噪声样本的统计特性为

$$E[z(n)]=0,\quad E[z^*(n)z(k)]=2N_0B\delta(n-k),\quad \sigma^2=N_0B \tag{6-33}$$

这里，$B=N\cdot\Delta f$ 为处理带宽，$\delta(n-k)$ 为单位冲激样本，即

$$\delta(n-k)=\begin{cases}1, & n=k\\ 0, & n\neq k\end{cases} \tag{6-34}$$

根据采样定理，$f_s=N\cdot\Delta f$ 仅仅对 $|f|\leqslant N\cdot\Delta f/2$ 的信号采样不会丢失任何信息。根据式（6-32），有下式成立：

$$r_{lm}(n)=r_{l(m-N)}(n),\qquad m=\frac{N}{2},\frac{N}{2}+1,\cdots,N-1 \tag{6-35}$$

所以，$N\cdot\Delta f/2\leqslant f\leqslant(N-1)\cdot\Delta f$ 的差分跳频信号被采样后可以由 $-N\cdot\Delta f/2\leqslant f\leqslant-\Delta f$ 范围内相应的信号表示，即以 $f_{\rm s}=N\cdot\Delta f$ 对式（6-32）所示的跳频信号采样后并没有丢失任何有效信息。

假定当前接收的跳频信号为 $r_{l1}(t)$，那么对其等效低通信号采样后作 N 点离散傅里叶变换（DFT）得

$$R(k)=\sum_{n=0}^{N-1}\left[r_{l1}(n)+z(n)\right]{\rm e}^{{\rm j}\frac{2\pi nk}{N}},\quad k=0,1,\ldots,N-1 \tag{6-36}$$

再根据 DFT 的性质，有

$$R(k)=R(k-N),\qquad k=\frac{N}{2},\frac{N}{2}+1,N-1 \tag{6-37}$$

即 $k=-\frac{N}{2},-\frac{N}{2}+1,-1$ 处的值可以分别由 $k=\frac{N}{2},\frac{N}{2}+1,N-1$ 处的值表示，所以 $|R(k)|$（$k=0,1,\cdots,N-1$）就是跳频信号在 N 个跳频频点处的 DFT 值。

展开式（6-36），得

$$\begin{aligned}R(m)&=\sum_{n=0}^{N-1}\left[\sqrt{2p}\,{\rm e}^{{\rm j}(\frac{2\pi mn}{N}+\varphi_1)}+z(n)\right]{\rm e}^{-{\rm j}\frac{2\pi mn}{N}}\\&=N\sqrt{2p}\,{\rm e}^{{\rm j}\varphi}+\sum_{n=0}^{N-1}z(n){\rm e}^{-{\rm j}\frac{2\pi mn}{N}}\end{aligned} \tag{6-38}$$

$$Z(k)=\sum_{n=0}^{N-1}z(n){\rm e}^{-{\rm j}\frac{2\pi nk}{N}},\quad k\neq 1 \tag{6-39}$$

令 $Z(k)=\sum_{n=0}^{N-1}z(n){\rm e}^{-{\rm j}\frac{2\pi nk}{N}}$，由式（6-33）、式（6-34）白噪声的正交性以及 DFT 的性质[32, 34]可知，$Z(k)$ 是均值为 0、方差为 $N\cdot B\cdot N_0$ 的互相独立的加性高斯白噪声。

令判决变量为

$$D_m=|R(m)|\ ,\qquad m=0,1,\cdots,N-1 \tag{6-40}$$

式中，$|\cdot|$ 为取复数模值。

判决结果为

$$\hat{m}=\arg\max_{m=0,1,\ldots,M-1}D_m \tag{6-41}$$

式中，$\arg\max\limits_{m=0,1,\ldots,M-1}f(m)$ 表示取函数 $f(m)$ 最大值所对应自变量 m 的值。式（6-41）表示 $\hat{m}$ 为判决变量 D_m 最大值所对应的频率号，判决后的频率为 $\hat{m}\Delta f$。

与随机相位的 MFSK 非相干最佳解调的判决变量[32]相比较，若由 DFT 方法得到的判决变量具有相同的统计分布特性，则两者的检测性能也必然相同。因此，基于 DFT 的检测方法是一种随机相位差分跳频信号的最佳频率检测方法。然而，与 MFSK 中的最佳解调相比，基于 DFT 的检测方法可以用 FFT 实现，便于最佳检测的数字处理。

2. 存在时间与频率不确定性的频率检测改进方法

在时域上，短波信道的群时延特性，使得差分跳频信号经过短波信道后的时序关系会发生一定变化。为了能够正确区分跳信号时序关系，要求跳频频段的最大群时延差必须大于差分跳

周期的一半。当差分跳频接收机存在跳定时误差时，当前分析时间段内的信号除了噪声和当前跳的频率信息外，还可能存在其他跳的频率信息。同时，短波信道的多径效应会使得当前跳期间出现其他跳的频率信号。因此，群时延、定时误差和多径时延等都会使高速差分跳频信号的检测在时间上呈现出一定程度的不确定性。

在频域上，收发信机频率精确度和稳定度的差异以及电离层的变化和收发信机平台的高速移动而引起多普勒频移等因素，会使接收信号出现频率误差，导致接收信号在频率上出现一定程度的不确定性。

先讨论仅存在时间不确定性时的频率检测性能。典型的时间不确定性示意图如图 6-30 所示[28]。假设差分跳频系统工作的频点数为 64，跳周期为 200 μs，频率间隔为未知相位的最小正交间隔（即 5 kHz）。不失一般性，假定图 6-30 所示的跳频信号分别为第 50 号和第 30 号频率，采样频率取 64×5 kHz。虽然多径时延与群时延引起时间不确定性的机理不同，但接收信号在时序上都表现为两跳之间在时间上的部分交叠，群时延为前后两跳，多径时延为当前跳与之前某跳。因此，仅从检测的角度看，多径时延与群时延引起的收端差分跳频信号时间不确定性的效果是类似的，这里仅以群时延为例予以说明。

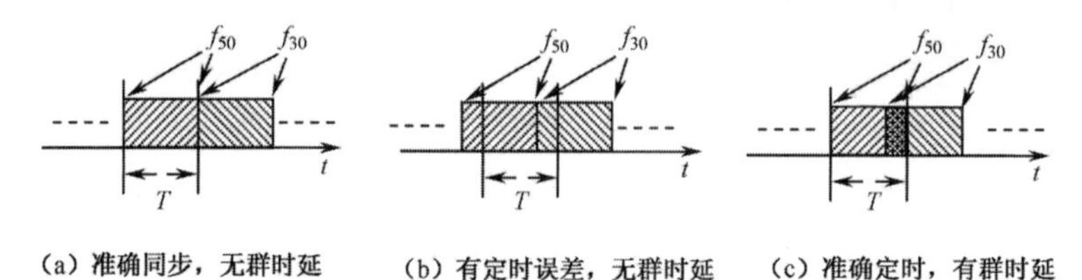

图 6-30　典型时间不确定性示意图

图 6-30 所示的三种跳信号跳周期内的取样信号样本分别为[28]

$$r_1(n)=w_0(n)\left[\sqrt{2p}\,\mathrm{e}^{\mathrm{j}(\frac{2\pi\times50\times n}{64})+\varphi_{50}}+z(n)\right],\quad n=0,1,\cdots,63 \tag{6-42}$$

$$\begin{aligned}r_2(n)=w_0(n)\Big[&\sqrt{2p}\,\mathrm{e}^{\mathrm{j}(\frac{2\pi\times50\times n}{64})+\varphi_{50}}w_1(n)+\\&\sqrt{2p}\,\mathrm{e}^{\mathrm{j}(\frac{2\pi\times30\times n}{64})+\varphi_{30}}w_2(n)+z(n)\Big],\quad n=0,1,\cdots,63\end{aligned} \tag{6-43}$$

$$\begin{aligned}r_3(n)=w_0(n)\Big[&\sqrt{2p}\,\mathrm{e}^{\mathrm{j}(\frac{2\pi\times50\times n}{64})+\varphi_{50}}+\\&\sqrt{2p}\,\mathrm{e}^{\mathrm{j}(\frac{2\pi\times30\times n}{64})+\varphi_{30}}w_3(n)+z(n)\Big],\quad n=0,1,\cdots,63\end{aligned} \tag{6-44}$$

这里 $w_0(n)$、$w_1(n)$、$w_2(n)$、$w_3(n)$分别为相应的窗函数，其中 $w_0(n)$是长度为 64 的窗，$w_1(n)$、$w_2(n)$窗的长度之和为 64，$w_2(n)$、$w_3(n)$窗的长度均小于 32（即同步误差和群时延差都不超过跳周期的一半）。

当窗函数都采用矩形窗时，式（6-43）、式（6-44）对最大值归一化的 DFT 检测分别如图 6-31、图 6-32 所示[23, 28]（幅值未达到的空白部分未画出，突出有效幅值部分）。图中 BPH=2，横坐标为频率序号，纵坐标为 DFT 对 64 的归一化值。为了突出时间不确定性对频率检测的影响，这里取高信噪比，比特信噪比为 20 dB。

由图 6-31 和图 6-32 可知，跳定时误差、群时延差都会使差分跳频信号最佳检测器的性能恶化，而且在同样数量级时间偏差条件下，跳定时误差使检测器性能恶化得更为严重。根本原因在于：虽然当前跳信号混入了下一跳的部分能量，但跳定时误差与群时延导致 $w_1(n)$ 、$w_2(n)$ 、$w_3(n)$ 的出现，即使 $w_2(n)=w_3(n)$ ，$w_1(n)$ 也使当前跳信号的能量有所损失。

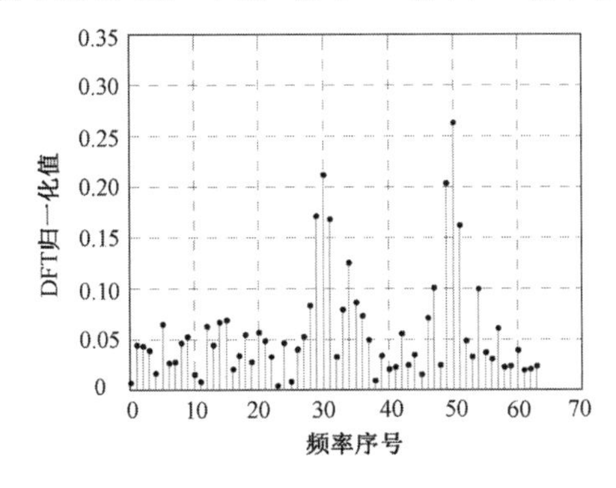

图 6-31　跳定时误差为 40%、无群时延的 DFT 检测

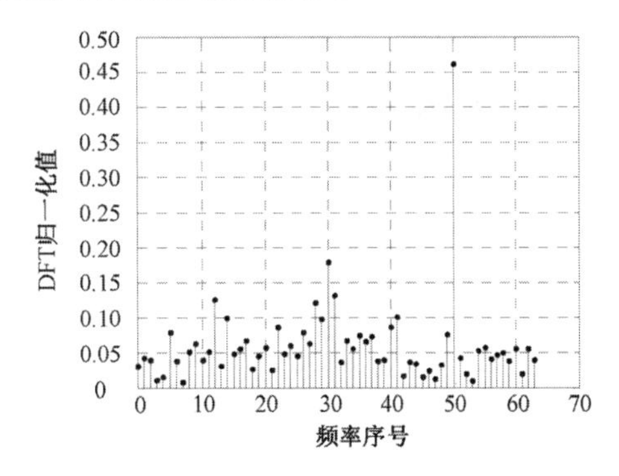

图 6-32　群时延为 40%、准确定时的 DFT 检测

准确跳定时、无群时延时矩形窗 $w_0(n)$ 的 DFT，其所有零点正好落在除主瓣中心频率的各跳频频点处，所以对检测性能没有影响。然而，当存在同步误差或群时延差时，矩形窗 $w_1(n)$ 、$w_2(n)$、$w_3(n)$ 的长度均小于 64，旁瓣零点就不再处于要检测的频点处，而矩形窗的最大旁瓣（第一旁瓣）仅仅比主瓣低 13 dB，于是旁瓣在检测频点处的能量泄漏就会导致检测器性能的下降。同时，由于窗函数的长度变短导致主瓣宽度加宽，使频率分辨率下降，具体表现为待估计频率附近的旁瓣幅度有显著提高，即增加了判决错误的概率。

图 6-31 中的第 30 号和第 50 号频率附近的显著的杂散就是主瓣变宽的结果；而图 6-31 中第 30 号频率处幅度比图 6-32 中第 30 号频率处的幅度大，则是由于 $w_1(n)$ 旁瓣泄漏所致。

为了降低旁瓣泄漏对判决造成的影响，可以采用旁瓣衰减较大的窗函数，由于存在时间的不确定性，仅 $w_0(n)$ 取非矩形窗。如图 6-33 所示，当 $w_0(n)$ 用旁瓣衰减较大的 Kaiser 窗[37]时，由于旁瓣泄漏显著降低，第 30 号频率处的相对幅度明显下降，因而加窗的方法降低了第 30 号频率处信号幅度对判决的影响。其中，β 值为 Kaiser 窗中的一个参数。然而，由于相同长度的 Kaiser 窗的主瓣比矩形窗的宽，因此第 50 号频率附近 DFT 的幅度相对增高，所以必须采用更有效的方法进一步抑制第 50 号频率附近多余频率成分的幅度。

根据文献[37]对谱分析的结论，增加 DFT 的点数并不能提高分辨率；提高分辨率的有效途径是增加数据的样本数。对于差分跳频系统，在跳周期内获得的信号样本数的增加与采样频率的增加成正比；因此靠提高采样频率获取样本数的增加，并不能增加检测器的分辨率。有效的解决办法是增加跳频的频率间隔，从而补偿由于加窗而造成的分辨率下降。显然，这种方法是以增加频谱资源为代价的。

图 6-34 所示是将跳频频点间隔增加到 10 kHz，采样频率相应增加到 64×10 kHz 时，跳定时误差仍为 40%，无群时延，信噪比不变，加长度为 128、β 值为 10 的 Kaiser 窗后的 DFT 检测。由图 6-34 可以看出，加窗后不但第 50 号频率的信号旁瓣泄漏对第 30 号频率信号幅度的影响显著减小，而且增加频率间隔可以明显弥补主瓣变宽的影响。

加窗后的 DFT 是对修正周期图进行等间隔的采样，并以采样值为判决变量的检测方法，是修正周期图的 DFT 实现，因此这种方法属于修正周期图方法。

下面讨论仅存在频率不确定性的情况。当频率偏差不大于频率间隔的一半时，频率检测器应能够正确判断出跳频信号的频率。也就是说，当有频率偏差时，频率检测器应该有聚类的作用，即当由周期图得到的估计频率满足

$$\left|\hat{f} - f_i\right| < \frac{\Delta f}{2} \tag{6-45}$$

时，就可以判决：

$$f = f_i，\ i = 0, 1, \cdots, N-1 \tag{6-46}$$

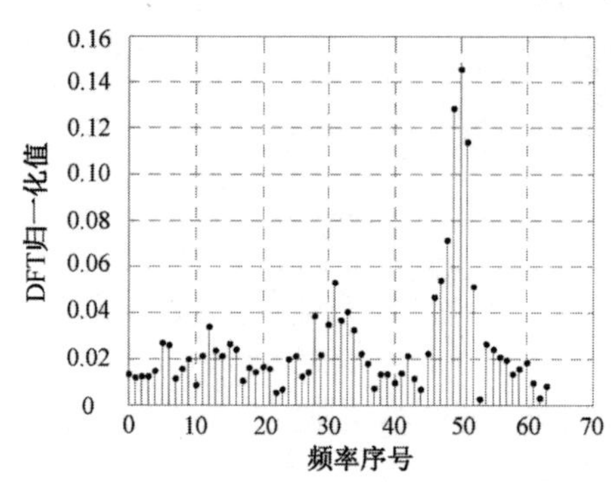

图 6-33　跳定时误差为 40%，无群时延，加长度为 64、β 值为 10 的 Kaiser 窗后的 DFT 检测

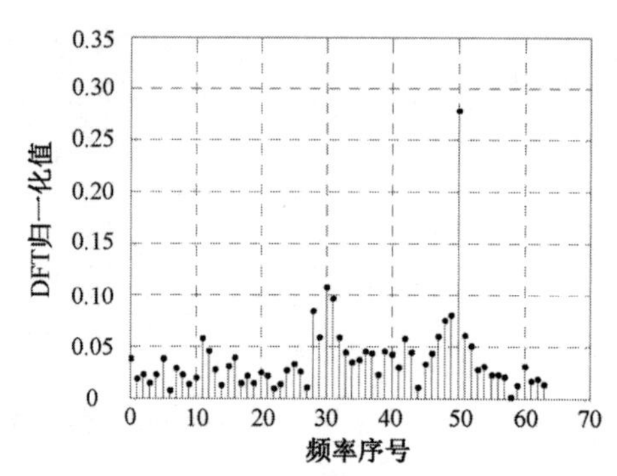

图 6-34　增加频率间隔，跳定时误差为 40%，无群时延，加长度为 128、β 值为 10 的 Kaiser 窗后的 DFT 检测

当有多普勒频移或者其他频率偏差时，N 点 DFT 的幅值可能不在周期图的最大值处，此时基于 N 点的 DFT 检测就不是最佳检测。要实现最佳检测，必须增加对周期图 DFT 采样数量。采用补零的办法虽然不能提高频率分辨率，但是可以通过增加 DFT 点数提高采样精度；只要频率偏差小于频率间隔的一半，总可以在一定的精度范围内获得周期图最大值处的频率值，然后按照式（6-45）和式（6-46）即可得到判决结果。所以，频率不确定时采用补零增加精度的方法，可以获得接近最佳的检测性能。

当同时存在时间和频率不确定性时，需要同时采用以上讨论的修正周期图方法和适当补零的 DFT 方法，以提高检测器的性能。

6.5.6　基于 Viterbi 译码算法的频率检测方法

前已述及，若在判决时刻附近可能频率上的能量大于有效跳信号的能量，常规的频率检测方法会出现错误判决，甚至误码传播。

为了提高差分跳频信号频率检测的性能，除了以上讨论过的一些方法以外，还可以有两个可能的解决思路[38-39]：一是采用合适的干扰抑制算法，删除那些造成错误判决的非有效频率信号，甚至是人为干扰信号，这就是频率自适应与差分跳频相结合的问题；二是采用序列译码的思想，找出所有可能的频率转移路径中接收似然值最大的路径，实现最大似然接收。

在检测差分跳频当前跳的频率时，由于存在频率检测错误传播，不能仅依靠前一跳的频率确定当前跳可能的频率子集；而应通过对一段时间内差分跳频的频率序列进行观察，以似然值最大作出序列判决。此时，获得的判决输出将有效消除频率检测错误传播。差分跳频当前跳的频率从前一跳的频率转移而来，下一跳的频率又从当前跳的频率转移而至，频率转移路径形成与卷积码类似的网格图。因此，可以借用卷积码译码算法来对差分跳频进行频率序列检测，并结合 G 函数的频率筛选功能，以进一步改善错误传播性能。Viterbi（维特比）译码算法就是卷积码最佳译码算法，它通过顺序网格搜索，对序列执行最大似然检测[32]。

Viterbi 译码算法首先需要算出序列的欧氏距离，从中找出一条欧氏距离最小的路径，完成序列的最大似然检测。对于差分跳频系统，搜索到第 K 级时的欧氏距离 D 表达式如下[38-39]：

$$D=\sum_{k=1}^{K}(r_{ik}-\sqrt{E})^2,\quad i\in\{0,1,\cdots,N-1\},\ k=1,2,3,\cdots \tag{6-47}$$

式中，r_{ik} 表示搜索路径上第 k 级中第 i 号频率的幅度值，N 为发送频率数，而 $\sqrt{E}$ 表示每个发送频率的能量。表面上看，发端最多有 N 个发送频率，在前一级的每一条路径上延伸一级共需计算 N 个欧氏距离。假设搜索到第 k 级，则前一级有 N^{k-1} 条路径，本级就要计算 $N^{k-1}\times N=N^k$ 个欧氏距离。但是，由于差分跳频信号经过 G 函数约束，当前检测的对象主要是 N 个频率中 2^{BPH} 个可能的频率，因此在前一级的每一条路径上延伸一级只要计算其中的 2^{BPH} 个欧氏距离即可。假设搜索到第 k 级，则前一级有 $2^{\text{BPH}\times(k-1)}$ 条路径，本级只需计算 $2^{\text{BPH}\times(k-1)}\times 2^{\text{BPH}}=2^{\text{BPH}\times k}$ 个欧氏距离。在差分跳频系统中，BPH 的取值一般为 1~4。而频率数为 64、128、256 等，经过 G 函数的预先筛选，每一级的计算量大大减少。

假设 $\text{BPH}=2$，扇出系数 $2^{\text{BPH}}=4$，搜索过程从 f_i 开始。每一级的每一个频率都会扩展 4 条路径，当进行到第 k 级时，一共有 4^k 条路径。根据图 6-10 和文献[5]，图 6-35 给出了差分跳频系统与跳有关的一种转移路径示意图，每跳的每个频率均有 4 条可能的扇出路径。

根据图 6-35，当搜索到第一跳时有 4 条路径，计算并保留这 4 条路径的欧氏距离值及各自通过什么途径到达现有状态，即上一跳频率经过什么数据信息 X_n 到达该频率；到第二跳时，从这 4 条路径上各分出 4 条路径，成为 16 条路径，同样保留这 16 条路径的欧氏距离值及各自通过什么途径到达该频率；到第三跳时，这 16 条路径的每一条又各自分裂为 4 条路径，成为 64 条路径……如此继续下去。当进行到第 k 跳时，一共存在 4^k 条路径。此时已知这 4^k 条路径的信息，但是还不知道怎样获得数据信息 X_n。下面说明如何获得数据信息 X_n。

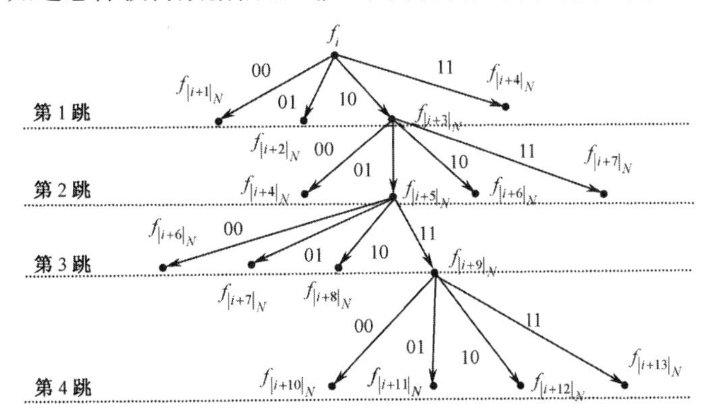

图 6-35 BPH=2 时一种差分跳频频率转移路径示意图

根据文献[32]，一般情况下路径网格在经过一定的时间后应该达到稳态，即进入每个状态的路径数与离开该状态的路径数相同。达到稳态时，每一级只保留每个状态到达下一状态的欧氏距离值最小的路径；当 $k\gg N$（k 为搜索级数，N 为相关频率数）时，所有幸存路径以概率 1 而相同。

实际中，当 $k=5N$ 时，所有幸存路径就以趋于 1 的概率相同。因此，只需保存 $5N$ 级的幸存路径，就能以正确概率为 1 进行译码（此处即为解调数据）。

由以上的讨论可知，在差分跳频系统中，跳频图案是发散的，系统要经过很长的时间才有可能达到进入每个状态的路径数与离开该状态的路径数相同的稳态，Viterbi 译码算法的运算量和存储资源呈指数增加。如果保留的级数过多，需要占用很多系统资源。在这种情况下，借鉴文献[32]中的方法，只保留前 k 级中的 4^k 条路径，当 $k=5N$ 时，比较这 4^k 条路径的欧氏距离，选择其中欧氏距离最小的路径。此时第一个数据信息 X_n 正确的概率近似为 1，且由 G 函数及初始频率可知第一级的状态。保留从该状态离开的4^{k-1}个路径，舍去从其余 3 个状态离开的$3\times4^{k-1}$个路径。在下一级，由保留的4^{k-1}个路径的每一个状态扩展4条路径，恢复为4^k路径……以此类推，就可以得到数据信息X_n，从而完成数据译码。

6.6 差分跳频通信抗干扰能力

与常规跳频通信抗干扰能力相对应，差分跳频通信抗干扰能力主要涉及抗阻塞干扰、抗跟踪干扰和抗多径干扰的能力。下面对一般意义上的差分跳频通信抗干扰能力作一些分析，并与常规跳频通信抗干扰能力进行相应的比较。至于如何进一步提高差分跳频通信抗干扰能力，要寄希望于优越的G函数算法、频率检测算法与频率自适应的结合[40-43]。

6.6.1 抗阻塞干扰能力

跳频通信抗阻塞干扰的效果，取决于受干扰频带或受干扰频率数占跳频通信总带宽或总频率数的百分比。短波差分跳频可以依靠较大的跳频带宽，相应提高抗阻塞干扰能力；只要短波天线宽带调谐性能达到要求，短波差分跳频带宽可达 2 MHz 左右，以增加抗干扰门限的绝对值，迫使敌方阻塞干扰机在带宽和功率上付出更大的代价。与常规短波窄带跳频相比，短波差分跳频的跳频带宽可增加 7～8 倍。尽管差分跳频体制抗干扰的机理与常规跳频体制有差异，但是短波差分跳频抗阻塞干扰的相对门限与常规跳频相比没有本质的变化[13, 44]，在整体上仍然受制于“受干扰频带或受干扰频率数占跳频通信总带宽或总频率数的百分比”的规则，与跳速无关。

差分跳频抗阻塞干扰与常规跳频抗阻塞干扰也有不同之处（尤其是在抗单音干扰和多音阻塞干扰时），主要包括：在常规跳频中形成威胁的是同频干扰，而在差分跳频中主要是异频干扰形成威胁；当收端采用频率估计和G函数相结合的方法进行频率检测时，只有处于转移频率子集内的异频干扰才形成威胁，其他异频也不形成干扰威胁；同频干扰主要是在与有用频率的相位相反时形成干扰威胁。基于这些不同点，在相同跳频带宽或跳频频率数条件下，差分跳频通信的抗阻塞干扰能力优于常规跳频通信的抗阻塞干扰能力。若阻塞干扰为部分频带或全频段的压制性干扰，表现为干信比的变化，此时差分跳频的抗干扰能力主要寄希望于频率检测算法和提高发射功率，不便直接与常规跳频进行比较。

6.6.2 抗跟踪干扰能力

主要有以下三个方面的原因，使得跟踪干扰机难以实现对短波差分跳频通信的跟踪干扰：一是短波差分跳频具备 5 000 Hop/s 的高跳速（每跳周期为 200 μs），远远大于目前短波实用跟踪干扰机的跟踪跳速（一般为几十跳/秒），使得以对抗双方跳速为基础的干扰椭圆相当小[44-45]，甚至干扰椭圆不存在[20]，干扰信号无法跟踪当前跳的信号；二是由于完全随机的数据流控制跳频图案，且跳频图案不重复，干扰方难以预测差分跳频路径，或者说无法预测差分跳频图案，也就难以进行差分跳频的网台信号分选；三是即使由于丢失电台等原因，干扰方获得了G函数算法的映射关系，但起始频率和其他有关参数的预置可以做到不一样，数据流又相当于一种随机流动密钥，通信方要发送什么样的数据流，通信接收方和干扰方都是先验未知的。所以，对差分跳频体制实现波形跟踪干扰是十分困难的。然而，不能跟踪短波差分跳频当前跳信号不等于不形成干扰，无论跟踪跳速多高，只要干扰频率落入合法路径就可能形成干扰，这是由差分跳频的异频受干扰机理和宽带检测体制决定的。所以，不能由于差分跳频绝对的高跳速，就认为它具有绝对的抗跟踪干扰的优势。另外，通信信号的侦察技术在迅速发展，有盾就有矛，需要高度重视和研究差分跳频信号的反侦察设计问题。

在跳速较低的常规跳频通信中，抗转发式干扰与抗跟踪干扰类似，所以本书的前述内容中将转发式干扰归入跟踪干扰，称之为转发式跟踪干扰。然而，在跳速较高的差分跳频通信中，抗转发式跟踪干扰的能力与抗常规跟踪干扰的能力有区别；这是由于转发式干扰的处理时间可能大于差分跳频的跳周期，很难干扰当前跳，但可以落入后续跳中，从而有可能构成后续跳的异频干扰，类似于多径干扰。这一点也应该引起高度重视和进行深入研究。

6.6.3 抗多径干扰能力

众所周知，在常规无线通信和跳频通信中，多径会引起传输信号的衰落和码间干扰。所以，多径也可以看作一种干扰。然而，多径对差分跳频通信造成的影响，或者说差分跳频通信抗多径干扰的机理，与跳速较低的常规跳频不完全相同。首先，在短波高速差分跳频通信中，多径信号对当前跳信号不产生影响。这是由于短波天波多径时延差为毫秒数量级，而差分跳频的每跳周期为 200 μs，频率驻留时间还不足 200 μs，多数情况下小于短波信道的多径时延差。于是，当本跳的多径信号到达接收机时，系统早已结束了对当前跳信号的接收和检测，或者说发端本跳的多径信号不会落入本跳接收信号内。其次，本跳信号经多径传输后虽然对本跳信号的接收不造成影响，但会以较大的概率落入后续跳中。例如，假设信道中存在两条传输路径，多径时延差为 2 ms，由于每跳周期为 200 μs，所以第 1 跳的多径信号会落入第 10 跳的信号持续时间内。然而，当前跳的多径信号落入后续跳中未必一定造成干扰，有以下几种情况或原因：一是由于短波多径时延差与高速差分跳周期的数量级差异大，使得某一跳的信号持续时间内不会同时出现同一跳的多个多径信号，只要多径信号频率与当前跳的频率不同，就不存在多径干涉衰落，不影响当前跳的幅度；二是当前跳中可能出现相同频率的前某一跳的多径信号，此时根据这两种信号的相差，可能加强当前需要检测的信号，也可能削弱需要检测的信号；三是当本跳频率与后续跳的频率不同，且这两个频率又处于收端转移频率子集内（频率数为 2^{BPH}）时，多径信号成为异频干扰，会造成差分跳频频率检测的误判，只要多径信号未落入由 G 函数与 X_n 决定的转移频率子集内，就不会产生干扰。

由于在差分跳频频率集的 N 个频率中，每个时刻可能受多径干扰的频率数最多只有 2^{BPH} 个，所以差分跳频受多径干扰的概率可近似表示为

$$P_{\mathrm{mpj}} = \frac{2^{\mathrm{BPH}}}{N} \tag{6-48}$$

而常规通信及常规跳频只要遇到多径，几乎就形成干扰，即其多径干扰概率近似为 1。

因此，差分跳频通信体制抗多径干扰能力比常规跳频通信有一定的提高，与 BPH 值和 N 值有直接关系，BPH 越小、N 越大，抗多径能力就越强；但这是分别以降低数据速率和增大频谱资源为代价的。也可以说，差分跳频并不能完全依靠高跳速来解决抗多径干扰问题。可见，差分跳频抗多径干扰的机理和能力与其抗转发式干扰和抗阻塞干扰是类似的，只有在频率转移子集内的异频多径干扰才形成威胁，这种机理不同于常规跳频。

本章小结

本章通过对差分跳频基本知识的介绍，明确了差分跳频通信的基本原理和 G 函数的作用，

分析和梳理了差分跳频与常规跳频体制众多不同的特点；通过对短波最高跳速制约因素的分析，明确了天波群时延是影响短波最高跳速的主要因素，得出了短波天波最高跳速和高速跳频时跳速与跳频带宽有直接关系等结论；通过对常规线性 *G* 函数的分析及其性能的检验，明确了 *G* 函数“数据—频率”变换及其逆变换的机理和基本性能，重点提出和讨论了几种改进型 *G* 函数，并对其性能进行了检验，得出了一些有益的结论；通过对差分跳频误码扩散形成原因和类型的分析，明确了差分跳频体制中的误码扩散是一个重要问题和弱点，提出和分析了几种无误码扩散的差分映射方法，探讨了误码扩散校正的问题；在分析影响差分跳频信号频率检测因素的基础上，讨论了差分跳频几种可能的频率检测方法。

本章的重点在于差分跳频通信的基本原理，群时延与短波最高跳速的关系，*G* 函数及其改进，误码扩散及其纠正，以及频率检测等。

参考文献

[1] 姚富强．外军通信抗干扰发展趋势[J]．现代军事通信，2004（1）．

[2] HERRICK D L，LEE P K．CHESS：A new reliable high speed HF radio[C]．Proc. IEEE MIL COM’96，Oct. 1996.

[3] HERRICK D L，LEE P K．Correlated frequency hopping: an improved approach to HF spread spectrum communications[C]．Proceedings of the 1996 Tactical Communications Conference.

[4] 马慧云，贺玉寅．CHESS：一种新型可靠的高速短波电台[J]．外军电信动态，1997（4）．

[5] 姚富强，刘忠英．短波高速跳频 CHESS 电台 G 函数算法研究[J]．电子学报，2001（5）．

[6] 姚富强，刘忠英．差分跳频信号特征分析[C]．信号盲处理国防科技重点实验室学术委员会第一次学术交流，2002-12，成都．

[7] 姚富强．短波差分跳频有关系统及技术问题分析[J]．电讯技术，2004（6）．

[8] 关胜勇．差分跳频信号设计和检测技术的研究与实现[D]．南京：解放军理工大学，2005.

[9] 刘忠英，万谦，姚富强．基于可加性模糊系统原理的差分跳频 G 函数算法[J]．电子学报，2002（5）．

[10] 刘忠英，张毅，姚富强．基于 STFT 与 G 函数相结合的短波 DFH 跳检测方法[J]．电子学报，2003（5）．

[11] 张毅，姚富强，刘忠英．一类无误码扩散差分跳频映射构造[C]．2003 通信理论与信号处理年会，2003-10，重庆．

[12] 沈琪琪，朱德生．短波通信[M]．西安：西安电子科技大学出版社，1990.

[13] 陆建勋．抗干扰高频通信系统若干问题的探讨[J]．现代军事通信，2002（1）．

[14] 刘忠英，姚富强，曾兴雯．短波 DFH 系统最高跳速的确定[J]．西安电子科技大学学报，2002（5）．

[15] 阿尔别尔特．无线电波传播与电离层[M]．袁翎，译．北京：人民邮电出版社，1981.

[16] 熊皓．无线电波传播[M]．北京：电子工业出版社，2000.

[17] MILSON J D，SLATOR T．Consideration of factors influencing the use of spread spectrum on HF skywave paths[C]．IEE Conf.Publ.，1982.

[18] PERRY B D．A new wideband HF technique for MHz-bandwidth spread-spectrum radio communications[J]．IEEE Communications Magazine，1982（9）．

[19] 王树勋．数字信号处理基础及实验[M]．北京：机械工业出版社，1992.

[20] 刘忠英，姚富强．短波 DFH 系统抗干扰能力分析[J]．现代军事通信，2004（3）．

[21] KOSKO B．模糊工程[M]．黄崇福，译．西安：西安交通大学出版社，1999.

[22] 扈新林，姚富强．一种实用的跳频码序列产生方法[J]．军事通信技术，1995（1）．

[23] 张毅．短波差分跳频通信关键技术研究与实现[D]．南京：解放军理工大学，2005．
[24] 杨保峰，沈越泓．差分跳频系统研究及其发展探讨[J]．战术通信研究，2006（3）．
[25] 王新梅，肖国镇．纠错码－原理与方法[M]．西安：西安电子科技大学出版社，1991．
[26] 阮传概，孙伟．近似代数及其应用[M]．2 版．北京：北京邮电大学出版社，2001．
[27] 刘忠英，姚富强．高速差分跳频信号检测方法研究[C]．低截获概率信号侦测技术研讨会，2003-10，成都．
[28] 张毅，姚富强．基于修正周期图的差分跳频信号检测[C]．低截获概率信号侦测技术研讨会，2003-10，成都．
[29] 邹红星，周小波，李衍达．时频分析：回溯与前瞻[J]．电子学报，2000（9）．
[30] 张贤达，保铮．非平稳信号分析与处理[M]．北京：国防工业出版社，1998．
[31] 程正兴．小波分析算法与应用[M]．西安：西安交通大学出版社，1998．
[32] PROAKIS J G．Digital communication[M]．4 版．北京：电子工业出版社，2001．
[33] 潘明海，刘永坦，赵淑清．利用小波变换的高性能谱估计算法[J]．电子科学学刊，2000（4）．
[34] 苏兆龙．随机过程讲义[M]．南京：解放军通信工程学院，1998．
[35] RIFE D C，BOORSTYN R R．Single tone parameter estimation from discrete time observations[J]．IEEE Transactions on Information Theory，1974, 20(9).
[36] TRETTER S A．Estimating the frequency of a noisy sinusoid by linear regression[J]．IEEE Transactions on Information Theory，1985, 31(11).
[37] OPPENHEIM A V，SCHAFER R W，BUCK J R．离散时间信号处理[M]．刘树棠，黄建国，译．2 版．西安：西安交通大学出版社，2001．
[38] 李勇，姚富强．Viterbi 算法在 DFH 系统中的应用[C]．2004 军事电子信息学术会议，2004-10，长沙．
[39] 李勇．DMFSK 信号的最佳接收及实现[D]．解放军理工大学，2003．
[40] 姚富强，张少元，李永贵，等．一种实时频率自适应跳频处理方法研究[J]．现代军事通信，2008（3）．
[41] ZANDER J, MALMGREN G. Adaptive frequency fopping in HF communications[C]．MILCOM'93，1993.
[42] BARK G．LPI Performance of an adaptive frequency-hopping system in an HF interference environment[C]．Conf. Proc. ISSSTA'96，Mainz，Germany，1996.
[43] ZHANG S Y，YAO F Q. Research on the adaptive frequency hopping technique in the correlated hopping enhanced spread spectrum communication[C]．2004 4th International Conference on Microwave and Millimeter Wave Technology Proceedings，Aug. 18-21，2004，Beijing，China.
[44] 姚富强．军事通信抗干扰及网系应用[M]．北京：解放军出版社，2004．
[45] 姚富强，张毅．干扰椭圆分析与应用[J]．解放军理工大学学报（自然科学版），2005（1）．

第 7 章　快速高精度位同步技术与实践

本章重点提出和探讨一种通信抗干扰的共性技术——快速高精度位同步技术，阐述其应用需求和设计原理，分析其性能，给出实验结果。本章的讨论，有助于在大规模 FPGA（现场可编程门阵列）芯片快速发展条件下推广应用这项共性技术。位同步是通信抗干扰系统设计与工程实现的一个必备环节。

7.1　位同步的作用机理

数字通信与模拟通信的区别之一是使用的理论基础不一样：模拟通信系统基于参数估计理论（又称参量估值理论），而数字通信系统基于判决理论。这使得两种系统性能的衡量标准也不相同，数字通信最关心的是错误概率，因而在对每个接收到的码元进行判决时，必须有严格的同步关系，否则必然导致系统的误码率增大。

在数字通信系统中，位同步（有时也称为比特同步）是正确解调与译码的基础。尤其在跳频通信、跳码通信、时分多址通信和移动通信等系统中，对位同步提出了更为严格的要求，既希望实现快速位同步，又希望实现高精度（即位同步的相位误差小）和高可靠性（即在有噪情况下位同步电路输出信号的相位抖动小）。

在收端解调与译码时需要一个与每一数据比特或数据符号对准的时基信号，以确定数据码元判决的时刻，这个时基信号就是位同步信号。发端和收端尽管存在 0、1 码元的变化，但是在一次通信中每个码元的宽度是相同的，因而收端信息码流中隐含了位同步信息。位同步电路解决的问题就是在信码判决前从解调器输出的码流中提取位同步信息，送至译码判决器，这就是位同步电路所起的作用，如图 7-1 所示。在数字通信系统中，一般将位同步提取过程称为同步再生。

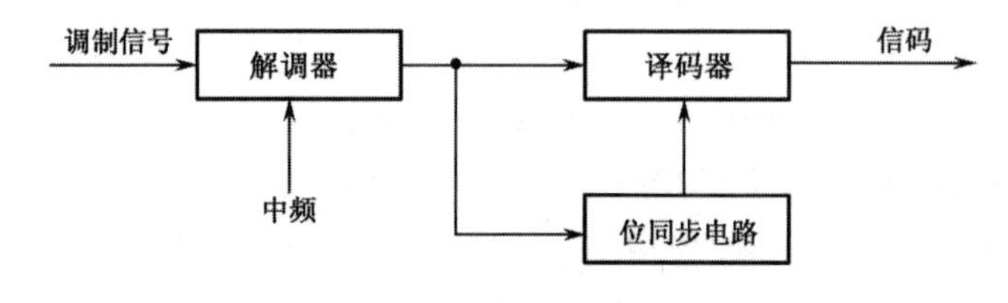

图 7-1　位同步作用机理

7.2　常规位同步技术及其存在的问题

综上所述，位同步的主要作用是从解调器输出的码流中提取位同步信息。但是，如何才能正确提取位同步信息呢？一般都采用锁相环路（PLL，简称锁相环）技术，即通过相位反馈控制，使锁相环的输出信号相位锁定在输入信号的相位上[1-2]。通过合理的设计，可使锁相环对输入信号而言相当于一个良好的窄带跟踪滤波器[2]，跟踪输入信号频率的慢变化，同时对干扰与噪声有很好的窄带滤波作用，而对有用信号而言具有窄带带通功能。这种通带可以做得很窄，例如，在几十兆赫的频率上可以实现几十赫的窄带滤波。

随着技术的发展，实现锁相环的方法和类型多种多样，大体上可以分为模拟锁相环和数字锁相环（DPLL）两大类。用模拟电路组成的锁相环称为模拟锁相环，模拟电路与数字电路混合组成的锁相环称为部分数字锁相环，电路全部数字化的锁相环称为全数字锁相环。根据用途的不同，锁相环的电路组成和类型还可以进一步划分，经典著作中有相应论述[2]，在此不再赘述。

模拟锁相环是锁相环的基本形式，是各类锁相环的共同基础。实践表明，模拟锁相环的性能与环路中的电阻、电容和电感等参数有直接关系，捕获速度慢，同步保持时间短，可靠性不高，也不便调试和集成。数字锁相环（尤其是全数字锁相环）不用外接模拟器件，可靠性高，同步保持时间长，易于设计和集成，还可以利用高稳定性的本地时钟信号作为参考信号，以提高同步精度。目前，在数字通信的位同步技术中广泛采用全数字锁相环，已推出了多种形式的数字集成锁相环芯片。本书将全数字锁相环简称为数字锁相环。

常规数字锁相环原理框图如图 7-2 所示[1, 3]。图中，本地时钟的频率比输入数字信号（码流）的速率高 N 倍；分频器的作用是将本地时钟频率进行 N 分频，N 为分频比，是环路的一个重要参数；在鉴相器中，输入码流的相位与输出位同步信号的相位进行鉴相，如果输入码流的相位超前或滞后于输出信号的相位，则经过控制器，每输入一个信码码元，在本地时钟分频前添加或扣除时钟的一个脉冲，以调整输入、输出信号的相位；数字滤波器的作用与模拟锁相环中使用的模拟滤波器一样，主要用于抑制输入的噪声及高频分量。根据所用数字滤波器的阶数，将数字锁相环分为一阶、二阶及 m 阶数字锁相环[2-6]。

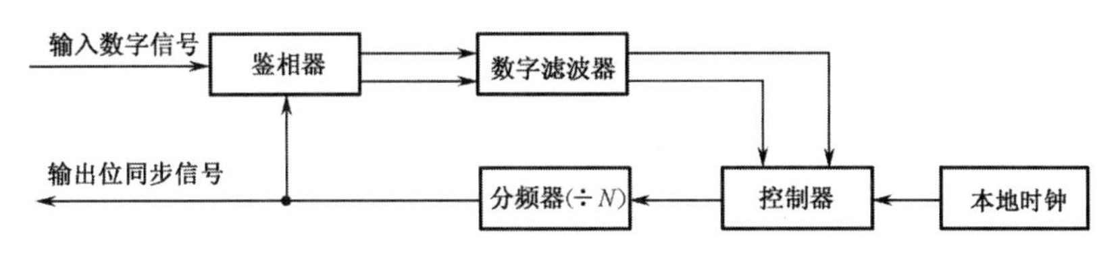

图 7-2 常规数字锁相环原理框图

数字锁相环性能的主要指标是环路的捕获时间和同步误差。

在这种数字环路中，输入、输出信号之间超前/滞后的最大相差为 180°，且每次只调整一个时钟脉冲，记信码码元宽度为 T，则环路的捕获时间 t 为（无噪时）

$$t = \frac{NT}{2} \tag{7-1}$$

可见，在输入信码速率一定的情况下，环路捕获时间与分频比 N 成正比；N 越大，捕获时间越长。

由于该环路采用步进式调整方式，其最小调整量为一个时钟周期 T_0，且 $T_0 = T/N$，相应的最小相位改变量即最小同步相位误差为

$$\Delta\theta = \frac{2\pi}{N}\ (\text{rad}) \tag{7-2}$$

可见，数字锁相环的同步误差只与分频比 N 有关，且与 N 成反比；N 越大（实际工程中对应于本地时钟越高），同步误差 $\Delta\theta$ 越小，同步精度越高。当分频比 N 确定后，$\Delta\theta$ 即成为固定相位误差。

由式（7-1）、式（7-2）可得捕获时间与同步误差的乘积为一常数：

$$t \cdot \Delta\theta = \pi T \tag{7-3}$$

因此，在数据速率一定的条件下（T 不变），常规数字锁相环的捕获时间 t 与同步误差 $\Delta\theta$

成反比，不能同时兼顾，成为一对相互制约的矛盾。另外，捕获速度和同步精度都与分频比 N 有关，一个与 N 成正比，一个与 N 成反比，也形成了直接的一对矛盾。若从每次调整一个时钟周期扩展到调整多个时钟周期，则速度加快，但精度下降；反过来，则精度提高，但速度减慢，两者不能兼顾。这是常规数字锁相环的最大弱点，限制了其运用范围。

为了解决上述基本矛盾，前人做了不少工作，文献[7]较早提出了一种"简单的快同步纯数字锁相环"，其框图如图 7-3 所示。这种数字锁相环实现快速捕获的主要思想是：不采用添加脉冲的办法，无论本地信号（分频器输出信号）的相位是超前还是滞后于输入信号，只要相差大于 $2\pi/N$，都采用连续扣除脉冲的方法使环路锁定，相差越大，扣除的脉冲越多。下面分析该环路的捕获时间[3, 7]，从而得到有益的启示。

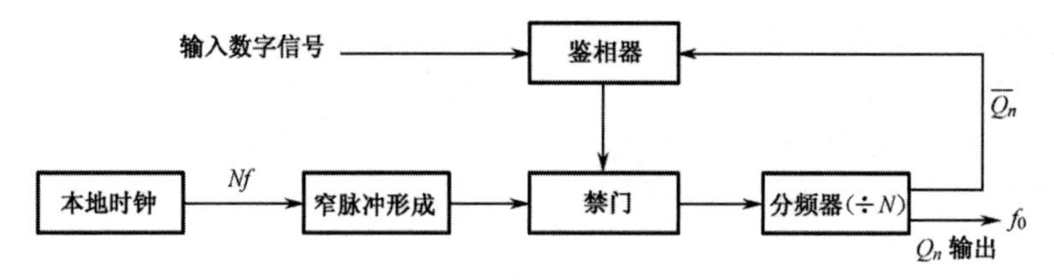

图 7-3　一种快速同步数字锁相环框图

对应于相差为 $\Delta\varphi_{i+1} > i\cdot\dfrac{2\pi}{N}$ 的范围，需要扣除的脉冲数为 $N_i = i$，i=1, 2, 3, ⋯, $(N-1)$。

可能扣除的脉冲数有两种情况：

当 $\dfrac{2\pi}{N} < \Delta\varphi \leqslant (\dfrac{2\pi}{N}+\pi)$ 时，$N_j = j$，j=1, 2, 3, ⋯, $\dfrac{N}{2}$；

当 $(\dfrac{2\pi}{N}+\pi) < \Delta\varphi \leqslant 2\pi$ 时，$N_k = \dfrac{N}{2}+k$，k=1, 2, 3, ⋯, $(\dfrac{N}{2}-1)$。

可见，第一种情况在一个信码码元宽度 T 内即可锁定；第二种情况需要作两次扣除，在 $2T$ 内可以锁定。所以，该数字锁相环的最长捕获时间为

$$t_{\max} = 2T \tag{7-4}$$

此结果说明了捕获时间只与输入信码速率有关，而与分频比无关，即与同步精度无关。这是一个不小的进步，但进一步的研究和实验表明[3]，该数字锁相环路还存在以下不足：

（1）没有数字滤波器，有噪时输出相位抖动大，或者对输入信噪比要求苛刻，实际中难以做到。

（2）环路只有扣除脉冲的"减"功能，没有"加"功能，文献[8]分析了这种"单边调整"方式在实际电路中很难一直是稳定的。

（3）环路只有快捕功能，没有慢速跟踪方式，因而跟踪精度较差。

针对以上问题，文献[9]提出了一种改进方案，其原理电路图如图 7-4 所示。该方案具有如下特点：保留图 7-3 中数字锁相环的捕获快且与分频比无关的优点；具备"双边"调整功能；快捕后转换到慢速精确跟踪等。

经过进一步的实验和分析，作者认为该方案比原方案有很大进步，但仍存在以下问题：

（1）该方案中用了两个环路，电路较复杂。

（2）同时加、减高频时钟使得分频器输出不太稳定。该方案实现快捕的基本原理是：无论超前还是滞后，加、减脉冲同时进行，利用"加"和"减"的时间差来等效实际所需的"加"或"减"调整。实验表明，这样同时加、减高频计数脉冲合成的结果，是使分频

器输出不太稳定。

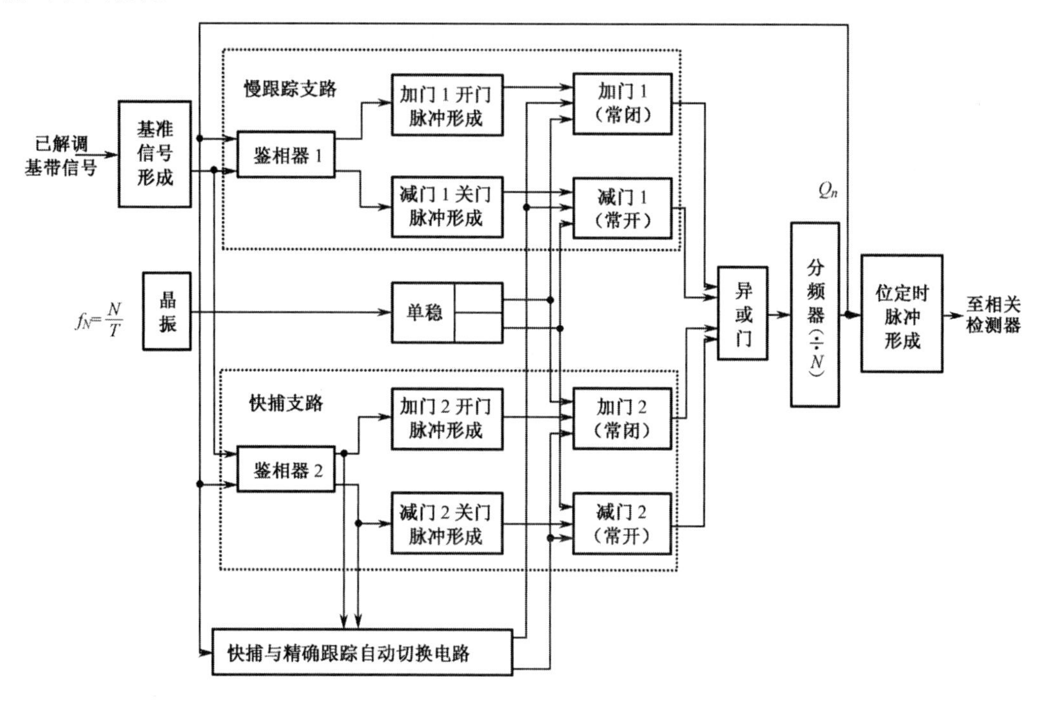

图 7-4　一种改进的快速位同步数字锁相环原理电路

（3）快捕和精确（慢）跟踪自动切换准则的合理性有待改进。其切换电路的原理是：开机后，让快捕环工作；当本地时钟与输入信号同步时，立即关闭快捕支路，同时开启慢跟踪支路，环路由快捕转入跟踪；一旦环路失锁，又自动开启快捕支路，同时关闭慢跟踪支路，环路又由跟踪转入快捕。然而，在有噪时，相位抖动是不可避免的，环路势必在快捕与慢跟踪之间跳来跳去，影响环路的稳定性。

（4）慢跟踪支路为普通的步进式“量化环”，没有数字滤波器，在有噪时难以滤除或降低相位噪声。

除了以上的一些快速捕获技术和方案外，前人还提出了一些设计思想，如：捕获时加大调整步长，捕获后每次修正一步；设置相位门限，当相差大于门限时每次修正是多步的，小于门限时每次修正是一步的；在已捕获状态下每次修正一步，在捕获状态下每次修正的步数视相差大小而定；采用带有序列滤波器的二阶数字锁相环，可以保持较高的跟踪精度，但捕获时间较长[10]；等等。

以上介绍的这些方案不仅反映了数字锁相环的大致发展过程和需要关注的技术要素，而且各具特色，给了我们一些有益的启示，主要有：位同步速度最快的是一步调整的一阶数字锁相环，理论上可以做到在信码的半个码元内实现捕获（无噪时），但因信号伴有相位噪声，一步调整的真同步概率很低；带有序列滤波器的二阶数字锁相环可以保持较高的跟踪精度，但捕获时间较长，难以满足快速的要求。那么，在有噪情况下，如何做到快速、高可靠性、高精度的位同步呢？这是通信工程中需要解决的一个实际问题，也是降低扩谱通信系统固有损耗、提高系统性能的重要措施之一。

7.3 一种新型快速位同步技术方案

为了解决全数字锁相环快速捕获与提高精度、过滤噪声之间的矛盾，应合理利用一阶环快速捕获和二阶环可靠跟踪的性能，实现一种既快速又具有高可靠性、高精度的自动变阶超前/滞后全数字锁相环（Lead Lag Digital Phase Locked Loop，LL-DPLL）[5-6]。

7.3.1 设计思想

如何才能实现自动变阶呢？其设计思想是：首先，构造一个一阶的 LL-DPLL，在检测超前、滞后的同时，提取超前或滞后相差的信息，从而对受控时钟进行一次性调整，使其立即跟踪上输入信号（有噪时）的相位。其次，设计适当的概率转换电路，在有噪情况下提高快速真同步的概率，使得在较短时间内达到所要求的真同步概率，此时产生切换信号，在一阶环中插入一定长度的序列滤波器，使环路自动变为二阶环。为此，要研究从一阶环到二阶环的切换准则及其实现方法，这是本方案的关键。最后，考虑在输入信号中断或环路失锁时反向切换到一阶环的准则和实现方法。

7.3.2 快速捕获问题

如何简单而有效地实现快速捕获是第一个需要解决的问题。其基本原理是：先由鉴相器提取超前或滞后的信息，再由相差提取电路一次性提取超前或滞后的全部相差信息，其值以电压的形式加到加、减门的控制端，对输出位同步信号相位进行“一次性”调整。快速捕获（一阶环）的电路框图如图 7-5 所示。

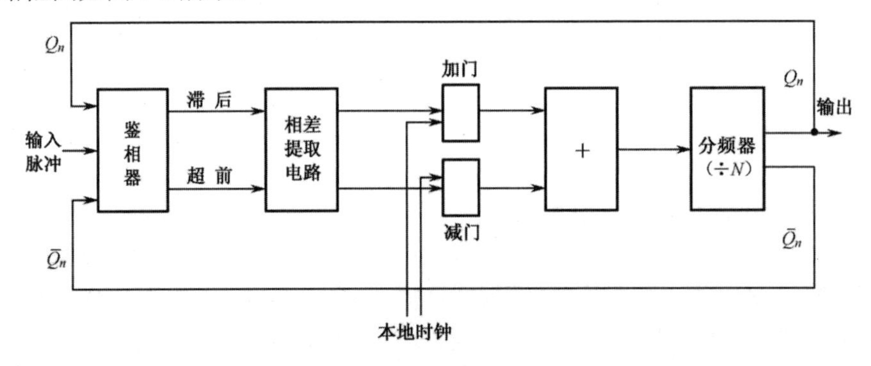

图 7-5　快速捕获一阶环电路框图

鉴相器由两个与非门组成，结构简单，如图 7-6 所示。这里所说的超前或滞后是指本地恢复的位同步信号（即分频器输出 Q_n 下降沿）超前或滞后于输入信号的上升沿。鉴相器的输入输出关系如图 7-7 所示。

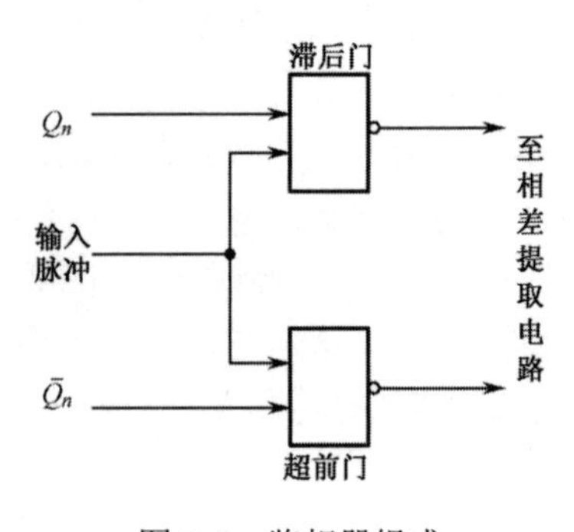

图 7-6　鉴相器组成

现在讨论锁相环路如何进行一次性提取全部相差和一次性相位调整。

超前时，由图 7-7（a）可见，超前的时间为 T_1，一旦出现这种情况，相差提取电路立即产生一个宽度为 T_1 的负脉冲加至减门，进行减调整，其电路原理如图 7-8 所示。

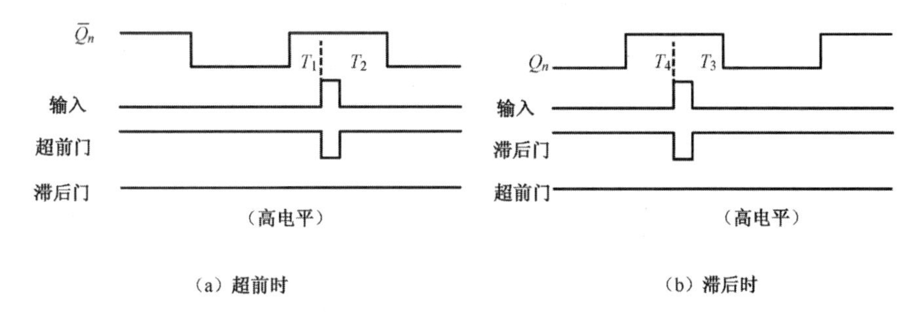

图 7-7　鉴相器的输入输出关系

当超前门输出负脉冲时，标志着超前，并由该负脉冲触发单稳 2，产生宽度为 $T/2$ 的负脉冲。同时，超前门的输出将 RS1 触发器置高电平，由 $\overline{Q_n}$ 的下降沿将其置低电平，则 RS1 触发器的高电平宽度为 T_2。因为 $T_1+T_2=T/2$，所以单稳 2 的输出和 RS1 触发器的输出相"或"后，得到宽度为 T_1 的负脉冲，此负脉冲加至减门即可进行"一次性"减处理。超前相差提取过程如图 7-9 所示。当输入脉冲不在 $\overline{Q_n}$ 高电平期间（即滞后）时，②点波形为高电平，③点波形为低电平，此时④点波形为高电平，维持减门常开。当 Q_n 与输入同步时，②点和③点为互补的方波，所以④点波形仍为高电平，减门常开。

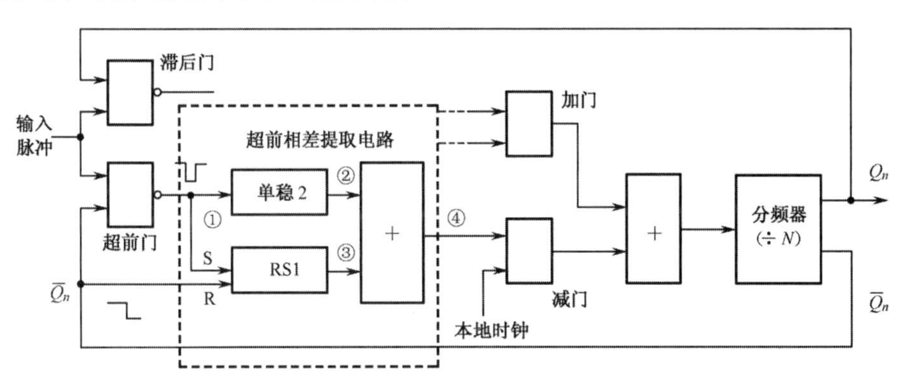

图 7-8　超前时的快捕支路原理图

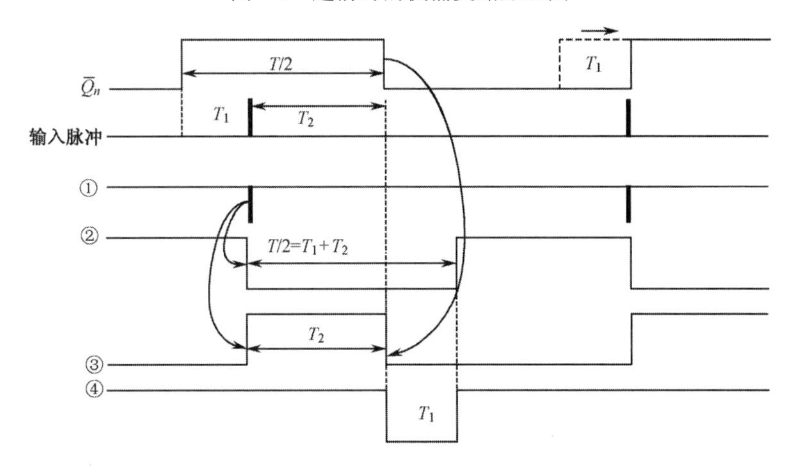

图 7-9　超前相差提取过程

图 7-9 表明：当④点波形的负脉冲结束时已完成 T_1 宽度的减处理，下一个输入脉冲必定与 Q_n 的下降沿对准，捕获时间即为②点的负脉冲宽度 $T/2$。而且，输入脉冲不论在 $\overline{Q_n}$ 正脉冲期间任何位置出现（即不论超前相差为多大），捕获时间都是 $T/2$。也就是说，在输入脉冲速率一定时，捕获时间是一个很小的常量 $T/2$，且与分频比无关。

滞后时，由图 7-7（b）可见，需要调整的时间量为 T_3，其电路原理如图 7-10 所示。为了“一次性”调整 T_3，利用 Q_n 的上升沿同时触发单稳 3 和单稳 4，单稳 3 输出一个宽度为 $T/2=T_3+T_4$ 的正脉冲，单稳 4 输出一个负的窄脉冲，并由此窄脉冲将 RS2 触发器置 0，而滞后门输出的负脉冲将 RS2 置 1。因此，RS2 输出的负脉冲宽度为 T_4，于是⑤、⑧两点相“与”的结果得到宽度为 T_3 的正脉冲，此脉冲加至加门后，即可进行一次性“加”处理。滞后相差提取过程如图 7-11 所示。当超前或同步时，⑨点波形为低电平，维持加门常闭。可见，滞后时的捕获时间也是 $T/2$，且与滞后相差大小及分频比无关。

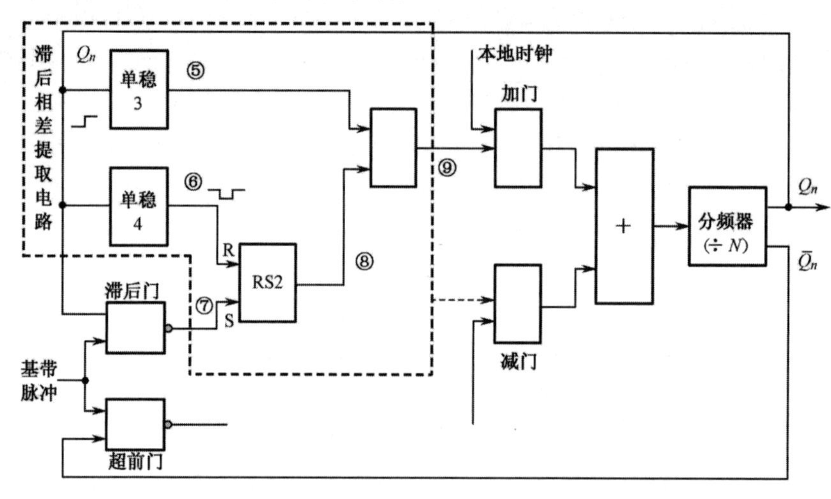

图 7-10　滞后时的快捕支路原理图

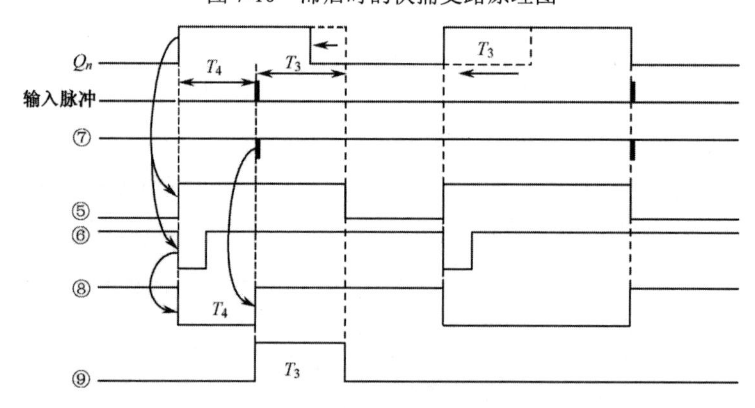

图 7-11　滞后相差提取过程

将超前和滞后两个支路合在一起便得快速捕获环（一阶环）电路图，如图 7-12 所示。可以将该电路的捕获时间与普通数字锁相环捕获时间作一比较。当输入为随机二进制序列时，普通数字锁相环捕获时间表达式（7-1）要修正为[1, 3, 9]

$$\overline{t}=\frac{NT}{2}\cdot L \tag{7-5}$$

式中，L 为输入基带信号中平均出现一个基带正脉冲所需的码元数。随着输入信号连码数增多，L 增大，导致 $\bar{t}$ 增大。而图 7-12 中电路的捕获时间只有 $T/2$，比式（7-1）表示的普通数字锁相环捕获时间要短得多。对于极限情况，当 $L=1$，即输入码元 0、1 等概时，基带正脉冲的密度达到上限；而当 $N=1$ 时，分频比达到下限，则由式（7-5）得

$$\bar{t}_{\min}=\frac{T}{2} \tag{7-6}$$

这与图 7-12 电路捕获时间相同。可见，本电路的捕获时间达到了普通数字锁相环的最小极限值。由于其捕获时间与分频比无关，且其精度仍为式（7-2），与分频比 N 成反比，因此可以通过增大分频比（即提高本地时钟频率）来提高同步精度。也就是说，本方案解决了快速捕获与同步精度的矛盾，为加快锁相环电路在有噪时的捕获速度奠定了基础。

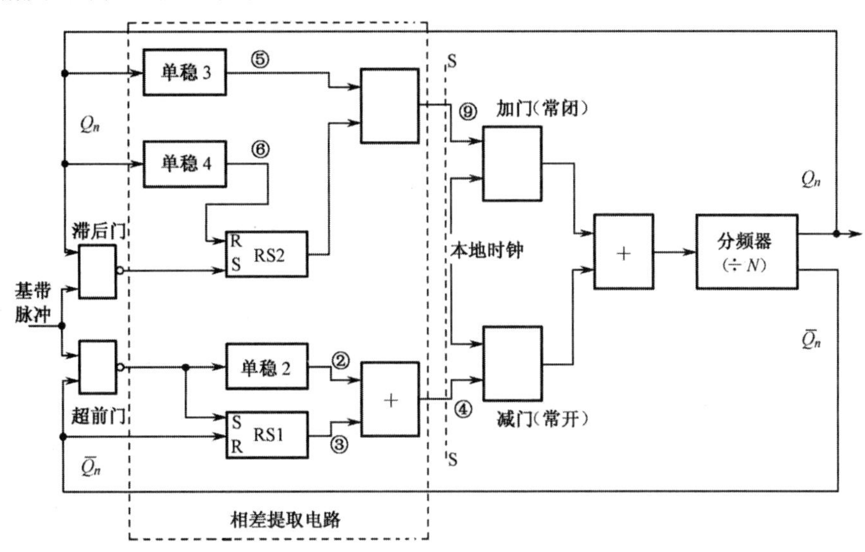

图 7-12　快速捕获环（一阶环）电路图

7.3.3　环路滤波问题

上述的数字锁相环实现了对输入信号相位的快速捕获，调整的精度也可以做得很高。但是，实际的信道中存在严重的噪声污染，表现为解调后的基带脉冲在相位上发生随机抖动。正是由于快捕环的捕获速度快，加上又没有滤波能力，不仅使得快捕环的输出同样有严重的相位抖动，而且很可能使得环路锁定在受到噪声污染的错误相位上。因此，快速捕获并不等于环路在噪声情况下能稳定工作；若环路没有滤波能力，环路的快速捕获就失去了实际意义，甚至“越快越坏事”。

为了获得相位稳定的位同步信号，提高位同步电路在噪声下的性能，在图 7-12 中的 S—S 处串入一个序列滤波器（Sequential Filter），又称为数字滤波器。这种用途的滤波器有两种基本类型[1, 11-12]，即随机徘徊滤波器和 N 先于 M 滤波器，它们的性能类似，但前者结构较简单，便于实现。对于这两种类型滤波器的具体工作原理，文献[1, 11-12]中都有介绍，在此不再赘述。实际上，用可逆计数器即可实现随机徘徊滤波器，一种实用的随机徘徊滤波器电路框图如图 7-13 所示。由于加入序列滤波器后环路正确调整概率满足二阶差分方程（见下面的性能分析），因此加入序列滤波器以后的环路成为二阶环；若把滤波器断开，并在其两端接入短路线即成为一阶环。为了节省电路资源，除了滤波器外，其他电路均为一、二阶环共用。

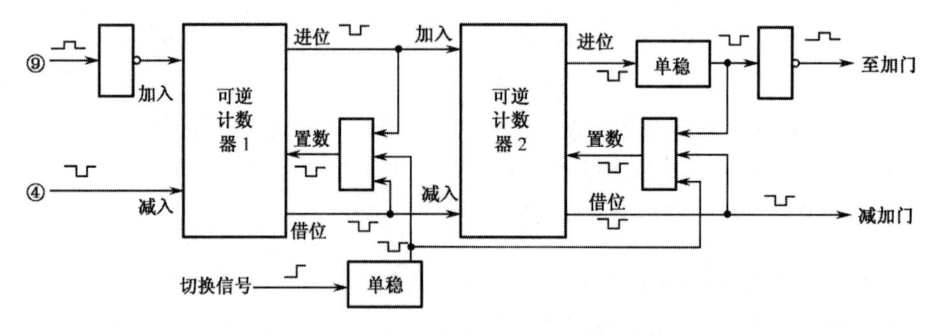

图 7-13　一种实用的随机徘徊滤波器电路框图

用可逆计数器实现噪声过滤的基本原理是：在不加序列滤波器的情况下，鉴相器输出的滞后和超前指示脉冲直接加到加门和减门，也就是说，受噪声污染的滞后和超前指示脉冲直接控制了加、减脉冲操作。这样，位同步输入信号的抖动直接引起位同步输出信号的抖动，且位同步输入信号抖动幅度有多大，位同步输出信号抖动的幅度就有多大，尽管抖动的步长很小。在加入序列滤波器的情况下，鉴相器输出的滞后和超前指示脉冲分别加到计数器加脉冲计数输入端和减脉冲计数输入端，由噪声引起的超前和滞后几乎是等概的，所以计数器的加脉冲计数和减脉冲计数相互抵消，没有进位输出；若确因滞后或超前，则计数器就会有连续的加脉冲或减脉冲输入并计数，计数器按其模值（容量）大小输出相应的进位脉冲或借位脉冲，从而控制加、减门的开启，也就减少了位同步电路输出信号的抖动。图 7-13 中采用了两个可逆计数器级联，目的是扩大计数器的模值（计数容量），以减少加、减门的误操作，提高位同步信号的精度。若一个可逆计数器的模值足够大，满足相位滤波的要求，则没有必要用多级级联。

7.3.4　环路切换问题

根据以上所述一阶环、二阶环的基本原理，一阶环的特点是捕获快，但没有过滤相位噪声的能力，单独使用一阶环没有实用价值；二阶环可以提高抗干扰性能，只要可逆计数器的容量足够大，总能达到所要求的噪声过滤性能，但捕获时间加长，难以满足快速同步的要求。如何将二者的优势结合起来，实现一种既捕获快，又具有高精度、高可靠性的数字锁相环，关键在于确定一阶环、二阶环相互间的最佳切换准则，在快捕和抗噪声之间进行折中。

基本思想是：当环路失锁或输入基带信号未到时，在图 7-12 中的 S—S 处接入短路线，让环路处于捕获状态；捕获完毕后自动接入序列滤波器，使环路处于二阶环精确跟踪状态；当信号中断后，又自动转换到捕获状态。电路的常态为二阶环，以确保抗干扰性能。用电子开关来完成序列滤波器的接入与断开以及短路线连接任务。

依据以上思想构成的一种自动变阶 LL-DPLL 电路原理框图如图 7-14 所示。该电路由三部分组成：一阶环，包括鉴相器、相差提取电路、控制门及分频器等；二阶环，在一阶环中插入序列滤波器即成为二阶环；概率变换电路，包括切换信号产生器、电子开关等。

这里，重要的问题是：当一阶环向二阶环切换时，环路是否已真正锁住了输入信号的平均相位而不是受噪声污染的错误相位？或者说转换后正确同步的概率（即可靠性）有多大？实质上是自动切换信号（即电子开关的控制信号）如何产生？为此制定如下准则：①将输入基带脉冲与反馈脉冲（本地恢复时钟）进行连续 M 次比相，只有当反馈脉冲都跟踪上信号的平均相位时，才由一阶环切换到二阶环。由于一阶环一步捕获的输入脉冲可能受噪声污染而偏离其平均相位，若立即切换至二阶环，必然使整个同步电路的捕获时间加长，为确保 Q_n 能跟踪上接近输入脉冲的平均相位，必须经过 M 次比相。②当检测到信号中断时，如：跳频系统中的换频间隔、时分系统中的保护时隙、信号太弱解调器无信号输出等，环路由二阶环切换至一阶环，使环路恢复到一阶环的捕获状态。

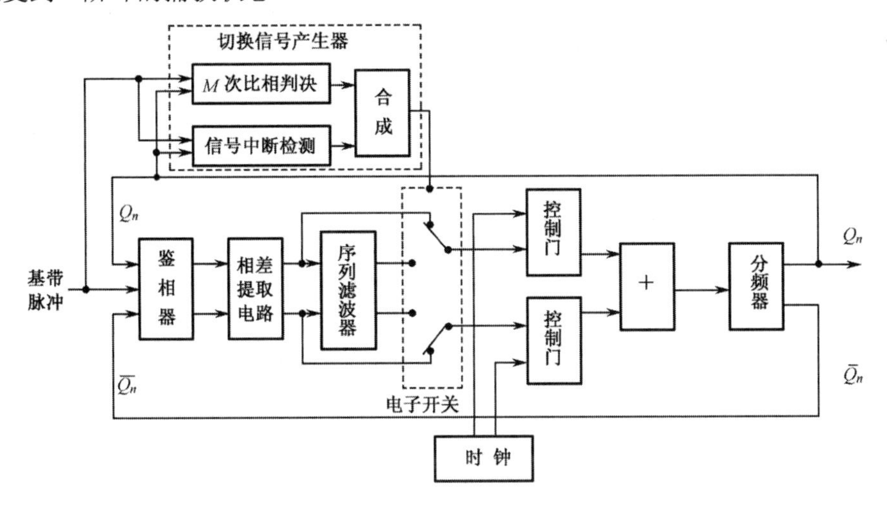

图 7-14　一种自动变阶 LL-DPLL 电路原理框图

可见，完成基于 M 次比相的快捕后，环路工作于二阶环，减少了输出同步信号的相位抖动，加上可以独立地用增大分频比来提高相位调整的精度，使得电路在有噪情况下，一阶环先进行粗调，二阶环紧跟着进行细调和噪声过滤，从而解决了快捕与高精度、高可靠性的矛盾；整个电路全数字化，结构简单，其抗干扰能力优于常规的数字锁相环。

以上设计思想和作用过程可用图 7-15 所示的流程图来表示，它较全面地描述了自动变阶数字锁相环一阶快捕环、二阶跟踪环以及一、二阶环转换判决等的系统原理和工作过程。

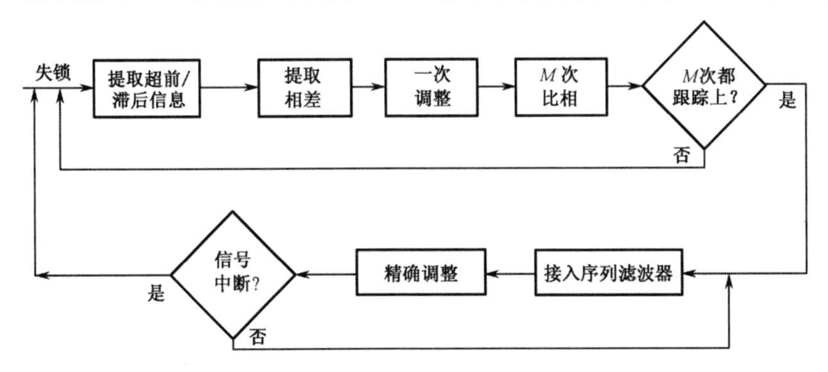

图 7-15　自动变阶数字锁相环工作流程图

7.4　位同步性能分析

本节主要对一阶环、二阶环和一、二阶环自动切换三种情况下环路同步性能作一些理论分析。

7.4.1　基带脉冲的相位抖动

由于信号在传输过程中会受到噪声干扰，因而解调器输出的基带脉冲存在相位抖动，使得鉴相器在平均相位附近既输出超前脉冲也输出滞后脉冲。研究表明[3, 11, 13-14]：这种相位抖动近似服从正态分布，并以其平均相位为中心而随机抖动。设相位抖动的概率密度为$\rho(\theta)$，且令其平均相位位于横坐标零点处，则有

$$\rho(\theta)=\frac{1}{\sqrt{2\pi}\sigma}\exp(-\frac{\theta^2}{2\sigma^2}) \tag{7-7}$$

式中，σ为随机相位的均方误差，它反映噪声强度的大小；θ为随机瞬时相位与其平均相位之差。$\rho(\theta)$的曲线如图 7-16 所示。按工程要求，当随机相位处在一个很小的范围$(-\Delta\theta,\Delta\theta)$内时，认为相位抖动可以忽略，令其概率为$P_c$，再令超前或滞后于平均相位的概率分别为$P_+$和$P_-$，根据概率的定义可知：

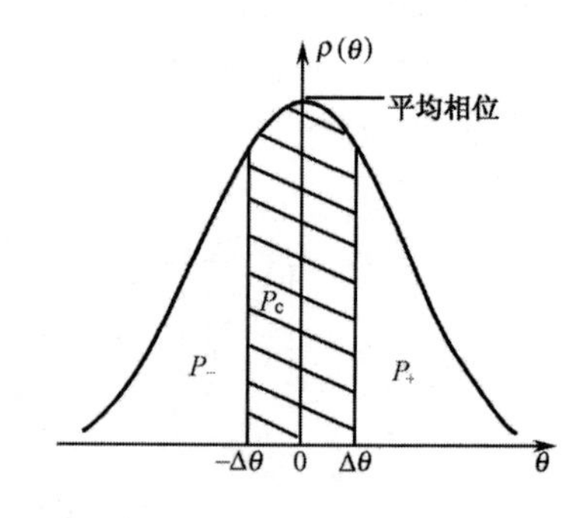

图 7-16　基带脉冲的相位抖动分布

$$P_+=\int_{\Delta\theta}^{\infty}\rho(\theta)\mathrm{d}\theta \tag{7-8}$$

$$P_-=\int_{-\infty}^{-\Delta\theta}\rho(\theta)\mathrm{d}\theta \tag{7-9}$$

$$\begin{aligned}P_+=P_-&=\int_{\Delta\theta}^{\infty}\frac{1}{\sqrt{2\pi}\,\sigma}\exp\left(-\frac{\theta^2}{2\sigma^2}\right)\mathrm{d}\theta\\&=\frac{1}{2}\cdot\frac{2}{\sqrt{\pi}}\int_{\frac{\Delta\theta}{\sqrt{2}\,\sigma}}^{\infty}\exp(-u^2)\mathrm{d}u\\&=\frac{1}{2}\mathrm{erfc}\left(\frac{\Delta\theta}{\sqrt{2}\,\sigma}\right)\\&=\frac{1}{2}\left[1-\mathrm{erf}\left(\frac{\Delta\theta}{\sqrt{2}\,\sigma}\right)\right]\end{aligned} \tag{7-10}$$

式中，$\mathrm{erf}(x)=\frac{2}{\sqrt{\pi}}\int_0^x\exp(-z^2)\mathrm{d}z$为误差函数，且为增函数。则有

$$P_c=1-2P_+=\mathrm{erf}\left(\frac{\Delta\theta}{\sqrt{2}\,\sigma}\right) \tag{7-11}$$

由式（7-10）和式（711）可见，当$\Delta\theta$很小或噪声强度很大时，$P_+=P_-\to0.5$，而$P_c\to0$。

7.4.2　一阶环性能分析

根据文献[15]的结果，无噪时数字锁相环（DPLL）的数学模型可用图 7-17 表示。其中，$g[\cdot]$为鉴相器的传输函数；$D(z)$为环路滤波器的传输函数；$z^{-1}/(1-z^{-1})$是数字控制振荡器（Digitally Control Oscillator，DCO），即控制器和分频器的等效传输函数。以上各项在数字锁相环中是共有的。由图 7-17，ϕ_k和$\hat{\theta}_k$分别是系统$g[\cdot]\cdot D(Z)\cdot[z^{-1}/(1-z^{-1})]$的输入和输出，可写出下列$z$变换方程：

$$\hat{\theta}_k(z)=\phi_k(z)\cdot g[\phi_k(z)]\cdot D(z)\cdot[z^{-1}/(1-z^{-1})] \tag{7-12}$$

因为环路为一阶环，所以可取$D(z)=1$，当环路线性工作时，有

$$g[\phi_K(z)]=\alpha \tag{7-13}$$

此处的α实际上是$g[\cdot]$单元（鉴相器）鉴相特性的斜率，该单元鉴相特性如图 7-18 所示。

式（7-12）可简化为

$$\hat{\theta}_k(z) = \phi_k(z) \cdot \alpha \cdot z^{-1} / (1 - z^{-1}) \tag{7-14}$$

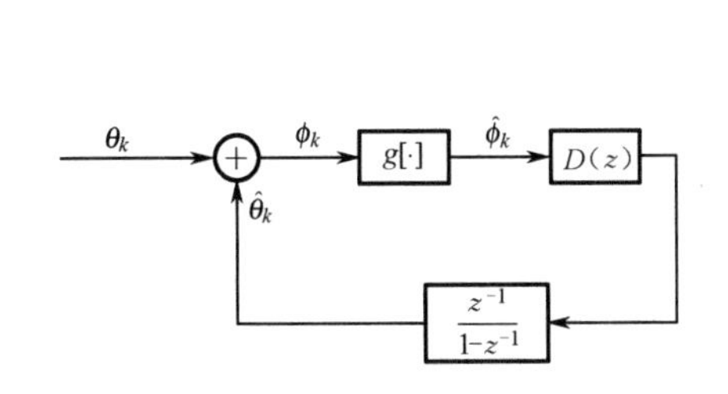

图 7-17　DPLL 数学模型

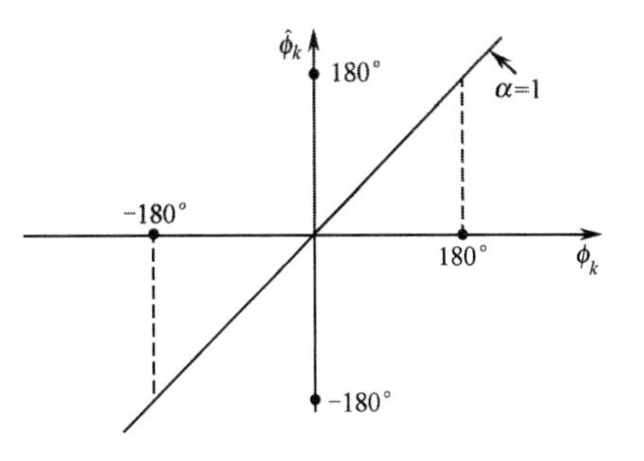

图 7-18　鉴相器的鉴相特性

对应的差分方程为

$$\hat{\theta}_{k+1} - \hat{\theta}_k = \alpha \cdot \phi_k \tag{7-15}$$

因为$\phi_k = \theta_k - \hat{\theta}_k$，即$\hat{\theta}_k = \theta_k - \phi_k$，代入式（7-15），得$\theta_{k+1} - \phi_{k+1} - \theta_k + \phi_k = \alpha \cdot \phi_k$，即

$$\phi_{k+1} = \theta_\Delta + (1-\alpha) \cdot \phi_k \tag{7-16}$$

式中，$\theta_\Delta = \theta_{k+1} - \theta_k$。

当$\alpha = 1$时，电路进行“一次性”相位调整，此时式（7-16）变为

$$\hat{\phi}_{k+1} = \phi_{k+1} = \theta_\Delta = \theta_{k+1} - \theta_k \tag{7-17}$$

式（7-17）表明：若采用“一次性”相位调整，当环路输入端在 k+1 时刻有一相位阶跃θ_Δ时，相差提取电路将产生相同的相位阶跃去调整环路。当输入在 k+1 时刻无相位变化时，环路即能锁定。以能捕获的最大相差π考虑捕获时间，那么高频计数脉冲要加减$[N/(2\pi)] \cdot \pi = N/2$个。所以，无噪时环路捕获时间为

$$t_{\max} \leqslant \frac{N}{2} \cdot T' = \frac{T}{2} \tag{7-18}$$

式中，T'为本地高频计数脉冲的周期；T为基带脉冲的码元宽度，且$T = NT'$。

式（7-17）还表明：当输入相位有随机抖动时，$\hat{\phi}_k$有同样的抖动。一阶环的Q_n以概率$P_{\rm c}$跟踪输入脉冲的平均相位，鉴相器以P_+的概率输出超前脉冲，以P_-的概率输出滞后脉冲。由式（7-10）可知，这两个错误概率最高可达 50%，若用这样的序列去控制相差提取和加减脉冲，本地Q_n的相位也将随机抖动。所以，单独使用一阶环没有实际意义，但在此巧妙利用了它快速的优点，使其变得有意义。

下面分析一阶环鉴相器（包括相差提取电路）输出序列调整概率与信噪比的关系。令 q 输出脉冲序列对环路正确调整的概率，p 为输出脉冲序列对环路错误调整的概率。

值得说明的是：正确调整概率与真同步概率既有密切关系，又不完全是一回事。对于一定的相差，若要实现快速同步，同时要求相差提取电路的输出脉冲极性正确和宽度正确；若只是极性正确，则仅可以使环路向同步误差减小的方向调整，即正确调整。无噪时，对于一定的相差，相差提取电路会提供确定极性、确定宽度的电压脉冲与之对应，正确调整概率为 1。有噪时，对应关系变得分散，甚至出现极性相反的电压脉冲，这时就要发生错误调整，如图 7-19 所示。类似于图 7-16，对应

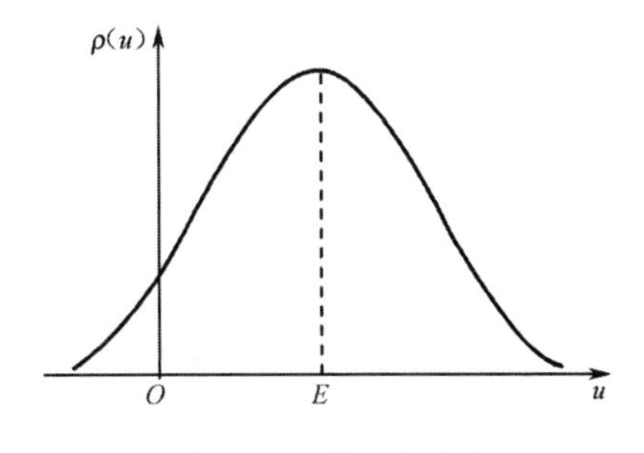

图 7-19　u 的概率分布

于一定的相差，$\rho(u)$是相差提取电路输出电压 u 相对于其均值 E 的概率密度，近似服从正态分布。

在输入噪声为高斯白噪声情况下，错误调整概率为

$$
\begin{aligned}
p &= \int_{-\infty}^{0} \frac{1}{\sqrt{2\pi}\,\sigma} \exp[-\frac{(u-E)^2}{2\sigma^2}]\mathrm{d}u \\
&= \frac{1}{\sqrt{\pi}} \int_{-\infty}^{-\frac{E}{\sqrt{2}\,\sigma}} \exp(-z^2)\mathrm{d}z \\
&= \frac{1}{2} \cdot \frac{2}{\sqrt{\pi}} \int_{\frac{E}{\sqrt{2}\,\sigma}}^{\infty} \exp(-z^2)\mathrm{d}z \\
&= \frac{1}{2}\mathrm{erfc}\left(\frac{E}{\sqrt{2}\,\sigma}\right) \\
&= \frac{1}{2}\left[1-\mathrm{erf}\left(\frac{E}{\sqrt{2}\,\sigma}\right)\right] = \frac{1}{2}\left[1-\mathrm{erf}\left(\frac{S}{\sqrt{2}\,N_0}\right)\right]
\end{aligned} \tag{7-19}
$$

$$
q = 1 - p \tag{7-20}
$$

由式（7-19）可见，p 为信噪比的函数，且当信噪比为 0（即全噪声输入）时，p 最大为 50%。由于一阶环没有相位滤波作用，因此相差提取电路输出端（即序列滤波器输入端）的信噪比就等于环路输入端的信噪比。p 与信噪比的关系曲线如图 7-20 所示。

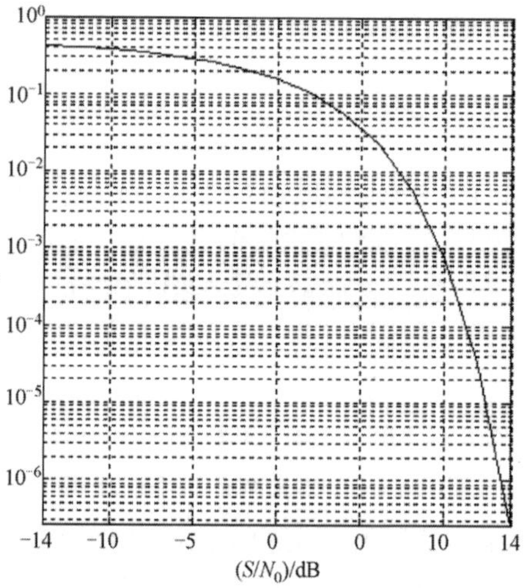

以上定义的正确调整概率 q，包含了两种情况：当环路输入基带脉冲平均相位滞后或超前于本地相位时，“减”控制脉冲出现的概率或“加”控制脉冲出现的概率都是正确调整概率。这样定义之后就可以不必再区分超前或滞后的条件，而直接用 p 或 q 分析环路的性能[3, 16]，这样处理比区分超前、滞后要方便。以上相关结论有利于后续的分析。

图 7-20　p 与信噪比的关系曲线

7.4.3　二阶环性能分析

在环路中加入序列滤波器使得环路变为二阶环，用于过滤相位噪声。所以，先分析序列滤波器本身的特性，再分析二阶环的性能。

1. 序列滤波器的相位滤波作用

以可逆计数器构成序列滤波器为例进行阐述。可逆计数器有一定的计数容量，个别的超前或滞后输入脉冲并不能使其产生输出，而要平均每 $D(n)$个输入才产生一次输出，从而完成对输入脉冲的多次观察，减少了误动次数，也就减小了相位抖动，以实现相位滤波功能。这里的 $D(n)$ 称为序列滤波器的滑动周期。

所谓多次观察再作判决，是一个概率问题。所以，从概率的角度看，序列滤波器是一个“概率变换器”，它将原基于输入序列的正确调整概率 q 提高到满足要求的程度，其输入、输出都是脉冲序列；但输出脉冲数少于输入脉冲数，且输入、输出脉冲数之间没有固定的比例关系，

主要视输入端信噪比的大小而定。所以，序列滤波器又是一个非线性的变换器，不能用线性变换的方法来分析它。

2. 序列滤波器的概率变换特性

这里，将序列滤波器输入、输出端脉冲序列对环路调整概率之间的关系称为序列滤波器的概率变换特性，它描述了序列滤波器对正确调整概率的贡献。

已知：q 是滤波器输入脉冲序列对环路正确调整的概率，p 是滤波器输入脉冲序列对环路错误调整的概率，且 $q+p=1$。

设：序列滤波器共有 a 个状态，单边计数容量为 $a/2$（可逆计数器的模值）；起始状态为 n（计数起始值），即复位值为 n，$n=0, 1, 2, \cdots, a$；序列滤波器输出脉冲使环路进行正确调整的概率为 $Q(n)$，它是 n 的函数。那么，$Q(n)$ 满足下列二阶差分方程[17]：

$$Q(n)=qQ(n-1)+pQ(n+1) \tag{7-21}$$

边界条件为 $Q(0)=1$，$Q(a)=0$。

式（7-21）的特解形式为

$$Q(n)=C^n$$

C 为待定常数。将此特解代入式（7-21），得

$$C^n=q\cdot C^{n-1}+p\cdot C^{n+1}$$

由 $Q(0)=1$ 得

$$q\cdot C^{-1}+p\cdot C=1$$

即 $C^2-C/p+q/p=0$，因式分解得

$$(C-1)(C-q/p)=0$$

该方程有两个解：

$$C_1=1\text{（不满足题意，舍去）},\quad C_2=q/p$$

所以，式（7-21）的通解为

$$Q(n)=A\cdot(q/p)^n+B \tag{7-22}$$

式中，A、B 为待定常数。由边界条件可得方程组

$$\begin{cases} A+B=1 \\ A\cdot(q/p)^a+B=1 \end{cases} \tag{7-23}$$

解得

$$A=-1/\left[(q/p)^a-1\right],\quad B=1+1/\left[(q/p)^a-1\right]$$

由此可得式（7-21）的解为

$$Q(n)=\frac{(q/p)^a-(q/p)^n}{(q/p)^a-1} \tag{7-24}$$

这就是序列滤波器实际的概率变换表达式；其理想的概率变换关系如式（7-25）所示，用曲线表示如图 7-21 所示。

$$Q(n)=\begin{cases} 1, & 0.5\leqslant q\leqslant 1 \\ 0, & 0\leqslant q<0.5 \end{cases} \tag{7-25}$$

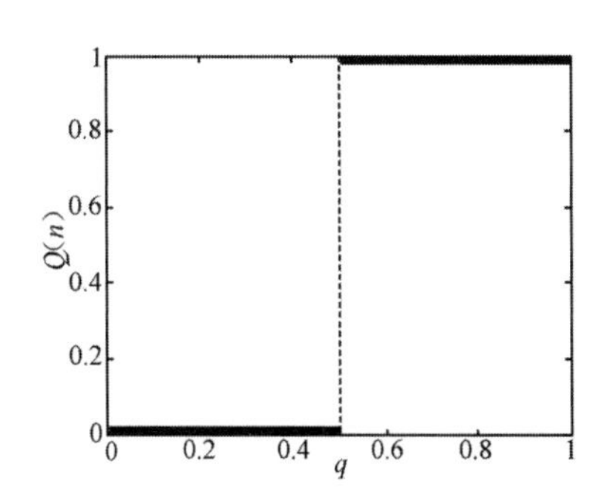

图 7-21　理想的概率变换曲线

由式（7-24）可得 $Q(n)$ 与 q 之间的实际概率变换曲线如图 7-22 所示。其中，图 7-22（a）为起始值 n 固定时，对应于 a=0、a=6、a=14 三种情况的概率变换曲线；图 7-22（b）

为 a=16、n 为参变量的概率变换曲线。图 7-22（a）中，曲线①对应没有序列滤波器，输入概率等于输出概率；曲线②对应的计数器容量小于曲线③。这表明：计数器容量越大，概率变换特性就越好。图 7-22（b）表明：计数器复位值取 $a/2$ 为宜，偏向某一边都不利于概率变换。这些结论很好理解，并与实际相符。

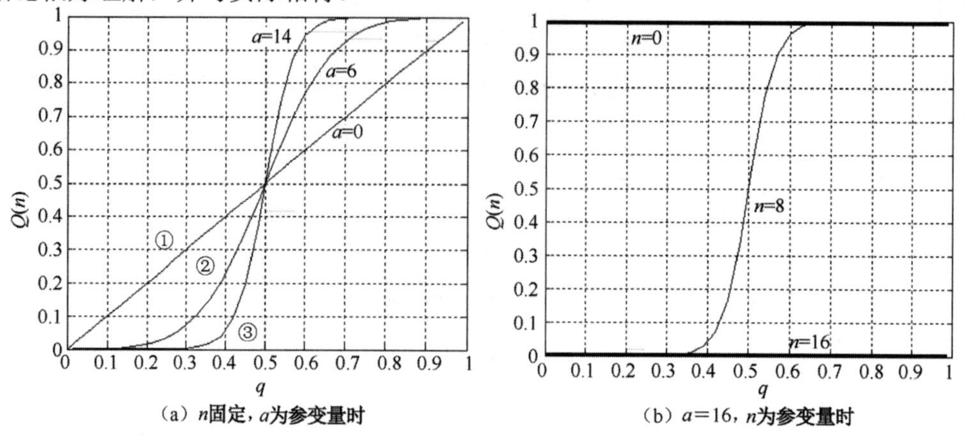

（a）n固定，a为参变量时　（b）a=16，n为参变量时

图 7-22　实际的概率变换曲线

当输入全是噪声时，$q=p=0.5$，代入式（7-24），是不定值，应用洛必达法则得

$$\lim_{q/p\to 1} Q(n)=\frac{a-n}{a} \tag{7-26}$$

若 $n=a/2$，则有

$$Q(a/2)=1/2 \tag{7-27}$$

这个结果说明：当输入全是噪声时，不会使 Q_n 的相位发生迁移。

综合以上分析，式（7-24）应修正为

$$Q_n(n)=\begin{cases}\left[(q/p)^a-(q/p)^n\right]/\left[(q/p)^a-1\right], & q\neq 0.5\\ (a-n)/a, & q=0.5\end{cases} \tag{7-28}$$

当序列滤波器接入环路后，鉴相器、相差提取电路的输出脉冲不再直接进行“加”“减”脉冲控制，而是进入序列滤波器进行统计。因此，q 不再直接是环路相位的正确调整概率，而仅代表本地时钟相位超前或滞后时的相差提取电路输出“加”或“减”脉冲的概率，实际“加”或“减”脉冲的控制则由序列滤波器的输出来完成，使环路得到正确或错误调整的概率为 Q 或 $P=1-Q$。将式（7-19）、式（7-20）代入式（7-28），可得 Q 与输入信噪比的关系，其曲线如图 7-23 所示。图中，a=32，n=16。

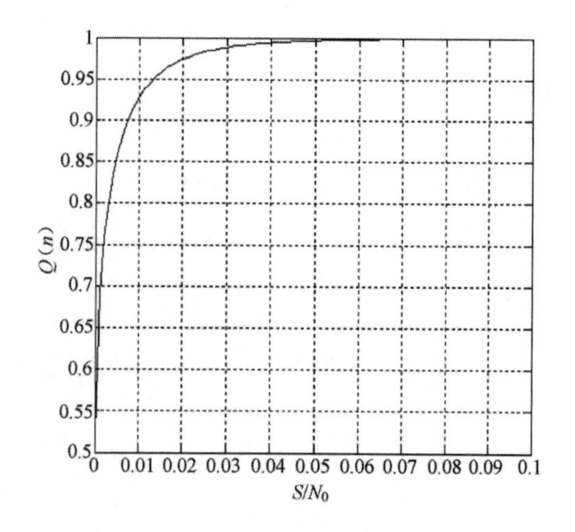

图 7-23　$Q(n)$与输入信噪比的关系曲线

3. 序列滤波器的滑动周期

序列滤波器由起始位置开始累计，累计到某一端（进位或借位）有输出为止称为一次滑动。为产生一次滑动所需的输入脉冲的周期个数或输入平均次数称为滑动周期，有些文献[16]称之为归一化平均时间。

采用与前述相同的分析方法，先建立差分方程。

设：$D(n)$是初始状态为 n 的序列滤波器的滑动周期，则 $D(n+1)$为从状态$(n+1)$出发抵达正确输出所需的滑动周期，那么下列差分方程成立[17]：

$$D(n) = pD(n+1) + qD(n-1) + 1 \tag{7-29}$$

边界条件为：$D(0) = 0$，$D(a) = 0$。

这是一个二阶非齐次方程。以 $D(n) = A \cdot n$ 作为式（7-29）特解，并代入式（7-29），利用 $D(0) = 0$，求得 $A = 1/(q-p)$，再引用式（7-21）的特解，则式（7-29）的通解为[17]

$$D(n)=B \cdot \left(\frac{q}{p}\right)^n + \frac{n}{q-p} + C \tag{7-30}$$

式中，B、C 为待定常数。

将两个边界条件分别代入式（7-30），得方程组

$$\begin{cases} B+C=0 \\ B \cdot \left(\dfrac{q}{p}\right)^a + \left(\dfrac{a}{q-p}\right) + C = 0 \end{cases} \tag{7-31}$$

解得

$$B = \frac{a/(q-p)}{1-(q/p)^a}, \quad C=\frac{-a/(q-p)}{1-(q-p)^a}$$

可得式（7-29）的解为

$$D(n) = \frac{n}{q-p} - \frac{a}{q-p}\left[\frac{1-(q/p)^n}{1-(q/p)^a}\right] \tag{7-32}$$

这就是所求的滑动周期与输入调整概率之间的一般表达式。

当 $n=a/2$ 时，有

$$D\left(\frac{a}{2}\right) = \frac{a/2}{q-p} - \frac{a}{q-p}\left[\frac{1}{1+(q/p)^{a/2}}\right] \tag{7-33}$$

当输入全是噪声时，解（7-32）、（7-33）不再适用。为此，再令非齐次方程的特解具有 $D(n) = A \cdot n^2$ 的形式，并利用边界条件，求得[17]

$$D(n)= -n^2 + a \cdot n \tag{7-34}$$

当 $n=a/2$ 时，

$$D(a/2)=n^2 = (a/2)^2 \tag{7-35}$$

这个结果与文献[1]所述“在噪声的作用下，甚至要 n^2 个脉冲才输出一个控制脉冲”和文献[18]所述“当有噪声输入时，在最不利的情况下，平均要输入 n^2 个脉冲才能输出一个环路校正脉冲”的结论是一致的，只是文献[1, 18]给出了定性结论，这里给出了定量结果。

综上所述，在 $n=a/2$ 前提下，有

$$D(a/2) = \begin{cases} \dfrac{a/2}{q-p} - \dfrac{a}{q-p}\left[\dfrac{1}{1+(q/p)^{a/2}}\right], & q \neq 0.5 \\ (a/2)^2, & q = 0.5 \end{cases} \tag{7-36}$$

当 $a = 32$ 时，式（7-36）对应的曲线如图 7-24 所示。

$q = 0.5$ 对应全噪声输入情况；$0.5 < q \leqslant 1$ 对应有信号，且信号相位抖动的平均相位仍在真实信号相位上的情况；$0 \leqslant q < 0.5$ 对应有信号，但由于某种原因信号抖动的平均相位偏离了信

号真实相位的情况。由图 7-24 可见，曲线关于 $q=0.5$ 对称，此时滑动周期 $D(n)$ 值最大；当 q 较小或较大（偏离 0.5）时，滑动周期都变小。

将式（7-19）、式（7-20）代入式（7-36），容易得到在 $n=a/2$ 条件下的滑动周期与输入信噪比的关系。

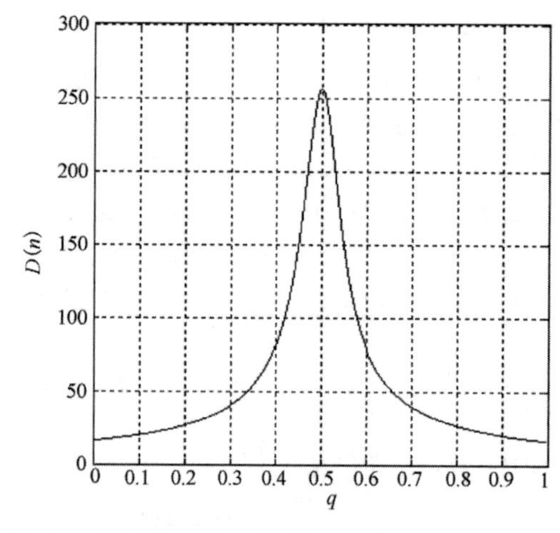

图 7-24　滑动周期与 q 的关系曲线（$n=a/2$，$a=32$）

4. 二阶环的入锁时间

根据以上讨论，从定性的角度看，二阶环的入锁时间一定长于一阶环。下面讨论二阶环入锁时间的计算。文献[16]及其他文献中对此有较详细的推导结果。然而，这些结果较为复杂，很难看出入锁时间与 q 和输入信噪比之间的关系。

实际上，入锁时间主要由以下两个因素决定：

（1）相差。相差越大，所需的调整次数越多。每次调整的时间宽度为一个高频脉冲的周期。相差最大为 π 时，所需的调整次数为 $N/2$。

（2）滑动周期 $D(n)$。调整次数也就是滤波器输出端调整脉冲的个数，若折合到滤波器的输入端，则是对应的滑动周期数。

一般地，设相差为 $\Delta\theta$，则二阶环的入锁时间为

$$t = D(n)\cdot\Delta\theta\cdot\frac{N}{2\pi} \tag{7-37}$$

式中，N 为环路的分频比。当 $\Delta\theta=\pi$ 时，对应于二阶环的最长入锁时间为

$$t_{\max} = D(n)\cdot\frac{N}{2} \tag{7-38}$$

式（7-37）、式（7-38）很简单，其物理意义也明显，且 $t_{\max}$ 与 $D(n)$ 呈线性关系，只差一个常数 $N/2$。由式（7-19）、式（7-20）、式（7-36）和式（7-38），也很容易得到 $t_{\max}$ 与 q 以及 $t_{\max}$ 与输入信噪比之间的关系，在此不再赘述。

5. 二阶环的同步带

当输入脉冲和本地脉冲 Q_n 的相位之差调整到小于等于调整步长 $\varDelta = T/N$ 时，环路完成同步，所以有：环路同步的上限输入频率为 $f_{\mathrm{H}}=1/(T-\varDelta)$，环路同步的下限输入频率为 $f_{\mathrm{L}}=1/(T+\varDelta)$，则环路的同步带为

$$f_{\mathrm{B}} = f_{\mathrm{H}} - f_{\mathrm{L}} = 2\times\frac{\varDelta}{T^2-\varDelta^2} \approx \frac{2\varDelta}{T^2} = \frac{2}{TN} \tag{7-39}$$

式中，T 为信码码元宽度，N 为环路分频比。可见，f_B 近似与 TN 成反比，与实测结果相吻合。

6. 二阶环输出的相位抖动

因为二阶环在从信号加入到锁定的一系列调整过程中都具有无后效性，所以其锁定过程是一个马尔可夫过程[11, 17, 19]；因为是离散量，所以又称作马尔可夫链。

为了便于分析，首先给出环路的状态转移图或概率转移矩阵，以表示环路以多大的概率由一个状态转移到另一个状态。

由以上分析可知，序列滤波器分别以概率 Q 和 P 输出正确调整脉冲和错误调整脉冲，即环路以概率 Q 向相差减小的方向转移，以概率 P 向相差增大的方向转移。

环路可能拥有的状态数是环路的分频比 N，即马尔可夫链的链长。N 个状态包括超前、滞后两种情况的组合。其状态转移图如图 7-25 所示，环路进入的状态是其中的某一状态，状态 1 和状态 N 称为反射状态，停留在状态 1 和状态 N 的概率分别为 Q 和 P。

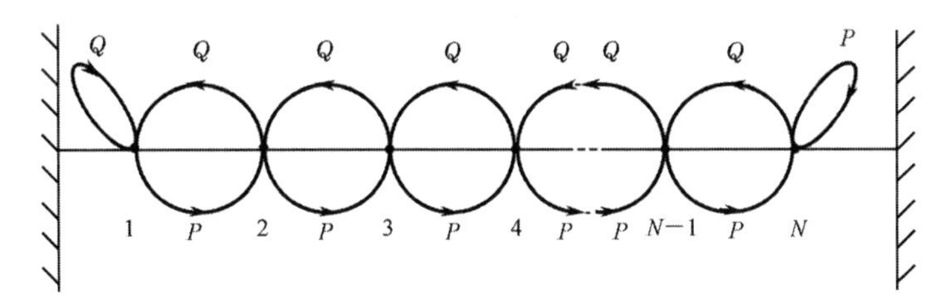

图 7-25　环路状态转移图

至此，把问题简化成了一个状态独立、齐次、有限和非周期的马尔可夫链，通常把这样的马尔可夫链称为随机游走模型（Random Walk Model）[20]。

根据马尔可夫理论，可以求出随机游走模型的稳态概率（Steady Probability），文献[20]称之为 Long-Run Probability。

令起始状态为 j，经 n 步转移后到达状态 k 的概率为 $P_{jk}^{(n)}$，则稳态概率的定义为

$$P_k = \lim_{n\to\infty} P_{jk}^{(n)} \tag{7-40}$$

文献[20]求出了这个稳态概率的结果：

$$P_k = \frac{1}{2}\cdot\frac{1-P/Q}{1-(P/Q)^N}\cdot\left(\frac{P}{Q}\right)^{|k|-1} \tag{7-41}$$

式中，$k=-N,-(N-1),\cdots,-1,1,2,\cdots,N$。

根据式（7-41）的结果，文献[20]给出了环路相位抖动的方差：

$$\sigma^2 = \frac{\Delta^2}{4} - \frac{\Delta^2}{1-\alpha^N}\left\{-N(N+1)+2\left[\frac{\alpha-(N+1)\alpha^{N+1}}{1-\alpha}\right]+2\left[\frac{\alpha^2-\alpha^{N+2}}{(1-\alpha)^2}\right]\right\} \tag{7-42}$$

式中，Δ为步长 $2\pi/N$，N 为分频比，$\alpha = P/Q$。

式（7-42）是一个重要结果，但不直观。因为 P、Q 是信噪比的函数，所以 σ^2 也是信噪比的函数，不过此处的信噪比是序列滤波器输出端的信噪比[20]。

σ 与信噪比 ρ 和步长 Δ 的关系曲线如图 7-26 所示。由此可得如下结论：

（1）σ 随着 Δ 的减小而减小。

（2）$\rho \geqslant 2\text{dB}$ 时，输出相位抖动趋于平坦，其均方根值为 $\sigma \approx \Delta/2$（渐近线）；$N=128$ 时，$\sigma \approx 1.4^\circ$。

（3）σ 随着 ρ 的增大而减小。

以上结论［尤其是结论（2）］，正是所要寻找的结果，对电路设计具有指导和实用意义。

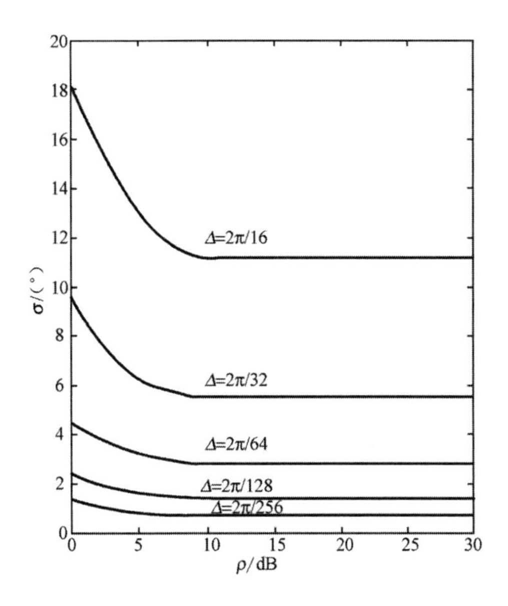

图 7-26　σ 与 ρ、Δ 的关系曲线

7.4.4 自动切换电路性能分析

自动切换电路是连接一、二阶环的纽带，也是新型数字锁相环能否实现设计目标的重要环节，其性能如何尤为重要，前人成果未见涉及。

1. 自动切换电路的概率变换作用

从电路原理和以上分析可知，应用数字鉴相器检测超前或滞后，同时提取全部相差，从而实现相位的一次性调整，快速捕获是可以做到的；但无论输入是真实信号，还是受噪声污染的信号，都会被快速捕获，假同步概率高，不能单独使用，这一点与一步只调整一个计数脉冲的一阶环不同。而环内插入序列滤波器可以提高同步电路的抗干扰性能，只要滤波器的计数容量足够大，总可以达到系统过滤噪声的要求；但其调整时间过长，也不能直接使用。为了合理利用一、二阶环的优点，必须采用一定的措施，以保证由一阶环到二阶环的正确切换。一种较好的设计思想是采用 M 次比相的方法，即经过 M 次比相后，若输出相位均跟踪上输入信号的相位，就认为是同步的，此时由一阶环切换到二阶环。从定性角度看，经 M 次比相后的正确捕获概率要高于一阶环正确捕获的概率。所以，可将 M 次比相看作另一种概率变换。需要分析的是这种概率变换的作用如何，也就是其真同步概率有多大。

作出 M 次都正确捕获的判决，实际上有两种可能：一是连续 M 次输出同步信号相位都跟踪在输入信号的真实相位上，误差均在 $(-2\pi/N,\ 2\pi/N)$ 之内，称之为真同步；二是环路的输入脉冲在连续 M 次比相瞬间的相位都相同，且与输出脉冲相位之差均在 $(-2\pi/N,\ 2\pi/N)$ 之内，但与信号真实相位有一个相同的大于 $2\pi/N$ 的偏差（超前或滞后），称之为假同步，此时切换电路发生了错误判决。若在 M 次比相中，既有超前，也有滞后，则不会产生错误判决，这是由电路本身的机理决定的。

已知一阶环一次观察（一个输入脉冲周期）能正确跟踪的概率为 P_c，参见图 7-16。

令：一阶环经 M 次比相后的真同步概率为 Q_c。至此，问题集中在找出 Q_c 与 P_c 之间的变换关系。

在高斯白噪声背景下，环路输入各脉冲的抖动是满足独立性条件的[6, 14]，因此可以认为输入脉冲发生超前或滞后的机会均等。那么，一阶环在一次性调整中，由于噪声而发生某一方向错误调整（表面上调整正确，其实调整错误）的概率为

$$P_f = (1 - P_c)/2 \tag{7-43}$$

若考虑两个方向，在 M 次比相中，由于 M 个脉冲序列连续发生错误，使切换电路发生错误判决，即假同步的概率为

$$P_{Mf} = [(1 - P_c)/2]^M \tag{7-44}$$

扣除两个方向的假同步概率之后，则真同步概率为

$$Q_c = 1 - 2P_{Mf} = 1 - \frac{1}{2^{M-1}}(1 - P_c)^M, \quad M = 1, 2, 3\cdots \tag{7-45}$$

当 $M = 1$ 时，$Q_c = P_c$，与实际情况相符。

当 $M \geqslant 2$ 时，因为 $0 < 1 - P_c < 1$，所以 $1 - (1 - P_c)^M > 1 - (1 - P_c) = P_c$，且 M 只取正整数，所以有

$$Q_c = 1 - \frac{1}{2^{M-1}}(1 - P_c)^M > 1 - (1 - P_c)^M > P_c$$

从而有

$$Q_{\mathrm{c}}=\begin{cases}=P_{\mathrm{c}}, & M=1\\ >P_{\mathrm{c}}, & M\geqslant 2\end{cases}\tag{7-46}$$

由式（7-46）可初步看出 M 次比相的概率变换作用及其对同步可靠性的贡献。为了直观起见，列出一组数据如表 7-1 所示，相应的概率变换曲线如图 7-27 和图 7-28 所示。

由此可十分明显地得出如下结论：一是当 P_{c} 和 M 增加时，Q_{c} 增大；当 $M=4$ 时，两图中的曲线均基本进入平坦区，所以电路选 $M=4$ 较为合理，并与实验结果相符。二是自动切换电路实现了设计思想，它把一阶环中的 P_{c} 变换为 Q_{c}，而 Q_{c} 比 P_{c} 大得多，保证了一阶环以相当大的真同步概率向二阶环切换，起到了很好的概率变换器的作用。

表 7-1　P_{c} 与 Q_{c} 的一组变换数据

M	P_{c}									
	0.1	0.2	0.3	0.4	0.5	0.6	0.7	0.8	0.9	1
1	0.1	0.2	0.3	0.4	0.5	0.6	0.7	0.8	0.9	1
2	0.60	0.68	0.75	0.82	0.87	0.92	0.95	0.98	0.99	1
3	0.82	0.87	0.92	0.95	0.97	0.98	0.99	0.99	0.99	1
4	0.92	0.94	0.96	0.98	0.99	0.99	0.99	0.99	0.99	1
5	0.96	0.98	0.99	0.99	0.99	0.99	0.99	0.99	0.99	1

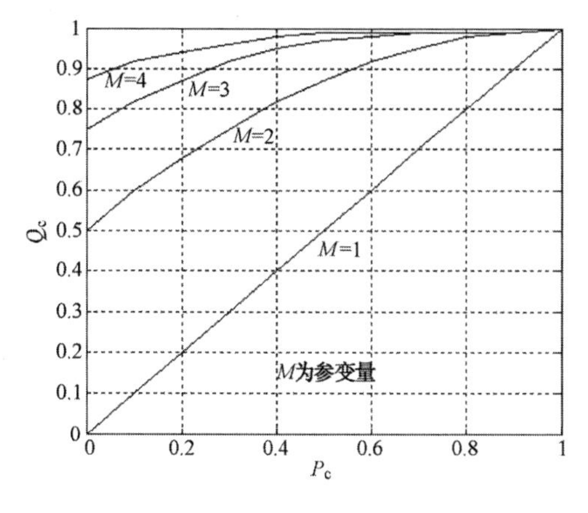

图 7-27　Q_{c} 与 P_{c} 的关系曲线

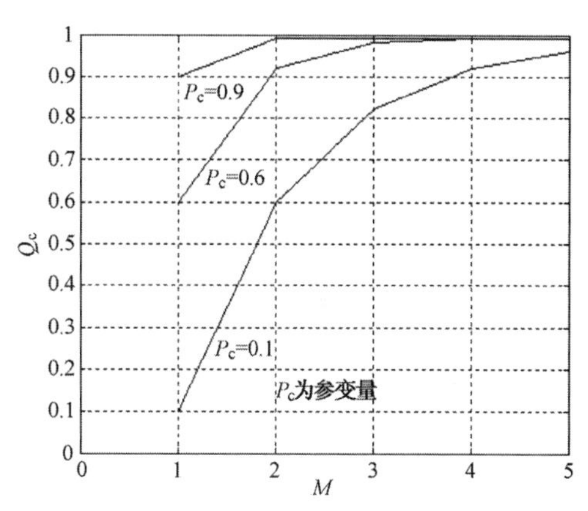

图 7-28　Q_{c} 与 M 的关系曲线

2. 自动切换电路对环路快捕时间的影响

从定性角度看，采用 M 次比相的自动切换电路后，环路的捕获时间介于一阶环和二阶环之间，是一种折中设计。所以，需要分析概率变换电路对快捕时间的影响，这也是方案设计需要回答的一个重要问题。实际上，M 值的大小和噪声的大小决定了快捕的时间。

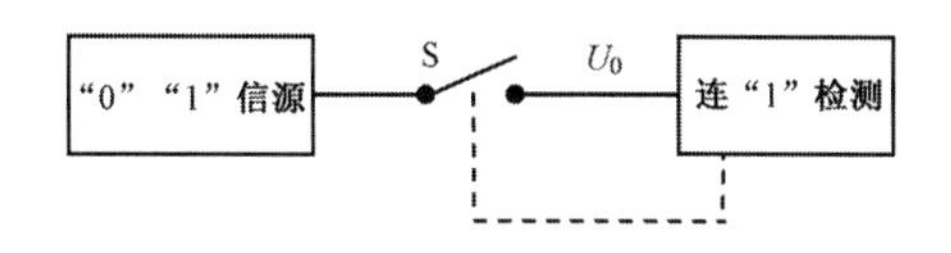

图 7-29　自动切换电路等效模型

若令经过一次比相能正确跟踪输入平均相位的事件为“1”，经过一次比相不能正确跟踪输入平均相位的事件为“0”，则自动切换电路可以等效成图 7-29 所示的模型。模型中的“0”“1”对应于事件，不是通信的信源，而是一种虚拟的信源。当开关 S 合上时，U_0 点以概率 P_{c} 出现“1”，以概率 $1-P_{\mathrm{c}}$ 出现“0”；当检测到连续出现 M 个“1”时，S 断开。需要求出从开关合 P 上到断开所经历的码元个数。

由前面的结论可知：此模型中 U_0 点各“0”“1”码元之间相互独立，且不等概。设：连续 M 个“1”为一个游程，则出现一个这种游程的概率为 P_c^M，但该游程出现在什么位置是不确定的。考虑到最坏的情况，即游程出现在开关一次合－断过程全部码元的结尾。那么，从开关合上到断开，所经历的全部码元平均个数为：

$$t_N=1/P_c^M \tag{7-47}$$

当 $P_c=1$（无噪）时，$t_N=1$，出现 M 个“1”和出现 1 个“1”的概率是一样的，即使经 M 次比相，环路也无变化，相当于切换时间只有一个码元。若把比相判决电路的输出端作为 t_N 的观测点，则在 $P_c=1$ 时，$t_N=M$，从这个意义上讲，式（7-47）应作如下修正：

$$t_N=\begin{cases}1/P_c^M, & 0\leqslant P_c<1\\ M, & P_c=1\end{cases} \tag{7-48}$$

令输入信码的码元宽度为 T，则 M 次比相的环路捕获时间为

$$t=t_N\cdot T \tag{7-49}$$

例 7-1 在 $P_c=0.6$（相当于信噪比 $\rho=0.92$）和 $P_c=1$（相当于信噪比 $\rho\to+\infty$）两种情况下，t_N 与 M 的关系曲线如图 7-30 所示。

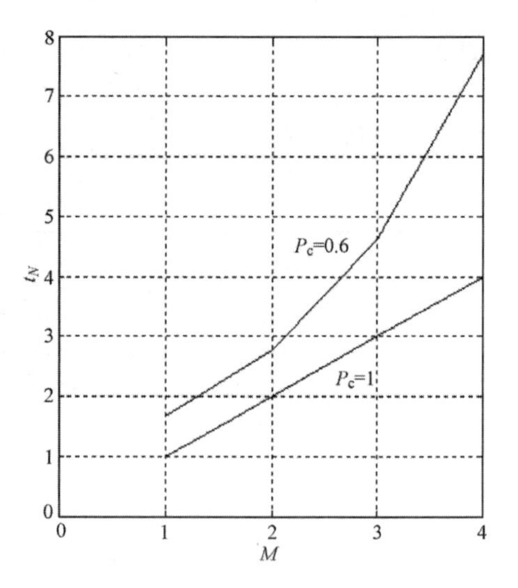

图 7-30 t_N 与 M 的关系曲线

7.4.5 自动变阶数字锁相环整体性能

在快速捕获的一阶环和噪声过滤性能良好的二阶环之间插入自动切换判决电路，由于 $Q_c\gg P_c$，该电路起到了很好的概率变换作用，以略大于一阶环的捕获时间为代价（但远小于二阶环入锁时间），使环路的真同步概率大为提高，避免了盲目切换。同时，二阶环中的序列滤波器也是一个“概率变换器”，可以进一步提高正确调整概率，所以本章提出的 LL-DPLL 实际上经过了两种概率变换，从而达到了既快速，又具有高可靠性、高精度的整体效果。

例 7-2 分频比 N=128，时钟频率为 8 192 kHz，输入脉冲速率为 64 kbit/s（周期为 T= 15.6 μs），输入起始相差为 180°，可逆计数器模值为 32，典型实验结果如下[3, 5-6]：

一阶环单独使用：无噪时，捕获时间为 0.5T；有噪时，一阶环输出信号随着输入信号的抖动而抖动，无意义。

二阶环单独使用：无噪时，捕获时间为 287.7T；有噪时，若输入相位抖动为 32°，则捕获时间迅速增长为 364.7T，但其滤波效果明显。

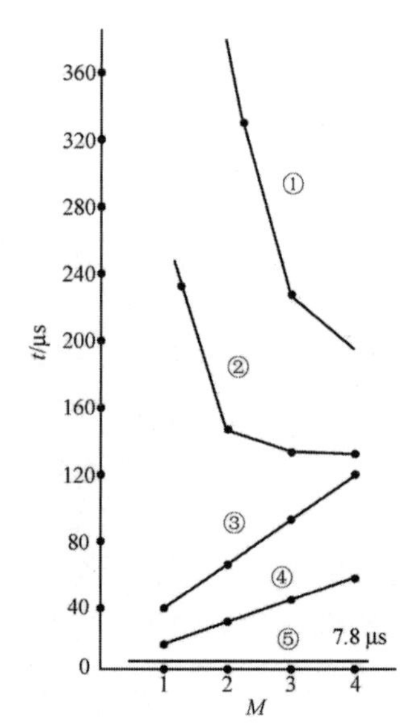

图 7-31 M 对环路时间的影响（实测）

在一、二阶环间采用概率变换电路之后，切换时间或捕获时间与比相次数 M 关系的一组实测曲线如图 7-31 所

示。其中，曲线①表示强噪时（输入相位抖动约 57.6°），捕获时间与 M 的关系；曲线②表示输入相位抖动为 32°时，捕获时间与 M 的关系；曲线③表示输入相位抖动为 32°时，切换时间与 M 的关系；曲线④表示无噪时，切换时间与 M 的关系；曲线⑤表示无噪时的捕获时间（与 M 无关）。

由图 7-31 可以得出如下几点结论：

（1）随着 M 的增加，切换时间增大，而捕获时间减小，这说明概率变换电路确实保证了很大的快速真同步概率。

（2）M=4 时，切换时间与捕获时间接近，所以选 $M=4$ 是合理的，与理论分析吻合。

（3）M=4，输入相位抖动为 32°（对应$\rho\approx 0.98$）时，捕获时间和切换时间分别为 $8.46T$ 和 $7.69T$；而在理论分析（参见图 7-30）中，$M=4$，$\rho\approx 0.92$ 时的快捕时间接近 $8T$。两者是基本吻合的。

（4）随着噪声的增大，曲线上移，这与实际情况也是相符的。

（5）无噪时，捕获时间与 M 无关，切换时间随着 M 的增大而线性增加，这与物理意义相符，作为分析是有意义的，但在实际系统中这种情况是不会出现的。

本章小结

本章主要讨论了通信抗干扰系统设计中必须解决的一个共性问题——快速高精度位同步技术。通过对位同步作用机理的介绍与分析，明确了位同步在数字通信中的用途与机理；通过叙述位同步技术的发展过程，明确了已有位同步典型方案及其技术存在的和需要解决的主要问题；重点探讨了一种快速、高精度、高可靠性的位同步技术方案，描述了其设计思想，讨论了快速捕获、环路滤波、环路切换等问题；在分析基带脉冲的相位抖动和一阶环性能的基础上，重点分析了二阶环的序列滤波器的相位滤波作用、概率变换特性和滑动周期，二阶环的入锁时间、同步带和输出相位抖动，以及自动切换电路的概率变换作用及其对环路快捕时间的影响等；最后给出了自动变阶数字锁相环的整体性能和相应的实验结果。通过本章讨论，快速、高精度位同步电路非常适合做成专用集成电路。

本章的重点在于位同步的用途与机理及其存在的问题，一种快速高精度高可靠位同步技术方案及其快速捕获、环路滤波、环路切换等的技术原理与性能等。

参考文献

[1] 万心平，张厥盛，郑继禹．通信工程中的锁相环路[M]．西安：西北电讯工程学院出版社，1983．

[2] 郑继禹，万心平，张厥盛．锁相环路原理与应用[M]．北京：人民教育出版社，1984．

[3] 姚富强．高速高可靠比特同步系统的研究与实现[D]．西安：西安电子科技大学，1989．

[4] YAO F Q，ZHANG J S，DU W L. Research about LL-DPLL changing order automatically[C]. Proceedings of ICCAS'91，Published by the IEEE Circuits and Systems Society，June.16-17，1991，Shenzhen，China.

[5] 姚富强，张厥盛，邬国扬，等．快速高精度数字锁相环研究[J]．电子学报，1993（7）．

[6] 姚富强，张厥盛，邬国扬．TDM/TDMA 比特同步系统研究[J]．西安电子科技大学学报，1991（2）．

[7] 彭光华．简单的快同步纯数字锁相环[Z]．第四机械工业部第 1017 研究所，1978．

[8] 陆存乐，龚初光，王士林．2PSK 解调器中若干问题的探讨[C]．解放军通信工程学院第三届学术报告会，1982-06，南京．

[9] 龚初光，王士林．一种新颖的快速位同步技术[J]．军事通信技术，1982（3）．

[10] 曾黄麟．一种快速全数字锁相环[J]．电子技术，1988（5）．

[11] CESSNA J R．Phase noise and transient times for a binary quantized digital phase-locked in white Gaussian noise[J]．IEEE Transations on Communications，1972（2）．

[12] 樊昌信，徐炳祥，詹道庸，等．通信原理[M]．北京：国防工业出版社，1984.

[13] 周代琪，施仁杰，文成义．数字锁相环中的时序环路滤波器[J]．西北电讯工程学院学报，1977（1）．

[14] 吴祈耀．统计无线电技术[M]．北京：国防工业出版社，1980.

[15] LINDSEY W C．A survey of digital phase-locked loops[C]．Proceedings of the IEEE，1981（4）．

[16] 陈家模．全数字锁相环接入滤波器时的性能[J]．西北电讯工程学院学报，1983（4）．

[17] 张连久．使用序列滤波器的全数字锁相环[Z]．第四机械工业部第 1017 研究所，1980.

[18] 但森．相干通信技术[M]．北京：国防工业出版社，1977.

[19] 邬国杨，王青，姚富强．一种极大似然估计的自动变阶位同步方案[J]．通信学报，1994（2）．

[20] HOLMES J K．Performance of a first-order transition sampling digital phase–locked loop using random-walk models[J]．IEEE Transactions on Communications，1972（2）．

第8章　典型通信装备抗干扰技术体制与实践

本章在阐述如何认识和比较典型扩展频谱（简称扩谱）抗干扰技术体制（简称抗干扰体制）及其改进型扩谱体制的基础上，重点讨论典型通信装备适用的基本抗干扰体制及其与工作频段、装备形式和战术使用要求等因素的关系。本章的讨论，有助于理解任何一种通信抗干扰体制都有其适用范围或边界条件，都有其优势和不足。

8.1　典型扩谱体制的抗干扰性能比较

下面先讨论对典型扩谱抗干扰体制的几点认识，并对常规跳频、常规直扩、改进型跳频、改进型直扩以及直扩/跳频等五种典型扩谱体制进行综合比较[1-2]。

8.1.1　对典型扩谱体制的几点认识

对典型扩谱体制的特点及抗干扰能力应有正确的认识，以前是纸上谈兵，现在已具备了较好的实践基础。

1. 任何一种通信抗干扰体制都不是万能的

任何一种通信抗干扰体制都不是完美的，更不是万能的，而是有条件的，都有其优势和不足，与其工作频段、装备形式、战术使用、工作环境（电磁环境、地理环境）等因素有关，即使对某种基本抗干扰体制进行一些改进或采用所谓的综合抗干扰体制，仍然还会存在某些不足或限制。所以，既不能指望一种抗干扰体制能抗任何干扰，或什么环境都可以适应，在已有技术条件下不能指望工作频率都被有效干扰时系统还能正常工作，也不能指望一种通信装备能采用任何抗干扰体制；同时，也不能根据某种抗干扰体制在某种环境下甚至在不应该使用的环境中的不适应性，以个别性的前提，得出普遍性的否定结论。战场的电磁环境是千变万化的，很难说某种抗干扰体制在当时环境中的效能如何。在有条件的情况下，可以设置多种可能的抗干扰体制，也可以在一种抗干扰体制中设置多种功能，以便在战时选用。比较理想的还应考虑通信抗干扰电磁支援措施，能根据战场的变化，自动选择和采取不同的抗干扰体制。

2. 扩谱体制需要进一步改进

从目前国际发展动态来看，通信抗干扰体制的主流仍然是扩谱。但是，常规跳频和直扩体制在人为对抗条件下的战场生存能力遇到了不少挑战。例如，跳频三分之一频段/频率干扰容限问题、固定直扩码的反侦察问题等，都是扩谱体制在现代军用通信中遇到的新问题，也是香农信息论没有直接回答的问题。需要对常规跳频和直扩体制进行改进，特别要引入相应的自适应技术，并辅以其他增效措施。令人瞩目的是其改进型的内容很丰富，有的可以大幅提高抗干扰性能和通信能力，有的改进措施甚至起到了改变原有体制的效果，只不过仍然是围绕扩谱这个主题展开的。同时，有些非扩谱体制及其技术也得到了较快的发展，如编码技术、空间域抗干扰技术和盲源分离抗干扰技术[3]等。

随着用频装备的逐步增加，电磁频谱利用率问题越来越突出，而扩谱体制（无论是跳频还是直扩）需要足够的频谱资源作保证。在这种情况下，扩谱体制频谱利用率不高的弱点也逐步显现，值得进一步研究。

3. 跳频与直扩体制抗干扰机理的异同

跳频和直扩都是在伪码序列的控制下产生宽带信号的，这是它们的相同点；但直扩是用伪码序列直接扩展信码的频谱，而跳频是用伪码序列控制载波频率的跳变，因而导致这两种基本抗干扰体制的机理和特点不同。在抗相关干扰方面，跳频体制主要依靠跳频图案的随机性、非线性及战术使用和正确组网等途径，抵抗跟踪跳频图案的相关干扰；而直扩体制主要依靠伪码序列参数的设计、改频以及战术使用等途径，抵抗跟踪直扩码型的相关干扰。在抗非相关干扰方面，跳频体制主要依靠增加处理增益（可用频率数），使得它在跳频频率集上可以容忍更多的频点被干扰，通过实时删除被干扰频点，在无干扰或干扰较弱的频点上跳频等途径，抵抗非相关阻塞干扰；而直扩体制主要依靠增加处理增益，使得它在直扩带宽内可以容忍更高的干扰电平，通过实时滤掉多个窄带干扰频点，避免干扰容限降低太多，以及提高功率等途径，抵抗非相关阻塞干扰。在抗多径干扰方面，跳频体制主要依靠其跳频驻留时间小于多径时延（实际系统中往往难以做到）；而直扩体制主要依靠其伪码序列码片宽度小于多径时延，以及多径分集等途径。

4. 跳频与直扩体制适用范围的异同

这两种基本体制适应的频段范围、装备形式以及干扰环境不太一样。直扩体制在频段足够高、频带足够宽时，容易获得较高的处理增益，且功率谱密度低，具有很强的反侦察和抗干扰能力，适用于微波接力通信和卫星通信等频段较高的场合；但难以克服远近效应，野战条件下的大区制动态组网能力差。跳频体制可以适应较宽的频段范围，从短波到微波等军用主用频段都可以采用，跳频带宽可宽可窄，不存在远近效应问题，野战条件下动态组网能力较强；但存在功率谱密度高、信号隐蔽性差和三分之一频段/频率干扰容限等不足。在短波天波和全向天线条件下，跳频和直扩体制均不宜采用大功率，以免互扰。目前看来，跳频与直扩两种体制抗相关干扰的能力类似，只要实现了相关干扰，且干扰功率足够大，这两种体制都将失去扩谱处理增益。但抗非相关干扰的能力有所不同：常规直扩抗宽带干扰的能力比常规跳频强，而常规跳频抗强功率窄带干扰的能力比常规直扩强，这是由常规直扩和常规跳频两种体制的抗非相关干扰机理决定的；改进型跳频和改进型直扩的抗非相关干扰能力都有很大的提高，但相互之间很难看出明显的差别。另外，直扩体制抗多径干扰的能力明显比跳频体制强。

8.1.2 典型扩谱体制特性的综合比较

为了直观起见，将以上关于典型扩谱体制讨论和分析的结果作一总结，如表 8-1 所示。需要说明的是：

（1）这里所提的改进型直扩和改进型跳频是针对常规直扩和常规跳频而言的，有其特定含义；如果改进的内容有新的变化，则比较的结果也会有相应的变化。

（2）差分跳频和跳码体制目前还不太成熟，未列入比较。

（3）表 8-1 中总结的内容未必完全和准确，需要不断完善和补充。

表 8-1　典型扩谱体制特性的综合比较

	常规跳频	常规直扩	改进型跳频	改进型直扩	直扩/跳频
处理增益	在频率资源允许和数据速率不太高的条件下，容易获得较高的处理增益	受伪码速率、带宽和数据速率的限制，难以得到较高的处理增益	增加跳频带宽，处理增益增加，其他改进措施不影响处理增益	采用多进制直扩，处理增益增加，其他改进措施不影响处理增益	相同带宽时，处理增益与纯跳频、纯直扩类似，或增加不明显
抗相关干扰特性	与跳频图案、跳速及组网等因素有关，其能力类似于直扩	与码型、频率及使用等因素有关，其能力类似于跳频	跳速提高和跳频图案性能改进后，抗相关干扰能力增加	码片速率提高和伪码跳变后，抗相关干扰能力提高	优于纯跳频和纯直扩
抗非相关干扰特性	抗宽带阻塞干扰能力较弱，抗窄带强功率干扰能力较强	抗宽带阻塞干扰能力较强，抗带内强功率干扰能力较弱	增加可用频率数和频率自适应，可提高抗阻塞干扰能力	增加直扩带宽和频率自适应滤波可提高抗带内干扰能力	优于纯跳频和纯直扩
抗多径干扰特性	基本不具备抗多径干扰能力	具备较好的抗多径干扰能力	同常规跳频	优于常规直扩	优于纯跳频，低于纯直扩
低截获概率特性	低截获概率特性较差	低截获概率特性较好	与常规跳频相同	优于常规直扩	优于纯跳频和纯直扩
远近效应特性	远近效应特性较好	远近效应特性较差	与常规跳频相同	与常规直扩相同	同纯跳频，优于纯直扩
多址与组网	多址和组网性能较好	多址干扰大，组网能力差	与常规跳频相同	与常规直扩相同	优于纯直扩
调制解调特性	较灵活，数字、模拟调制均可	主要采用数字调相方式	与常规跳频相同	与常规直扩相同	比纯直扩、纯跳频要求更高
同步特性	同步较复杂，同步时间较长，是跳频系统设计的重要问题	短码同步较简单，同步时间较短，长码同步时间较长	与常规跳频相同	与常规直扩相同	跳频和直扩同步的结合
与普通定频通信的兼容	当跳频退化为定频通信时，可以与定频通信兼容互通	当直扩退化为定频通信时，可以与定频通信兼容互通	没有变化	没有变化	兼容定频通信的难度增大
数据速率	难以与提高数据速率兼顾	难以与提高数据速率兼顾	难以与提高数据速率兼顾	难以与提高数据速率兼顾	难以与提高数据速率兼顾
适用范围	应用广泛，适用于多种通信频段和装备形式，不适应大功率电台	适用于较高频段，不适应较低频段和有远近效应的场合	有所扩展	有所扩展	适用于较高层次的装备

8.1.3　典型多址方式及其与抗干扰的关系

多址方式不仅是军用通信中的一个重要问题，也是选择抗干扰体制时需要考虑的问题，它们之间有着紧密的联系，不同通信系统对多址方式的要求也不尽相同。本节主要讨论一些典型的多址方式及其与抗干扰的关系[4]，为具体通信系统的设计提供参考。

1. 多址方式的基本类型及其数学模型

所谓多址，指的是多个信息源不在一处，并自主工作，信息源即为通信用户[5]，且每个用户分配一个地址。

多址通信又称任意选址通信，指的是多个用户使用一定的公共信道实现各用户间的无线电通信[6]。在多址通信中，信道具有一个共同的特征——接收机接收到的是多台发射机发送信号的叠加[5]，军用通信的很多应用场合涉及这一问题。

所谓多址方式，指的是实现多址通信的方式，又称多址访问、多址接入或多址联接等。典型的多址方式有频分多址、时分多址、码分多址和空分多址等。

频分多址（Frequency Division Multiple Access，FDMA）是指按频率分割不同的信道而完成多路通信的多址方式，即：利用不同的载频来区分不同的用户，即使相邻信道或不同用户的信号在时域上是重叠的（公共信道），但在频域上是正交的（频域互相关为0），其相互之间的多址干扰通过设置保护频段的方法予以隔离。其数学模型可以表示为

$$\int_{-\infty}^{\infty} X_i(f) X_j(f)\,\mathrm{d}f = 0,\quad i \neq j \tag{8-1}$$

式中，$X_i(f)$、$X_j(f)$ 分别表示第 i 个用户和第 j 个用户的频域信号。

时分多址（Time Division Multiple Access，TDMA）是指按时间分割不同的信道而完成多路通信的多址方式，即：利用不同的时隙（分帧）来区分不同的用户，即使相邻信道或各用户的信号在频域上是重叠的（公共信道），但在时域上是正交的（时域互相关为0），其相互之间的多址干扰通过设置保护时隙的方法予以隔离。其数学模型可以表示为

$$\int_{0}^{\infty} X_i(t) X_j(t)\,\mathrm{d}t = 0,\quad i \neq j \tag{8-2}$$

式中，$X_i(t)$、$X_j(t)$ 分别表示第 i 个用户和第 j 个用户的时域信号。

码分多址（Code Division Multiple Access，CDMA）是指按码字分割不同的信道而完成多路通信的多址方式，即：利用不同的码字来区分不同的用户，即使相邻信道或各用户的信号在时域和频域上都是重叠的（公共信道），但在码域上是正交的（码域互相关为0），其相互之间的多址干扰取决于各用户码之间的互相关性。其数学模型可以表示为

$$\int_{0}^{T} X_i(t) X_j(t)\,\mathrm{d}t = 0,\quad i \neq j \tag{8-3}$$

式中，$X_i(t)$、$X_j(t)$ 分别表示第 i 个用户和第 j 个用户的地址码信号，T 表示地址码对应的时间长度。

空分多址（Space Division Multiple Access，SDMA）是指按空间分割不同的信道而完成多路通信的多址方式，即：利用不同的点波束来区分不同的用户，即使相邻信道或各用户的信号在时域、频域、码域上都是重叠的（公共信道），但在空间域是正交的（空间域互相关为0），其相互之间的多址干扰通过设置保护空隙的方法予以隔离。其数学模型可以表示为

$$\int_{0}^{\theta} X_i(t,\alpha) X_j(t,\alpha)\mathrm{d}\alpha = 0,\quad i \neq j \tag{8-4}$$

式中，$X_i(t,\alpha)$、$X_j(t,\alpha)$ 分别表示方位角$[0, \theta]$范围内的第 i 个用户和第 j 个用户的时域信号，θ 的最大值为360°。

混合多址方式，是指以上几种基本多址方式的组合，如 TDMA/FDMA、TDMA/CDMA、FDMA/CDMA 以及 FDMA、TDMA、CDMA 与 SDMA 的组合等。

相应地，基本复用方式有频分复用（Frequency Division Multiplexing，FDM）、时分复用（Time Division Multiplexing，TDM）、码分复用（Code Division Multiplexing，CDM）、空分

复用（Space Division Multiplexing，SDM）等。

2. 几种典型多址方式的基本特点

频分多址是世界上出现最早、使用较多的一种多址方式，接收端在指定的频分信道内解调所需的信号。其主要优点有：技术成熟，当要扩大网内用户数量时，只要在中心站增设信道机即可；系统可靠性较高，当中心站部分信道机发生故障时，不至于使全网通信中断，尤其在信道数较多时更为明显；可以方便地实现频分双工（Frequency Division Duplexing，FDD）通信，形成频分多址/频分双工系统，设计简单；等等。主要缺点有：存在较为严重的互调干扰，一直是频分多址系统设计中的一个难题；用户容量有限，其用户数的增加是以增加频谱资源和系统复杂度为代价的，频谱利用率不高；当采用频分双工时，不仅需要设置双工器，增加系统的成本和体积，而且需要设置隔离频段，牺牲可用频率资源。

时分多址是继频分多址之后发展起来的一种多址方式，接收端在指定的时分信道内解调所需的信号。其主要优点有：由于收发双方在指定的时隙内通信，所以不存在互调干扰；增加用户数不需要增加信道机，可以较方便地提高用户容量[7-8]；既可以采用时分双工（Time Division Duplexing，TDD），也可采用频分双工，且时分双工可以省掉双工器，降低成本和体积；由于中心站和各用户站均使用相同的频率或收发两个频率，使得中心站只需一套收发设备，中心站设备组成简单，用户站具备一定的抗测向能力；可以较容易地实现一站多路功能；在有中心和精确同步条件下，可实时测得外围用户站的距离，方便实现对移动用户的定位；外围用户站是突发通信，其设备的功耗低；系统信令、控制信息在帧结构中安排灵活，易于实现信道的按需分配；等等。主要缺点有：系统同步难度大，除了常规通信所需的同步以外，还要实现时隙同步以及时隙突发条件下的位同步等；外围用户站的信号是在规定的时隙内突发的，而实时通信的信息一般是连续的，所以发送时需要进行数据压缩，时隙越多，压缩比越高，实际的传输带宽要增加，还存在数据处理时延问题；由于实际信道速率的增加，容易受多径引起的码间干扰的影响；从反侦察的角度看，由于全系统一般以中心站（或其他备用群首站）的信号帧为时间基准，只要系统开机，时基信号便处于连续发送的状态，中心站容易暴露目标。

码分多址是 1977 年以后发展起来的一种较新的多址方式[9]，接收端在指定的码分信道内解调所需的信号。其主要优点有：在小区制条件下，系统的用户容量较大，频谱利用率高（文献[10]认为利用 CDMA 可使蜂窝移动通信系统的频谱效率提高 2～5 倍，文献[11]得出了在微小区蜂窝通信的前提下，CDMA 的用户容量是 FDMA 用户容量的 20 倍，是 TDMA 用户容量的 4 倍的结论）；由于码型具有伪随机性，有利于信号的隐蔽与保密；随机寻址、多址连接灵活；既可以采用时分双工，也可以采用频分双工；既可以采用同步码分多址（性能较好，设计较复杂），也可以采用异步码分多址（性能较差，设计较简单）等。主要缺点有：码型选择困难，尤其在码长较短时难以保证足够的用户数量；远近效应明显，要求进行严格的功率控制，但在微小区（半径只有数百米，甚至可以小到 100～200 m[12]）条件下，功率控制变得简单。

空分多址是一种新发展起来的多址方式，接收端在指定方向的波束信道内解调所需的信号，实现的基础是智能天线的应用。其主要优点有：无论是采用智能天线还是固定的定向天线，天线增益都高，便于提高通信容量和减小发射功率；定向天线可以兼顾空间域抗干扰功能和提高反侦察性能，也降低了对其他用频设备的干扰等。主要缺点有：真正意义上的智能天线实现的技术难度大，并要与通信系统一体化设计，尤其用于移动通信时更为复杂，野战条件下动中通的空分多址几乎难以实现；适用于较高频段（微波频段），如卫星通信的星上多波束天线和微波接力通信的中心站等，较低频段难以应用。

至于多种形式的混合多址方式，它们各有优势和不足。混合多址方式虽然可以综合各自的优势，克服一些不足，但也可能同时具有各自的一些缺点，应根据具体系统要求予以选择。例如，在卫星通信系统、有中心的移动通信系统和一点对多点微波接力系统中，可采用时分多址区分下行信号，采用频分多址区分上行信号，即所谓的“上频下时制”。它综合了频分多址的特点，并利用时分多址解决了频分多址中的交调干涉及共用天线损耗等问题；但也还存在时分和频分的一些不足，如频分的信道难以按需变更、增加用户所需的频率资源多和时基信号暴露等。

3. 多址方式与抗干扰体制的结合

以典型的直扩、跳频扩谱抗干扰体制为例，讨论几种典型多址方式的适应性。

频分多址方式对于直扩和跳频体制均适用。对于直扩/频分多址（DS/FDMA），即以不同的频率区分用户，各用户在各自的频率上进行直扩通信，其直扩码可以相同，也可以不相同。对于跳频/频分多址（FH/FDMA），即以不同的频率表区分跳频网，各网在不同的频率表上进行跳频通信，各网跳频图案可以相同，也可以不相同，其实这就是跳频异步组网方式。对于直扩/频分多址和跳频/频分多址，既可以采取频分双工方式，也可以采用时分双工方式实现双工通信；但当扩谱通信系统的频段资源有限时，频分双工不可避免地要牺牲处理增益。理论上，时分双工方式可以节省频率资源；但实际上，在扩谱的基础上，时分双工需要进行压缩数据，此时的传输带宽会进一步增加。可见，频分多址与直扩、跳频的结合均是以足够的频谱资源为代价的，但可以采取一些措施压缩扩谱信号的瞬时带宽，如多进制直扩、高效调制等，以节省频谱资源。事实证明，这种处理方式的效果很好，多址干扰小，性能可靠，尤其在用户不多时。

时分多址方式同样适用于直扩和跳频体制。对于直扩/时分多址（DS/TDMA），即以不同的时隙区分用户，各用户在各自的时隙上进行直扩通信，各用户的载频和直扩码可以相同，也可以不同。其优点是可以克服远近效应，降低时基信号的功率谱密度，提高反侦察性能。不足主要是：直扩信号带宽本来就很宽，加上时分可能的数据压缩，传输带宽会进一步增加。对于跳频/时分多址（FH/TDMA），有两种可能的基本应用方式：一种是以不同的时隙区分跳频网，各跳频网在相同的频率表上进行跳频通信，各网跳频图案可以相同，也可以不同，若各网时隙同步，且跳频图案相同，即成为跳频同步组网；另一种是在跳频网内部，各用户的跳频周期与时隙分配成约束关系。例如，在每个时隙内安排一跳或多跳，或多个时隙安排一跳。对于直扩/时分多址和跳频/时分多址，既可以采取频分双工方式，也可以采用时分双工方式实现双工通信；但结合时分多址帧结构的优势，实现时分双工较为方便，而频分双工较为复杂或难以实现。

码分多址方式主要适用于直扩体制，即直扩/码分多址（DS/CDMA），每个用户分配的码字不仅用于直扩，而且还用于寻址。作为基本概念，需要强调的一点是：实现码分多址不一定需要直扩，但直扩可以实现和应用于码分多址，并且其多址能力与抗干扰能力互为矛盾。这是由于直扩码分多址系统的处理增益有两种基本的开销：一是用于抵抗己方的多址干扰，用户越多，多址干扰越严重；二是用于抵抗人为恶意干扰和背景干扰（自然干扰、工业干扰及其他用频装备的干扰等）。若要求多址能力强，则抗干扰能力降低，反之亦然。从这个意义上讲，直扩/码分多址通信系统是一个自干扰系统。另外，由于直扩/码分多址在大区制条件下存在严重的远近效应，因此这种体制的军事应用受到很大限制。从理论上讲，码分多址也可用于跳频体制，即跳频/码分多址（FH/CDMA），但实际上结合并不紧密，主要在于跳频图案码序列及其算法上，成为区分不同跳频网的一种参数。对于直扩/码分多址和跳频/码分多址，既可以采取频分双工方式，也可以采用时分双工方式实现双工通信，只是都要牺牲一定的频谱资源。

空分多址方式也适用于直扩和跳频体制。对于直扩/空分多址（DS/SDMA），即以不同的方向波束区分用户，各用户在各自的频率上进行直扩通信，其直扩码可以相同，也可以不同。对于跳频/空分多址（FH/SDMA），即以不同的方向波束区分跳频网，各网的频率表和跳频图案可以相同，也可以不同。

混合多址方式对抗干扰体制的适应性，可根据几种多址方式和相应抗干扰体制的特点，结合具体通信系统的设计需求，综合考虑，合理选择。

8.2 短波通信及其抗干扰体制

短波通信也称高频（High Frequency，HF）通信，是国际上最常用的军用、民用基本无线通信手段，具有中、远程通信等明显优势和特点。随着反卫星武器的逐步成熟，军用短波通信及其装备的地位越来越重要，装备规模很大，应用很广。

8.2.1 短波通信的战术使用特点

频段特性：民用短波频段划分为 3～30 MHz，军用短波频段低端一般延伸到 1.6 MHz 或 2 MHz；短波分为地波和天波两种传播模式，频率拥挤，选频要求高；地波传播时，其电波具有一定的绕射能力；天波传播时，可用频率随时间变化（时变特性），存在频率“窗口”效应，多径和衰落现象严重。

装备形式：固定台站、车载、舰载、机载和背负等，使用全向天线或准定向天线；设备简单、成本低廉、机动灵活。

工作方式：多为半双工。

通信距离：短、中、远程通信，可用较低功率覆盖很广的范围，实现超视距通信；短程通信距离为十几千米至几十千米（地波），中程通信距离为几百千米至上千千米（天波），远程通信距离为几千千米至上万千米（天波）；采用常规天线时，大致在 30～80 km 的范围内存在通信盲区。

使用层次：战略、战役、战术指挥通信，边海防巡逻通信，地/空、步/炮/坦、岸/舰、舰/空协同通信等。

业务种类：等幅报（CW）、模拟话、数字话、数据、传真、短信等。

电磁威胁：侦察、截获和测向；阻塞干扰、跟踪干扰和转发式干扰；己方短波通信的自扰；全球短波天波通信用户的互扰；自然与工业干扰；电磁脉冲武器等。

8.2.2 短波通信的发展及需求

随着通信技术不断应用和作战样式不断变化，短波通信尤其是军用短波通信发展迅速，且新的需求不断出现。

1. 短波通信的作用和地位

短波通信作为战略指挥通信、战役指挥通信、战术指挥通信以及协同通信的重要手段之一，在有些恶劣环境下（如卫星通信中断时）甚至是中远程指挥通信的唯一手段。

短波通信的作用和地位越来越重要，主要表现在指挥通信和协同通信两个方面。

指挥通信主要分战略通信、战役通信和战术通信三个层次，还有特殊需求的专向通信等。

指挥通信距离近至几十千米，远至数千千米。由于短波的地波和天波特性，其通信距离能满足指挥通信的要求。

在协同通信方面，短波通信比 VHF（甚高频）、UHF（特高频）频段电台表现出了距离上的优越性，因为飞机上天、舰艇出海时，其协同通信不能依靠 VHF、UHF 解决问题。例如，对于超低空突防的武装直升机、远程轰炸机等，短波通信和卫星通信是必选手段。

2. 短波通信的发展

短波通信是人类最早进行无线电通信的手段之一。由于短波信道质量差，加上频率拥挤，给短波通信的发展和使用带来许多困难。特别是 20 世纪 60 年代和 70 年代初，卫星通信的应用技术日趋成熟，其通信容量大、信道恒定、传输距离远等突出的优点是当时的短波通信难以比拟的。因此，短波通信曾一度遭到冷落，短波通信技术的发展也受到很大影响。直到 20 世纪 80 年代初，人们开始认识到卫星通信也不是尽善尽美的，特别是在战时卫星容易遭到敌方的多种攻击，抗毁性差，并且卫星通信设备造价昂贵；而短波通信设备具有重量轻、机动灵活、造价低和抗毁性强（电离层不可摧毁）等优点，让短波通信在军事通信领域又恢复了生机。近二三十年来，随着自适应选频、跳频、数字传输和低速率话音编码等技术的广泛应用，短波通信技术又有了新的突破，尤其是抗干扰能力和传输速率的提高，使短波通信面貌一新，更加适应军用通信的需要。

各国军用短波通信主要经历了以下几个过程：凡涉及中远程的各种作战任务，短波通信是不可缺少的一种有效的通信手段；短波通信不再局限于作为应急或备用的通信手段，而作为军用通信的重要组成部分和诸军兵种协同作战的主要通信手段；新一代短波战术电台一定要具备抗干扰能力，否则没有生命力；随着远程精确打击作战样式的出现和短波侦察、截获技术的发展，中、大功率短波电台抗干扰、抗截获和反侦察的需求日趋迫切[13]等。在实际中，短波中功率一般指 400 W～1 kW，短波大功率一般指 1 kW 以上。

以前，人们还曾对短波电台能否实现跳频通信争论不休，然而几十年来，世界各国竞相推出和装备了较高性能的短波跳频电台，先后完成了从短波模拟跳频到数字跳频、从定频数据传输到跳频数据传输、从常规跳频到自适应跳频以及从低速跳频到高速差分跳频等的技术突破，形成了以跳频体制为主、以自适应选频为辅的适应不同平台的短波通信装备系列。实用短波跳频电台的主要性能如下：跳速为几跳每秒至上百跳每秒，大部分在 50 Hop/s 以下，很少达 1 000 Hop/s 以上；有效数据速率多为 1.2～2.4 kbit/s；绝大部分短波跳频电台的跳频带宽为几百千赫（窄带跳频）。只有极少数采用新体制的短波跳频电台才达到了较快的跳速、较高的数据速率和较大的跳频带宽[14-19]。

然而，短波通信是一种典型的“离不了，难通好，可改进”的全球非协调共享的通信方式，加上中、大功率短波电台“只顾自己，不顾别人”的用频方式，有用和无用发射功率不断增大，在提高自身通信效果的同时，又污染了短波电磁环境，导致短波频段背景噪声干扰逐年增加[20, 21]，网间电磁兼容能力恶化，改善短波通信的质量和提高抗干扰能力越来越困难。

3. 对短波通信能力的要求

对短波通信能力的要求主要有五个方面：一是业务种类，二是通信距离，三是通信容量，四是通信质量，五是组网能力。

考虑到现代战争的要求和使用习惯，业务种类一般应具备：上边带（USB）、下边带（LSB）、等幅报（CW）、模拟话音、数字话音、数据、传真和短信等，并采取加密措施。

通信距离的需求一般有十几千米、几百千米至几千千米，应考虑采用无盲区天线或其他措施，使短波通信盲区范围尽可能小，甚至实现短波无盲区通信。

通信容量主要指数据（传输）速率。短波定频电台和跳频电台加调制解调器（MODEM）后的数据速率一般为 1.2 kbit/s 和 2.4 kbit/s，而美国近些年推出的短波 CHESS 跳频电台的数据速率达 9.6 kbit/s、19.2 kbit/s[14-19]，几乎与卫星通信数据速率不相上下。根据高技术战争的需要，要求短波电台能传输数据和数字话音，希望的速率：声码话音速率为 600 kbit/s、800 kbit/s、1200 bit/s，有效数据（传输）速率为 4.8 kbit/s、9.6 kbit/s。

通信质量的需求最终落实到误码率上，无论是定频通信，还是跳频通信，要实现低的误码率；传输数据时要求更低的误码率，应优于1×10^{-4}；数字话音误码率可以适当放宽一些，但也应优于1×10^{-3}，并应具有很好的话音可懂度；实际效果与频率自适应、纠错编码、话音编码等措施和信噪比等因素有关。

对组网能力的要求在后续章节中另行讨论。

4. 对短波通信抗干扰能力的需求

基于短波通信的技术特性、平台特性和可能遇到的电磁威胁，对其抗干扰能力的需求主要有[24]：实现高速数据传输与抗干扰的优化设计，提高抗干扰条件下的高速数据传输能力；实现高速跳频，提高抗跟踪干扰和多径干扰的能力（至少应具备安全跳速）；实现宽带跳频，提高抗阻塞干扰能力（主要是提高抗阻塞干扰的绝对门限）；实现干扰感知与跳频相结合，提高抗干扰的针对性和实时性，至少能容忍频率表的三分之一频点受干扰（主要是提高抗阻塞干扰的相对门限）；实现跳频同步与跳频通信一体化设计、实时变参数跳频和更短间隔的猝发通信[25-27]，提高抗干扰、反侦察、抗截获[28]能力；实现抗干扰体制与发射功率的合理匹配，提高网间电磁兼容能力；实现多种形式的组网，提高网系运用和抗毁能力；实现抗强电磁攻击措施，提高对电磁脉冲武器的防御能力等。总的发展趋势应是自适应选频、跳频、猝发传输、信道编码、信号交织、功率自适应和抗强攻击等体制和技术的综合应用，以实现频率域、时间域、空间域、功率域、速度域等的综合电磁防御。

值得指出，短波中、大功率电台不宜采用跳频体制，这是由于短波中、大功率的信号覆盖范围广，其工作频率及其谐波会对己方通信造成较大干扰。

8.2.3 典型短波模拟通信抗干扰体制及其关键技术

短波模拟通信主要是指用单边带调制来直接传输模拟话音的通信方式，其抗干扰体制主要是模拟跳频，这是短波通信较早采用的抗干扰体制。

所谓模拟跳频，是指在频率驻留时间内传输模拟信号的体制，其调制方式多采用调幅（Amplitude Mudulation，AM），主要涉及以下几个方面的问题。

1. 跳频带宽

由于短波信号具有天波和地波两种传播方式，导致了不同的跳频带宽。

短波天波跳频通信时，由于电离层的时变特性，存在所谓的频率“窗口”效应，导致不同方向通信的频率带宽最大为 2 MHz 左右，一般在 50 kHz～1 MHz 范围内。从短波电台本身来讲，实现天线的宽带调谐也很困难。所以，短波天波跳频一般只采用窄带跳频，并与自适应选频相结合。

短波地波跳频通信时，由于传播媒介相对稳定，就空中信道而言，除了一些禁用频率以外，理论上可以宽带或全频段跳频；如果跳频带宽太窄，则抗阻塞干扰的能力弱。就电台信道机而言，主要涉及天线调谐器（简称天调）的适应性和频率合成器（简称频合器）的覆盖范围，跳频带宽实际上受到限制，但可以做到大于天波跳频带宽。

2. 跳频处理增益

根据第 3 章的讨论，跳频处理增益等于给定跳频带宽内的可用频率数，与跳频带宽、最小频率间隔和信道特性等因素有关，而最小频率间隔设置又与信息调制带宽有关。根据短波模拟调制方式及信道机技术特性，短波模拟跳频的最小频率间隔一般为 3 kHz，也可以设置为 4 kHz、5 kHz 不等。当跳频带宽一定时，最小频率间隔越小，可用频率数就越多，跳频处理增益就越大。然而，由于短波信道特性，可用于跳频的频率数受到很大限制，外军短波跳频的频率数一般为 32 或 64，即跳频处理增益为 15 dB 或 18 dB 左右。若进一步扩展跳频带宽，跳频处理增益会进一步增加，但在短波频段很难有数量级的变化。

3. 跳速

短波模拟跳频的跳速主要考虑跟踪干扰机的跳速、信道机响应时间、频合器换频时间、话音可懂度以及安全跳速等因素。

由于短波频段的特殊性，加上要实现对跳频网的区分，短波跟踪干扰机的跳速很难提高，这是国际公认的。目前，国际上短波跟踪干扰机的实用水平一般为 30～50 Hop/s。从安全跳速角度看，短波跳频的跳速应高于短波跟踪干扰机的跳速。

信道机的响应时间主要是功率上升和下降时间，对于中等功率输出，短波功率放大器的功率上升和下降时间之和为 1.0～1.5 ms；短波跳频频合器换频速度一般可以做到 1～2 ms 或更短，则总的信道响应时间最长为 2.0～3.5 ms，取信道响应时间为跳周期的 10%，跳周期为 20～30 ms，则跳速可以高于 50 Hop/s。

模拟跳频时，由于没有数据压缩，换频时间内要直接丢失信息，影响话音质量。很好理解：当跳速较高时，跳频驻留时间较短，换频时间占跳周期的比例相对较大，话音中会引入“喀、喀”声，使话音质量下降；反之，当跳速较低时，换频时间占跳周期的比例相对较小，话音质量相对较好；当跳速极低时，如 1 Hop/s 以下，接近于定频通信，换频时间丢失的信息忽略不计，话音质量接近于定频通信。实践表明：当话音信号的中断率为 10～20 次/秒，每次中断时间小于 5 ms 时，对话音信号的可懂度影响不大。如果对频合器提出特殊要求，即减小换频时间占跳周期的比例，如小于 5%，向无缝隙跳频逼近，则适当提高跳速，对短波模拟跳频话音的可懂度不会造成明显影响。

根据以上分析，短波模拟跳频体制的跳速一般为几十跳/秒。外军短波模拟跳频实用装备的典型跳速有 5 Hop/s、10 Hop/s、15 Hop/s、30 Hop/s、50 Hop/s、100 Hop/s。考虑到安全跳速因素，最低跳速应至少大于 40 Hop/s。

4. 跳频同步

实际上，跳频同步可以理解为收方正确接收发方同步信息的过程。为了提高跳频同步信息传输的可靠性及抗干扰性能和反侦察性能，要求短波模拟跳频同步信息也采用跳频方式进行传输，且其同步频率应实时更换且为跳频频率表的子集，同步跳速与跳频通信的跳速相同，等等。同步信息实际上是一组数据，而在短波模拟跳频系统中传输的是模拟信号，所以要有一个专门用来在模拟信道上传输同步数据信号的调制解调器（MODEM），这是短波模拟跳频同步的一个特有问题。同步信号调制方式及其实现途径的选择主要考虑抗噪声性能、抗衰落性能、抗多径性能以及对信道机群时延的适应性等。同步信号调制带宽应与信道机 3 kHz 带宽内群时延特性较平坦的区域相对应。

跳频同步的主要指标有：

（1）初始同步概率：一般要求大于 98%（条件：$P_e = 10^{-1}$）。同步概率是跳频电台综合性能的体现，在短波电台中尤其如此。要求即使在跳频通信有困难时，也要实现可靠的同步，即跳频同步必须具有强有力的坚固性。

（2）初始同步建立时间：短波模拟跳频同步信息的传输速率较低，使得其初始同步建立时间一般为数秒。

（3）同步维持（保持）时间：跳频初始同步建立后，短波模拟跳频没有或难以采用其他维持同步的措施，通信双方主要依靠各自的时钟精度维持跳频同步，依靠每次按 PTT（Push-to-talk，按键通话）键时发送初始同步信息（称为 PTT 同步）来校正双方的时钟。跳频同步维持时间按式（3-12）计算，一般应为几十分钟，其间至少要保证一次战术通话。

5. 跳频图案

要求经复杂非线性运算，随机性、均匀性、遍历性和跳频图案周期等满足相关要求，详见第 3 章。

6. 跳速牵引

短波模拟跳频虽然为低速跳频，但同类型的跳频电台一般有几种可供选用的跳速。在模拟跳频中，几种跳速并不能自适应改变，仍属于固定跳速，在一次通信中跳速是不变的。可经面板预置，选择其中一种跳速，这是最基本的使用方式。在使用中，当某种跳速遇到跟踪干扰时，只要主台改变跳速，属台应可以自动被牵引到新的跳速上工作。

7. 短波模拟跳频关键技术

短波模拟跳频是人们研究和认识短波跳频的基础，主要有以下关键技术：

1）模拟跳频控制技术

模拟跳频控制技术主要解决模拟跳频同步控制、迟后入网控制、频合器控制、跳频图案控制、跳频互通控制、与面板交互控制以及跳频参数管理控制等问题。由于跳频通信时，传输的是模拟话音，而同步和其他控制需要的是数据，如何兼顾两者之间的矛盾是模拟跳频控制面临的主要问题。其关键点在于同步时采用专用低速 MODEM，通信时切换到话音通道。另外，当 3 kHz 话音带宽用于传同步数据时，一般短波定频通信信道机的带内群时延波动较大，只有在很窄的带宽内传输数据，这就限制了同步数据速率。解决这一问题的关键在于两个方面：一是设法减小短波跳频电台信道机带内群时延的波动，即增大群时延平坦的带宽范围；二是对同步数据进行高效编码，并降低传输速率。

2）低速 MODEM 技术

在短波模拟跳频电台中，低速 MODEM 有两个用途，即传输跳频同步信号和自动链路建立，并要求该 MODEM 能以突发的形式传输低速数据。从短波信道特性和抗干扰的要求来看，MODEM 的实现有一定难度，但由于其数据速率不高（一般小于 400 bit/s），可以不采用太复杂的措施。实践表明，选用时频调制或 FSK 调制等方式可以达到要求。若需要在模拟信道上传输较高速率的数据，如模拟跳频数传，则需另行考虑。

3）频率合成技术

频率合成技术一直是跳频电台的一项关键技术，其性能的好坏直接影响电台的性能。经过多年的实践，采用 DDS（直接数字频合器）加锁相环方案、多环方案以及小数分频加补偿的单环方案等均可实现短波低速跳频频合器；但对于短波高速跳频，只能采用 DDS 技术[29]。目前来看，实现频合器的跳速指标没有难度，关键在于低杂散和低相噪的设计，这对于较大功率短波跳频电台更为重要，直接影响到网间电磁兼容问题；对于小功率短波电台，还应考虑低功耗设计问题。

4）跳频信道机技术

跳频通信和定频通信对信道机的要求是不一样的。不能将定频信道机当跳频信道机使用，实际上这是信道机对跳频的适应性设计问题。短波跳频信道机的技术要求主要有：带内群时延小（重点是中频滤波器），AGC 建立时间短，各跳频频率灵敏度的一致性好，频率响应波动小，信道频率切换时间（频合器换频时间与信道机反应时间之和）短，功率上升和下降时间短，宽带调谐及快速调谐等。

5）短波自适应模拟跳频技术

短波自适应模拟跳频涉及两个方面的内容：一是跳频频率表的自适应建立；二是跳频通信时频率表的自适应修改。

跳频频率表自适应建立是指对于授权可以使用的频段范围（可能是短波全频段，也可能是某一分频段，或者规定的某一初始频率表，一般由用频协议规定或专用设备注入），经过信道的 LQA（链路质量分析），将无干扰或干扰较弱的好频率组成跳频工作频率表。当探测可用频率数 N_i 大于系统预置频率数 N 时，即从 N_i 个频率中取 N 个频率作为频率表，将（$N_i - N$）个可用频率作为备用；当 $N_i < N$ 时，则允许 N 个频率中若干个频率重复，以保证系统频率数为 N 。

按使用要求，希望每次通信前都能建立一个当前最佳或准最佳的跳频工作频率表。但是，由于是模拟跳频，加上又是半双工通信，干扰频率的实时检测和自适应信令实时交互很困难等，使得目前的短波模拟跳频一般很难做到频率表的自适应修改，多是在通信前经 LQA 建立跳频工作频率表，在通信中不再改变频率表；或者经 LQA 得到一组可通频率，要么用于定频通信，必要时进行自动请求重发（Automatic Repeat Request，ARQ），要么以某可通频率为中点，向两边扩展形成工作频率表，实现窄带跳频。

8.2.4 典型短波数字通信抗干扰体制及其关键技术

从原理上讲，由于数字通信处理灵活，可采用更多类型的抗干扰体制，如直扩、跳频等。但在短波频段，需要考虑一些特有的问题[30-34]。

1. 短波直扩抗干扰体制及其关键技术

以前，人们对短波通信采用跳频和直扩抗干扰体制都存在疑惑，认为短波信道（尤其是天波）不稳定，干扰严重，频率拥挤，定频都很难通信，采用跳频和直扩后通信会更困难。经过多年的研究和实践，对短波通信可以采用跳频已达成共识。但随着国内外对短波直扩技术的研究，人们的看法似乎出现了某些变化。因此，有必要予以分析[33, 36]。

在短波直扩通信系统中，为了抵抗码间干扰和抵抗多径，要求 $T_s > \tau_i > T_c$ 。其中，T_s 为直扩前的信码符号宽度，二进制直扩时即为信码宽度；T_c 为直扩伪码码元宽度；τ_i 为多径相关峰相对于主相关峰的时延，一般为毫秒（ms）数量级[34]。为使 $T_s > \tau_i$ ，一般采用多进制直扩。为使 $\tau_i > T_c$ ，一般采用提高伪码速率的方法，而伪码速率的提高将直接导致信号传输带宽的增加；由于短波空中信道的频率窗口（最大可通带宽为 2 MHz 左右）以及信道机带宽等因素，使得提高伪码速率受到限制。随着电离层的变化，τ_i 随机变化，会出现 $0 \leqslant \tau_i \leqslant T_c$ 和 $\tau_i > T_c$ 两种情况。根据第 4 章的讨论，当 $\tau_i > T_c$ 时，由于伪码自相关函数的尖锐性，可以成功地分离多径或进行多径分集；当 $0 \leqslant \tau_i \leqslant T_c$ 时，多径峰与主峰发生重叠，直扩效果消失，该域称为“直扩死区”[35]。在短波可通带宽受限的条件下，T_c 难以做得很小，“直扩死区”有存在的可能性。此外，电离层是一种色散媒介，使得传输信号的群时延随频率变化。直扩通信系统对射频链路的相频特性有严格的要求，色散将会引起直扩通信系统的相关解扩损失，导致处理增益下降，而且传输信号带宽越宽，色散所引起的信号失真越严重，相关损失也越大。同时，短波信道噪声是非高斯分布的，当采用固定门限检测时，存在着信噪比损失。也就是说，在短波信道条件下，直扩信号的处理增益将低于平稳高斯白噪声条件下的理论值[36]。另外，不同地点、不同方向电离层的频域特性在同一时刻也是有差异的，当区域较大的多个用户同时工作时，其公共可通频率窗口更窄，不能像卫星通信那样提供一个相对稳定的“转发器”信道，同时远近效应问题突出，严重影响短波直扩通信系统的组网。因此，直扩抗干扰技术虽然在短波通信中可以实现，但数据速率和组网能力受到较大的限制。

根据短波直扩的带宽特性，可将短波直扩分为带内直扩和带外直扩两种类型。

1）带内直扩

所谓带内直扩，是指直扩带宽不超过短波音频 3 kHz 带宽的直扩方式。此时，为了提高处理增益，只有降低信源速率，如 75 bit/s、50 bit/s 或更低。由于短波声码器几乎做不到如此低的速率，所以带内直扩一般只能用于传输低速数据，不便用于传数字话音。

根据短波通信的特点，并考虑到与现有 SSB（单边带）电台的兼容，一种前置直扩、后置解扩的短波通信系统结构如图 8-1 所示[36]。其中，自适应均衡、纠错编码是为了消除短波信道特性的影响而设置的。

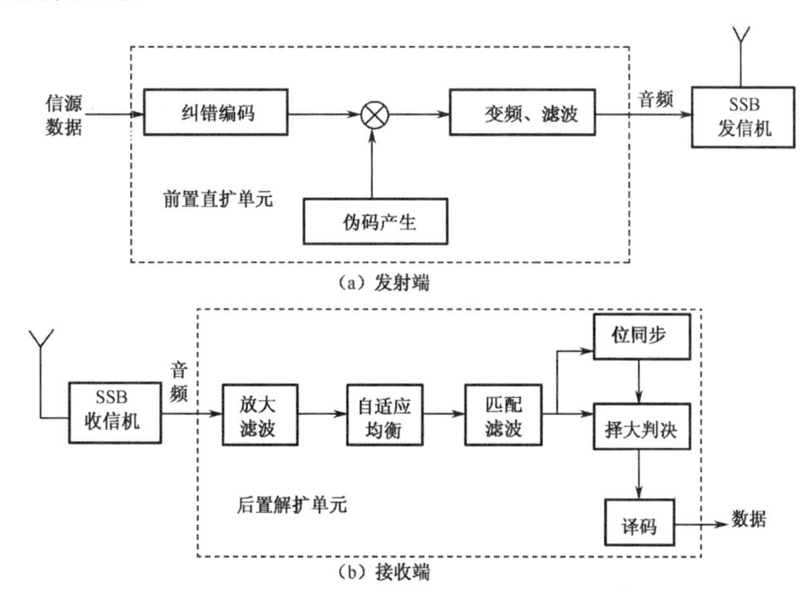

图 8-1　一种带内直扩短波通信系统结构

在实际中，要根据信码速率、信道特性、SSB 带宽、抗干扰要求等因素来设计直扩码。在传输 50 bit/s、75 bit/s 左右低速率数据时，短波带内直扩处理增益可达 15～18 dB。若要求再提高处理增益，要么进一步降低信源速率，要么采用多进制直扩，但仍然存在两点不足：一是远近效应，短波直扩组网困难；二是带内直扩的直扩码码长较短，多用户直扩码的正交性能难以保证。这两点不足限制了短波带内直扩系统的用户数量和组网功能，只能用于点对点的低速数据传输。

2）带外直扩

所谓带外直扩，是指直扩信号带宽超过 3 kHz 的直扩方式。前已述及，信道色散和其他短波用户信号形成有色噪声干扰等原因，使得短波直扩处理增益要低于平稳高斯白噪声条件下的处理增益。也就是说，短波直扩存在一个“最大可用带宽”，它限制了短波直扩通信系统处理增益和多径分辨能力的提高。美国海军电子实验中心（NELC）对此进行过较深入的研究，得出了图 8-2 所示的结果[36]。由此可以看出，当直扩带宽为几千赫以内时，处理增益接近理论值；当带宽大于 10 kHz 以后，处理增益与直扩信号带宽之间不是线性关系，处理增益随信号带宽的增加而上升的速度十分缓慢，即付出很大代价增加带宽，却只能换来微弱的性能改善。处理增益的上限最终由系统（含信道）的线性动态范围决定。若超过 1 MHz，则没有实际意义。

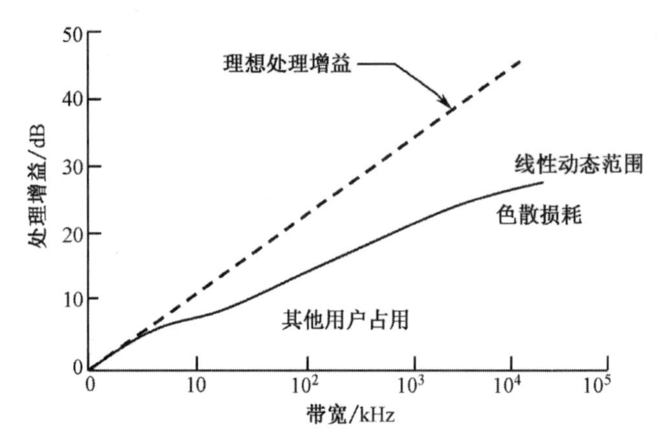

图 8-2　短波直扩处理增益与信号带宽的关系

可见，短波带外直扩是可能的，但其处理增益和信号带宽受到限制，远近效应和不便组网的问题依然存在，并且这几个因素又相互影响。

由以上分析，可得出短波直扩的基本结论：短波频段可以实现带内直扩和带外直扩，但由于直扩带宽和处理增益受到较大的限制，只能用于低速数据传输和点对点通信。也就是说，可在特殊情况下使用，但不便作为普遍意义上的短波抗干扰体制。

短波带内直扩和带外直扩抗干扰体制的关键技术有所区别。对于带内直扩，由图 8-1 可见，其关键技术主要有：适合低数据速率的信源和信道编译码、伪码产生、自适应均衡、匹配滤波和位同步提取等。若需要追求更好的性能，接收端还需要考虑窄带干扰抵消问题。在目前的技术条件下，这些关键技术基本上属于常规技术，可以实现，不成为技术难题。对于带外直扩，除了应考虑以上关键技术外，还需要重点考虑直扩码码长、直扩进制数与可用带宽的关系。

2. 短波数字跳频抗干扰体制

目前国内外公认的短波数字跳频抗干扰体制，主要分为两大类：一类是基于传统短波电台原理和结构的常规低速数字跳频体制；另一类是基于异步跳频原理的高速差分跳频体制。在第 6 章已深入讨论了短波高速差分跳频体制，本节主要讨论常规短波低速数字跳频体制及其关键技术。

所谓常规低速数字跳频体制，是指在低跳速前提下在频率驻留时间内传输数字信号的跳频体制。由于传输的是数字信号，导致了常规短波低速数字跳频系统的设计与短波低速模拟跳频系统设计既有相同之处，也有不同之处。同时，由于数字跳频的处理较灵活，有条件在功能上和应用范围上有所扩展。

一般，要求短波数字跳频应具备传输数字话音和数据的功能，所以对其抗干扰的要求应高于以传话音为主的模拟跳频体制。常规短波低速数字跳频体制主要涉及以下几个方面的问题。

1）跳频带宽与处理增益

由于短波跳频带宽主要与可用的频率资源和信道机特性有关，因此常规短波低速数字跳频带宽与模拟跳频带宽是类似的：地波在理论上可全频段和分频段跳频，实际中由于天线调谐等因素，难以做到全频段跳频；天波只能分频段跳频，跳频带宽一般在几百千赫至 1 MHz 范围内，跳频处理增益为 20 dB 左右。

2）跳速

根据短波空中信道以及信道机的特性，常规的短波数字跳频的跳速与短波模拟跳频的跳速没有数量级的变化，但由于数字跳频可进行数字压缩，换频时间内不丢失信息，不影响语音可懂度，因此短波低速数字跳频的跳速可以适当高于短波低速模拟跳频的跳速。短波低速数字跳频跳速的确定，需要考虑以下因素：在短波信道容量范围内，当压缩比不大（换频时间短）和跳速很低时，跳频数据速率与跳速不构成直接的制约关系。至于跳速与跟踪干扰机的跳速及安全跳速、短波空中信道特性、信道机响应时间、频合器换频时间等因素的关系，与短波模拟跳频跳速的考虑类似。

3）跳频同步

与模拟跳频通信同步类似的问题主要有：PTT 同步，跳频方式传输同步信息，同步频率实时可变且为跳频频率表中的子集，同步跳速与跳频通信跳速的关系，初始同步概率和初始同步建立时间等。

与模拟跳频同步不同的问题主要有：数字跳频的同步可以采用连续同步措施，以延长同步保持时间。这是由于数字跳频通信系统除了发送初始同步信息外，在其跳频帧结构中可以很方便和连续地插入所需的同步信息，使得在跳频通信过程中可以连续进行同步调整。只要实现连续同步，理论上就可以做到跳频同步保持时间无限长。

除了以上内容以外，短波数字跳频同步和短波模拟跳频同步都需要共同考虑同步数据速率与同步建立时间及同步跳速之间的关系。

为了保证同步数据的可靠传输，短波跳频同步信息的数据速率一般都较低，在几百比特每秒，直接影响了初始同步建立时间。同时，同步数据速率与同步跳速构成直接的关系，如果同步跳速较高，则在相同数据速率条件下，每跳传输的有效信息量降低。

设同步数据速率为 375 bit/s，跳速 R_h 分别为 10 Hop/s、20 Hop/s、40 Hop/s、50 Hop/s，跳周期为 $T_h = 1/R_h$，驻留时间为 T_d，$T_d / T_h = 0.9$，得到每跳传输的同步信息比特数、跳周期、驻留时间与跳速关系的一组数据如表 8-2 所示。

表 8-2　一组同步数据速率与跳速的关系

跳速 R_h/(Hop/s)	10	20	40	50
跳周期 T_h/ms	100	50	25	20
驻留时间 T_d/ms	90	45	22.5	18
每跳比特数/bit	33.75	16.87	8.43	6.75

设同步有效信息量为 20 bit（主要是时间参量及其他勤务信息的二进制表示），且每位有效信息用长度为 12 bit 的码字进行低速编码，则信道中实际要传送的同步信息位数为 20×12=240 bit；为了同步的可靠性，重复传输 5 次，则全部同步信息量为 240 bit×5=1200 bit。几

种跳速对应的所需同步跳数和初始同步建立时间如表 8-3 所示。

表 8-3　几种跳速对应的所需同步跳数和初始同步建立时间

跳速 R_h/(Hop/s)	10	20	40	50
所需同步跳数/Hop	35.5	71.1	142.3	177.7
初始同步建立时间/s	3.55	3.55	3.55	3.55

可见，在相同同步有效信息量、相同同步数据速率、相同编码方式以及相同重传次数的条件下，虽然不同跳速对应的所需同步跳数不一样，但不同跳速对应的初始同步建立时间是一样的；缩短同步信息编码的长度、减少重传次数和提高同步数据速率，都可以缩短初始同步建立时间，但同步信息传输的可靠性会随之下降。

4）声码器速率

设跳频数传 MODEM（跳频压缩后）的数据速率为 2 400 bit/s，每跳频率转换时间和位同步引导数据共占跳周期的五分之一，则有效信息速率为：2 400×4/5=1 920 bit/s。此时，声码器最高速率必须小于 1 920 bit/s。实际上，由于跳频数传用的 MODEM 工作条件变差，不一定能达到 2 400 bit/s，有效信息速率还要进一步下降。所以，短波数字跳频声码器的可靠速率一般取 800 bit/s 或 600 bit/s，最高不超过 1200 bit/s。根据目前的技术水平[37]，声码器编码速率只可以做到 800 bit/s 和 600 bit/s，甚至更低。

5）跳频图案和跳速索引

跳频图案和跳速牵引考虑的问题及相关要求与短波模拟跳频体制类似，并且跳速索引在数字跳频条件下更容易实现。

6）其他问题

根据短波信道特性及短波数字跳频的技术条件和需求，短波数字跳频应与频率自适应、功率自适应、信道编码等功能相结合。

3. 短波数字跳频关键技术

短波数字跳频关键技术与短波模拟跳频体制有所不同，以下讨论短波低速数字跳频关键技术。

1）低速数字跳频控制技术

应该讲，短波低速数字跳频技术已不存在多大的难题，主要解决跳频同步控制（初始同步、连续同步、再同步以及迟后入网同步等）、跳频图案控制、频合器控制、跳频数据平衡控制、迟后入网控制、响应定频电台呼叫控制、跳频互通控制、与面板交互控制、跳频参数管理控制以及必要的自适应选频控制等问题。有一点与其他频段的数字跳频控制技术差别较大，即跳频同步 MODEM 与跳频数传 MODEM 难以合二为一：除了传输速率不同外，主要是由于跳频数传 MODEM 在传送信息之前必须首先自己建立同步，这种同步的建立时间范围一般在 0.5～2 s 之间；而跳频同步未建立时，收发双方的跳频数传 MODEM 是无法建立同步的。

2）声码器技术

声码器是一种将话音信号变换成便于信道传输的数字信号的专用部件，其输出速率即为数字话音的信源速率。由于低速数字跳频时需要数据压缩，每跳都需要插入有关勤务控制信息和进行纠错编码，使得信道实际传输速率比信源速率要大幅度增加，在数据速率增加倍数一定的条件下，信源速率越高，信道传输速率就越高。

所以，在满足话音可懂度的条件下，要求作为信源（声码器）的速率越低越好。在短波数字通信中，需要研究高质量、低速率的语音压缩编码技术——短波声码器技术，它已成为通信领域的热门技术之一[37]。

3）跳频数传 MODEM 技术

2 400 bit/s 定频数传 MODEM 技术已很成熟，在采用纠错编码、交织、均衡等的条件下，其误码率可以做到 10^{-4}～10^{-5}。但这种 MODEM 还不能直接用于跳频，因为降低误码率的措施增加了数据冗余度，使数据速率与跳频之间出现较大矛盾。考虑到衰落的相关性，交织处理的时间较长。对数据通信来说，较长的交织时间对通信的实时性影响不大；但在传输数字话音时，实时性要求较高，当通话中两点之间双向信号延迟时间（含数据压扩处理、交织、空中传输等时间）超过 50 ms 时，人耳就有感觉，延迟 100 ms 以上就有明显的不便或听筒中出现明显的回声。

如果要求单工电台入双工网（如拨号入地域通信网等），则要求信号延迟更小，否则会造成信令传输效率低、呼损率高。另外，为了提高数据传输效率，MODEM 的进制数要慎重考虑，二进制的效率受到很大限制，即要求输入 MODEM 的数据率还要降低。在短波低速数字跳频信道上，要实现 4 800 bit/s 的 MODEM 还有一定的困难。

4）频率合成与信道机技术

与短波模拟跳频频率合成和信道机技术有类似之处，也有不同。主要不同点在于短波数字跳频的跳速要高于短波模拟跳频。除此之外，还应特别关注频合器的杂散、相噪问题和信道机的高效调制解调、位同步、带内群时延、带内频率响应波动、AGC 的反应时间、各频率灵敏度的一致性、信道频率切换时间、天线调谐等问题。

5）短波自适应数字跳频技术

实际上，数字跳频体制给自适应处理带来了方便，对于数字跳频的数据传输功能来说，采用频率自适应更显其必要性。例如，频率数分别为 32、64 时，1 个频点、2 个频点和频率表三分之一频点被干扰时的误码率（没有其他措施）如表 8-4 所示。

可见，在所列干扰条件下，误码率是很大的，频率表三分之一频点受干扰时误码率已超过了 1×10^{-1}。这种数量级的误码率在数字话音通信时还有一定的可懂度；但在数据通信时，有一个以上的频率受干扰都会产生很大的影响。

表 8-4　部分频点受干扰时的误码率

频率数	1 个频点受干扰时的误码率	2 个频点受干扰时的误码率	频率表三分之一频点受干扰时的误码率
32	1.56×10^{-2}	3.12×10^{-2}	1.66×10^{-1}
64	7.81×10^{-3}	1.56×10^{-2}	1.66×10^{-1}

短波自适应数字跳频主要包括两个方面：一是频率自适应，即在跳频通信过程中能实时检测被干扰频率，并作出相应的调整，使通信系统在无干扰或干扰较弱的频点上跳频，在干扰的空隙中进行跳频通信；二是功率自适应，即通信发方自适应地调整发射功率，使输出功率在满

足正常接收的条件下达到最低。

根据短波通信的特点，频率自适应跳频主要有两大过程，即跳频频率表的自适应建立和正常数据传输时的频率自适应处理。

跳频频率表的自适应建立是针对短波信道的“窗口”效应而言的，经过用频协议和 LQA（链路质量分析）过程联合完成，这一点与短波模拟跳频的要求类似。

为了对付在通信过程中出现的人为单个或多个频点（阻塞）干扰，要求在通信过程中不断检测受干扰频点，并用好的频点予以替代，这在数字跳频条件下是可以实现的。从发现某频点受干扰到系统处理完毕，存在一个暂态过程，该过程所需的时间称为频率自适应收敛时间。要求该收敛时间越短越好，以提高通信的效率。

频率探测信息由一组特殊码字构成，接收端对此先验已知的编码进行误码分析，从而判定某频率是否受干扰。频率检测与干扰判定过程在第 3 章中已有深入探讨，在此不再赘述。

由于短波电台一般采用半双工工作方式，即收时不发、发时不收，电台本身没有实时的反馈信道，难以提高自适应处理的实时性。在此情况下，频率自适应跳频处理的所用信道可采用两种途径：一是利用跳频通信本身的信道，在跳频帧结构中留出一定的时隙资源进行自适应处理（包括干扰检测、自适应信令传输与确认等）。这种方式的优点是成本低、设备体积小；不足是自适应处理的实时性受到限制，占用通信资源，影响通信传输效率。二是利用独立的频率监测信道，在电台中嵌入另一套专用接收机，独立进行频率质量分析，并把结果实时提供给电台。这种方式的优点是不占用通信资源，干扰频率监测的准确度高，且方便监视频率表以外的可用频率；不足是设备成本和体积都有所增加，且反馈信道问题仍然没有解决。另外，由于短波通信距离远，即使在组网条件下，也可将其作为点对点通信进行自适应处理。实际中，由于缺乏实时反馈信道等，很多短波跳频电台的自适应并没有与跳频相结合，自适应只针对定频通信。

功率自适应的主要过程类似频率自适应。

4. 短波自适应猝发通信抗干扰体制及其关键技术

据公开资料报道和分析[38]，针对短波通信信号的侦察、定位技术发展很快，50 ms 左右可以完成截获，300 ms 左右可以完成识别，60～100 ms 可以完成测向、定位，从截获至测向、定位的全过程最短时间为 110 ms，最长为 380 ms（并行）或 480 ms（串行）。当以上侦察过程完成后，可在 10～20 ms 时间内引导有效干扰。因此，只要短波信号（尤其是窄带信号）在空中驻留时间超过 50 ms 就容易被截获，超过 110 ms 就容易被测向、定位，超过 100～500 ms 就有可能被干扰。少数国家甚至已具备了对全球短波信号的截获、测向、定位和干扰能力，这对短波通信（尤其是短波中、大功率的天波通信）形成了巨大威胁（地波通信的距离较近，不容易被侦察）。同时，随着远程精确打击武器的出现和应用，一旦短波中、大功率电台被测向、定位，其平台极易受到火力打击，潜对岸短波通信就是一个明显的例子。这是短波通信在新的历史时期需要高度重视的问题。

在解决以上问题的过程中，短波中、大功率电台存在反侦察和抗干扰之间的矛盾。从一般意义上讲，若希望提高反侦察能力，需要降低发射功率；若希望提高抗干扰能力，则需要增大发射功率。如果采用跳频抗干扰体制，尽管抗干扰能力提高了，但短波中、大功率跳频电台会对己方的其他短波通信造成较严重的干扰，甚至短波跳频谐波对超短波通信造成干扰。这也是短波中、大功率电台（尤其大功率电台）一般不采用跳频体制的原因[38, 39]。

综合以上因素，人们首先研究和应用了短波定频猝发通信体制（猝发通信也称突发通信、瞬间通信或超快速通信，即在极短的时间内实现数据通信）。这种体制由于在极短的时间内采用较大的脉冲功率，通信效果较好，只要在时域上的猝发时间足够短，即可做到较低的被侦收概率，也降低了大功率信号被测向、定位的可能性。然而，尽管这种体制的数据传输在时域上是猝发的，具有“瞬间即逝”的优势，但若工作频率固定，尽管测向、定位不容实现，只要经过一定时间的积累，工作频率是容易被侦察和显示的，瞄准干扰自然也就容易实现。为此，我国学者进行了较多的研究，提出了一种短波自适应瞬间通信系统（Adaptive Burst Communication System，ABCS）体制[25-27]，属于一种隐蔽通信方式。ABCS 体制从通信过程的宏观上看，以窄带通信体制在很宽的频带范围内按照某种规律进行慢速跳频，并且在通信间隙内实时自适应选频，依此不断更换新的频率，频率使用是动态的；从通信过程的微观上看，在一定的时间范围内是窄带的定频通信，在时域上数据又是猝发的，猝发时间很短。因此，这种体制对于干扰方具有极小的先验概率，可望同时具有很强的反侦察、抗干扰和抗截获能力，并且对己方通信干扰小。不过，正是由于数据是猝发的，数据的压缩和解压会出现处理时延，对信息传输的实时性有一定影响，比较适合数据传输，如何实现实时性较强的猝发语音通信值得进一步研究。

短波自适应猝发通信关键技术主要有[25]：基于自适应均衡的高效调制解调技术，并与信道纠错编码相结合，以保证在严重多径和白噪声干扰条件下实现尽可能高的传输速率；基于极快速的时间和频率同步技术，并纠正频偏，以保证在极短的时间内能传输有效报文；基于最佳工作频率（OWF）的自适应选频技术，并及时更换新的频率，以保证通信双方能在有效的频率上工作；等等。

8.2.5 短波跳频非对称跳频频率表技术

这里提出和讨论一种非对称跳频频率表技术，它既适用于短波数字跳频体制（尤其是短波频率自适应数字跳频），也适用于短波模拟跳频体制。

1. 对称频率表及其存在的问题

自从跳频通信出现以来，为了提高跳频通信的抗阻塞干扰能力，人们关注的一个重点是提高跳频处理增益，即增加可用频率数。例如，扩展通信装备的工作带宽，设法减小跳频瞬时带宽，实现频率表高效分配等。但是，到目前为止，各频段的跳频通信装备几乎都采用对称频率表的方式，不仅通信本端的收、发频率表相同，而且本端频率表与对端频率表也相同。这种对称频率表的设计方法，实现较为方便，从技术特性上对于较高频段的视距跳频通信是合理的；但对于短波跳频通信所需的自适应选频来说，不利于增加可用频率数。

众所周知，短波通信是一种全球非合作的军民共用通信方式，且天波信道可用频段不断变化，各短波用户都在寻找频率空隙进行通信。所以，短波自适应选频非常重要，其前提是基于短波信道的频谱存在“多孔性”[25]，即使在频率最拥挤的时间和频段内也“有隙可趁”。这里特别需要指出：传播特性好的频率和接收端的安静频率未必是有效的工作频率。因为好的传输频率可能有其他电台使用，或存在人为恶意干扰；接收端安静的频率也许是电离层不能正常传输的频率。需要选择的有效工作频率应该是电离层传播特性好并且无人为恶意或无意干扰的频率，其周围的有效带宽一般可达几百千赫。然而，由于短波天波通信距离远，且通信双方的地理环境和电磁波经历的电离层均有所不同，双方接收信道的受干扰情况也不尽相同，使得两端的有效工作频率会出现较大的差异；通信距离越远，双方各自有效工作频率集的差异可能更大。

采用对称频率表时，即使通信双方受干扰的频率不同和各自最佳接收频率不同，也必须采用相同的频率表。由于组成频率表的频率必须兼顾双方同时无干扰或干扰很小，取双方可用频率集的交集，使得某些单方向可以使用的频率被排除在跳频频率表之外，实际可用频率数大为减少，这在很大程度上限制了跳频处理增益的增加，造成了频率资源的浪费。因此，传统的短波跳频对称频率表方式需要改进，这是短波跳频通信中的一个突出问题[39]。

2. 解决问题的途径及其优势

解决以上问题的一种有效途径，是在短波跳频中采用非对称频率表。

所谓非对称跳频频率表，是指在短波跳频通信中，通信双方分别对本端接收信道进行探测，由本端无干扰或干扰小的频率组成本端的接收频率表，对端亦然。希望的结果是：对端的接收频率表与本端的发送频率表相同；本端的接收频率表与对端的发送频率表相同；通信双方各自有一个不同的接收和发送频率表；同端收发频率表虽不相同，但均是原始跳频频率表的子集。这种结果真实地反映了短波信道的自然情况，即短波通信最大限度地适应短波信道，利用一切可以利用的短波信道资源。

设通信双方A、B起始使用的同一原始频率表 F 由$\{f_i\}(i=1, 2, 3, \ldots)$组成，在链路两端通信前，A、B分别对本端接收环境进行探测分析，得到各自的好频率并分别组成接收频率表 F_A 和 F_B，$F_A \in F$，$F_B \in F$，其中 F_A 包含频率 $f_x \sim f_z$，F_B 包含频率 $f_y \sim f_g$，A、B共同的好频率为 $f_y \sim f_z$。在采用对称频率表方式时，A、B只能取 $f_y \sim f_z$ 范围内的频率为共同频率表；而采用非对称频率表之后，F_A 取 $f_x \sim f_z$，F_B 取 $f_y \sim f_g$。经过双方信息交互，电台A、B均使用本端接收频率表接收，用对端接收频率表发送，如图8-3所示[40]。

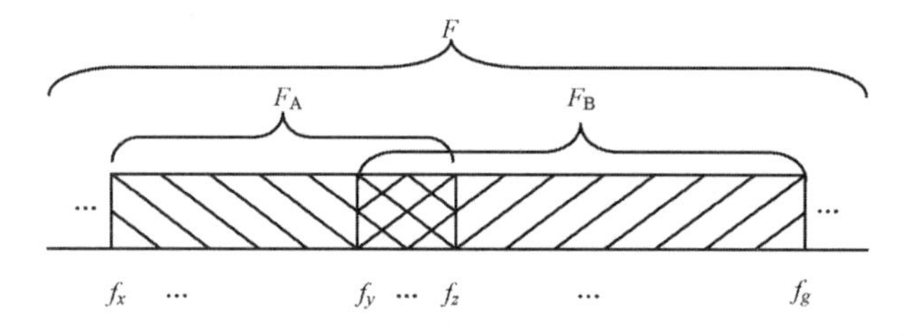

图8-3　非对称频率表频率选择示意图

例如，甲台与乙台进行通信，甲台和乙台分别探测本端的好频率并组成各自的接收频率表 F_A 和 F_B，它们均在跳频频率集 F 中，如图8-4所示。在通信过程中，甲台用频率表 F_B 发送，用频率表 F_A 接收；乙台用频率表 F_A 发送，用频率表 F_B 接收。

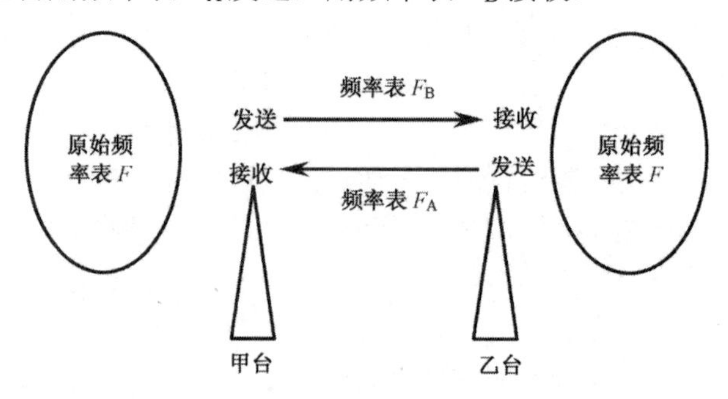

图8-4　使用非对称频率表收发示意图

可见，采用非对称频率表，通信双方具有两个不同的频率表 F_A 和 F_B，分别对应两个不同的通信方向。

从理论上讲，存在 $F_A=F_B$ 的可能性，也就是双方探测到的可用接收频率表正好相同，具体可以分为两种情况：一种是 $F_A=F_B<F$，这种情况相当于传统对称频率表的交集等于双方接收的频率表，但小于原始频率表；另一种是 $F_A=F_B=F$，这种情况相当于传统对称频率表的交集不仅等于双方接收的频率表，而且等于原始频率表，此时跳频频率表最大。在短波天波通信中，多为 $F_A \neq F_B$，而 $F_A=F_B$ 的情况少；而在较高频段的视距通信中，多为 $F_A=F_B$，而 $F_A \neq F_B$ 的情况少。这就是短波跳频通信需要采用非对称频率表的主要原因。

可见，对称频率表是非对称频率表的一个子集，是非对称频率表在收发频率表相同时的一种特殊情况。非对称频率表包含了对称频率表，表明了短波频率表的一般特性。

采用非对称跳频频率表后，不仅增加了可用频率数，而且两个方向的频率表不完全相同，可以明显提高频谱利用率、跳频处理增益、抗干扰能力和反侦察能力。

8.3 超短波通信及其抗干扰体制

超短波通信也称甚高频（Very High Frequency，VHF）通信，同样是国际上最常用的军用、民用视距无线通信方式。超短波电台也是军队的主战通信装备之一，规模大，数量多，应用广泛。

8.3.1 超短波通信的战术使用特点

频段特性：民用频段为 30～300 MHz，军用一般为 30～88 MHz，频率高端目前又往上扩展，甚至扩展到 500 MHz 以上（进入 UHF，即特高频）；用于视距通信，有一定的电波绕射能力；固定通信时信道参数较为稳定，移动通信时多径衰落较为严重。

装备形式：车载、舰载、机载、背负和手持等，使用全向天线。

工作方式：多为半双工，少数为双工。

通信距离：根据装备形式和发射功率的不同，通信距离有所不同；手持式电台为几千米，背负式电台为几千米至十几千米，车载和舰载电台为十几千米至几十千米，机载电台为几十千米至 100 km 以上；若采用转信措施，可增加通信距离。

使用层次：战术指挥通信，边海防巡逻通信，飞机和舰艇编队内部通信，地/空、步/炮/坦、舰/空协同通信等。

业务种类：模拟话音、数字话音、数据、等幅报、短信等。

电磁威胁：侦察、截获和测向；阻塞干扰、跟踪干扰和转发式干扰；短波谐波的干扰；己方超短波通信的互扰；近距离范围内民用超短波通信用户的干扰；自然与工业干扰；电磁脉冲武器等。

8.3.2 超短波通信的发展及需求

随着作战样式的变化和技术的进步，超短波通信技术发展迅速，而且新的需求不断出现。

1. 超短波通信的作用和地位

超短波通信是战术指挥通信、协同通信以及营以下通信的重要手段之一。

在战术通信范围内，除中远距离的通信使用短波通信系统、卫星通信系统以及散射通信系统外，超短波频段是战术通信的主要频段，主要用于地面战术指挥通信（旅、团、营以及营以下作战分队）、地—空通信、空—空机群内部通信、舰—舰编队内部通信、坦克车际通信、阵地内部通信、舰艇进港领航通信、特种兵通信以及相应距离范围内的多种协同通信等场合，在现代战术通信中有着十分重要的地位，应用范围十分广泛。

2. 超短波通信的发展

从20世纪70年代起，发达国家开始超短波跳频电台的研究，且很快推出和装备了超短波跳频电台系列，替代了同频段的定频电台[14]，有些国家还生产了窄带直扩与跳频相结合的超短波电台。实用超短波跳频电台的跳速一般在几十跳/秒至500 Hop/s范围内，多为中、低速跳频，最高1 000 Hop/s左右[14]。同步方式一般采用初始同步和PTT同步等综合技术，TOD时差可以做到3～5 min（可根据手表进行校时）；当70%同步频率受到干扰时，接收机也能完成同步（同步概率高于90%）。同时，能实现异步组网、同步组网和迟后入网以及失步后再同步等功能。有些较新的超短波跳频电台还具有空闲信道搜索（FCS）、GPS授时同步及定位、扩展频带、多跳速及准变速跳频等功能[14]。新一代超短波电台的特色主要在于具备分组（无线）网功能、提高数据速率和采取更为完善的电磁防御措施等。

3. 对超短波通信能力的需求

对超短波通信能力的需求同样涉及业务种类、通信距离、通信容量、通信质量和组网能力五个方面。

考虑到现代战争的要求和使用习惯，业务种类一般应包括数字话音、数据、等幅报和短信等，并采取加密措施；根据需要，可考虑增加分组网及卫星授时和定位等功能。

通信距离一般要求小至几百米、几千米、十几千米和几十千米（地面、海面），大至100 km以上（地—空、空—空），主要与发射功率、装备形式、使用环境、天线效率及内部损耗等因素有关。

常规超短波跳频电台在信道间隔为25 kHz的条件下，其数字话音传输速率一般为16 kbit/s，数据速率一般为几千比特/秒（kbit/s）至几十千比特/秒；若增大信道间隔或采用新的调制解调技术，数据速率可望进一步提高。然而，在相同发射功率和全向天线的条件下，加上该频段的传输技术特性，若要求过高的数据速率，则难以保证通信距离和误码性能。所以，超短波跳频电台数据速率的提高是有限度的，不能要求其数据速率向采用定向天线的微波接力通信靠近，在使用上也是有区别的。应高度重视对超短波跳频电台数据速率、抗干扰、频段、天线等进行科学、系统的设计，提高综合通信能力和实用性[41]。

超短波（含超短波数字跳频）通信质量的要求对于数据传输和数字话音有所不同，数据传输误码率一般应优于1×10^{-5}，数字话音误码率一般应优于1×10^{-4}。实际效果与频率自适应、纠错编码等措施和信噪比等因素有关。

对组网能力的要求在后续章节中另行讨论。

4. 对超短波通信抗干扰能力的需求

基于超短波通信的技术特性、平台特性和可能遇到的电磁威胁，对其抗人为干扰能力的主要需求有[24]：适当提高跳速，提高抗跟踪干扰和转发式干扰的能力，至少应具备安全跳速；实现宽带跳频，提高抗阻塞干扰能力；实现干扰感知与跳频相结合，提高抗干扰的针对性和实时性，至少能容忍频率表的三分之一频点受干扰时还能正常通信；实现跳频同步与跳频通信一体化设计、实时变参数跳频和高密度跳频组网（含同步组网、异步组网和其他特殊组网方式），提高抗干扰、反侦察、抗截获能力和网系运用能力；重视抗干扰体制的一致性，提高抗干扰条件下的协同互通能力；采取抗强电磁攻击措施，提高抗电磁脉冲武器的能力；等等。总之，应根据不同平台的用途和特性，对抗干扰、反侦察和抗截获以及抗强电磁攻击进行一体化设计，提高超短波通信的综合电磁防御能力。

8.3.3 典型超短波通信抗干扰体制及其关键技术

根据超短波通信的平台特性和信道特性，国内外多采用数字跳频为基本抗干扰体制，以及多种数字跳频基础上的改进体制。

1. 常规超短波中速数字跳频抗干扰体制

常规超短波中速（100～500 Hop/s）数字跳频体制是当今超短波跳频电台的主流体制[14]，主要涉及以下几个方面的问题。

1）跳频带宽

超短波通信不像短波天波通信那样具有频率“窗口”效应，空中信道特性相对稳定。因而在进行跳频通信时，除了一些禁用频率和保护频率外，可以进行宽频段甚至全频段跳频。为了提高跳频抗阻塞干扰的能力，希望跳频带宽越宽越好。但是必须考虑到，随着跳频带宽的增加，接收机射频前端的频率选择性变差，引入的宽带噪声及邻道干扰功率相应增加，部分抵消了由增加跳频带宽所带来的处理增益，并且天线的效率也随之降低。另外，跳频带宽的增加还涉及复杂的战场管理与控制问题，因为作战时超短波频段的信号高度密集，客观上存在着互相干扰的问题；如果处于同一地域内的众多超短波电台都进行宽带跳频，会出现严重的互扰。因此，必须对各超短波跳频通信网进行合理的工作频段划分，并实行严格的跳频参数战场管控。

考虑到超短波频合器覆盖范围以及信道机特性已达到全频段工作的要求，能够实现全频段跳频和分频段跳频的功能，分频段跳频时跳频带宽一般为 6～10 MHz。

2）跳频处理增益

当跳频带宽一定时，最小频率间隔越小（与跳频瞬时带宽有关），不重叠的可用频率数就越多，跳频处理增益也就越大。超短波跳频的最小频率间隔一般为 25 kHz，也可以设置为 50 kHz、100 kHz，甚至几百千赫。根据超短波频段的频率资源，可用跳频频率数一般多为 128、256 和 512，即：跳频处理增益分别为 21 dB、24 dB 和 27 dB。若进一步扩展跳频带宽，跳频处理增益会进一步增加。可见，超短波频段的跳频处理增益要大于短波频段的跳频处理增益。

3）跳速

与超短波跳频的跳速密切相关的问题主要有：

（1）安全跳速：目前国际上超短波频段跟踪干扰机的跳速已由 300 Hop/s 左右发展到 500～1 000 Hop/s，甚至更高。所以，从安全跳速考虑，超短波跳频的跳速至少在 500 Hop/s 以上。

（2）频合器及信道机换频时间：从目前的通信技术及器件水平来看，在超短波频段可以实现 500～1000 Hop/s 或更高的跳速。

（3）信息速率与频率驻留时间：超短波电台的信息速率较高，一般在 16 kbit/s 以上，与跳频跳速和频率驻留时间构成了一定的约束关系。在信道切换时间一定的情况下，若频率驻留时间越短，则跳周期越短，跳速也就越高。但是，频率驻留时间的减小又不利于信息速率的提高；在相同发射功率条件下，更高的信息速率不仅使得通信距离缩短，而且需要足够的频谱资源支撑抗干扰能力，数据速率与抗干扰能力是相互矛盾的。

在跳频数据传输过程中，尽管压缩前后的有效信息量相等，但有一些勤务信息需要与压缩后的有效信息一并在信道上传输，实际空中传输的信道码元速率和信息量分别大于原始信息码元速率和原始信息量。所以，有如下关系：

$$T_d \cdot r_s \geqslant T_h \cdot r_b \quad 或 \quad \frac{T_d}{T_h} \geqslant \frac{r_b}{r_s} \tag{8-5}$$

式中，T_d为跳频驻留时间，T_h为跳周期，T_x为信道切换时间，且有$T_h = T_d + T_x$；r_b为跳频压缩前的信息码元速率，r_s为压缩后的信道码元速率。不加勤务信息时（理想情况），式（8-5）中不等式取等号。

由以上关系可以得到最高跳速为[42]

$$R_h = \frac{1}{T_h} \leqslant \frac{1-(r_b/r_s)}{T_x} \tag{8-6}$$

式（8-6）对于其他频段的常规跳频体制跳速的设计也是适用的。

根据式（8-6），表 8-5 给出了信道码元速率和信道切换时间一定的条件下，一组超短波可能的不同信息速率对应的最高跳速[42]。

由式（8-6）及表 8-5 可见，较低的信息速率有利于采用较高的跳速，若信息速率较高时，不利于提高跳速。

综合多种因素，常规用途超短波跳频电台的跳速一般取 500～1 000 Hop/s 为宜。

表 8-5　不同信息速率对应的最高跳速

r_s	r_b	T_x	$\max(R_h)$
20 kbit/s	16 kbit/s	150μs	1 333 Hop/s
	8 kbit/s		4 000 Hop/s
	5 kbit/s		5 000 Hop/s
	4 kbit/s		5 333 Hop/s

4）跳频同步

超短波数字跳频同步与短波数字跳频同步类似的问题主要有：PTT 同步，连续同步，跳频方式传输同步信息，同步频率实时可变且为跳频频率表中的子集，同步跳速与跳频通信跳速的关系，初始同步概率，同步数据速率与同步建立时间及同步跳速之间的关系等。

不同的问题主要有：一是由于超短波的数据速率较高，一跳传输的信息量较多，使得初始同步建立时间比短波跳频初始同步建立时间短得多，一般不超过 500 ms；二是由于超短波跳频频率表中频率数一般要多于短波跳频频率表中频率数，使得超短波跳频同步频率数可以多于短波跳频同步频率数。

5）跳频图案

尽管超短波跳频图案非线性算法及其随机性、遍历性、均匀性等要求与短波跳频是类似的，但有以下不同：一是由于超短波跳速要高于短波（常规）跳速，因此超短波跳频图案的密钥量应大于短波跳频图案的密钥量，以保证超短波跳频图案重复周期足够长；二是由于超短波的组网密度要高于短波，因此超短波的密钥数量应足够多，以适应超短波高密度跳频异步组网的需要。

2. 常规超短波中速数字跳频通信关键技术

1）跳频控制技术

常规超短波中速数字跳频控制技术主要解决跳频同步控制（初始同步、连续同步、再同步以及迟后入网同步等）、跳频图案控制、频率表控制、频合器控制、组网控制（同步组网与异步组网）、跳频数据压缩与解压控制（跳频数据平衡）、响应定频电台呼叫控制、跳频互通控制、接收面板控制指令和跳频参数管理控制以及必要时的自适应选频控制等问题。其关键是数据速率与跳频帧结构的匹配，跳频同步设计及其与响应其他超短波定频网和跳频网呼叫的一体化设计等。

2）频率合成技术

根据目前的技术水平和器件水平，实现超短波中速跳频频率合成已成为一项较成熟的技术。经过多年的实践，采用 DDS 加锁相环技术、多环技术以及小数分频加补偿的单环技术，均可实现超短波中速跳频频合器，最终体现水平的是频合器的小型化、低功耗和低杂散、低相噪的综合设计[29, 43-45]。

3）跳频功率放大器技术[46-47]

这里要强调的一个重要观念是，跳频功率放大器是有特殊要求的，常规的定频通信功率放大器原则上不能用于跳频通信，尤其中、高速跳频。重点考虑的问题是跳频功率放大器的开关时间、杂散和线性及其动态范围等。对于低跳速通信的功率放大器，可以降低要求，一般的功率放大器就可以满足。前已述及，在换频时间内，频合器的频率是不受控的，其输出信号是随机的，若经功率放大器放大并发射出去，将会形成网间干扰。为了保证快速换频时不产生频谱溅射，避免网间干扰，超短波跳频电台在换频过程中需要关闭功率放大器，其持续时间约为跳频周期的 1/10（与频合器换频时间并行），并要求其关闭和打开所需的时间不影响跳速的提高。功率放大器的工作电流较大，在其偏置电路中一般设计有较大的去耦电容，所以一般难以控制功率放大器电源的通断，而只控制其输入信号，以此来保证输出杂散达到相应的要求。另外，跳频通信应对功率放大器的线性和三阶互调提出相应的要求。跳频通信多采用频率调制，从理论上讲，频率调制对功率放大器的线性要求不高，但实际中并非如此。例如，当功率放大器工作在饱和状态时，会因自身的 AM/PM 变换而产生额外的相移或时延；若线性不好，还会产生新的频谱分量。若采用相位调制，则对功率放大器的线性要求更高。

4）跳频信道机技术

超短波中速跳频信道机与定频信道机的重要差别在于高效调制解调技术、高性能位同步技术和带外杂散抑制技术等方面。在超短波频段，传统的信息速率为 16 kbit/s 上下，纠错编码和跳频压缩后的信道传输速率一般超过 20 kbit/s，其瞬时带宽要控制在 25 kHz 以内，以适应最小跳频间隔 25 kHz（即频率表的频率间隔）的需要。然而，人们还希望其信息速率和传输速率进一步提高，但是跳频总带宽有限或不变，使得瞬时带宽不能持续增加，以保证足够的跳频处理增益。这就要求实现窄带高效调制解调技术，在瞬时带宽不变的情况下提高传输速率。前已述及，在发射功率一定的条件下，信息速率的提高意味着每比特能量的减小，势必导致误码率的增加或相同误码率时通信距离的下降。高性能位同步技术在于解调后每一跳的位同步快速提取和保持（有时称为同步再生），以保证每跳帧头信号的提取和跳频数据解调与解压，需要采用快速、高精度的数字锁相环（详见第 7 章）。至于带外杂散抑制技术，主要在于高性能的频合器设计和功率放大器设计。

3. 超短波高速数字跳频抗干扰体制及其关键技术

超短波高速数字跳频抗干扰体制与常规超短波中低速数字跳频抗干扰体制的主要区别是跳速大大提高，少则几千跳/秒，高则几万跳/秒至 10 万跳/秒左右。正是由于跳速的大幅变化，为高速跳频带来了许多不同于常规中低速跳频的特点以及性能和实现手段的变化。

（1）抗跟踪干扰能力加强。前已述及，对于超短波频段，在可以分选跳频网台信号的前提下，目前跟踪干扰机的最高跳速为500～1 000 Hop/s，而高速跳频电台的跳速可达2 000 Hop/s以上，在对跳频图案无先验知识的情况下，是难以对其实施跟踪干扰的。当然，正如第3章所述，若仅仅为了抗跟踪干扰，也未必需要太高的跳速，而应重点考虑其他因素。

（2）抗阻塞干扰能力加强。在第3章中已经指出，若能大幅提高跳速，可提高抗阻塞干扰能力，这正是最初提出跳频扩谱体制的出发点[48]。其机理是：采用频率分集的方法，用多跳不同的频率传输相同的1 bit信息，再采用一定的规则进行合并。一般采用大数判决的方法进行合并处理，称之为频率分集或频率冗余设计。若加上宽间隔跳频，抗阻塞干扰效果会更好。在超短波电台中，信息速率一般为16 kbit/s、32 kbit/s，若用3中取2的判决方法，则对应的跳速为几万跳/秒。

（3）抗多径干扰能力加强。采用高跳速提高抗多径干扰能力的机理主要体现在两个方面：一是利用极短的频率驻留时间躲避多径。由于陆地最大多径时延为0.3～12 μs[49]，10万跳/秒对应的跳周期为10 μs，所以利用高跳速直接抵抗地面多径干扰所需的跳速应在10万跳/秒以上。二是利用频率分集抵抗多径衰落。其机理与上面讨论的利用频率分集抗阻塞干扰类似。

与超短波中速数字跳频通信关键技术相对应，超短波高速数字跳频通信的关键技术主要体现在跳速大幅度提高，使得每跳传输的比特数大大减少，只有1 bit或几比特。需要针对这一特点，解决超短波高速数字跳频的一些特殊的问题，如高速跳频控制技术（尤其是高速跳频同步控制技术、高速跳频数据平衡技术）、高速跳频信道编码技术、高速跳频频率合成技术、高速跳频功率放大器技术等。

4. 超短波直扩/跳频抗干扰体制及其关键技术

基于前面所述的多种原因，大部分无线电台都采用了纯跳频体制，有些国家的军队和军事同盟还将其作为技术标准，如美军和北约等。后来考虑到互通需求，新推出的超短波电台也多采用纯跳频体制[14]。但是，有些国家的超短波电台采用了窄带直扩/跳频混合体制，例如挪威的NET-ERRICSON系列超短波战术电台、意大利的HYDRA/V系列超短波战术电台和瑞典的MRR（Multi Role Radio）超短波战术电台等[14]，这在技术上是可行的。

至于直扩/跳频混合体制的机理与特点，前面已作过详细分析，在此不再赘述。从工程角度来看，超短波可能是可以采用直扩/跳频混合体制的最低频段了，其频段资源和天线的带宽范围也是有限的。所以，对超短波频段来说，存在工作带宽、直扩带宽以及频率数三者之间的最佳适配问题。正因为如此，挪威的NET-ERRICSON系列超短波战术电台和意大利的HYDRA/V系列超短波战术电台实际上采用的是窄带直扩/跳频体制。若此处的窄带直扩采用二进制直扩，则窄带直扩/跳频体制的处理增益与相同跳频带宽下的纯跳频处理增益相当。在跳频带宽一定的条件下，为了提高窄带直扩/跳频体制的处理增益，需要采用多进制直扩（MDS），其原因和优点在前面的章节中已有阐述。

超短波窄带直扩/跳频抗干扰体制的关键技术主要有：直扩/跳频联合控制技术（重点解决直扩/跳频条件下的联合同步和数据平衡等问题）、多进制直扩（MDS）解扩技术（重点解决同时具有足够的直扩处理增益和足够窄的直扩瞬时带宽等问题）、直扩码优选技术（重点解决直扩码的自相关、互相关和部分相关等问题）、频率合成技术、功率放大器技术等。

5. 超短波变速跳频抗干扰体制及其关键技术

前已述及，为了实现有效的跟踪干扰，干扰方必须首先对不同跳频网的跳频信号进行分选，其分选依据之一就是各跳频网的跳频驻留时间是恒定的（跳速恒定）。当跳频通信装备为单网工作时，在跳速固定的条件下，则更容易侦察其他跳频参数，从而方便地进行截听或引导干扰机实施跟踪和梳状阻塞干扰。如果能实现变速跳频，则干扰方就难以根据捕获到的跳频信号分选跳频网，使其无法实施有效的跟踪干扰。

所谓变速跳频，是指能按照某种算法伪随机地改变跳速的跳频通信体制[50]，即跳速不再固定不变，也不仅仅是常规意义上的简单设置几种不同的跳速，而是在很多种跳速等级上伪随机、非线性地变化。这里所指的变速跳频，其实质是实时地改变跳周期，在换频时间一定的条件下，可通过改变每一跳的频率驻留时间来实现；也可以每隔 k 跳改变一次跳速，而在这 k 跳持续范围内保持各跳的跳频驻留时间相同。

目前国外报道的变速跳频电台多是半自动变速或有限种跳速伪随机变化，有些可以通过控制信令实现跳速牵引，如法国的 ERM-9000 和 TRC9600（PR4G 系列电台之一）跳频电台、瑞典的 SFH-41 跳频电台等[14]。由于每一种跳速的保持时间都很短，现有扫描接收机很难锁定这样的信号，因而这种电台的抗跟踪干扰能力很强。若能改进变速跳频的技术性能（如增加变跳速的种类及动态范围、提高变跳速的随机性和非线性），将进一步提高抗跟踪干扰能力。

从以上设计思想可以看出，变速跳频抗干扰体制对于其他频段的数字跳频也是适用的，其关键技术围绕变跳速展开，主要有：

1）变跳速控制技术

考虑到跳速同步实现的难易程度，不可能做到真正意义的随机变速，只能在一定的跳速种类和跳速动态范围内，按照某种伪随机规律进行变速跳频。为此，需设置跳速的动态范围和等级，实际中可通过改变跳频驻留时间来实现（不排除还有其他更好的方法）。

设每跳换频时间为 T_{x}（可认为是一常数），基准跳频驻留时间为 T_{D}（为一常数），第 i 种跳速对应的频率驻留时间的增量为 ΔT_i（在工程设计中确定），则第 i 跳的瞬时跳频驻留时间为[50]

$$T_{\mathrm{d},i}=T_{\mathrm{D}} \pm \Delta T_i \tag{8-7}$$

式中，ΔT_i 的大小可以通过与跳频图案中某种伪随机运算 c_n 的某种映射对应起来，是一个非固定的变化量，即

$$\Delta T_i = f\left(c_n\right) \tag{8-8}$$

第 i 跳跳速的表达式为

$$R_{\mathrm{h},i}=\frac{1}{T_{\mathrm{d},i}+T_{\mathrm{x}}}=\frac{1}{T_{\mathrm{x}}+T_{\mathrm{D}} \pm \Delta T_i} \tag{8-9}$$

变速跳频中的最高跳速为

$$R_{\mathrm{h,max}}=\frac{1}{T_{\mathrm{x}}+T_{\mathrm{D}}-\Delta T_{i,\max}} \tag{8-10}$$

变速跳频中的最低跳速为

$$R_{h,\min}=\frac{1}{T_{\mathrm{x}}+T_{\mathrm{D}}+\Delta T_{i,\max}} \tag{8-11}$$

跳速变化最大范围为

$$\Delta R_{\mathrm{h,max}}=R_{\mathrm{h,max}}-R_{\mathrm{h,min}} \tag{8-12}$$

若将 T_{D} 设定为最小跳频驻留时间，则式（8-9）变为

$$R_{h,i} = \frac{1}{T_{d,i} + T_x} = \frac{1}{T_x + T_D + \Delta T_i} \quad (8\text{-}13)$$

此时，$\Delta T_i = 0$ 对应最高跳速

$$R_{h,max} = \frac{1}{T_x + T_D} \quad (8\text{-}14)$$

最低跳速仍为式（8-11）。

可见，式（8-8）决定了跳速改变的伪随机性，ΔT_i 决定了跳速的变化增量和跳速变化的动态范围，式（8-9）、式（8-13）决定了跳速改变的非线性。因此，这种变速跳频方式可称为非线性变速跳频。这种跳速的变化方式自然增加了非合作第三方侦察和截获的难度，也就提高了跳频通信抗跟踪干扰能力。

2）变速跳频数据平衡控制技术

对于固定跳速跳频通信，其数据压缩比是固定的，数据平衡实现起来相对容易。但是，对于变速跳频通信，跳速是不断变化的，每一跳的频率驻留时间都有可能不同，这给数据平衡（数据压缩与解压）的设计带来了非常大的麻烦。有两种基本的设计方法可供选择：一是保持每跳压缩比不变，但每跳数据帧长度随跳频驻留时间的变化而变化，每跳所传输的信息比特数量不相同；二是保持每跳传输的比特数和每跳数据帧长度不变，但每跳压缩比随跳频驻留时间的变化而变化。然而，为了维持正常跳频通信，这两种设计方法都必须遵循一个共同的前提：保持信道传输数据速率恒定。正是由于这个原因，变速跳频的数据将不能在一跳内获得平衡，而需要在多跳中实现数据平衡。

3）变速跳频同步控制技术

变速跳频同步包括跳频图案同步和跳速同步两部分内容。

综上所述，跳速控制是通过某种与跳频图案相联系的预设算法实现的，应该讲，只要跳频图案实现了同步，也就实现了跳速的同步。因此，除了可能需要增加一些与变速跳频有关的勤务控制信息外，变速跳频的同步信息没有本质的变化。也就是说，按照正常的跳频同步设计思路即可实现变速跳频同步控制。当然，以上跳速同步控制途径不是唯一的，必要时也可以将跳速同步与跳频同步分离，即独立地预设跳速图案和实现跳速同步。但是，从同步保护和隐蔽性考虑，无论哪种跳速同步方式，跳速同步过程最好具有与变速跳频通信过程同样（至少是类似）的频域和时域特征，这已成为变速跳频同步设计的关键。

6. 超短波变间隔跳频抗干扰体制及其关键技术

对于常规跳频体制，除了跳速固定以外，其最小跳频频率间隔 Δf_{min} 也是固定的：频率表从最低频率开始，其他频率（含可能的禁用频率和扣除频率）按 Δf_{min} 的整数倍排列，尽管跳频图案是伪随机的，但仍然在固定频率间隔的预先设定好的频率表上跳频。这种固定间隔的频率表很容易被干扰方侦察接收和全景显示，也就便于实施相应间隔的梳状阻塞干扰。这是常规跳频体制的一个重大弱点，也是常规跳频抗阻塞干扰能力弱的一个直接原因，解决这一问题的途径就是实现变间隔跳频。

所谓变间隔跳频，是指在跳频频率集中，各频率之间的间隔不再是 Δf_{min} 的整数倍，而是一定范围内的任意值，如图 8-5 所示[50]。可见，干扰机按等频率间隔自动生成的梳齿状干扰频谱完全与固定频率间隔的常规跳频频率重合，而不能与变间隔跳频频率完全重合，即变间隔跳频可以避开大部分的梳齿状干扰频谱。若要获得同样的梳状阻塞干扰效果，干扰方必须实时地匹配间隔变化的跳频频率。另外，若要截获变间隔的跳频信号，也必须实时地匹配间隔变化的

跳频频率。因此，这种变间隔跳频体制不仅可以提高跳频通信的抗梳状阻塞干扰能力，还能提高跳频通信的反侦察、抗截获能力。

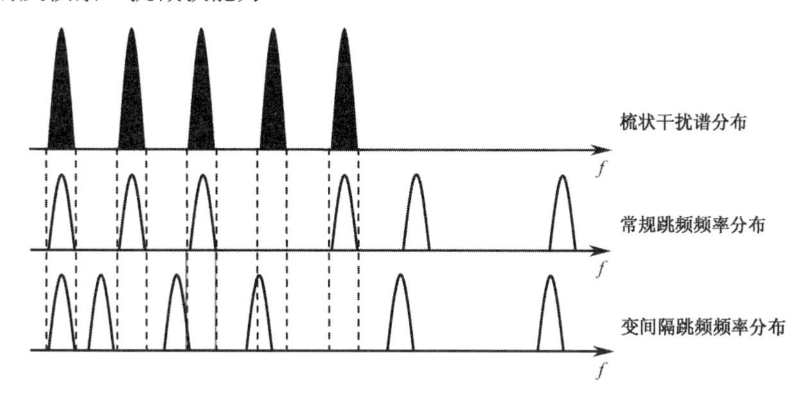

图 8-5　变间隔跳频抗梳状干扰原理示意图

值得指出，这种变间隔跳频并非超短波频段所特有，其他频段数字跳频也有同样的需求，也是适用的。其关键技术在于变间隔频率合成，主要要求是频率分辨率（最小频率间隔）足够小和频率转换时间满足系统最高跳速的需要。重点是如何解决极小频率间隔、换频时间以及跳频带宽三者之间的矛盾，在此基础上实现不等间隔的频率合成。

7. 超短波频率自适应跳频抗干扰体制及其关键技术

超短波频率自适应跳频是指超短波跳频电台在跳频通信过程中，实时检测频率表中各频率的通信质量，同时将当前频率表中被连续干扰的频点予以删除，并更换备用频率或补充其他新的可用频率，在阻塞干扰的频谱空隙和时间空隙中进行跳频通信。可见，这种超短波频率自适应跳频体制主要是针对抗阻塞干扰而言的，能够保证频率表中可用频率都有较好的通信质量，以大幅提高跳频通信抗阻塞干扰（部分频带阻塞干扰、梳状阻塞干扰和单频干扰等）的能力。

与短波电台一样，超短波电台一般也采用半双工工作方式，其频率自适应跳频涉及的关键技术和处理过程与短波数字跳频电台的频率自适应类似，不同点主要是信道特性、数据速率和通信覆盖范围等有所不同。同样，由于没有实时的反馈信道，超短波频率自适应跳频处理的实时性也难以提高。正因为如此，有时为了简化设备，只在跳频通信前进行空闲信道搜索（FCS），将好的频率形成跳频频率表，而在跳频通信中不再对频率表进行处理，即在通信中使用常规跳频硬抗。若在 FCS 过程中发现阻塞干扰非常严重，可不用跳频通信，仅在好的频率上进行定频通信。例如，法国的 PR4G 超短波电台就是这样处理的，不失为一种简单的使用方法。另外，超短波电台覆盖范围小，在跳频组网条件下，如何进行频率自适应跳频处理是一个值得深入研究的问题，尤其是干扰频率的检测和反馈。这一点不同于短波电台和微波接力机的频率自适应跳频。

8.4　微波通信及其抗干扰体制

微波通信主要用于陆地中继通信（军队习惯称之为接力通信）、一点对多点通信、卫星通信和散射通信等[51-52]，均是军队主战通信装备。其中，卫星通信是一种特殊的微波中继通信系统，由于它的中继站设在卫星上，可实现更大范围的超视距通信。本节主要结合陆地微波接力通信，讨论微波通信抗干扰体制的一些共性问题。

8.4.1 微波接力通信的战术使用特点

频段特性：民用微波频段一般为 300 MHz 到几十吉赫（GHz）范围，其低端与特高频频段（UHF，300 MHz～3 GHz）有交叉，重点使用频段为 L 频段（1～2 GHz）、S 频段（2～4 GHz）、C 频段（4～8 GHz）、X 频段（8～12.4 GHz）、Ku 频段（12.4～18 GHz）、Ka 频段（18～26.5 GHz）[51]；军用微波频段一般为几百兆赫至十几吉赫范围，目前少数卫星通信已进入极高频（Extremely High Frequency，EHF）频段（30～300 GHz）；传输信道参数稳定，为恒参信道，但空中无线传输的损耗较大，电波不具备绕射能力，且大气吸收和雨雾对 10 GHz 以上频段会造成较大影响[51]。

装备形式：固定台站（军用固定台站逐步减少），移动时多为车载，可舰载，均使用定向天线或具有定向天线增益的多波束智能天线；军用微波接力通信具有机动灵活、架设撤收快、时效高和使用方便等突出优点。

工作方式：全双工。

通信距离：单跳为视距通信；单跳通信距离为 30～60 km；一条通信链路跳数一般为 3～10 跳（注：此处的“跳”不是指跳频，而是指由发到收的一次无线电波传播过程）。

使用层次：军用微波接力通信分为战略级和战术级两个层次，随着光纤通信的发展，战略级微波接力通信逐步与光纤通信相融合。

业务种类：数字话音、保密话音、人工报、数据、传真及图像等综合业务。

通信容量：战略级一般由几百至上千路的单路信道复接而成（合路）；战术级一般由几～几十路单路信道复接而成；单路信道数据速率一般为 16 kbit/s、32 kbit/s 或 64 kbit/s 不等；空中传输为多路数据的合路（也称为群路）数据，含必要的复、分接调整码。

电磁威胁：侦察、截获和测向等；阻塞干扰、跟踪干扰和转发式干扰，尤其是升空和投掷式阻塞干扰威胁最大；己方同频干扰；其他低频段用频装备的谐波干扰；电磁脉冲武器；等等。

8.4.2 微波接力通信的发展及需求

考虑到微波通信的频段高，无线传输损耗大，存在大气吸收衰减、雨雾衰减和大气折射的影响以及电波传输不具备绕射能力等特性，在地面只能是视距通信（一跳）或接力通信。所以，地面微波通信装备的典型应用为微波接力机。

1. 微波接力通信的作用和地位

微波通信的典型优点是：频段资源丰富，通信容量大，除了光纤、激光、太赫兹等特殊通信手段以外，微波通信容量算是最大的；信道特性较为稳定，通信质量高；定向天线的增益高（在链路增益中占很大比例，这一点不同于全向天线），方向性强，具有较好的空间域抗干扰和抗截获能力。

在军用场合，微波接力通信不仅可以作为军、师（旅）、团之间以及相应作战单元之间的专向高速率传输链路，自行组网，也可以作为各干线节点之间以及入口节点与干线节点之间的高速率传输链路，组成野战地域通信网（简称野战网），成为一种多军兵种协同通信共用平台，并与国防通信网和各军兵种战术通信系统相连接等，使用层次高，作战纵深大。

微波接力通信主要分为两个层次：一是战略层次，即与光纤网相结合，形成国防通信网或战略级专向高速保密通信链路。例如，美军国防交换网（DSN）是美军全球战略通信的主要手段，其传输设备主要采用大、中容量的数字微波接力机；英、法等北约国家和日本均采用数字微波接力机作为国防通信网的重要通信手段之一。二是战术层次，即车载中、小容量数字微波接力机与野战交换机相结合，组成可以机动的栅格状野战网，经过相应的接口，卫星通信系统和多种无线电台可接入野战网，实现以集团军为背景的野战条件下的多军兵种协同通信平台。作为战术级的专向通信链路，可用点对点或一点对多点中、小容量数字微波接力机解决边海防、机场、雷达站、观通站、阵地以及军、师（旅）、团之间等场合的专向保密通信，这些专向通信链路还可经相应的节点和接口入野战网。

2. 微波接力通信的发展

从 20 世纪 70 年代后期开始，外军陆续生产和装备了多种型号、性能较为先进的野战微波接力机，80 年代以后，又出现了具有抗干扰能力的数字微波接力机，体制多样，各具特色，并实现了数字化、模块化、系统化、固态化，具有相应的国际标准和军用标准，接力通信的可靠性大大提高。

据不完全统计，目前外军用于野战条件下的数字微波接力抗干扰体制大体可分为三类[14,53]：一是以直扩为主的抗干扰体制，如法国的 TFH701、TFH-150 系列和加拿大的 AN/GRC-217 系列野战微波接力机等；二是以跳频为主的抗干扰体制，并兼有前向纠错、功率自适应、频率自适应等技术措施，如美国的 AMLD、AN/GRC-222、AN/GRC-226、AMLA3 和瑞典的 RL-401 系列野战微波接力机等；三是以窄带射频滤波器为主的抗干扰体制，并兼有功率自适应、前向纠错（FEC）、快速改频等技术措施，如德国的 CTM300 系列和俄罗斯的捷标斯坦系列野战微波接力机等。

3. 对微波接力通信能力的需求

这里重点关注战术级微波接力机通信能力的需求。根据战术级微波接力机的用途及特点，对其通信能力的需求重点体现在两个方面：机动通信能力和通信容量。

几十年来，战术级微波接力机是伴随着野战网的发展而发展的。野战网的概念最初是 20 世纪七八十年代美军提出并实施的，适于常规战争的进攻与防御作战；但在海湾战争和伊拉克战争中，出现了非线式等作战样式，战场的机动性大大加强[54-55]，原有的机动通信能力难以适应快速机动的需求，主要是车辆众多、运动迟缓、不能动中通、网系开通与撤收所需的时间较长，军事专家对此提出了一些质疑。因此，除了发展大容量卫星通信以外，为了保证快速机动作战条件下的地面高速率信息传输，需要进一步提高微波接力机的机动通信能力，主要有：减小车辆规模和通信方舱体积；缩短开通与撤收时间；使用智能天线，提供一定的动中通能力；等等。

信息化战场的信息量激增，且通信业务范围不断扩展，地面高速传输装备主要是战术微波接力机，原有战术微波接力机的通信容量难以满足要求，需要进一步提高，主要包括：扩展频段，采用高效调制解调技术、高效信道编译码技术和宽带天线技术等。但是，无论如何改进，尽管微波通信的频段较高，且使用定向天线，但其传输速率也有限，不能对微波接力机的传输速率提出过高要求，涉及作战使用和业务种类设置问题。作者认为，在作战的很多场合，实际上有些信息是没有必要传输的，或者说必要性不大。例如，动态图像（甚至静态图像）都没有必要传，以节省大量的带宽和数据速率资源，关键是确保必要的信息能可靠地传输，使用代码指挥不失为一种好的思路。这里可能存在一个观念定位的问题。

4. 对微波接力通信抗干扰能力的需求

野战网以及专向微波接力通信链路已成为各国集团军以下作战指挥的骨干通信手段，基于其地位的重要性，成为作战对手实施干扰和窃取信息的重点目标之一。作战对手要达到干扰野战网的目的，首先要将重点放在干扰微波接力通信上，以实现“堵住”无线电入口，切断节点间干线通信，从而达到最终破坏野战网整体通信的目的。因此，战术微波接力机在电磁威胁环境中的生存能力如何，直接影响到野战网的安全。

对于频段较高的微波接力机，定向天线的波束很窄，本身具有很好的空间域抗干扰能力，实现对其干扰很困难，因而除了采用功率控制和信道编码以外，一般不需要采取较为复杂的抗干扰措施。

微波接力通信抗干扰能力的需求主要针对频段较低的微波接力机。由于其天线波束较宽（如60°），波束仰角也较大，存在对其主波束实施干扰的地域和空间域，甚至干扰其尾瓣。然而，微波接力机一般用于干线传输或专向传输，作战纵深较大，受到通信方地面部队的强有力保护，一般的干扰机很难靠近，并且微波接力机与前沿阵地的距离一般会超过地面通信对抗系统的作用距离。

基于以上原因，干扰方对微波接力机的常用干扰方式一般有如下两种：一是采用投掷、摆放等手段，设法将一次性干扰机置于接力站之间或附近；二是干扰设备升空，实施升空干扰，在干扰功率相同时，其实际干扰强度要高于地面干扰机的几倍，成为微波接力通信的主要干扰威胁[56-57]。

对微波跳频接力机的干扰方式也有其特点。前已述及，跟踪干扰是跳频通信的最大克星，但在对微波接力机的干扰中，跟踪干扰存在距离、方向和速度等多种局限性，使得对微波跳频接力机的跟踪干扰受到很大限制。由于微波跳频接力机采用定向天线，方向性强，且一般都成网络使用，区分微波跳频网有很大的难度，干扰方进行波形跟踪比较困难；又由于微波跳频通信是视距通信，单跳链路距离近，造成干扰椭圆较小，干扰机只有位于干扰椭圆内时，才能实施有效的跟踪干扰。阻塞干扰是对付跳频通信的一种较为简单、实用的手段，其不足是干扰功率分散。但是，若阻塞干扰用于升空平台，则其升空增益可弥补干扰功率分散的不足；或用于投掷式、摆放式干扰，以缩短干扰距离，且企图处于微波接力机的波束范围。

同理，升空阻塞干扰对直扩体制微波接力通信也构成有效威胁。

除了以上所述的人为恶意干扰以外，随着民用无线用户越来越多，加上其他用频设备，它们对较低频段的微波接力通信造成了相当严重的人为无意干扰，1 GHz 以下频段尤为严重，使得和平时期微波接力通信的电磁环境很不理想。经实际测试，民用信号不仅干扰密集，而且干扰强度很大，并且有些干扰点是固定的，有些干扰点是时间不确定的，在有些频段范围形成了名副其实的梳状干扰带[1, 56]。实际使用时，由于地理位置可能远离城市，以上情况也许有所好转，但毕竟城市是不可回避的；因为不允许军用接力通信只能抗敌方干扰而不能抗民用干扰，或只能在乡村使用，而不能在市区、市郊使用。这是战术级微波接力通信面临的一个新的问题。

由此可见，微波接力通信在战时面临的主要电磁威胁是升空和投掷式非相关阻塞干扰，其次是相关干扰（跳频为跟踪干扰，直扩为相同码型和载频的干扰）。在和平时期，还要考虑严重的民用干扰，特别是多个时变和固定的强窄带梳状干扰。

基于微波接力通信的技术特性、平台特性和面临的电磁威胁，对其抗人为干扰能力的主要需求有[24]：合理划分工作频段，提高军、民用微波通信的兼容和共存能力；实现变参数扩谱，提高抗干扰、反侦察、抗截获能力；实现高水平的干扰感知与扩谱相结合，提高抗干扰的针对性和实时性；应用智能天线技术，提高空间域抗干扰和空分多址能力；寻求新的高效利用频谱的抗干扰手段，以解决或缓解抗干扰能力、数据速率和频谱资源之间的矛盾；采取抗强攻击电磁措施，提高对电磁脉冲武器的防御能力等。至于散射、毫米波等通信装备，由于其频段高、波束窄，本身已具备了较好的抗干扰、反侦察、抗截获能力，重点在于提高抗强电磁攻击能力。

8.4.3 典型微波接力通信抗干扰体制及其关键技术

由于微波接力通信的频段较高，频率资源较丰富，加上又是数字通信，可以灵活地采用多种类型的抗干扰体制，目前的主流仍是扩谱通信。研究重点是跳频、直扩、直扩/跳频及其改进型体制以及其他非扩谱技术等。但是，微波接力为群路通信，传输速率高，这是微波接力通信抗干扰体制需要考虑的一个重点问题，也是与无线电台单路通信的一个重要区别。

1. 微波接力通信数字跳频抗干扰体制

微波接力通信数字跳频体制分为常规跳频体制和自适应跳频体制两种（一般不再特指数字跳频）。需考虑的重点问题主要有：群路跳频传输、群路跳频同步、双工跳频、跳频图案配置、极小时延跳频、电磁环境适应性和链路状和辐射状跳频组网等，这些都与跳频电台有很大区别。

微波接力通信常规跳频体制是指没有自适应措施的高数据速率群路跳频。由于它缺乏实时感知电磁环境和相应的处理能力，频率表和发射功率等参数在跳频通信过程中不可改变，是一种典型的“盲跳频”，其平均误码率 $0.5J/N$ 随着受干扰频率数 J 的增加而线性增加（N 为跳频频率数）。尽管其平均误码率与受干扰频点数之间的关系和单路通信相同，但由于是群路跳频，每跳传输的信息量很大，只要有效干扰一跳，就会造成很大的突发误码：一跳突发误码比特数的绝对值要远远大于单路通信，给交织和纠错带来了很大困难。弥补措施无非是用足够的交织深度和足够的纠错编码冗余，但会带来处理时延过长和跳频瞬间带宽增加（可用频率数减少、跳频处理增益下降）等问题。正是由于这个原因，微波接力通信常规跳频体制的实际抗阻塞干扰性能不及数据速率较低的无线电台。经分析与试验，只要有 10%～20%的频段（或频率）被有效干扰，采用常规跳频体制的微波接力机就不能正常工作。可见，单纯的常规跳频体制在微波接力通信中的应用价值不大。尽管如此，微波接力常规跳频体制是微波接力自适应跳频体制研究的基础。

综上所述，在微波接力通信中采用自适应跳频体制比跳频电台更为迫切。其自适应跳频体制主要包括链路自适应建立、频率自适应跳频、功率自适应跳频和自动再同步等内容，实现从链路建立、跳频通信至跳频失步后自动再同步全过程的抗干扰。

所谓链路自适应建立，是指在电磁环境较为恶劣时，双方微波跳频接力机在跳频通信前（确切地说是在跳频同步前）对授权使用的双工频段进行空闲信道搜索（FCS），删除当前受干扰频点，寻找无干扰或干扰较弱的频率，形成当前跳频频率表，为后续的跳频同步和自适应跳频通信减轻压力，这对于数据速率高的群路跳频更为必要。可见，这种 FCS 功能有助于提高跳频通信抗阻塞干扰的性能。同时，其双工通信方式也给 FCS 所需的信息交互带来了方便。

所谓频率自适应跳频，是指在跳频通信过程中（跳频同步建立后）并在不中断通信的前提下，实时监测和更换受干扰频率甚至受干扰频率表，以克服常规“盲跳频”的不足，在群路高数据速率跳频时尤为重要。由于微波接力为双工通信，可以提供实时的反馈信道，且数据速率较高，给实现频率自适应跳频带来了方便。

所谓功率自适应跳频，是指在跳频通信过程中并在不中断通信的前提下，根据电磁环境的变化，实时调整（增大或减小）微波跳频接力机的发射功率。其作用主要有三个方面：一是在宽带大功率压制性干扰情况下，增加微波跳频接力机发射功率，进行功率硬抗；二是在信噪比较弱的情况下，增加微波跳频接力机发射功率，提高通信质量或通信距离；三是在保证通信质量的前提下，降低微波跳频接力机的发射功率，克服远近效应和越站干扰（尤其辐射状组网），提高网间电磁兼容性能和反侦察能力。

所谓自动再同步，是指在不需要人工操作的情况下，从跳频失步到再次建立跳频同步的过程，是微波跳频接力机自适应处理的一个重要环节。其作用主要是满足群路高速数据传输的需要和方便定向天线的架设与使用，正确地认识和解决这一问题在微波跳频接力机中特别重要。由于微波跳频接力机传输速率高，极短时间的通信中断都会造成很大的传输信息量的损失，因此对其跳频同步的一个基本要求是初始同步建立后一直要处于跳频数据传输状态，不允许像跳频电台那样有频繁的初始同步操作；一旦出现通信中断，只要设备状态正常，必须自动快速恢复跳频同步。然而，在微波跳频接力通信中，由于某些难以抗拒的原因或其他原因，不可避免地会造成通信中断。例如，人为或非人为的严重干扰，造成的局部突发误码超过了跳频同步或终端同步容忍的极限；又如，由于风力原因或架设原因，使得通信双方定向天线主波束方向偏离，造成短时间的误码过大等。

以上所述的多个自适应处理进程，相互联系，相互交错，有的是串行关系（如 FCS、跳频同步和跳频通信等），有的是并行关系（如跳频通信、受干扰频率监测与判决等），有的为主次关系（如频率自适应、功率自适应等），需要设置优先级。实践表明，在系统可用频率资源受限的情况下，实时、准确的自适应跳频处理对于抗阻塞干扰是一种较为理想的选择。

2. 微波接力数字跳频通信关键技术

微波接力数字跳频通信的关键技术主要有：

1）微波接力双工跳频技术

微波接力要求双工通信。微波接力通信双工跳频技术主要涉及双工方式选择、双工跳频信道划分和设置以及转接方式选择等。

双工方式有异频双工和同频双工之分，外军的微波接力机中都有所采用[14]。所谓异频双工，是指同一部微波接力机的收、发信道使用不同的频率，在双工跳频通信中是指两个不同的收、发跳频频段。所谓同频双工是指同一部微波接力机的收、发信道使用相同的频率，而用时间区分收与发，因此也称为时分双工（Time Division Duplex，TDD），在双工跳频通信中是指收、发采用相同的跳频频段。这两种双工方式各有优点和不足。异频双工的优点主要是实现简单，且瞬时信号带宽窄，与半双工或单工跳频处理后的瞬时带宽相同；不足主要是双工器上需要收、发频段隔离，其隔离度一般需大于 70 dB 以上，带来设备体积、成本、功耗的增加，在频率划分上还需要留出收、发频率的隔离带（几十兆赫），存在频率资源的浪费。同频双工的优点主要是省掉了双工器和收、发频率隔离带，简化了设备；不足主要是在跳频数据压缩的基础上，为了保证时分双工所传信息的连续性，还要对跳频压缩后的数据进行压缩，即二次压缩，数据速率将再提高 1 倍，而微波接力机的数据速率本来就很高，会进一步增加跳频信号的瞬时带宽，在相同跳频频率数的前提下，需要更大的跳频带宽，几乎抵消了不设收、发频率隔离带带来的好处。另外，在功率较大时，同频双工控制也存在技术上的困难。在实际中，应根据频段资源、数据速率、设备体积等要求，对双工方式进行合理的选择。下面以异频双工为例，讨论双工跳频信道的设置。

对于简单的高、低两个用于异频双工的跳频频段（如图 8-6 所示），有两对双工信道可供选择，即高发低收或低发高收，但同时只能选一对，可以互换，其信道设置与使用如图 8-7 所示。此处的异频指不同的收、发跳频频段或频率表，一对双工信道的两个传输方向分别对应于两个异频段的跳频图案。

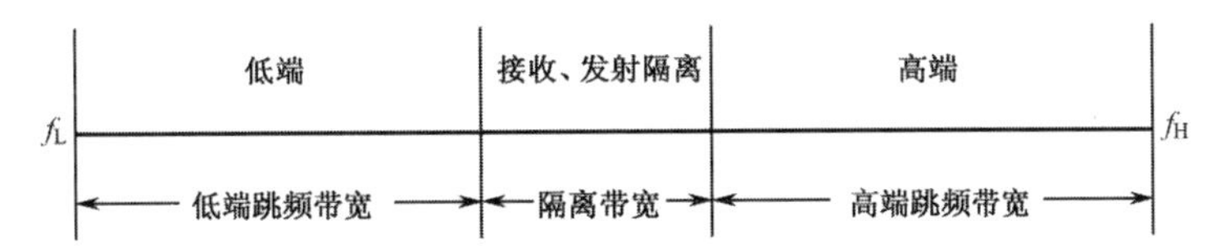

图 8-6　两个用于异频双工的跳频频段

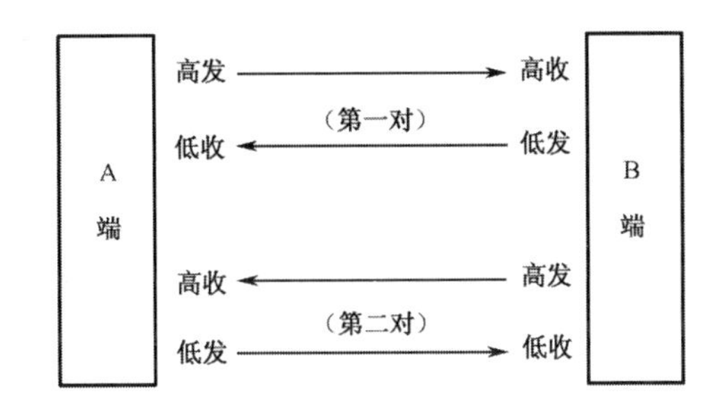

图 8-7　两个异频频段的双工跳频信道设置与使用

若从 f_L 到 f_H 的频段资源较丰富，可将其分为多个对称的异频跳频频段，可以固定划分，也可以动态划分，当然动态划分的频谱利用率高。图 8-8 所示为四个固定的异频频段，可以组成两对双工频段，分别为频段 1 与频段 3 和频段 2 与频段 4，实际中可以选用其中任一对，每一对异频频段可进行收、发信道预置，且收、发频段可以互换，各收、发频段之间自然形成了所需的频段间隔。

以上讨论了点对点（即一跳）异频双工跳频信道配置问题。然而，微波接力机更多的应用是多跳接力通信，下面讨论这种情况下的异频双工跳频信道设置问题。

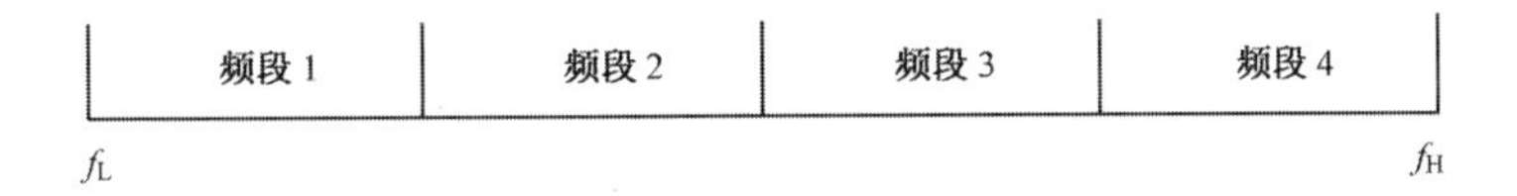

图 8-8　四个固定异频频段的双工跳频信道划分

在异频双工多跳定频接力通信中，为使设备简单和节省频率资源，一般采用所谓的“二频制”，整个链路只需使用两个具有一定间隔的频率即可实现多跳异频双工微波接力通信。对于异频双工多跳跳频接力通信即是收、发频段上的两个跳频频段 F_1 和 F_2（具体为收、发频率表），其信道配置如图 8-9 所示[57]。其中，发送数据时，终端机将多路数据进行复接（合路）；接收数据时，终端机将合路数据分接成单路数据（分路）。

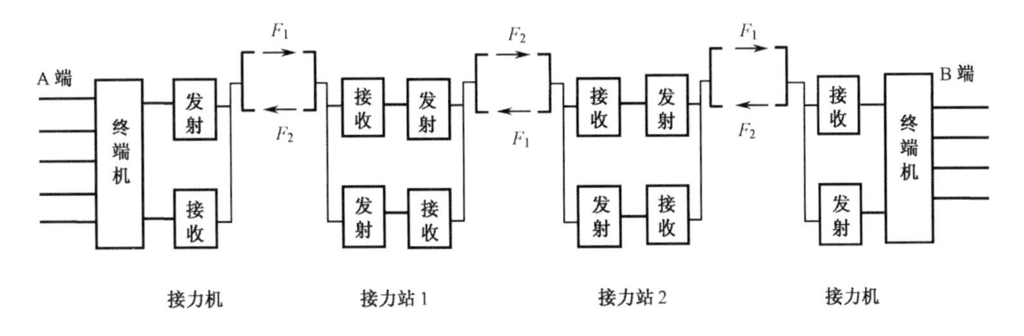

图 8-9　三跳接力通信的异频双工信道配置

对于同一接力站来说，两个接力方向发射频率表对应的频段相同，两个接力方向接收频率表对应的频段也相同；但这两个收发频段不相同，同一接力站内一个微波接力机的收频段与另一微波接力机的发频段也不能相同，否则会发生本站的收发串扰。这就是异频双工多跳定频接力通信“二频制”在异频双工多跳跳频接力通信中的扩展。这一问题涉及微波跳频接力机的战术使用和跳频参数管理，使用者应重视。

图 8-9 中，中间的接力站一般为车载接力站，每个接力站（一辆车）均有两部微波接力机和两个定向天线，分别负责两个方向的接力通信。这里存在同一接力站内从甲、乙微波接力机接收端分别到同车另一微波接力机发送端的信息转接问题。在定频接力通信中，可以有射频转接、中频转接和基带转接三种方式。而在跳频接力通信中，只方便使用基带转接，即落地转接，这是因为：不同的接力跳可能使用不同的跳频图案和跳频密钥（异步跳频链路组网），不便使用射频转接（还有其他原因）；中频信号仍具备跳频数据传输帧结构，中频调制的信息流是间断的，所以也不方便转接；而基带信息流是连续的、没有跳信息，所以方便转接。从这个意义上讲，多跳链路接力通信时，在微观上是点对点跳频，使得整个链路多跳之间的信号传输延迟对跳频数据传输本身不产生任何影响，只要保证了每个点对点之间的跳频，就保证了整个链路的跳频传输。这种多跳异频双工接力通信的使用方式从宏观上看与定频接力通信类似，这也是使用者所希望的。

值得指出，微波接力机的点对点通信仅仅是一种特殊使用场合，多数是多跳链路接力通信（参见图 8-9），有时甚至要接力 4～10 跳。要实现多跳双工跳频接力通信，还必须处理好各通信双方接力站之间时钟同步的问题。传统的微波定频接力的时钟同步方式采用的是主从式，即每对接力站之间设定为一个为主站、一个为从站，双方采用一个时钟，并且从站的时钟同步在主站的时钟上。在多跳接力条件下，由于路径时延大，这种处理方式存在时钟的相差积累，容易造成滑码，尤其在双工跳频通信中引入了跳信息，这种现象更为严重；除非双方时钟精度特别高，且通信距离又很近。解决这一问题较好的方法是采用双主时钟同步方式，即不分主从，每一个链路跳中两个通信方向（A 发 B 收或 B 发 A 收）的时钟通道相互独立，只需保证每端的收时钟紧紧地锁在对方的发时钟上。这样一来，消除了整个链路上各时钟误差、相位误差的传播和积累，尽管由于时钟的误差和路径时延而产生两两通信对象之间两路时钟相对滑动，但也不造成滑码，有利于提高跳频接力通信和跳频链路组网能力。

2）微波接力高性能跳频建链技术

前已述及，采用 FCS 技术实现微波接力跳频建链是指在跳频同步前，扫描授权频段，寻找干扰空隙，形成当前跳频频率表，为其跳频同步和跳频通信提供可靠的跳频信道。更高的要求是 FCS 在获取频率受扰信息的同时能提供各频率所需的功率信息，为功率自适应奠定基础。所谓高性能，主要是指 FCS 必须具有很好的实时性、准确性、隐蔽性、均匀性和可靠性等。

根据跳频同步原理，如果当前所有同步频率均被干扰，跳频同步一定会失败。只有换到至少有一个好的同步频率时，系统才可能恢复跳频同步；如果替换的同步频率仍然受干扰，则需再等待下一个替换频率，并且每自动替换一个频率需要一定的时间。由于跳频同步频率取自跳频频率表，如果在跳频同步之前能提供较好的跳频频率表，就一定能顺利地实现跳频同步。实践表明，采用 FCS 是解决这一问题的较好途径。

从结构设置上看，FCS 的实现有独立单元和嵌入式两种。所谓独立单元，是指设置一个专用的干扰分析单元（可置于信道机内部，也可外置），实时监视和分析频率受干扰情况，将其分析结果提供给跳频控制系统，以实时修改当前的跳频频率集。这种设置方式的优点主要是与通信过程独立，不占用通信的频率、时间以及硬软件资源，可以独立而较准确地分析更多的干扰信号参数；其缺点是增加设备的体积、成本和功耗。所谓嵌入式，是指利用跳频控制系统的硬件资源，嵌入 FCS 算法，用软件实现，完成优选跳频频率表的任务后，系统转入跳频同步和自适应跳频通信过程。这种方式的优点主要是有利于减小设备的体积、成本和功耗；其不足是需要占用通信的频率和时间资源，其干扰监测和分析的性能受到一定限制。

在异频双工微波跳频接力机中，对 FCS 的要求主要有：一是要实现收发双向两个异频段频率集的搜索与分析，并且两个频率集的受扰情况往往不对称；二是 FCS 最终将与自适应跳频配合使用，FCS 必须具有很好的实时性、隐蔽性和可靠性。

实现收发双向两个异频段 FCS 的技术途径主要有：利用双工工作方式，同时对两个异频段进行扫描、反馈和应答处理，形成异频双工可用频率表。

实现快速 FCS 的技术途径主要有：充分利用微波接力机本身所具有的高速数据传输能力，结合使用快速数字信号处理芯片和 FCS 的快速算法设计，以适应快速 FCS 的要求。

实现 FCS 信号隐蔽性设计的技术途径主要有：类似于跳频同步的信号设计，采用伪随机跳频形式实现 FCS 过程，其频域特征和时域特征尽可能与正常的跳频通信信号相一致，与跳频通信信号互为掩护，以提高 FCS 信号的隐蔽性。

实现 FCS 探测结果的可靠性设计是一个重要问题，这种可靠性主要表现为信道评估的准确性，涉及信道探测与判决算法、信令编码以及干扰类型区分等问题。实际上，其可靠性与实时性是相互矛盾的，需要在满足实时性的前提下寻求更为可靠的算法。

由于 FCS 所需的时间（即链路建立时间）一般远远大于跳频初始同步的建立时间，即使 FCS 与跳频初始同步是两个独立的过程，但它们是串行工作的，如果每次跳频同步之前都使用 FCS，则对于使用者来说，会将这两个过程的“时间和”看作同步时间，并认为“同步时间”太长。为此，FCS 一般只在干扰较严重或首次开机时使用，在正常环境中可直接进入跳频初始同步过程。

3）微波接力群路跳频同步技术

微波接力群路跳频同步主要包括初始同步和自动再同步。FCS 过程结束后，即进入跳频初始同步过程。此处群路即合路，其含义是指各单路（也称为分路）数据合并后的高速率传输，对各分路数据是透明的，跳频同步的数据速率与数据传输速率相同。

与无线电台的跳频同步相比，微波接力机的跳频同步有很大的不同，主要要求有：能实现快速的自动启动、一次同步；能实现自动再同步；正常情况下跳频同步能长期保持；链路上的微波跳频接力机任何时间工作都可以实现跳频同步。

由于微波接力机长期处于值守状态，单路信道多，且相互独立，信息量大，使用者不知道哪路信道何时传输或不传输数据，因此不允许有频繁的同步过程和操作。若同步失败或信号中断，要求通信双方机器工作正常，必须能自动实现快速的再同步，即：一是要求同步建立速度快；二是要自动实现，不需要面板操作。

根据微波接力机的工作特点，其跳频同步分为三种状态：初始同步、自动再同步和保持同步。跳频同步状态转移及其条件如图 8-10 所示。为了保证同步的可靠性，同步双方在初始同步或再同步状态时，均需设置同步应答和确认的握手过程。可见，这是一个闭环同步系统，而不是开环同步系统，并且系统开机后，不需要任何同步操作，全部自动实现同步，以方便战术使用；而跳频电台的跳频同步往往是开环的。

图 8-10 中存在哪种状态是常态（稳态）、哪种状态是暂态的问题。从微波接力机的使用特点和工作时间比例上看，微波接力机虽然长期处于保持同步状态（即跳频数据传输状态），

但不是通信双方约定等待的状态；同步状态（包括初始同步和再同步）停留的时间虽然很短，但同步状态是双方约定的等待状态，且再同步除了一些检测控制功能外，其实质还是初始同步。也就是说只要跳频通信中断，通信双方即自动进入同步状态。所以，从技术上讲，保持同步（跳频数据传输）仍为暂态，跳频同步（尤其是同步搜索）仍为常态。这一点在系统设计中是必须要遵守的。

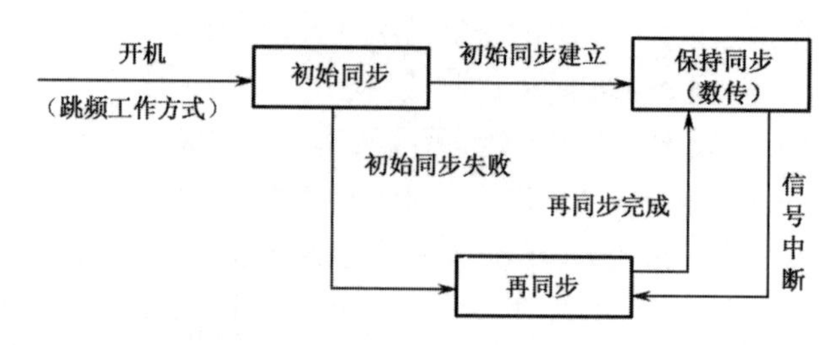

图 8-10　微波接力机跳频同步状态的转移及其条件

综上，微波接力跳频同步重点要解决好以下几个方面的问题。一是跳频初始同步的基本设计，主要内容有：同步信息内容及其位数的设计；同步允许的时差范围设计和同步帧结构设计等；为了提高同步信息传输的可靠性，可用多个不同的频率重复传送同步信息。二是自动再同步设计，主要内容有：采用类似于频率自适应的算法，实时检测信道传输特性，当严重误码或信号中断持续时间超过门限值时，自动进入再同步过程；同步信息的发送和接收过程与初始同步类似。三是跳频同步的坚固性设计，坚固性包括隐蔽性、抗干扰性和可靠性等方面，主要内容有：采用与跳频通信相同跳速、相同数据速率的跳频方式实现跳频同步，并自动实时地在整个跳频带宽内宽间隔均匀更换跳频同步频率集，以提高跳频同步的抗干扰、反侦察能力；利用微波接力机数据速率高的优势，尽可能在一跳驻留时间内传完全部同步信息，以缩短同步信号在空中的暴露时间；采用大冗余度的同步信息编码、同步信息重发和弱信号检测等措施，以提高跳频同步的可靠性和防止干扰方从同步过程假冒入网。四是保持同步设计，主要内容有：连续同步设计，在每一跳或每隔若干跳插入同步标志码，以到达接收端的发跳信号为基准，自动调整接收端跳信号相位和消除传输时延等。

4）微波接力群路跳频数据处理时延控制技术

微波接力机的使用方式，使得跳频数据处理时延控制非常重要，要求群路信号的传输时延尽可能小。从链路接力第一站的信源到最后一站信宿之间信号传输所经历的时延为微波跳频接力机总的信号时延。该信号时延包括不同性质的两个方面的信号时延：一种是不可控制的空中传输时延；另一种是可以控制的数据处理时延，或与人为数据处理有关的时延，如跳频数据处理时延、交织处理时延、话音编码处理时延和 FEC 编译码处理时延等。如果信号时延过大，在微波接力机使用中会出现两个方面的问题：一是在进行话音通信时，由于多跳接力，会出现单次处理时延的累加，最终出现难以忍受的回声，且群路回声难以抵消；二是信号在经节点交换机进入其他路由时，呼通率会大大降低，影响指挥通信的实时性。工程中，一般话音编码处理时延、FEC 编译码处理时延和空中传输时延很小，可以忽略不计。关键是跳频数据处理时延和交织处理时延，在信号总时延中占有很大的比例。

跳频数据处理时延是指数据在发送端压缩和接收端解压两个处理过程所需的缓冲时间，要求尽可能减小这种处理时延。根据第 3 章式（3-2）跳频数据平衡公式，1 跳链路接力收发双方跳频数据平衡至少在 2 个跳周期内完成。例如，跳速为 1 000 Hop/s，跳周期为 1 ms，1 跳链路收发跳频处理时延最小为 2 ms，若接力最大为 8 跳，则 8 跳链路跳频接力的单向跳频最小处理时延为 16 ms，双向最小处理时延为 32 ms，这样的跳频处理时延往往难以被系统所接受，但已经达到了常规跳频处理时延的最低极限。在实际工程中，可基于自助餐节省时间的原理，采用基于动态缓冲数据平衡的极小时延跳频数据处理算法[58]，突破经典跳频处理时延的限制，进一步降低跳频处理时延。

减小交织时延应处理好交织深度与通信性能的关系。工程上一般的处理方式是：点对点通信时加大交织深度，而在组网使用时降低交织深度。这种处理方法的优点是简单，但降低交织深度必然影响误码性能。较好的思路是寻求新的交织编码算法，使得交织深度减小较多，而误码率不至于恶化太多[59]。在群路跳频通信中，由于数据速率高，每跳的数据比特就多，这是交织编码面临的一个难题。正是由于跳频本身不具备纠错能力，进行交织与纠错的设计是必须的，尤其在群路跳频中是不可或缺的，工程实践充分证明了这一点。

5）微波接力群路跳频数据压缩比设计技术

在第 3 章中已讨论了需要跳频数据平衡的原因及其基本原理。在群路跳频数据平衡中，除了考虑跳频数据处理时延问题外，另一个需要高度关注的问题是数据压缩比的选择。群路跳频数据压缩比的选择要坚持两个原则：一是压缩比最小原则；二是兼顾原则。因为群路的原始数据速率本来就很高，经跳频数据压缩处理后，若压缩比太高，会造成传输的瞬时带宽增大，可用频点数减少，还会影响通信距离。因此，应尽可能选择小的数据压缩比。至于兼顾原则，是指兼顾微波接力机的多种数据速率，并在每一跳或每隔若干跳留出足够的比特资源，以便传输其他勤务信息，比如：位同步引导信息、自适应处理信令和再同步信息等。为此，既要以压缩比最小为原则，又要综合兼顾以上因素。其中，多种数据速率是微波接力机的一个特色和使用要求，兼顾这一问题较为困难，若设计不好，会增加收、发信机中时钟的种类。解决这一问题的基本思路是多种速率数据压缩前后要具有相同的最简公约数，并力求压缩比相同，以简化系统设计。

6）微波接力频率自适应跳频控制技术

频率自适应跳频控制的关键是实时性好和受干扰频率处理的准确性高，并且频率自适应处理过程不能对信号传输增加额外损伤。重点有两个处理过程，一是当前频率表中受干扰频率的处理，二是当前频率表被严重干扰时更换新频率表的处理。经过跳频初始同步后，系统即进入频率自适应通信过程，对受干扰频率采用“有一个屏蔽一个和酌情替补”的原则，其算法的基本原理在第 3 章中已有详细介绍，在此不再赘述。其关键主要在于：一是受干扰频率的正确检测与判决，提高干扰感知的针对性，涉及扫描速度和多种参数的综合检测问题[60]；二是寻找快速收敛的自适应跳频算法，提高频率自适应处理的实时性，涉及自适应信令的编码与交互等问题；三是通信双方正确删除或替换受干扰频点，提高换频的准确性，涉及信令传输的准确性和换频时刻的选择等问题。要注意的是正确对待和处理已删除受干扰频率，在通信过程中应不断对已删除受干扰频率进行监视，若其干扰已消失，则重新启用；若有其他备用频率也可启用，但不要求实际工作频率表维持原频率数，能有几个跳几个，只要能无损伤通信就达到目的。实践表明，与常规跳频方式相比，这种处理方式可以容忍更多频点的阻塞干扰：可以打破“三分之一频段/频率”干扰策略，在同样阻塞干扰情况下，微波跳频接力机的误码率可改善 3～4 个数量级。然而，任何一个系统的抗干扰能力都是有限的，当严重干扰时（只剩下极少可用频率，或当前频率全部被干扰），频率自适应跳频通信也会中断。当工作频率表遭受严重干扰，只剩下有限个可用频率时，若频率资源允许，可采用自动生成和更换频率表的技术，即在当前频率表频率自适应跳频通信状态快到极限时，自动生成并无损伤地切换到新频率表上工作，或启用备份频率表，以扩展频率自适应的动态范围，提高频率自适应跳频通信的顽固性。

7）微波接力功率自适应跳频控制技术

有两种基本的设计思路，需要根据系统的跳频带宽予以选择：一是在逐个频率上进行功率自适应，其优点是功率自适应调整的准确度较高，但不足是系统设计较复杂，功率自适应信令的传送和确认频繁，需要占用时频资源。二是分频段进行功率自适应或对整个频段（不分频率）进行功率自适应，其优点是系统设计相对简单，但功率自适应调整的准确度难以做得很高；因为在微波频段，每个分频段或工作全频段起始频率和最高频率之间传输衰减值相差较大，并且功率放大器的频带特性未必平坦，尤其是工作频段低端和高端的衰减差别较大，工作频段越宽，这个问题越突出。可见，第一种设计思路适应于跳频带宽较宽的情况，第二种设计思路适应于跳频带宽较窄的情况。无论是哪种设计思路，在具体设计过程中，都需要处理好以下两个关系：一是由于干扰造成的误码与功率太小造成的误码之间的关系，在通信功率太小或大部分频率受干扰时加大功率，在误码率较小时可适当降低功率；二是频率自适应与功率自适应两种进程之间的关系，将功率自适应与频率自适应一体化设计，功能上可以分开使用，也可以联合使用，并设置优先级，尽量避免频繁的功率调整，否则系统会出现不稳定。

8）群路跳频频率间隔处理技术

设：跳周期为T_{h}，跳速为$R_{\mathrm{h}}=1/T_{\mathrm{h}}$，最小频率间隔为$\Delta f$，数据速率为$R_{\mathrm{c}}$。在理想情况下，调制前（频合器输出）的跳频频谱是一条条谱线，实际上具有$2R_{\mathrm{h}}$的瞬时带宽，工程上可以完全可以做到$R_{\mathrm{h}}<\Delta f$，参见第 3 章图 3-4。在微波接力通信中，由于传输的是群路信号，其数据速率远远高于无线电台，跳频瞬时带宽主要由数据速率（$2R_{\mathrm{c}}$）决定，一般均有$R_{\mathrm{c}}>\Delta f>R_{\mathrm{h}}$，所以调制后的跳频信号瞬时带宽一般会大于系统的最小频率间隔，参见第 3 章图 3-7（c）（d）（e）。有时跳频瞬时带宽甚至大于$2\Delta f$，如图 8-11 所示[57]，各瞬时频谱出现严重的交叉重叠，这是群路跳频特有的也是难以避开的问题，除非频率资源足够。在这种情况下，由于微波接力使用定向天线，且为点对点通信，即使各瞬时频谱出现交叉重叠，但各瞬时频谱不会同时出现，所以不会造成己方干扰。从这个意义上讲，尽管从通信组织的角度，微波群路跳频允许瞬时频率重叠，但若一个瞬时频谱遭受阻塞干扰，则可能相邻的多个瞬时频谱也会受干扰，所以瞬时频率重叠不利于抗阻塞干扰。为此，在跳频频段资源受限的条件下，首先要求采取措施，尽可能压窄跳频瞬时频谱的带宽，如降低数据速率，采用高效调制方式，并对调制作相应的平滑处理；其次，针对所传输的不同数据速率及瞬时带宽，设置不同的跳频频率步进，该频率步进至少应大于系统的最小频率间隔。

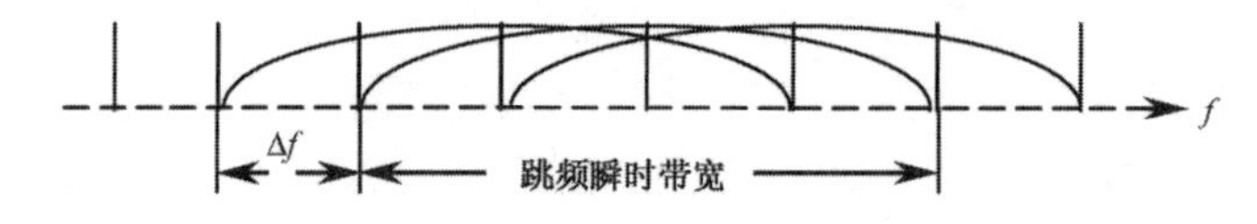

图 8-11　群路跳频可能的跳频瞬时频谱分布

3. 微波接力直扩抗干扰体制

微波接力通信的可用频带一般较宽，采用直扩抗干扰体制也可以取得较好的抗干扰性能。但是，与跳频抗非相关干扰的原理不同，对于直扩信号带宽内的非相关干扰，如窄带强功率干扰，直扩体制可以被认为是一种在功率上的相对硬抗措施，带内干扰将直接损失直扩系统的干扰容限值。

结合直扩体制特点和微波接力通信的特点，在系统总体设计时应关注以下方面：

（1）直扩系统是一种定频宽带系统，若其直扩码型固定，将不利于反侦察、抗截获和抗相关干扰，需要考虑码型变换，甚至采用跳码扩谱[61-68]，这是跳码扩谱非常适合应用的场合之一；

（2）信道机前端带宽较宽，多种形式的窄带干扰容易进入，需要考虑自适应窄带干扰滤波与抑制问题，以避免直扩的干扰容限损失过大或接收机被阻塞，这方面已有较为成熟的研究成果可以应用[69-77]；

（3）微波接力通信的数据速率很高，且一般有多种数据速率，原始信息带宽本身可达兆赫数量级，需要考虑直扩码码长与数据速率及系统带宽的关系和采用多进制直扩体制，甚至不同的数据速率对应不同的直扩码码长；

（4）对应于微波接力机链路状和辐射状组网运用，需要考虑直扩码型的优选与分配，并结合频分方式进行，最好是每跳链路使用不同的频率和不同的直扩码组，即用频率和码组二维参数作为链路地址，以避免多址干扰和提高反侦察性能。

4. 微波接力直扩通信关键技术

微波接力直扩通信的关键技术主要有：变码/跳码直扩通信技术、自适应窄带干扰滤波与抑制技术、多进制直扩技术、直扩码优选技术、多径分集技术、直扩同步技术以及链路与方向多址技术等。这些技术在前面章节中都有所介绍或已是成熟技术，在此不再赘述。

5. 微波接力直扩/跳频混合体制及其关键技术

以上章节中已指出，直扩/跳频混合体制是在直扩和跳频两种扩谱体制基础上发展起来的，可以实现优势互补。在同样带宽条件下，直扩/跳频体制的处理增益与纯跳频处理增益相当，或略大于纯跳频的处理增益，与直扩编码方式和频点分配等因素有关；可以较好地克服直扩的远近效应和跳频难以克服的多径效应，提高系统的电磁兼容性能；降低了信号的截获概率，加大了侦收识别的难度，从而提高整体抗干扰能力；直扩与跳频可结合使用，也可单独使用，其实用有效的对抗手段目前主要是强压制性阻塞干扰。至于微波接力直扩/跳频中的直扩是否还需要实现跳码，应视通信侦察和相关干扰的技术水平而定。在微波接力机数据速率很高的情况下，直扩/跳频通信系统设计的重点是处理好直扩瞬时带宽与可用频率资源的关系，不得不采用多进制直扩，以减少直扩瞬时带宽，在可用频率资源一定的前提下，增加实际跳频频率数。

6. 微波接力直扩/跳频通信关键技术

微波接力直扩/跳频通信的关键技术包含了微波接力直扩和跳频通信的所有关键技术。除此之外，还有一些具有混合性的关键技术，主要有：直扩/跳频同步技术、直扩/跳频频率表设置技术，以及频率表与直扩码组的联合多址技术等。

7. 微波接力其他抗干扰技术

对于微波接力纯跳频通信，变跳速、变间隔跳频是一种非常适合和实用的新技术，可有效提高抗跟踪干扰、抗梳状阻塞干扰和反侦察、抗截获性能。

对于微波接力纯直扩通信，采用多载波直扩发送与接收技术，有利于实现直扩信号的频率分集，以提高系统的反侦察和抗相关、非相关干扰以及抗多径衰落的性能。

对于微波接力纯跳频、纯直扩和直扩/跳频通信，必须采用交织和信道编码技术，由此带来的问题是：在已有高数据速率扩谱的基础上，调制前的数据速率将进一步提高，需占用一部分频谱资源，需要与可用频率资源和扩谱处理增益等要求一体化考虑。

无论采用何种传输体制，微波接力通信均采用定向天线，可结合空分多址方式，实现空间域抗干扰，其关键在于多波束智能天线技术。多波束智能天线的基本原理[78-79]是：将各路信号分成多路后再加权相加，以形成多个独立可控的波束；利用各路信号的相关性，自适应地控制各路接收信号的加权值，再相加产生调零波束，使接收波束零点对准干扰方向，而波束最大方向指向有用信号方向。因此，这种智能天线不仅具有空间域抗干扰能力，在干扰方向的天线增益最低，而且还具有空分多址能力，以较高的天线增益（保持定向天线的功能）同时与多个方向实现通信。可见，这种智能天线特别适用于微波接力机辐射状组网的中心站，并且由于其波束调整的速度很快，还可应用于车载平台和舰载平台[78]，能保持波束指向的稳定性，从而提高动中通能力。

8.5 末端通信及其抗干扰体制

从作战力量构成看，末端通信主要用于营以下作战分队和其他基层作战单元，一般称为战斗网电台（Combat Network Radio，CNR）。根据其用途，末端通信涉及多种频段和多种装备形式的集合，具有自身的一些特点。

8.5.1 末端通信的战术使用特点

频段特性：末端通信未必仅使用一个频段，可能涉及的频段有短波（即 HF）、超短波（即 VHF/UHF）和微波频段等，其具体频段特性可参照以上相应内容。

装备形式：背负式电台、手持式电台和单兵电台等；电台使用全向天线；便携式卫星通信终端等装备使用定向天线。

工作方式：电台为半双工方式，便携式卫星通信装备一般为双工方式。

通信距离：单兵电台为几百米至 1 km[80-86]，手持式电台为几千米，背负式电台为几千米至十几千米；除了卫星通信外，末端通信装备需具有电波绕射能力。

业务种类：话音、短信、等幅报等。

电磁威胁：阻塞干扰；侦察、截获和测向；己方干扰；自然与工业干扰；等等。

8.5.2 末端通信的发展及需求

不同国家的军队对末端通信的划分不尽相同，装备体制和技术体制的差异也很大，可谓百花齐放。

1. 末端通信的作用和地位

末端通信具体用于营、连、排、班和单兵，特种分队，空降兵，反恐以及指挥所内部通信等。

营以下作战单元是作战集团的末端或最基层。在战略通信（统帅部与战区）、战役通信（战区与集团军）和战术通信（旅、团、营等）等几个通信层次内，营以下通信属于战术通信的范围[1]，也有人将其称为战斗通信，它机动性强，有时可能深入敌后，或与敌方犬牙交错，使用环境复杂，是典型的末端通信，成为军用通信的重要组成部分，直接影响着营以下作战分队的快速反应能力和机动作战能力，在现代战争中具有十分重要的地位。

2. 末端通信的发展

纵观国际上末端通信装备的发展，大体经历了以下几个阶段：第一阶段是采用较小功率的短波、超短波背负式电台和超短波手持式电台；第二阶段是在原有装备体制的基础上，不断提高电台的技术性能，如抗干扰、保密和组网等。这种营以下通信的装备体制沿用了很长的时间，随着作战样式的变化，逐步暴露了一些问题：一是电台不便携带，操作和携带形式与单兵武器系统缺乏统一设计，不能解放士兵的双手，尤其是外挂其他配套设备时，使用更为不便；二是随着业务种类越来越多，体积和供电能力本来就很小的营以下电台难以负重，成本和售价也逐步提高，影响电台的实用性。目前，正处于第三个阶段，除了维持必要的具有指挥和协同通信功能的电台采用手持式和背负式以外，重点考虑将单兵电台与单兵武器系统、服装系统和防护系统进行一体化设计[41, 80-87]，并采用便携式卫星通信系统等特殊装备，以提高营以下作战单元（尤其是单兵）的综合作战能力。

3. 对末端通信能力的需求

应基于营以下各作战单元的使用特点和作战任务，考虑末端通信装备通信能力的需求，其作战使命[41, 83]主要是回答“我在哪里”“友军在哪里”“敌人在哪里”“伤亡情况”和“如何行动”“何时行动”等简单的问题。

在业务种类方面，基本要求是数字话音和短信业务；再就是具备一定的数据传输功能、定位功能（尤其是对单兵电台）、被俘电台的注销功能；为了减小电池消耗，具备休眠与唤醒功能等；不采用复杂的组网方式，即所有遂行相同作战任务的同级电台只要开机，在同一网内从技术上均可不设置主辅台。

在通信距离方面，分队内部的单兵电台一般要求几百米至 1 km；手持式电台和背负式电台一般要求几千米至十几千米；应具备“障碍通”的能力（电波绕射能力），例如山头的两边可以通信；对于更大的通信距离，则需要使用特殊的通信装备或运用方式，如单兵卫星通信系统、电台转信等。

在通信容量方面，一般为几千比特/秒至十几千比特/秒，甚至更低，只需传输必要的信息即可，但不排除在有些特殊场合需要较高的传输速率。为了满足末端通信特有的需求和作战效能，不能要求末端通信装备向高频段、高速率发展。

4. 对末端通信抗干扰能力的需求

尽管末端通信同样会受到敌方和非敌方干扰，但其威胁特点与其他通信网台不完全相同。

当营以下分队与敌方犬牙交错时，敌方的干扰机很难处于战斗前沿，即使能实施干扰，也会干扰自己的通信，并且其干扰的价值不大；当营以下分队独立遂行作战任务时，由于其电台的发射功率不大，通信距离较近，敌方不容易发现，遭受敌方定向干扰的可能性不大，跟踪干扰的可能性几乎不存在；当营以下分队与旅、团一起遂行作战任务时，敌方可能得知我方阵地和活动地域，存在一并遭受敌方干扰的可能。可见，与层次较高的通信装备相比，末端通信电台的敌方干扰威胁不很严重。另外，末端通信电台可能工作在同频段、大功率电台的覆盖范围内，存在己方干扰，并且同样会受到噪声、多径等自然干扰。在考虑以上情况后，再考虑到末端通信电台的体积、电池容量有限，虽然其抗干扰问题是必要的，但一般只要求具备一些基本的抗干扰能力。

8.5.3 典型末端通信抗干扰体制及其关键技术

根据末端通信电台体积小、重量轻、功耗低和工作可靠、操作简便等要求，其抗干扰体制的选择应充分体现“紧扣需求，简单实用”的原则，重点考虑营连排电台和单兵电台两种装备形式[41]，应与高层次电台有所区别，不能一刀切。有些抗干扰体制在末端通信场合难以应用，如功率硬抗、自适应天线调零与分集等[87]。

1. 营连排电台抗干扰体制

营连排电台具有基层指挥通信的职能，其装备形式一般为手持式，供营长、连长、排长使用。营连排电台一般工作于 VHF 频段，也可扩展到 UHF 频段，其抗干扰体制有以下几种基本的选择：一是采用简单的低速跳频体制，经面板选择频率表后，开机即同步，不需要预置其他参数，可以在没有参数管理的条件下，保证电台方便开通。二是在工作频段较高的情况下，采用简单的短码直扩体制，可不采用基于码分的单呼功能，具备相同直扩码的群呼功能即可。三是采用与上一级电台相同的抗干扰体制，以便于直接进行抗干扰条件下的互通；若采用跳频体制，因为涉及与上一级电台的跳频互通，需要接受跳频参数的统一管控[1, 88]。

2. 营连排电台抗干扰关键技术

对于营连排电台抗干扰关键技术，除了一般意义上的跳频、直扩等基本技术以外，主要是小型化、低功耗等方面的实现技术，如：调制器与频合器的联合设计技术，以简化电台信道机电路；高性能频率合成设计技术，以降低功耗和提高频谱质量；高性能电磁兼容设计技术，以充分利用电台的内部空间；多功能面板控制与参数输入设计技术，以简化面板设计和方便使用；电源管理技术（如休眠与唤醒），以延长电池的使用时间等。

3. 单兵电台抗干扰体制

从装备体制和使用需求看，单兵电台应与单兵武器系统、服装系统和防护系统等进行一体化设计，彻底抛弃士兵“手持砖块”的现象[80-81]。电台的主机应小而轻，例如：以色列的单兵电台采用 UHF 频段，其质量只有 400 g，体积只有香烟盒大小；美军、英军和德军使用的单兵电台也工作在 UHF 频段，其质量不到 500 g[83-84]，只保证分队内部通信。

根据单兵电台的使用特点和可能的干扰环境，难以或没必要采取很复杂的抗干扰体制。可采用一些简单的抗干扰体制，如捷变频体制，即在预置的若干个频率上按约定的规律自动换频通信，或低速跳频体制；若采用 UHF 或更高频段，也可采用直扩体制等。

4. 单兵电台抗干扰关键技术

单兵电台抗干扰关键技术主要有：捷变频控制技术、低速跳频控制技术、短码直扩技术、与单兵武器系统一体化设计技术、特殊的天线与供电技术以及小型化、低功耗设计技术等。

5. 末端通信电台抗干扰的其他考虑

结合末端通信电台的实际，可以调整一下思路，探讨一些与其抗干扰有关的问题[41]。

（1）末端通信电台采用独立频段，即采用不同于其他战术电台的频段，营以下电台自成体系，以避免来自己方其他通信网系的干扰。当然，这是以拥有独立频段和不与其他通信网系射频互通为前提的。在这种情况下，可以考虑营连排和单兵两种级别的电台均采用相同的简单抗干扰体制，如捷变频、低速跳频、短码直扩等。

（2）与保密体制综合考虑。由于末端通信电台功率小、通信距离近，加上其传输的信息对战场一般不起决定作用，敌方对其侦察、截获的意义和可能性也不大[85]。当然，在深入敌后的情况下，存在信息被截获的可能性。所以，末端通信电台的信息保密虽然是必要的，但不及较高层次电台迫切。在这一前提下，如果能通过较为简单的途径，兼顾末端通信电台的保密与抗干扰需求，将是一种较好的选择。有两种情况需要考虑：首先是兼容性设计。若营连排电台采用与上一级电台相同的抗干扰体制，则应采用与上一级电台相同的保密体制，其意义主要是实现抗干扰条件下的保密话音和保密数据的互通，而单兵电台保密体制另行考虑。其次是借用信道保密能力实现一定的通信保密功能。实际上，通信保密包括信道保密（也称载体保密或信号保密）和信息保密两个层次，尽管这两种层次的保密有区别，但对通信保密都有贡献，并且信道保密有利于信息保密。通常所说的保密一般是指在敌方已经截获和破译载体信号规律并能正常接收信号条件下通信方的抗信息破译的能力，即基于基带的信息加密措施。信道保密是指基于射频信道的保密措施，表现在发送信号的低检测概率性能、低截获概率性能和低利用概率性能[89]。如果敌方难以在射频上匹配和截获信号，当然也谈不上在基带上破译信息。另外，敌方要获得通信方的信息，一般需经历四个过程[28]：侦察、截获、分析和还原。其中，除了第四个过程是在基带上进行外，前三个过程都与射频有关，且需要很强的实时性；只要切断一个以上的过程，都可能阻止敌方获得信息。但在传统观念模式下，射频信号的变换处理尽管在技术上确实具有一定的通信保密能力，但一般得不到应有的承认。外军在单兵电台加密问题上[80]，采用了按不同用途设置不同类别加密的体制，或在采用扩谱体制条件下（信号截获概率低），直接使用“非密单兵电台”。如果我们能改变观念，并考虑到营以下电台的特殊情况，在对射频作变换处理的条件下，营以下电台也可以不采用另外的信息加密措施[85]。

6. 末端通信电台互通体制的考虑

不同功率电台之间双向互通的距离是以小功率电台的通信距离为基准的，单向通信距离是较大功率电台的通信距离。所以，仅从通信距离上，不是什么电台都能互通的。再考虑到以上讨论的末端通信电台的装备体制和其他特点，其互通体制可能有以下几种情况[41]：营连排电台与上一级电台之间直接抗干扰互通、定频互通或在互通点接入互通；营连排电台与单兵电台之间可定频互通、直接抗干扰互通或接入互通；单兵电台与高层次通用电台之间一般不需要互通，即使需要互通，可采用定频互通或接入互通。

本章小结

本章结合装备实际和通信抗干扰新技术的发展动态，主要讨论了典型通信装备的抗干扰体制与工程应用问题，以使读者有一个从军事需求到技术体制、关键技术、装备实践的整体了解。通过总结对典型扩谱体制的几点认识和典型扩谱体制抗干扰性能的比较，明确了常规跳频、常规直扩、改进型跳频、改进型直扩以及直扩/跳频等典型扩谱体制的综合性能和适用场合；在简介典型多址方式概念和内涵的基础上，讨论和明确了多址方式与抗干扰体制可能的关系；在阐述短波通信、超短波通信、微波接力通信和末端通信等典型装备战术使用特点、抗干扰需求的基础上，讨论和明确了典型通信装备的典型抗干扰体制及其关键技术。

本章的重点在于典型扩谱抗干扰体制的综合性能和适用场合，以及典型通信装备的抗干扰体制及其关键技术等。

参考文献

[1] 姚富强．军事通信抗干扰及网系应用[M]．北京：解放军出版社，2004．

[2] 姚富强．军事通信抗干扰工程发展策略研究及建议[J]．中国工程科学，2005（5）．

[3] 姚富强，于淼，郭鹏程，等．盲源分离通信抗干扰技术[J]．通信学报，2023（10）．

[4] 姚富强，詹道庸，邬国杨，等．数字移动通信中多址方式分析[J]．西安电子科技大学学报，1992（4）．

[5] 张贤达，保铮．通信信号处理[M]．北京：国防工业出版社，2000．

[6] 中国人民解放军总装备部．通信兵主题词表释义词典：GJB 3866—99[S]．中华人民共和国国家军用

标准，1999-08.
[7] HOFF J. Mobile telephone in the next decade[C]. 1987 IEEE Vehicular Tech.Conf., Tama, USA, June 1987.
[8] RAITH K, UDDENFELD J. Capacity of digital cellular TDMA systems[J]. IEEE Transactions on Vehicular Technology，1991（2）.
[9] 朱雪龙．蜂房移动通信的频谱效率与数字化[J]．移动通信，1991（2）.
[10] COOPER G R，NETTLETON R W，GRYBOSET D P. Cellular land-mobile radio：why spread spectrum?[J]．IEEE Communications Magazine，1979，17（2）.
[11] LEE W C Y．Overview of cellular CDMA[J]．IEEE Transactions on Vehicular Technology，1991（2）.
[12] OGAWA K, KOHIYAMA K, et al. Evolution towards personal telecommunication services [C]. Proceedings of ICCT'92，Vol．1 of 2，Sept.1992，Beijing，China.
[13] 姚富强．机动通信的发展及建议[J]．军队指挥自动化，2005（2）.
[14] 姚富强．外军通信抗干扰发展趋势[J]．现代军事通信，2004（1）.
[15] HERRICK D L，LEE P K．CHESS：a new reliable high speed HF radio[C]．Proc. IEEE MIL COM'96，October 1996.
[16] HERRICK D L，LEE P K．Correlated frequency hopping：an improved approach to HF spread spectrum communications[C]．Proceedings of the 1996 Tactical Communications Conference.
[17] 马慧云，贺玉寅．CHESS：一种新型可靠的高速短波电台[J]．外军电信动态，1996（4）.
[18] 姚富强，刘忠英．短波高速跳频 CHESS 电台 G 函数算法研究[J]．电子学报，2001（5）.
[19] 姚富强．短波差分跳频有关系统及技术问题分析[J]．电讯技术，2004（6）.
[20] 姚富强，刘忠英，赵杭生．短波电磁环境问题研究——对认知无线电等通信技术再认识[J]．中国电子科学研究院学报，2015（2）.
[21] ITU．Technical and operational principles for HF sky-wave communication stations to improve the HF environment：ITU-R 258/5[R]．ITU，2015.
[22] 刘忠英，万谦，姚富强．基于可加性模糊系统原理的差分跳频 G 函数算法[J]．电子学报，2002（5）.
[23] 刘忠英，张毅，姚富强．基于 STFT 与 G 函数相结合的短波 DFH 跳检测方法[J]．电子学报，2003（5）.
[24] 姚富强．新一代军事通信装备电子防御总体构想与建议[C]．2007 军事通信抗干扰研讨会，2007-09，天津.
[25] 陆建勋．信息战条件下的高频通信新体制研究[J]．现代军事通信，1999（2）.
[26] 陆建勋．高频通信系统的抗干扰性能分析[J]．现代军事通信，1999（3）.
[27] 陆建勋．抗干扰高频通信系统若干问题的探讨[J]．现代军事通信，2002（1）.
[28] 郑辉．军事通信抗截获技术体制与能力评估[C]．2005 军事通信抗干扰研讨会，2005-11，成都.
[29] ZHANG S Y，YAO F Q，ZHANG S O，et al．Spur reduction in truncation for DDS phase accumulators[C]. Proceedings of 2001 CIE International Conference on Radar，Oct.15-18，2001，Beijing，China.
[30] MILSON J D，SLATOR T．Consideration of factors influencing the use of spread spectrum on HF sky-wave paths[C]．Second Conference on HF Communication Systems and Techniques，1982.
[31] SKAUG R. An experiment with spread spectrum modulation on an HF channel[C]. Second Conference on HF Communication Systems and Techniques，1982.
[32] CHOW S，CAVERS J K，LEE P F．A spread spectrum modem for reliable date transmission in the high frequency band[C]．Second Conference on HF Communication Systems and Techniques，1982.
[33] 姚富强，王清泉．短波通信抗干扰体制若干问题的探讨[J]．军事通信技术，1994（Sum 49）.
[34] 沈琪琪，朱德生．短波通信[M]．西安：西安电子科技大学出版社，1989.

[35] 姚富强，杜武林．直接序列扫谱相关峰的衰落概率分布[J]．电子学报，1993（1）．
[36] 薛磊，王可人．DS 技术用于高频数据通信的考虑[J]．现代军事通信，1998（3）．
[37] 张雄伟，陈亮，杨吉斌．现代语音处理技术及应用[M]．北京：机械工业出版社，2003．
[38] 陆建勋．21 世纪侦察技术对抗干扰通信的影响分析[C]．2003 军事通信抗干扰研讨会，2003-11，合肥．
[39] 中国人民解放军总装备部．军用无线通信抗干扰通用要求：GJB 5929—2007[S]．中华人民共和国国家军用标准，2007-03．
[40] 魏红艳，姚富强，李永贵，等．不对称频率表在短波跳频中的应用[C]．2007 军事通信抗干扰研讨会，2007-09，天津．
[41] 姚富强．关于营以下末端通信装备若干问题的思考与建议[J]．现代军事通信，2006（4）．
[42] 周运伟，赵荣黎．VHF 跳频电台跳速极限及其对策[C]．1999 军事通信抗干扰研讨会，1999-10，南京．
[43] 张锁敖，张少元．Σ－Δ调制小数分频频率合成器技术研究[C]．2001 军事通信抗干扰研讨会，2001-10，武汉．
[44] 张少元，柳永祥，张锁敖．相控阵天线旁瓣抑制技术在 DDS 中的应用[C]．2001 军事通信抗干扰研讨会，2001-10，武汉．
[45] 张锁敖，柳永祥，顾永红．无线接收机中的相位噪声及其影响[C]．2001 军事通信抗干扰研讨会，2001-10，武汉．
[46] 陈江，曹裕忠．现代抗干扰通信系统中的功率放大器[C]．2001 军事通信抗干扰研讨会，2001-10，武汉．
[47] 陈江，于再兴，宋波．功率放大器的线性化技术及其在军用无线通信中的应用[C]．2001 军事通信抗干扰研讨会，2001-10，武汉．
[48] TORRIERI D．Principles of military communication systems[M]．Artech House，1981.
[49] LEE W C Y．Mobile communication engineering[M]．New York：McGraw-Hill，1982.
[50] 柳永祥，姚富强，梁涛．变间隔、变跳速跳频通信技术[C]．2006 军事电子信息学术会议，2006-12，武汉．
[51] 杨有为，巫之鹤，等．数字微波中继通信及设备[M]．南京：东南大学出版社，1992．
[52] 姚彦，梅顺良，蒯葆新，等．数字微波中继通信工程[M]．北京：人民邮电出版社，1990．
[53] 姚富强，陈建忠，张锁敖，等．战术微波数字保密接力机抗干扰技术体制考虑[C]．1997 军事通信抗干扰研讨会，1997-10，南京．
[54] 姚富强．认真研究伊拉克战争，加速我军信息化建设[J]．解放军理工大学学报（综合版），2003（3）．
[55] 姚富强．从美军新的作战理论看我军通信装备的发展[J]．解放军理工大学学报（综合版），2004（3）．
[56] 姚富强，陈建忠．野战网群路通信抗干扰及组网体制研究[C]．1999 军事通信抗干扰研讨会，1999-10，南京．
[57] 姚富强，邹敏之．战术微波接力机抗干扰设计[J]．军事通信技术，1994（Sum 49）．
[58] 李永贵，姚富强，陈建忠，等．基于比特流的动态数据传输处理时延控制方法：ZL201010052545.9[P]．中国发明专利，2011-10．
[59] GUAN S Y，YAO F Q，CHEN C W．A novel interleaver for image communications with theoretical analysis of characteristics[C]．2002 International Conference on Communications Circuits and Systems and West Sino Expositions Proceedings，June 29-July1，2002，Chengdu，China.
[60] 孙守玉．变参信道中工作频率的实时优化[C]．2007 军事通信抗干扰研讨会，2007-9，天津．
[61] 姚富强，扈新林．通信反对抗发展战略研究[J]．电子学报，1996（4）．
[62] 姚富强，张少元．一种跳码直扩通信技术体制探讨[J]．国防科技大学学报，2005（5）．
[63] PARK S，SUNG D K．Orthogonal code hopping multiplexing[J]．IEEE Communications Letters，2002

（12）.
[64] 刘波、孙燕. 一种混沌跳码通信实现方法[J]. 现代军事通信，2006（2）.
[65] 陈仲林，周亮，李仲令. 自编码直接扩谱通信原理与机制[J]. 系统仿真学报，2004（12）.
[66] 李仲令，郭燕，周亮. 自编码扩频和直接序列扩频的性能比较[J]. 电子科技大学学报，2003（5）.
[67] 张毅，蒋海霞，姚富强. 跳码扩谱通信抗干拎与抗截获性能分析[C]. 2007 军事通信抗干扰研讨会，2007-09，天津.
[68] 姚富强，张毅. 一种新的通信抗干扰技术体制：预编码跳码扩谱[J]. 中国工程科学，2011（10）.
[69] MILSTEIN L B. Interference rejection techniques in spread spectrum communication [C]. Proceedings of the IEEE, 1988, 76（6）.
[70] FATHALLAH H A, RUSCH L A. A subspace approach to adaptive narrow-band interference suppresson in DSSS[J]. IEEE Transactions on Communications，1997（12）.
[71] 孙丽萍，胡光锐. 直接序列扩频通信中窄带干扰抑制的奇异值分解方法[J]. 电子与信息学报，2003（9）.
[72] 张春海，卢树军，张尔扬. DSSS 通信系统中窄带干扰抑制的子空间跟踪法[C]. 2005 军事通信抗干扰研讨会，2005-11，成都.
[73] 高勇，任楠楠. 微波接力机中窄带干扰的位置检测[C]. 2005 军事通信抗干扰研讨会，2005-11，成都.
[74] 卢树军，张春海，王世练，等. DS-MSK 中频数字接收机中基于快速更新子带自适应滤波的窄带干扰抑制[C]. 2005 军事通信抗干扰研讨会，2005-11，成都.
[75] 薛巍，罗武忠. 直扩通信系统窄带干扰频域抑制滤波器门限设置方法[C]. 2007 军事通信抗干扰研讨会，2005-09，天津.
[76] 刘斌，陈西宏. 基于 NLMS 算法的自适应滤波在抗窄带干扰中的应用[C]. 2007 军事通信抗干扰研讨会，2005-09，天津.
[77] 薛巍，向敬成，周治中. 一种直扩通信系统窄带干扰变换域抑制方法[J]. 信号处理，2002（4）.
[78] 龚铮权. 渡海作战无缝综合信息网[C]. 2003 军事通信抗干扰研讨会，2003-11，合肥.
[79] 龚铮权. 卫星通信地球站移动天线研究－理论与实践[C]. 2005 军事通信抗干扰研讨会，2005-11，成都.
[80] 邹恒，刘俊平. 手持式电台－网络中心战的基石[J]. 外军电信动态，2005（3）.
[81] 校华，柯云. 法军“装备与通信一体化步兵”计划[J]. 外军电信动态，2005（2）.
[82] 艾波，陈亚来. 瑞典“地面战士兵装备”计划[J]. 外军电信动态，2005（2）.
[83] 艾波，陈亚来. 以色列“数字士兵”计划[J]. 外军电信动态，2005（2）.
[84] 艾波，陈亚来. 21 世纪的单兵电台[J]. 外军电信动态，2005（1）.
[85] 艾波，陈亚来. 战场单兵保密通信[J]. 外军电信动态，2005（6）.
[86] 徐惕. 伊拉克战争美军的新型手持跳频电台[J]. 现代军事通信，2004（1）.
[87] 曾现巍，施永忠. 营以下通信抗干扰需求及发展策略[C]. 2007 军事通信抗干扰研讨会，2007-09，天津.
[88] 姚富强，李永贵，毛虎荣. 跳频通信装备的战场管理[C]. 2001 军事通信抗干扰研讨会，2001-10，武汉.
[89] 李玉生，赖仪一，姚富强. 关于跳频通信 LPI 特性的讨论[C]. 2003 军事通信抗干扰研讨会，2003-10，合肥.

第9章　无线通信网络抗干扰基础与实践

本章在阐述无线通信网络（以下简称通信网络）抗干扰基本概念和应用需求基础上，重点讨论涉及通信网络抗干扰的跳频电台组网基本原理、基本性能、典型通信装备以及典型抗干扰网系运用机理与方法等。通信网络抗干扰是一个很复杂的问题，需研究的内容极为广泛，本章力求起到抛砖引玉的作用。本章的讨论，有助于理解无线通信网络抗干扰与链路抗干扰的区别，为实现通信抗干扰网系运用奠定基础。

9.1　通信网络抗干扰的基本知识

本节主要讨论通信网络抗干扰涉及的一些基本概念、应用需求和研究内容等，是研究通信网络与网系抗干扰的基础。

9.1.1　通信网络抗干扰的基本概念

以上各章重点讨论的是链路层次抗干扰涉及的基础技术和技术体制，或者说是通信设备的信道抗干扰问题[1]，也有文献将其称为节点抗干扰[2]，本书中仍称之为通信链路抗干扰，或链路级抗干扰。应该讲，通信链路抗干扰是通信抗干扰的研究基础和技术支撑，也是多年来的研究重点，已取得了丰硕成果；但至今关于通信网络抗干扰的研究成果并不多，尽管国内外学者有一些研究[1-12]，也还不成体系，对于其基本概念是什么、研究范围是什么等框架性的问题还不甚明了，通信网络抗干扰尚无统一的定义，或者说还没有得到公认，总体上还处于探索阶段。

这里参照文献[1, 13]，先定义一些有关的基本概念，并讨论相互之间的关系；在此基础上，讨论通信网络抗干扰和通信网系抗干扰的基本概念，循序渐进。

通信设备：具有对信息进行处理、传输和交换等单项或多项功能的技术设备，如无线通信设备、有线通信设备、光通信设备、交换机等。

通信系统：由通信设备、设施等组成的用于传递信息的系统，如短波通信系统、卫星通信系统、光通信系统等。

通信网络：在一定范围内，通过某种协议，将同类通信设备或通信系统、通信链路、接口设备等相互连接而成的网络，如野战地域通信网、跳频通信网、短波通信网等。通信网络可以理解为由两台以上同类通信设备或通信系统和两条以上通信链路以及通信协议等构成的有机整体。可见，通信链路是通信网络的子集，通信网络包含了通信链路。

通信装备：文献[13]给出的定义为，按编制配备的通信设备和器材。这里，根据信息技术和装备形态的发展，将通信装备的定义扩展为：按编制配备的通信设备、通信系统和通信网络的总称，即认为通信装备是一个广义的概念，包括通信设备、通信系统和通信网络。

通信网系：按照隶属关系，通过某种协议，由不同类通信设备或通信系统为主体构成的两个以上网络的集合及其相互之间的互联互通关系。可见，通信网络是通信网系的子集，通信网系包含了通信网络。

通信组网：实现通信网络的动态过程，或称之为网络初始化过程，即根据战场态势及通信设备或通信系统的技术水平，将同一隶属关系的同类通信设备或通信系统组成一个有机的整体，以提高通信作战效能。通信组网的结果即为通信网络。

通信网络抗干扰：简单地表述为将基于通信网络层次上的抗干扰称为通信网络抗干扰[1]。可以进一步理解为：将已有同类通信设备或通信系统组成一个有机的高效整体网络，对敌形成无线网络防御的态势，使其具备比通信链路更强抗干扰能力的技术与战术手段。

通信网系抗干扰：简单地表述为将基于通信网系层次上的抗干扰称为通信网系抗干扰[1]。可以进一步理解为：将已有不同类通信设备或通信系统组成一个有机的高效整体网系，对敌形成无线网系防御的态势，使其具备比通信网络更强抗干扰能力的技术与战术手段。

与链路抗干扰概念的不同之处在于：通信网络抗干扰或通信网系抗干扰所体现的是整个通信网络或网系的整体行为，这种行为不是由某一条抗干扰链路、某一种抗干扰策略所能够决定的。链路抗干扰涉及的通信设备或系统，其抗干扰能力主要是由其固有的技术特点决定的，而通信网络抗干扰或通信网系抗干扰能力不但与上述因素有关，还与通信网络和网系的拓扑结构、组网方式、交换体制、链路抗干扰体制、互通体制、通信资源分配和战场管控等因素有关。所以，通信网络与网系抗干扰的研究具有一定的特殊性。

由以上分析可见，通信抗干扰有了三个基本的层次，即通信网系抗干扰、通信网络抗干扰和通信链路抗干扰。根据装备发展和作战运用的需要以及三个层次抗干扰的内涵，三者之间应具有以下关系：通信网系抗干扰包含了通信网络抗干扰，通信网络抗干扰包含了通信链路抗干扰，重点在于通信网络抗干扰和通信链路抗干扰；虽然在某些情况下，通信网络抗干扰可以退化为通信链路抗干扰，但通信网络抗干扰和通信链路抗干扰之间有着很大的区别，并且两者研究和关注的内容也差异较大；虽然通信网络抗干扰的地位越来越重要，但通信链路抗干扰以前和以后仍然是军用通信抗干扰的基础和重点；虽然通信网系抗干扰的层次要高于通信网络抗干扰，但通信网系抗干扰与通信网络抗干扰之间主要是量的区别，没有本质的差别，通信网系抗干扰是通信网络抗干扰的推广，需考虑更好的协同互通、更高的频谱利用率和更多的迂回路由等。所以，本章重点讨论通信网络抗干扰问题。

9.1.2 通信网络抗干扰应用的需求

信息作战中通信网络抗干扰应用的需求越来越迫切，最终目的是提高通信电磁防御的整体作战能力，实际应用需求主要有以下两个方面。

1. 体系对抗的需要

美国海军作战部前部长杰伊·约翰逊上将于 1997 年 4 月首先公开提出了“网络中心战”的概念，即：把具有信息优势的、地理上分散的部队通过强大的网络连接在一起形成战斗力的战争[14]。随着作战样式的变化和信息技术的发展，现代通信电磁战已远远超出了设备与设备对抗的范围，而是上升到网络与网络、体系与体系之间的对抗；通信干扰已从基于单台设备信号层次上的“狭义干扰”，发展成为基于网络层次上对信息完整性进行破坏的“广义干扰”，需要对网络范围的各种干扰、攻击进行抵抗，实现网络抗干扰态势，点对点通信已很难在复杂电磁威胁环境中生存了。另外，提高电磁反侦察能力是通信抗干扰网系运用的一个先天性优点，使得敌方难以在众多密集的无线信号中分析信号特征和确定目标。例如，多种帧结构的跳频信号高度交叉混叠，对通信防御方可以做到是有规律的，而对电磁进攻方是先验未知的或先验概率低。

实践表明，通信抗干扰设备或系统的网络化运用不仅使信息量和信息处理速度得到提高，而且使通信网络的整体抗干扰能力也得到相应的提高：同样的通信抗干扰设备在形成网络的条件下，其整体反侦察、抗截获、抗干扰和抗毁能力要比单台设备的点对点通信强，网系的整体防御效能又要比网络强，这是研究网络抗干扰的一个重要实践依据[1, 3]。这不仅说明了网络抗干扰能力是存在的，也说明了其研究是必要的。

2. 作战运用的需要

对于一个已实现的通信系统，存在潜在能力和实际能力。潜在能力是客观存在的，是固定的；由于环境和使用等原因，系统表现出来的实际能力总是小于潜在能力。实际能力是动态的，随着外界条件的改善，实际能力向潜在能力逼近。

我们面临的一个问题是：如何综合运用已有的通信抗干扰设备和系统，以更好地发挥其应有的潜在能力？事实证明，将通信抗干扰设备和系统组成有机的网络，正是提高通信抗干扰设备和系统实际能力的一种有效途径。

实际上，以太网发明者之一 Robert Metcalfe 提出的梅特卡夫定律（Metcalfe's Law）[4]为此进一步提供了理论依据，指出：网络的价值与网络节点数的平方成正比，明确地解释了为什么局域网最终会向万维网发展。尽管后来对于网络价值与网络节点数的具体数值关系出现了不同意见[15, 16]，但网络节点数越多，网络价值就越高的趋势似乎是没有争议的。特别是现代条件下的诸军兵种联合作战，会有成千上万的不同类型的通信抗干扰设备组成高密度的网络，甚至与己方电磁进攻和其他电子设备以及敌方攻防电磁设备的无线电信号共同存在于同一地域，无线电信号高度密集和交错，尤其是跳频技术体制的引入，使得战场的信号关系更为复杂，并且战场横向信息流迅速增加，形成全谱作战态势[17-19]。在这种复杂的电磁环境条件下，更需要追求和实现通信抗干扰设备和系统的网络化作战运用，最终提高整体通信能力，这是对通信科技人员、通信指挥人员甚至合成指挥人员在新形势下的新的要求。主要表现在[1, 3]：

（1）便于战术使用。网络化作战运用的众多因素都是战术使用中可资利用的资源，不同因素及参数的组合，会有不同的抗干扰和通信效果。当然，通信设备在技术上应具备适合战术使用的能力，指挥人员必须充分了解装备的技术特点。

（2）提高频谱利用率。军用通信能够使用的频谱资源是有限的，且往往在同一频段内集中了众多的同类通信设备，网间频谱协调是提高频谱利用率的重要途径之一。当然，还需要有效的战场频率管理措施作为保证。

（3）提高可通率。如果是单网或点对点使用，一旦干扰超过干扰容限或通信台站被摧毁，通信就会中断。在网络化作战运用条件下，可以采用多信道、多路由通信，以提高可通率，重要方向、重要信息的传输更是如此。

（4）便于协同互通。如果各军兵种仅仅采用各自的通信设备，则由于通信设备的用途及体制上的差异，直接互通会有困难。在网系化作战运用条件下，可利用某种公用通信平台（如野战地域通信网和协同通信系统等），从基带或射频接入，从而完成不同和相同传输体制通信设备的协同互通。

可见，虽然体系对抗、网络/网系化作战运用和复杂电磁环境会给通信设备和系统的使用带来相当的难度，但也给通信方从技术和战术上在网络及网系的层次与干扰方斗智斗勇带来了很大的空间和可能。

9.1.3 通信网络抗干扰的研究内容

至于通信网络抗干扰的研究内容或研究范围有哪些，本身就是一个需要研究的问题。以前，虽然国内外学者提出了通信网络抗干扰的问题，并从各自的理解和不同的侧面开展了一些初步的研究工作，但没有系统地阐述和回答通信网络抗干扰到底研究什么。本节主要根据自己的体会，提出一些需要研究的内容[1, 3]；至于完备的通信网络抗干扰体系，还有待于深入研究。

1. 研究方法问题

这也是一个方法论的问题，若没有正确的研究方法和科学的指导，任何学科的研究都会失去方向，都会走弯路。通信网络抗干扰是一个较新的研究对象，其研究方法也是需要探索的。本书作者以通信链路抗干扰为主要研究对象，提出了相应的研究方法[1]：通信抗干扰与战术、技术相结合，与系统论、信息论相结合，与干扰、侦察及反侦察相结合，与信道特性、组网特性相结合，与国情、军情相结合等。由于通信网络抗干扰包含了链路抗干扰，因而链路抗干扰的研究方法应是网络抗干扰研究方法的一部分。又由于通信网络抗干扰与通信网系抗干扰之间除了层次有所不同外，没有本质的区别，因此通信网络抗干扰与通信网系抗干扰的研究方法可以一并考虑。根据通信网络及其抗干扰的特点，通信网络抗干扰的研究方法应在通信链路抗干扰研究方法的基础上，增加以下内容[20]：与作战理论、作战样式相结合，与指挥体制、战场信息流程相结合，与电磁环境、地理环境相结合，与作战力量部署、作战运用相结合，与固定网、机动网相结合，与频谱资源、战场管控相结合，等等。

2. 性能评估方法及指标体系问题

如何评价通信网络与网系抗干扰能力？这个问题至今还处于研究之中。国内外学者曾进行过一些研究。例如，文献[10-11]从研究路由协议着手，提出了最小阻挡路由（Least-Resistance Routing，LRR）协议；文献[2, 5]都认为“路由协议本身并不能从本质上提高网络的抗干扰性能”和“网络抗干扰要充分考虑距离和方位两个因素”；文献[5]提出了“网络级抗干扰应该从构造拓扑结构着手，在网络受到干扰之前就形成一个抗干扰拓扑结构”；而文献[2]认为从构造拓扑结构着手的观点“只适合民用网络，因为事先规划军用通信网的拓扑结构几乎是不可能的”，提出了“利用节点抗干扰技术和其他资源，在尽可能大的空间内寻找、建立无干扰或干扰较小的通信路径”实现网络抗干扰的基本思路；文献[3]从通信装备使用出发，提出了通信网络抗干扰需要研究和解决的一些具体问题，涉及一些单项指标；文献[4]提出了“利用可靠性分析方法建立网络分析模型，以定量评价网络抗干扰能力”等。实际上，以上研究和观点从不同的侧面都是有道理的，虽然军用通信抗干扰网络在战术使用和抗干扰要求等方面与民用通信网都有很大的不同，但也有一些共同之处，应该在学习和借鉴民用通信网分析方法的基础上，结合军用通信抗干扰网络的要求和特点，建立相应的分析模型和相应的指标体系，探讨相应的分析方法。

3. 组网效率与组网方式问题

这是通信网络抗干扰需要研究的一个重要问题，既是一个理论性问题，也是工程应用问题。研究和实现通信网络抗干扰，就意味着不是单网工作，这就需要研究对于给定的资源（装备、频率、码组、地域等）能组成多少个通信抗干扰网络（即组网效率）[20-23]，何种组网方式的组网效率较高，不同抗干扰技术体制能适应什么样的网络，不同组网方式适用于什么样的作战运用场合，不同通信频段、不同通信平台与组网方式有什么关系，如何进一步提高现役通信抗干扰装备（尤其是跳频通信装备）的组网效率，等等。另外，中大功率短波电台和卫星通信系统等在遭受侦察和精确打击等方面存在更大威胁，其远程组网具有一些特殊需求，需要研究信道特性对组网的影响，以及远程通信和抗毁对组网的要求，等等。

4. 反侦察组网问题

第 1 章已指出：有效干扰通信网或第三方还原信息的前提，是对通信网进行有效的侦察和分选；正确地组网可有效提高通信网的反侦察能力。需要研究的是什么样的组网形式反侦察能力强，通信网的反侦察能力与哪些组网因素有关，等等。对跳频通信网的侦察是目前国际上普遍研究的热点和重点，其反侦察问题自然成为通信方需要关注的一个热点[24]，我们应该搞清楚：在相应侦察模式和跳频通信体制的前提下，如何进一步提高跳频通信网的反侦察能力？这涉及侦察分选概率与侦察机理、侦察接收机参数、跳频电台参数、跳频组网方式、跳频网数量等因素之间的关系。

5. 抗干扰条件下的协同互通问题

同时实现抗干扰和协同互通是军用通信的双重需求[3, 8, 25]。由于采用了抗干扰技术体制，在射频上直接协同互通所涉及的技术参数越来越多，加上不同作战集团对通信装备作战需求的差异，实现抗干扰条件下的协同互通有相当大的难度。在作战运用方面，需要研究诸军兵种联合作战的战场信息流程、互通资格的确认、协同点的确定及其分布、互通技术参数的战场管控等；在射频信道方面，需要研究抗干扰协同互通的充分和必要条件、互通技术参数的确认、波形变换与射频转接等；在基带接入方面，需要研究接口及接口协议、跳频电台网接入干线节点网、单工电台网接入双工通信网、数据分组网与路由选择等。

6. 跳频通信网的战场布置问题

理论上已经明确[1, 26-29]：为了抵抗跳频跟踪干扰，跳频电台与干扰机的距离关系为一干扰椭圆。基于此，需要研究：干扰椭圆原理与跳频电台网战术使用的关系；跳频电台网的战场布置与距离、方位的关系；干扰椭圆原理在空中跳频通信网、使用定向天线的地面跳频通信网和卫星跳频通信网中的扩展运用；等等。

7. 通信网络抗干扰资源管理问题

上升到通信网络对抗层次后，装备、人员、参数、程序、保障、频谱、地理信息、卫星轨道、卫星转发器等资源问题越来越多，管理越来越复杂，仅靠人工管理难以支持，需要建立网络资源管理、战场电磁频谱管理以及通信抗干扰组网末端管理的有效机制。

对于通信抗干扰组网末端管理，跳频通信网的战场管控问题尤为突出，它是实现跳频通信网系运用的重要保证。其基本思路是：通过跳频参数的统一管理，实现跳频通信设备及跳频通信网的战场管控。需要研究战场管控的体制、战术使用方式、跳频网络规划算法、跳频参数生成与加注、与相关系统及跳频通信设备的接口等，将在第10章具体讨论。

8. 通信网络抗干扰战术使用规范问题

以通信抗干扰设备为基础，实现网络抗干扰，意味着至少面临两个转变：通信设备从无技术抗干扰手段到具备技术抗干扰手段转变，其使用方法变化较大；从单台设备的使用到网络运用转变，其使用方法比单台抗干扰设备的使用又有较大的变化。技术决定战术，在过去相当长的一段时间内，习惯于使用常规的定频通信设备，并建立了一系列的战术使用规范和通信条例。但是，随着通信抗干扰装备的陆续列装和使用，尤其是面对网络运用和网络对抗的需求，需要进一步研究和建立新的战术使用规范和与通信抗干扰相应的条令等。

9.2 跳频组网方式及其性能分析

由于技术特性和频率资源等原因，目前国际上军用无线通信多采用跳频扩谱抗干扰技术体制（含直扩/跳频混合扩谱）。为了便于应用和发挥跳频通信设备的潜在抗干扰能力及反侦察性能，跳频通信设备一般需要组网使用，特别是在电子信息系统网络化运用的条件下，更应该如此。

9.2.1 跳频组网方式分类及存在的问题

跳频组网实质上就是跳频多址通信，即以跳频参数正交作为多址手段的跳频通信方式。在实际应用中常常以组网方式来描述，将一定数量的通信用户划分成若干个跳频子网，每个子网分配特定的跳频频段，且每个子网不少于两个用户，跳频子网的集合形成一个跳频多址通信网[1]。其中，允许的网间干扰是跳频多址能力（或称为跳频组网能力）的主要约束条件。

跳频组网方式的分类方法较多[1, 21]，按网络结构形式可分为星状、链路状和辐射状跳频组网等。例如，微波跳频接力机有链路状和辐射状跳频组网，卫星跳频通信系统主要是星状跳频组网；按各网间跳频图案时序关系可分为跳频同步组网和跳频异步组网，如超短波跳频电台可实现跳频异步组网和跳频同步组网；按各网间频率正交性关系可分为跳频正交组网和跳频非正交组网等，多种类型跳频通信设备都有可能涉及。其中，跳频同步组网和跳频异步组网是跳频组网的两种最基本的方式。

对于跳频组网问题，目前在学术研究、工程实践和作战运用中还存在一些突出的问题需要深入研究和澄清，主要有：对几种跳频组网方式的概念有模糊认识，甚至误用；难以兼顾几种跳频组网方式的优势并克服其不足；在设备已有功能的基础上如何进一步提高其组网效率等。由于种种原因，深入研究这些问题的文献几乎没有或很少，直接影响了跳频通信设备的指标制定、研制和使用。因此，非常有必要根据工程实践和装备使用的经验，深入分析几种基本跳频组网方式的基本概念、拓扑结构、组网过程、性能及特点等，澄清和扩展一些概念，并结合目前国际上大量跳频电台已具备异步组网功能的实际，借助跳频参数管理的理念，寻求提高跳频电台异步组网性能的途径。

这里，先讨论目前国内外普遍使用的常规跳频通信设备的组网问题，也是跳频组网的基本问题；然后讨论有关新的跳频技术体制（如差分跳频体制）的组网问题。

9.2.2 跳频同步组网及其性能分析

跳频同步组网是跳频电台的主要组网方式之一，此处的“同步”指网与网之间的时序关系是同步的。

1. 基本定义

跳频同步组网是指各网跳频技术体制（含跳速）、跳频频率表、跳频图案算法及跳频密钥等要素相同，各网的跳频起跳时刻相同，并且任一频率驻留时间内的各跳频网瞬时频率正交（即各瞬时频率不相同）的跳频组网方式。

虽然允许每部跳频电台有多张频率表，但在同步组网工作时，处于同一隶属关系的各跳频网必须采用同一张跳频频率表；否则，难以实现跳频同步组网。

2. 数学模型

跳频同步网的空中混合信号可以表示为

$$S(t)=\sum_{i=1}^{M}\sqrt{2p_i}\sin\left[\omega_{ni}t+\phi(d_i,t,\Delta\omega)\right],\qquad nT_{\mathrm{h}}\leqslant t\leqslant(n+1)T_{\mathrm{h}}\text{，}\ n\ \text{为整数} \tag{9-1}$$

式中，p_i 为第 i 个跳频网的信号功率；ω_{ni} 为跳频频率表中的频率；d_i 为差错编码后的数据信号；$\phi(d_i,t,\Delta\omega)$ 为调制函数；M 为跳频同步网数量；T_h 为跳周期，即跳速的倒数。

其中组网数量 $M \leqslant N$，N 为跳频频率表中的实际频率数（未必一定是给定资源的可用频率数）。同一时刻跳频同步网内各网的频率 ω_{ni} 互不相同（即正交）。

3. 信号特征[1, 21, 30]

1）时域特征

跳频同步网信号的典型时域特征主要表现在：具有精确的网间定时，即：同时出现的多个跳频网信号之间具有严格的跳帧时序同步关系（如图 9-1 所示），在网络运行过程中要以高精度标准时基来维持这种同步关系。该标准时基的发送和获取是跳频同步组网设计的重点。

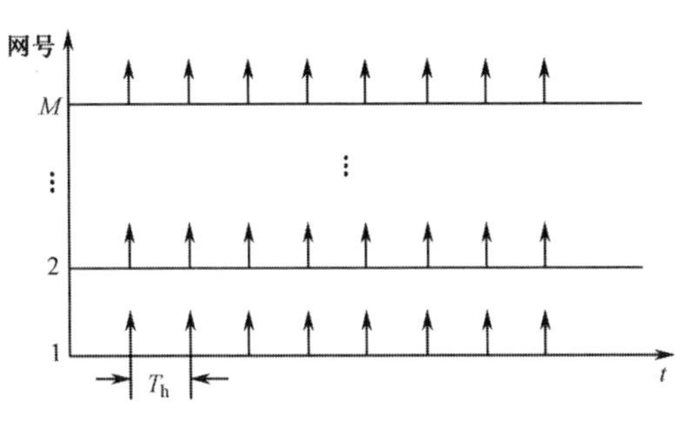

图 9-1 跳频同步网信号时序关系

2）频域特征

跳频同步网信号的典型频域特征主要表现在：各网频率严格正交。由于各同步网采用同一张频率表，为了保证同一时刻各网频率的严格正交，频率配置时一般使各频率及其占用的频谱互不重叠。跳频同步网某一时刻的频谱关系示意图如图 9-2 所示，其中（a）为相邻频谱零点不相交，（b）为相邻频谱零点相接。在跳频同步组网中，各相邻频谱不能重叠，否则会出现网间干扰。

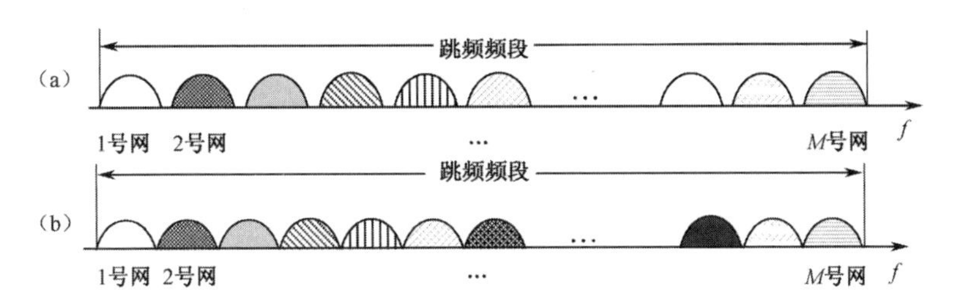

图 9-2 跳频同步网某一时刻的频谱关系示意图

3）时频域联合特征

跳频同步网信号的典型时频域联合特征主要表现在：各网在时间上同步，在频率上正交。图 9-3 给出了用 N 个频率组的两个跳频同步网的时间—频率关系示意图，形成了一个“时间—频率”矩阵，也是跳频图案（即各网的频率随时间的变化规律）的一部分。

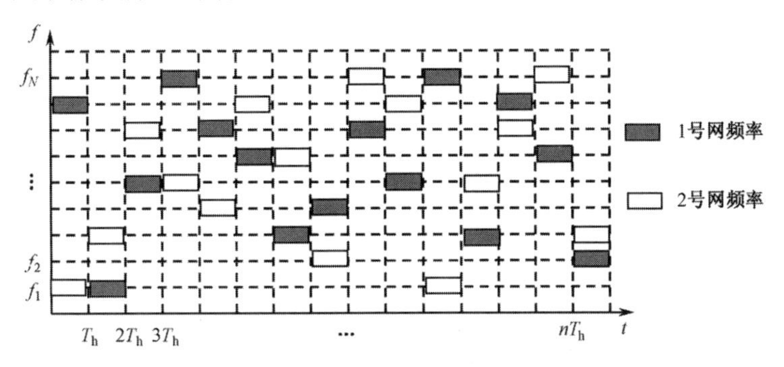

图 9-3 两个跳频同步网的时间－频率关系示意图

4. 拓扑结构与组网过程

跳频同步组网的前提是各网及其电台的跳频技术体制（含同步算法、跳速、数据速率、数据压缩比、调制解调、信道编码、跳频图案算法等）、跳频密钥和跳频频率表等要素相同，各网电台的机内时差在允许的范围以内，且必须具有同步组网功能。

跳频同步网的典型拓扑结构如图 9-4 所示，它是一种树状网，一般采用有中心多级组网体制。其中，指挥台处于相同指挥体系所有跳频网的指挥中心，负责播发标准时基信息及维持各网的同步，并与主台 1, 2, …, M 组成上级网，是该同步网系的最高级；主台 1, 2, …, M 分别与各自的属台组成相应的下一级网络，各属台又分别与各自下属台组成子网络，以此类推。

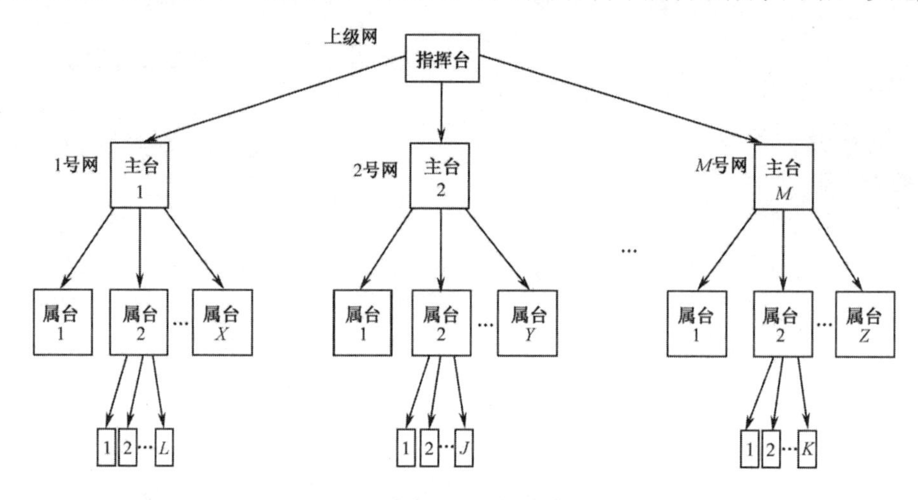

图 9-4　跳频同步网的典型拓扑结构

跳频同步网建网以及维持各网同步的过程比较复杂，在图 9-4 所示的拓扑结构中，采用的是逐级授时同步法：先由上级网中的指挥台向各主台 1, 2, …, M 发起呼叫，建立本网同步，并播发高精度的时钟信息；然后各主台 1, 2, …, M 以收到的时钟信息为基准，向各自网内的各属台发起呼叫，网内各属台均同步到该基准时钟上，建立网内同步……以此类推，直至最后一个子网完成网内同步，即建立了全同步网。

在跳频通信过程中，各网中的主台一方面要搜索上级网的时基信号，还要不断调整本网时钟以及为下级网提供时基信号。这种方式适合在没有统一时基的条件下使用，使用过程较复杂，建网时间也较长。一般将这种仅靠自身时基信号维持跳频同步组网的方法称为自同步法。

另外一种建立全同步网的方式是外部授时法，即采用标准时钟为各网的时基，各网均在约定的频率上或通过其他途径接收该时基信号，如 GPS 授时（外军部分跳频电台已有采用[31]）、北斗授时等，并以此为标准，同时不间断地调整各网所属电台的时钟，以实现和维持各网之间的同步，而不是逐级授时。但这种方式是以标准时基信号能覆盖各网电台为前提的，在实际使用中往往受到外部时基源抗毁性等的限制。

实际中，在可能的情况下，为方便和提高跳频同步组网的可靠性，往往同时采用以上两种同步组网方法，或互为备用。

值得指出的一点是，跳频同步组网中的“同步”是指各跳频网之间的网间时序同步，而不是指一个跳频网内各电台之间的收发跳频同步，尽管跳频同步组网时各跳频网内所有电台之间的收发也必须是跳频同步的。

5. 主要性能与特点

1）组网效率高

所谓跳频组网效率(η)，是指组网数量与跳频频率表中的频率数之比，从数学意义上讲是所用频率表中平均每个频率的组网数量，该比值越大，组网效率越高。令组网数量为 M，所用频率表中的频率数为 N，则有

$$\eta = \frac{M}{N} \leqslant 1, \quad M \leqslant N \tag{9-2}$$

从图 9-3 可见，理论上同步组网数量等于所用频率数 N，即一张含有 N 个频率的频率表可以组 N 个跳频同步网（每个网内的电台数量不受限制，只要在有效通信距离之内即可），各同步网之间不会发生频率碰撞，组网效率理论上最高可达 100%。但是，实际上一般为 50%左右，与同步频率数以及系统的非理想性等因素有关[1, 22]。理论分析表明[22]，在跳频初始同步概率一定的条件下，同步频率数越多，组网效率越高，但其跳频同步建立时间及建网时间也加长，增加了同步信号在空中的暴露时间，不利于隐蔽，而这恰恰是电磁进攻的一个切入点[32]。同时，由于难以保证跳频同步频率与“已建网”跳频工作频率的正交性，因而“后建网”的同步频率可能会受到“已建网”工作频率的干扰，导致“后建网”的跳频同步概率下降。可见，跳频同步组网效率与跳频同步建立时间及同步信号的隐蔽性存在矛盾。另外，工程实践与使用表明，跳频同步组网效率还与电台的最小频率间隔有关：该频率间隔越小，在小地域或同址多台使用时，越容易造成邻道干扰；反之，越容易实现跳频同步组网，但需要占用越多的频率资源。随着技术的进步，实际跳频同步组网效率可望达到 70%～80%或更高。

根据跳频同步组网效率高的这一特点，跳频同步组网方式一般用于跳频网络比较密集的场合。

2）反侦察性能好

由于同步组网中的 M 个跳频网在同一张频率表上同步跳频工作，在每一个相同时刻，出现 M 个正交的频率，且跳频图案规律一样、频率集一样，使得侦察方的接收机难以区分当前瞬间的多个正交频率分别属于哪个跳频网，因而不便确定哪个跳频网为跟踪干扰对象或还原目标网的信息。如何实现跳频同步组网正交信号的正确分选成为当今国际性的一个难题[33]。

3）安全性不好

因为跳频同步网中的每一个跳频网都必须有相同的同步状态、相同的跳频密钥以及相同的跳频图案算法，并采用同一张跳频频率表，如果通信方有一部参数未清除的跳频电台被敌方俘获，则通信方所有的跳频网都有可能被监视或监听，这是很危险的。可见，反侦察性能好不等于安全性能好。

若出现跳频电台被俘的情况，通过技术手段识别被俘电台是困难的，需要采用战术手段（如利用对口令的方式）予以识别，然后通过修改技术参数排除被俘电台，或者通过无线遥毙的方式废除被俘电台。

4）整体抗阻塞干扰能力差

因为有相同隶属关系的所有跳频同步网均使用同一张频率表，或者说同一张频率表可以组多个跳频同步网，这对于干扰方来说，就是一个频率表。尽管敌方不便区分各跳频网，但对其频率集、频率间隔、起始频率和最高频率等参数的侦察及全景显示是很容易的，只要有效阻塞干扰其中三分之一频段或频点，所有相同频率集的跳频同步网都将受到干扰威胁，即只要阻塞干扰一个频率表的三分之一频率集，就基本实现了对多个跳频同步网的阻塞干扰。所以，跳频

同步组网的多网抗阻塞干扰能力等于单网的抗阻塞干扰能力。

5）同步建网和网间同步维持相对复杂

这也是跳频同步组网的系统设计和使用的难点之一。为了维持网间同步和方便使用，一般需要在各网的射频上交换网间同步信息。然而，在跳频通信过程中，由于各同步网的瞬时频率不同，又不能相互交换信息，需要进行特殊的设计。其基本设计思路是：对于较远的电台，在约定的频率上用无线传输网间同步信息；对于较近的电台（如处于同一平台上的电台），可用有线传输网间同步信息；对于外部授时网间同步方式，则只有采用无线传输。由此不难看出，跳频同步组网适于全向天线的应用，而使用定向天线的跳频通信设备则难以实现跳频同步组网。

9.2.3 跳频异步组网及其性能分析

跳频异步组网是跳频电台及其他跳频通信设备广泛采用的组网方式，此处的"异步"指网与网之间的时序关系是异步的。

1. 基本定义

跳频异步组网是指各网之间的起跳时刻、频率表、跳频图案、跳频密钥及跳速等要素没有约束关系的跳频组网方式。按各跳频异步网频率表设置关系划分，跳频异步组网又可分为跳频异步正交组网和跳频异步非正交组网。

所谓跳频异步正交组网，是指各跳频异步网频率表相互正交的跳频异步组网方式；所谓跳频异步非正交组网，是指各跳频异步网频率表之间非正交的跳频异步组网方式。其中，在以往的研究和运用中，将跳频异步正交组网忽略了，重点只关注了跳频异步非正交组网。

不难看出，跳频异步组网工作时，各网采用的频率表可以相同，也可以不同；各网的跳频技术体制、跳频图案算法和跳频密钥可以相同，也可以不同。

2. 数学模型

跳频异步网空中混合信号的表达式与式（9-1）相同，所不同的是 M 为跳频异步网数量以及同一时刻跳频异步网内各网的频率 ω_{ni} 未必相互正交。

3. 信号特征[1, 21, 30]

1）时域特征

跳频异步正交网信号的时域特征与跳频异步非正交网信号的时域特征相同，主要表现在：不需要网间同步，各网之间没有时间约束关系，即各网每跳的起跳时刻各不相同，如图9-5所示。

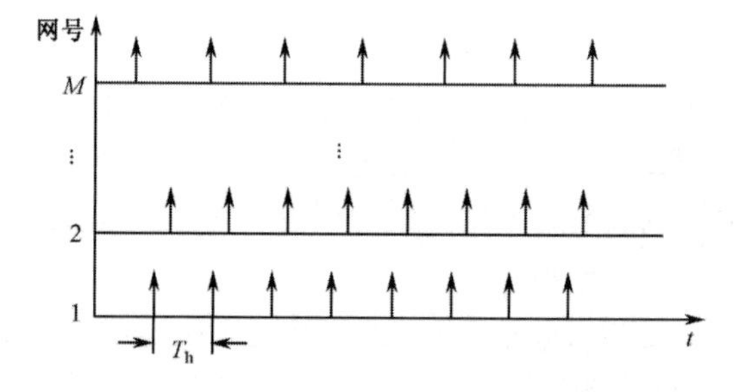

图 9-5 跳频异步网信号时序关系示意图

2）频域特征

跳频异步正交网与跳频异步非正交网的频谱特征有所不同。跳频异步正交网的典型频域特征主要表现在：各异步网的频率表中没有相同的频率，即：各异步网频率表相互独立且相互正交，实际中一般以分频段设置或频率交错设置的方式实现，其频域特征示意图类似于图 9-2；跳频异步非正交网的典型频域特征主要表现在：各异步网的频率表全部频率相同或部分频率相同，当各异步网同时同地域工作时，不可避免地会产生频率碰撞，即网间互扰。

3）时频域联合特征

跳频异步正交网信号的典型时频域特征主要表现在：虽然各异步网之间没有时间约束关系，但任意时刻各网的频率不同，即使多个跳频异步正交网同时工作也不会发生频率碰撞，如图 9-6 所示。

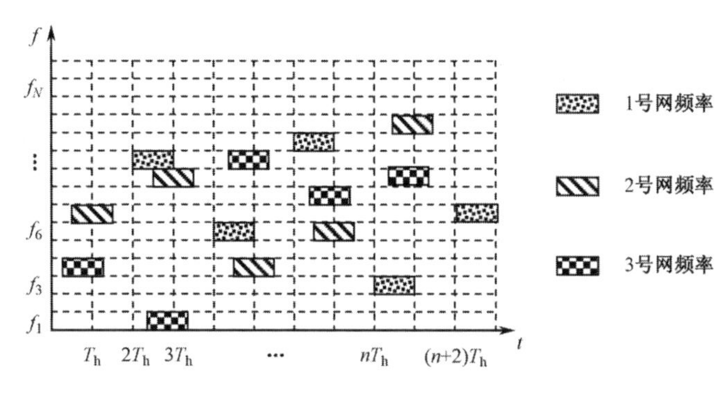

图 9-6　跳频异步正交网信号时频域特征示意图

跳频异步非正交网信号的典型时频域特征主要表现在：各异步网之间既没有时间约束关系，而且某一时刻某些网又使用了相同的频率，当多个跳频异步非正交网同时工作时，各异步网之间会出现频率随机碰撞现象，从而产生网间互扰，并且组网数量越多，频率碰撞的概率越高，如图 9-7 所示。

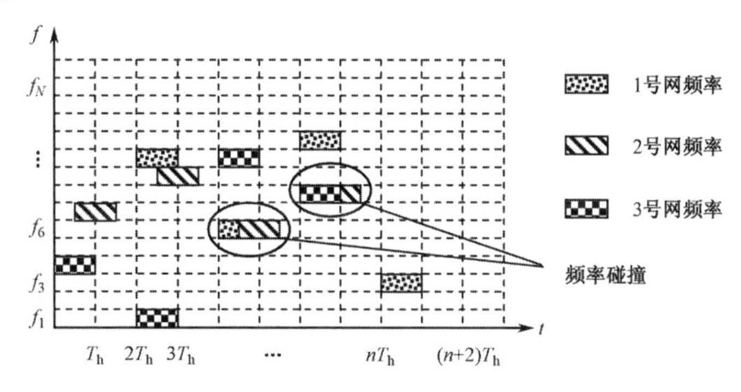

图 9-7　跳频异步非正交网信号时频域特征示意图

4. 拓扑结构与组网过程

跳频异步组网时考虑的主要问题是频率表、跳频密钥和机内时钟（即 TOD）的使用。对于跳频异步非正交组网而言，实际中主要关注的是用同一张频率表组多个跳频异步网，并用网号区分不同的网；跳频异步正交组网则要求采用相互正交的频率表和不同的网号，这种频率表的正交性一般在使用前规划完毕。对于跳频密钥，从技术上讲，各跳频异步网可以采用相同的跳频密钥，但考虑到提高反侦察性能，各网应采用不同的跳频密钥。为了保证网内各电台的初始同步，各电台的机内时差应设置在允许的误差范围内。同一网内的某一部电台可以呼叫全网（称为通呼），使全网共同进入跳频通信状态，也可以有选择性地呼叫一部电台而不管其他电台（称为选呼）。不同异步网的同体制电台需要跳频互通时，双方的跳频参数必须相同，如频率表、跳频密钥、网号等。典型跳频异步网的拓扑结构示意图如图 9-8 所示。

值得指出的一点是，跳频异步组网中的“异步”是指各跳频网之间不需要网间时序同步，即各跳频异步网实现各自网内电台的跳频同步和跳频通信，而不是指一个跳频网内各电台之间的收发是跳频异步的，尽管各跳频异步网内所有电台之间的收发同样必须是跳频同步的。所以，不能由于网内各电台是跳频同步的，就认为是跳频同步组网；也不能由于是跳频异步组网，就认为跳频网内的各电台之间是异步的。

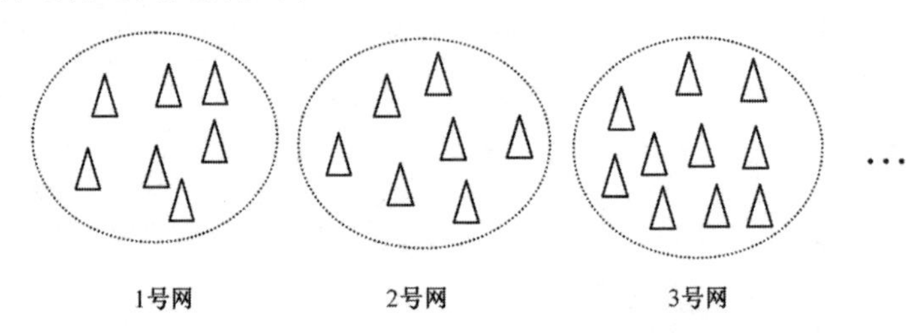

图 9-8　典型跳频异步网（正交/非正交）的拓扑结构示意图

5. 主要性能与特点

1）使用方便

因为各跳频异步网在频率表、跳频密钥和网号等参数分配方面，具有相对独立性（只是异步正交网在使用前需要规划正交的频率表），与其他跳频网之间没有网间时序同步的信息交换，也不需要顾及其他跳频网，使用很方便。

2）整体抗阻塞干扰能力要强于跳频同步网

只要各网的频率表分配适当，或各跳频异步网采用的不是同一张频率表，即使阻塞干扰了某一部分频率，也只能干扰该部分频率对应的跳频网，而不会影响使用其他频率表的跳频网。也就是说，异步组网的多网抗阻塞干扰能力强于单网的抗阻塞干扰能力，而单网的抗阻塞干扰能力等于与其频率数和跳频带宽相同的跳频同步组网的多网抗阻塞干扰能力。

3）安全性好

这是由于各跳频异步网可采用自己独立的跳频密钥和跳频图案，如果丢失一部电台，只对该电台所在的跳频网构成安全威胁，对其他异步网不构成安全威胁。这一点也优于同步跳频网。

4）组网效率不高

同时同地域使用的各跳频异步网之间会出现频率碰撞，特别是采用相同的频率表组多个跳频异步网时。理论上，其组网数量为相同频率数跳频同步组网数量的三分之一[22]，实际中一般可达所用频率数的三分之一。从实际效果来看[1]，如果仅仅是数字跳频话音通信，跳频异步组网的数量可以超过所用频率数的三分之一。当采用相互独立的频率表组异步网时，要求有足够的频率资源。在一定频率资源情况下，若组网数量较多，则频率资源往往难以保证。正因为如此，跳频异步组网一般用于跳频网络密度不太高的场合。

5）反侦察和抗跟踪干扰的性能不及跳频同步网

这是由于各跳频异步网的频率表、跳频图案以及跳频同步等都是相互独立的，各网跳频信号不可避免地存在频域、时域特征上的差别，从而给敌方的侦察分选和跟踪干扰带来某些方便。

综上所述，跳频异步组网的优缺点与跳频同步组网正好相反。然而，随着跳频参数管理技术及措施的逐步完善和应用，跳频异步组网的一些不足可以得到较大程度的缓解，或者说可以使跳频异步网达到准跳频同步网的效果，主要表现在：组网效率和反侦察性能可以得到进一步提高。

9.2.4　跳频正交组网与跳频非正交组网

所谓跳频正交组网，是指各网之间频率正交（各网频率集不相同）的跳频组网方式，没有其他条件的约束，只与频率集的划分有关。实现跳频正交组网的途径很多。例如，各网划分不重叠的工作频段；各网在同一频段内交叉选取不重叠的频率；或者各网尽管采取相同频率表，但在时间上不重叠或相同时刻各网频率不同；等等。

所谓跳频非正交组网，是指各网之间频率非正交的跳频组网方式，没有其他条件的约束。从使用方式上讲，这是一种典型的“只顾自己，不顾别人”的简单组网方式，在同一地域内使用时，会造成各网之间的严重互扰，其使用和组网效果难以保证，特别是组网效率低下，频谱利用率不高，一般不作为一种独立的跳频组网方式。

9.2.5 几种组网方式之间的关系

在通信学术界，对于以上几种跳频组网方式之间的关系存在一些概念上的模糊。例如，将跳频同步组网等同于跳频正交组网，将跳频异步组网等同于跳频非正交组网等。这在不少的学术文献、论证报告中及使用中经常见到。实际上，从以上几种跳频组网方式的定义及内涵可以明确地看出，它们之间的关系为[1, 21]：同步组网不等于正交组网，两者的定义和约束条件不完全相同；同步组网一定是正交组网，频率正交是同步组网约束条件的一部分；正交组网不一定是同步组网，正交组网没有各网起跳时刻相同的约束；正交组网可以是同步组网，也可以是异步组网，当各正交网之间有时序关系约束时即成了同步组网，当各正交网之间没有时间约束时即成了异步正交组网；异步组网不等于非正交组网，因为两者的定义和约束条件不完全相同；异步组网可以是正交组网，也可以是非正交组网，当各异步网的频率表不相同时即成了异步正交组网，当各异步网的频率表相同或部分相同时即成了异步非正交组网；具备同步组网功能的跳频电台可以实现异步组网，但异步组网的跳频电台不能实现同步组网，当不要求具备同步组网功能的跳频电台进行网间时序同步时即成为异步组网，只具备异步组网功能的电台不具备网间时序同步的功能。

正确理解这几种跳频组网方式之间的相互关系，有利于跳频组网指标的界定和作战运用以及跳频通信学术研究的发展。

9.3 跳频电台有效反侦察组网与运用

本节从跳频网台信号的侦察分选概率入手，分析侦察、跟踪干扰与跳频组网的关系，以期得出跳频通信的有效反侦察最少组网数量[24]。

9.3.1 跳频电台反侦察组网的意义

前述章节已经提到，增加跳频电台组网数量能提高反侦察能力，同时也增加了干扰模糊度。但是，跳频组网数量达到什么数量级，才能达到有效反侦察的效果呢？通常，人们主要从如何提高组网效率和减少己方互扰的角度讨论跳频组网问题。其实，还应该分析跳频组网与反侦察的关系。尽管在提高跳频组网效率的同时也提高了反侦察能力，但希望在跳频组网与反侦察的关系问题上，能有一个相应的理论支持，以指导实践。这也是跳频通信作战运用的一个重要问题。

在第 3 章中已经讨论了跳频通信的主要干扰威胁是跟踪干扰（主要分为波形跟踪干扰和引导式跟踪干扰）和阻塞干扰。尽管阻塞干扰的有效性很好，并且简单实用，而跟踪干扰实现难度大，但跳频通信潜在的克星仍然是跟踪干扰；因为跟踪干扰所需的干扰功率小，符合灵巧干扰的发展趋势。

若实现对跳频通信实施波形跟踪干扰，干扰效率可达100%。为此，干扰方首先要实时掌握目标网的特定跳频图案。但是，对跳频图案进行实时破译，尤其在信号密集环境下，其难度是很大的。20世纪70年代，国外在这个问题上做了大量的工作，但由于跳频密钥量大，跳频图案重复周期太长，用于实时破译的器件水平跟不上，实现起来相当困难。随着器件运算速度的大幅度提高，后来又在继续发展这一干扰方式[32-35]。但处于实用水平的还是引导式跟踪干扰，这种干扰方式是通过侦察接收机，在很短的时间内对跳频通信每个跳周期的信号实时侦收并存储，以实时引导干扰发射机对此跳频频率集中的每个频点进行有效跟踪干扰。其前提是必须对目标网的信号进行有效分选，以确定干扰目标。由于从侦收到引导干扰需要一定的时间，这种干扰方式的干扰效率难以达到100%，20世纪90年代的实用水平最高可达75%[36]。

实现有效跟踪干扰的必要条件是[35]：

（1）能从密集信号环境中，实时侦收、分选欲干扰的某个特定的跳频网信号，首先是区分多网工作的不同跳频网。

（2）侦收、分选所需时间和干扰反应时间之和，仅占欲干扰的跳频通信的跳周期很小部分的时间。

应该说，跳频网台信号的分选是实现跟踪干扰的前提，跳频网台信号特征的提取是实现网台信号分选的前提。对于跳频网台（同步组网和异步组网）信号特征的提取算法问题，在不少文献中有了详细的分析[33, 37, 40-43]，这里不再赘述。

9.3.2 跳频网分选概率与跟踪干扰概率

本节基于干扰方能有效提取网台信号特征为前提，重点讨论跳频网分选概率和跟踪干扰概率问题[1, 24]。

1. 跳频网分选概率

设干扰方对跳频网台信号特征提取的概率 P_{p} 为1，即能准确地提供各跳频网的特征参数。尽管如此，一般也不能实现100%的跳频网分选，总是以一定的概率进行的，与侦察接收机的处理时间（搜索跳频频段所需的时间）t、跳频信号驻留时间 T 以及跳频组网数量 M 有关。

设在一定地域内，侦察分选的对象有1个或多个相同跳速的跳频通信网。根据数学归纳法，有：

1个跳频网独立工作时，跳频网的分选概率为 $(1-t/T)^0$；

2个跳频网同时工作时，跳频网的分选概率为 $(1-t/T)^{0+1}$；

3个跳频网同时工作时，跳频网的分选概率为 $(1-t/T)^{1+2}$；

4个跳频网同时工作时，跳频网的分选概率为 $(1-t/T)^{3+3}$；

5个跳频网同时工作时，跳频网的分选概率为 $(1-t/T)^{6+4}$；

……

i 个跳频网同时工作时，跳频网的分选概率为 $(1-t/T)^{a_i}$。

其中，a_i（$i=1, 2, 3,\cdots, M$）为 i 个跳频网同时工作时，跳频网分选概率的指数，有：

$a_1 = 0$

$a_2 = a_1+1$

$a_3 = a_2+2$

$a_4 = a_3+3$

……

$a_i = a_{i-1} + i - 1$

则 $a_i = 0+1+2+3+\cdots+i-1 = (i/2)(i-1)$ 。

证明 当 $i=1$，即在同一区域内 1 个跳频网独立工作时，不存在与其他跳频网区分的问题，因此 $a_1=0$，结论成立。

当 $i=2$，即同一区域内有 2 个跳频网同时工作时，两个网需要区分 1 次，因此 $a_2=1$，同样结论成立。

假设 $i=M$，即在同一区域内有 M 个跳频网同时工作时，结论也成立，即 $a_M = (M/2)(M-1)$ 。

现在来考察 $i = M+1$ 时的情形。有 $M+1$ 个跳频网同时工作，也就是说在原来 M 个网的基础上又增加了 1 个网，在已经区分了前面 M 个网的基础上，仅存在将第 $M+1$ 个网与前面 M 个网两两进行区分的问题。这样，区分跳频网概率的指数：

$$\begin{aligned} a_{M+1} &= a_M + M \\ &= (M/2)(M-1) + M \\ &= (M/2)(M+1) \\ &= [(M+1)/2][(M+1)-1] \end{aligned}$$

表明 $i=M+1$，原结论成立。

综上所述，跳频网分选概率指数的通项为：

$$a_M = (M/2)(M-1) \tag{9-3}$$

实际上，也可以从排列组合的角度来理解：在得到各跳频网特征参数的前提下，分选 M 个跳频网总是两两进行的，因此也得到

$$a_M = C_M^2 = (M/2)(M-1) \tag{9-4}$$

这样，分选同时工作的 M 个跳频网的概率为

$$P_m = (1 - t/T)^{(M/2)(M-1)} \tag{9-5}$$

可见，跳频网分选概率只与侦察接收机的处理时间 t 和跳频信号驻留时间 T 之比 t/T 以及跳频组网数量 M 两个因素有关，而与每个网中电台数量的多少无关。

由式（9-5）可得几种极限情况：

$$P_m\{M>1,\quad t/T=0\}=1 \tag{9-6}$$

$$P_m\{M=1,\quad t/T\leqslant 1\}=1 \tag{9-7}$$

$$P_m\{M\geqslant 2,\quad t/T=1\}=0 \tag{9-8}$$

这几种极限情况的物理意义是明显的，并由此可得出几个结论：式（9-6）表明了当侦察接收机处理速度足够快，处理时间接近 0 时，多网工作的跳频组网数量只要不是无穷大，就一定能百分之百地分选跳频网；式（9-7）表明了当只有 1 个跳频网工作时，只要侦察接收机处理时间不大于跳周期，就一定能百分之百地分选跳频网；式（9-8）表明了如果侦察接收机处理时间等于跳频周期，只要跳频组网数量在 2 个以上，就无法分选跳频网。可见，这几个结论对于工程实践和作战运用具有很好的指导意义。

值得指出，实际的跳频网分选概率 P_M 应是跳频网特征参数提取概率 P_p 与式（9-5）所示的分选概率 P_m 的乘积，并且无论采取什么算法[28, 33, 37-43]，P_p 总是小于 1 的；对于波形跟踪式干扰所需的跳频图案的破译和分选，P_p 可能会更低。所以，P_M 要低于 P_m。由此，式（9-5）应修正为

$$P_M = P_{\mathrm{p}} \cdot P_m \tag{9-9}$$

根据以上分析，式（9-5）和式（9-9）所描述的跳频网分选概率还只是象征性和趋势性的，主要描述了侦察分选跳频网的一些共性问题。要得到一个实际侦察设备或系统的跳频网分选概率，还与具体的跳频图案破译和跳频网特征参数提取算法等有关。

2. 跳频跟踪干扰概率

在有效提取跳频网特征参数基础上，如果跟踪干扰机具有足够快的引导速度和频率跳变速度以及足够大的频率覆盖范围和干扰功率，则可实现一部干扰机对一个目标跳频网的有效跟踪干扰。因此，跳频跟踪干扰概率为

$$P_{\mathrm{j}} = K \cdot P_m = K \cdot (1 - t/T)^{(M/2)(M-1)} \tag{9-10}$$

式中，K 为 0～1 之间的常数，反映了侦察接收机引导干扰机的能力和干扰机的性能。

可见，跳频跟踪干扰概率与系数 K 以及跳频通信的跳速、侦察接收机处理速度、跳频组网数量等因素有关。

同理，实际的跟踪干扰概率 P_{J} 要低于 P_{j}，这是由于实际的跳频网分选概率 P_M 要低于 P_m，且影响系数 K 的因素众多。

根据以上讨论，可以得出如下初步结论：

（1）在跳频组网数量 M 一定时，跳频通信的反侦察分选能力和抗跟踪干扰能力与 t/T 值形成直接关系，只有当 $t < T$ 时，才有可能分选跳领网；当 $t \geqslant T$ 时，分选跳频网几乎不可能。

（2）在 t/T 值一定时，跳频网反侦察能力与跳频组网数量 M 形成直接关系，M 值越大，侦察分选和跟踪干扰越困难。因此，作为通信方，跳频通信一般应组网运用。

（3）虽然增加跳速和组网数量都可以提高跳频通信的反侦察分选能力和抗跟踪干扰能力，但不能单方面、无限制地增加。实际中可以将跳速和组网数量相互弥补，以达到简化工程设计、降低成本、提高反侦察分选和抗跟踪干扰能力的目的。

9.3.3 跳频电台有效反侦察组网数量

跳频电台组网的反侦察性能与很多因素有关，本节基于式（9-5），重点讨论反侦察性能与组网数量的关系，抽象出一个数学问题，与具体的装备无关。

由式（9-5）得到表 9-1 所示数据和图 9-9 所示的关系曲线。

表 9-1 跳频网分选概率 P_m 与组网数量 M 及 t/T 关系数据

P_m \ M / t/T	1	2	3	4	5	6	7	8	9	10	11	12
0.0	1.00	1.00	1.00	1.00	1.00	1.00	1.00	1.00	1.00	1.00	1.00	1.00
0.1	0.90	0.73	0.53	0.35	0.21	0.11	0.05	0.02	0.01	0.00	0.00	0.00
0.2	0.80	0.51	0.26	0.11	0.04	0.01	0.00	0.00	0.00	0.00	0.00	0.00
0.3	0.70	0.34	0.12	0.03	0.00	0.00	0.00	0.00	0.00	0.00	0.00	0.00
0.4	0.60	0.22	0.05	0.01	0.00	0.00	0.00	0.00	0.00	0.00	0.00	0.00
0.5	0.50	0.13	0.02	0.00	0.00	0.00	0.00	0.00	0.00	0.00	0.00	0.00
0.6	0.40	0.06	0.00	0.00	0.00	0.00	0.00	0.00	0.00	0.00	0.00	0.00
0.7	0.30	0.03	0.00	0.00	0.00	0.00	0.00	0.00	0.00	0.00	0.00	0.00
0.8	0.20	0.01	0.00	0.00	0.00	0.00	0.00	0.00	0.00	0.00	0.00	0.00
0.9	0.10	0.00	0.00	0.00	0.00	0.00	0.00	0.00	0.00	0.00	0.00	0.00
1.0	0.00	0.00	0.00	0.00	0.00	0.00	0.00	0.00	0.00	0.00	0.00	0.00

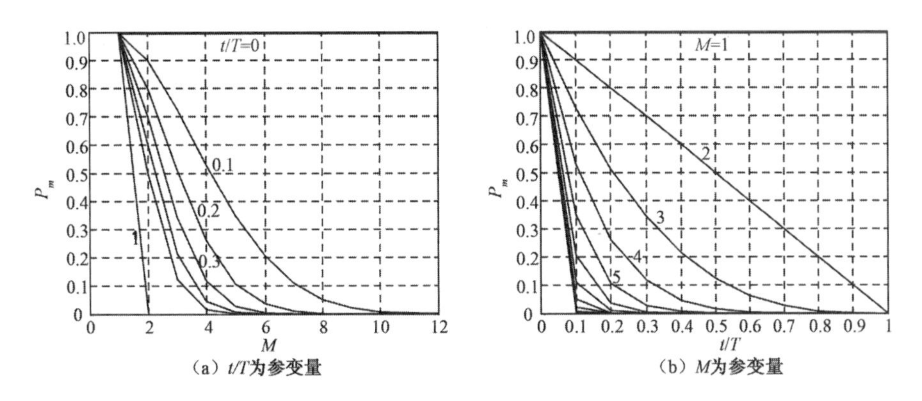

图 9-9 跳频网分选概率 P_m 与组网数量 M 及 t/T 的关系曲线

下面，对表 9-1 和图 9-9 进行一些讨论。

（1）当 t/T 为参变量时。由表 9-1 和图 9-9（a）可见，取不同的 t/T 值将得到一组（M, P_m）曲线族，t/T 越大，曲线随着 M 的增大而下降的的斜率越大，说明当侦察接收机的处理能力越差或跳频速率越快时，能分选的跳频网数量越少，或者说对于同样的跳频网数量，正确分选的概率越小。例如，当 t/T=0.1，即侦察接收机的处理时间为跳频驻留时间的 1/10 时，若跳频组网数量 M=8，则跳频网分选概率只有 0.02（确切值为 0.0225）；若跳频电台组网数量 M =10，则分选概率已经很小（表 9-1 中为 0.00，确切值为 0.0030）。只要 t/T>0，如果跳频组网数量继续增大，则分选概率趋于 0，在 M ≥10 的条件下，分选概率几乎为 0。考虑极限状态，当 t/T=0 时，只要组网数量 M 为一确定值，跳频网分选概率就为 1。当侦察接收机的处理时间与跳频驻留时间相同时，有两种情况：只有一个跳频网时，分选概率为 1；有两个以上跳频网同时工作时，分选概率为 0。由此可以看出，当某作战地域内跳频电台组网数量不超过 10 时，干扰方才有可能分选跳频网，并实施跟踪干扰；否则，需要寻求或采用新的侦察分选和干扰方法。

（2）当 M 为参变量时。由表 9-1 和图 9-9（b）可见，取不同的 M 值将得到一组（t/T，P_m）曲线族，M 越大，曲线随着 t/T 的增大而下降的斜率越大。也就是说，同时工作的跳频网数量越多时，要获得相同的分选概率，对侦察接收机的处理能力要求越高，即要求 t/T 越小。当 M ≥10 以后，曲线几乎都是重合的，而且随着 t/T 的增加，跳频网分选概率趋于 0，这一点与（1）中的分析结果相同。实践表明，这里的分析结论与实际装备的有关侦察接收机的性能是基本吻合的。

由以上分析，可得出如下结论：在一定的作战地域内跳频电台组网数量的多少，在很大程度上影响了干扰方的侦察分选概率和跟踪干扰概率。因此，跳频通信时应适当增加组网数量，一般在同一地域内每种类型的跳频电台至少保持 10 个同频段、同跳速跳频网同时工作。当然，组网数量的多少还要看通信组织的实际需要，有时会受到设备数量的限制。解决这一矛盾的有效方法，一是在跳频电台数量一定条件下，以组网数量多、网内电台少为原则；二是在通信地域内增加伴动跳频电台网[20, 44]，以提高跳频通信的综合反侦察和抗干扰能力。

值得指出的是：对于通信对抗双方实际的装备和战术使用方式，以上进行的数学分析和有效反侦察组网数量的具体数据未必准确，仅是工程意义上的，供跳频组网时参考。但在某种作战态势下，一定存在一个最小有效反侦察跳频组网数量，且组网数量越多，反侦察分选效果越好，这种理念一定是正确的。所以，跳频组网既要满足自身组网的要求，又要考虑有效反侦察的要求，这是一个战术与技术相结合的问题。只有这样，跳频通信才能更好地发挥应有的潜力。

9.3.4 高密度跳频异步组网方法及性能分析

通过以上分析，无论是为了提高频谱利用率还是提高反侦察分选性能，都希望提高跳频组网的密度。这里提出和探讨一种基于宽间隔跳频异步正交组网的思路，以实现高密度跳频异步组网[1, 20-21]。

1. 基本思路

由以上分析可知，跳频同步组网和跳频异步组网两种基本跳频组网方式都存在明显的不足。希望基于跳频通信设备的技术特点和功能，考虑一种比较切合实际的跳频组网方法，争取克服这两种组网方式的缺点，且能基本具备这两种组网方式的优点。考虑到跳频异步组网（简称异步组网）实际上被大量使用，下面以频率表的设置为切入点，寻求在频率资源和异步组网方式不变的情况下，实现高密度异步组网的途径，实质上是提高组网效率。

需要解决的主要问题，是如何进一步降低各跳频异步网（简称异步网）之间的频率碰撞概率和提高其反侦察性能。基本思路如下：一是尽可能将各异步网的频率表设置成正交的。即异步正交组网，避免各异步网工作频率的直接碰撞。二是尽可能增大各异步网频率表内相邻频率之间的间隔，即：最小频率间隔尽可能大一些，以减少各异步网之间的邻道干扰。三是考虑一张频率表异步组网的数量。如果频率资源足够，一般不采用同一张频率表在同一地域内（跳频信号能覆盖的范围）组较多的异步网，并以采用相同频率表的各异步网之间频率碰撞概率在允许的范围内为原则。实践表明，同一张频率表的异步组网数量一般为频率表中频率数的 20%以下，最多为 30%[1]。四是考虑各工作频率表之间的约束关系。一般每部跳频电台都可以设置多张频率表，但“在网”工作的频率表是指定的，并且在同一地域内可能会有同一频段的多张不同频率表的网系同时、不同步地工作。至此，同一地域内的各工作频率表之间应形成怎样的约束关系，才有利于降低各异步网之间的频率碰撞概率并提高电磁反侦察性能，成为问题的关键。

结合跳频通信的特点及其运用，解决这一问题可能的方法主要有以下几种，但也必须付出相应的代价。

2. 几种频率表的规划方法及其性能

对于实际的跳频电台，提高异步组网性能的关键在于频率表的规划方法。

首先要搞清楚影响异步组网性能的直接原因和间接原因。直接原因是频率表中工作频率的碰撞，在同一张频率表组多个异步网时是不可避免的，这是由异步组网体制决定的；间接原因是邻道干扰，第 i 个频率 f_i 和第 $i+1$ 个频率 f_{i+1} 虽然不同，表面上不会相互干扰，但其各自的旁瓣会对相邻频率造成互扰，这是异步组网和同步组网共同遇到的隐藏的问题，属于网间电磁兼容的范畴，以前没有引起足够的认识。实践表明，这种互扰的危害很大，严重制约了跳频组网效率。

为了解决以上问题，在装备研制过程中，应对跳频电台各频率的旁瓣提出明确的要求，这是网间电磁兼容的重要指标。在使用过程中，一种最简单的方法是加大频率表的最小频率间隔，以避开邻道互扰。实践表明，在这种频率表设置方式下，只要没有直接频率碰撞，就没有网间互扰，可以较大幅度地提高组网效率。值得指出，这仅仅是提高了组网数量与频率数之比，是以增大跳频带宽（频率资源）为代价的，或者说频谱效率（组网数量与带宽之比）并没有变化，是一种不得已而为之的方法，在有些情况下频带资源是难以满足的。然而，这种设置方法给了我们有益的启示。

在频率资源受限时，可以考虑在一张母频率表中设置多张正交的分频率表，实现异步正交组网，以减少频率碰撞。这种异步正交频率表有两种设置方法：一种是各频率交叉正交，形成多张分频率表，如图 9-10 所示；另一种是频率分段正交，形成多张分频率表，如图 9-11 所示。

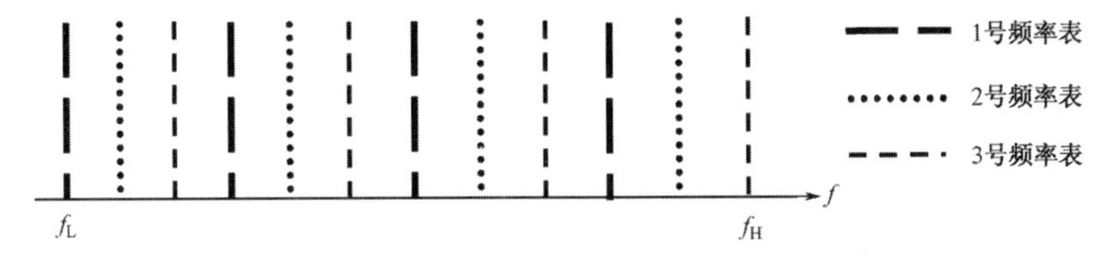

图 9-10　三张交叉正交频率表示意图

这两种频率表设置方法的共同特点是：都能使各分频率表正交，使得各分频率表之间不会发生直接频率碰撞，只有在一张分频率表组多个异步网时才会发生频率碰撞；付出的代价都是减少了各分频率表的频率数。但是，两种设置方法的整体效果是有差异的，第一种设置方法的优势主要体现在三个方面：一是各分频率表的覆盖范围都几乎涵盖所给频段，使得各分频率表在相同频率数条件下，敌方干扰要比第二种设置方法困难；二是各分频率表的最小频率间隔自然增大了，使得各分频率表在自己组多个异步子网时减少或避免了邻道干扰，可以增加组网数量；三是多个分频率表工作于相同频段，增加了敌方侦察分选的困难，当各分频率表同时工作时容易对侦察方的接收机造成同步组网的效果。其不足主要是操作较复杂，需要借助专用设备，且受到人为宽带阻塞干扰时，几乎所有分频率表同时受干扰。第二种设置方法的优点主要是操作简单，并且一个分频率表受干扰时，其他分频率表不受影响。其不足主要有：分段跳频的特征明显，且单个频率表的带宽较窄，容易被侦察分选和受到阻塞干扰；各分频率表内最小频率间隔没有变化，每个分频率表在组多个异步网时，存在邻道互扰，影响组网数量。

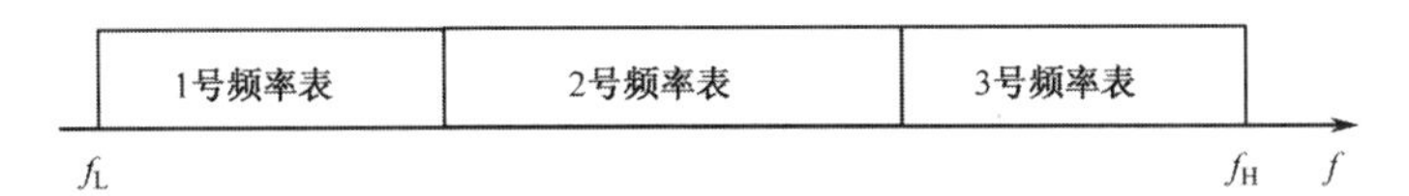

图 9-11　三张分段正交频率表示意图

针对图 9-11 对应的分段跳频特征明显的问题，一种改进方法如图 9-12 所示。其中，至少每个相邻分频段之间应有一部分子频段重叠，以提高各分频段频率表之间的虚假相关性，给侦察分选增加模糊度。每个分频段组 m 个网（$m \geqslant 1$），实际所需的组网数量为 M 个，且 $M \geqslant m$，每个分频段对应的 m 个异步网可以采用不同的跳频密钥和跳频图案算法[21]。实际上，这是一种有实用意义的频率表配置方法。当分频段数量为 1 时，即蜕变为一个频段组多个异步网的模式。

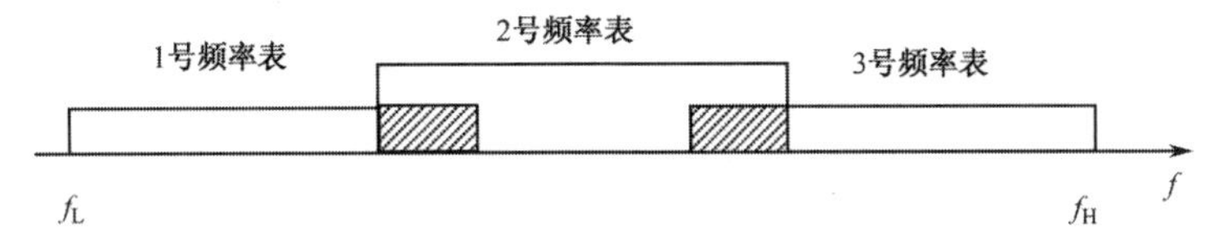

图 9-12　一种频段交叉频率表的划分方法

这种方法至少有三个优势：一是在各异步网采用相同跳速的情况下，侦察接收机可能会得出多个跳速的结论。由于有些侦察接收机是依靠跳频频率出现的时间间隔来判断跳速的，而在部分重叠子频段内的频率是属于不同跳频网的，其出现的时间间隔没有相互约束关系，侦察接收机也就会出现多个时间间隔，自然也就容易错判成多种跳速。二是形成了所给频段全频段跳频的效果。尽管每一张分频段频率表的频率覆盖范围有所减小，但是由于各频率表相互之间重叠式耦合，覆盖了整个跳频频段，在侦察接收机的全景显示屏上出现的是全频段跳频信号，很难分清有多少个跳频网在工作，类似于一张全频段的频率表组多个跳频网的效果。三是各网之间频率碰撞概率比同一张全频段的频率表组多个异步网的方案有所降低。若一个分频段组一个异步网，则在大部分频带内各异步网频率都是正交的，只有频段重叠部分的频率才有可能发生频率碰撞（这种碰撞是随机的，并不是每个重复的频率一定会发生碰撞）；而在频率正交的频带内，不管各异步网何时工作，都不会发生分频段间的频率碰撞。只有当分频段的一个频率表组多个异步网时，才会发生分频段内的频率碰撞。因此，可将这种跳频组网方式称为准正交跳频异步组网。

下面定量分析异步组网性能。

首先分析同一张频率表组多个异步网的频率碰撞概率。设需要组网的数量为 M 个，则在频率数为 N 的同一张频率表上，M 个异步网同时工作时网间频率碰撞概率为

$$P_1=1-\left(1-1/N\right)^{M-1},\quad M\geqslant 1 \tag{9-11}$$

由式（9-11）可得异步组网数量与频率碰撞概率的关系曲线，如图9-13所示。可见，在频率数一定的前提下，基于同一张频率表的异步组网数量越多，频率碰撞概率越高；在异步组网数量相同的情况下，频率表中的频率数越多，频率碰撞概率越低。

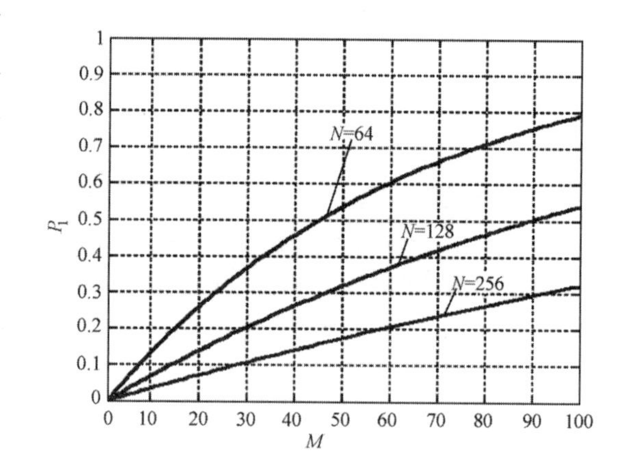

图 9-13　一张频率表组多个异步网的频率碰撞概率

现在分析图 9-12 对应的给定频率资源分成若干个分频段时的频率碰撞概率。

设需要组网的数量为 M，分频段数量为 s（≥1），各分频段频率数为 n ($n\leqslant N$)，各分频段组网的平均数量为 $m=M/s$，频段重叠部分的频率数为 L，则处于图 9-12 中间分频段的两端各有 L 个频率可能与相邻频段相同（$2L<n$）。

参考图 9-12，2 号频率表对应的任一个跳频网与 1 号、3 号相邻频率表对应的任一个跳频网之间最大频率碰撞概率为

$$P_2=[1-(1-1/n)^{m-1}]\cdot\left(2L/n\right) \tag{9-12}$$

处于图 9-12 高端和低端的两个分频段各只有 L 个频率可能与相邻频段相同，则其对应的网间最大频率碰撞概率为

$$P_3=[1-(1-1/n)^{m-1}]\cdot(L/n) \tag{9-13}$$

值得指出：式（9-11）表示一张频率表内部多个异步网之间的碰撞概率。式（9-12）和式（9-13）描述的是多个交叉频率表对应的多个异步网之间同时工作时的频率碰撞概率，即跨频率表之间的最大频率碰撞概率。另外，在划分分频段时，各分频段的频率数未必一定相同，各分频段的频率数之和未必等于总频率表的频率数，各分频段的组网数量也未必相同，可根据实际使用和反侦察的需要来设定各分频段的频率表。

由式（9-13）得出的一组关系曲线如图 9-14 所示。可见，在组网数量相同时，分频段组网的网间频率碰撞概率要低于一张频率表时的频率碰撞概率；也就是说，在同样频率碰撞概率和给定频率资源条件下，分频段的组网总数要高于只用一张频率表的组网总数。

例 9-1 总频率表可用频率数最多为 256，要求组 8 个异步网，如果用一张频率数为 256 的频率表同时组 8 个异步网，则其网间最大频率碰撞概率为 0.027。如果分成 5 个分频段，每个分频段的频率数定为 64，有 4 个子频段出现频率重叠，重叠的频率数为 16，每个分频段最多组网数量为 2 时即可满足组网数量要求，此时网间的最大频率碰撞概率为：0.0078。

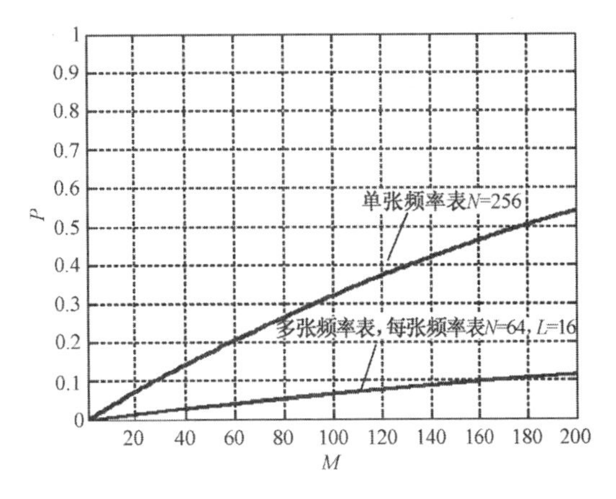

图 9-14　采用分频段的频率碰撞概率

在实际工作中，可以结合以上几种方法的优点，对频率表进行综合配置：在最大跳频带宽内划分若干个分频段；每个相邻分频段有一定的频率重叠；每个分频段内采取频率正交配置，且若干频率子集分别属于多张正交的工作频率表；每张工作频率表可以采用不同的跳频密钥和跳频图案算法，每张频率表又可以组多个异步网。这样做的结果是：在同样频率资源条件下，不仅可以进一步增加异步组网的数量，还由于各频率表频率分布的范围更广、相互交叉程度更大，可能给敌方造成全频段跳频和同步组网的效果。其优点是显而易见的，但靠人工操作难以做到，需要借助专门的跳频参数管理设备才能得以完成。

值得指出的是：用以上分频率表的思想实现异步组网，是以降低各跳频网的跳频处理增益为代价的。在用一张频率表组多个异步网时，其跳频处理增益为全部可用频率数 N；而采用分频段组成异步网时，其跳频处理增益为各分频段可用频率数 n，降低的倍数为$(N/n)\leqslant s$（各分频段之间不重叠时取等号）。但是，如此带来了组网运用整体性能的提高，在已定设备技术性能和给定频率资源前提下，不失为一种牺牲局部利益，求得整体性能的实用方法。使用中可根据这些可能的途径，结合具体需要和跳频通信设备和组网运用的实际，进一步进行完善。

3. 高密度跳频组网效率的描述

以上提出了高密度跳频组网的问题，那么高密度如何表述？作者认为，仅用已有组网效率的定义还不足以描述高密度问题，因为这没有准确地反映实际的频率资源与地域面积之间的关系等问题。可以参照频谱效率的定义来讨论这个问题。

所谓频谱效率（Spectrum Efficiency），一般是指频谱资源有效利用的程度。但是，在实际工作和计算中，业界对频谱效率的理解不尽一致，或者说频谱效率的概念是多义的。国内外学者对此曾提出了多种不同的定义[45-47]，主要有：信息密度（比特/单位带宽，或比特/单位带宽/单位面积/单位时间）、频谱话路效率（话路/单位带宽）、频谱地域效率（话路/单位带宽/单位面积）、频谱通信效率（话务量/单位带宽/单位面积）、频谱用户效率（用户数/单位带宽/单位面积）、频谱信道效率（信道总数/单位带宽/单位面积，或信道总数/单位小区）等。从根本上讲，以上定义可以分为两大类，即信息量/单位带宽/单位面积/单位时间和信道数/单位带宽/单位面积[45]，并且各有优缺点。

根据高密度跳频组网的含义，关心的主要问题是在一定的频率碰撞概率、信道容量（数据速率）和话音质量条件下，单位跳频带宽和单位地域面积能组多少个跳频网，与基于信道数/单位带宽/单位面积的频谱效率定义类似。为此，这里给出一种高密度跳频组网效率（$\eta_{\rm d}$）的定义如下：

$$\eta_d = \text{组网数量}/\text{跳频带宽}/\text{地域面积} \tag{9-14}$$

这种高密度的描述综合了单位跳频带宽组网数量与单位地域面积组网数量两层含义，物理意义明显，避免了只考虑频率数和组网数量而不考虑实际带宽资源和地域面积的不足，比较全面地反映了电台网间电磁兼容的技术水平和组网能力，应该作为跳频电台组网试验的一个考核指标。不足是适用范围主要是视距通信，如超短波跳频电台组网和短波跳频电台地波组网。对于远程通信及短波天波跳频的高密度组网效率需要进一步研究。

9.4 跳频电台的组网状态及其转换

在跳频组网工作中，跳频电台应具有相应的组网状态及功能，在每个组网状态中又有不同的工作状态，并且随着一定的条件相互转换[1, 8]。这是对跳频电台组网运用和功能设置的基本要求之一。

9.4.1 组网状态及其划分

根据跳频电台是在网内还是网外，电台分为“在网”和“离网”两种基本状态。从一般意义上讲，任何一部跳频电台，只要它正常工作（无故障），它就必定处于“在网”和“离网”两个基本状态之一。

在第 3 章的迟后入网（简称迟入网）部分已介绍了跳频电台可能“离网”的原因，指出了“在网”和“离网”状态的判据是属台与主台之间的机内 TOD 时差：如果其时差在允许的范围内，则该属台处于“在网”状态；否则，处于“离网”状态。从电台本身的功能来看，主台（或群首台）只要开机即被认为处于“在网”状态，或者说开机即在网；所有属台根据主台（或群首台）的初始同步信号完成初始建网的过程。属台有可能“在网”，也有可能“离网”，且“离网”台一定是属台。

“在网”和“离网”的跳频电台又分别具有各自的多个工作状态，有些状态是相同的，有些状态是不同的。

处于“在网”状态的电台一般有跳频搜索、跳频同步、迟入网引导、本网跳频通信和协同互通等具体的工作状态。处于“在网”状态的主台（或群首台）和属台的具体工作状态也有一些区别。例如，主台（或群首台）一般有迟入网引导状态，而属台只有上升为主台（或群首台）后才有迟入网引导状态。

“在网”电台与外网电台的协同互通又有跳频互通和定频互通之分。若本网某电台与同频段外网某电台均以跳频方式通信，则为跳频互通；若本网跳频电台与其他网同频段跳频电台均以定频方式通信，或直接用跳频电台定频通信功能与其他同频段定频网电台通信，则为定频互通。

处于“离网”状态的电台一般有跳频搜索、迟入网申请、迟入网同步等具体的工作状态。当“离网”电台收到“在网”电台发送的迟入网引导信息，并完成迟入网同步（入网）后，即成为“在网”属台，并具有“在网”属台的所有状态及其转换功能。

在众多的工作状态中，只有在一个公共的状态上交换信息，才能保证多个状态有序转换。从这个意义上讲，跳频电台又分为常态和暂态，常态即公共状态，暂态即常态以外的所有状态，并且只能有一个常态。所谓常态，是指各跳频电台事先约定并共同遵守的守候状态，在工作中不再需要另行约定。一般将跳频搜索状态设置成常态，通信各方在完成其他状态后，均自动回到跳频搜索状态守候。在跳频搜索状态中，系统根据搜索到的各种有效信息和控制指令，可以重新进入跳频同步、跳频通信等其他状态。

值得指出的是，暂态停留的时间未必一定很短，而常态停留的时间未必一定很长，这与设备的用途及其使用方式有关。例如，跳频电台的跳频通话状态停留的时间在实际中可长可短，只在收到挂机指令（自动或手动）后，才回到搜索状态，而跳频搜索状态停留的时间不受限制。又如，在微波跳频接力机中，由于是群路通信，跳频通信（数据传输）状态持续的时间会很长，甚至只要微波跳频接力机无故障，就应无条件地维持跳频通信（数据传输）状态，即长期值守；因为不知道哪个终端在何时有数据需要发送，只有在通信中断后才自动回到跳频搜索状态，并且该状态停留的时间很短，又自动快速进入跳频同步和跳频通信（数据传输）状态。

9.4.2 典型组网状态的转换及其条件

由以上分析可知，一部跳频电台需要设置很多种状态，有些对应于不同的组网状态，如在网、离网、互通和迟入网等，与电台的 TOD 时钟状态和网间关系等因素有关；有些对应于本网中的工作状态，如跳频搜索、跳频同步、跳频通信等，与电台的工作进程和电台的身份（主台、属台）等因素有关。

在实际的装备使用中，根据使用要求，各种跳频组网状态和工作状态在相应的条件下相互转换，有些是自动转换，有些要靠手工操作。

图9-15～图9-18示意性地描述了几种典型的跳频电台组网、工作状态及其相应的转换条件(不同跳频电台的状态设置会有所差别），这些都是跳频电台设计和使用必须掌握的基本内容。

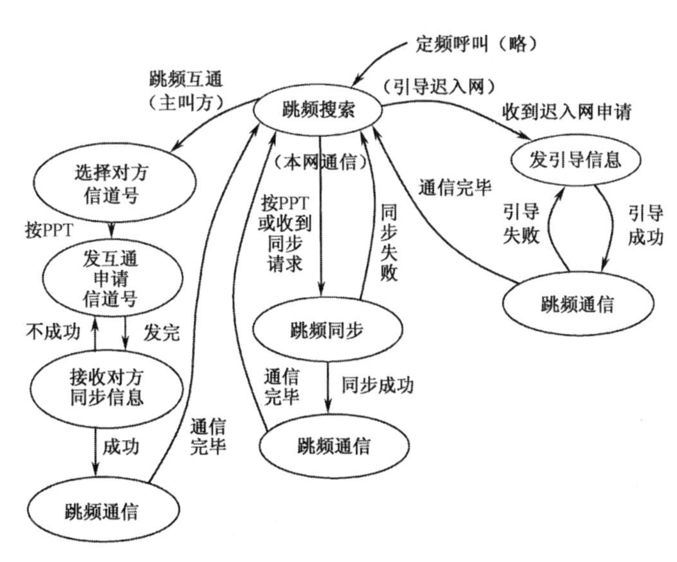

图 9-15　主台或群首台典型状态转换及其条件

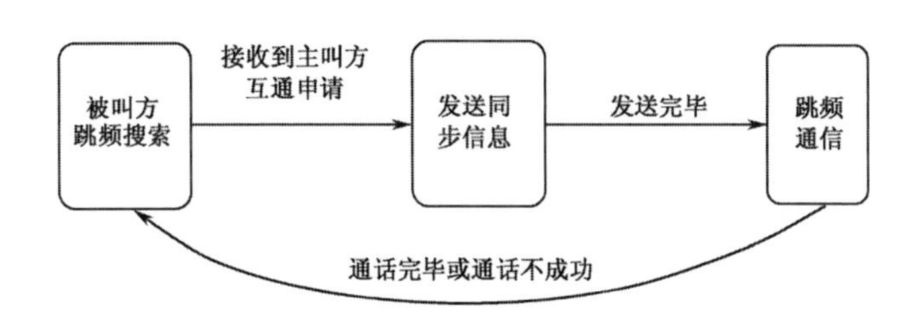

图 9-16　跳频互通被叫方状态转移及其条件

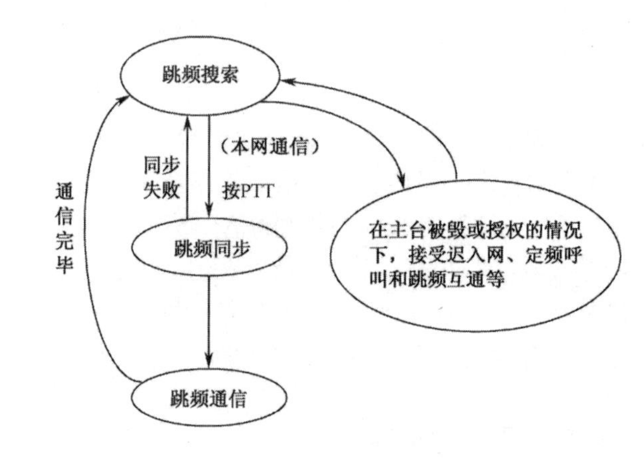

图 9-17 “在网”属台典型状态转换及其条件

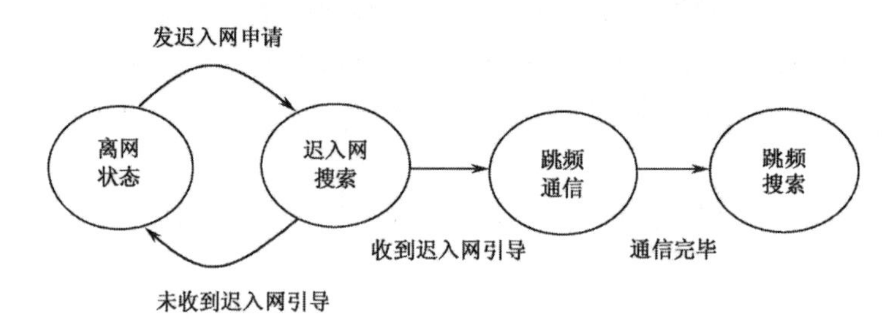

图 9-18 “离网”电台典型状态转换及其条件

9.5 跳频电台协同互通及其运用

实现跳频电台的协同互通是跳频电台网系运用的重要内容，也是系统设计和战场管控需要考虑的重要问题。目前，战术跳频电台的协同互通主要有定频互通和跳频互通两种类型[1, 8]。

9.5.1 跳频电台的定频互通

从一般意义上讲，定频互通的场合有：定频电台之间的互通，跳频电台之间在定频工作时的互通，跳频电台与定频电台的互通（即跳频电台响应定频呼叫功能，或定频呼叫跳频，简称定频呼叫）等。

定频电台之间的互通较为简单，只要通信双方的频段、调制方式、话音编码、数据速率和保密算法等因素相同，在约定的频率上即可实现定频互通。

若跳频电台之间均采用定频互通，则可采用定频电台之间互通的方式类似处理。

所谓定频呼叫跳频，指的是定频电台在约定的频率上发送某种特定呼叫信号，且该频率可以是跳频电台频率表中的频率，也可以设置成跳频电台频率表以外的但跳频电台可以接收到的频率。跳频电台接收机一般在搜索状态能自动对某一约定的频率进行搜索，如在该频率上收到定频电台的特定呼叫信号，即提供一种特定的“招呼音”来提醒操作员，跳频电台操作员如果想与之通信，则可经人工操作，将跳频电台转换成定频通话工作方式，在约定的频率上先对口令，然后与其进行定频通信。通话完毕后，再经人工操作，将跳频电台由定频状态返回跳频状态。要求跳频电台在跳频、定频、跳频的转换过程中保持原跳频参数不变。

可见，为了实现以上定频呼叫跳频功能，需要满足以下要求：一是定频呼叫必须采用某种约定的频率，否则处于跳频状态的电台不能响应定频电台的呼叫；二是跳频电台收到定频电台呼叫后，在与呼叫的定频电台进行定频通信之前必须有一个技术上或人工的敌我识别过程，以防敌台冒充我方电台；三是跳频电台在从定频状态回到跳频状态时，必须能保持原有跳频参数。

9.5.2 跳频电台的跳频互通

所谓跳频互通，指的是本网某电台与外网某电台之间发送和响应跳频互通呼叫，并以跳频方式进行通信。其工作过程为：设置约定的互通频率表和互通同步频率，先按类似于迟入网同步的方式实现跳频互通同步，然后在互通频率表上进行跳频互通，互通完毕后各自返回所在网的搜索状态，并保持原跳频参数不变。在跳频互通过程中，互通主叫方有面板操作，其状态转移图参见图 9-15 左边分支；而互通被叫方没有面板操作，其状态转移图参见图 9-16。

实际上，跳频互通较为复杂。从技术层面看，要实现跳频互通，各跳频互通对象的技术体制和所有技术参数必须完全一致，缺一不可，此乃跳频互通的必要条件，或称之为一般意义上的跳频互通。然而，从使用层面看，即使具备了必要条件，还可能存在如下问题：不同型号跳频电台的通信距离不一样，如果所有同体制跳频网采用相同的网号、相同的互通权限且同步方式一样，此时如果一个功率较大的电台发射同步信号，则在该台通信距离范围内的所有其他同体制跳频电台都有可能被同步上，或造成互扰，给战术使用带来不便。比较完善的是严格意义上的跳频互通，其要求是：在跳频互通必要条件的基础上，按指挥关系设置互通权限和资格，互通时选择对方的跳频网号等参数，且不影响各跳频网自己的跳频通信，需要互通时则互通成功概率高，不需要互通时则不互通，此乃跳频互通的充分必要条件。但是，由于跳频互通涉及的参数多，仅靠人工操作难以实施，需要借助跳频参数管控系统的支持。

9.6 干扰椭圆分析及其运用

干扰椭圆是跳频通信抗跟踪干扰和网系运用需要掌握的一个基本概念[26-29, 48]，必须深入研究其原理、特点、影响因素、空间扩展及适用范围，以指导跳频通信设备的实际使用。

9.6.1 干扰椭圆及其意义

跳频跟踪干扰是一种相关干扰或近似相关干扰（干扰信号波形与跳频通信波形基本一致），一旦实现了跟踪干扰，干扰机将跟随跳频图案的变化而实施窄带瞄准干扰，干扰功率集中，此时跳频通信的受干扰效果与定频通信受瞄准干扰的效果类似。所以，跟踪干扰是跳频通信的最大“克星”和主要干扰威胁之一，不可轻视。然而，跟踪干扰也是有弱点的，在跳频组网运用条件下，其所需的跳频网台信号分选困难，实现跟踪干扰有很大难度，尤其是实现波形跟踪干扰时。实际中，通过采取有关措施，即使跳频通信跳速低于跟踪干扰机跳速，跟踪干扰也是可以抵抗的。但是，在跳频通信单网使用，或点对点使用，以及网系运用中的少数电台离干扰阵地很近，且跳频通信的跳速低于跟踪干扰跳速和有关跳频参数有可能被敌方侦察的条件下，受到跟踪干扰的威胁较大，此时除了采取其他有关抗跟踪干扰的措施以外，还可在跳频通信设备的几何距离配置上采取相应的措施，这是进一步提高实际跳频通信设备抗跟踪干扰能力的另一种可能的途径。

实际上，即使实现跟踪干扰的可能性存在，但由于跟踪干扰存在距离、速度等多维局限性，使得跟踪干扰只能在一定的地域内起作用。有关经典著作[28-29]已经指出这一地域的几何形状为一椭圆。这似乎是一个基本常识，但人们需要进一步知道为什么是一个椭圆，其大小与哪些因素有关，如何进行战场估算和利用，以及利用的价值如何等。这些都是战术使用中应该掌握的基本问题，也是战术与技术相结合的一个重要方面。

9.6.2 干扰椭圆的形成机理

设跳频通信设备（如跳频电台）使用全向天线，跳频发射机与干扰机之间的距离为 d_1，干扰机与跳频接收机之间的距离为 d_2，跳频发射机与跳频接收机之间的距离为 L，干扰机的反应时间（含侦察引导或转发）为 T_j，跳周期为 T_h，且 $T_h \geqslant T_j$，电磁波传播速度为 V，要实现跟踪干扰，必须满足：跳频发射机到干扰机以及干扰机到跳频接收机的传输时间与干扰机反应时间之和，小于等于跳频发射机到跳频接收机传输时间与跳周期之和[26, 28-29]，即

$$\frac{d_1 + d_2}{V} + T_j \leqslant \frac{L}{V} + T_h \tag{9-15}$$

整理后得

$$d_1 + d_2 \leqslant L + (T_h - T_j)V \tag{9-16}$$

对于通信对抗双方的实际设备和地理位置，式（9-16）右边各参数均为固定值，即 $d_1 + d_2$ 小于等于一个常数；若取等号，则式（9-16）描述了一个以跳频发射机和接收机为焦点的椭圆。可见，跳频电台与跟踪干扰机的地域几何关系形成一椭圆，称为干扰椭圆，且由于跳频发射机与接收机是互逆的，所以跳频网中的两跳频电台即为相应干扰椭圆的焦点，如图 9-19 所示。

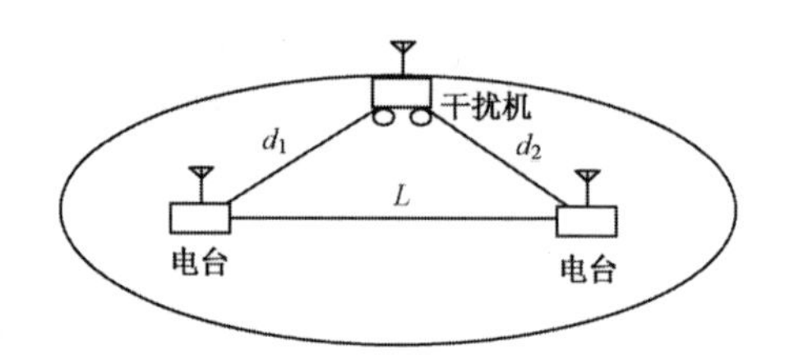

图 9-19 干扰椭圆示意图

干扰椭圆的长半轴和短半轴决定了其大小。设其长半轴为 a，短半轴为 b，焦距为 c，且有 $2a = L + (T_h - T_j)V$，$b^2 = a^2 - c^2$，$L = 2c$。根据椭圆的数学关系，可得干扰椭圆长半轴和短半轴的计算方法如下：

长半轴
$$a = \frac{1}{2}\left[L + (T_h - T_j)V\right], \quad T_h \geqslant T_j \tag{9-17}$$

短半轴
$$b = \frac{1}{2}\sqrt{V(T_h - T_j)[2L + (T_h - T_j)V]}, \quad T_h \geqslant T_j \tag{9-18}$$

式（9-17）和式（9-18）准确地描述了跳频通信与跟踪干扰之间的距离和速度的二维特性，可用于战术运用中的快速估算。

9.6.3 干扰椭圆的特点分析

通过对式（9-17）和式（9-18）的进一步分析，可以明确抗跟踪干扰与干扰椭圆有关的因素及其关系的变化，从而找出可资利用的规律。

当干扰机的反应速度高于跳频速率，即 $T_h \geqslant T_j$ 时，干扰椭圆存在，其大小仅与两跳频电台之间的距离 L 以及跳频周期与干扰反应时间的差值 $\Delta T = T_h - T_j$ 两个因素有关，且 ΔT 和 L 越大，干扰椭圆越大。此时很容易使干扰椭圆的一部分覆盖干扰区域，只要干扰机位于干扰椭圆之内，跟踪干扰即成为可能（功率足够大）。干扰椭圆越小，干扰机进入干扰椭圆内的可能性就越小，跳频通信装备抗跟踪干扰的能力也就越强。所以，在战术使用中，应根据现场态势和需求，基于对抗双方装备的性能，尽可能地减小跳频网中跳频电台两两之间的距离和增大跳频电台与干扰阵地之间的距离，并且以干扰椭圆短半轴方向指向干扰方位置。可见，干扰椭圆中

的短半轴（b）是至关重要的，它与 L 和 $\Delta T = T_{\mathrm{h}} - T_{\mathrm{j}}$ 呈非线性关系，其变化曲线如图 9-20 所示。

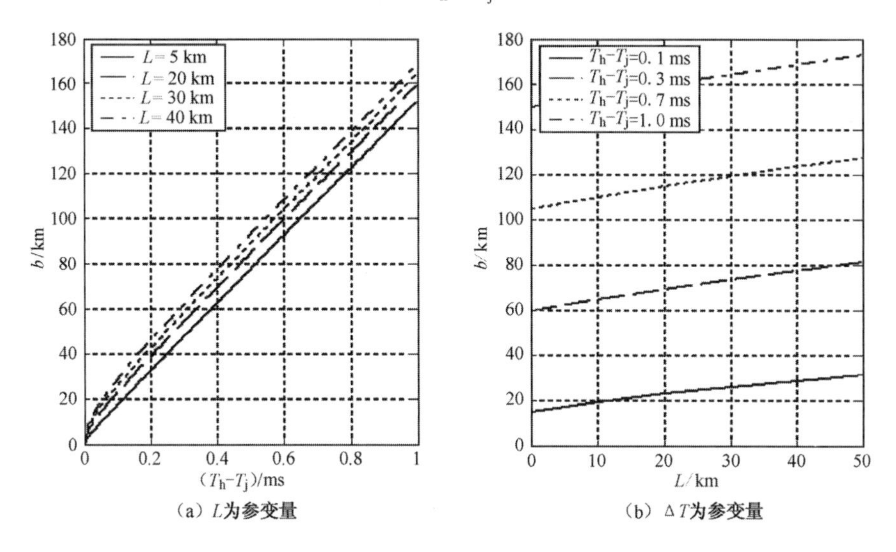

图 9-20　短半轴与 L 及ΔT 的变化曲线

由图 9-20（a）及式（9-17）、式（9-18）可知：

（1）当通信距离 L 一定，随着 ΔT 的增大，短半轴上升的变化率很大，其变化率约为 150 km/ms。

（2）当干扰机的反应速度与跳频速率相等时，即 $\Delta T = 0$， $a = L/2$， $b = 0$，干扰椭圆收缩为以两跳频电台为端点的线段，此时干扰机只有位于此线段上才会形成跟踪干扰。

由图 9-20（b）及式（9-17）、式（9-18）可知：

（1）当 ΔT 一定，随着 L 的增大，短半轴上升的变化率不大，其变化率为 0.4 km/km 左右。

（2）当两跳频电台之间的距离 L 趋于 0 时，只要 $\Delta T > 0$，干扰椭圆就变成一个以电台为圆心的圆，其半径为

$$a = b = \frac{1}{2}V(T_{\mathrm{h}} - T_{\mathrm{j}}), \quad T_{\mathrm{h}} \geqslant T_{\mathrm{j}} \tag{9-19}$$

比较图 9-20（a）和图 9-20（b）可知：与通信距离相比，干扰椭圆的大小对 ΔT 更为敏感。也就是说，当 ΔT 一定时，干扰椭圆短半轴受通信距离变化的影响不大；反之，当通信距离一定时，短半轴受 ΔT 的影响则很大。

当干扰机的反应速度比跳频速率快得多，即 $T_{\mathrm{h}} \gg T_{\mathrm{j}}$，且使用常规跳频进行通信时，有 $(T_{\mathrm{h}} - T_{\mathrm{j}})V \gg 2L$，则

$$a \approx b \approx \frac{1}{2}(T_{\mathrm{h}} - T_{\mathrm{j}})V \approx \frac{1}{2}T_{\mathrm{h}}V, \quad T_{\mathrm{h}} \gg T_{\mathrm{j}} \tag{9-20}$$

此时，干扰椭圆趋于一个以两电台连线中心为圆心的圆，这是一种对通信方极为不利的情况。

当干扰机的反应速度低于跳频速率，即 $T_{\mathrm{h}} - T_{\mathrm{j}} < 0$ 时，干扰椭圆不存在，无论跟踪干扰机位于何处，也不会对跳频通信形成跟踪干扰。

若 L 很大，$\Delta T > 0$但很小，即 $2L \gg (T_{\mathrm{h}} - T_{\mathrm{j}})V$（这在短波天波跳频通信、卫星跳频通信等远程通信及其跟踪干扰中有可能出现，不考虑多径的影响），此时式（9-17）和式（9-18）分别变为

$$a \approx \frac{1}{2}L, \quad T_{\rm h} \geqslant T_{\rm j} \tag{9-21}$$

$$b \approx \frac{1}{2}\sqrt{2V(T_{\rm h}-T_{\rm j})L}, \quad T_{\rm h} \geqslant T_{\rm j} \tag{9-22}$$

例 9-2 （一个视距跳频通信的实例） 设两跳频电台之间的距离 $L = 8$ km，跳频电台的跳速为 200 Hop/s，即跳周期 $T_{\rm h} = 5$ ms，跟踪干扰机的跳速为 250 Hop/s，相当于反应时间 $T_{\rm j} = 4$ ms，$V = 300$ km/ms，则根据式（9-17）和式（9-18）可得 $a = 154$ km，$b = 153.9$ km；若 $T_{\rm j} = 4.5$ ms，则 $a = 79$ km，$b = 78.89$ km。

例 9-3 （一个远程跳频通信的实例） 设 $L = 3\,000$ km，$\Delta T = 1$ ms，$(T_{\rm h} - T_{\rm j})V = 300$ km，则根据式（9-21）和式（9-22）可得：$a = 1\,650$ km，$b = 687.3$ km。

9.6.4 干扰椭圆的运用

根据以上的分析与计算，可以讨论干扰椭圆在二维空间、三维空间和定向天线等条件下的战术运用。

根据以上分析和计算，对于二维空间，在视距跳频通信时，干扰椭圆长半轴和短半轴的数量级几乎没有多大的差别，近似为一个圆；远程跳频通信时，干扰椭圆长半轴和短半轴的数量级差别较大。所以，在实际的运用中，对于视距跳频通信，可以简单地通过长半轴的估算来确定短半轴的数量级；对于远程跳频通信，干扰椭圆长半轴和短半轴要分别计算。值得指出一点的是，在短波天波跳频通信时，由于电离层的多径效应，精确的计算比较复杂，式（9-21）和式（9-22）只能用于粗略估算。

对于三维空间，即在空中跳频通信及其跟踪干扰中，这种几何关系从二维空间上升到三维空间，干扰椭圆将扩展为干扰椭球，这是很好理解的，如图 9-21 所示。

当通信装备（如微波跳频接力机等）使用定向天线时，因干扰信号与通信信号传输的时间关系没有变，所以干扰椭圆关系仍然存在。但是，由于其通信信号波束的定向作用，使得干扰椭圆的很大一部分成为干扰“死区”，干扰机只有位于通信定向波束（含旁瓣）垂直投影与干扰椭圆重叠部分内时，才能形成跟踪干扰威胁，如图 9-22 所示，其中阴影部分为干扰“死区”。考虑到干扰椭圆短半轴和通信定向天线的作用以及战术布置的需要，定向传输装备应成 Z 形变向开设为宜[1, 20, 48]，使得定向通信主波束方向与干扰主方向之间的夹角尽可能相互垂直。例如，微波接力机 Z 形变向开设示意图如图 9-23 所示。

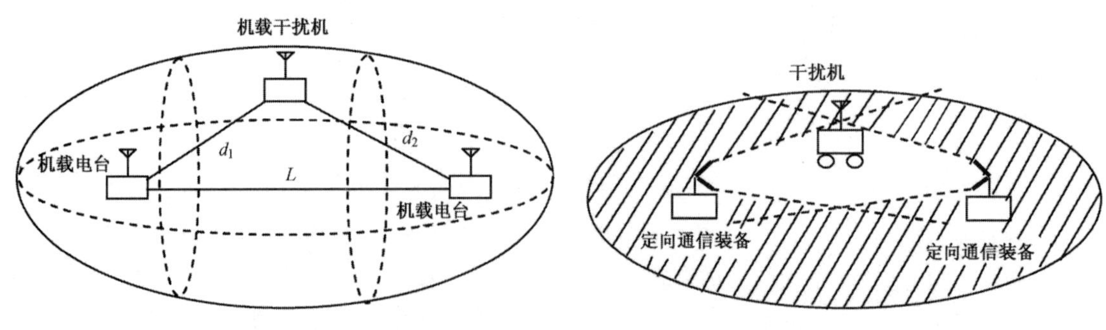

图 9-21 空中干扰椭球示意图

图 9-22 定向天线与干扰椭圆的关系

在图 9-23 中，需要接力通信的地点是 A 地和 B 地，A、B 连线方向几乎与干扰方向平行，若沿此连线方向设置接力站，各跳接力通信的波束方向正好与干扰方向一致，干扰最为严重。

若按 Z 形设置中间接力站，则加大了各跳波束方向与干扰方向之间的夹角，甚至垂直，从而减小了干扰的影响。这种地域设置方式对于减小阻塞干扰的影响也同样有效。

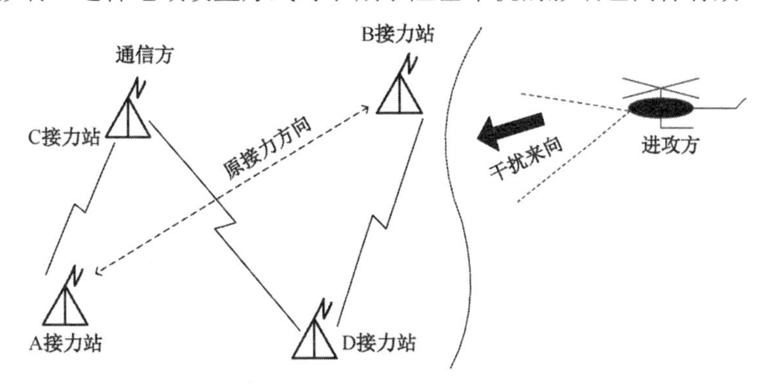

图 9-23　微波接力机 Z 形变向开设示意图

如果跟踪干扰机和跳频通信设备中的一方或双方处于运动之中，其跟踪干扰和抗跟踪干扰能力仍然遵守以上约束关系；但此时干扰椭圆的大小是变化的，跳频通信设备的几何布置较为困难。尽管如此，以上内容也值得掌握，因为这是一个基本的理论。

可见，干扰椭圆是跳频通信与跟踪干扰关系中的一个重要问题，在众多的抗跟踪干扰措施中，干扰椭圆原理是应考虑的重要因素之一，尤其对于固定通信台站。通信方在遂行任务中应充分了解通信进攻方的态势、地理位置、装备性能，尽可能对跳频通信设备的几何位置进行合理的估算和布置，以在已有跳频通信装备抗跟踪干扰技术性能基础上，进一步增强抗跟踪干扰的效果。同理，作为干扰方，要想取得好的跟踪干扰效果，应采取相反的措施。

9.6.5　干扰椭圆与差分跳频的关系

值得指出，以上所述的干扰椭圆的形成和运用是针对常规跳频体制而言的。其前提是：跳频发射机到干扰机以及干扰机到跳频接收机的传输时间与干扰机反应时间之和，小于等于跳频发射机到跳频接收机传输时间与跳频周期之和。在此前提下，只要干扰信号跟踪并瞄准上跳频通信的当前频率就能实现有效干扰（同频形成干扰）。也可以理解为：常规跳频的解跳建立在收发双方相同的跳频图案且相互同步的基础上，在每个跳周期内，跳频图案相当于一个“窄带滤波器”，只有干扰落入此“滤波器”内时才形成干扰，处于此“滤波器”以外的频率对本跳信号不形成干扰。

对应于常规跳频干扰椭圆形成的前提条件，差分跳频有以下几个方面不同：

（1）在差分跳频中，跳频图案与 G 函数算法、数据流和跳频起始频率等因素有关，其周期理论上为无穷大，难以预测[1, 53]。因此，针对差分跳频通信的波形跟踪干扰是难以实现的，而主要考虑引导式跟踪干扰和转发式跟踪干扰。

（2）即使差分跳频被转发跟踪，但未必形成干扰，只有跟踪干扰信号的相位与当前跳的差分频率信号相反时才构成干扰。另外，即使引导式跟踪干扰的跳速低于差分跳频的跳速，未必一定不构成干扰，只要跟踪干扰信号在通信方合法的转移路径内就会形成干扰。也可以理解为：下一跳转移的频率子集相当于一个“多频滤波器”，只要干扰落入此“滤波器”内时就可能形成干扰，处于此“滤波器”以外的频率对本跳信号不形成干扰。

（3）差分跳频通信采用宽带接收，对跳频带宽内的所有信号（包括干扰信号）都进行频率检测，无论跟踪干扰的跳速是高还是低，跟踪干扰都会被差分跳频接收机检测，都可能对当前差分跳频信号形成干扰。而在常规跳频中，当跟踪干扰信号与跳频通信信号到达通信接收端的时间差超过一跳时，由于跳频图案中前后跳的频率一般不相同，跟踪干扰对本跳信号很难形成干扰。

可见，跟踪干扰对差分跳频的干扰机理与常规跳频相比有很大区别，常规跳频干扰椭圆的跳速和时间关系的前提在差分跳频中并不存在。所以，常规跳频的干扰椭圆原理已不再适用于差分跳频通信。

9.7 短波通信组网及其运用

由于短波通信距离和使用上的特点，短波通信组网及其运用有很多特殊问题需要研究。

9.7.1 对短波通信组网能力的要求

对短波通信组网能力的基本要求[1, 8, 25]：能组成战略、战役、战术等不同层次的指挥通信网；能组成特定用途的应急通信网和专向链路；能与国防干线网相连，野固一体，多点接入，抗毁能力强；能组成陆、海、空以及各兵种等作战集团的协同通信网；能与短波频谱检测系统实时交换信息，可用频率接入能力强；有明确的协同点分布和互通权限设置；建网时间短，具有网呼、拨号以及迟入网等功能；天波通信时能实现跳频异步组网，地波通信时能实现跳频异步和同步组网；短波跳频电台在组网时应能接受跳频参数的管理；电台参数能适应较长时间的无线电静默等。

9.7.2 短波通信组网的复杂性

以下因素给短波通信组网带来了一些复杂性，也是短波通信组网与其他通信组网的重要差别。

（1）短波天波频率的时变性，带来了组网频率使用的复杂性。在天波通信时，由于不同时间、不同地点、不同方向可通频率的相关性差，若仅仅是点对点短波通信则较为简单，但若是组成短波天波通信网，甚至要求同时向不同方向进行广播式通信，频率使用问题将变得很复杂；跳频抗干扰技术体制的引入，使得组网频率的使用更为复杂。要顺利地进行短波天波通信组网，需要借助短波频率检测网提供准确的频率预报，并经科学的频率指配。此外，还与网络的拓扑结构有关。

（2）短波通信距离的跨度大，给组网管理带来了复杂性[8, 25]。短波通信既有短程通信，又有中远程通信，不同作战集团都要使用短波电台，形成了陆上、海上、空中三维空间的使用机制和复杂网络，短波跳频网络更为复杂。如果组网管理问题解决不好，由于各台站都在跳频，尤其是中大功率的天波跳频，不仅会造成严重的己方互扰和指挥通信上的混乱，而且还会强行同步其他相同跳频参数的小功率短波电台，结果是该互通时通不了，不该互通时到处通，使得本来就拥挤的短波信道的频谱利用率进一步降低，难以达到短波抗干扰通信、迂回通信以及协同通信的目的。

（3）短波通信易被敌方测向定位，组网的抗毁性问题十分突出。正是由于短波天波通信距离远，给敌方的测向定位带来了方便。根据目前的技术水平，短波天波信号只要出现 100 ms 至数百毫秒，就有可能被测向定位，这几乎是难以避免的，从而引导精确打击；大功率固定短波台站的威胁更大。因此，中大功率短波台站（特别是固定台站）组网的抗毁性问题需要引起高度重视，并采取相应的措施，如机固结合、异地架设天线和抗电磁脉冲武器攻击措施等。

9.7.3 短波通信网的网络结构

传统的指挥体制为逐级指挥；随着作战样式的变化和适应多样化军事任务的需要，又出现了越级指挥、协同指挥、本网指挥等。短波通信网络结构要适应这些指挥体制的变化。

军用短波通信网分战略通信、战役通信和战术通信三个层次。战略通信涉及较大功率电台，战役通信涉及中功率电台，战术通信涉及中小功率电台。

根据短波通信的特点和指挥通信的体制，从纵向看，逐级指挥使得短波通信网是一个分层的树状结构，每一级指挥台成为一个节点（或称群首），第一节点为最高统帅部；从横向看，本网指挥以指挥台（节点）为中心，形成星状结构，在指挥台的管理下，各用户可以方便地进行网内通信。

协同指挥涉及步－坦、步－炮、岸－舰、舰－空、地－空协同等以及各种指挥所之间的协同等，再加上越级指挥和考虑网络的抗毁性，使得基本树状结构的有些节点之间出现了一些必要的互通和迂回路由，形成了准栅格状网络。

短波通信本身没有交换等功能，不能等同于野战地域通信网和国防干线网中的栅格状网，称为准栅格状网较合适。因此，可以认为短波通信网的网络结构是一种树状、星状、准栅格状网相结合的形式。战略通信短波通信台站经接口单元与国防干线网相连。必要时，可对特殊地区或特殊方向设置短波专向通信。一种短波通信网的网络结构示意图如图 9-24 所示[8, 25]。

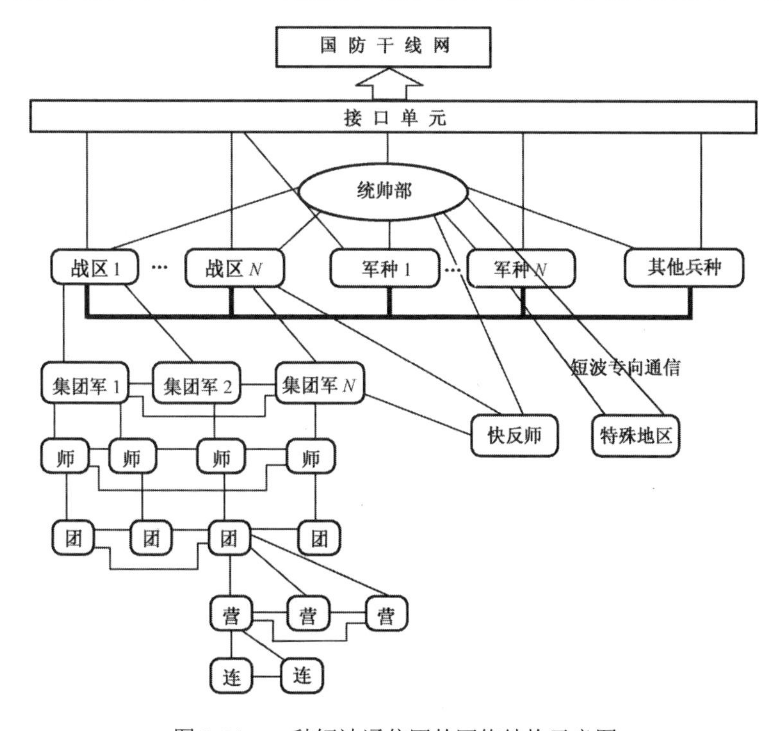

图 9-24　一种短波通信网的网络结构示意图

为了直观地描述短波通信网的逐级指挥、越级指挥和协同通信、迂回通信，可将图 9-24 简化为如图 9-25 所示的一种网络结构模型。

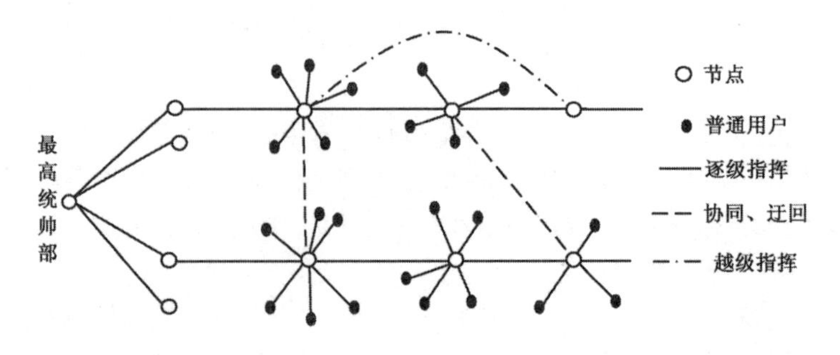

图 9-25　一种短波通信网络结构模型

9.7.4　短波通信网的协同点及其分布

在现代战争中，协同通信已上升到十分重要的地位，它作为指挥通信的一个重要组成部分，是维系诸军兵种联合作战的纽带。近些年来众多的外军典型战例，既有成功的经验，也有失败的教训，无不说明协同作战的关键是通信的协同。

短波通信除了用于正常的指挥通信以外，还可作为一种很好的协同通信手段，比 VHF/UHF 频段的协同通信表现出距离上的优越性。需要研究的问题是：短波用于协同通信时，协同点是如何分布的？如果是定频通信，这一问题相对简单一些，只要在战术上作出规定，并分配频率即可；而对于短波跳频电台就不那么简单了，除了战术问题外，还有很多技术参数的战场管理问题。

所谓协同点，是指具有协同指挥职能的指挥机构。协同点具有协同级别、协同指挥权、协同对象和协同通信距离等多种属性。不同级别的协同点对应的通信设备种类和设备形式不尽相同。

本网指挥以指挥台（群首）为中心节点（并非一定是几何中心），在本网中的各用户可以方便地进行网内通信，最简单的情况为点对点通信。网内各电台从技术上都具备承担群首台的能力，一旦中心节点被毁，相应网中的任一电台均可成为群首台。只有群首台才有指挥权，一方面要完成本网的指挥，另一方面要与上级网群首台以及需要协同的友邻电台互通，且不同层次节点电台的指挥权限也不一样。相应地，不同的节点电台所能呼叫的网号集大小也不一样，出现了不同层次网、相同层次网节点电台之间的互通问题。普通属台之间在技术上具备互通能力，但一般没有互通权限（特殊情况除外）。至于哪些短波电台具有互通权限和有哪些互通权限，应根据某次行动的需要，事前予以规定；若是短波跳频电台，则需要在跳频参数中予以规定。所有这些均涉及协同点问题。

实际上，关于短波跳频电台互通权限的设置和使用，主要是根据任务的需要，通过跳频参数管理设备给电台加注所有允许互通的跳频网的地址，即跳频信道参数集，一组跳频信道参数对应于一个跳频网，而不加注其他网的跳频信道参数。在实际操作中，为了方便跳频参数的规划和加注，并且考虑到从技术上每部电台都必须具备指挥台的功能，也可以给每部电台加注本次任务所有可能通信的跳频网的信道参数。使用时，在电台面板上通过信道键或旋钮选择所需的“信道号”（网地址）即可。其他频段电台跳频互通权限的设置和使用也可照此进行。

协同点问题除了与战术使用、指挥体制有关外，还与通信距离、设备形式和作战单元等构成直接关系。从指挥关系和通信距离两个方面看，都会使电台出现协同互通和不能协同互通的情况。例如，一般不会出现短波背负式电台指挥舰艇或飞机的情况，即使通信距离能覆盖，也不能授予每部电台都有协同指挥的权限。如果仅从通信距离上看，不同功率电台之间的双向互通距离为小功率电台的覆盖距离。一组可能的短波协同互通关系如表 9-2 所示[8, 25]，其中“√”表示从距离上可能构成协同互通关系。在特殊情况下，会存在单向通信问题。可见，短波协同互通网系形成了一个互通矩阵，这是短波跳频电台战场管理的核心。

表 9-2　短波协同通信可能的距离关系（双向）

	背负式	车载	舰载	机载	固定台站（含岸站）
背负式	√	√			
车载	√	√	√	√	√
舰载		√	√	√	√
机载		√	√	√	√
固定台站（含岸站）		√	√	√	√

经过以上讨论，关于短波通信网的协同点问题，需要注意如下事项：

（1）短波通信网协同点的设置要考虑所需短波电台的功率大小及通信距离；

（2）短波通信网协同点的分布要有层次性；

（3）对授权协同互通的跳频电台，要分配协同对象的网地址和相应的跳频参数；

（4）要有完善的短波跳频参数战场管控手段；

（5）在使用中应根据实际需要对短波通信网协同点问题予以全面考虑。

9.7.5　短波跳频组网运用

短波跳频组网涉及天波组网、非天波（地波、直达波和表面波等）组网以及协同互通等问题。跳频协同互通问题在以上内容中已有较多的讨论，本节重点讨论短波天波跳频组网和非天波跳频组网问题[1, 8, 20, 25]，既区分两者的特点，也考虑两者的结合。

1. 短波天波跳频组网

天波通信是短波通信的主要使用方式，天波跳频组网是短波跳频组网的特殊问题之一，广泛应用于陆基、海基、空基的中远程短波跳频指挥通信和协同通信，如地－地、地－空、岸－舰、舰－舰、舰－空、空－空通信等。在有些情况下，短波中远程通信是超视距作战或低空突防战斗机、武装直升机以及远程轰炸机唯一的、重要的通信手段。

由于短波天波的空中信道特性差，频率“窗口”随着时间、地域的变化而变化，其噪声电平表现出明显的位置、时间、频率多维特性，使得在相同时间内不同通信方向的频率“窗口”及可用频率的相关性较差，很难获得不同通信方向的公共频率集，或者公共可通频率集的频率数较少。为了提高短波天波跳频组网的频谱利用率，需要采取在第 8 章中讨论过的非对称跳频频率表技术。

天波空中信道的信号传输时延较大，且不同方向、不同通信距离的信号传输时延不尽相同，给跳频同步带来困难。所以，从局部看，短波天波信道主要适用于点对点跳频通信，而不便同时组成多方向的多用户天波跳频网，也不便实现跳频同步组网。

由于远程指挥通信的需要，有时还会出现以下情况：一群短波跳频电台用户之间的距离较近，而指挥所离该电台群又很远。例如，岸站与远海舰艇编队的短波通信就属于这种情况，如图 9-26 所示。此时，电台群内各电台之间的信号传输时延与指挥所电台到电台群之间的信号传输时延差别较大，不便于作为同一个网内的电台完成网内的跳频同步和跳频通信（即使是跳频异步组网）。这时可能的组网方式是指挥所与电台群的主台组成天波点对点跳频通信，而电台群内电台之间采用地波或表面波单独组网通信。也可以将指挥所电台作为主控节点，集中控制所有电台的通信业务，即：群内每部电台都分别与指挥所电台形成点对点跳频通信；指挥所电台根据自己的选择，激活所有的通信链路，从而协调每一链路的信息流量以及信息的转发。这就是所谓短波天波跳频组网中的一种“一点对多点”组网方式，此时的“多点”之间通信是短波地波或其他形式的非天波通信，如 VHF、UHF 通信；而“一点”与“多点”之间是短波天波通信。这种“一点对多点”的短波天波组网方式对于跳频和常规定频通信均可以使用。

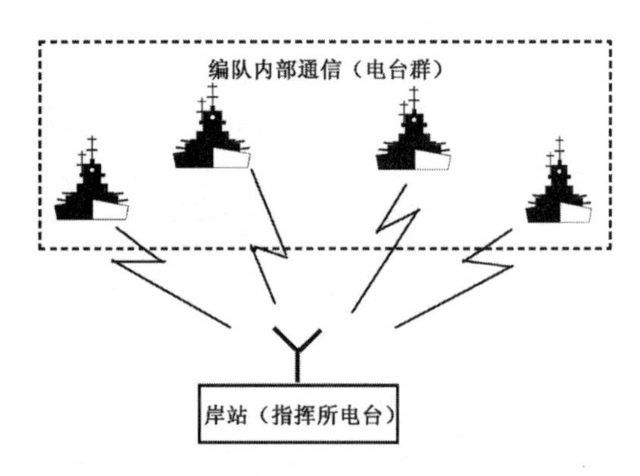

图 9-26　一种岸－舰短波跳频网

可见，在运用中，短波天波跳频组网有以下几个问题或特点需要把握：一是尽可能采用非对称频率表，以提高频谱利用率；二是只能实现异步组网，难以实现跳频同步组网；三是在特殊情况下，需要实施“一点对多点”的组网方式。

2. 短波非天波跳频组网

在陆、海、空三维空间，除了天波传输模式外，还有地波（陆地）、直达波（空－空、空－地）和表面波（水面）等传输模式。由于这几种传输模式不使用电离层反射，通信距离不及天波传输模式；但其在同一区域内频率的一致性要优于天波传输模式，其距离和频率特性类似于超短波。

地波主要用于陆地上的背负式电台和车载台的短程通信；直达波支持视距链路通信，通常用于空－空、空－地等中短距离通信；表面波与地波类似，在海面上使用，但其通信距离随海洋状态及频率的变化而变化，可使用简单的鞭状天线提供较可靠的舰艇编队内部直至舰到岸的通信。这几种非天波传输模式的短波跳频组网的实现与运用，可以参照 VHF、UHF 跳频组网的方式处理。在陆上和海上组成面状网，在空中组成立体网。不同军兵种使用时，各网的覆盖范围有所不同。

在一个作战区域内，由于用途及特点的差异，短波跳频电台不像超短波跳频电台那样密集，组网效率不十分突出，尤其是机载、舰载与车载等的中大功率短波电台。因此，在一般情况下，采用异步组网方式可以满足非天波跳频组网要求，也方便战术使用。若要进一步提高短波跳频电台的非天波组网效率并兼顾反侦察性能，可以有两种实现途径：一是采用以上所述的高密度异步组网方式，以提高组网效率；二是在短波数字跳频电台中提出既可以跳频异步组网，也可以跳频同步组网的要求。根据非天波通信距离和频率特性，短波同步组网是可以实现的。但无论是短波异步组网还是同步组网，都需要接受跳频参数的管控，以方便使用。

9.8　战术电台互联网及其运用

随着作战需求的变化和军用通信系统集成技术的发展，在 20 世纪 90 年代后期出现了战术互联网和战术电台互联网[1, 50]，并且得到了较快的发展，本节讨论其基本内容。

9.8.1 战术电台互联网与战术互联网的关系

美军在 1994 年 4 月“沙漠铁锤”演习后，编制了《战术互联网战术、技术与程序》手册[50]，提出了“战术互联网是互联的战术无线电台、计算机硬件和软件的集合”的新概念，用于 21 世纪旅和旅以下部队的作战指挥，并明确了战术互联网的作用是“加强指挥官、参谋、部队、士兵和武器平台对指挥数据的共享，在机动、战斗执勤支援与指挥控制平台之间提供接近实时的无缝隙态势感知和指挥控制数据交换，从而加快作战节奏，提高部队与武器系统的杀伤力和生存能力”。

从美军推出的战术互联网的结构看，所包括的通信设备很多，网络很庞大，主要装备有：定位报告系统、单信道地面与机载无线电系统、高速率数据无线电台、移动用户设备（或野战地域通信网）、节点交换机、指挥控制系统等。为了更好地认识战术互联网，根据美军的定义，并结合我国实际，这里将战术互联网定义为：战术电台互联网（含单兵信息系统）、野战地域通信网以及升空转信平台等网系的集合，或者说战术互联网是通过一系列网络互联协议，并基于路由器连接多种战术通信设备、指控终端和传感器的自动化通信网络。其中，无缝连接的战术电台互联网和野战地域通信网为其两大基础部分，卫星通信系统可接入野战地域通信网，升空转信平台主要是为了延伸战术电台互联网和野战地域通信网中相关视距通信设备的通信距离。可见，卫星通信系统的引入和升空转信平台的运用可扩大战术互联网的作用范围。

从其定义和内涵看，战术互联网是一个系统集成的概念，包含了多个无缝连接的子网和分系统。而战术电台互联网是战术互联网的重要组成部分，不能将两者相混淆。

9.8.2 战术电台互联网及其组网要求

战术电台互联网一般由较高数据速率的 VHF 和 UHF 无线电台、路由器、传输及网络协议等组成，实际上是一个野战无线局域网。其作用主要是解决野战条件下的信息共享和战场态势感知，通过连接设备可与地域通信网相连，实现更大范围的战场信息共享和战场态势感知。其中高速数据电台是基于数字技术的无线电台，具有一定的动中通和无线电中继能力，作为提供专项业务的无线骨干传输链路和中转平台，支持局域网数据接口，主要用于在各野战指挥所之间高速传输指挥数据、野战短信、图像等多媒体业务。

从高速数据电台的作用看，希望提高其数据速率；但由于全向天线的增益不高和频段资源有限等，过高的数据速率会影响单跳通信距离。若采用方向性天线，可增大通信距离，却又影响动中通性能。从地位作用和性能要求看，高速数据电台是战术电台互联网的核心装备，需要采用相应的抗干扰措施。战术电台互联网的组网要求及组网形式将围绕高速数据电台展开，还与采用的通信技术体制有关。

根据战术电台互联网及高速数据电台的用途，战术电台互联网组网的基本要求和特点主要有：

（1）网络结构按级划分，每级网设一个主台，每个属台具备作为主台的能力；

（2）网络中以传输数据信息流为主，其传输的实时性要求可略低于话音传输；

（3）网络中的信息流向及路由选择由网络协议和路由器管理，具备自动寻址能力；

（4）需要进行网络与系统的一体化设计，强调网络抗干扰能力；

（5）基本组网形式主要有电台转信组网和分层组网等；

（6）网络和电台参数能适应较长时间的无线电静默；

（7）跳频体制的高速数据电台，组网时应能接受对其跳频参数的管理；

（8）组网尽量简单、可靠，方便战术使用。

9.8.3 战术电台互联网的基本组网形式

战术电台互联网有电台转信组网和分层组网两种基本的组网形式，在实际中可能是这两种组网形式的综合。两组组网形式的网络结构有所不同。

1. 电台转信组网

利用无线电台进行链路转信的运用场合主要有：人员不宜滞留的地域或人力资源不足时；受山林或建筑物阻挡，电台信号无法直达的场合；通信距离较远，电台通信无法实现的场合；电台组网其他需要转信的场合等。一般，高速数据电台和常规超短波电台都有这种转信需求。

电台转信的方式主要有两种：一是同台转信组网，二是两部电台转信组网。

所谓同台转信，是指多跳传输链路中的每个节点为一部高速数据电台，不仅具备接收某一方向电台数据的功能，还具备将该数据转发给另一方向电台的功能，而不是在同一转信点处放置两部电台，这一点与微波接力机链路接力通信功能不同。高速数据电台链路转信组网的典型运用示意图如图 9-27 所示。

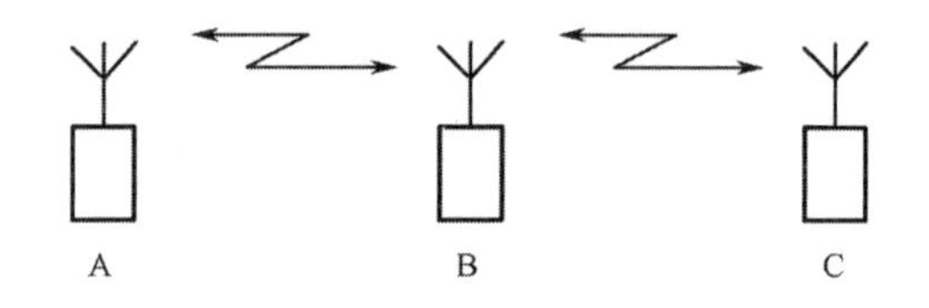

图 9-27 典型同台转信组网运用示意图

链路中的各电台在无信息发送时，均处于接收状态。设从 A 台经 B 台发数据信息给 C 台，此时 B 台承担同台转信的功能，它一方面要接收来自 A 台的数据信息，另一方面要向 C 台转发 A 台的数据信息。若 C 台经 B 台发数据信息给 A 台，则进行相反的过程。至于 B 台是同时又收又发，还是先收后发，取决于高速数据电台的工作方式。

若是准双工工作方式，即发时不收、收时不发，则 B 台先接收 A 台的数据信息，并予以存储，然后发往 C 台；或者分时接收，分时存储，分时转发。这种工作方式的系统设计比较简单，但不足是数据在中间转信过程中有存储时延。若是全双工工作方式，则中间转信台在接收数据的同时发送数据给另一部电台，即同时收发。这种双工方式，既可以采用异频双工，也可以采用同频双工，视频谱资源和系统设计要求而定。双工工作方式的系统设计虽然复杂一些，但数据在中间转信台的处理时延大大减小。考虑到高速数据电台主要用来传输数据，数据在中间转信台有一定的处理时延不至于对数据通信的实时性造成多大的影响。

实际上，电台工作方式的选择还与采取的抗干扰技术体制及处理技术有关。一般来说，高速数据电台采用准双工工作方式为宜，为了使用的方便，可在此基础上考虑采用非二次数据压缩的准时分双工技术；若采用跳频抗干扰技术体制，还可与跳频数据的打包及其帧结构相结合，由服务器的网控功能控制，使得电台在微观上实现的是一种准双工工作方式，而对于用户而言又像是双工通信。

所谓两部电台转信，是指通过转信盒和转信电缆将两部电台连接起来，一部电台负责接收，另一部电台负责向另一端发送。被有线连接的两部电台可以同地或同车；必要时，其连接电缆可适当加长，以更好地避开阻挡物。这是一种比较传统的电台转信运用方式，无论电台采用双工工作方式，还是半双工工作方式，都能很好地完成转信功能。但是，所付出的代价是一个转信节点需要两部电台，并要附加转信盒和转信电缆。这种转信组网方式类似于一个接力车（站）上的两部微波接力机，如图 9-28 所示。

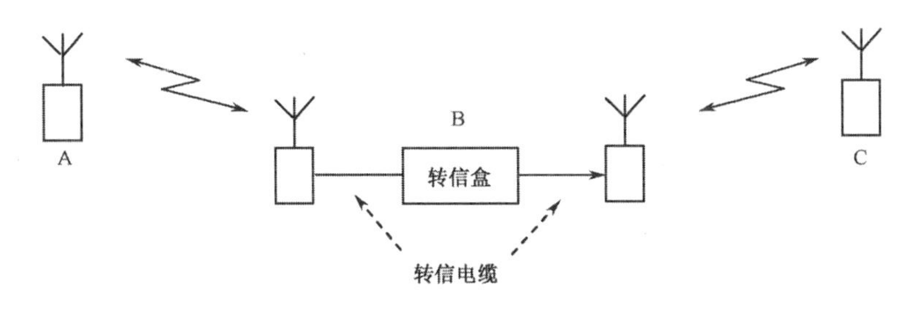

图 9-28　两部电台转信组网示意图

可见，以上两种电台转信组网方式各有优缺点，可以优势互补：同台转信的优点是节省装备，使用方便，不足是电台设计较复杂；两部电台转信的优点是电台设计简单，不足是装备成本较高，使用也有些麻烦。

这两种电台转信组网的协议没有本质的区别，较为简单，主要涉及数据转发、抗干扰体制使用和频段选择等问题。

2. 分层组网

战术电台互联网一种分层组网的网络结构如图 9-29 所示，分为两级：第一级为指挥所，也称为一级群。一级群中一般只有一个网和若干个用户，其中一个为群首，各用户之间可相互通信，也可广播通信。根据使用的需要，可在一级群中扩展多个网。第二级为下级指挥所，也称为二级群。二级群中有多个子群，每个子群根据其隶属关系，对应一级群中的一个节点电台。

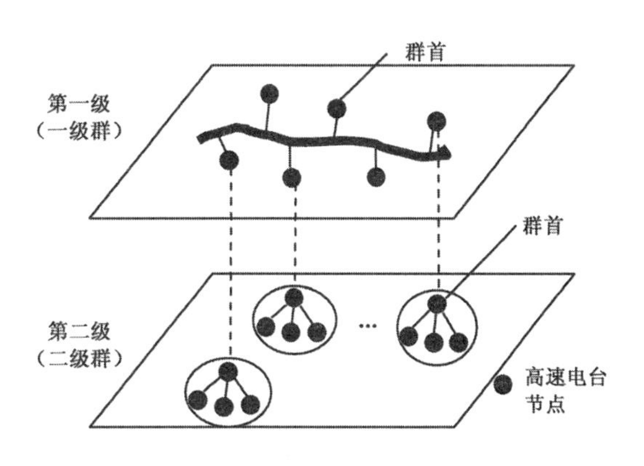

图 9-29　一种分层组网的网络结构

网络中各用户之间信息传输的路由选择及信息流向均由网管协议管理。

可见，这种网络结构给战术级的数据传输带来了方便，但协议设计的难度大大增加了，既要考虑到链路层的抗干扰问题，又要考虑到网络层的关系及数据流向等问题。

9.9　微波接力机组网及其运用

由于微波接力机的使用特点、使用场合以及技术特点等不同于无线电台，微波接力机的组网及其运用也与无线电台有所区别。

9.9.1　微波接力机与野战地域通信网的关系

由 9.8 节的讨论可知，野战地域通信网（简称野战网）是战术互联网的重要组成部分。其中，微波接力机是支撑野战网的无线链路传输设备。

野战网是由微波接力机、节点交换机、网控等设备组成的综合通信系统，属于一种成系统装备的、以集团军需求为背景的主战通信装备体制，用于集团军或集团军以下在野战条件下各级指挥、协同、报知和后方体系联络，并与军兵种战术通信系统互联互通，成为各军兵种协同通信的一个公用通信平台。卫星通信系统、无线电台等无线通信设备可从相应的接口或话路口入野战网。野战网一方面可以保证快速开通和高速群路数据传输，机动能力较强；另一方面具备较强的网络抗干扰能力。外军典型的系统主要有法国的 RITA（里达）系统、英国的 PTARMIGAN（松鸡）系统，以及美国的 MSE（移动用户设备）系统及其改进型等[51-52]。

由于微波接力机采用定向天线，且工作频段较高，其传输速率和传输性能要高于战术电台互联网中的高速数据电台，远远高于常规无线电台。

微波接力机的用途主要有两个方面，一是作为入口节点（小入口节点或干线入口节点）的干线群路传输设备，与其他通信设备（如交换机）一起构成野战网；二是独立组网，组成专向微波高速传输链路，如军、师（旅）、团、基地、阵地、场站和雷达站以及其他特殊用途等。

9.9.2 微波接力机组网要求

野战网的拓扑结构整体上为栅格状网，它对于每个节点来说为辐射状网，对于每条接力链路来说为链路状网，即：栅格状网的基本单元是辐射状网和链路状网，或者说辐射状网和链路状网是栅格状网的核心，这与微波接力机是否采用抗干扰手段和采用何种抗干扰技术体制无关。无论何种技术体制或抗干扰技术体制的微波接力机，只要用于野战网，均应适应野战网的组网运用要求。微波接力机组网的一般要求主要有：

（1）能实现辐射状和链路状两种基本组网形式及其结合。这是野战网对微波接力机组网的基本要求。如有需要，微波接力机也能独立组成专向多跳链路网。图 9-30 给出了对应一个入口节点的微波接力机辐射状网和链路状网及其相互关系的示意图。

（2）辐射方向数一般为 2～10 个。用户级别越高，所需的辐射方向数越多；各相邻辐射方向之间允许的夹角应尽可能小，并允许相邻天线波束部分重叠（含一点对多点）。

（3）链路接力跳数一般为 2～8 跳。对应于两两节点交换机之间链路的无线接力跳数，每跳通信距离一般为 25～30 km 及以上。

（4）能与节点交换机相连。每跳的信号时延满足链路跳数和交换机要求。

（5）组网过程尽量简单、快速。开机不分先后，方便战术使用。

所谓辐射状组网，是指在满足一定方向数、一定辐射方向角和一定辐射中心地域范围的条件下，在节点交换机周围各不同方向的第一跳组网结构。所谓链路状组网，是指在要求的某一个方向上经过多个接力站但不经过节点交换机的链路接力组网结构，独立使用的多跳接力通信也属于链路状组网。辐射中心有时是节点交换机，有时是具有无线收发功能的中心站。

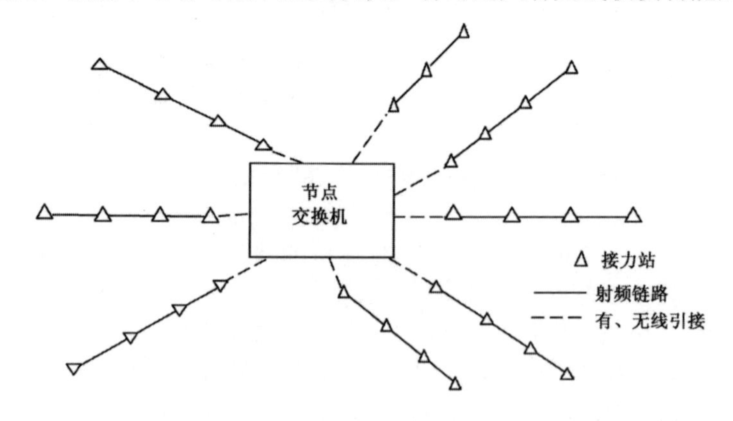

图 9-30　微波接力机基本组网形式示意图（一个入口节点）

辐射中心配交换机时，各方向靠近辐射中心的第一个接力站通过有线方式并经相应的接口与交换机相连。辐射中心配中心站时，使用全向天线，而外围站仍使用定向天线与中心站进行无线通信，此时中心站与外围站需要实现一点对多点（或称一点多址）通信功能。除此之外，辐射中心还配有路由器等设备，以根据各链路的通信质量自动选择通信路由（即无线通信链路）。

9.9.3 微波跳频接力机组网

如前所述，无论微波接力机采用何种抗干扰技术体制，都要适应辐射状和链路状两种基本组网形式。为此，微波跳频接力机在组网设计中需要考虑一些具体的问题，其他抗干扰体制的微波接力机也是如此，否则将难以或不能适应野战网组网要求。

1. 链路状组网、辐射状组网与跳频组网的关系

值得指出的是，链路状组网和辐射状组网是从网络结构形式意义上讲的，对于微波接力机跳频组网，从网间跳频图案的时序关系上讲，有同步组网和异步组网之分。需要讨论清楚微波跳频接力机链路状组网、辐射状组网与跳频同步组网、异步组网的关系。

由于微波跳频接力机采用的是定向天线，一对定向天线之间的波束只覆盖一跳无线传输链路，与其他无线链路在射频上没有信息交换，无论是辐射状组网还是链路状组网均是如此。在链路接力时，如果本站的射频信号可以越过中间接力站到达另一接力站，则中间接力站便是多余的。另外，对定向天线的前背隔离和波束旁瓣有相应的要求，本跳链路（一对定向天线之间）的射频对其他链路的影响应该控制在允许的范围之内。

可见，从微观上看，无论是链路状组网还是辐射状组网，各微波跳频接力机之间应是相互不影响的点对点通信，或者说一个微波跳频接力网是由众多的两端对通的小网组成的集合，且每个小网之间是不能实现射频信息交换的。所以，无法从无线上传递和交互各小网之间的跳频同步信息，就是说微波跳频接力机难以实现跳频同步组网，但可以很方便地实现跳频异步组网。如果利用有线连接各接力站，传递同步组网信息，接力通信也就不需要了。另外，由于辐射中心的地域范围很小，在辐射中心各方向第一个接力站之间可以用有线方式连接，以传递同步组网信息，实现同步跳频组网。但是，这种做法至少存在两个问题：一是在辐射中心各方向第一个接力站之间用有线方式连接，在使用上显得不便；二是各方向每跳链路中的异步跳频图案如何与辐射状网的同步跳频图案相衔接。

可见，微波跳频接力机至多能实现“半同步组网”，即辐射状网为同步网，而链路状网为异步网，不能实现完全的跳频同步组网。下面以跳频异步组网和具有一定隔离频段的异频（段）双工跳频为前提，分别讨论微波跳频接力机的链路状组网和辐射状组网及其复合组网。

2. 跳频链路状组网

跳频链路状组网比较简单，相当于一个方向的辐射状组网。

在微波接力机定向天线前背可靠隔离的基础上，一个方向的多跳链路同时只需设定两个异频段的跳频图案，分别对应每个微波接力机的收发两个频段（一对双工异频频段）。对于同一个接力站来说，两部微波接力机（对应两个方向）的发射频段相同，接收频段也相同。

在第 8 章中已经讨论了微波跳频接力机不能在射频和中频转接，只能在基带转接，即落地转接。所以，每一跳链路的跳频图案及跳频密钥可相互独立，是异步的。为了提高链路跳频图案的反侦察能力，同时也便于系统实现和使用，跳频链路状组网中的跳频密钥设置可采用如下方式：

（1）每两个对通的微波接力机之间（即一跳）双向通信采用相同的跳频密钥，但同一方向不同的各跳链路采用不同的跳频密钥。

（2）使用时各跳频密钥的分配方法未必是固定的，可根据使用要求通过跳频参数注入器注入，由主机面板调用，以选择和更换。

按照以上方式，意味着同一方向各跳链路虽然只采用两个收发频段，但各跳链路之间的跳频图案规律不同。当然，若允许，也可以相同。于是，第 8 章中图 8-9 所示的接力通信的异频双工跳频信道设置，演变成跳频链路状组网时跳频图案、跳频密钥与收发频段的对应关系，如图 9-31 所示。其中，F_i 为收发频段（频率表），PK_i 为跳频密钥，PRG_i 为跳频图案。而在定频链路状组网中，各跳链路只需两个异频收发频率即可，即所谓的“二频制”。由此可见，跳频链路状组网时收发频段跳频图案的设置是定频链路状组网“二频制”的扩展，在使用上是类似的，只不过跳频链路状组网“二频制”的内涵有所不同而已。

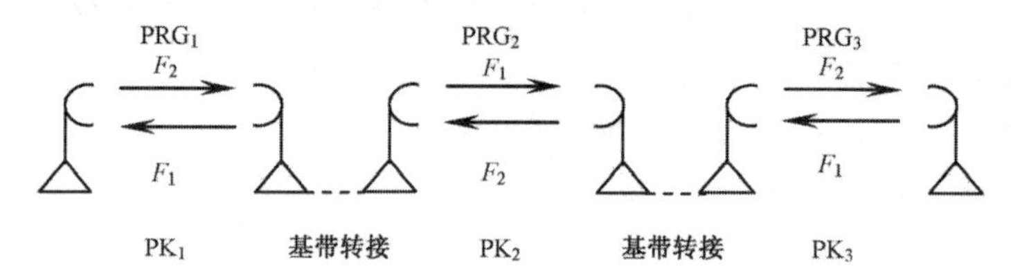

图 9-31　一种跳频链路状组网主要参数可能的对应关系

严格地讲，跳频链路状组网为三维分割，即（F_i，PK_i，PRG_i），它代表了某一方向某一跳的跳频参数，必要时可加上方向参数。这是微波跳频接力机在链路状组网运用和跳频参数管理的核心。

另外，正是由于跳频链路状组网在微观上是点对点跳频，且在基带转接，所以信号在多跳之间的传输时延对跳频链路状组网不产生任何影响，也不会因多跳传输造成信号的相差积累。只要保证了每个点对点之间的跳频，即保证了跳频链路状组网和整个链路的高速率跳频数据传输。但是，若经多跳后的信号传输时延较大，将对交换机产生不利影响，造成互通率下降和群路回声。跳频链路接力通信总的信号传输时延主要由多跳空中传输时延、跳频数据处理时延、信号交织处理时延以及纠错处理时延等部分组成。实际上，接力链路中信号的空中传输时延和纠错处理时延并不大，主要是跳频数据处理和信号交织处理等环节会产生较大的信号处理时延，工程中需要提出相应的要求，以满足交换机的需要。

3. 跳频辐射状组网

相对于跳频链路状组网而言，跳频辐射状组网要复杂一些，主要考虑的是辐射中心周围各微波接力机定向天线的旁瓣和尾瓣的相互干扰等问题。

波束旁瓣有可能与两个相邻微波接力机的旁瓣交叉重叠，从而造成互扰。解决这一问题的可能方法，主要是对辐射中心周围的各微波接力机交叉分配频段或分频段配置，使得相邻方向的跳频图案不在同一频段上。这样一来，即使在相邻辐射方向的夹角很小时出现波束重叠，也不会发生频率碰撞。不过，分频段配置是以频谱资源和频率数充足为前提的，此时若在相邻频段交界处留出一定的频率保护间隔，网间电磁兼容效果会更好。在频谱资源一定的条件下，频段划分越多，尽管便于分配，但每个微波接力机的跳频频率数随之减少。所以，频谱资源应与辐射方向数相匹配。当然，从技术上减小定向天线主波束宽度、降低旁瓣强度等措施，将有利于辐射状组网。

天线波束尾瓣有可能与相反方向微波接力机的尾瓣交叉重叠，从而造成尾瓣互扰。解决这一问题的可能方法，主要是在频段交叉的基础上，在使用中尽量避免相反方向微波接力机分配相同的频段，或适当加大辐射中心的几何范围，以相同频段尾瓣不造成互扰为原则。在技术上，主要是降低定向天线尾瓣的强度和使用功率自适应功能来提高网间电磁兼容性能。

根据第 8 章图 8-8 的频段划分方法，假设将可供微波接力机跳频工作的频段范围划分为四个频段 F_1、F_2、F_3 和 F_4。其中，F_1 与 F_3、F_2 与 F_4 构成两对双工跳频信道，且各对双工频段之间一般能自然满足收发频段隔离的要求。但在辐射状组网情况下，为了避免相邻辐射方向波束之间的互扰，相邻频段之间还需要留出一定的频率保护间隔Δf，以相邻频段最高频点和最低频点的调制信号频谱的下降沿和上升沿不交叉为原则，如图 9-32 所示。

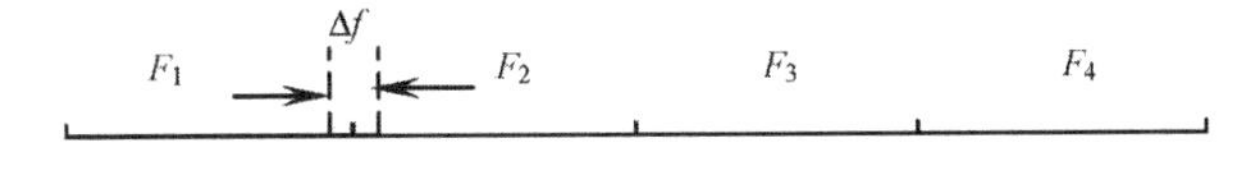

图 9-32　四个异频频段及其相邻频段的保护间隔

如此给出的四个频段和两对双工跳频信道，在一定的辐射中心范围内，可以实现多个方向的跳频辐射状组网，一种四、六、八个方向跳频辐射状组网如图 9-33 所示。其中，F_i—F_j（i =1,2；j =3,4）对应收—发或发—收。可见，相邻辐射方向处在不同的双工频段上，并交替分配频段，再与相应的跳频图案和跳频密钥组合，即可形成辐射状组网的跳频参数（F_i，PK_i，PRG_i），其中 i =1,2,3,4。战术使用时，图 9-33 所示的辐射方向图未必几何对称，可能有些方向角较大，有些方向角较小。

为了提高反侦察性能，在辐射状组网时，相邻辐射方向的跳频密钥也应交替分配，并与频段划分相对应。

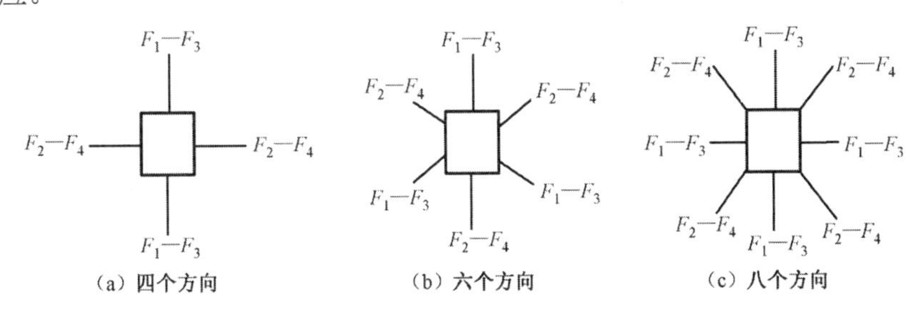

图 9-33　跳频辐射状组网与跳频双工信道的一种对应关系

4. 跳频链路状与辐射状复合组网

在实际应用中，往往是链路状组网与辐射状组网复合使用的。此时，辐射状网中的某一站即是链路状网中的第一站，所以各方向链路第一跳的双工跳频信道（包括频段和跳频密钥及跳频图案等）应满足辐射状组网要求，后几跳的跳频信道以第一跳为基准，逐跳按链路状组网的规则设定。

微波跳频接力机的跳频参数需要按照其组网规则进行规划与管理，每跳链路分配一对双工跳频信道，否则难以实现微波跳频接力机的组网。

值得指出，以上异步跳频链路状和辐射状组网方式除了方便战术使用以外，还特别有利于网络抗干扰和反侦察能力的提高。由于异步跳频组网方式，使得在微观上每跳链路是独立的点对点跳频通信，若某一跳链路的跳频参数被敌方侦察，不至于对其他跳频链路和整个微波跳频接力网造成威胁，安全性能好。若某一跳链路被敌方成功阻塞或跟踪干扰，可以从另外的链路进行迂回通信，不至于使通信中断。

实践表明，以上微波跳频接力机的组网方式能满足战术使用要求，但不排除还有其他更好的微波跳频接力机组网方法。

9.9.4 微波直扩接力机组网

从一般意义上讲，直扩通信设备若采用码分多址的通信方式，需要重点解决远近效应和直扩地址码的优选等问题。在军用微波直扩接力机的应用中，虽然多用于车载，需架设使用，但不是动中通，可以较方便地通过调整功率克服远近效应。由于部署地域的地形千变万化，使得有时辐射方向夹角较小，因此直扩码型的相关性仍然是一个重要问题。为了保证微波直扩接力机的使用效果，在工程中除了要提出和实现相应的技术指标外，不能使用固定射频和仅仅依靠直扩码来区分辐射方向和链路。应在“二频制”的基础上，选择多组相关性能好的直扩码，利用码分和频分二维分割来实现微波直扩接力机组网，即形成微波直扩接力机的直扩参数（C_i，f_i），必要时可加上方向参数，如图 9-34 所示。其中，C_i 表示一组直扩码，f_i 表示“二频制”的一对频率。

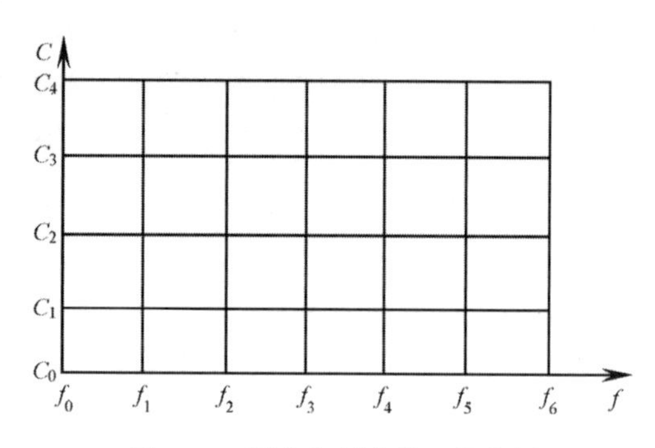

图 9-34 码分和频分的二维分割

在直扩辐射状组网时，不同的辐射方向交叉分配不同的收发频率及其相应的直扩码组；在直扩链路状组网时，同一方向上的各跳直扩链路最少也要采用两个收发频率，每跳链路采用不同的直扩码组。当然，在频谱资源较多时，同一方向上的各跳链路也可采用多组不同的收发频率。

如果辐射中心配备全向天线的中心站，在直扩辐射状组网时，可采用同频码分多址方式，以实现一点多址通信功能。当然，如果全向天线的频带较宽，且信道机许可，也可实现异频码分多址的直扩辐射状组网，而链路状组网仍可采用以上所述方式。

9.10 跳码通信组网及其运用

本节采用与跳频组网对偶的分析方法，讨论跳码通信组网问题，其基本的组网方式有：跳码同步组网和跳码异步组网。

9.10.1 跳码同步组网

与跳频同步组网类似，跳码同步组网是指各网的直扩码集、跳码图案算法及跳码密钥等要素相同，各网的每一起跳时刻相同，并且任一时刻的各网瞬时直扩码正交的跳码组网方式。类似于图 9-3 所示的跳频同步网时间—频率关系示意图，图 9-35 给出了 N 个直扩码组的两个跳码同步网的时间—直扩码关系示意图，或称之为“时—码”矩阵，其中 T_{h} 为跳码周期。

按照跳码同步组网的基本定义，各网的通信载频可以相同，也可以不同。若各网的通信载频相同（可以是固定载频，或自动改频，甚至跳频），则方便网间同步信息交换的设计，但不足是对各网直扩码相关性的要求高。若各网通信载频不相同，则可降低对各网直扩码相关性的要求，但对网间同步信息交换要进行专门的设计，如设置专用勤务信道，以满足网间同步信息交换的要求。在这种情况下，需要考虑勤务信道的安全问题。

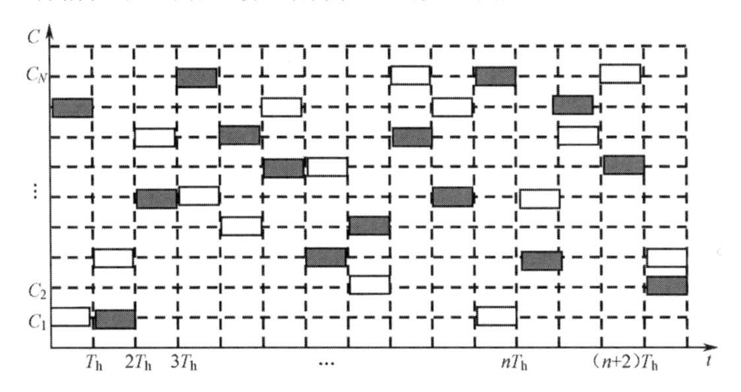

图 9-35　两个跳码同步网时间－直扩码关系示意图

与跳频同步组网类似，可以对偶地得出跳码同步组网性能的一些定性结论，但跳码同步组网又有一些自身的特点。

跳码同步组网的优点之一是组网效率比较高，给定相互正交的直扩码数量 N，可以组较多的跳码同步网。从图 9-35 可见，理论上跳码同步组网数量等于所用直扩码数量，组网效率为 100%，其前提是 N 个直扩码之间具有严格的正交性，在工作中各同步网之间不会发生直扩码碰撞（相关互扰）。但是，实际中各直扩码之间不可能做到理想的正交性，使得跳码同步、跳码建网和跳码通信过程受到影响，实际跳码同步组网效率达不到 100%。

跳码同步组网的优点之二是反侦察性能好。多个跳码网在同一个跳码码集上进行跳码通信，在每一时刻，出现多个正交或准正交的直扩码信号，且跳码规律一样、跳码码集一样，使得敌方的侦察接收机难以区分某个直扩码信号在当前的瞬间属于哪个跳码网，不便确定哪个跳码网为相关跟踪干扰或信息截获的对象。因此，跳码同步组网的反侦察性能强于单网跳码通信。

跳码同步组网与跳频同步组网相同的缺点是同步建网和维持各网间同步关系的过程相对复杂，且安全性不高。其原因与跳频同步组网类似，在此不再赘述。

跳码同步组网的抗干扰能力可分为各同步网载频相同和不相同两种情况予以分析。当各同步网载频相同时，且相同隶属关系的所有同步网均使用同一个跳码码集，这对于敌方来说，就是一个跳码码集，其抗相关干扰和非相关干扰能力与采用相同码集的单网相同。当各同步网载频不相同时，其抗相关干扰和非相关干扰能力是在相同载频同步网（或单网）抗干扰能力的基础上增加频率数的增益。

9.10.2　跳码异步组网

与跳频异步组网类似，跳码异步组网是指各跳码网之间的起跳时刻、跳码图案及跳码码集没有约束关系的跳码组网方式，各网的通信载频可以相同，也可以不同。

其跳码码集的设置有两种类型：一是异步正交组网，即各异步网的跳码码集相互独立，没有相同的直扩码，即使多个异步网同时工作在相同的载频上，也不会发生直扩码碰撞；若各网载频不同，则更不会形成干扰。二是异步非正交组网，即各异步网有部分直扩码相同或用一个跳码码集组多个异步网（即全部直扩码相同），此时若各异步网同时工作的载频相同，各网直扩码之间会出现随机碰撞，从而形成相关干扰；若各异步网同时工作的载频不相同，将不会形成相关干扰。

跳码异步组网的优点之一是使用方便。因为各异步网在跳码码集、载频及网号等参数分配之后，使用中具有相对独立性，与其他网之间没有时基信息交换，也不需要顾及其他网。优点之二是多网使用时抗相关干扰能力较强。只要各异步网的跳码码集分配适当，即使干扰了某一部分直扩码，也只能干扰该部分直扩码对应的跳码网，而不会影响其他跳码码集的跳码网。优点之三是安全性好。这是由于各异步网均采用自己独立的跳码密钥，如果丢失一部电台，只对该电台的所在网构成威胁，对其他网不构成威胁。

跳码异步组网的缺点之一是组网效率不高。特别是异步非正交组网，采用相同的跳码码集和载频，同时使用的各异步网之间会出现直扩码碰撞；对于异步正交组网，由于它采用相互独立的跳码码集，又要求有足够的相关性能好的直扩码资源，在一定直扩码资源情况下，若组网数量较多，则满足要求的直扩码数量往往难以保证。缺点之二是抗侦察分选性能不及跳码同步网。这是由于各跳码异步网的跳码码集、跳码图案以及跳码同步等都是相互独立的，不可避免地会有信号特征上的差别，从而给敌方的侦察分选和干扰带来某些方便；若各跳码异步网采用不同的载频，则又会增加一种信号特征。

9.11 差分跳频组网及其运用

差分跳频组网是一个新的问题，直接关系到差分跳频体制的实用性，但目前对其认识还不够成熟。需要研究差分跳频组网参数、组网方式和性能以及它与传统跳频组网方式的异同点等问题[23, 53-55]。

9.11.1 差分跳频组网参数种类分析

为了研究差分跳频电台的组网问题，首先需要了解其跳频参数及其与传统跳频参数的异同。

由差分跳频原理可知，G 函数需要一个起始频率才能根据当前数据信息映射出下一跳频率。由于一部差分跳频电台中的 G 函数未必是唯一的，为了保证正常的差分跳频通信和组网时各网互不干扰，必须预置相应的 G 函数，在组网控制中应有 G 函数号这一参数。同时，尽管接收端采用异步跳频方式进行数字化宽带接收，仍然需要建立帧同步，这样才能保证数据的解调。考虑到帧同步的安全性，应对帧同步设置初始密钥，并与实时时间（又称实时时钟）进行非线性运算产生流动密钥，以保证帧同步模式的时变性。另外，帧同步模式中还需要携带网号等信息。各网电台根据接收到的帧同步模式，只接纳本网的数据信息。因此，差分跳频电台组网时，帧同步频率、帧同步密钥、实时时间及网号等是必不可少的参数，需要的其他参数还有频率表、起始频率及扇出系数等。各参数的意义和作用如下：

（1）频率表：由 N 个频率组成的一个跳频频率集，用于差分跳频通信。

（2）实时时间：代表跳频帧同步所需的伪随机码发生器实时状态，参与产生帧同步模式的非线性运算。

（3）起始频率：差分跳频电台的起跳频率或每帧的起跳频率。

（4）G 函数号：表征各差分跳频网的 G 函数及相应的 G^{-1} 函数代号，决定差分跳频电台的跳频图案及解跳算法。

（5）帧同步密钥：决定跳频帧同步所需的伪随机码发生器的初始状态。

（6）网号：表征跳频电台所组成的跳频网的代号。

（7）帧同步频率：传输差分跳频帧同步信号的频率，是通信双方约定的一个频率子集，可在跳频通信频率集中选取，且帧同步频率是时变的。

（8）扇出系数：表明由当前频率转移到下一个频率子集的频率数，与每跳携带的信息比特数有关。

为便于对比，这里列出常规跳频电台主要组网参数—— 频率表、实时时间、跳频密钥、网号及同步频率等，其意义和作用如下：

（1）频率表：与差分跳频电台相同。

（2）实时时间：代表跳频同步所需的伪随机码发生器实时状态。

（3）跳频密钥：决定跳频图案所需的伪随机码发生器的初始状态。

（4）网号：与差分跳频电台相同。

（5）同步频率：传输跳频同步信息所用的频率。

由以上讨论和比较可知，常规跳频电台的组网参数和差分跳频电台的组网参数有些相同，如跳频频率表、网号等；有些不同，如起始频率、G 函数号、起始频率、帧同步频率、扇出系数等；有些名称相同，但用途不同，如实时时间和跳频密钥等。

由于差分跳频的原理及参数与常规跳频的原理有着很大的差别，使得它们的组网性能也有很大的不同。例如，对于常规跳频电台组网，频率相同时会造成干扰，而频率不同时不构成干扰；对于差分跳频电台，频率不同可能会造成干扰，而频率相同时，如果削弱有效频率的幅度则形成干扰，如果加强频率的幅度则不形成干扰，与两个频率之间的相位有关。可见，差分跳频各子网间的异频干扰是制约差分跳频组网或多址性能的主要因素，当异频干扰落在差分跳频频率转移子集之内时影响尤为严重。所有这些，主要是由于差分跳频的“异步跳频”体制引起的。

9.11.2 差分跳频同步组网特性分析

与常规的跳频同步组网相比，差分跳频同步组网有着自身的特殊性，技术难度也很大，需要采取一些特殊的措施，并分析差分跳频同步组网的特性[55]。

1. 差分跳频同步组网特殊性

在 9.2.2 节中给出了常规跳频同步组网的定义，其前提是同频造成干扰，异频不造成干扰，而差分跳频则是异频可能会造成干扰。因此，差分跳频同步组网的概念应扩展为：在同一张频率表的条件下，当各差分跳频网每一跳的起跳时刻相同时，任一时刻各网瞬时频率不相互形成干扰。

由于差分跳频图案是由随机数据信息控制 G 函数产生的，而各差分跳频网每部电台的数据源是相互独立的，即使各台及各网之间在时间上有约束关系，也难以实现各台各网之间频率的人工干预。这样一来，当接收方收到的频率为当前 G 函数映射出的除当前发送频率之外的有效转移频率子集中的某一频率时，就会形成干扰。也就是说，要做到差分跳频各网当前跳变频率不落在其余网 G 函数映射的频率子集之内是有着相当困难的，即差分跳频同步组网时各子网间的干扰存在难以控制性。需要通过研究 G 函数的算法，寻找适当的映射途径，使得各网跳变时刻相同，但任一时刻各网瞬时频率不相互形成干扰。可见，从技术角度看，差分跳频体制似乎难以实现同步组网。下面从理论上探讨差分跳频体制同步组网的可能性。

2. 一种基于 G 函数族的差分跳频同步组网

由上述分析可知，差分跳频组网时，各子网间的异频可能会造成互扰。但是，这种异频互扰的前提是互扰频率落在由 G 函数决定的频率转移子集中；如果落在频率转移子集以外，按照差分跳频的频率编码规则，该互扰频率就是无效转移频率。也就是说，即使互扰频率落在跳频频率表中，只要不落入频率转移子集，就不会造成互扰。如果能保证在同一时刻各子网在 G 函数控制下的频率转移子集中没有相同的频率，即频率转移子集相互正交，则在同一时刻，一个网的频率就不会落入另一个网的频率转移子集中，各子网间就不会产生互扰。

因此，上述差分跳频同步组网定义中“任一时刻各网瞬时频率不相互形成干扰”的实质，就是同一时刻各子网的频率转移子集相互正交；而在常规跳频同步组网中，是同一时刻各子网的瞬时频率正交，其内涵发生了很大的变化。图 9-36 给出了差分跳频同步组网应具有的时间－频率转移子集关系示意图。其中，横轴为时间，纵轴为频率转移子集。不同的方块代表不同的跳频子网在 G 函数控制下的频率转移子集 f_i，在同一时刻，各子网的频率子集相互正交。

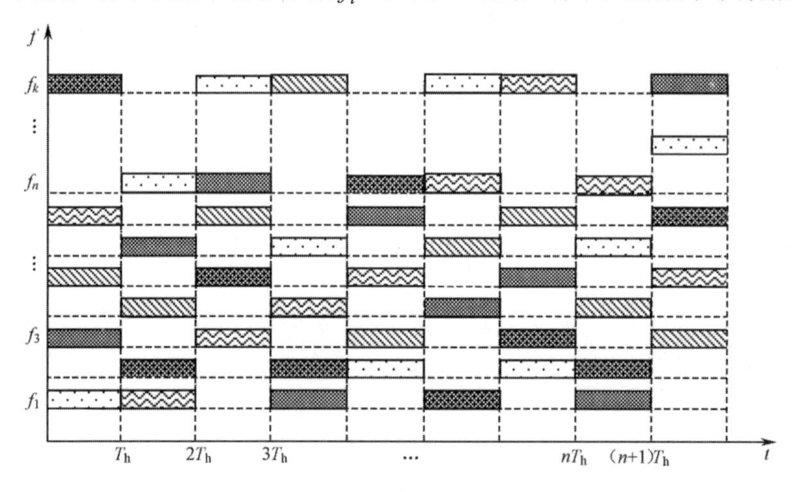

图 9-36　差分跳频同步组网的时间－频率转移子集关系示意图

为了保证差分跳频同步组网，涉及 G 函数族的概念及其设计[56]。所谓 G 函数族，是指一组 G 函数及其逆函数 G^{-1}，只要各网起始频率分别位于不同的相互正交的频率转移子集中，在不同 G 函数的控制下，下一跳的频率也分别落在相互正交的频率转移子集中，利用相应的 G^{-1} 函数进行解调时就不会出现互扰。

从上面的分析可以得出，差分跳频同步组网的关键是 G 函数族的设计，而 G 函数族的设计关键在于各时刻频率转移子集的划分。频率转移子集的划分有两种可能的方法：一种是在通信前划分频率转移子集，在通信过程中各频率转移子集固定不变；另一种是在通信过程中动态划分频率转移子集，频率转移子集伪随机变化。这两种方法的共同准则是各频率转移子集必须相互正交，以保证每个 G 函数在同一时刻的输出频率处于不同的频率转移子集之中。

设跳频频率集 F 的频率数为 N，由于每一时刻每个差分跳频网的频率转移子集至少有 m 个频率，因此频率集 F 最多可划分的相互正交的频率子集 F_i 的个数 k 为

$$k = [N/m] \tag{9-23}$$

式中，[•]表示取整。通常情况下，N 是 m 的整数倍。

G 函数族的设计原理可以用图 9-37 表示[56]。其中，$X_{iN}(i=1,2,\cdots,k)$ 为各函数当前信息符号；$f_{i(N-1)}(i=1,2,\cdots,k)$ 为各函数前一跳的频率，这些频率分别属于不同的跳频频率转移子集；

$f'_{iN}(i=1,2,\cdots,k)$ 为各函数未经正交调整的当前输出频率，这些频率在绝大多数情况下都不满足 G 函数族的定义要求，还需要进行调整；$f_{iN}(i=1,2,\cdots,k)$ 为经过正交调整后的各 G 函数输出的当前频率，这些频率一定分别落在相互正交的频率转移子集中。

经过这样设计出来的一组 G 函数为一个 G 函数族，只要输入的起始频率在相互正交的频率子集中，每一时刻各函数输出的跳频频率子集就正交。在差分跳频同步组网时，只要各子网选择 G 函数族中不同的且相互之间具有一定约束关系的 G 函数，并保证起始频率在相互正交的频率转移子集中，在用相应的 G^{-1} 函数进行解调时，各子网间就不会发生互扰。

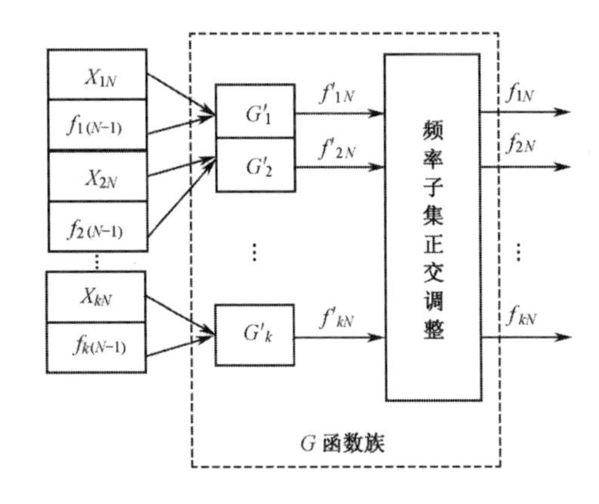

图 9-37　一种 G 函数族设计原理框图

3. 差分跳频同步组网数量及组网效率分析

由以上分析可知，基于 G 函数族概念的差分跳频同步组网，Q 个同步子网对应的频率转移子集在每一个瞬时均正交，一个同步子网需要 G 函数族中的一个 G 函数，Q 个子网要求相同频率数 N 的 G 函数族中至少有 Q 个 G 函数。一个 G 函数族最多只能有 k 个 G 函数，则最大同步组网数量 $Q_{\max}$ 为

$$Q_{\max}=k=[N/m]=[N/2^{\mathrm{BPH}}]\tag{9-24}$$

式中，[•]为取整运算。

差分跳频同步组网的效率为

$$\eta=Q_{\max}/N=[N/2^{\mathrm{BPH}}]/N\tag{9-25}$$

当 N 与 2^{BPH} 之间是整数关系时，式（9-25）变为

$$\eta=1/2^{\mathrm{BPH}}\tag{9-26}$$

此时，差分跳频的同步组网效率随着 BPH 的增大而呈指数下降，当 BPH 取最小值 1 时，差分跳频同步组网效率达理论最大值 0.5；而常规跳频同步组网效率的理论最大值为 1，比差分跳频高 2^{BPH} 倍。这是一个重要的结论。

由式（9-24）可以画出当 N 分别为 256、128、64、32 时，差分跳频同步组网数量 Q 与 BPH 的关系曲线，如图 9-38 所示。可见，当 BPH 一定时，N 越大，差分跳频同步组网数量 Q 也越大；当 N 一定时，随着 BPH 的增加，差分跳频同步组网数量呈指数下降，当 $N<2^{\mathrm{BPH}}$ 时差分跳频同步组网数量为零。

由式（9-24）可以画出当 BPH 分别为 1、2、3、4 时，差分跳频同步组网数量 Q 与频率集中频率数 N 的关系曲线，如图 9-39 所示。可见，当 BPH 一定时，随着 N 每增加 2^{BPH}，差分跳频同步组网数量 Q 增加 1，当 $N<2^{\mathrm{BPH}}$ 时，同步组网数量为零；当 N 一定时，BPH 越小，差分跳频同步组网数量越大。

由式（9-24）和图 9-38、图 9-39 可见，差分跳频同步组网数量的增加是以频率资源的增加和数据速率的降低为代价的。

由式（9-25）可以画出当 BPH 分别为 1、2、3、4 时，差分跳频同步组网效率 η 与频率集中频率数 N 的关系曲线，如图 9-40 所示。可见，当 N 一定时，差分跳频同步组网效率完全由

BPH 值决定，BPH 值越小，同步组网效率越高，在 BPH＝1 时有最大同步组网效率 0.5；当 $n\times 2^{\text{BPH}} < N < (n+1)\times 2^{\text{BPH}}$（$n$ 为任意自然数）时，组网效率随着 N 的增加而下降，但随着 n 的增加，这种下降的幅度减小；当 $N \gg 2^{\text{BPH}}$ 时，同步组网效率近似为定值 $1/2^{\text{BPH}}$ 。图 9-40 中各曲线的上下摆动是由于取整运算所致。

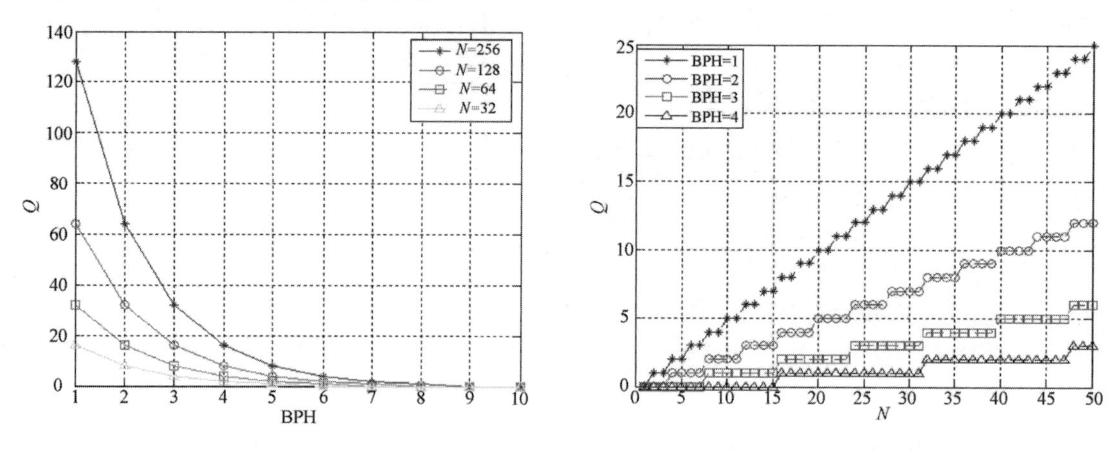

图 9-38　差分跳频同步组网数量 Q 与 BPH 的关系曲线　图 9-39　差分跳频同步组网数量 Q 与 N 的关系曲线

由式（9-25）和式（9-26）可以画出当 N 与 2^{BPH} 为整数关系时，同步组网效率 η 与 BPH 的关系曲线，如图 9-41 所示。可见，随着 BPH 的增加，差分跳频同步组网效率呈指数下降，同步组网效率最大为 0.5。

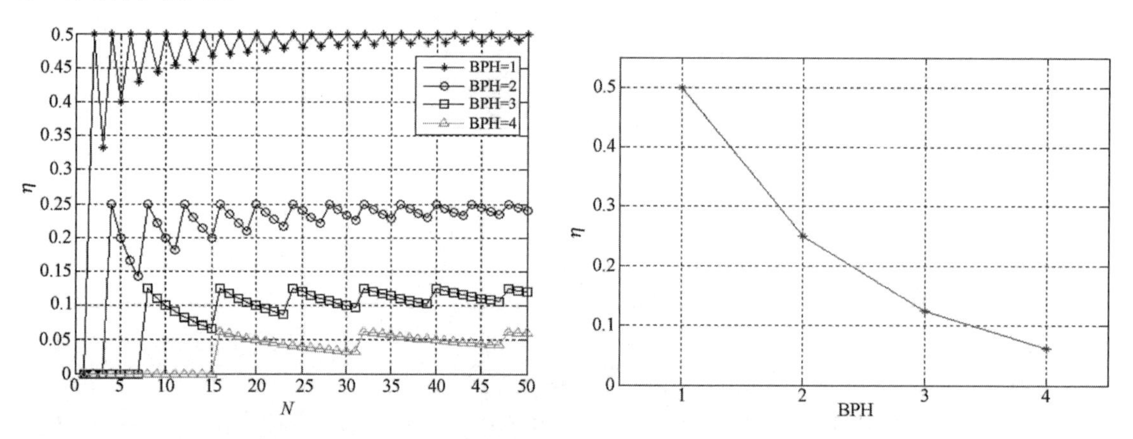

图 9-40　差分跳频同步组网效率 η 与 N 的关系曲线　　图 9-41　N 与 2^{BPH} 为整数关系时 η 与 BPH 的关系曲线

9.11.3　差分跳频异步组网特性分析

与常规跳频异步组网相比，差分跳频异步组网时频率碰撞形成干扰的机理不尽相同。下面分析差分跳频异步组网[23]的网间互扰概率和组网效率。

1. 差分跳频异步组网的网间互扰概率分析

差分跳频在组网时形成异频互扰的前提，是各网的频率在某一瞬时会进入相邻网的频率转移子集内。

当各差分跳频异步网的频率表相互独立且正交时，各差分跳频异步网在某一时刻的频率一定不同。按照 G 函数的算法，当前转移频率只能在给定的频率表中映射产生。当某网收到不同频率时，只要不在本网频率转移子集内，便不满足 G 函数正反变换的约束，形成异频互扰的前提不成立，因而不影响接收端对数据的判断，也就不形成网间互扰。不过，这种方法需要占用较多的频率资源。

当各差分跳频异步网采用的频率表之间存在频率交叠时，分为各差分跳频异步网共用一张频率表和各差分跳频异步网频率表有部分频率相同两种情况。

先分析各差分跳频异步网共用一张频率表的情况，当 Q 个差分跳频异步网同时工作时，存在异频形成网间干扰的可能。

如果某一个差分跳频异步网的当前频率为 f_0，由 G 函数映射出的下一跳可能的频率转移子集为 f_1、f_2、f_3、f_4。如果下一跳的确切频率为 f_1，则只有当其他网在相同时刻出现的频率为 f_2、f_3、f_4 时，才会对该网形成互扰。如果其他网的频率是 f_1，最坏的影响就是削弱该网频率 f_1 的幅度；如果其他网出现 f_1、f_2、f_3、f_4 之外的频率，由于 G 函数的映射关系存在，故不会对该网接收数据的判断造成影响。

下面分析这种组网情况下的网间互扰概率，并视频率相同时不造成互扰，且只讨论每个网均受到一个邻网干扰的情况；对于每个网均受到其他所有网干扰的复杂情况暂不予考虑。

设差分跳频频率表的频率数为 N；Q 为差分跳频异步网数量；m 为扇出系数（转移子集的频率数），在 N 个频率中每个频率均可映射出 m 个频率；第 i 号网由 G 函数映射出的下一跳可能的频率转移子集为 f_1、f_2、f_3、…、f_m，第 i 号网当前是由 f_0 跳到 f_1，而另一个网则跳到 f_2、f_3、…、f_{m} 中的某个频率，则第 i 号网受到另一个网的影响。

可能发生的网间互扰的概率为一个条件概率，即

$$P = P\{\text{另一个网跳到} f_2、f_3、\cdots、f_m \text{中的某一个} | \text{第} i \text{号网由} f_0 \text{跳到} f_1 \text{且由} G \text{函数映射出的频率转移子集的其余跳频频率为} f_2、f_3、\cdots、f_m\} \tag{9-27}$$

令 A 为另一个网跳到 f_2、f_3、…、f_m 中某一个的事件，B 为第 i 号网由 f_0 跳到 f_1 且由 G 函数映射出的频率转移子集的其余跳频频率为 f_2、f_3、…、f_m 的事件，则有

$$P = P(A|B) = P(AB)/P(B) \tag{9-28}$$

因为 A、B 两事件之间是相互独立的，故 $P(AB) = P(A)P(B)$，即有

$$\begin{aligned} P &= P(A)P(B)/P(B) = P(A) \\ &= (m-1)/N \end{aligned} \tag{9-29}$$

不发生网间互扰的概率为 $1-P$；

Q 个异步网同时工作时不发生网间互扰的概率为 $(1-P)^{Q-1}$；

Q 个异步网同时工作时发生网间互扰（每个网均受到一个邻网互扰的情况）的概率为

$$P_2 = 1-(1-P)^{Q-1} = 1-[1-(m-1)/N]^{Q-1} \tag{9-30}$$

由式（9-30）可画出 N 分别为 64、128，m 分别为 2、4，Q 个异步网同时工作时的几种网间互扰概率曲线，如图 9-42 所示。

由图 9-42 可见，当 m 一定时，N 越小，其网间干扰概率越大；当 N 一定时，m 越大，其网间互扰概率越大。这与定性的分析是吻合的。

以 m=4，N 分别为 128、64 为例，可给出不同数目的差分跳频异步网工作时，网间互扰概率的两组具体数据，如表 9-3 和表 9-4 所示。

从表 9-3 和表 9-4 可见，由于异频干扰的存在，当频率表频率数为 128、组网数量为 16 时，网间互扰概率达 29.9%；而当频率表频率数为 64、组网数量为 9 时，网间互扰概率达 31.8%。从此也可以看出，当差分跳频异步组网效率达 12%～14%时（$m=4$），网间互扰概率即达到

30%左右。当然，这是以进入频率转移子集的每个异频干扰频点在时序上完全重叠为前提的，为最大网间互扰概率。

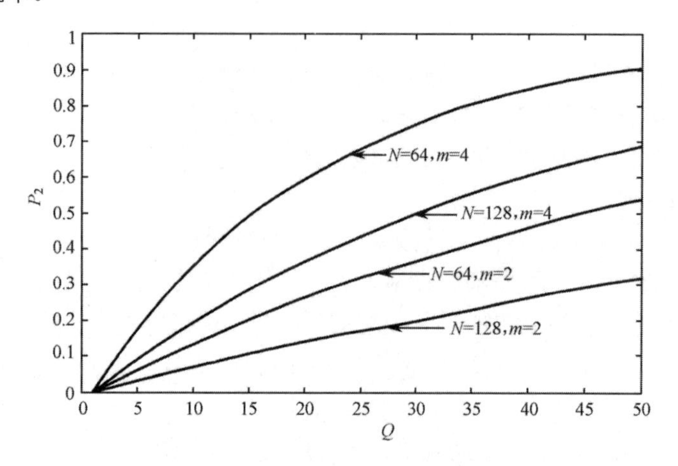

图 9-42　几种网间互扰概率曲线

表 9-3　N =128、m =4 时的一组网间互扰概率数据

组网数量 Q	2	5	8	12	16	18	20
网间互扰概率	0.023	0.090	0.153	0.229	0.299	0.332	0.363

表 9-4　N =64、m =4 时的一组网间互扰概率数据

组网数量 Q	2	4	6	8	9	10	11
网间互扰概率	0.0469	0.134	0.213	0.285	0.318	0.350	0.381

下面分析多个差分跳频异步网的频率表有部分频率相同的情况。当 Q 个异步网同时工作时，仍然存在异频形成网间互扰的可能。当各网频率表有部分频率交叠时，其示意图如图 9-43 所示。

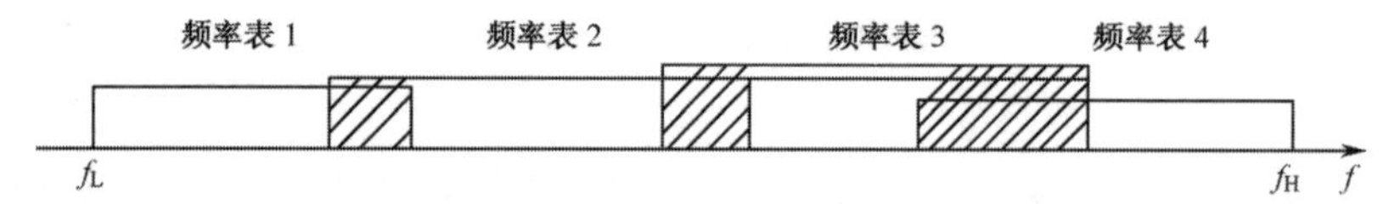

图 9-43　差分跳频异步组网多张频率表部分频率交叠示意图

设每张分频率表有 n 个频率，能组 q 个网（$q \geqslant 1$），共有 s 张分频率表，所有频率表共组 Q 个网（$q = Q/s$），各相邻频率表之间交叉重叠的频率数为 k，则每张频率表两端各最多有 k 个频率（$2k < n$）可能落在相邻频率表的转移子集内，其网间最大互扰概率为

$$P_3 = 1 - [1 - (m-1)/n]^{q-1} \cdot (2k/n) \tag{9-31}$$

整个频段高端和低端的两张频率表各最多只有 k 个频率可能落在相邻频率表的转移子集内，其网间最大互扰概率为

$$P_4 = 1 - [1 - (m-1)/n]^{q-1} \cdot (k/n) \tag{9-32}$$

2. 差分跳频异步组网效率分析

差分跳频异步组网效率主要考察各差分跳频异步网在使用同一张频率数为 N 的频率表情况下，异步组网数量 Q 与网间互扰概率的关系。跳频组网效率的基本定义为

$$\eta = Q / N \tag{9-33}$$

由同一张频率表组 Q 个异步网的网间干扰概率公式（9-30），可得

$$Q = 1 + \frac{\lg(1 - P_2)}{\lg[1 - (m - 1) / N]} \tag{9-34}$$

代入式（9-33），可得

$$\eta = \frac{1}{N} + \frac{\lg(1 - P_2)}{N \cdot \lg[1 - (m - 1) / N]} \tag{9-35}$$

当 $N \to \infty$ 时，有

$$\eta = -\ln 10\,[1/(m-1)]\lg(1 - P_2) = 2.3 \times [1/(1-m)]\lg(1 - P_2) \tag{9-36}$$

因此，当 $N \gg 1$ 时，有

$$\eta \approx \frac{2.3\lg(1 - P_2)}{1 - m} \tag{9-37}$$

可见，当跳频频率数 N 足够大时，组网效率 η 主要与扇出系数 m（实际上反映了数据速率）和网间互扰概率 P_2 有关。由式（9-37）可画出 m 分别为 2、4、8 时，差分跳频异步组网效率 η 与网间最大互扰概率 P_2 的关系曲线，如图 9-44 所示。

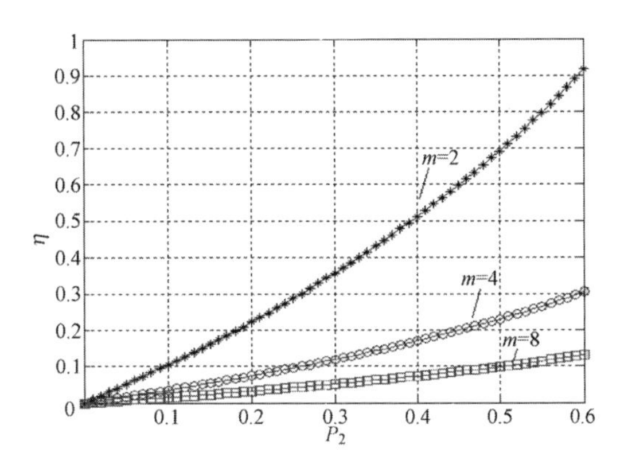

图 9-44　差分跳频异步组网效率与网间互扰概率关系曲线

由图 9-44 可以看出差分跳频异步组网效率 η 与网间互扰概率 P_2、扇出系数 m 之间关系的变化趋势：

（1）当 m 一定时，随着组网效率 η 上升，网间互扰概率增加，也就是说组网效率的提高是以网间互扰概率的增加为代价的。这是由于在各网转移子集大小和跳频频率表的频率数一定时，若增加组网数量，则进入频率转移子集异频干扰的机会增多。

（2）当 P_2 一定时，随着 m 的增加，组网效率 η 下降，也就是说组网效率的提高是以数据速率的降低为代价的。这是由于随着 G 函数中扇出系数 m 的增加，频率转移子集增大，在各网已给定频率资源的情况下，网间互扰概率增加。

以 m 分别为 2、4 为例，可给出组网效率与网间互扰概率两组具体的对应数据，如表 9-5 和表 9-6 所示。

表 9-5　m=2 时组网效率与网间互扰概率的对应数据

P_2	0.10	0.20	0.30	0.35	0.40	0.50
η	0.104	0.223	0.356	0.430	0.511	0.692

表 9-6　m =4 时组网效率与网间互扰概率的对应数据

P_2	0.10	0.20	0.30	0.35	0.40	0.50
η	0.035	0.074	0.120	0.143	0.170	0.231

由表 9-5 和表 9-6 中的数据可以看出，如果用一张频率表组多个差分跳频异步网，当网间互扰概率达 30%时，m =2 对应的组网效率为 35.6%，m =4 对应的组网效率为 12.0%。

本章小结

本章主要讨论了通信网络抗干扰涉及的一些基础知识和运用方法，为通信抗干扰的网络运用奠定了基础。通过介绍通信网络抗干扰的基本概念、应用需求和研究内容等，明确了通信网络抗干扰的基本框架；在介绍跳频组网分类及其存在问题的基础上，讨论和明确了跳频同步组网、异步组网、正交组网和非正交组网的基本概念、组网过程、信号特征、组网性能及其相互之间的关系；在介绍跳频电台反侦察组网意义的基础上，讨论了跳频网分选概率与跟踪干扰概率、跳频电台有效反侦察组网数量、高密度跳频异步组网方法及其频谱效率描述方法等内容，得出了明确的结论；在介绍跳频电台组网状态和工作状态划分的基础上，讨论和明确了跳频电台典型组网状态的转换及其条件；在介绍跳频电台定频互通和跳频互通基本概念的基础上，讨论和明确了跳频互通的必要和充分条件；在介绍干扰椭圆及其意义的基础上，讨论和分析了干扰椭圆的形成机理，干扰椭圆的特点，干扰椭圆在二维空间、三维空间和定向天线等条件下的战术运用以及干扰椭圆与差分跳频的关系；在介绍短波通信组网能力要求的基础上，讨论了短波通信组网的特点及其复杂性、短波通信网的网络结构、短波通信网的协同点及其分布以及短波跳频组网与运用；在介绍战术电台互联网与战术互联网基本概念的基础上，讨论和明确了战术电台互联网与战术互联网的关系、战术电台互联网的基本组网要求及基本组网形式；在介绍微波接力机及其组网使用特点、使用场合的基础上，讨论和明确了微波接力机与野战地域通信网的关系、微波接力机组网要求、微波跳频接力机和微波直扩接力机组网方法；在介绍跳码组网基本类型基础上，采用与跳频组网对偶分析的方法，探讨了跳码同步组网和跳码异步组网问题；在介绍和整理差分跳频组网参数种类的基础上，讨论了差分跳频同步组网和异步组网的方法，分析了组网特性，得出了差分跳频同步组网效率的理论极限值，尽管差分跳频的组网效率较低，实现的复杂性高，但只要通过合理的设计，利用差分跳频仍然可以进行有效的多址通信。

本章的重点在于网络抗干扰的基本概念、跳频组网方式、跳频电台反侦察组网的意义与方法、跳频电台组网状态与跳频互通、干扰椭圆的机理与运用、短波组网的特殊性与短波跳频组网运用、微波跳频接力机组网与运用、跳码组网与差分跳频组网的特殊性及其与常规跳频组网的区别等。

参考文献

[1] 姚富强．军事通信抗干扰及网系应用[M]．北京：解放军出版社，2004．

[2] 周龙．网络抗干扰技术及方法初探[J]．现代军事通信，2006（4）．

[3] 姚富强，朱自强，赖仪一，等．网络抗干扰技术探讨[J]．现代军事通信，1999（3）．

[4] 张毅，姚富强．网络抗干扰的初步研究与效能分析[J]．现代军事通信，2002（2）．

[5] 张禄林，赵亚男，张宁．网络抗干扰及其评估方法[J]．电讯技术，2004（6）．

[6] 姚富强．军事短波通信网中的若干问题及建议[J]．现代军事通信，1999（2）．
[7] 姚富强．我军短波抗干扰通信网建设中的若干问题及建议[C]．战略通信网研讨会，1998-10，北京．
[8] 姚富强，庹新宇．三军短波跳频电台技术管理体制中的几个问题[C]．1997 军事通信抗干扰研讨会，1997-10，南京．
[9] 骆连合，范淑艳，曹彦军．基于电路和 ATM 交换的通信网络抗干扰能力分析[C]．2007 军事通信抗干扰研讨会，2007-09，天津．
[10] PURSLEY M B，RUSSELL H B．Adaptive forwarding in frequency-hop spread-spectrum packet radio networks with partial-band jamming[J]．IEEE Transactions. on Communications，1993（4）．
[11] PURSLEY M B，RUSSELL H B．Routing in frequency-hop packet radio networks with partial-band jamming[J]．IEEE Transactions. on Communications，1993（7）．
[12] NEWPOINT K T，VARSHNEY P K．Design of survivable communication networks under performance constrains[J]．IEEE Transactions. on Relia.，1991（3）．
[13] 通信兵主题词表——释义词典：GJB 3866—99[S]．中国人民解放军总装备部，1999-08．
[14] 潘高峰．新军事革命下的网络对抗[J]．通信对抗，1999（增刊）．
[15] BRISCOE B，ODLYZKO A，TILLY B．Metcalfe's Law is wrong[J]．IEEE Spectrum，2006（7）．
[16] ODLYZKO A，TILLY B．A refutation of Metcalfe's Law and a better estimate for the value of networks and network interconnections[OL]．ResearchGate, March 2, 2005.
[17] 赵宗贵．伊拉克战争特点和启示[J]．系统理论与应用，2003（1）．
[18] 姚富强．认真研究伊拉克战争，加速我军信息化建设[J]．解放军理工大学学报（综合版），2003（3）．
[19] 姚富强．从美军新的作战理论看我军通信装备的发展[J]．解放军理工大学学报（综合版），2004（3）．
[20] 姚富强，李永贵，陆锐敏，等．无线通信抗干扰作战运用方法教范[M]．北京：解放军出版社，2015．
[21] 姚富强．一种高效跳频异步组网方式研究及应用[C]．2004 军事电子信息学术会议，2004-10，长沙．
[22] 王清泉，姚富强．战术跳频电台的组网运用及性能分析[J]．通信技术与发展，1993（6）．
[23] 赵丽屏，姚富强，李永贵．差分跳频组网及其特性分析[J]．电子学报，2006（10）．
[24] 姚富强，信俊民，扈新林．跳频通信有效反侦察组网数的确定[J]．现代军事通信，1995（3）．
[25] 姚富强．军事短波通信网中的若干问题及建议[J]．现代军事通信，1999（2）．
[26] 姚富强，张毅．干扰椭圆分析与应用[J]．解放军理工大学学报（自然科学版），2005（1）．
[27] 姚富强，张毅．跳频通信装备使用中的几何配置[C]．2004 军事电子信息学术会议，2004-10，长沙．
[28] TORRIERI D．Principles of military communication systems[M]．Artech House，1981．
[29] 狄克逊．扩展频谱系统[M]．王守仁，项海格，迟惠生，译．北京：国防工业出版社，1982．
[30] 吴凡．跳频网台信号分选技术研究[D]．南京：解放军理工大学，2006．
[31] 姚富强．外军通信抗干扰发展趋势[J]．现代军事通信，2004（1）．
[32] 杨小牛．关于军事通信抗干扰的若干问题——从通信对抗角度谈几点看法[J]．现代军事通信，2006（1）．
[33] 吴凡，姚富强，李玉生．跳频网台信号分选技术研究[J]．通信对抗，2005（1）．
[34] 扈新林，姚富强．一种实用的跳频码序列产生方法[J]．军事通信技术，1995（1）．
[35] 徐穆洵．跳频通信的抗干扰研究[C]．野战通信抗干扰体制研讨会，1994-01，北京．
[36] 刘凯，罗勇进，简明．外军通信对抗现状与发展[C]．第四届军事通信学术会议，1994-10，成都．
[37] 袁朝京．短波跳频信号侦收技术[C]．第四届军事通信学术会议，1994-10，成都．
[38] 郑辉．军事通信抗截获技术体制与能力评估[C]．2005 军事通信抗干扰研讨会，2005-11，成都．
[39] 吴凡，姚富强，李永贵，等．跳频高密度异步网台信号的分选[J]．电讯技术，2006（5）．

[40] 吴凡，姚富强．跳频信号侦察的现状与发展趋势[J]．现代军事通信，2005（2）．
[41] 吴凡，姚富强．基于反侦察技术的跳频异步网台信号分选[C]．2005 军事通信抗干扰研讨会，2005-11，成都．
[42] 李玉生，姚富强，吴凡．一种基于多参数融合的跳频同步正交网台信号分选算法[C]．2006 军事电子信息学术会议，2006-11，武汉．
[43] 吴凡，姚富强．跳频组网方式的确定及其网台信号分选的新思路[C]．2007 军事通信抗干扰研讨会，2007-9，天津．
[44] 赵丽屏，李永贵．跳频伴动战术应用研究[C]．2002 军事电子信息学术会议，2002-12，海口．
[45] 朱雪龙．蜂房移动通信的频谱效率与数字化[J]．移动通信，1991（3）．
[46] HENRY P S．Spectrum efficiency of a frequency-hopped-DPSK mobile radio system[C]．Vehicular Technology Conference，29th IEEE，Vol.29，March 1979.
[47] LEE W C Y．Spectrum efficiency in cellular[J]．IEEE Trans.on Vehicular Technology，Issue.2，May 1989.
[48] 姚富强，陈建忠．野战网群路通信抗干扰及组网体制研究[C]．1999 军事通信抗干扰研讨会，1999-10，南京．
[49] 扈新林，姚富强．跳频码序列性能检验探讨[J]．军事通信技术，1995（2）．
[50] Headquarters，Department of the army，USA．Tactics，techniques，and procedures for the tactical interner[Z]．FBCB2，Version 5，October 1997.
[51] 张传庆．我军移动通信网的现状及发展动向[C]．全国首届军事移动通信学术研讨会，1992-01，广州．
[52] 姚富强．现代专用移动通信系统研究[D]．西安电子科技大学，1992．
[53] 姚富强．短波差分跳频有关系统及技术问题分析[J]．电讯技术，2004（6）．
[54] 张毅，姚富强．差分跳频多址通信研究[J]．现代军事通信，2006（2）．
[55] 李勇，姚富强．差分跳频电台同步组网浅析[C]．2006 军事电子信息学术会议，2006-10，武汉．
[56] 姚富强，刘忠英．短波高速跳频 CHESS 电台 G 函数算法研究[J]．电子学报，2001（5）．

第 10 章 跳频通信战场管控工程与实践

跳频通信体制及其设备的广泛应用给战场的管理控制（简称管控）带来了很多新的问题。为了更好地发挥跳频通信设备应有的抗干扰效能，保证其正常的网系运用，根据跳频通信设备的技术特点及使用特点，本章分析跳频通信战场管控的需求，探讨跳频通信战场管控体制，阐述跳频通信战场管控实施过程和对跳频信号的影响等。本章的讨论有助于理解跳频通信设备使用的特殊性以及发挥其效能的途径。

10.1 跳频通信战场管控的需求

第 2 章、第 3 章已指出跳频扩谱通信是一个自损耗系统，为了在使用中降低网间互扰导致的自损耗，需要合理进行管控。这种需求是有实战教训的，应深刻认识并掌握其机理和内涵[1]。在这个问题上，跳频通信与定频通信的差别很大。

10.1.1 海湾战争的教训及原因分析

据了解，在 20 世纪 90 年代初发生的海湾战争中，美国为首的多国部队遇到了一个棘手的问题：他们先使用了跳频电台，然而在没有受到伊拉克军队（简称伊军）干扰和频率资源并不紧张的情况下，一方面这些跳频电台出现了严重的相互干扰，另一方面同频段跳频电台难以协同互通，最后不得不改用定频通信。其主要原因是：由于他们使用的跳频电台及其相应的战场管控系统来自不同的国家和厂商，不便或没有进行统一的跳频通信战场管控，并且跳频电台的技术体制不尽统一，这是一个沉痛的教训。

以上教训说明了一些深刻的道理：一是多国部队的作战对象没有干扰力量或干扰力量不强，否则使用常规的定频通信是不可能赢得战争胜利的；二是多国部队没有对较为密集的跳频通信设备及网络进行有效的战场管控，否则跳频通信不至于出现严重的相互干扰。

我们要正确对待和分析海湾战争的教训，并从中得出有益的启示，主要有：应根据作战需求，对跳频通信进行有效的战场管控，达到资源共享，以最大限度地发挥跳频通信设备的抗干扰效能，在武器装备密集、频谱资源紧张时更是如此。如果管理和组织不好，跳频通信设备在使用时，就会出现你也跳、我也跳、大家都在跳，最后乱了套，该互通时通不了，不该互通时乱互通，这是一个很可怕的局面。这进一步说明了跳频通信是一把双刃剑：用得好将具有很强的抗干扰能力，若用得不好，跳频通信效果反而不如定频通信。如果伊军有很强的干扰力量，多国部队后来采用定频通信显然是不合适的，特别是在 2003 年的伊拉克战争中，美英联军动用了大量地面部队，其战术电台如果受到伊军的强烈干扰，将严重影响地面部队作战和协同作战，因而不能没有跳频通信。

根据有关报道，外军广泛采用同构跳频通信管控，即一类跳频通信设备配备一种控制设备，尤其对同一种类型的跳频通信设备采取以频率、跳频密钥为主的统一的技术体制和跳频技术参数及其管控措施，甚至组成跳频参数管控网络，如法国的 PR4G 系列跳频电台（派生设备达十多种）、美国的 SINCGARS 系列跳频电台等。这种将跳频通信设备与其管控手段一体化设计和同步发展的模式是值得借鉴的。但是，当其他多种类型同频段或不同频段跳频通信设备在同一地域组成多种异构跳频网络时，由于各自的跳频参数管控设备不兼容，相互之间不能交互网络规划和跳频参数生成等信息，使得相应的异构跳频网络之间难以相互协调，跳频互通的困难和相互干扰的存在就难以避免，如图 10-1 所示。

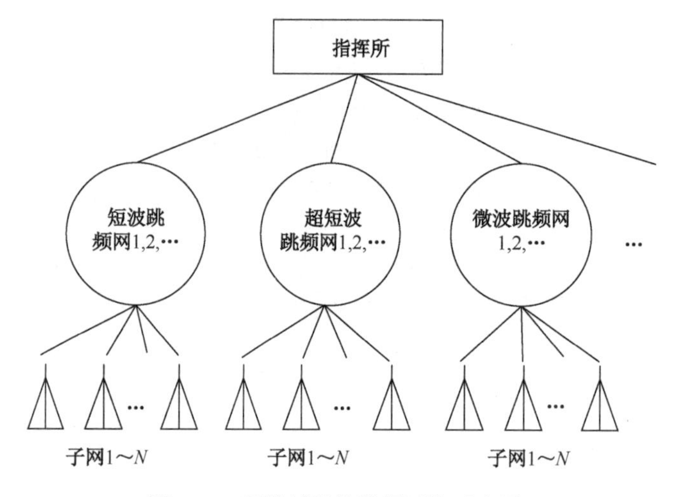

图 10-1　同地域异构跳频网络示意图

这里需要对所提到的“管理控制”提法作一些解释：管理主要是针对平时和静态的环境，而对于态势变化的战场（或平时的军事行动）既有管理，又有控制，即管（理）控（制）。这仅是本书的观点。

为了便于理解，这里举一个形象的例子。在一场音乐会中需要使用很多乐器和演奏者，尽管乐器功能很好，演奏者的水平也很高，但如果没有一个统一的指挥，各演奏者只能自己演奏，难以做到与别人协同配合，就不能发挥所有乐器应有的作用，甚至乱了套，也就不成为一场音乐会。实际上，跳频电台的组网运用与音乐会很相似，如果将跳频电台比作乐器，将演奏者比作电台使用者，跳频组网运用就相当于音乐会，战场管控就相当于音乐会的指挥。如果没有统一的战场管控，在一个地域内只能使用少量跳频电台，就不能发挥跳频电台组网运用应有的效能。

10.1.2　跳频通信设备使用特点分析

与常规的定频无线通信设备相比，跳频通信设备的使用特点主要表现在以下几个方面：

（1）跳频通信己方互扰大。在使用中，跳频通信设备往往是组网工作的，多个频率表中瞬时功率较大的各频率伪随机跳变，在提高跳频通信设备本身抗干扰能力的同时，其主频和旁瓣容易对友邻跳频电台或定频电台形成干扰，也会受到来自友邻电台或电台网的干扰，即跳频通信设备工作时会出现严重的己方互扰，增大通信的自损耗，尤其是跳频通信信号密集且使用全向天线时。

（2）跳频组网运用要求高。前已述及，跳频通信一般需要组网运用，否则其多方面的优势难以发挥。在跳频组网运用中，不仅希望组网效率高，而且要求建网时间短和网间互扰概率低，这几个方面的要求又往往是矛盾的，还与组网方式、网络结构、设备类型、天线形式、频率表数量、跳频频率数、同步频率数、网号设置、跳频图案及跳频密钥的选用等因素有关。

（3）跳频互通涉及的条件多。使用中，跳频互通应具备的条件主要有：在互通跳频技术体制、技术方案相同的前提下，需要明确指挥与协同关系，预先设置跳频互通权限、互通频率表、互通密钥、互通网号等所需的跳频参数；若这些参数有一点差别，即使是相同型号的跳频通信设备，也无法实现跳频互通。若要求跳频电台与定频电台定频互通，还要设置定频互通频率。

（4）使用操作较复杂。跳频通信设备的使用操作，不仅涉及设备面板的操作，还涉及跳频通信设备的作战运用；不仅涉及跳频功能的选择，还涉及众多跳频参数的选择；不仅涉及设备操作员，还涉及通信指挥员；不仅涉及本网使用，还涉及组网使用和协同互通等。因此，该项工作不仅仅是操作员对设备面板操作的问题，而是一个多种因素的集合。

由以上分析可见，跳频通信设备的使用不可忽视，不能认为只要研制和装备了具有抗干扰能力的通信设备，就意味着战斗力提高了，其实不然。目前跳频通信设备的应用范围相当广泛，我们应该吸取海湾战争的教训，根据跳频通信设备的技术特点和使用特点，研究用好跳频通信设备的有效方法，这是跳频通信组织运用所面临的和需要解决的一个重要问题。

实践证明，只要使用方法得当，跳频通信设备是可以很好地形成战斗力的。作为使用方，首先需要了解跳频通信设备新的变化和新的要求，适应从定频通信到跳频通信的转变，加大人员培训力度，克服畏惧感；其次需要对跳频通信进行有效的战场统一管控，并提供相应的管控手段。

10.1.3 跳频通信战场管控目的

从通信电磁战的技术体系看，有效的跳频通信战场管控是对跳频通信提供电子支援的重要内容。其目的主要表现在避免己方互扰、方便网系运用与协同互通、提供战技结合的桥梁以及优化跳频网络配置等方面，属于战场末端控制的范围；也可以理解为在频谱指配管理基础上，对跳频通信的二次管控。

1. 避免己方干扰，发挥跳频通信设备应有的抗干扰能力

尽管跳频通信面临的干扰威胁类型很多，但总体上可分为敌方恶意干扰和非敌方干扰，非敌方干扰包括己方的人为无意干扰（军用通信网间干扰、民用用频设备干扰、工业干扰）和自然干扰等。其中，敌方恶意干扰和自然干扰是不可控的，而己方的人为无意干扰（习惯上称之为互扰或自扰）从理论上是可控的。由于跳频通信的抗干扰能力不分干扰的来源和性质，并且给定的跳频通信设备的干扰容限（应有的抗干扰能力）是一定的，是不可再生的；如果跳频通信设备在克服己方互扰上消耗了较多的干扰容限，就没有多少干扰容限用于抵抗敌方干扰了。所以，如何避免己方互扰，对于发挥跳频通信设备的潜在抗敌方干扰能力十分重要。

在使用中，一种跳频通信设备在独立组网或点对点通信时，一般可以达到其战技指标要求；但多种跳频通信设备同时在一个有限地域内组成高密度跳频网络，或同类型跳频通信设备组成多个跳频网络时，即使没有敌方恶意干扰，往往也难以正常工作。其主要原因：一是各跳频通信网工作频率之间形成的互扰。由于频率资源有限，网络数量多，频率使用和规划的数据量大，通过人工手段难以合理划分和键入各网系的跳频频率表，不仅耗时长，而且还容易出错，使得各网系间的工作频率表形成互扰。二是跳频通信设备杂波和谐波形成的互扰。即使跳频通信设备本身的电磁兼容性能满足点对点和单网使用的要求，但未必能满足网系运用的要求，跳频通信设备的杂波和谐波能对其他波段的通信设备形成干扰；大功率跳频时更是如此，虽然其谐波功率与其主频功率的相对值在一定的范围内，但因其主频功率较大，其谐波功率的绝对值也随之增大。例如，中大功率短波跳频电台和大功率超短波跳频电台等。三是其他军事用频设备、有关禁用频率、保护频率和民用辐射源等形成的互扰。在有限的作战空间内，可能形成“多军兵种用频设备密集”“业务系统用频交织”“军民用频重叠”等严重的“自扰”“民扰”问题，这不仅是技术问题，在一定范围内已上升到影响作战的突出问题[2]。如果以上几个方面的“自扰”“民扰”不能有效地避开，跳频通信设备潜在的抗干扰能力和通信能力就难以或不能正常发挥，甚至无法工作。然而，仅靠人工操作，难以解决以上问题。

若通过对跳频通信进行有效的战场管控，可以非常方便地解决或缓解以上三个方面的己方互扰问题。对于各网工作频率的互扰问题，可以根据频率资源和设备资源以及组网需求，采用相应的频率表算法，生成频谱利用率高的跳频频率表，实现资源共享，从而避免或减弱网间跳频频率表的互扰。对于现役通信装备杂波和谐波的互扰问题，可事先将杂波和谐波功率较大的对应频点作为固定干扰点予以删除，从而避免或减弱杂波和谐波的互扰；但这是以牺牲频点为代价的，不得已而为之。为了从根本上解决这一问题，需要对跳频通信设备提出高于单台单网的、适合网系运用的电磁兼容要求。对于禁用频率和保护频率，事先将其删除，从而完全避免其相互干扰。实践表明，通过以上措施，可以很好地发挥跳频通信设备的潜在抗干扰能力和通信能力。例如，基于同样的较为复杂的电磁环境，经过有效管控的超短波跳频电台的通信距离，比自行设置参数而开通的同种跳频电台大得多，其原因是显而易见的，充分说明了管控和不管控大不一样。

2. 方便跳频通信的网系运用，促进协同互通

在使用中，有时难以实现跳频组网和多网络、多系统的网系运用，同种跳频电台之间也难以实现跳频互通，相比于定频通信，似乎“跳频不好用，定频好用”。其主要原因是：跳频技术确实比定频技术复杂；使用人员对跳频通信设备的组网及网系运用的知识了解不多或不深入；缺乏管理手段，即使了解网系运用，单靠人工手段难以实施。

若通过对跳频通信进行有效的战场管控，可以非常方便地实现跳频通信网系运用。只要规范各跳频网的信道参数及其网络关系，形成统一的跳频联络数据文件，各跳频网就会有序地在各自的跳频信道上工作。当需要与同种跳频设备的其他跳频网跳频互通时，操作面板“信道”键或按钮，选择相应跳频网的信道号，如果互通双方的实时时间（TOD）值在规定的范围内，即可直接经过类似本网跳频同步的途径，进入跳频互通状态；如果互通双方的 TOD 值超过了规定的范围，则经过类似本网的迟入网途径，同步后进入跳频互通状态。这种跳频互通功能是由跳频电台固有的战技指标决定的，也就是说选择相同的跳频信道后，欲跳频互通的双方相当于本网跳频通信，跳频互通完毕后再返回原跳频信道。可见，经过管控后，跳频通信设备的使用几乎与定频通信设备一样方便，只不过跳频信道的内涵与定频信道的内涵不同而已。

需要说明几点：一是使用管控手段方便地解决跳频互通是以同种跳频设备或相同波段、相同跳频技术体制为前提的，离开了这个前提是实现不了在射频跳频互通的。也就是说，跳频通信设备的战场管控不能解决不同跳频通信设备之间的跳频互通问题。二是跳频信道含有多种跳频参数，在跳频技术体制相同的前提下，跳频互通时所有跳频信道参数必须相同，只要一个不相同都无法实现跳频互通。三是跳频互通还有互通权限及需求设置的问题，这种权限的设置也属于管控的范围。

3. 提供跳频通信战技结合的桥梁，提高整体效能

跳频通信设备的使用是一个典型的战技结合的范例，是一个与电磁进攻方斗智斗勇的过程。如果能将战术与技术很好地结合，除了发挥跳频通信设备应有的抗干扰能力以外，还可以进一步提高跳频通信网系的整体性能。这主要涉及跳频工作参数、跳频备用参数和跳频伴动参数设置，跳频频率表的生成与分配，跳频密钥的生成与分配，训练跳频图案与作战跳频图案的选择控制，备用和迂回路由的配置，网络关系的设置等一系列战技结合问题。然而，仅靠人工手段对跳频通信面板进行操作是难以做到的。

若能对跳频通信实现有效的战场管控，尤其是末端参数管控，可以非常方便地为跳频通信设备战技结合提供有效手段。在使用中，根据作战需求，指挥员可将跳频网络部署和战术想定等输入相应的战场管控系统，生成跳频指令参数，然后交给跳频通信设备执行。例如，通过一定的频率表构造方法，即使在频段交叉或频率交叉跳频异步组网的情况下，也容易使进攻方的侦察干扰系统得出跳频同步组网和全频段跳频组网的结论，从而降低进攻方对跳频通信网的分选概率和信息截获的威胁，增加干扰模糊度，也就减轻了跳频通信网的干扰威胁，有效提高跳频通信网系的潜在反侦察和抗干扰性能。可见，对跳频通信的战场管控手段为通信指挥员的战术想定与跳频通信设备之间提供了一个衔接的桥梁。

4. 根据战场态势，动态优化跳频网络配置

虽然跳频网络配置的重要环节是在遂行行动之前，但是战场的电磁频谱态势和通信网络需求是变化的，跳频网络配置有时需要随着战争的进程和装备种类的变化而变化。如果仅靠人工手段，则是难以实现的。

若通过战场管控手段来实施，可以为此提供一些方便。例如，在遂行行动之前，做好充分的多套跳频网络配置方案，在战时按照有关约定予以选定；战场管控系统与相关战场监测系统联网，以实时或准实时调整跳频网络配置，通过特殊手段对跳频通信设备和跳频网络进行管控等。所有这些，都对跳频通信战场管控系统的自动化水平、实时性和安全性等提出了更高要求。另外，为了保证特殊作战分队在特殊情况下的需要，除了进行战场统一管控以外，跳频通信设备的面板应留有人工输入相关参数的功能，以应对急需。

10.2 跳频通信战场管控体制

跳频通信战场管控体制涉及管控体制的统一以及战场电磁频谱管控、跳频通信设备管控和跳频通信参数管控及其相互之间的关系等问题。

10.2.1 统一跳频通信战场管控体制

跳频通信战场管控体制是指促进跳频通信设备潜在效能发挥而进行的一系列战场管控措施、技术、平台及其相互之间关系的总和。

跳频通信战场管控涉及战场电磁频谱的管控、跳频通信设备的管控、跳频通信参数（简称跳频参数）的管控等。实际上，在使用中是通过对跳频参数的管控，实现对跳频通信设备的管控；只要跳频通信设备实现了管控，最终也就实现了跳频网络管控。其中，跳频参数管控在涉及可用频率方面与战场频谱的监测和管控存在接口关系。

可见，跳频通信战场管控的实质主要表现为跳频参数的管控[3-7]。所谓跳频参数管控，是指根据作战需求，对跳频通信设备及其组网运用所需的跳频参数进行规划、分发和加注等控制活动，属于末端管控的范畴，是跳频通信网系运用的核心内容，是保证跳频通信协同互通和效能发挥等战斗力生成必不可少的手段。

根据海湾战争的启示，跳频通信的战场管控体制存在一个统一性的问题，需要用统一的管控体制和平台对所有可能使用的跳频通信设备进行管控。参加海湾战争的多国部队使用的有关跳频电台都有各自专用的跳频参数注入设备（称之为加载器或注入器），但由于其管控对象单一，使得各种管控设备之间以及各自管控的跳频网之间不能相互协调，难以形成统一的跳频联络文件，不具备同时管控其他跳频网系的能力，给同波段、同体制跳频通信设备的跳频互通带来困难，也难以避免网系间的互扰。不仅如此，若一种跳频通信设备配备一种参数管控设备，还会增加管控设备种类、数量和成本等。

跳频通信战场管控体制的统一性主要表现在两个方面：一是统一跳频网络配置和跳频参数生成算法，统一跳频参数管控平台及其与跳频通信设备之间的接口关系，对所辖各种跳频通信设备及其跳频参数进行综合管控；二是分层管控，第一层次为战场频谱管控（含频谱探测与频率资源指配，主要解决可用频率资源问题），第二层次为跳频参数管控（主要解决可用频率资源和可用设备资源、跳频密钥资源、跳频图案资源等如何高效使用的问题），并且这两个层次要有机结合。若作战规模较大，跳频参数管控本身也需要分层管控。例如，军、旅、营之间应有主从关系，且有相应的参数数据继承与授权分发。

10.2.2 战场电磁频谱管控

在信息作战条件下，对抗双方的用频设备越来越多，战场电磁环境越来越复杂，战场频谱的可用性直接关系到军队的战斗力。一般意义上的军事电磁频谱管理，是指对军队用频设备研制、采购、使用、频谱监测与指配等全过程实施的一系列管理行为。战场电磁频谱管控是指对作战地域进行频谱监测、频率规划与指配以及规范己方战场用频设备使用等一系列管控行为[8-10]。从技术上讲，战场电磁频谱管控的对象主要是己方的军民用频设备所使用的电磁频谱，但管控的实质是管控己方用频设备使用者的用频行为，就如同交通警察名义上是管理行驶的车辆，但实际上是管理驾驶员的行为。战场电磁频谱管控的最终目的主要是保证可用频谱的监测和接入。

战场电磁频谱管控的实施主要分为战前管控和战时管控两个阶段。战前管控的主要任务是根据作战需求，对作战地域、作战空域、武器平台、移动平台、指定频段以及通信、雷达、导航、测控等用频设备进行全面的频谱监测，明确战场所有可用频率资源，关闭可能对作战用频设备形成干扰的发射源，在此基础上统一制定战场用频规划和频率指配预案。战时管控的主要任务是对敌我双方用频设备形成的电磁环境和敌方干扰源进行监测，对我方用频进行优化管控和所需的调整，这就对其实时性提出了更高的要求。

可见，战场电磁频谱管控已发展成为电磁空间的重要作战手段，涉及全时空、多频段和所有用频设备，也是提高通信抗干扰能力的重要前提。实践表明，战场电磁频谱管控与通信抗干扰之间存在相互依存、相互影响和相互作用的关系。

军用通信用频的战场管控，目前涉及定频通信（包括直扩通信）和跳频通信两大类型。常规定频通信的战场管控主要是频率，直扩通信的战场管控至少涉及频率和直扩码组；跳频通信的战场管控有着自身的特点，重点解决可用频谱在跳频通信组网运用中如何高效使用的问题，矛盾较为突出，也相对复杂，频率只是其中的一种参数，并且从单个频率扩展到跳频频率表，需要二次分配，还涉及跳频密钥、跳频信道以及网络参数等多种参数的综合管控。

10.2.3 跳频通信设备管控

根据上述讨论，对跳频通信设备管控的要求主要是用一种管控系统或设备对所有类型跳频通信设备进行综合管控（即管控对象的综合），最终目的是通过跳频设备管控实现异构跳频网络管控。否则，若一种跳频通信设备配备一种管控系统或设备（即同构跳频网络管控），仍会出现各自为战的局面；尽管各管控系统或设备能很好地管控自己的对象，但由于各管控系统或设备之间难以协调，不仅各自管控的跳频网系之间的互扰和协同难以解决，而且还增加了管控型设备的种类和装备成本，维修保障和装备使用与配发等都会带来困难，使得跳频通信战场管控的优势将会消失。

要实现不同类型、不同频段跳频通信设备的综合管控，管控系统或设备不仅要适应所有类型跳频通信设备的技术特点及参数类型，而且还要具备对各种跳频通信设备的网系规划和自动识别等能力，还涉及管控接口的标准统一问题。

10.2.4 跳频通信参数管控

跳频通信参数就是跳频参数。实际上，对任何跳频通信设备的管控都是通过对跳频参数的管控实施的。由于不同跳频通信设备的用途、技术性能和组网形式等有差异，导致各类跳频通信设备的跳频参数有所不同。这就要求跳频参数管控系统或设备能对各类跳频通信设备的所有必要的跳频参数进行有效的管控（即跳频参数的综合），以使跳频通信设备和网络能有序地工作。

由以上讨论可见，跳频参数管控系统或设备应该集所有跳频通信设备的跳频参数管控于一体。然而，各跳频参数不仅与可用资源、管控对象的技术体制、作战需求和网系运用方式有关，而且其产生的方法、来源及使用也不尽相同。例如，频率是其中的一种参数，其来源有三种可能的途径：一是通过相应的接口，直接从战场频率指配系统获得管控对象的可用频率范围；二是通过频率联络文件，在跳频参数管控系统的终端上直接输入管控对象的可用频率范围；三是在特殊情况下，既无频率指配系统，又无频率联络文件，此时最大的可能是独立作战，可凭经验或有关的事先约定，人工定义可用频率。

对图 10-1 所示异构跳频网络的跳频参数进行统一管控，其核心内容是：对可用频率资源自动进行二次优化配置，得到不同跳频通信设备的可用跳频频率表；采用正交跳频参数定义各跳频网络，用一种管理系统规划各网络所需资源；在生成与跳频组网对应的成套跳频参数后，分发和加注给所属多种类型跳频通信设备，以统一控制多个频段、不同拓扑的异构跳频网络。一种统一管控的基本方法如图 10-2 所示。

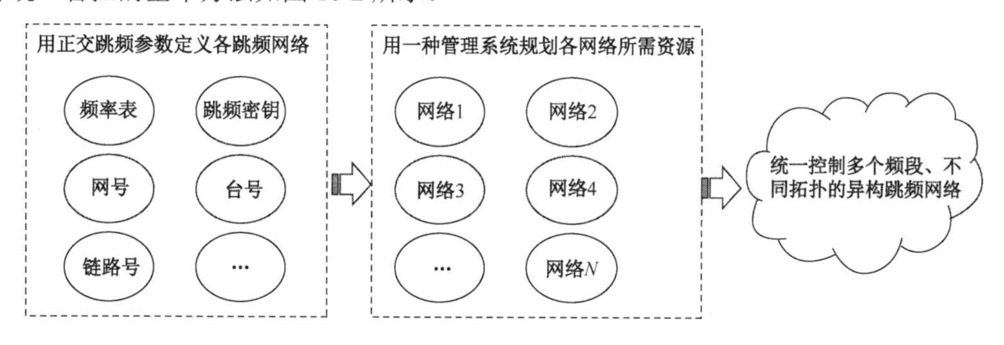

图 10-2　一种异构跳频网络跳频参数统一管控的基本方法

10.2.5 几种管控之间的关系

以上分别阐述了战场电磁频谱管控、跳频通信设备管控和跳频参数管控三个方面的问题，它们之间的关系示意图如图 10-3 所示。

战场电磁频谱管控给跳频参数管控提供频率可用信息，实际中也可以提供频率不可用信息，其代表的频率信息是一样的，哪种方式传输的数据量小，就用哪一种。在特殊情况下，也可凭经验或有关的事先约定自行设定可用频率。得到频率资源后，即可进行包括频率表在内的所有跳频参数管控（跳频网络规划，跳频参数生成、分发和注入）。通过跳频参数管控实现对所有跳频设备的管控。

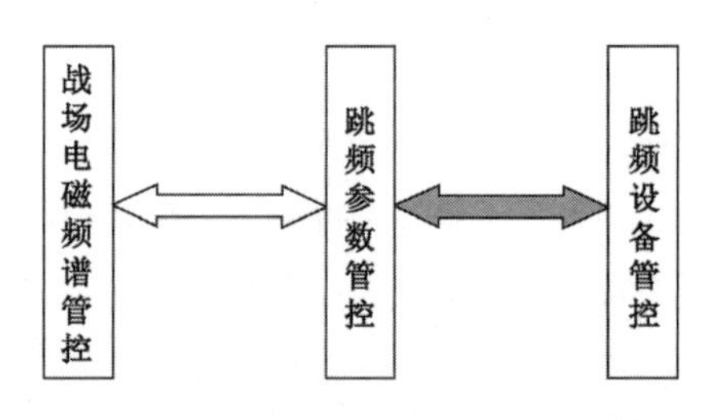

图 10-3　几种管控之间的关系示意图

可见，跳频参数管控是一种含有多种参数的末端管控，是实现跳频设备和跳频网络管控的实质性环节；而战场电磁频谱管控一般是到不了跳频通信设备末端的，它所能提供的主要是频率可用性信息，不含其他参数。

因此，对于跳频通信而言，战场电磁频谱管控主要给定可用频率范围；至于在可用频率范围如何组成高效的跳频网络，就是跳频参数管控的任务了。

10.2.6　跳频参数的种类和内涵

从一般意义上讲，通信抗干扰参数是通信抗干扰技术体制的实质性体现，是规定通信抗干扰技术体制和装备使用属性的完备参数集合。

对于常规跳频通信抗干扰技术体制，根据设备特性和组网需求，典型的跳频参数主要有以下几类。

1. 跳频频率参数

跳频频率参数是指跳频频率表，而不是单个频率。

跳频通信设备和网络工作时是在其所属频率表上跳变的，并且一种跳频通信设备可以存储多张频率表。频率表的划分、组合与生成涉及跳频通信设备的使用要求、信道特性、组网形式、互通要求、禁用频率、频率资源以及工作方式（单工、双工）等。不同跳频通信设备在频率表数量、频率数、频段、生成算法、调用方式等方面均有所不同。在没有跳频参数综合管控的情况下，各跳频通信设备应该可以独自生成自己的频率表，但特征较明显，容易被进攻方侦察和干扰；而在跳频参数综合管控时，各跳频通信设备的频率表是按照网系运用和战术使用要求综合生成的，各频率表之间具有一定的有利于通信方的相关性，可以提高反侦察、抗干扰能力以及网系运用能力。

2. 跳频图案参数

跳频图案参数主要指跳频密钥和跳频图案算法控制参数。

跳频通信设备是在频率表上按照跳频图案的规律跳频工作的。而跳频密钥又直接控制了跳频图案在一定算法条件下的规律，与跳频图案的抗破译性能关系密切。对跳频密钥生成、设置、分发和调用等的控制，涉及跳频通信设备的使用要求、组网形式、组网数量、互通要求以及电磁反侦察要求等。在跳频通信设备中一般要加载多种跳频图案算法或模式，这些算法或模式是预选设定的，同一个跳频通信网内的跳频图案算法或模式必须相同，这就存在一个根据跳频网络规划需求进行选择和分配的问题。跳频图案算法控制参数即用于解决这一问题，实际上它也是一组代码。不同跳频通信设备的跳频图案参数在密钥组数、密钥位数、密钥生成算法、密钥和图案控制代码设置及调用方式等方面有所不同。

然而，与其他跳频参数类似，在没有实现跳频参数综合管控的情况下，各跳频网应该可以按自己的方式设置跳频图案参数，但容易被进攻方侦察和跟踪；而在跳频参数综合管控时，各跳频网的跳频图案参数是按照网系运用和战术使用要求综合设置的。

3. 跳频网络参数

跳频网络参数是指描述跳频网络关系的参数，是跳频通信网系运用（尤其是同体制协同互通）需要考虑的重要问题。

跳频通信设备必须按照指挥关系、协同关系等作战需求进行有序的组网工作。这就需要一组描述跳频网络关系的参数，即跳频网络参数，如组网数量、网号（或链路号）、台号（或站号）、互通关系、互通权限等。其作用是在整个跳频网系运用中对各跳频通信设备和跳频网进行准确的身份和权限定位，它也是各跳频网必须共同遵守的准则。

跳频网络参数与设备类别、设备数量、指挥关系、作战需求、组网数量、组网形式等有关。因此，不同跳频通信设备的跳频网络参数也有所不同。若没有跳频参数的综合管控，跳频网络参数的管控是难以进行甚至无法进行的。对跳频网络参数进行管控后，在方便跳频网系运用的同时，也增大了进攻方对跳频通信网络侦察分选的难度。

4. 跳频时间参数

跳频时间参数即跳频实时时间（TOD），可以是绝对时间，也可以是相对时间，它是跳频通信的重要参数之一。

跳频时间参数的作用主要体现在两个方面：一是用于跳频同步；二是参与跳频图案的运算。在其他跳频参数相同的条件下，只要通信对象各自的 TOD 值在允许的误差之内，即可实现跳频同步和跳频通信。

虽然跳频时间参数也属于跳频参数管控的内容，但由于以下原因，TOD 值一般允许直接从跳频通信设备的面板键入，可以不从参数口注入：一是 TOD 值允许的误差范围较大。一般在几分钟至 10 分钟左右，按照校准后的手表时间键入足以保证在误差范围之内，只要按操作规程在跳频通信设备面板上键入年、月、日、时、分、秒对应的数值即可，且“时”以上的时间数值变化较慢，一般只需调整“分”的数值，操作较简单。二是在有些特殊情况下，可以通过设备面板设置改变 TOD 值来临时改变组网结构。因为在其他参数一致时，TOD 值的不同即代表了新的组网结构。只要通信对象各自的 TOD 值相同或在误差范围内即可，如果要恢复原来的组网状态，则返回原时间设置。

5. 跳频信道参数

在第 3 章中已讨论了跳频信道的特定含义，与定频信道的含义有很大的区别。也可以认为，跳频信道是定频信道的扩展。

跳频信道参数是以上几种跳频参数的有机综合，是跳频参数规划和网络规划最终的结果，是反映通信指挥员战术想定的代码指令集合，同时也是给跳频通信设备进行跳频参数分发和加注的具体内容。它不仅描述了整个跳频网系态势的宏观属性，也描述了各跳频通信网络和各跳频通信设备身份的微观属性。例如，某两个同体制跳频通信网络或跳频通信设备具有跳频互通关系，则它们除了应加注本网、本设备的跳频信道参数以外，还需要加注对方的跳频信道参数。其中，跳频信道号代表各跳频通信网络的地址，在使用中只要选择相应的跳频信道号即可。可见，不同跳频信道参数应相互正交，必要时也允许部分参数非正交，一套跳频信道参数可定义一个跳频网络。

10.3 跳频通信战场管控运用

跳频通信战场管控运用主要是如何使用跳频参数管理设备及其与跳频通信设备的结合问题，涉及以下几个方面。

10.3.1 管控要素及基本步骤

实际上，要利用跳频参数管理设备对跳频通信实施完善的管控，涉及的内容是很多的。下面阐述跳频参数管理设备对其直接管控对象进行管控的最基本的要素和步骤。在实际使用中，可以举一反三。

第一步：明确需求。主要涉及作战任务、使用兵力、指挥体系、跳频通信设备种类与数量、组网数量、网络关系、地域分布以及跳频通信网与伴动网、备用网、隐蔽网的宏观要求等。

第二步：资源获取。主要涉及可用频率资源、设备资源、密钥资源、跳频图案资源等，并将其分别输入或传输到跳频参数管控终端，必要时有些可再生资源可以在管理终端上按约定关系自动生成。

第三步：网络规划。通过以上两步的准备，即可在管理终端上进行跳频通信网络及其参数的规划，明确网络互通关系，定量划分跳频信道，形成成套跳频参数，必要时可由此输出书面跳频联络文件。

第四步：参数分配。跳频网络及参数规划完毕并形成跳频参数后，由管理终端通过分配单元将其参数规划结果成批、快速地分配给各跳频参数注入器，也可直接由管理终端传送给注入器。

第五步：参数加注。跳频参数注入器接收并存储跳频参数后，可直接对所属的不同跳频通信设备分别进行参数加注，并按手表或作战时间，在跳频通信设备面板上调整或预置跳频通信设备的实时时间。

10.3.2 无缝管控的需求及原理

跳频通信战场无缝管控指的是在同一作战地域内，对通信方所有跳频通信网络及其设备进行统一、合理的网系规划和参数规划，实现无死角、无盲区的管控，并且不同部门使用的、不同种类的跳频通信设备的管控关系必须协调一致，不能有冲突。例如，应保证协同互通，减小互扰等。

对于大规模的任务行动，如战役级的诸军兵种联合作战，需要多网络、多层次和高密度的跳频网系运用。在诸军兵种联合作战中，每个跳频通信网已不再是独立的部分，对各跳频网的管控及其相互之间的关系以及跳频参数管控与其他用频设备之间的关系，必然对联合作战产生影响，相互之间必须进行必要的信息交换与共享。还必须与战场电磁频谱管控进行协调，以保证对跳频频率表等参数管控的有效性、准确性。任何管控的不力和局部管控的空白都有可能给作战和指挥带来不利影响[11]。

在联合作战情况下，如果只靠最高或某一个层次的跳频参数管理是难以胜任的。其主要原因，一是在大规模任务行动的背景下，所需跳频通信设备的种类、数量大大增加，指挥层次多，协同关系要求高，跳频参数的产生和分配复杂，跳频通信网络关系复杂，使得规划后的跳频参数数据量迅速增加，但跳频参数管理设备各部分的存储容量有限，不可能无限制地扩大；二是在同样条件下，若将所需跳频通信设备都纳入某一台管理终端进行管理规划，不仅工作量巨大，并要求规划人员对所有军兵种跳频通信设备的使用及其组网要求都十分熟悉，还涉及是否具有权威性的问题，显然也是难以做到的；三是即使能用一台管理终端管控所有跳频通信设备，但对于大量的跳频通信设备和大量的注入器，跳频参数的冗余量增大，跳频参数分配和注入的时效性及有效性将难以保证，同时还存在安全隐患，一套跳频参数或管控设备被俘获，将对所有的跳频通信设备和跳频通信网络造成严重威胁。

跳频参数无缝管控的内容应在时域、频域、空间域和管控过程上对所有跳频通信及其网络的跳频参数进行一体化的管控[11]。

在时域，一次作战行动中的所有跳频通信及其网络从战前准备到作战结束都必须处于受管控状态。

在频域，一次作战行动中的所有不同频段（含备份与应急频段）的跳频通信及其网络都必须处于受管控状态。

在空间域，一次作战行动中工作于地面、海面和空中作战平台的所有跳频通信及其网络都必须处于受管控状态。

在管控过程上，跳频参数的管理必须涵盖跳频通信运用的全过程，包括需求分析、战术想定、网络规划、网络关系设置、各种资源配置、互通优先级设置、参数生成、参数分配及注入、有效期设置、操作使用规定等。

由此可见，在大规模任务行动背景下，不能用一个层次来管控所有的跳频通信设备，应按指挥体系实现分层按级管理，而且需要协调一致。这就需要实现一种“下级服从上级，各负其责”的分层和级联管控方式：各级跳频参数管控设备能级联使用，形成一个公用的跳频参数传输链，完成必要的跳频参数数据传送和资源共享，以实现同一作战地域内的跳频通信无缝管控。按照这种级联使用方式，可以从高层到低层，不仅便于实现战场一体化的跳频参数无缝隙管控，也便于有关资源的重复使用。在这种使用方式下，每一管控层次的任务有两个：一是接受和继承上一级的管控指令，对下一级实行宏观管控；二是完成其直属部队跳频通信及其设备的完全管控，不留死角。最后一个层次仅需管控自己所属跳频通信及设备。

10.3.3 远程管控的需求及原理

对于近距离使用的跳频通信设备，如超短波跳频电台和背负式短波跳频电台等，可以方便地使用跳频参数管理设备先对跳频电台进行管控，并集中加注参数，然后即可展开用于训练或作战。但对于远程跳频通信系统，例如利用天波通信的短波跳频电台和卫星跳频通信系统以及本战区内其他不便直接进行参数加注的跳频通信设备等，各台站之间相距较远，不便采取同地集中参数加注，此时需要解决跳频参数的远程管控问题。实际上，这也是无缝管控的一个重要内容。

根据战场环境和条件，跳频参数远程管控有以下几种可选的方式。

第一种方式是利用有线手段传输跳频参数，即：利用参数管控设备的数据口加上相应的调制解调措施，通过有线传输将跳频参数或跳频参数的代码或相关约定的指令传送给对端的参数管控设备或跳频通信设备本身，即可完成跳频参数的远程管控。这种利用有线传输的跳频参数远程管控方式，使用简单，安全可靠；但在战时难以保证有线信道的支持，而且对于移动平台（如舰艇、飞机、坦克等），无法利用有线传输。

第二种方式是利用无线手段传输跳频参数，在没有有线信道的场合使用。这种方式的突出问题是数据传输的安全性和可靠性。无线远程管控的基本原理及过程：一是跳频网络和参数规划，由靠近指挥所的管控终端根据所属远程跳频通信设备的使用需求和网络关系，对跳频网络和参数进行规划。二是数据传输，为了提高传输过程的安全性和可靠性，没有必要传输所有跳频参数，需要对所需的跳频参数进行数据处理，采用相应的转换算法，将跳频参数转换成适于无线信道传输的参数代码（或称“种子”参数），降低数据量，并采取相应的低速率容错编码，然后由相应的无线信道传送。根据需要，可以点对点传送，也可以一点对多点广播式传送。三是跳频参数的恢复与加注，无线信道的另一端将收到的参数代码经数据线传给所在地的管控设备，管控设备利用参数与其代码的反转换关系，将参数代码还原成完整的跳频参数，再按正常方式对所在区域的跳频通信设备进行参数分配和加注。必要时，可将参数代码直接传送给跳频通信设备，但这是以跳频通信设备本身可以正常远程通信为前提的。该过程示意图如图 10-4 所示[1, 12]。

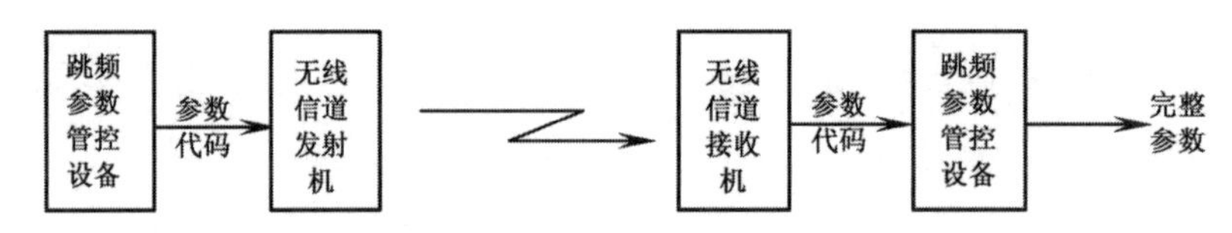

图 10-4　一种跳频参数无线远程管控过程示意图

从跳频参数无线远程管控的过程可以看出，重点是两个环节的处理：一是参数数据的处理与还原。不能直接将完整的跳频参数在无线信道上传输，只能先传输其代码，然后还原。采用这种处理方式，主要出于提高传输过程安全性和可靠性的需要。若传输完整的跳频参数，存在被截获的危险，安全性差。而传输参数代码时，尽管携带了完整跳频参数的信息，但由于截获者没有参数与其代码之间的转换算法，即使被截获，也还原不了完整的跳频参数。同时，完整跳频参数的数据量较大，传输参数代码可以大大减少信道传输数据量，留出足够的时间资源，利用冗余编码，提高传输的可靠性。二是无线信道的选择。可供使用时选择的无线信道有局域网、中大功率短波电台和卫星通信系统等。实际上，为了进一步提高参数传输的安全性和可靠性，在利用有线信道传输时，也可以只传输参数代码和采用冗余编码的方法。

值得指出的是，除了传输参数代码需要提高安全性和可靠性以外，传输设备仍需要采取正常的加密措施，以保证参数代码也不被截获。另外，在传输信道正常传输的条件下，仍需要重复传输多次，以保证参数代码的绝对正确性。

第三种方式是利用人工方式传递跳频参数。当指挥所规划跳频网络和跳频参数并将参数分配给注入器后，利用人工手段和相应的交通工具将注入器送达远程跳频通信台站，并完成参数的加注。这种远程管控方式简单、可靠，但会给使用带来不便。

10.3.4　实时管控的需求及原理

战场电磁环境态势是千变万化的，原有的工作参数可能不再满足作战进程的需求，跳频通信网络的结构也有可能需要调整。从理论上讲，跳频参数应该随着战场态势和电磁环境的变化而变化。

跳频通信战场实时管控指的是随着战场态势和电磁环境的变化，实时地改变跳频通信设备中的跳频参数，以发挥跳频通信设备的最佳组网和抗干扰性能。然而，这种实时管控是一种理想状态或追求的目标，因为战场上不可能有一种理想的且使用方便的附加信道与跳频通信设备相连接，以实时传送和更新跳频参数。所以，真正的实时管控在战场上是很难或无法实现的，只能采取相应的措施，实现一些准实时的管控手段，或者尽量提高跳频参数战场管控的实时性。

提高跳频参数管控实时性可能的措施：可以采用备用参数与远程管控相结合的方式。首先要充分利用战场电磁频谱监测系统的信息，结合战场当前态势，并与其他有关系统充分交换信息，确保当前的跳频频率集参数是准确、可用的。其次是充分估计战场态势的各种可能的走向和跳频网系随作战进程的变化趋势，通过在注入器中存储备用参数的方式，提前准备多套跳频参数，以备战时及时更新。也就是说，可以按事先约定好的跳频联络文件，按规定的时间或条件启用约定的备用参数。这种方法比较适合机载、舰载跳频通信设备和其他机动性强的跳频通信设备或远程跳频通信设备等。如果备用参数过期，或需要更新参数，则对于远程跳频通信设备，可重复使用远程管控手段；对于近距离使用的跳频通信设备，可以通过跳频参数管控设备，直接给跳频通信设备更新和注入跳频参数。

关于跳频参数实时管控问题，人们自然会想到能否利用无线手段直接给跳频通信设备实施战场实时分发。这在理论和原理上是可行的，但在战场环境条件下是难以行得通的。主要是因为跳频参数数据关系到所有跳频通信设备及跳频通信网络的正常运行，其数据的重要性要优于一般的通信数据，若利用无线手段集中分发，必然成为进攻方侦察、截获和干扰的重点目标，带来的问题主要有：一是数据传输的安全得不到保证，若敌方截获参数数据，则可方便地进入我方跳频通信网；二是承担参数分发的无线信道一旦被有效干扰，则通信方所有跳频通信网就无法正常运行；三是会出现一种死循环，即正确的跳频参数是为了保证更好地抗干扰，而在抗干扰能力没有建立之前又需要传输和加注跳频参数，只要参数在分发过程中出现错误，跳频通信网就会受到很大影响，甚至不能工作，可见这种方式是很不可靠的，或者说是无解的。

10.3.5 短波跳频参数管控的特殊问题

在第 9 章的 9.7.2 节中，曾阐述了由于短波天波频率的时变性、短波通信距离的跨度大和短波天波通信易被测向定位等带来了短波组网的复杂性[13]。实际上，对于短波跳频通信，这种组网的复杂性又带来了短波跳频参数管控的特殊性，主要表现在短波地波与天波的频率特性不一致、通信距离不一致对跳频参数管控的影响，以及短波反侦察所需的跳频参数处理等。

（1）关于短波地波与天波频率不一致的跳频参数处理。短波地波可用频率的时变性不明显，或基本不具备时变性，地波跳频频率表的生成可参照超短波跳频频率表进行类似处理，其约束条件主要有组网数量、跳频电台的跳频带宽、可用频率资源、频率表数量、频率间隔、禁用频率、保护频率等。短波天波频率具有很强的时变性，不同时间、不同地点、不同方向可用频率的相关性差，天波跳频频率表的约束条件应在地波频率表约束条件的基础上，加上各通信对象所在地域天波频率的可用性。这对点对点的短波专用链路通信较为简单，但如果要求在同一个公共可用频率交集上同时组成多方向、多用户的短波天波跳频通信网，则频率交集越来越小，甚至找不到公共可用的频率交集。为了避免或减缓这种“靠天吃饭”的问题，可能的方法是借助各单条天波链路的频率交集，采用非对称频率表，通过接入控制和网络管控实现不同方向的天波跳频组网。在这种条件下，需要借助短波频率检测网提供准确的频率预报和科学的可用频率指配，再经跳频参数管控设备进行二次频率分配并生成跳频母频率表，供各天波跳频链路使用。

（2）关于地波与天波通信距离不一致的跳频参数处理。一是参数管控的远程特性，主要是天波跳频参数需要实施远程管控，其原理在上述内容中已有所涉及，在此不再赘述。二是需要解决自扰问题，由于各短波台站都在跳频，尤其是中大功率的天波跳频，不仅会造成相同频率中大功率跳频电台之间的干扰，更为严重的是中大功率跳频电台会干扰相同频率的小功率短波电台。为了解决和减小这种小、中、大功率短波电台之间的互扰，在已有频率资源条件下，跳频参数需要考虑各网频率表之间的约束问题。三是需要解决同体制短波跳频互通管控问题，短波跳频互通主要涉及逐级指挥、越级指挥、协同指挥、本网指挥等。为了避免“该互通时通不了，不该互通时到处通”的局面，对跳频参数需要考虑网号（网地址）设置、群首设置、互通权限设置和协同点设置等约束条件，以跳频参数为纽带，建立有序的网络互通关系。

（3）关于短波反侦察所需跳频参数的处理。正是由于短波天波通信距离远，其用频和信号容易被侦察，带来的后果可能是信息被截获、信号被干扰或台站被摧毁。所以，虽然短波频率资源有限，但其频谱安全问题需要引起高度重视。为此，除了采取机固结合、分散设站、天线异地架设、路由方向设置、时间协议、加密等措施以外，跳频频率表、跳频密钥、跳频图案等参数的设置要考虑平战结合、备份和应急以及隐蔽网和佯动网等需求，当频率资源不够用时，可在公共可用频率集上，考虑不同链路在不同的时间互换使用频率表，这也是一种时域和频域变换战术。

10.4　跳频通信管控对跳频信号特征的影响

前已述及，通过跳频参数管控实现对跳频通信的管控，不仅对跳频通信的网系运用产生了巨大影响，而且也提高了跳频通信的潜在抗干扰能力和反侦察能力。其中，反侦察能力的提高主要是由于对跳频信号频域、时域、空间域和网域的特征产生了很大的影响[14-16]，呈现出更高的复杂性和模糊度。

10.4.1　对跳频信号频域特征的影响

对于跳频同步组网，由于跳频参数管控，频率资源得到更好的利用，与其他己方通信网之间的互扰减小，加上可采用备用频率表，跳频参数管控对其频域信号的主要影响有：在同等条件下，同步组网频率表及其频率数可望进一步增加，同步组网效率进一步提高，同步组网的频域信号进一步密集，同步组网的频域反侦察性能进一步提高。

对于跳频异步组网，由于跳频参数管控，对其频域信号的影响更为明显，不仅给己方使用带来了方便，而且增加了对异步组网频域信号侦察的模糊度。其影响主要有：可以方便地进行高密度跳频异步组网，使异步组网信号的频域特征变得更加模糊；可以方便地利用有限的频率资源进行最大限度的组网，并且降低了网间频率碰撞概率；可以方便地扰乱部分跳频频率出现的规律，使侦察接收机难以正确地判断跳频通信的跳速；可以方便地使各子频段的频域跳频信号之间存在虚假相关性，使侦察接收机很难判断跳频网的数量；可以方便地实现异步正交或异步准正交组网，使侦察接收机难以判断是同步组网还是异步组网；等等。

10.4.2　对跳频信号时域特征的影响

无论是跳频同步组网还是跳频异步组网，通过跳频参数管控，对跳频时域信号都产生了较大的影响。主要表现在：由于频域的高密度，使得同时工作的跳频网络数量增加，跳频信号在时域上也随之密集与交叠，对进攻方会显得杂乱无章；可以方便地运用跳频参数随时间变化的战术，并进行时域上的伪装和示假，扰乱侦察接收机对跳频信号数据的积累，使其难以掌握跳频通信网的工作规律；由于频谱碰撞概率的降低，放松了对各跳频异步网通信时机的约束，可以随机通信，跳频时域信号进一步复杂，给进攻方的侦察增加了难度。

10.4.3 对跳频信号空间域特征的影响

由于跳频参数管控可以较好地解决或减轻频率碰撞和网间电磁兼容问题，使得单位空间域内跳频组网密度越来越高，即在一个狭小的地域内，可以容纳大量的跳频通信网络，不同跳频网信号的空间域特征已不明显。相对于远处某一位置的侦察接收机来说，多个跳频网所处的空间地域就好比一个点，侦察接收机接收到的众多密集的跳频信号也就好比来自同一跳频通信设备。

传统侦察接收机对跳频网台信号分选的一个重要依据是信号到达角（AOA）和信号到达时间差（TDOA），跳频参数管控使得利用这一原理的跳频网台信号的侦察分选难以实现，或者说对跳频侦察接收机的分辨精度和跳频网台信号分选的机理提出了苛刻的要求，甚至是新的挑战。

另外，通过跳频参数管控，可以方便地采用有关技术和战术结合的措施，还能够保持空间域电磁信号的不变性[17]，给通信侦察和干扰效果验证进一步增加模糊度。

10.4.4 对跳频信号网域特征的影响

由于跳频参数管控可以实现频域、空间域的跳频高密度组网，在相同的频率资源条件下组网数量大大增加，大量的跳频网台信号交错在一起，使得进攻方很难确定跳频网络特征与跳频网络信号的隶属关系。

首先，增加了跳频网络侦察分选的难度。在第 9 章中已讨论了跳频组网数量与反侦察的关系，对于侦察分选能力已确定的侦察接收机，在一定的作战地域内存在一个跳频组网数量的界限值，超过这个界限值时就难以做到准确的侦察分选，或准确侦察分选的概率很低。采用跳频参数管控手段，可以方便地做到这一点。尽管这个组网数量界限值是相对的，它随着侦察接收机技术水平的变化而变化，但在实际任务行动中总是客观存在的。

其次，增加了网络协议信号的截获难度。采用跳频参数管控手段以后，有关跳频网络之间的协议关系已提前规划和约定完毕，并已装订到各跳频通信设备中，这些已约定的网络协议不必在无线信道中传输，不仅节约了信道资源，而且避免了协议信号暴露。即使还有一些嵌入帧结构中的网络信息数据需要在信道中传输，但其信息量小，占用的时间资源少，在传输中瞬间即逝，并因跳频网台信号密集，对必需的网络信息传输起到了掩盖作用。

最后，提高了跳频网络的冗余度。采用跳频参数管控手段可以方便地实现跳频网络冗余战术[17]，即采用备份参数、备份网络或迂回路由等。当某跳频网遭遇有效干扰后，可利用其他冗余的跳频参数、网络、路由的信道资源以及转信能力进行通信，以进一步提高跳频通信网络抗干扰能力。

本章小结

本章主要讨论了跳频通信战场管控涉及的一些基础知识、工程实践体会以及与跳频通信网系运用关系等问题，明确了跳频通信战场管控的重要环节是跳频通信设备的末端管控（即跳频参数管控）及其对跳频通信的作用，为跳频参数管控设备的研制及其运用奠定了基础。在分析海湾战争教训及其原因的基础上，讨论了跳频通信设备使用的特点和跳频通信战场管控的目的，明确了跳频通信对战场管控的需求；在讨论跳频通信战场管控体制内涵及其统一性的基础上，阐述了战场电磁频谱管控、跳频通信设备管控和跳频通信参数管控及其相互之间的关系，以及跳频参数的种类及内涵，明确了跳频通信战场管控体制涉及的内容；在阐述跳频通信战场管控要素及基本步骤的基础上，分别讨论了跳频通信战场无缝管控、远程管控和实时管控及其相互关系，以及短波跳频参数管控的特殊性，明确了跳频通信战场管控运用需要考虑的有关问题。最后，分析了跳频通信战场管控对跳频信号频域特征、时域特征、空间域特征和网域特征的影响，进一步明确了通过跳频参数管控来提高跳频通信及其网系反侦察能力的机理。

本章的重点在于跳频通信战场管控的意义、战场管控体制、跳频参数的内容、跳频参数管控与电磁频谱管控的关系以及跳频通信战场管控的运用等。

参考文献

[1] 姚富强．军事通信抗干扰及网系应用[M]．北京：解放军出版社，2004.4.

[2] 孙进，齐晓刚，左维军．科学认识复杂电磁环境下通信兵的地位和作用，全面提高部队作战通信与指控能力[J]．军事通信技术，2007（6）．

[3] 姚富强，李永贵．战场频率及综合参数管理[C]．首届战区频谱管理研讨会，2001-05，广州．

[4] 姚富强．通信抗干扰有关现状分析与发展建议[C]．2001 军事通信抗干扰研讨会，2001-10，武汉．

[5] 姚富强．“XX”演习引发的思考与建议[C]．2001 军事通信抗干扰研讨会，2001-10，武汉．

[6] 姚富强，李永贵，毛虎荣．跳频通信装备的战场管理[C]．2001 军事通信抗干扰研讨会，2001-10，武汉．

[7] 毛虎荣，李永贵．如何发挥现有跳频通信设备的效能[C]．2001 军事通信抗干扰研讨会，2001-10，武汉．

[8] STINE J A，PORTIGAL D L．An introduction to spectrum management[R]．MITRE CORP. Washington，C3 Center，Mclean，Virginia，March 2004.

[9] Office of Assistant Secretary of Defense．Electromagnetic spectrum management strategic plan[R]．Department of Defense，Washington DC 20301，May 2007.

[10] 周青，侯瑞庭，李玉刚，等．美国电磁频谱管理[M]．北京：解放军出版社，2011．

[11] 赵丽屏，李永贵，姚富强．跳频参数的无缝管理[C]．2005 军事通信抗干扰研讨会，2005-11，成都．

[12] 赵丽屏，李永贵．跳频参数远程管理[C]．2003 军事通信抗干扰研讨会．2003-11，合肥．

[13] 姚富强，庹新宇．三军短波跳频电台技术管理体制中的几个问题[C]．1997 军事通信抗干扰研讨会，1997-10，南京．

[14] 姚富强．跳频参数管理及其对跳频信号的影响[C]．低截获概率信号侦测技术研讨会学术论文集，2003-10．

[15] 吴凡，姚富强．战场跳频参数管理对跳频网系信号的影响[C]．2005 军事通信抗干扰研讨会，2005-11，成都．

[16] 吴凡．跳频网台信号分选技术研究[D]．南京：解放军理工大学，2006．

[17] 赵丽屏，李永贵．跳频伴动战术应用研究[C]．2002 军事电子信息学术会议，2002-12，海口．

第 11 章　通信抗干扰评估方法与实践

本章在阐述通信抗干扰评估方法分类和评估指标体系的基础上，重点讨论几种设备级（系统级）通信抗干扰评估方法和通信对抗演习效果的评估方法。本章的讨论有助于理解通信抗干扰评估的基本方法以及它与其他领域能力评估的异同。

11.1　通信抗干扰评估的基本知识

在通信抗干扰装备立项、验收和使用等环节都需要进行抗干扰评估。通信抗干扰评估涉及的评估方法类型和问题很多，在讨论具体的方法之前，先介绍一些基本概念。

11.1.1　评估的基本概念

一般意义上的评估，是指进行逻辑上的集成并分析数据以协助作出系统决策的过程[1]。通信抗干扰评估通常有设备级（系统级）、网络级和网系级等层次。通信抗干扰评估是指通过相应的评估方法，确定通信装备（设备、系统和网络）在相应典型电磁环境条件下的适用性（性能、效能或能力），是对通信抗干扰装备的综合评估。它是通信抗干扰技术体制选择和关键技术研究以及装备作战效能推演等过程中十分重要的环节，重点是评估方法的研究。

在通信抗干扰评估中，经常涉及对性能、效能和能力等的描述，有时出现混用，其实它们之间既有联系，又有区别。性能是指评估对象所具有的某种特性和功能[2]，如技术性能、稳定性、可维修性等，具有单一性和绝对性；效能是指评估对象在特定条件下，执行规定任务所能达到预期目标的程度，具有综合性和相对性；能力是指评估对象胜任某项任务的本领[2]，如生存能力、作战能力等，具有综合性和绝对性。性能是效能和能力的基础，效能和能力是性能在特定条件下的反映或最终结果。一个系统可以有多项性能，但在特定条件下只有唯一的效能或唯一的能力。需要根据不同的评估对象和不同的运用场合，合理选用对性能、效能和能力等的描述，避免相互混用。

通信抗干扰评估通常包括三个主要环节：

（1）根据评估对象的特性和评估用途，选择合理的综合评估指标；

（2）根据一定的规则，将所需的性能指标参数聚类，形成指标体系；

（3）根据相应的算法，进行多指标的综合评估，得出最终的结果。

对军事系统的作战能力评估，有时需要采取特殊手段或多种手段相互验证。例如，在计算机仿真评估的基础上，进行实兵对抗演习等。而实兵对抗演习也存在效果评估问题，其评估又有一些特殊的问题需要考虑。

11.1.2　评估方法分类

与其他类型武器装备的评估一样，通信抗干扰评估方法从宏观上可分为以下三种基本的类型[1]。

1. 解析法

解析法是根据描述综合评估指标与给定条件之间函数关系的解析表达式来计算综合评估指标的。其优点主要是提供定量计算，结果直观，且能够进行变量间的关系分析，使用方便。其缺点主要是所需的准确函数关系或解析模型不易建立，有时甚至是不可实现的，且考虑的因素难以做到全面，只在某些假设条件下才有效。

2. 统计法

统计法是应用数理统计原理，依据试验、演习、装备使用、专家知识甚至实战获得的大量统计数据进行综合评估的。其优点主要是数据真实、结果明显，且具体情况具体分析，针对性强。其缺点主要是动用的人力、物力规模大，数据来源范围有限，且源自不同的试验、演习、实战条件，结果不具备一致性，普适性不高。

3. 计算机仿真法

计算机仿真法以计算机仿真为手段，通过建立系统的数学模型，在给定条件下利用计算机进行试验和评估。其优点主要是代价小，运算速度快，且可以提供实装和实战以外的运用环境。其缺点主要是很难建立合理的含有战术运用背景的数学模型，或者说难以保证模型的逼真度，其结果与实际有差距，难以取得很高的置信度。

可见，以上三种类型的评估方法各有优势和不足，在评估实践中除了适于不同场合外，还可以混合使用，以取长补短。

11.2　通信抗干扰评估指标体系

建立一个客观、合理的通信抗干扰评估指标体系，是实现对通信装备抗干扰量化评估的基础。本节基于层次分析法原理，建立通信抗干扰评估指标体系。

11.2.1　层次分析法原理

所谓层次分析法（Analytical Hierarchy Process），简称 AHP 方法，是美国运筹学家 A. L. Saaty 于 20 世纪 70 年代提出的一种定性与定量相结合的系统分析与评估方法[3-5]，也是一种将决策者对复杂系统的决策思维过程进行模型化和量化的过程，已在国民经济和国防工业等领域得到广泛应用。其基本原理是：首先，根据评估对象的性质和评估的目标，将评估对象分解为不同的组成因素（或指标），必要时可将各因素（或指标）进一步分解为下一级的分因素（或分指标），直到可以定量描述为止，并按各因素之间的影响和隶属关系将其进行分层聚类组合，形成一个有序的多层次模型。其次，对模型中每一层次各因素的相对重要性给予定量表述，并给出全部因素相对重要性次序的权值，其中最高层次为总目标。

在利用层次分析法解决问题的过程中，主要有以下四个基本步骤：

（1）确定评估目标，明确评估的准则。不同评估对象的评估目标（如武器效能、经济效益、方案优选等）是不尽相同的，本章中的评估目标为通信抗干扰效能或能力。至于不同评估对象的评估准则，有共同之处，也可能随着领域的不同而有所差异。

（2）根据评估目标和评估准则，建立层次结构模型。从总目标（总指标）逐层次向下分解成指标和分指标，相同类型的指标应处于同一层次，即聚类。不同评估对象的层次结构模型都是类似的，机理也是相同的，但指标意义和层次数量有所不同。

（3）分析并构造重要性评判矩阵。应用两两比较法或其他方法，对每一个层次内的多个因素（或指标）的重要性按一定的规则给出定量评判，形成重要性评判矩阵。

（4）各因素（或指标）量化处理。层次结构中各因素（或指标）的描述有些是定量的，有些是定性的；即使是定量的，其量纲也未必是相同的。为了评估运算的方便，需要作两个方面的量化处理：一是按一定的规则对各定性因素（或指标）进行量化处理；二是对所有指标进行归一化处理，得到最后统一的无量纲的量化结果。

11.2.2 通信抗干扰评估指标体系建立的原则

根据通信抗干扰评估的特点，经过调查研究和工程实践，其指标体系建立的原则主要有以下几个方面[5]：

（1）全面性：既要考虑通信抗干扰装备的通用性能，也要考虑不同抗干扰体制和技术的特点，同时也要兼顾装备的使用要求等；

（2）客观性：各项指标数据必须易于采集和测量，至少能通过设计计算或其他客观手段获得，尽最大可能减少人为的主观因素；

（3）层次性：相互关系和层次要比较分明，易于分析与处理，不仅要有上下层次的关系，而且同层次的各指标要满足聚类等要求；

（4）通用性：各指标或功能的描述和定义等必须符合相关的国家标准、行业标准和有效工程标准的通用术语规定，不能有歧义；

（5）开放性：指标体系要能适应技术发展和不同类型通信装备抗干扰效能评估的需求，纵向和横向都应有可扩展性和可裁减性。

11.2.3 通信抗干扰评估指标体系的内容和结构

层次分析法要求首先根据评估对象和评估目标确定所要考虑的内容，在通信抗干扰评估中要首先建立通信抗干扰评估指标体系。

考虑到目前的通信抗干扰措施主要分为扩谱和非扩谱两大类，且跳频通信设备被广泛采用，本节以跳频抗干扰效能评估为例，讨论通信抗干扰指标体系问题。根据通信抗干扰设备及系统的特点和工程实际，按通用技术性能、抗干扰技术性能和组网性能三种基本类型对性能指标进行聚类，有关性能指标还可继续分解，顶层性能指标为通信抗干扰效能或能力[5-6]。

1. 主要技术指标类别及聚类

1）通用技术性能

- 工作频段；
- 业务种类；
- 工作方式；
- 信息速率；
- 语音可懂度；
- 语音编码速率；
- 误码率；
- 呼损率；
- 通信距离；

- 信号处理时延；
- 用户数；
- 发射功率；
- 频合器性能；
- 发信机性能；
- 接收机性能；
- 天线性能；
- 电源特性；
- 整机功耗；
- 电磁兼容性能；
- 可靠性；
- 可维修性；
- 环境要求；
- 其他通用技术指标。

2）跳频抗干扰技术性能

- 跳频速率（跳速）；
- 跳频带宽；
- 跳频频率表数量；
- 跳频频率数；
- 跳频同步性能；
- 跳速牵引功能；
- 跳频图案性能；
- 自适应跳频功能；
- 抗干扰增效措施；
- 干扰容限；
- 接受跳频参数管控能力；
- 其他跳频抗干扰指标。

3）组网性能

- 跳频组网方式；
- 组网建立时间；
- 组网数量及组网效率；
- 跳频迟后入网方式；
- 跳频迟后入网建立时间；
- 跳频迟后入网概率；
- 跳频响应定频呼叫功能；
- 跳频数据分组网功能；
- 其他组网性能指标。

2. 技术指标的性质分析

1）可分解性分析

上述指标，有些不具有分解性，如工作频段、信息速率、误码率、语音编码速率、呼损率、通信距离、信号处理时延、整机功耗、跳速、跳频带宽、跳频频率表数量、跳频频率数等，在建立技术指标体系时，直接填入相应的指标数据即可。大多数指标还需要进一步分解为若干分指标。例如，业务种类可分解为数据、话音、短信、传真、图像等分指标；工作方式可分解为双工、半双工等分指标；发信机、接收机性能可以分解为有效工作带宽、各频率的接收灵敏度及其一致性、弱信号检测性能、信号选择性、信道切换时间、收发隔离度、调制解调特性、AGC 特性、位同步建立时间及其精度、滤波器性能、群时延、功放效率及线性性能、发信带外杂散、带内增益平坦度、有效辐射功率、发信互调失真、载波抑制、边带抑制、收发信机功耗等分指标，且不同频段、不同调制方式收发信机的分指标项目及其数值也不尽相同；天线性能可以分解为天线增益、天线效率、天线带宽、天线定向性能、空间域干扰抑制性能、抗风力性能等分指标；频合器性能可以分解为频率范围、换频时间、最小频率间隔、频率步进可变性、最大工作带宽、频谱纯度、杂散、相噪、频率稳定度、最大频率误差等分指标；可靠性可以分解为平均故障间隔时间、平均故障维修时间、故障自检功能等分指标；跳频同步性能可以分解为同步方式、初始同步建立时间、初始同步概率、再同步建立时间、再同步概率、迟后入网同步建立时间、迟后入网同步概率、同步频率数、同步频率的可变性、同步保持时间、同步信号隐蔽性、同步最大时差等分指标；跳频图案性能可以分解为跳频密钥量、跳频密钥数量、跳频图案重复周期、跳频图案复杂度、伪随机码性能、跳频图案算法数量、跳频图案的随机性/均匀性/连续性/遍历性/非线性等分指标；跳速牵引功能可以分解为跳速种类、牵引方式等分指标；自适应跳频功能可以分解为 FCS 功能、频率自适应跳频功能、功率自适应跳频功能、速率自适应跳频功能、跳速自适应功能、自适应跳频滤波功能等分指标；抗干扰增效措施可以分解为射频前端干扰抑制性能、纠错编码性能、交织度与交织处理时延、自适应陷波性能、自适应滤波性能等分指标；跳频组网方式可以分解为同步组网、异步组网、自组网、数据分组网等分指标；跳频迟后入网方式可以分解为：主动引导迟后入网、申请迟后入网等分指标；环境要求也可以分解成若干个分指标；等等。有些分指标还可以继续分解，直至得出最终的量化指标为止。

2）可测性分析

上述指标，有些可以通过对设备直接测量得到，如工作频段、信息速率、误码率（对应信噪比）、呼损率、信号处理时延、电磁兼容性能、发射功率、频合器性能、发信机性能各分指标、接收机性能各分指标、天线性能各分指标、整机功耗、跳速、跳频频率数、跳频频率表数量、跳频带宽、跳频同步性能各分指标、跳频图案性能的部分分指标等；有些无法或难以通过测量得到，需要通过设计和仿真计算得到，经专家评审给予认定，如跳频图案重复周期、跳频图案算法数量、跳频图案算法的随机性/均匀性/连续性/遍历性/非线性等；有些需要通过试验或测试得到，如通信距离、跳速牵引功能、接受跳频参数管控能力、组网性能等；还有些需要经过仿真和模拟对抗试验得到，如自适应跳频功能等。

3）可量化性分析

上述指标，有些直接得到的只有定性的描述，有些需要通过试验才能得到具体指标，但在论证阶段又无法试验，尤其是功能性的指标，如工作方式、业务种类、跳速牵引功能、组网类型、跳频迟后入网（方式、建立时间、概率）、跳频响应定频呼叫功能、跳频数据分组网功能等，需要通过相应的规则，建立相应的算法，对定性指标进行量化处理，或直接由领域专家打分确定，完成从定性到定量（量化）的转变。

4）可交叉性分析

在各层次的指标中，不排除指标体系的交叉。例如，抗干扰性能不仅与其基本的指标项目有关，还与组网能力、接收机性能等有关；反侦察性能除了与其特殊的技术性能有关外，还与扩谱性能、同步性能、组网性能等有关。在具体的分析计算中，会出现有关性能指标重复使用的问题。

3. 基于层次分析法的通信抗干扰评估指标体系结构

根据层次分析法，结合以上讨论的跳频抗干扰性能指标集合、分类和可分解性，可以建立图 11-1 所示基于层次分析法的通信抗干扰评估指标体系结构[5-6]。

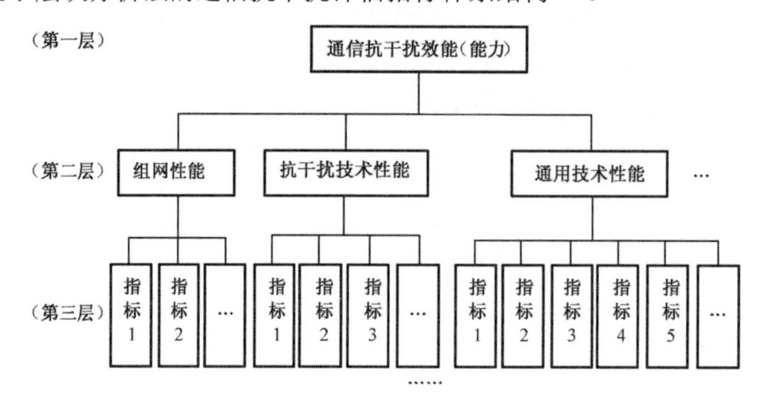

图 11-1　一种基于层次分析法的通信抗干扰评估指标体系结构

以跳频为例，将描述跳频通信系统的众多性能指标分为不同的层次，其中前三层为基本要求：

第一层：跳频通信系统抗干扰效能总指标，也是最终的评估结果；

第二层：跳频通信系统的组网性能、抗干扰技术性能和通用技术性能，它们都对总效能有直接影响；

第三层：直接反映第二层对应性能的指标集合；

第四层：第三层某些需要分解的指标对应的分指标集合；

第五层：第四层某些仍需要分解的分指标对应的分分指标集合；

……

这样的层次模型为一种分层次的倒树状结构，下一层次的输出是上一层次的输入，可以根据需要进行纵向和横向的延伸和扩展，即所考虑的因素可增可减、层次可多可少、模型可大可小；具有很好的通用性和可扩展性，以适应不同的评估场合和不同的评估对象；常用于建立评估指标体系，一般不单独使用，需要与其他评估方法（如后续将研究的能力指数评估法和德尔菲评估法等）配合使用。

至于如何利用这种层次模型进行评估，即如何使下一层次的输出为上一层次的输入，涉及具体的量化方法和评估方法，以下各节将讨论相应的评估算法。

值得指出的是，以上指标体系中给出的主要是静态指标，是针对静态评估而言的，实际中还有动态评估问题。所谓动态评估，主要是指对实际装备在不同干扰条件下的抗干扰性能进行评估，针对性较强，如具体的自适应跳频性能和干扰条件下的误码率、语音可懂度、跳频同步概率、可通率等；所谓静态评估，主要是对无干扰条件下的基本通信能力和基本抗干扰性能进行评估。与动态评估相比，静态评估的指标较全面，使用的数据多。静态评估是动态评估的基础，若系统的静态评估结果不好，一般动态评估的结果也难以保证；但即使系统的静态评估结果很好，动态评估的结果也未必能满足要求。所以，虽然动态评估与静态评估之间有紧密的联系，但还需要进行分开测试和评估。

11.3 效能评估法

本节借用武器系统效能分析的一般方法，讨论通信抗干扰效能的评估问题，该评估方法属于解析法。

11.3.1 基本概念

国内外学者在通信系统的评估研究领域提出了一些分析方法[7-14]，这些方法实现的途径虽不尽相同，但大致都属于确定性量度。然而，在分析评估中还有问题的另一面，即概率性量度[15-16]。本节所讨论的效能评估法属于概率性量度的范畴。

系统效能 E 是指系统的实际能力满足预定能力之程度的测度，是系统的一个综合指标，反映系统的整体属性，并以概率形式出现，$E \in [0,1]$。

对于通信抗干扰系统的效能分析，主要关心其通信抗干扰能力，分为潜在抗干扰能力与实际抗干扰能力两种。例如，香农（Shannon）信息论给我们指明了扩谱通信系统优化设计的方向以及系统最佳化的条件。在这个前提下，如果系统中的各器件处于理想状态，则此时通信系统所呈现的抗干扰能力即为潜在通信抗干扰能力。然而，香农信息论只是为我们提供了一个奋斗目标，它只能接近而无法达到，这就引出了通信系统在一定客观条件下所呈现的实际抗干扰能力。

所谓“能力”具有广义性，对于不同的要求、不同的场合，它具有不同的含义。例如，要度量一个已建成的通信系统或预测一个即将建成的通信系统与理想条件相比到底能发挥多大的作用？或者说实际能力占潜在能力有多大的比重？此时就要对系统进行效能分析[15-16]。

美国工业界武器系统效能咨询委员会（WSEIAC）在其早期发表的六篇报告（WSEIAC Report）[17]中指出：根据有效性、可信赖性以及品质因数三大要素评价武器系统。其主要思想是：无论在什么时间，如需要使用某个系统，它就应该处于能正常工作的准备状态；假若知道系统是有效的，则它在执行任务过程中应具有可信赖性；系统还必须有效地完成预定的任务。于是，用有效性向量表示系统在开始执行任务时的可能状态；用可信赖性（可靠性）矩阵描述系统在执行任务期间的随机状态；在已知系统有效性与可信赖性的前提下，用品质因数向量来表示系统完成任务的能力的测度。

以上武器系统的分析方法可推广应用到通信系统，得到通信抗干扰效能分析的数学模型及其相应的算法，并且系统总效能是各分系统效能的综合，分系统的效能是其子系统效能的综合。

11.3.2 评估模型及算法

先考查和分析系统效能 E 的三大要素及其描述方法[17]，然后得到 E 的解析表达式，以最终用于通信抗干扰效能评估。

1. 有效性向量 $\boldsymbol{A}$

有效性向量 $\boldsymbol{A}$ 是一个行向量：

$$A = (a_1, a_2, \cdots, a_n) \tag{11-1}$$

其元素是系统开始执行任务时可能处于所有不同状态的概率 a_i (i=1, 2, …, n)。由于系统必将在 n 个状态中的某一个状态下开始工作，所以有

$$\sum_{i=1}^{n} a_i = 1, \quad n \geqslant 2 \tag{11-2}$$

怎样确定系统可能处于哪些状态（即状态的划分）呢？最简单的情况是将系统只分为正常和故障两种状态（对应于点对点通信）。那么，$\boldsymbol{A}$ 只有两个元素，即

$$A = (a_1, a_2) \tag{11-3}$$

式中，a_1 为系统在任一时刻处于正常状态（状态 1）的概率，a_2 为系统在任一时刻处于故障状态或修理状态（状态 2）的概率。

系统处于状态 1 和状态 2 的概率计算式如下[18]：

$$a_1 = \frac{1/\lambda}{1/\lambda + 1/\mu} \tag{11-4}$$

$$a_2 = \frac{1/\mu}{1/\lambda + 1/\mu} \tag{11-5}$$

式中：λ 为系统故障率，μ 为系统修理率，$1/\lambda$ 为系统平均无故障时间，$1/\mu$ 为系统平均修理时间。

如果两点之间的通信路由多于 1 条（或有多套备份），只要有 1 条路由（1 套设备）工作正常即可完成通信。此时应采取路由“通”与“断”的组合来划分通信系统可能处于的状态。例如，某节点与最远节点之间存在 4 条路由（或 4 套设备），1 条主用，3 条备份，则通信系统可能拥有的状态有：

4 条路由（或 4 套设备）全部完好；

1 条路由（或 1 套设备）故障，3 条路由（或 3 套设备）完好；

2 条路由（或 2 套设备）故障，2 条路由（或 2 套设备）完好；

3 条路由（或 3 套设备）故障，1 条路由（或 1 套设备）完好；

4 条路由（或 4 套设备）全部故障。

此时，有效性向量中各元素的计算就变成确定系统在适当时刻的可靠性计算问题，并且每条路由（或每套设备）是否正常工作，是以每条路由（或每套设备）中的一个或多个要素均工作正常为前提的。所以，每条路由（或每套设备）的可靠性由一条或一条以上的描述各单元可靠性的连通边串联而成，每条路由（或每套设备）完好的概率可按串联系统可靠性公式来计算：

$$R_l = \prod_{i=1}^{N} r_i, \quad l = 1, 2, \cdots, L \tag{11-6}$$

式中，R_l 是第 l 条路由（或第 l 套设备）完好的概率，r_i 是第 l 条路由（或第 l 套设备）中第 i 个要素（第 i 条连通边）的可靠性。有了具体的设备参数即可求得 r_i，有了 r_i 即可求得 R_l，有了 R_l 即可求得以上五种状态的概率，从而得到有效性向量 $\boldsymbol{A}$。

2. 可信赖性矩阵 *D*

可信赖性矩阵表征系统在执行任务过程中的状态转移特性，并以在开始执行任务时系统的准备状态为前提。

如果系统有 n 个可能的状态，则可信赖性矩阵为一个 $n \times n$ 的方阵：

$$\boldsymbol{D}=\begin{bmatrix} d_{11} & d_{12} & \cdots & d_{1n} \\ d_{21} & d_{22} & \cdots & d_{2n} \\ \vdots & \vdots & & \vdots \\ d_{n1} & d_{n2} & \cdots & d_{nn} \end{bmatrix} \tag{11-7}$$

式中，d_{ij} 表示系统从 i 状态开始，而在执行任务过程中处于状态 j 的概率。可见，$\boldsymbol{D}$ 是一个条件概率转移矩阵。

通信系统的状态转移与互相接引的前一个状态有关，而与过去的状态无关，即满足无后效性，所以通信系统的状态转移过程是一个马尔可夫过程。可见，式（11-7）恰是马尔可夫过程中的状态转移矩阵，也可以用状态转移图表示。这样，计算 D 时即可运用马尔可夫过程的有关准则。

因为系统从原有状态 i 出发，必将停留在所有状态之一中工作，所以有

$$\sum_{j=1}^{n} d_{ij}=1, \quad i=1,2,\cdots,n, \ n \geqslant 2 \tag{11-8}$$

这种规律称为“状态转移矩阵每一行的和为 1”。

若通信系统只考虑“工作正常”与“故障”两种情况，则 $\boldsymbol{D}$ 的结构是比较简单的，仅由四个元素组成：

$$\boldsymbol{D}=\boldsymbol{D}_{2\times 2}=\begin{bmatrix} d_{11} & d_{12} \\ d_{21} & d_{22} \end{bmatrix} \tag{11-9}$$

式中，d_{11} 为开机时处于“可工作”状态，在通信结束时仍处于“可工作”状态的概率；d_{12} 为开机时处于“可工作”状态，在通信结束时处于“故障”状态的概率；d_{21} 为开机时处于“故障”状态，系统可修理，在完成任务时处于“可工作”状态的概率；d_{22} 为开机时处于“故障”状态，系统可修理，但在完成任务时又处于“故障”状态的概率。

文献[18]的研究表明，在系统可修理（通信系统为可修理系统）的前提下，对于“可工作”与“故障”两种状态，$\boldsymbol{D}_{2\times 2}$ 中各元素的计算方法如下：

$$d_{11}=\frac{\mu}{\lambda+\mu}+\frac{\lambda}{\lambda+\mu}\exp[-(\lambda+\mu)T] \tag{11-10}$$

$$d_{12}=\frac{\lambda}{\lambda+\mu}\{1-\exp[-(\lambda+\mu)T]\} \tag{11-11}$$

$$d_{21}=\frac{\mu}{\lambda+\mu}\{1-\exp[-(\lambda+\mu)T]\} \tag{11-12}$$

$$d_{22}=\frac{\lambda}{\lambda+\mu}+\frac{\mu}{\lambda+\mu}\exp[-(\lambda+\mu)T] \tag{11-13}$$

式中，λ 为系统的总故障率，μ 为系统的总维修率，T 为执行任务时间。

3. 品质因数向量 C

找出品质因数向量 C 是计算系统效能的最后一步。品质因数是表征系统在已知状态下主要性能特征的量度，应该用一种便于运算、容易理解和便于在评估过程中使用的形式来表示，一般用具有某种物理意义的概率形式表示，这在很大程度上取决于被评价的具体系统。例如，雷达系统的品质因数可能是在最大作用距离上的目标探测概率或正确跟踪概率；通信系统则主要关心在最大通信距离上各种状态下的连通概率。

实际中，可根据状态的划分或其他途径得到通信系统在各种状态下的连通概率，然后组成一个列向量：

$$C = (c_1, c_2, \cdots, c_n)^{\mathrm{T}} \tag{11-14}$$

在某些特定场合，可选取更具有特色的参数组成 $\boldsymbol{C}$，不一定选连通概率。$\boldsymbol{C}$ 实际上是一个条件概率向量，不过这里不存在“列的和为1”的问题。

4. 效能的解析表达式

至此，得到了有效性向量 $\boldsymbol{A}$，可信赖性矩阵 $\boldsymbol{D}$ 以及品质因数向量 $\boldsymbol{C}$。它们都是以概率形式表示的，且 $\boldsymbol{D}$ 和 $\boldsymbol{C}$ 分别是条件概率矩阵和条件概率向量。设系统有 n 个状态，根据概率理论，将 $\boldsymbol{A}$、$\boldsymbol{D}$ 和 $\boldsymbol{C}$ 连乘，其积就是一个以概率形式出现的总效能量度：

$$\boldsymbol{E} = \boldsymbol{A} \cdot \boldsymbol{D} \cdot \boldsymbol{C} \tag{11-15}$$

式中，$\boldsymbol{A}$ 为 n 个元素的行向量，$\boldsymbol{C}$ 为 n 个元素的列向量，$\boldsymbol{D}$ 为 $n \times n$ 的方阵。

由以上分析过程可见，通信系统的效能 E 是对通信系统整体属性的一个概率性量度。如果关心的是通信抗干扰问题，则此时通信系统的效能 E 即为通信系统的抗干扰效能，其原理与过程是一样的，只是评估目标和所用的性能指标有所不同而已。

11.3.3 评估范例

某通信系统有两种可供使用的抗干扰手段，该通信系统可分为三个状态：两种手段均可用；一种手段可用，一种手段不可用；两种手段全部不可用。

设通过相应的指标体系及相关运算，已获得数据为

$$\boldsymbol{A} = (0.80, 0.19, 0.01)$$

$$\boldsymbol{D} = \begin{bmatrix} 0.94 & 0.05 & 0.01 \\ 0 & 0.97 & 0.03 \\ 0 & 0 & 1 \end{bmatrix}$$

$$\boldsymbol{C} = (0.90, 0.80, 0)^{\mathrm{T}}$$

则有

$$\boldsymbol{E} = \boldsymbol{A} \cdot \boldsymbol{D} \cdot \boldsymbol{C} = 0.864$$

因此，该通信系统成功通信的概率或总抗干扰效能（总连通概率）约为 0.864，约 0.136 的效能被系统本身消耗了。

以上效能评估思想是建立在严密的概率理论基础上的，是一种巧妙的构思。它具有很好的可扩展性，只要对模型的状态数作相应的修改，并赋予各元素不同的含义，即可适用于不同系统或网络的评估。这种分析方法有一个非常吸引人的特点，就是最后的单一效能量度，它给了人们一个关于系统潜在能力和实际能力发挥程度的直观描述。一个系统总是希望它的效能越大越好；但由于不同系统的潜在能力不一样，相同的效能并不意味着相同的通信能力。从这个意义上讲，效能评估法更适用于系统的自身评价，而不同系统效能之间很难具备直接的可比性。

11.4 灰关联评估法

本节借用一个较新的数学分支——灰关联分析法来评估通信系统[19-21]，即灰关联评估法，该评估方法属于解析法。

11.4.1 基本概念

一个系统常包含许多因素，多种因素共同作用的结果决定系统的整体能力，希望利用系统

的各种因素来分析系统的能力，或者要知道在众多的因素中，哪些是主要因素，哪些是次要因素。然而，在诸因素中，有些是明确的，有些不明确，系统呈灰色，相应的系统称为灰色系统（Grey System）；而将其因素全明确的系统称为白色系统，将其因素全部未知的系统称为黑色系统[20-21]。

对应于控制论中用黑箱（Black Box）形容内部信息缺乏的对象和系统，文献[20]用“黑”表示信息缺乏，“白”表示信息完全，“灰”表示信息不充分、不完全。也就是说，信息不完全的系统称为灰色系统。所以，信息不完全是灰色系统的典型特征。

灰色系统理论重点研究的是外延明确、内涵不明确的对象[20]。例如，“18 岁的年轻人”是一个灰色系统的命题，指的是 18 岁的全体人员，多一个或少一个都不行，且不包括其他年龄范围的人，因此其外延明确；但对这个全体人员的出生日期、男女性别等不清楚，表明内涵不明确。在研究方法上，对灰色系统的命题可以通过补充信息转化其性质。例如，对“18 岁的年轻人”补充出生日期、男女性别等信息，可将这个命题中“灰”的内涵转化为“白”的内涵（称为白化）。

在国民经济建设中，经常需要对某一对象进行评估分析，常用的数理统计方法要求有大量的样本数据，且服从某种典型的概率分布，否则就难以找到统计规律。灰色系统理论中的灰关联分析法可以弥补这种不足，它对样本量的多少和样本有无规律都同样适用[20-21]，而且计算量较小。

灰关联评估法利用灰关联分析法进行评估，其基本思想是：研究一族序列曲线之间的相似程度，由此判断各序列所代表的系统相互关系是否紧密，曲线越接近，相应系统（序列）之间的关联度就越大，反之越小。

根据灰色系统的概念，通信系统也是一个典型的灰色系统。因此，可以借用灰色系统理论中的灰关联分析法对通信系统进行评估。

对一个系统进行灰关联评估，首先要选准反映系统行为特征的数据序列（称为系统的特征序列），可由此作出各个序列的曲线，从直观上进行分析。灰色系统中所研究的大部分序列是时间序列[20-21]；而对于通信系统来说，最能反映其特征的是指标序列，它往往不是时间序列，不易几何作图，需要利用灰关联原理作相应的定量处理。

11.4.2 评估模型及算法

根据灰色系统理论，令 X 为灰关联因子序列集合，x_o 为参考序列，且 $x_o \in X$，x_i 为待比较序列，且 $x_i \in X$，$x_o(k)$、$x_i(k)$ 分别为序列 x_o 与序列 x_i 第 k 点的数值，若 $\gamma[x_o(k), x_i(k)]$ 为实数，则[20-21]

$$\gamma_{oi} = \gamma(x_o, x_i) = \frac{1}{n}\sum_{k=1}^{n}\gamma[x_o(k), x_i(k)] \tag{11-16}$$

式（11-16）为 $\gamma[x_o(k), x_i(k)]$ 的平均值。当满足下述公理后[20-21]，则称 $\gamma[x_o, x_i]$ 为 x_i 对于 x_o 的灰关联度，称 $\gamma[x_o(k), x_i(k)]$ 为 x_i 对于 x_o 的灰关联系数。

1. 规范性

$$\gamma(x_o, x_i) \in (0,1], \quad \forall k$$

$$\gamma(x_o, x_i) = 1 \Leftrightarrow x_o = x_i$$

$$\gamma(x_o, x_i) = 0 \Leftrightarrow x_o,\quad x_i \in \varnothing，\varnothing \text{为空集}$$

这表明：灰关联因子序列集合 X 中任何因子都不可能严格无关。

2. 偶对称性

$$x, y \in X,\ \gamma(x,y) = \gamma(y,x) \Leftrightarrow X = (x,y)$$

这表明：灰关联因子集合 X 中如果只有两个因子，则 $\gamma(x_o, x_i)$ 为两两比较，且两两比较是对称的。

3. 整体性

$$x_j, x_i \in X = \{x_\sigma \mid \sigma = 0,1,\cdots,m\},\quad m > 1$$

$$\gamma(x_j, x_i) \neq \gamma(x_i, x_j),\quad i \neq j$$

这表明：当序列个数大于 2 时，不同参考序列的取舍，由于环境不同，其比较结果不一定满足对称原理。

4. 接近性

$|x_o(k) - x_i(k)|$ 越小，$\gamma[x_o(k), x_i(k)]$ 越大，反之亦然。这是对灰关联度量化的约束。

以上 4 条称为灰关联四公理。

对于 $\gamma[x_o(k), x_i(k)]$ 和 $\gamma(x_o, x_i)$，有如下具体计算方法[20-21]：

$$\gamma_{oi}(k) = \gamma[x_o(k), x_i(k)] = \frac{\min\limits_i \min\limits_k |x_o(k) - x_i(k)| + \xi \max\limits_i \max\limits_k |x_o(k) - x_i(k)|}{|x_o(k) - x_i(k)| + \xi \max\limits_i \max\limits_k |x_o(k) - x_i(k)|} \tag{11-17}$$

再由式（11-16）即可求出 γ_{oi}。

式(11-17)中，ξ 称为分辨系数，一般取 $\xi = 0.5$；$\min\limits_i \min\limits_k |x_o(k) - x_i(k)|$ 和 $\max\limits_i \max\limits_k |x_o(k) - x_i(k)|$ 对于具体的因子集合是一个确定的数，且其中的 i、k 历经因子集合中全部的 i、k 值。$|x_o(k) - x_i(k)|$ 中的 i、k 与 $\gamma[x_o(k), x_i(k)]$ 中的 i、k 一一对应。

可以证明式（11-16）和式（11-17）满足灰关联四公理[20-21]。

有了以上的数学准备，再结合通信系统的特点，通信系统灰关联评估的算法总结如下：

（1）将各系统指标序列中的半量化因素，如“大、较大、中、小”“好、较好、一般、较差”等灰色元素进行白化。

（2）序列归一化。分两种类型：

如果序列各元素量纲相同，则令

$$x_i'(k) = x_i(k) / x_i(1) = [x_i'(1), x_i'(2), \cdots, x_i'(n)] \tag{11-18}$$

式中，$i \in (0,1,2,\cdots,m)$。若 $x_i(1) = 0$，则用 $x_i(k)$ 同除以 $x_i(k)$ 中某一个不为零的值。

如果序列各元素量纲不同，但各序列对应同一 k 值的各元素量纲相同，则令

$$x_i'(k) = x_i(k) / x_1(k) = [x_i'(1), x_i'(2), \cdots, x_i'(n)] \tag{11-19}$$

式中，$i \in (0,1,2,\cdots,m)$。若 $x_1(k) = 0$，则用 $x_i(k)$ 除以第 k 列中某一个不为零的值。称 $x_i'(k)$ 为原序列的初值象。通信系统的指标序列多为第二种类型。

步骤（2）的实质是使同一 k 值的各元素统一量纲，然后去掉各元素的量纲，以对各元素公平对待。

（3）构造最佳序列（或称参考序列）$x_o(k) = [x_o(1), x_o(2), \cdots, x_o(n)]$。它是所有序列中的各个最优元素构成的一个序列，是一个理想化的序列。

在构造最佳序列过程中，以相对优化原则为依据：

目标为“越大越好”时，对应 k 的元素选为

$$x_o(k)=\max_i x_i(k),\qquad i\in(0,1,2,\cdots,m) \tag{11-20}$$

目标为“越小越好”时，对应 k 的元素选为

$$x_o(k)=\min_i x_i(k),\qquad i\in(0,1,2,\cdots,m) \tag{11-21}$$

（4）求差序列。记 $\Delta_i(k)=\left|x_o(k)-x_i'(k)\right|$，则差序列为

$$\Delta_i(k)=[\Delta_i(1),\Delta_i(2),\cdots,\Delta_i(n)],\qquad i\in(0,1,2,\cdots,m) \tag{11-22}$$

（5）求最大差与最小差。

$$M=\max_i\max_k\Delta_i(k) \tag{11-23}$$

$$m=\min_i\min_k\Delta_i(k) \tag{11-24}$$

（6）求关联系数。

$$\gamma_{oi}(k)=\frac{m+\xi M}{\Delta_i(k)+\xi M} \tag{11-25}$$

式中，$\xi\in(0,1)$，$i\in(0,1,2,\cdots,m)$，$k\in(1,2,\cdots,n)$。

（7）求各序列对于参考序列的关联度。

$$\gamma_{oi}=\frac{1}{n}\sum_{k=1}^{n}\gamma_{oi}(k),\qquad i\in(0,1,2,\cdots,m) \tag{11-26}$$

（8）优势比较及结论：γ_{oi} 大者对应的系统较优，即与参考序列关联度最大的序列对应的系统为最优系统。

11.4.3 评估范例

为了说明上述算法的运用过程，下面给出一个象征性的评估范例[15, 19]。设已得到某四种通信系统的外部特征指标（通信系统内部指标不列入），如表 11-1 所示，试进行灰关联评估分析。

由表 11-1 可见，由四种通信系统可以得到 4 个指标序列，但这些序列中的元素有些是明确的数值，而有些是定性结论，因而研究的对象呈灰色。

1. 将各灰量进行白化

定义 11-1 令 $f(x)$ 为 x 的单调函数，若 x 为灰量，如“强”“中”“弱”或“好”“中”“差”，或区间值等，$f(x)\in[0,1]$，则称 $f(x)$ 为灰量 x 的白化权函数。

定义 11-2 令 n 为灰量的等级，或区间灰数的个数，记 $f(x)=1$ 为 $f_{\max}$，即 $f_{\max}=1$。若灰量的第 i 级记为 $x(i)$，当取 $x(i)=f_{\max}$ 时，称灰量的命题是第 i 级 $x(i)$ 最大。记命题为 Λ，则“第 i 级 $x(i)$ 权最大”的命题记为

$$\Lambda[x(i)\big|f_{\max}] \tag{11-27}$$

例 11-1 指标 7 分为三个等级：第 1 等级 $x(1)$对应“一般”，第 2 等级 $x(2)$对应“较强”，第 3 等级 $x(3)$对应“强”。则：$\Lambda[x(3)\big|f_{\max}]$对应 Λ (指标 7“强”|权最大)，或对应指标 7“强”白化权最大，或对应指标 7 越强越好。

表 11-1　评估对象指标矩阵

指标 系统 指标项目	通信系统 1	通信系统 2	通信系统 3	通信系统 4
指标 1/dB	25	0	0	15
指标 2/(Hop/s)	50	0	0	0
指标 3/s	0.2	0.2	0.5	0.1
指标 4/km	50	30	50	10
指标 5/MHz	140	50	50	8
指标 6	2	1	1	1
指标 7	强	较强	一般	一般
指标 8	好	差	差	好
指标 9	弱	强	中	强
指标 10	强（大）	强（大）	弱（小）	弱（小）
指标 11	强	差	强	强
指标 12	强	差	差	强
指标 13	强	强	差	差
指标 14	有	无	无	无
指标 15	难	易	中	较难
指标 16	弱	弱	中	强
指标 17	难	易	中	易

例 11-2　指标 9 分为 3 个等级：第 1 等级 $x(1)$ 对应“强”，第 2 等级 $x(2)$ 对应“中”，第 3 等级 $x(3)$ 对应“弱”。则：$\Lambda[x(3)|f_{\max}]$ 对应 Λ［指标 9“弱”|权最大］，或指标 9 越弱越好。

定义 11-3　若灰量有 n 个等级 $x(1), x(2), \cdots, x(n)$，且命题为 $\Lambda[x(n)|f_{\max}]$，计 f 为映射

$$x(k) \to \mu_k\text{，若}\begin{cases} f[x(n)] = 1 \\ f[x(k)] = k/n = \mu_k, \quad k = 1, 2, \cdots, n-1 \end{cases}$$

则称灰量白化权函数是线性的。在没有补充其他信息之前，一般认为灰量白化权函数是线性的[20]。

例 11-3　命题 $\Lambda[x(3)|f_{\max}]$ 对应 Λ［指标 7“强”| 权最大］，$n=3$，按线性白化权函数的定义有：

$$f[x(n)] = f[x(3)] = 1$$
$$f[x(n-1)] = f[x(2)] = 2/3 = 0.67$$
$$f[x(n-2)] = f[x(1)] = 1/3 = 0.33$$

白化结果：指标 7“一般”对应的量值为 0.33，指标 7“较强”对应的量值为 0.67，指标 7 对应的量值“强”为 1。

例 11-4　命题 $\Lambda[x(3)|f_{\max}]$ 对应 Λ［指标 9“弱”|权最大］，相应地有：指标 9“强”对应的量值为 0.33，指标 9“中”对应的量值为 0.67，指标 9“弱”对应的量值为 1。也可反过来定义，但在寻找参考序列时，对应项也取反即可。

以此类推，可将全部灰量白化，其结果如表 11-2 所示。由表 11-2 可见，表 11-1 中各元素均在统一算法下被白化和归一化处理，白化后均无量纲。

表 11-2　评估对象指标矩阵白化结果

i =1, 2, 3, 4		通信系统 1	通信系统 2	通信系统 3	通信系统 4
$x_i(1)$	指标 1	25	0	0	15
$x_i(2)$	指标 2	50	0	0	0
$x_i(3)$	指标 3	0.2	0.2	0.5	0.1
$x_i(4)$	指标 4	50	30	50	10
$x_i(5)$	指标 5	140	50	50	8
$x_i(6)$	指标 6	2	1	1	1
$x_i(7)$	指标 7	1	0.67	0.33	0.33
$x_i(8)$	指标 8	1	0.5	0.5	1
$x_i(9)$	指标 9	1	0.33	0.67	0.33
$x_i(10)$	指标 10	1	1	0.5	0.5
$x_i(11)$	指标 11	1	0.5	1	1
$x_i(12)$	指标 12	1	0.5	0.5	1
$x_i(13)$	指标 13	1	1	0.5	0.5
$x_i(14)$	指标 14	1	0	0	0
$x_i(15)$	指标 15	0.25	1	0.5	0.75
$x_i(16)$	指标 16	0.33	0.33	0.67	1
$x_i(17)$	指标 17	0.33	1	0.67	1

2. 构造最佳序列

最佳序列由所有序列中的最优元素构成。

根据相对优化原则，有

$$x_o(1) = \max_i x_i(1) = \max(25,0,0,15) = 25$$

$$x_o(2) = \max_i x_i(2) = \max(50,0,0,0) = 50$$

$$x_o(3) = \min_i x_i(3) = \min(0.2,0.2,0.5,0.1) = 0.1$$

$$\vdots$$

$$x_o(17) = \max_i x_i(17) = \max(0.33,1,0.67,1) = 1$$

因此可得最佳序列

$$x_o = (25,50,0.1,50,140,2,1,1,1,1,1,1,1,1,1,1,1)$$

3. 求差序列

$$\Delta_1 = (0,0,0.1,0,0,0,0,0,0,0,0,0,0,0,0.75,0.67,0.67)$$

$$\Delta_2 = (25,50,0.1,20,90,1,0.33,0.5,0.67,0,0.5,0.5,0,1,0,0.67,0)$$

$$\Delta_3 = (25,50,0.4,0,90,1,0.67,0.5,0.33,0.5,0,0.5,0.5,1,0.5,0.33,0.33)$$

$$\Delta_4 = (10,50,0,40,132,1,0.67,0,0.67,0.5,0,0,0.5,1,0.25,0,0)$$

4. 求最大差与最小差

$$M = \max_i \max_k \Delta_i(k) = 132,\quad m = \min_i \min_k \Delta_i(k) = 0$$

5. 求关联系数

结果如表 11-3 所示。

表 11-3 各序列对于 x_o 的关联系数

k	$\gamma_{o1}(k)$	$\gamma_{o2}(k)$	$\gamma_{o3}(k)$	$\gamma_{o4}(k)$
1	1	0.725	0.725	0.868
2	1	0.568	0.568	0.568
3	0.998	0.998	0.993	1
4	1	0.767	1	0.622
5	1	0.423	0.423	0.333
6	1	0.985	0.985	0.985
7	1	0.995	0.989	0.989
8	1	0.992	0.992	1
9	1	0.989	0.995	0.989
10	1	1	0.992	0.992
11	1	0.992	1	1
12	1	0.992	0.992	1
13	1	1	0.992	0.992
14	1	0.985	0.985	0.985
15	0.988	1	0.992	0.996
16	0.989	0.989	0.995	1
17	0.989	1	0.995	1

6. 计算关联度

$$\gamma_{o1}=\frac{1}{17}\sum_{k=1}^{17}\gamma_{o1}(k)=0.998\text{，}\quad \gamma_{o2}=\frac{1}{17}\sum_{k=1}^{17}\gamma_{o2}(k)=0.906$$

$$\gamma_{o3}=\frac{1}{17}\sum_{k=1}^{17}\gamma_{o3}(k)=0.918\text{，}\quad \gamma_{o4}=\frac{1}{17}\sum_{k=1}^{17}\gamma_{o4}(k)=0.901$$

7. 优势比较

由计算结果得：$\gamma_{o1}>\gamma_{o3}>\gamma_{o2}>\gamma_{o4}$。

由所给出的指标序列以及计算的关联度可知：通信系统 1 最优，通信系统 3 次之，通信系统 2 居三，通信系统 4 最差。

由以上分析可见，运用灰色系统理论来评估和分析通信系统，不需要大量的样本数据，不同评估对象之间具有很好的可比性，优点较明显。但其数学模型较分散，并且难以表达一个通信系统的综合能力。

11.5 模糊综合评估法

基于模糊集合论基础上的综合评估，即为模糊综合评估法[23-25]。本节借用这种方法来评估通信系统[1, 22]，该评估方法也属于解析法。

11.5.1 基本概念

模糊数学是由美国 California 大学控制论学家 L. A. Zadeh 教授于 1965 年创建的，模糊数学不是一种“模模糊糊”的数学，而是对客观实际中的模糊现象和活动用精确化的手段加以描述和探讨的科学[23-25]。

模糊数学重点研究的是外延不明确、内涵明确的对象[20, 23]。例如，“某单位的年轻人”是模糊数学的命题，其内涵是“年轻人”，人人皆知，是明确的，但无法划定界限来区分“年轻”或“不年轻”；因此其外延不明确，是模糊的。在研究方法上，对模糊数学的命题不是通过补充信息来转化命题的性质的，而是用模糊集合来描述。

在客观世界中，事物的外特性往往与多种因素有关，而且人们对事物的评价往往又采用具有模糊性或程度性的语言。模糊综合评估是建立在模糊集合论基础上的一种评价方法，它的特点在于其评价方式与人们的正常思维模式很接近，通常先从定性的模糊选择入手，然后通过模糊变换原理进行运算取得最后的定量评估结果。这种评估方法早于灰关联评估理论，已在国民经济、国防建设和科学试验等方面得到了广泛应用。

模糊综合评估法一般包含以下三个步骤[23-25]：

（1）对与评估对象有关的诸因素，分别作单因素评价，从而获得模糊评判矩阵 $\boldsymbol{R}$；

（2）确定诸因素在评估对象中的重要性程度，即确定权重向量 $\boldsymbol{A}$；

（3）作模糊变换，获得评估结果。

11.5.2 评估模型及算法

对应于步骤（1）：单因素评价，从而获得模糊评判矩阵 $\boldsymbol{R}$。

设 $\boldsymbol{U}=(u_1,u_2,\cdots,u_n)$ 为指标模糊集，即反映评估对象的指标集合，其中有定性指标和定量指标；$\boldsymbol{V}=(v_1,v_2,\cdots,v_m)$ 为评判模糊集，即对上述指标模糊集中各指标可能评价结果的集合。

$\boldsymbol{R}$ 为模糊评判矩阵，表示 $\boldsymbol{U}$ 到 $\boldsymbol{V}$ 的模糊逻辑关系。$\boldsymbol{R}$ 的表达式为

$$\boldsymbol{R}=\left\{\begin{matrix} r_{11} & r_{12} & \cdots & r_{1m} \\ r_{21} & r_{22} & \cdots & r_{2m} \\ \vdots & \vdots & & \vdots \\ r_{n1} & r_{n2} & \cdots & r_{nm} \end{matrix}\right\} \tag{11-28}$$

$\boldsymbol{R}$ 中的元素 r_{ij} 表示对第 i 个指标作出第 j 级评价的隶属度，即第 i 个指标属于第 j 级的程度，$0\leqslant r_{ij}\leqslant 1$。当 r_{ij} 只取 0 或 1 时，则模糊矩阵退化为布尔矩阵，因此模糊矩阵是布尔矩阵的推广。

通常情况下，r_{ij} 的取值可从实际测试结果获取，在无法得到测试结果的情况下，可通过专家意见获取。

对应于步骤（2）：确定权重向量 $\boldsymbol{A}$。

设 $\boldsymbol{A}=(a_1,a_2,\cdots,a_n)$ 为权重向量，即权重模糊集，与指标模糊集 $\boldsymbol{U}$ 一一对应，表征对应指标的重要性程度。某项指标越重要，则该指标的权重系数越大；反之，权重系数越小。$\boldsymbol{A}$ 主要通过专家意见获取。

对应于步骤（3）：作模糊变换，获得评估结果。

首先，应用模糊矩阵的复合平均法确定综合结果为模糊集[24]：

$$\boldsymbol{B}=\boldsymbol{A}*\boldsymbol{R}=(b_1,b_2,\cdots,b_m) \tag{11-29}$$

式中，b_j 为等级 v_j 对 $\boldsymbol{B}$ 的隶属度（$j=1,2,\cdots,m$），也是被评判的事物对等级 v_j 的隶属度。

根据对 $\boldsymbol{A}*\boldsymbol{R}$ 的计算方法不同，有以下三种不同类型的评估计算模型[24]：

（1）模型 1：主因素决定型。

此时，式（11-29）中的“*”号表示模糊矩阵的一种合成运算，即元素相乘取最小值，元素相加取最大值[23]，得到

$$b_j=\max\left[\min\left(a_1,r_{1j}\right),\ \min\left(a_2,r_{2j}\right),\ \cdots,\ \min\left(a_n,r_{nj}\right)\right],\quad j=1,2,\cdots,m \tag{11-30}$$

式(11-30)的物理意义在于：模糊指标 u_i（$i=1,2,\cdots,n$）对于任何评判等级 v_j（$j=1,2,\cdots,m$）的隶属度都不能超过 a_i；同时，在确定 b_j 时，只考虑起主要作用的因素，而忽略其他因素的影响。

（2）模型 2：主因素突出型。

此时，式（11-29）中的“*”号表示模糊矩阵的普通乘法，即元素相乘取其积，元素相加取最大值，得到

$$b_j=\max\left[a_1r_{1j},\ a_2r_{2j},\ \cdots,\ a_nr_{nj}\right] \tag{11-31}$$

相对于模型 1，模型 2 同时考虑了单因素评判结果以及指标重要性权重，突出了主要因素的影响，因而是一种“主因素突出型”评判方法。

（3）模型 3：加权平均型。

这里，使用了“环和”的概念，记环和算子为“$\oplus$”，其定义为

$$\alpha\oplus\beta=\min\left(1,\ \alpha+\beta\right) \tag{11-32}$$

根据环和的定义，其结果不可能超过 1。令“$\oplus\sum\limits_{i=1}^{n}$ ”表示 n 个数在环和运算下求和。式(11-29)综合评判结果的加权平均模型可以表示为

$$b_j=\oplus\sum_{i=1}^{n}a_ir_{ij}=\min\left[1,\ \sum_{i=1}^{n}a_ir_{ij}\right] \tag{11-33}$$

可见，与前述两种模型相比，该模型在决定各因素对评判等级 v_j 的隶属度 b_j 时，综合考虑了所有因素 u_i（$i=1,2,\cdots,n$）的影响，而不只考虑对 b_j 影响最大的因素。

通常情况下，权向量 $\boldsymbol{A}$ 满足归一化条件，即 $\sum\limits_{i=1}^{n}a_i=1$，因此有 $\sum\limits_{i=1}^{n}a_ir_{ij}\leqslant 1$，意味着式(11-33)中的“$\oplus$”运算退化为一般实数加法，即

$$b_j=\sum_{i=1}^{n}a_ir_{ij} \tag{11-34}$$

这是一种典型的加权平均，因此称式（11-34）表示的综合评判模型为加权平均模型。

以上给出了三种常用的综合评判模型。可见，对于相同评判条件，不同模型得到的评判结果 $\boldsymbol{B}$ 是不同的，这与人们从不同角度观察同一事物得出不同的结论是相吻合的。但在实际应用中，评判结果 $\boldsymbol{B}$ 的绝对大小是没有意义的，人们更关心的是不同对象评判结果的相对大小，即如何利用表示评判结果的模糊集 $\boldsymbol{B}$ 来进行综合评判。通常存在以下两种方法[1]：

（1）最大隶属度判别法。取判别变量 $\lambda=\max(b_1,b_2,\cdots,b_m)$，这种方法简单快捷，但没有充分利用 $\boldsymbol{B}$ 的全部信息，得到的评判结果是不全面的。

（2）隶属度综合加权平均法。为各隶属度 b_j 指定相应的等级参数 λ_j，利用 b_j 的幂为权，突出占优势等级的作用，加权求和得到最终的评判变量：

$$\lambda = \sum_{j=1}^{m} b_j^k \lambda_j \bigg/ \sum_{j=1}^{m} b_j^k \tag{11-35}$$

式中：λ_j 为等级 v_j 对应的参数（通常为分值，视具体应用而定），例如 λ_1=100（优），λ_2=80（良），λ_3=60（中），λ_4=40（差）。k 为各隶属度 b_j 的幂，一般取 k=2。

显然，隶属度综合加权平均法综合考虑了各隶属度的影响，评估结果更为合理。得到不同系统的评判变量λ 后，按照λ 的大小排序即可进行评判。

11.5.3 评估范例

为了进一步说明模糊综合评估法的运用过程，以三个通信系统（通信系统 1、通信系统 2 和通信系统 3）的抗电磁脉冲攻击能力为例，进行评估分析[22]。

由于系统规模较大以及运行条件的限制，一般难以通过直接测试得到系统整体抗电磁脉冲攻击能力。每个大型通信系统通常由多个设备或子系统组成，全系统的综合抗电磁脉冲攻击能力取决于各子设备（子系统）的抗电磁脉冲攻击能力。各子设备（子系统）的抗电磁脉冲攻击能力高低不同，且它们在通信系统中的作用和地位也有差别。有些子设备（子系统）承担相应的关键功能，一旦被损坏将导致整个系统瘫痪；有些则仅仅承担一些辅助性任务，即使被损坏，也不影响系统的主要功能。

将各子设备（子系统）的抗电磁脉冲攻击能力作为指标模糊集的元素，得到 $\boldsymbol{U}$，评判模糊集 $\boldsymbol{V}$ 可由系统级抗电磁脉冲攻击的能力等级集合得到，共分为 10 级，即 $\boldsymbol{V}=\{v_1,v_2,\cdots,v_{10}\}$= {1 级，2 级，…，10 级}，如表 11-4 所示。

表 11-4 各系统评估指标模糊集

通信系统	指标模糊集 $\boldsymbol{U}$	评判模糊集 $\boldsymbol{V}$
通信系统 1	$u_{1,1}$，$u_{1,2}$，$u_{1,3}$，$u_{1,4}$，$u_{1,5}$，$u_{1,6}$，$u_{1,7}$，$u_{1,8}$，$u_{1,9}$，$u_{1,10}$，$u_{1,11}$	v_1—1 级；v_2—2 级；v_3—3 级；v_4—4 级
通信系统 2	$u_{2,1}$，$u_{2,2}$，$u_{2,3}$，$u_{2,4}$，$u_{2,5}$，$u_{2,6}$，$u_{2,7}$，$u_{2,8}$	v_5—5 级；v_6—6 级；v_7—7 级；v_8—8 级
通信系统 3	$u_{3,1}$，$u_{3,2}$，$u_{3,3}$，$u_{3,4}$，$u_{3,5}$，$u_{3,6}$，$u_{3,7}$，$u_{3,8}$，$u_{3,9}$	v_9—9 级；v_{10}—10 级

根据咨询和统计专家的意见，得到各系统的权重模糊集，以通信系统 1 为例，如表 11-5 第二列所示。

模糊评判矩阵 $\boldsymbol{R}$ 由实际测试结果得到。例如，对于模糊指标 $u_{1,2}$（对应于通信系统 1 中子系统 2 的抗电磁脉冲攻击能力），在进行抗电磁脉冲攻击能力测试中，共有 100 件子系统 2 参加试验，其中 10 件达到 7 级、40 件达到 8 级、40 件达到 9 级、10 件达到 10 级，$\boldsymbol{R}$ 中对应的行（表 11-5 第二行）为 r_{2j} =（0.0，0.0，0.0，0.0，0.0，0.0，0.1，0.4，0.4，0.1），$j=1,2,\cdots,10$。

根据表 11-5，采用加权平均模型（模型 3），可得通信系统 1 的模糊综合评估向量为

$$\boldsymbol{B}_1=(b_1,b_2,\cdots,b_{10})=\left(\sum_{i=1}^{11}a_i r_{i1},\ \sum_{i=1}^{11}a_i r_{i2},\ \cdots,\ \sum_{i=1}^{11}a_i r_{i10}\right)$$
$$=(0,\ 0,\ 0,\ 0,\ 0,\ 0.175,\ 0.587,\ 0.204,\ 0.029,\ 0.005)$$

由隶属度综合加权平均法，利用式（11-35），取 k=2，$\lambda_{1j}=j$（j=1, 2, …, 10，下标“1”表示通信系统 1），可得通信系统 1 的模糊评判变量为

$$\lambda_1=\frac{\sum_{j=1}^{m}b_j^k\lambda_{1j}}{\sum_{j=1}^{m}b_j^k}=\frac{\sum_{j=1}^{10}b_j^2\lambda_{1j}}{\sum_{j=1}^{10}b_j^2}\approx 7.03$$

表 11-5 通信系统 1 的模糊评判参数

指标模糊集 $\boldsymbol{U}$	权重模糊集 $\boldsymbol{A}$	模糊评判矩阵 $\boldsymbol{R}$									
$u_{1,1}$	0.04	0.0	0.0	0.0	0.0	0.0	0.0	1.0	0.0	0.0	0.0
$u_{1,2}$	0.05	0.0	0.0	0.0	0.0	0.0	0.0	0.1	0.4	0.4	0.1
$u_{1,3}$	0.14	0.0	0.0	0.0	0.0	0.0	0.0	0.0	1.0	0.0	0.0
$u_{1,4}$	0.08	0.0	0.0	0.0	0.0	0.0	0.0	1.0	0.0	0.0	0.0
$u_{1,5}$	0.15	0.0	0.0	0.0	0.0	0.0	0.0	1.0	0.0	0.0	0.0
$u_{1,6}$	0.08	0.0	0.0	0.0	0.0	0.0	0.8	0.1	0.1	0.0	0.0
$u_{1,7}$	0.06	0.0	0.0	0.0	0.0	0.0	0.0	0.9	0.1	0.0	0.0
$u_{1,8}$	0.09	0.0	0.0	0.0	0.0	0.0	0.0	0.7	0.2	0.1	0.0
$u_{1,9}$	0.07	0.0	0.0	0.0	0.0	0.0	0.9	0.1	0.0	0.0	0.0
$u_{1,10}$	0.12	0.0	0.0	0.0	0.0	0.0	0.1	0.8	0.1	0.0	0.0
$u_{1,11}$	0.12	0.0	0.0	0.0	0.0	0.0	0.3	0.7	0.0	0.0	0.0

同理，可得通信系统 2、通信系统 3 的模糊综合评判变量分别为：λ_2＝7.58，λ_3＝7.34。

因此，有 $\lambda_2>\lambda_3>\lambda_1$，可得如下结论：对于抗电磁脉冲攻击性能，通信系统 2 最好，通信系统 3 次之，通信系统 1 最差。

模糊综合评估法比较成熟，基础较好，综合性强，单一的评估结果具有明确的物理意义，非常适合对多个子系统构成的复杂系统进行评估，也适于不同系统之间的比较，但原始数据（如评判模糊集 $\boldsymbol{V}$ 和权重向量 $\boldsymbol{A}$ 等）的获取难以避免人为因素。

11.6 能力指数评估法

指数的概念已在国民经济和工业领域广泛使用，如经济增长指数、股票指数等。本节参照美国学者利用经济学中指数的概念分析武器装备作战能力的思想[26-27]来评估通信系统的能力[6]，该评估方法属于解析法。

11.6.1 基本概念

为了适应战争模拟技术的需要，美国从事军事系统分析的专家杜佩、邓尼根等在寻求新的科学方法时，把国民经济中的指数概念移植于武器装备和作战能力评估，建立了一种新的作战能力度量方法——杜-邓指数法[26-27]，很快推广到军队和其他有关部门，至今仍在不断应用和发展之中。

在美国，杜-邓指数法已成为军事决策部门中具有很高权威性的参考依据，主要表现在三个方面[6, 26-27]：一是被权威性多种用途的作战模型所采用，如美国陆军概念分析局的 ATLAS（战术、后勤、空战模拟）模型、欧洲盟军最高司令部技术中心的 AGTM（空中和地面战区）模型等，均由指数度量；二是被权威性作战训练法规所采用，如美国陆军《机动控制》野战演习手册中列出了美、苏两国陆军各类武器的指数表；三是经常将国力指数和军力指数应用于世界各国国力评估和军队实力评估。

近些年来，随着国际学术交流的增多，杜-邓指数法引起了我国军事科学界的很大兴趣，很多军事部门的专家学者陆续撰文介绍和推荐杜-邓指数法[6, 26-27]。至目前为止，对武器系统的能力指数分析似乎已趋于成熟，但通信系统也属于军事系统，因此有必要研究通信系统的能力指数问题，需要根据通信系统的特殊要求建立和完善其能力指数模型。

11.6.2 评估模型及算法

1. 通信系统能力指数建模思想

参考有关武器作战能力指数模型，并与杜-邓指数法的模型相比较，这里所述的通信能力指数在建模思想上赋予了新的含义，即综合应用了以上各节评估模型中的相关算法：

（1）采用二维综合，即纵向、横向同时综合，并采用统一衡量标准。

（2）采用灰数白化的方法，量化定性指标，这一点和以上讨论的相同。

（3）采用模糊综合评估法建立基本模型，不同的是这里要得到具有综合性的模糊指数。

（4）采用特有的“性能指标法”获得加权矩阵。杜佩、邓尼根等人采用德尔菲法（Delphi Method）进行加权和量化，基于领域专家知识面的差距，往往人为打分的离散度较大，统计结果置信度不高。指标法加权则以指标书上确定的具体数字为依据，这是经过大量专家审查认可或经实测所得到的，避免了人为因素，由此所得到的加权或再经过统计后得到的加权，其置信度无疑得到提高。

（5）采用广义量化原理[28]获得评判矩阵（或称因子矩阵）。

（6）采用层次分析法构建一个由若干层次组成的物理模型（参见图 11-1），而杜佩、邓尼根等人关于指数的估算主要依据历史经验构成的估算公式。

综合以上建模思想，这里的能力指数具有较好的综合性、可比性和普适性。

2. 广义量化原理

广义量化概念[28]是从社会科学演变过来的，这里先作一简单介绍。

广义量化方法将传统量的概念推广到比数值更广的量的概念。广义量指事物数量差异与性质差异的表征量，主要是寻找系统中诸要素的符号对应关系，并且把传统的量化数学方法推广到一般的推理规律集的变换。不管是定量量、定性量，还是数学计算和逻辑命题演算，都可以转化成 0 与 1 的各种组合与变换。由已知信息（定性或定量）的输入，通过广义算法的变换，输出未知新命题的解答。

3. 通信能力指数模型

就通信系统来说，不论其频段、功率、收发信方式等是否有区别，都具有某些共同的指标属性。通过分析通信系统的性能，可获得一个含有众多性质不同的指标的集合，这些指标从不同侧面反映了通信系统的能力；但这些众多指标对评价通信系统的总能力来说，仍是零碎的、模糊的。

建立通信能力指数模型，目的在于求得通信系统的总能力。对于军事通信系统，可以将其能力归纳为通用技术性能、抗干扰技术性能、组网性能、保密性能和抗毁性（含机动性）能等方面的子能力，尽管有些通信系统只具备这几种能力中的某一种或几种，但一般不会超过此范围。将描述通信系统的众多性能指标经聚类处理后，参照图 11-1，分为不同的层次，相同层次上又可分为若干子层。其中，第一层为通信系统能力的总指数，第二层为各分能力指数，第三层为各分能力对应的指标，第四层为分指标，直至将所需的指标全部聚类并量化为止。

至此，利用层次分析方法可以得到一个规格化的通信能力指数评估物理模型，即输入为参数、输出为指数的模型。因此，通信能力指数的计算是一个从下到上、从小到大、从局部到整体的计算过程。

首先，根据灰量白化的方法将有关定性指标量化，以得到全部量化的指标集，则第 i 层第 j 个子能力指数 T_{ij} 的隐表达式为

$$T_{ij} = f(x_1, x_2, \cdots, x_n), \quad i \in (1, 2, \cdots, n), j \in (1, 2, \cdots, m) \tag{11-36}$$

式中，$(x_1, x_2, \cdots, x_n)$ 为 T_{ij} 对应的参数，f 为一广义量化变换函数。

根据模糊综合评判和所述建模思想，能力指数的数学模型为

$$T_{ij} = [A_1, A_2, \cdots, A_n]\begin{bmatrix} t_{11} & t_{12} & \cdots & t_{1m} \\ t_{21} & t_{22} & \cdots & t_{2m} \\ \vdots & \vdots & & \vdots \\ t_{n1} & t_{n2} & \cdots & t_{nm} \end{bmatrix}\begin{bmatrix} U_1 \\ U_2 \\ \vdots \\ U_m \end{bmatrix} = \boldsymbol{A} \cdot \boldsymbol{t} \cdot \boldsymbol{U} \tag{11-37}$$

式中，T_{ij} 为第 i 层第 j 个能力指数，当 $i = j = 1$ 时，T_{11} 为总通信能力指数；$\boldsymbol{A}$ 为性能指标行权阵，表明各指标重要性的测度；A_i 为行权阵元素，$i \in (1, 2, \cdots, n)$；$\boldsymbol{t}$ 为广义量化评判矩阵或布尔因子矩阵，元素全由 0、1 组成；$\boldsymbol{U}$ 为标准列权阵，它表明每个指标等级的可能性或重要性，可由现行指标和技术可行性的统计值得到。

实际中，为了避免人为因素，直接用系统实际达到的指标数值集组成行权阵。当与其他系统相比较时，各对应元素必须先统一量纲，然后再去掉量纲代入。这样，各系统被公平对待，建立同样的标准，无可非议。各子能力又作为上一层的指标权阵，以此类推。

$\boldsymbol{t}$ 的广义量化算法为：将各个指标分别定出 m 个等级，凡是达到某一等级标准的，其矩阵元素为 1（即该指标属于某一等级标准的隶属度为 1）；达不到的则为 0。这正是广义量化的思想，只求相对大小，不求绝对大小，且各系统的规则统一，比模糊评判矩阵的计算要简单得多。

当 $\boldsymbol{t}$ 退化为单位矩阵（幺阵）且 $n = m$ 时，式（11-37）退化为

$$T_{ij} = [A_1, A_2, \cdots, A_n]\begin{bmatrix} U_1 \\ U_2 \\ \vdots \\ U_n \end{bmatrix} = \sum_{t}^{n} \boldsymbol{A}_t \boldsymbol{U}_t \tag{11-38}$$

此时二维评判退化为一维评判，且 $\boldsymbol{A}_t$ 为指标向量，$\boldsymbol{U}_t$ 为指标加权向量，与相关文献[29-30]指出的“加权求和”法一致。因此，可以认为“加权求和”法是能力指数法的特例，也是一维能力指数评判。

11.6.3 评估范例

为了说明上述模型和算法的基本过程，这里仍以表 11-1 给出的四种通信系统为评估对象，进行能力指数分析。

根据灰色系统理论，将其各灰量进行白化，得表 11-2。

参照能力指数模型，为了简单并能说明问题，不妨假设：$\boldsymbol{U} = (1, 1, 1, \cdots, 1)$，$n = m$，按各指标的最大值等分，划分指标等级：当指标越大越好时，达到对应等级的 t_{ij} 为 1，未达到对

应等级的 t_{ij} 为 0；当指标越小越好时，t_{ij} 的 0、1 值取反。

按以上规则，四个系统的通信能力指数计算结果如表 11-6 所示[6]。可见，通信能力指数从大到小的顺序为通信系统 1、通信系统 3、通信系统 2、通信系统 4，与灰关联分析结果一致。

表 11-6　通信能力指数计算结果

	T_{21}	T_{22}	T_{23}	T_{11}（总指数）
通信系统 1	12	1526.99	373.54	5737.59
通信系统 2	4.34	104.32	146.8	766.38
通信系统 3	4.33	108.36	357.18	1409.6
通信系统 4	3.38	161.66	24.45	568.47

综上所述，通信能力指数模型是规格化的，也是很简单的，是建立在多种数学基础之上的，原始数据的获取避免了一些人为因素，能表示各系统的综合能力。如果仅仅计算单个系统的能力指数，则没有实际意义。

值得指出，广义量化中采用的非此即彼的二值逻辑在处理指标分级时可能会产生逻辑悖论[23]。例如，在划分扩谱处理增益指标等级时，达到 20 dB 以上的 t_{ij} 为 1（可理解为好），否则为 0（可理解为差）。这样处理可能出现两种不尽合理的现象：一是按照常理，比 20 dB 小 0.1 dB 仍然可为“好”等级，而不应划为“差”的等级，否则 19.9 dB 将与 0 dB 等同；二是若承认小 0.1 dB 仍然为“好”等级，反复使用二值逻辑的推理后，则最后就会得出“扩谱处理增益 0 dB 仍为好”的悖论。

11.7　德尔菲法

在以上评估方法或其他的评估方法中，所需的有关数据或多或少不能从评估对象中直接得到，需要征求专家意见，这就涉及德尔菲法，该评估方法属于统计法。

11.7.1　基本概念

在系统工程中，有一种常用的系统评估的方法——德尔菲法（Delphi method）[1, 31]，比较简单，又称专家经验统计法或专家调查法，是美国兰德公司于 20 世纪 40 年代末期制定的，它来源于专家讨论法。

专家讨论法往往受少数资深专家的导向，意见容易出现一边倒。德尔菲法则是向一个领域专家群发调查表，各专家之间彼此不“通气”，以保证各专家意见的独立性和客观性。其主要做法是：由主持单位提出评估对象有关待评项目或被调查事件的多种可能的情况、后果、评价范围等，并制成表格，然后由各专家根据自己的知识和经验作出判断和评定，一般采取“打分”或对“可能性的百分比”给出评定，并填写表格。“可能性的百分比”往往称为主观概率。最后由主持单位统计各专家意见，并得出结论。

11.7.2　评估模型及算法

德尔菲法的数学模型很简单，主要对同一待评价项进行多次记录，并将多次记录数据的平均值作为该待评价项的最终值。假设待评价项 X 的 N 次记录为 $x_i(i=1,2,\cdots,N)$，则 X 的平均

值 $\overline{X}$ 和方差 δ_X 分别为

$$\overline{X}=\frac{1}{N}\sum_{i=1}^{N}x_i \tag{11-39}$$

$$\delta_X=\sqrt{\frac{1}{N}\sum_{i=1}^{N}\left(x_i-\overline{X}\right)^2} \tag{11-40}$$

方差是用于表述所得统计数据离散程度的量。

德尔菲法有以下几个需要注意的要点[31]：一是专家意见应该是无矛盾的；二是专家的主观概率应具有合理性；三是应分析各调查项之间的相互关系；四是必要时需要反复调查。

经过长期实践，德尔菲法较适合于方案选择阶段，或与其他评估方法结合使用。严格地讲，该方法主要用于有关不便测试的原始数据的录取，尤其是关于重要性（加权）的数据录取，而未涉及数据如何处理。

德尔菲法的主要优点是简单易行，统计内容和数据比较直观，但其主要问题有：

（1）请多少专家合适？专家所在领域的覆盖范围应为多宽？对这些问题，没有或很难有一个明确的界定。为了提高评估结果的准确性，只能说专家越多越好，覆盖的领域越宽越好（即与评估对象相关的领域都应覆盖）。

（2）主持单位收寄材料和整理数据的工作量大，周期长，尤其是在所请专家数量较多、所请专家覆盖领域较宽和专家所处地理位置较分散时。

（3）如果所请专家的素质不高、知识面不宽，或不同专家个人经验、角度、看法有差异，会造成打分数据的离散程度较大（即方差较大），最终统计结果的置信度难以保证。

（4）随着时间的延续、需求的变化、技术的发展和专家的知识更新，专家的经验也是动态变化的，原有数据会出现过时，甚至不能再使用的情况。

针对德尔菲法所得数据的离散性和过时性问题，往往需要对数据进行相应的综合处理，即德尔菲法需要改进。主要改进有：对于离散性问题，应在统计所有专家打分结果均值的基础上，进行平滑处理，删除离散程度较大的数据；对于过时性问题，应在不断收集专家意见的基础上，将前期专家意见的处理结果提供给后期调查的专家，更新数据，删除过时数据。例如，文献[32]提出采用自适应信息处理中的遗忘算法，可以为解决德尔菲法数据更新问题提供较好的技术支撑。

11.8 通信对抗演习效果评估方法

通信对抗演习一般分为对抗式演习和检验性演习两种大的类型，对其效果进行评估，实际上就是对双方的综合作战能力进行评估。这是部队训练中关心的一个重要问题，不同于纯设备的效能评估[33-35]。

11.8.1 通信对抗演习效果评估的意义

海湾战争以来，通信对抗问题在国内外引起了极大的重视，各国都投入了相当大的人力和物力。在和平时期，为了检验通信对抗双方的现有战技水平，除了进行一些计算机仿真和推演以外，完全有必要进行实兵通信对抗演习，尤其是复杂电磁环境下的实兵通信对抗演习。从提高部队实战能力的角度看，通信对抗演习的目的不在于“矛”与“盾”的某一方取胜，而是通过演习体现通信对抗双方的综合作战能力和暴露存在的问题，为技术、战术及部队建设的发展提供一些实际依据。演习的最终目标是相互促进，共同发展。因此，如何客观地评估对抗双方演习的效果是一个十分重要的问题。

对于检验性演习，其效果评估较为简单，关注的重点是设备的使用性能和技术性能，双方在演习前和演习中都是合作的，都按照既定的方案进行，主要完成相应的电磁环境营造和测试任务，记录和分析测试的数据即可。

对于对抗式演习，一般是在背靠背条件下进行的，其效果评估就不那么简单了。不仅涉及设备和技术，还涉及战术和战场环境，特别是后两项的人为因素较多，千变万化。面临的主要问题是：基于通信对抗双方的实际情况，寻求一种简单且具有综合性、实用性和统一性的评估方法。这里，综合性是指评估对具体的技术和战术透明，但能客观反映双方采用相应技术和战术后的综合效果，不能仅用某一方面的性能指标描述，如干扰后话务量的变化、被压制的电台数等；实用性是指评估方法能适应演习和部队的实际；统一性是指评估方法要得到演习双方的公认。

根据工作体会，认为采用定性评估和定量评估相结合的方法为宜。所谓定性评估，是指常规的演习总结，包括取得的成绩、经验和存在的问题等[33]；定量评估是指对演习数据的定量处理和演习效果的定量结论等。下面探讨两种可能用于通信对抗演习效果定量评估的方法[1, 34]。

11.8.2 兰切斯特评估法

本节利用著名的兰切斯特平方律（或称兰切斯特战斗方程）来评估通信对抗演习的效果[1, 36]，称之为兰切斯特评估法，该评估方法属于解析与统计综合法。

1. 基本概念

弗莱德雷克·威廉·兰切斯特（Frederick William Lanchester，1868—1946）是第一个将战斗过程中对抗双方的力量关系进行数学分析的科学家[37-38]。兰切斯特分析了使用冷兵器的原始战争和使用热兵器的近代战争的差别及其重要性，提出了用微分方程的形式来描述作战双方力量的损失，从而为利用近代数学方法研究战争奠定了基础。

兰切斯特方程的主要用途是[38]对作战过程进行多种可能的预测，如交战双方哪一方获胜、作战过程的持续时间、战斗结束时获胜方损失大小、初始总兵力和战斗力的变化对作战结局的影响等。对不同条件下作战过程的描述，需要采用不同形式的兰切斯特方程，其基本的形式是兰切斯特线性律方程和兰切斯特平方律方程。

兰切斯特线性律方程又分为第一线性律方程和第二线性律方程两种形式。

第一线性律方程描述的战斗过程具有如下特征[38]：任何一方的瞬时兵力等于初始兵力减去兵力损耗；整个作战过程中交战双方的战斗力之差为恒定。也就是说，在作战过程中，尽管双方不断减员，兵力对比关系不断变化，但双方在单位时间内对敌杀伤数始终恒定；或者说，在战斗进行过程中，双方各自的对敌杀伤率不因战斗减员而变化，不因兵力对比关系的变化而变化。最终推演结果是：初始战斗力占优势的一方一定获胜。第一线性律方程适用于相同兵种、损耗系数为常数、能直接瞄准的一对一格斗的作战过程，如步兵对步兵、坦克对坦克等。但是，在很多情况下，初始战斗力占优势的一方并不一定获胜，现代战争更是如此。

第二线性律方程的假定条件是：战斗双方进行远距离射击；火力集中在敌方战斗单位的集结地区，不对个别目标实施瞄准；集结地区大小几乎与部队的集结数量无关。这种方程是一个面目标模型，主要用于描述已知敌方兵力分布地域但不知其作战单位准确位置的同兵种作战，如炮兵射击作战。

通过分析第一、第二线性律方程的特征、假定条件和适用范围，可知：兰切斯特线性律方程没有或很难反映现代战争中集中优势兵力会影响作战进程这一重要因素[38]。为此，在深入研究近代战争战术运用和相关战例战术方案的基础上，兰切斯特对线性律方程进行了推广，提出了著名的兰切斯特平方律，它说明：在近代战争条件下，一支军队的战斗力可以用其战斗单位的平方来度量。这些战斗单位可以是实际参战的士兵，也可以是一场炮战中的炮兵部队，还可以是一场海战中的军舰，或者一场空战中的战斗机等。

然而，通信对抗是电磁空间的战争，属于现代战争的范畴，在兰切斯特原有战斗理论中没有涉及。这就要回答一个问题：能否利用兰切斯特平方律来描述通信对抗双方的战斗过程和结果？由于现代战争中的通信干扰和抗干扰本身就是战斗力，其装备都是电磁空间的主战兵器，这个观点已被广泛认可和接受。既然通信干扰和抗干扰都是战斗力，应与其他兵器的战斗力等同，在战斗力层次上没有区别，只是作战的形式不同而已。因此，本书认为，可以利用兰切斯特平方律对通信对抗作战过程或演习过程及其结果进行描述。其基本思想是：利用兰切斯特平方律建立通信对抗的数学模型，从而定量地求出双方在干扰和抗干扰条件下的战斗力倍增值等。

2. 评估模型及算法

参照文献[36-38]，假定红军最初兵力为 R_o，t 时刻兵力为 $R(t)$；蓝军最初兵力为 B_o，t 时刻兵力为 $B(t)$；ρ 表示红军被蓝军消耗的不变速率，β 表示蓝军被红军消耗的不变速率，则未实施通信干扰或抗干扰措施条件下的战斗方程式为

$$\beta[R_o^2 - R^2(t)] = \rho[B_o^2 - B^2(t)] \tag{11-41}$$

当 $\rho R_o^2 > \beta B_o^2$，即红军占优势，战斗结束时，蓝军被全歼（也可将歼敌 2/3 作为战斗结束条件），红军剩余兵力为

$$R_e^2 = R_o^2 - (\rho / \beta) B_o^2 \tag{11-42}$$

为进一步简化，可设 $\rho = \beta$，则

$$R_e^2 = R_o^2 - B_o^2 \tag{11-43}$$

式（11-41）～式（11-43）即为兰切斯特平方律及推论。

在利用兰切斯特评估法评估通信对抗演习效果之前，先讨论几个所需的参数[36-38]。

1）分散系数 k

令：由于红军采取通信干扰或抗干扰措施，使得蓝军由集中的作战集团被分成 n 个孤立的战斗群。记每群的人数依次为 $B_{o1}, B_{o2}, \cdots, B_{on}$，其中最大的一群人数为

$$B_{o,\max} = \max(B_{o1}, B_{o2}, \cdots, B_{on}) \tag{11-44}$$

则蓝军的分散系数 k 定义为

$$k = \frac{B_o}{B_{o,\max}} \tag{11-45}$$

式中，B_o 为蓝军最初总兵力，$B_o > B_{o,\max}$。

同理，可定义红军的分散系数。

2）武器有效率 α_o

作战的一方采取通信干扰或抗干扰措施以后，使得另一方武器有效率有所下降。记：每种武器（共有 m 种）有效率（概率意义下的期望值）分别为 $\alpha_{o1}, \alpha_{o2}, \cdots, \alpha_{om}$，则武器总有效率的统计平均值为

$$\alpha_{\text{o}}=\frac{1}{m}\sum_{i=1}^{m}\alpha_{\text{o}i} \tag{11-46}$$

武器有效率的降低，也就是战斗力的下降。也就是说，一方采取通信干扰或抗干扰措施以后，使另一方的兵力相对下降了，即此时蓝军总兵力将为$\alpha_{\text{o}}B_{\text{o}}$。

3）战斗力衰落因子ε_{o}

作战一方采取通信干扰或抗干扰措施以后，将对另一方的心理形成压力，如：指挥员判断失误、士兵斗志减弱等，等同于战斗力的下降，用战斗力衰落因子ε_{o}来表示。记每个指战员战斗力衰落因子分别为$\varepsilon_{\text{o}1},\varepsilon_{\text{o}2},\cdots,\varepsilon_{\text{o}M}$，则总的战斗力衰落因子为

$$\varepsilon_{\text{o}}=\frac{1}{M}\sum_{i=1}^{M}\varepsilon_{\text{o}i} \tag{11-47}$$

由以上讨论，红军采取通信干扰或抗干扰措施后，蓝军可能的作战能力由B_{o}下降为$\varepsilon_{\text{o}}\alpha_{\text{o}}B_{\text{o}}/k$。根据兰切斯特平方律及推论，在$t$时刻蓝军的剩余兵力为

$$B_{\text{e}}^{2}=k\rho\left(\frac{\alpha_{\text{o}}\varepsilon_{\text{o}}B_{\text{o}}}{k}\right)^{2}-\left(\frac{\alpha_{\text{o}}\varepsilon_{\text{o}}B(t)}{k}\right) \tag{11-48}$$

假定战斗结束条件为蓝军被全歼，并设$\rho=\beta$，则采取通信干扰或抗干扰措施后红军战斗结束时的剩余兵力为

$$R_{\text{ec}}^{2}=R_{\text{o}}^{2}-k\left(\frac{\alpha_{\text{o}}\varepsilon_{\text{o}}B_{\text{o}}}{k}\right)^{2} \tag{11-49}$$

作为通信对抗演习，重点表现为通信干扰与抗干扰的对抗，当然还涉及士气、素质、装备和情报等综合因素。但无论情况多么复杂，其效果最终体现在战斗结束后有生力量的消耗上。因此，定义干扰方和通信方的战斗力倍增值分别为[1, 34]

$$f_{\text{J}}=\frac{\text{无干扰时的兵力消耗值}}{\text{有干扰时的兵力消耗值}} \tag{11-50}$$

$$f_{\text{T}}=\frac{\text{有抗干扰时的兵力消耗值}}{\text{无抗干扰时的兵力消耗值}} \tag{11-51}$$

各兵力消耗值等于相应的最初兵力与剩余兵力之差，根据式（11-41）～式（11-49）即可求出式（11-50）和式（11-51）中的各兵力消耗值，最终求出f_{J}、f_{T}，其大小可反映对抗双方力量的强弱。

由以上分析可见，兰切斯特评估法的优点是将兰切斯特平方定律引入通信对抗，并建立相应的数学模型，便于计算机仿真，但这种评估方法中仍有一些人为因素难以确定，需要假设或进行大量的战场统计，如每个指战员斗志的衰落因子、分散系数以及武器效率等。这些因素对于演习和实战是不一样的，且每次演习的条件也不尽相同，其定量评估结果往往与实际情况差距较大，仅在统计意义下有效。

11.8.3　平均时效评估法

本节提出利用一种平均时效评估法来评估通信对抗演习的效果[34]，该评估方法的类型为统计法。

1. 基本概念

一场实兵通信对抗演习，其人为因素和具体的战术、技术因素众多，是难以或不可能准确估量的。在演习效果的实际评估中，不关心或难以关心具体过程，只关注最终的效果。因此，

如何避开人为因素和具体战术、技术的定量描述，较准确地评估演习的宏观效果，这就需要寻求一种适合演习这种特定对象的评估方法。

实际上，以上指导思想与控制论中的“黑箱”分析方法是吻合的：将演习看成一个“黑色”系统，不管系统内部参数和组成如何，只注重系统外部行为数据的处理，这是一种因果关系的量化方法，也是一种取外延而弃内涵的处理方法。

2. 评估模型及算法

背靠背的实兵通信对抗演习实质是考察在规定时间内，对抗双方的效果如何。关键是如何评估这种时效性。

“时”是指演习双方为完成规定任务所付出的时间代价，“效”是指经过努力后演习双方的效果，可用传递成功（即干扰失败）和传递失败（即干扰成功）的报文数来衡量。因为通信的任务是实现命令的正确传递，与命令本身的正确与否无关，所以通信的效果最终表现为传递成功和失败的程度。干扰的任务是阻止通信的正确传输，其最终的效果也表现为通信方通信成功和失败的程度。

令：演习中待传的报文总数为N，传递成功的报文数为N_1，传递失败的报文数为N_2，$N = N_1 + N_2$，则演习双方平均时效值定义如下：

通信方的平均时效值为

$$E_{\mathrm{T}} = \frac{1}{T_{\mathrm{t}}} \cdot N_1 = \frac{1}{\sum_{s=1}^{S}\sum_{l=1}^{L} t_{sl}} \cdot N_1 \tag{11-52}$$

式中，S为执行同类任务的电台总数，L为第l部电台总通信次数，t_{sl}为第s部电台第l次通信时间，T_{t}为通信方所有电台开机时间之和。N_1越大、T_{t}越小，E_{T}就越大。

干扰方的平均时效值为

$$E_{\mathrm{J}} = \frac{1}{T_{\mathrm{j}}} \cdot N_2 = \frac{1}{\sum_{j=1}^{J}\sum_{i=1}^{I} t_{ij}} \cdot N_2 \tag{11-53}$$

式中，J为干扰机总数，I为第i个干扰站总干扰次数，t_{ij}为第j个干扰机第i次干扰时间，T_{j}为干扰方所有干扰机开机时间之和。N_2越大、T_{j}越小，E_{J}就越大。

如何衡量每份报文传递成功和失败？如何区分普通报文和重要报文？这里涉及一个统计门限问题。例如，从一般意义上讲，普通报文在一定时间间隔内传递 60%以上为传递成功，否则为失败；加急报文和特急报文在相同时间间隔内分别传递 70%和 80%以上为传递成功，否则为传递失败，或根据需要制定其他统计门限。E_{T}、E_{J}最终的物理意义为：单位时间内传递成功和干扰成功的报文数。双方希望自己的E值越大越好，E_{T}、E_{J}的大小说明了通信对抗双方宏观能力的强弱。若$E_{\mathrm{T}} > E_{\mathrm{J}}$，则判为通信方取胜，反之亦然。

为了保证记录的真实性，需要设立监督员。为了全面反映和比较通信对抗的效果，除了上述记录和计算有干扰和有抗干扰时的平均时效值外，若条件允许，还可以计划获得另两种情况下的双方平均时效值：一是无人为干扰时（此时干扰方的时效值定义为0）；二是有人为干扰而无抗干扰时。

值得指出，同一报文允许用多部电台或多种手段传递，也可以用同一电台或同一种手段多次传递；而干扰方可以集中所有的力量，干扰通信系统，因而平均时效值反映了全部通信网、台和干扰方的总能力，并且计算E_{T}与E_{J}的标准是一样的，其计算过程与双方具体技术、战术的定量描述无关，但从宏观上反映了双方采用各种手段以后的最终效果与代价。可见，平均时效评估方法是符合前述指导思想的，对于通信对抗演习这个特定的条件而言，是一种比较好的评估方法。当然，在实施过程中，还要根据具体情况进行适当修正。

另外，以上提出的平均时效评估法可以避免人为因素和具体战术和技术的定量描述，类似于“黑箱”分析方法，只关注宏观效果，其不足主要是数据录取和统计工作量大，还需要建立严格的监督机制。

11.9 几种典型的评估方法比较

以上分别介绍和讨论了几种典型的可能用于通信抗干扰效能、能力评估以及通信对抗演习效果评估的方法。还有一些评估方法没有讨论，如 Trade-of Study 评估法、DARE（Decision Alternative Ratio Evaluation）评估法[1]、计算机仿真评估法等。为了完整起见，在此作简单介绍。

Trade-of Study 评估法：利用德尔菲法，给不同系统或方案的每个评价项目评名次或打分，然后将其数据分别叠加，并以此数据叠加的结果为依据进行各系统或方案的优劣排名。该评估方法属于统计法。

DARE 评估法：利用德尔菲法，给 M 个不同系统或方案 n 个评价项目的重要性系数和满足程度系数进行评价打分，最后求各评估对象的总评价值，并以此数据叠加的结果为依据进行各系统或方案的优劣排名。实际上，这种方法与式（11-38）给出的加权求和是类同的。该评估方法属于统计法。

计算机仿真评估法：利用计算机强大计算能力，通过建立系统的数学模型，在给定条件下对评估对象进行仿真评估，已成为评估方法的一个重要分支。计算机及其仿真技术本身也在飞速发展，使得计算机仿真技术灵活、高效、成本低等优点越来越明显。计算机仿真评估法适用于立项、研发和使用等不同阶段，在以下场合更为必要[39-40]：没有完整的数学模型；虽然可解析，但数学过程太复杂；解析解存在但超出人工的数学能力；希望在较短时间内观测到全部过程以及估计某些参数对系统的影响；难以在实际的环境中进行实验观测等；对于通信系统，计算机仿真评估法方便在不同条件下对链路级、网络级通信抗干扰乃至通信对抗的作战效能进行评估[41-49]。

为了直观起见，将几种典型的评估方法列表比较，如表 11-7 所示。可见，这些评估方法各属于不同的类型，各有优缺点，用途也不尽相同，没有哪一种评估方法是完美的，在实际中应该合理选用，或结合使用。层次分析法主要用于建立评估指标体系，是其他评估方法的基础，一般不单独使用；多数评估方法属于解析法或统计法，只有兰切斯特评估法属于解析法和统计法的综合，而只有计算机仿真评估法属于仿真法。随着理论研究的进步和需求的变化，不排除还有其他更好的评估方法。

表 11-7 几种典型的评估方法比较

评 估 方 法	评估方法类型	评估方法优缺点	适 用 范 围
层次分析法		具有很好的通用性和可扩展性，但不能独立使用，不便用于动态评估	常用于建立静态评估的指标体系，配合其他评估方法使用
效能评估法	解析法	能给出最后的单一效能量度，方便描述系统潜在能力和实际能力的差异，但不同系统效能之间不具备直接的可比性	适用于系统的自身评估

续表

评估方法	评估方法类型	评估方法优缺点	适用范围
灰关联评估法	解析法	不需要大量的样本数据，不同系统之间具有可比性，但其数学模型较散，且难以表达系统的综合能力	适用于不同系统、不同方案之间的比较
模糊综合评估法	解析法	理论基础成熟，综合评估能力强，但原始数据录取中难以避免人为因素	适用于不同系统、不同方案之间的比较
指数评估法	解析法	评估模型简单，原始数据录取避免了一些人为因素，能表示各系统的综合能力，但广义量化中采用的二值逻辑在处理指标分级时可能产生逻辑悖论	适用于不同系统之间宏观能力的比较
德尔菲法	统计法	简单易行，统计内容和数据比较直观，但整理数据的工作量大，且存在统计结果离散性和过时性等问题，需要改进	适用于不便测试的原始数据的录取或方案选择，或者与其他评估方法结合使用
兰切斯特评估法	解析与统计综合法	将兰切斯特方程引入通信对抗，便于计算机仿真，但有不少人为因素难以确定，需要假设或进行大量的战场统计，其定量评估结果仅在统计意义下有效	适用于通信对抗演习效果评估，或作战能力评估
平均时效评估法	统计法	可以避免人为因素和具体战术和技术的定量描述，类似于“黑箱”分析法，只关注宏观效果，但数据录取和统计工作量大，需要设立严格的监督机制	适用于通信对抗演习效果评估
Trade-of Study评估法	统计法	方法简单，精度一般	适用于不同系统或方案间的粗略比较
DARE评估法	统计法	方法直观，精度尚可，过程比Trade-of Study评估法稍复杂	适用于不同系统或方案间的比较
计算机仿真评估法	仿真法	灵活、高效、成本低，方便在不同条件下对链路级、网络级通信抗干扰乃至通信对抗的作战效能进行评估	适用于立项、研发和使用等不同阶段的性能与效能评估

值得指出，各种评估结果是否准确可信（即评估的置信区间估计）是一个重要问题。考虑到这是一个公共的知识，在相关经典著作中都有权威的论述[40]，所以本章没有进行相应的讨论。

评估置信度是以建立逼真度高的数学模型和可靠输入数据为前提的，只要评估模型和输入数据可信，评估结果一定是可信的。然而，数学模型是难以考虑众多战术、地理和人为因素的，评估结果与实际往往存在难以克服的差距，只能尽量减小这种差距，而不能消除这种差距。所以，评估仍是有局限性的，通信抗干扰效能的最后检验还是要靠实战。从这个角度看，尽管评估在通信抗干扰立项、研制、使用等环节能发挥较好的作用，但在和平时期，组织适当的实兵演习和实装试验仍是必不可少的。

本章小结

本章主要讨论了通信抗干扰评估中的有关问题和基础知识。在介绍层次分析法原理基础上，讨论了通信抗干扰性能指标体系建立的原则，以跳频技术体制为例，建立了通信抗干扰性能评估指标体系，并分析了所述指标的性质和内容。分别讨论了通信抗干扰评估可能涉及的评估方法，介绍了所述评估方法的基本概念，给出了评估模型及算法，并分析了相应的评估范例；根据通信对抗演习的特点，分析了通信对抗演习效果评估的意义，探讨了两种可能用于通信对抗演习效果评估的方法——兰切斯特评估法和平均时效评估法，给出了相应的数学模型和计算方法。最后，对所讨论的几种评估方法进行了直观的列表比较，明确了各评估方法的类型、优缺点和适用范围。

本章的重点在于几种典型评估方法的基本概念、评估模型及算法、优缺点和适用范围。在具体评估过程中，应根据评估对象的性质和要求，合理地选择评估方法，有时需要综合运用。

参考文献

[1] 赖仪一，朱自强，姚富强，等．军事通信系统抗干扰效能试验与评估工程研究[R]．1996-12．

[2] 中国人民解放军总装备部．通信兵主题词表释义词典：GJB 3866—99[S]．中华人民共和国国家军用标准，1999-08．

[3] SAATY A L．The analytic hierarchy process[M]．New York：McGraw-Hill Company，1980.

[4] 许树柏．层次分析原理[M]．天津：天津大学出版社，1988．

[5] 王治元，姚富强，益晓新．基于层次分析法的抗干扰性能评估指标体系[J]．现代军事通信，1997（3）．

[6] 姚富强．通信系统的能力指数研究[J]．军事通信技术，1996（1）．

[7] STUCK B W. A computer and communication network performance analysis primer[M]. New Jersey：Ellis Horwood Limited，1984.

[8] SEIDLER J．Principles of computer communication network design[M]．New York：Prentice-Hill，1983.

[9] 赵国谦．通信网的性能分析[J]．长春邮电学院学报，1990（3）．

[10] LEE S H．Reliability evaluation of a flow network[J]．IEEE Trans．Reliability，1980（1）.

[11] AGGARWAL K K．A fast algorithm for the performance idex of a telecommunication network[J]．IEEE Trans．Reliability，1988，37.

[12] 戴伏生，郝志安．通信网性能评价的一种方法[J]．现代通信技术，1990（4）．

[13] 韩卫占．通信网性能估计[J]．现代通信技术，1990（3）．

[14] 刘锡荟，王海燕．网络模糊随机分析——原理、方法与程序[M]．北京：电子工业出版社，1991．

[15] 姚富强．现代专用移动通信系统研究[D]．西安：西安电子科技大学，1992．

[16] 姚富强．通信系统的效能分析[J]．军事通信技术，1993（3）．

[17] AFSC-TR-65-1～6．Final report of task group 1～6（WSEIAC Report）[R]．1965.

[18] 美国陆军装备部司令部．系统分析与费用-效能分析[R]．五机部系统工程研究所，译．1985．

[19] 姚富强，都基焱．通信系统的灰关联分析[J]．电子学报，1994（7）．

[20] 邓聚龙．灰色系统理论教程[M]．武汉：华中理工大学出版社，1991．

[21] 刘思峰，郭天榜．灰色系统理论及其应用[M]．郑州：河南大学出版社，1991．

[22] 柳永祥，姚富强．直升机及机载电子设备抗电磁强攻击效能评估方法[J]．现代军事通信，2006（4）．

[23] 杨和雄，李崇文．模糊数学和它的应用[M]．天津：天津科学技术出版社，1993．

[24] 黄克中，毛善培．随机方法与模糊数学应用[M]．上海：同济大学出版社，1987．

[25] 李相镐，李洪兴，陈世权，等．模糊聚类分析及其应用[M]．贵阳：贵州科技出版社，1994．

[26] 夏金柱，甘正华．舰艇作战能力分析课题简介[J]．海军装备，1991，专辑 2（10）．

[27] 甘正华，夏金柱．舰艇作战能力评估方法[C]．火力与指挥控制研讨会年会，1990-10．

[28] 郭俊义．广义量化——一种可操作性的科学方法论[N]．自然辩证法报，1989-09-19．

[29] 李安涛．通信系统顽存性指标初探[J]．通信技术与发展，1989（3，4）．

[30] 李安涛．分组无线网及通信网络抗毁性的研究[D]．西安：西安电子科技大学，1991．

[31] 邓聚龙．灰色预测与决策[M]．武汉：华中理工大学出版社，1988．

[32] 王治元．通信装备抗干扰性能评估研究[D]．南京：解放军通信工程学院，1998．

[33] 姚富强，何继明，葛丞．野战通信抗干扰发展与对策[J]．现代军事通信，1995（1）．

[34] 姚富强．通信对抗演习中对抗效果评估探讨[J]．现代军事通信，1996（2）．
[35] 姚富强．通信电子战策略研究[J]．现代军事通信，1996（3）．
[36] 电子部第 36 研究所．通信对抗战斗效能分析[R]．电子部第 36 研究所，1986-03．
[37] 王寿云．军事系统工程的理论与实践[M]．北京：国防工业出版社，1998．
[38] 张野鹏．作战模拟基础[M]．北京：解放军出版社，1998．
[39] SHANNON C E．System simulation：the art and science[M]．New York：Prentice-Hall，1975.
[40] JERUCHIM M C，BALABAN P，SHANMUGAN K S．Simulation of communication systems[M]．New York：Plenum Press，1992.
[41] 朱自强，姚富强，梁涛，等．无线电通信抗干扰仿真系统的设计与实现[C]．2001 军事通信抗干扰研讨会，2001-10，武汉．
[42] 柳永祥，姚富强，朱自强．关于无线通信抗干扰仿真系统功能扩展的几点思考[C]．2001 军事通信抗干扰研讨会，2001-10，武汉．
[43] 李玉生，姚富强，朱自强．跳频通信系统仿真中的建模技术[C]．1999 军事通信抗干扰研讨会，1999-10，南京．
[44] 李玉生，朱自强，姚富强，等．短波数字跳频通信抗干扰技术体制仿真研究[C]．2001 军事通信抗干扰研讨会，2001-10，武汉．
[45] 李玉生，姚富强，柳永祥，等．超短波跳频通信抗干扰链路级仿真研究[J]．解放军理工大学学报（自然科学版），2001（2）．
[46] 张毅，姚富强．网络抗干扰的初步研究与效能分析[J]．现代军事通信，2002（2）．
[47] 余晓刚，张玉冰，姚富强．基于 HLA 的通信电子战仿真平台设计[J]．电子对抗技术，2002（1）．
[48] 张毅，姚富强．基于可靠性的抗干扰通信网性能仿真[J]．系统仿真学报，2004（5）．
[49] 郭伟．野战地域通信网可靠性的评价方法[J]．电子学报，2000（1）．

第 12 章　通信电磁进攻与电磁防御作战运用

本章在介绍常用通信干扰类型划分的基础上，重点讨论通信攻防双方涉及的作战策略、作战程序、电磁欺骗和复杂电磁环境下通信抗干扰训练等通信电磁战作战运用的一般性问题，对于新型认知电磁战[1]和强功率定向能电磁攻击及其防护等作战运用需另行研究。本章的讨论，有助于理解通信电磁战领域的战技结合和人机结合，为遂行无线通信抗干扰作战行动[2]奠定基础。

12.1　常用通信干扰类型划分

通信干扰类型很多，划分方法也很多，本节在介绍通信干扰来源划分的基础上，重点讨论常用的通信干扰方式和通信干扰样式问题。在通信干扰方式和通信干扰样式的具体类型中，存在一些交叉重叠。

12.1.1　通信干扰来源划分

通信干扰的来源主要有人为干扰和自然干扰两大类。人为干扰又分为人为恶意干扰和人为无意干扰。人为恶意干扰主要是指来自敌方的人为干扰，是威胁军用通信生存能力的主要因素，也是军用通信抗干扰的研究重点；人为无意干扰主要指军民用用频设备对军用通信形成的干扰以及军用通信网系间的互扰等，这些人为无意干扰目前已对军用通信构成了严重影响，也是军用通信抗干扰必须考虑的问题。自然干扰包括工业干扰、天电干扰、太阳黑子干扰等，这些干扰的规律往往难以掌握和控制，会造成通信的突发误码，是军民用通信都会遇到的共同问题。

12.1.2　通信干扰方式划分

通信干扰方式是指人为恶意干扰的使用方式和应用手段。

按照通信干扰战术使用方式划分，人为恶意干扰主要分为压制性干扰和欺骗性干扰。压制性干扰是指在敌方通信频率上人为地发送一定功率的干扰电磁波，以使敌方通信接收机降低或丧失接收信息的能力；欺骗性干扰是指模拟敌方的通信信号或语音，欺骗敌方，甚至模仿敌方的指挥员下达命令，使其作出错误的决策。一种可能的欺骗性干扰技术[3]是记录和仿制来自敌指挥所的发射信号，再用电磁欺骗合成系统混合成单词与音节，并加入一些无意义的发射特征，在一些关键时刻发射欺骗性的信息。如果通信方使用了加密、跳频、直扩等技术，则实施这种欺骗性干扰将变得十分困难；要使欺骗性干扰成为可能，必须破译通信方的加密密码、跳频图案、直扩码以及通信协议和识别验证程序等。当然，若俘获和利用敌方的无线通信设备来实施欺骗性干扰，则是一件很容易的事。

按照通信干扰频谱使用方式划分，人为恶意干扰分为瞄准干扰、跟踪干扰、阻塞干扰等。瞄准干扰主要是针对定频通信频率进行的干扰。跟踪干扰主要是针对跳频通信频率进行的瞄准干扰，可看作定频瞄准干扰在速度域的一种扩展，即对每个跳频频率进行快速窄带瞄准干扰。跟踪干扰又分为波形跟踪干扰、引导式跟踪干扰和转发式跟踪干扰等类型。阻塞干扰主要是针对跳频频率表进行的功率压制性干扰，可看作定频瞄准干扰在频域的一种扩展。阻塞干扰又分为宽带连续阻塞干扰、部分频段连续阻塞干扰、梳状阻塞干扰、跳变碰撞阻塞干扰和扫频碰撞阻塞干扰等类型。其中，宽带或部分频段连续阻塞干扰、梳状阻塞干扰为固定阻塞干扰，跳变碰撞阻塞干扰和扫频碰撞阻塞干扰为动态阻塞干扰。这些干扰方式是我们关注的重点，其基本原理和干扰效果在第 3 章已有系统介绍，在此不再赘述。

按照通信干扰速度使用方式划分，人为恶意干扰分为自动快速跟踪干扰和人工跟踪干扰，前者主要针对跳频通信，后者主要针对定频通信。

按照通信干扰装备平台类别划分，人为恶意干扰分为投掷式干扰（落地式或悬浮式）、背负式干扰、车载式干扰、舰载式干扰、机载升空式干扰和星载天基干扰等，在同等干扰功率情况下，由于干扰信号的空中传播损耗小，有升空增益，升空干扰比地面干扰威胁更大。

按照通信干扰作战运用方式划分，人为恶意干扰分为点对点干扰（或称点目标干扰）和分布式干扰（或称面目标干扰）。其中，点对点干扰可用一台干扰机干扰一个目标；分布式干扰可以用多台干扰机同时干扰一个目标（相同频段或分频段），也可以用多台干扰机同时干扰多个目标，或采用“狼群”式干扰[4-5]。分布式干扰可以使用较大功率的远距离移动式平台干扰机，也可以使用较小功率的近距离一次性投掷式干扰机[4]。

通信干扰方式还有其他分类方法。例如，按干扰功率划分，人为恶意干扰分为大功率干扰和小功率干扰；按干扰距离划分，人为恶意干扰分为远距离干扰和近距离干扰。

12.1.3 通信干扰样式划分

通信干扰样式是指人为恶意干扰的信号样式。

按照通信干扰信号调制方法划分，人为恶意干扰分为调频干扰、调幅干扰、调相干扰和综合调制干扰等，每种调制方法下又包含很多具体的调制类型。

按照通信干扰信号波形划分，人为恶意干扰分为随机键控信号干扰、音频杂音信号干扰、录制语音信号干扰、单频等幅信号干扰、随机脉冲信号干扰、热噪声信号干扰、步进音调信号干扰、火花放电信号干扰和颤音信号干扰等。通信接收机对于不同干扰信号波形会产生不同的啸叫声。

按照通信干扰信号与通信信号相关性划分，人为恶意干扰分为相关干扰和非相关干扰。相关干扰的干扰信号波形与通信信号波形相同，如果干扰功率足够大，可以形成最佳干扰，这种干扰的威胁很大；一旦实现相关干扰，如跳频跟踪干扰、直扩相关干扰等，通信方将不能获得扩谱处理增益。非相关干扰的干扰信号波形与通信信号波形不一致，如跳频阻塞干扰、直扩单频点或多频点窄带干扰、人为无意干扰、工业干扰和自然干扰等；对于非相关干扰，通信方可以获得扩谱处理增益。

12.2 通信电磁进攻作战运用

为了更好地实施通信电磁防御，应该先了解通信电磁进攻的作战策略及作战程序等基础知识。

12.2.1 通信电磁进攻的一般作战策略

根据近几十年来国际上主要局部战争经验、国际发展动态以及前文有关内容，通信电磁进攻的一般作战策略可以总结如下[6]。

1. 强调侦察比干扰更重要

侦察与干扰的关系好比前沿观察哨与炮兵群的关系。在火炮威力和射程足够大的情况下，获胜的关键在于是否能快速、准确地找到和确定打击目标。同样，在具有足够强的干扰力量（功率、带宽、速度等）的情况下，要实现有效的干扰，快速、准确地侦察和确定干扰目标十分重要，否则就会无的放矢。例如，在海湾战争、伊拉克战争前几个月，美军就开始对重点地区进行侦察，结合战时侦察，几乎掌握了伊拉克所有的无线电及其他情报。实际上，有些大国对其关注国家的战略性技术侦察在和平时期也从未间断过，常用的手段包括预警飞机、侦察飞机、无人侦察机、侦察船、侦察卫星和陆基固定侦察站等。所以，对于通信电磁进攻而言，侦察比干扰更重要，侦察和准确的信号分选是有效干扰的前提。当然，对于侦察而言，也不仅仅是为了干扰，还有获取对方军事、经济等情报的目的。

2. 干扰对象范围逐步扩展

从一般意义上讲，在机械化战争时代，大陆军特色明显，通信干扰与抗干扰主要集中在战术无线通信方面。20 世纪七八十年代的第四次、第五次中东战争验证了干扰效果与通信层次的关系，以色列总结了十几年干扰埃及军队指挥通信的经验，结果表明[7]：对师、旅、营以超短波为主的战术指挥通信实施干扰的效果最佳，而对军以上以短波为主的高层指挥通信干扰的效果不显著。然而，自从海湾战争以后，随着精确制导、远程打击作战样式和“非接触战争”样式的出现，干扰对象逐步向战略、战役无线通信延伸，人们一度对战术通信抗干扰的重要性提出了怀疑。但 2003 年爆发的伊拉克战争和近年的俄乌冲突等又雄辩地证明，现代战争并非只有非接触战争，在很多情况下还要靠接触战争最后解决问题。

3. 强行压制跳频通信三分之一频段/频点或采用跟踪干扰

根据常规跳频通信抗阻塞干扰的机理，干扰方多采用强行压制跳频通信三分之一频段/频点策略，特别是在跳频组网运用时。比较简单有效的干扰方法是梳状阻塞干扰，即：经侦察获得跳频通信的最低频率、最高频率和频率间隔等参数后，传送给干扰机，实施部分频带的梳状阻塞干扰，可以几个干扰机、干扰群划分各自负责的干扰频段/点，同时干扰同一个方向、地域或目标的跳频通信（称之为分段把守或分段阻塞），也可以实施分布式“狼群”干扰战术，或实施部分频段的高速跳频碰撞干扰，还可将跳频频率表中的频率划分为若干部分，对这些分频段进行时分轮流干扰，以求用足够大的功率，干扰足够宽的频段。在跟踪速度足够快和功率足够大时，对单网、点对点或组网数较少的跳频通信，采用跳频跟踪干扰。这几种干扰方式都具有干扰功率集中的优点。

4. 集中力量侦察和干扰跳频通信的同步频率

根据跳频通信的原理，跳频同步是建立跳频通信和跳频组网的前提，干扰方一直认为跳频同步是跳频通信的致命弱点之一。尽管通信方在跳频同步设计上采用了多种技术措施来提高其隐蔽性和可靠性，但由于每次跳频通信或组网一般都需要发送同步信息以实现跳频同步，或多或少还是有一些跳频同步信号的时域和频域特征有别于跳频通信过程中的跳频信号，跳频同步频率存在被识别的可能性。一旦跳频同步频率被干扰方侦察到并受到有效干扰，跳频通信就无法建立，干扰方将能以较小的代价干扰跳频通信，特别是在单网或点对点跳频通信时较容易实现，这对于跳频通信和组网将是毁灭性的。所以，侦察和干扰跳频同步频率成为重要的干扰策略之一，尽管在密集的跳频信号中锁定和干扰某个跳频网的同步频率很困难。

5. 重点干扰野战地域通信网的微波接力通信

野战地域通信网（简称野战网）由栅格状干线节点（含交换机）和微波接力通信系统组成，是一个以集团军需求为背景的、机动的、多节点连接的、路由可选择的、保障多军兵种的公用通信平台和交换网络，覆盖战术、战役区域，地位十分重要，成为重点干扰目标之一。根据野战网使用和微波接力通信定向天线技术的特点，干扰方为了达到干扰野战网的目的，会采用强有力的干扰手段压制其节点的无线电入口设备和节点间的微波接力通信，并将重点放在干扰微波接力通信上，如升空阻塞干扰、投掷式干扰、悬浮式干扰等，以达到"堵住"无线电入口，切断节点间干线和群路通信，破坏野战网整体通信的目的。除此以外，还有可能对野战网实施计算机病毒入侵、网络阻塞、扰乱交换数据和网络管理信息等攻击措施[8]。

6. 通信电磁进攻形成网系运用

以往对无线通信的干扰主要是基于设备级的点对点干扰。随着无线通信装备形成网系运用，为了增强干扰效果，通信干扰也由点目标干扰向面目标干扰扩展，形成所谓的分布式干扰，至少由若干干扰机形成干扰群联合作战，其一种典型的陆基运用方式如图 12-1 所示。各干扰机之间经无线或有线相连，实现侦察、控制、干扰等数据传输和信息共享以及战场统一管理，各自任务分工明确。有些干扰机与侦察接收机一体化设计，有些干扰机与相关的侦察信息系统实现数据交换，侦察系统与干扰系统之间、干扰系统与干扰系统之间也形成网系运用。

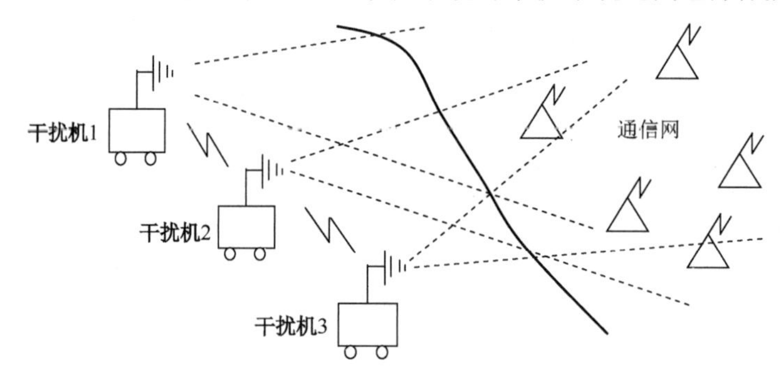

图 12-1　一种陆基通信干扰群作战运用示意图

典型的升空干扰运用方式是将侦察与干扰机作为吊舱，由直升机（无人或有人直升机，或无人机）升空，与地面电磁进攻系统联合使用，构成立体通信电磁进攻系统，以对付微波接力机及野战网或战术电台网。由于电磁波传播具有升空增益（可达几十分贝）、干扰信号传输衰减小等特点，在同样干扰功率的条件下可以获得更佳的干扰效果，或者在同样干扰效果情况下可以节省干扰功率，这是需要认真对付的。一种典型的升空干扰战术级运用方式如图 12-2 所示，一般由三架直升机构成，各自负责 60° 的扇形干扰区域和一个干扰频段，构成强大的接近 180° 方向、宽频段的正面压制性干扰。干扰直升机通常配置在干扰方 15～30 km 纵深上空，飞行高度一般为 1 500 m，最高为 3 000 m，最大干扰距离可以达到数百千米。

7. 合理部署干扰力量

通信干扰力量部署的方法多种多样，与作战任务、干扰对象和干扰装备等因素有关。可能的部署方法一般有以下几种：

（1）前导式干扰：将干扰力量（包括陆基干扰平台、空中干扰平台和海上干扰平台等）部署在战区内前沿，主要用于干扰通信方的无线通信（含视距通信和远程通信）、雷达和武器制导系统等。其优点是干扰效果好，但被侦察定位和火力摧毁的风险高。

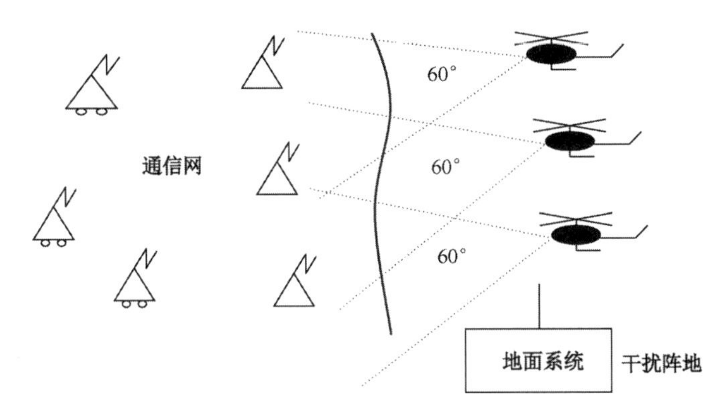

图 12-2　一种升空干扰作战运用示意图

（2）远离式干扰：将干扰力量部署在通信方防区外，即在通信方有效打击射程之外但尽量靠近通信方的区域，主要用于干扰通信方的远程通信和武器制导系统等。其优点是可有效降低被侦察定位和火力摧毁的风险，但干扰效果和有效范围受到限制。

（3）突防式干扰：将投掷式干扰机或小型干扰空中平台投送到通信方区域或上空，主要用于干扰通信方的重要目标，如指挥所、通信枢纽、野战网等。其优点是突防能力强，不易被发现，干扰传输损耗小，但干扰功率和连续工作时间受限。

（4）自卫式干扰：当作战部队和作战平台难以或无法获得己方电磁战部队的有效保护时，作战部队和作战平台利用自身携带的干扰装备干扰通信方相应用频装备，以保护自身安全。其优点是使用灵活方便，但干扰能力有限。

12.2.2　通信电磁进攻的一般作战程序

根据作战任务和作战区域的不同，具体的通信电磁进攻作战程序可能多种多样，但从一般意义上讲，基本的作战程序主要包括以下四大步骤：

1. 电磁环境调查

电磁环境调查以获得更多的对方无线电信号的先验知识为目的，一般在战前结合侦察一并进行，主要对敏感区域的各种军民用无线电信号、工业信号、天电信号等进行侦收，并存入数据库，用于信号分析和战时的敌我信号识别。其侦察手段主要有侦察卫星、侦察飞机、侦察船、侦察车、固定侦察设施以及人工侦察等。

2. 通信侦察和信号分选

通信侦察和信号分选以获得作战对象无线电信号特征为目的，是在战前和战时进行的一种必要的侦察活动，主要内容包括：

频域特征：工作频段、频率数、频率间隔、同步频率、跳频图案、管理信道、调制方式以及信号的其他射频特征等。

时域特征：跳频速率、通信时机、业务量、数据格式、数据速率、通信协议、应答方式以及信号的其他时域特征等。

空间域（简称空域）特征：不同通信装备的部署区域、方位、地理环境、距离以及信号的其他空域特征等，实现准确的测向、定位。

组网特征：装备种类、业务种类、抗干扰体制、组网类型、网络数量、网号、呼号、信息类别以及其他组网特征等。

由于跳频信号（同步、通信、信令等）比较复杂，为了在信号密集环境下分选跳频通信装备和跳频通信网，除了上述信号特征外，还需要对跳频通信的一些细微特征进行筛取和分选[9-10]。

不同的跳频信号细微特征构成了不同跳频通信装备的“身份指纹”，通过鉴别这些特征可以达到分选不同跳频通信装备的目的。主要包括：跳频同步的细微特征；跳频通信的细微特征，信息源的细微特征，发射机的细微特征等。

不同的跳频组网细微特征构成了不同跳频通信网的“身份指纹”，通过鉴别这些特征可以达到分选不同跳频通信网的目的。主要包括：各网跳频同步频率的变化规律，各工作频率表的隶属关系，各网跳频频率出现的时差，各迟后入网频率及迟后入网方式，定频呼叫跳频的频率及呼叫方式，网号编号规律，信号传输时延等。

3. 识别分类、确定干扰对象

在电磁环境调查和通信侦察及信号分选的基础上，对作战对象的各种无线电信号特征及其细微特征进行综合分析和识别分类，以便找出其无线通信装备的类型、网络关系和网络数量，结合作战态势分析判断各通信网的重要性和威胁等级，最终确定干扰对象。实际上，在通信网络数量较多时，这项工作十分困难，也非常耗时，但战时又需要实时性强，这是干扰方的弱点所在。

4. 实施干扰

确定干扰对象或目标后，即可根据已有的干扰装备资源，采取相应的干扰战术实施干扰，以阻止和破坏作战对象的无线通信。

12.3 通信电磁防御作战运用

通信电磁防御作战运用涉及干扰与抗干扰、侦察与反侦察、技术与战术等多个方面，应重视作战策略和战术思想的运用。

12.3.1 通信电磁防御作战运用模型

根据通信电磁战体系架构和通信电磁防御作战运用的主要内容，提出一种用于描述通信电磁防御作战运用体系整体架构的多环多类多域模型，简称“三多”通信电磁防御作战运用模型，如图 12-3 所示[2]。

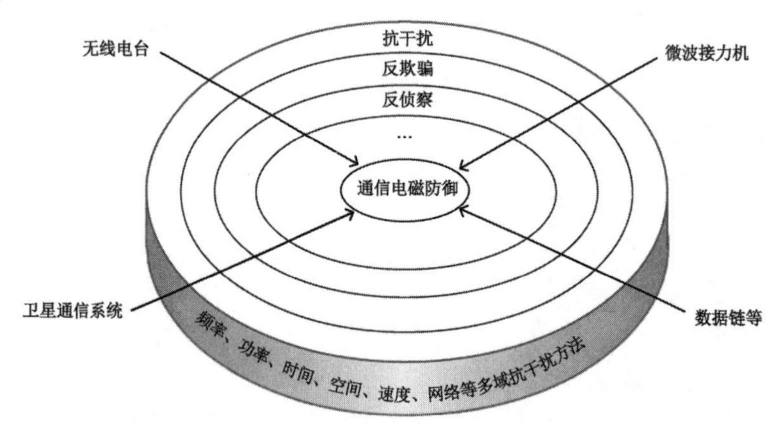

图 12-3 一种多环多类多域通信电磁防御作战运用模型

该模型描述了通信抗干扰的内涵扩展（多环）、无线通信装备体系（多类）、抗干扰方法涉及的多域（频域、功率域、时域、空域、速度域、网络域等）和目的（通信电磁防御）等作战要素之间的关系。在实战中，通信装备的技术抗干扰能力已经固定，能否有效抵抗干扰方的侦察和干扰，很大程度上取决于通信方见招拆招的博弈水平，即反侦察、抗干扰等电磁防御战术方法和手段的科学运用。注意区分该模型与第 1 章中图 1-2“三多”通信抗干扰技术体系架构（多域多层次多功能）内涵的异同。

12.3.2 通信电磁防御一般作战策略

正确的作战策略可以转化为战斗力。针对通信电磁进攻作战策略，通信电磁防御一般的作战策略有以下几个方面[11-12]。

1. 知己知彼，反其道而行之

知己知彼是取得战争胜利的重要前提，特别是在面对强敌遂行非对称通信电磁防御作战时。作为通信方，首先要深入研究作战对象（尤其是当前之敌）通信电磁进攻可能的作战策略、装备水平、进攻方式、作用范围及作战程序等要素，然后反其道而行之，并根据现有通信装备水平，有的放矢地制定相应的通信电磁防御作战策略，以便正确使用通信装备，最终形成通信抗干扰作战运用实施方案。在知己知彼的基础上，立足现有装备打胜仗。

2. 攻防联动，多种手段并用

坚持主动、多变、善变的方针，在现代通信电磁防御作战中灵活运用毛泽东军事思想（如游击战、运动战等），采用多种手段和相应的战术思想，实现战术与技术相结合、电磁防御与电磁进攻相结合、硬抗与巧抗相结合、通信与佯动相结合、冒充与静默相结合、军用装备与民用设备相结合、无线通信与有线通信相结合等，实现多种技术和战术手段的综合抗扰，从而能攻能防、能进能退，掌握电磁频谱的战场主动权，达到保存自己、消灭敌人之目的。值得指出的是，应高度重视通信电磁防御与己方通信电磁进攻的联合作战，甚至与通信电磁侦察联合作战，制定统一的作战方案，实现攻防联动和战场电磁支援，必要时对威胁较大的电磁进攻目标实施火力打击。

3. 平战结合，区分不同场景

针对“先侦后扰”“分段把守”“攻击同步”等干扰策略，通信方在训练时和战时都需要采取有效的反侦察措施，如电磁频谱安全区域估计、无线电静默、波束方向控制、发射功率控制、训练和作战通信参数使用等。应渐进式使用多种通信方式，以免过早暴露目标。若无敌方恶意干扰，可只使用定频通信；若遇到一般水平的干扰，则采用一般的抗干扰措施；若遭受更强干扰，则启用复杂抗干扰方法。采用跳频参数管理手段，实现跳频网系运用，提高整体反侦察和抗干扰能力。在跳频同步频率伪装和时变设计的技术基础上，作战运用中需进一步保护跳频同步信号等。

凡事预则立。关键是针对通信电磁进攻作战策略和目前通信实装水平，使用合理的通信电磁防御作战策略和战术方法，力争在 OODA 某些环节上付出较小代价，而使干扰方付出更大代价。

12.3.3 通信电磁防御一般战术方法

通信电磁防御战术的使用是一个斗智斗勇的过程。本节主要根据通信对抗双方装备的机理和技术水平，讨论实现通信电磁防御作战策略的战术方法[6, 11, 13]。这些战术方法可以单独采用，也可以混合使用，还可以根据实际情况举一反三地延伸和扩展。

1. 采用隐蔽主用频谱战术，提高战前反侦察和战时通信能力

作为通信方，在装备试验和装备使用中都应该高度重视通信信号的反侦察问题。从指导思想上应先把反侦察作为第一道防线，然后才是抗干扰[14]。在装备使用中，为了抵抗战前干扰方的无线电技术侦察，通信方在训练和执勤中要特别注意无线通信尤其是远程无线通信（中大功率短波电台和卫星通信等）的反侦察工作，最大限度地防止用频频谱泄漏和通信参数暴露等造成的安全威胁。重点是平时要隐蔽主用频谱，主要措施：一是实施必要的军用无线电静默，但要解决较长时间无线电静默条件下的通信问题。此时，如有可能，尽量采用有线通信，但部队在推进或运动过程中采用有线通信有困难，必要时可采用公开频率的民用通信设备，通过加密、密语、密码或少数民族语言完成通信，如广播电台、渔民电台、移动手机等。二是严格划分军用训练频率，用于通信训练和勤务通信。在不同军用通信频段中，分别划定隐蔽频段和常用频段，有些通信装备自身就可以设定隐蔽频段和常用频段，己方通信电磁进攻装备也应规定训练频率和作战频率的使用规则。三是跳频通信装备要存储和备份多套跳频参数，在必要时启用。这一方法需借用跳频参数管理设备来实施，对于需要较长时间隐蔽的场合和舰载跳频电台等更是如此。战前应尽可能减少通信机会，以避免在某一地区出现无线通信话务量显著增加、电磁频谱活动频繁的情况出现。战时，信息量必然剧增，为了提高战场通信能力，在以军用通信为主的基础上，可以征用部分民用通信设备，用于传输级别不太高的信息。战时征用民用通信设备应注意的问题包括：起码要解决信息保密问题，加强频率管理，同时考虑到部分民用通信设备在战时可能难以使用（例如民用移动通信的基站是固定的，抗毁性没有保证，更不用说抗干扰了，且有些地区无基站），需要启用相应的野战通信装备。

2. 采用频谱贴近战术，与干扰方通信频段共存亡

电磁频谱无国界，谁都可以使用。为了减弱人为恶意干扰的影响，可以利用通信方侦察系统，摸清干扰方通信频段，以便在干扰方通信频率附近的频率上进行通信，甚至与干扰方频率重叠使用。当干扰方采用跳频通信时，通信方可采用与干扰方频段相同的频率表进行跳频通信（具体各频率值未必相同），也可在干扰方通信频段上进行直扩通信。这种使用方法可迫使干扰方难以侦察和干扰，如果通信方仍被干扰，则干扰方的频率有可能是佯动频率。如果确认是干扰方通信频率或频段，则可以采取敌通我通，敌逝我逝的策略，紧咬敌方频率。此时，干扰方的通信频率会对通信方通信形成一定的干扰，但这种干扰要比干扰机形成的干扰小得多。另一方面，当通信方不通信时，可主动出击，干扰对方通信。当通信方无干扰机时，可采用相应频率的大功率通信装备发射信号（能定向发射更好）。往往干扰群之间的无线通信链路是其弱点之一，若能对其实施成功干扰，则干扰方侦察、干扰及指挥管理难以奏效，以此孤立干扰群，甚至使其跟踪和干扰己方其他干扰群的频率。

3. 采用“兵不厌诈”战术，合理使用多维空间的无线电佯动

兵不厌诈乃古今常理，军事行动历来讲究隐形造势。军事强国已将高技术广泛应用于空中、地面、海上的侦察与监视，具有全天候、高时效、高分辨率的侦察能力。作战集群无论在何种气候条件下实施机动，都容易被作战对象侦察，加上无线电信号难以隐蔽，更容易被发现。也正因为如此，可以进行陆、海、空多维空间的无线电佯动，实现高效的电磁欺骗，声东击西，以假乱真，破坏干扰方的侦察测向和无线电“指纹”判别，使其侦察接收机全景显示屏上出现众多的无线电信号，分不清真假，吸引干扰力量，以掩护通信方作战行动意图和减轻重要无线通信网的压力。要注意的问题是：佯动功率要设置得大一些，佯动网数量与通信网数量之和要超过一定数量，在频域、空域上与真实通信网交叉，必要时可进行移动佯动和兼用佯动、通信双重功能。佯动信号要逼真，也要保持一些必要的静默，并且与兵力佯动、物理佯动相配合。

4. 采用“金蝉脱壳”战术，维持无线电信号的不变性

战时，干扰方在遂行干扰过程中，会不断检验其干扰效果，以决定是否继续或调整干扰策略和方案。如果干扰的是通信方真实的通信网，且干扰有效，此时若通信方原信号消失或换到其他频率（集）上工作，干扰方则可获得干扰有效的信息，并由此推断原干扰策略和方案的正确性。如果干扰的是通信方佯动网，并且干扰后通信方没有变化的迹象，则干扰方可能会判定通信方使用佯动网。因此，通信方的通信网与佯动网必须做到周密的配合，当通信网受到有效干扰时，通信网的频率等参数可不作变化，仍然保持通信不间断和电磁信号的不变性，留一个“空壳”给对方去干扰[15]，而由佯动网承担通信任务，即“金蝉脱壳”。如果通信方的佯动网受到干扰，则应该对有关通信参数稍作变化，甚至进行一些开机、静默等操作，吸引干扰方继续对其信号进行分析、评估和干扰。这样处理，可能会给干扰方造成判断上的失误。总之，佯动网与通信网同时存在、同时工作，互为掩护、互为替补，维持空间电磁信号的复杂性和连续性。

5. 采用小功率通信战术，增加干扰方侦察难度并提高网间电磁兼容性

原则是：只要通信质量在允许的范围内，通信信号的发射功率越小越好。其好处主要有：一是增加干扰方侦察测向的难度，让较大功率的佯动信号吸引干扰方的注意和较多的干扰，干扰方对相当多的小功率通信频点难以迅速判断真伪而实施有效干扰。加上干扰方侦察测向接收机的灵敏度有限，并且距离较远，对小功率通信信号进行准确测向有困难。二是小功率通信有利于通信方的网系运用，高密度组网时更是如此。如果发射功率较大，则其工作频率及旁瓣和杂散对己方其他网台会形成较大的互扰，在使用相同频率表组多个异步跳频网时，难以提高组网效率。应注意的问题是：当出现通信质量降低（误码率增大，或话音质量变差）时，应能判断是因干扰造成的还是通信功率不够造成的，有些通信抗干扰装备自身具有这种判断和处理能力，但有些通信装备没有，此时只有靠人工判断。例如，如果发射功率和通信距离在正常数值范围内，通信质量不好，则可能是人为恶意干扰或其他自然干扰或人为无意干扰所致。如果发射功率较小，且在多个频点上通信效果均不佳，则可能是功率太小所致。

6. 采用跳频组网战术，发挥跳频通信装备的潜力

对跳频通信装备进行正确的组网使用，以达到互通概率高，网间频率碰撞概率小，覆盖范围大，网络重构性、抗毁性和反侦察性能好等目的。使用人员首先要搞清楚所用跳频通信装备的组网方式和组网能力，不同类型跳频通信装备组网方式及其使用方式的差别是很大的，甚至不是一回事，如跳频电台组网与跳频接力机组网，短波跳频电台的地波组网与天波组网等。在跳频电台组网中，面对数量一定的跳频电台和军事行动需求，尽可能以网络数量多、网内电台少为原则，以增加干扰方侦察分选网台信号的难度。在组网结构和规模已定的前提下，根据作战区域的地形环境和干扰阵地的距离、位置，尽可能利用干扰椭圆原理，科学地选择跳频通信

装备的位置：一方面，同一网内的两两电台尽可能靠近；另一方面，全网电台的覆盖区域要大于以干扰阵地为起点的120°的扇面。同时，要注意互通频率和频率表的设置和使用，以便于同体制跳频网系间的协同互通。另外，还要千方百计地保护通信方跳频同步频率，除了技术手段以外，还应有相应的战术措施。

7. 采用多种协议战术，增加通信规律的随机性

该战术涉及时间、呼叫、网络、频率、密钥/码等协议，这些协议是指战术使用中的协议，而非技术协议。时间协议是指在开机时间、佯动时间以及其他战术行动时间方面的具体约定。这些协议需要具备时变性，以造成通信时间随机性的效果，除非是紧急情况，通信和佯动设备不应随便开机。呼叫协议是指呼叫、建链的过程协议。当信息量不大时，可在呼叫过程中直接携带密语或代码信息，快速完成关键信息的传送，未必进行常规的先呼叫、后通信的过程，让干扰方来不及反应，这种方法在电台中可以实现。网络协议是指各通信网络之间的关系、权限、任务等方面的协议。频率协议是指各网络、通信及佯动设备的频率分配协议，规定佯动频率（表）、通信频率（表）、备用频率（表）、禁用频率（段）等，前三种频率资源可以交替使用。密钥/码协议是指跳频密钥、保密机密钥以及直扩码等遵守的协议，与组网、互通、时间等因素有关，需要不断更换。以上协议有些需要制定联络文件，有些需要使用相应的管理设备。

8. 采用钻空与硬抗战术，抵抗宽频段阻塞干扰及瞄准压制性干扰

宽频段阻塞干扰对部分或全部通信频率及跳频频率表构成严重威胁。当干扰频段较宽且干扰频点数超过跳频频率数的三分之一时，不能采用常规跳频通信，而应尽可能使用自适应跳频通信或自适应定频通信；可通过人工手段在通信及干扰频段内寻找干净频率进行定频通信，或使用干扰频段以外的频段或高频段通信，或使用其他无干扰链路进行通信。若以上手段均不能奏效或无法做到，则只能加大功率硬抗，即狭路相逢勇者胜，因为一般宽频段阻塞干扰的平均功率较小，硬抗措施较为有效。瞄准压制性干扰针对定频通信，瞄准单个频点；对于跳频通信，则跟踪频率表中的大部分或全部频率，此时跳频通信效果与定频通信类似。在瞄准压制性干扰情况下，干扰频谱和功率较集中，但在工作频段内一般会留下部分干扰频率空隙，此时应尽可能使用自动或人工更换频率或频率表的方法进行“见缝插针”式通信。对于扫描式干扰，尽量不采用频率自适应跳频，而采用常规跳频。

9. 采用巧设频率表战术，诱敌判断失误

针对干扰方分选跳频网困难的弱点，巧设跳频频率表可以达到意想不到的效果。干扰方一般通过频率表、频率驻留时间、信号到达时间、最小频率步进、最低和最高频率以及各跳变频率之间的相关性等参数来判断跳速和区分跳频网。跳频频率表的最小频率步进一般是固定的，也就是说，尽管每次跳变频率是伪随机的，也未必是相邻的，但所有跳变频率（频率表）一般是按等间隔分布的，这是常规跳频通信的弱点之一；若使用不当，会给干扰方的侦察分选和梳状阻塞干扰带来方便。不过，虽然跳频频率表的各参数值在一次通信过程中是不变的，但实际频率步进、频率起点、频率数以及频率表数量等参数是可以设定的。因此，可以通过跳频参数管理设备对异步网跳频频率表进行特殊设置，实现各网频率表相邻、频率交叉、频段交叉和混合交叉，并覆盖整个工作频段。这样一来，即使是分频段异步跳频组网以及固定跳速跳频，也容易对干扰方侦察接收机营造出部分不等间隔跳频、全频段跳频、多种跳速跳频和同步组网跳频的效果，在相同地域内提高信号密度，从而导致干扰方侦察分选的失误。对于采用定向天线的跳频通信装备和单网使用的跳频电台，在频率资源一定的条件下，可采用较小的频率步进，允许频域相邻的瞬时频谱部分交叠，增加干扰方侦察接收的难度。

10. 采用频率复用战术，提高跳频频谱利用率

频率复用本身不是一个新的概念，但在跳频通信频率资源分配中可以延伸这个概念和发挥新的作用。跳频频率的复用技术包括空域复用、时域复用和频域复用等，它们使得跳频频率资源得以共用或重复使用，有助于实现高密度跳频异步组网，并提高频谱利用率。跳频频率的空域复用也称异地复用，是指在保持一定区域隔离或方向隔离的前提下，多个不同地域或不同方向的跳频通信异步网可采用相同的跳频频率表。跳频频率的时域复用，是指在保持时域隔离或时间替换的前提下，相同区域内相同频段的不同跳频异步网可采用相同的跳频频率表。跳频频率的频域复用，是指在保持频率表正交或部分正交的前提下，相同区域内的不同跳频异步网可采用相同频段的不同频率表。只有在相同区域频率资源有限，且跳频组网数量足够多的情况下，才采用相同频率表组建多个异步网，这是一种不得已而为之的方法，但要以维持网间频率碰撞概率在允许范围内为前提，否则这种跳频组网就失去了意义。对于跳频同步组网，其组网体制本身就是多个网采用相同频率表，且各瞬时频率正交。

11. 采用变参数战术，提高抗相关干扰能力

尽可能地实时改变通信抗干扰参数，提高扩谱通信的抗相关干扰能力，这既是技术问题也是使用问题。对于跳频和直扩两种基本扩谱体制，相关干扰分别是跟踪干扰和相同直扩码干扰，其前提是实时、准确地侦察跳频和直扩参数。若在使用中跳频参数（包括跳频图案）和直扩码码型长期保持不变且无法隐蔽，则干扰方可以通过一段时间的侦察和信号积累得到跳频参数和直扩码码型，从而方便地实施相关干扰。因此，在使用中应该尽可能地采取变参数战术措施。对于跳频通信，应该规划和存储多套备份参数，甚至设定和采用训练跳频图案；对于非跳码直扩通信，应该预置多套备份码型及其相应的直扩码组；必要时予以更换或根据时间协议更换，包括全部更换、部分更换、平战互换等。

12. 采用冗余战术，确保通信万无一失

冗余战术涉及链路冗余、装备冗余、网络冗余、频率冗余、信息冗余等方面。链路冗余是指在主要通信方向设置一条以上的通信链路或一种以上的通信手段；装备冗余是指在重要通信节点或通信枢纽设置一台以上的同种通信装备或一种以上的通信手段；网络冗余是指在设置通信网和佯动网的基础上，再设置若干隐蔽网，以备紧急时启用；频率冗余是指在同一通信方向采用一个以上的频率或频率表，并且不同方向采用不同的频率或频率表；信息冗余是指重要的信息必要时在相同的链路、相同的装备、相同的频率/频率表上多次传送，直至确认为止。这样一来，就可以做到重要的信息用多种途径传送；若某个通信设备、链路和网络被干扰或被摧毁，可以有其他备用手段或迂回路由，紧急时还有隐蔽网络。同时，在重点通信方向以及各重要作战单元之间，还要具备能维持战场基本运转的最低限度通信的能力。另外，应尽可能采用具有抗干扰措施的通信设备，当通信抗干扰设备数量不足时，尽量采用高频段的通信设备。

13. 采用多手段并用的战术，提高大型通信台站的生存能力

大型通信台站主要包括固定的大功率短波电台、长波发信台和卫星通信地球站等。这些台站存在地理位置固定、网络结构固定、通信技术体制固定、发射功率大和无线电信号长期暴露等问题，只能满足和平时期的训练和战备值班的一般要求，战时生存能力弱。解决的措施主要有[16-17]：逐步采用新体制通信装备，从技术上提高生存能力；在战术上，尽可能减少开机时间和次数，实现频率和功率双重管理，控制发射功率和辐射方向；远置天线，利用光纤或电缆传

输，实现信号异地遥控发射，并采用方向性强的定向天线；设置隐蔽频率、隐蔽台站和假辐射源，实现佯动与电磁欺骗；采用多种体制电台组网，经常改变网络结构和迂回路由，野固结合；加强隐藏、机房防护与物理伪装，通信线路加固入地，减小通信坑道的供电、排烟、排气系统的热辐射等。

14. 采用主动摧毁与利用地形的战术，降低干扰威胁

在积极防御的基础上，可以结合无线电佯动和侦察设备，引诱干扰方发射干扰信号，侦察其频率和测向定位，主动引导通信方火力摧毁干扰方阵地，这是彻底消除干扰威胁的方法。若不能摧毁，尽可能使通信装备偏离干扰主波束方向，或利用地形地物遮挡干扰主波束，这种方法对于视距通信装备可能较为有效。例如，考虑到微波接力机采用定向天线，要尽可能成“Z”字形架设，使干扰波束与通信波束之间尽量成90°夹角，避免通信波束与干扰波束处于同一个方向（方向相同时，干扰强度最大）。在保证通信的前提下，还应尽量压低微波接力机天线的仰角和注意天线极化方向，以减弱敌方升空干扰的威胁。另外，在战役布置时，还要考虑如何克服通信“死角”和“盲区”问题，视距通信主要考虑装备技术性能与地形地物的关系，当出现严重遮挡或一跳跨度太大时，应利用地形设置中继点、采用升空中继或利用电台转信，短波电台主要考虑通信距离和采用合适天线的问题，在要求动中通时，需要采用无盲区天线；在丛林山岳地区非动中通时，有些简单的天线即可使用。

12.4 现代通信电磁欺骗及其运用

实际上，电磁欺骗本身就是一种重要的战术运用手段，在雷达、通信、导航等用频领域，都存在电磁欺骗问题。

12.4.1 现代通信电磁欺骗的作用和意义

现代通信电磁欺骗的基本内容主要包括欺骗性干扰和无线电佯动两个方面。

1. 欺骗性干扰的作用和意义

在12.1.2节中已介绍了什么是欺骗性干扰。实际上，欺骗性干扰也属于战场电磁欺骗的范畴。其作用和意义主要有：

（1）模仿敌方上级下达指令。利用敌方的通信信道，模仿敌方指挥员的语音或敌方指挥所报务员的手法下达命令，使其作出错误的决策，甚至调动敌方的部队。要实现这一目的，必须以前期对敌方无线通信进行正确的信号侦察、特征提取和语音识别为前提，如果敌方使用了复杂的通信体制并采用加密手段，这种方法一般难以实施。有效的方法是利用俘获的无线通信设备予以实施，在敌方没有发现的一段时间内容易奏效；但若敌方训练有素，采取先对口令再通信的方法，或被敌方发现而修改密码，则这种欺骗性干扰难以实施。

（2）扰乱敌方指控系统。通过敌方无线通信的链路层（射频）、网络层、协议层，或通过敌方有线通信网，以有线通信、无线通信为纽带，进入敌方指控系统，修改敌方的有关指令、代码等，甚至埋入木马、病毒等。要实现这一目的，必须以掌握敌方无线通信、有线通信以及指控系统的技术体制、协议、技术参数为前提；如果敌方使用了复杂的技术体制和协议以及网络防御措施，这种方法一般也难以实施。但是，现代技术和人为手段已经可以做到这一点，例如通过跳频同步过程进入跳频通信系统，或截获跳频同步信号并进行修改和重放等。对此，通信方必须高度重视，采取必要的防御措施。

2. 无线电佯动的作用和意义

无线电佯动是战场电磁欺骗的重要手段，其作用和意义主要有[6]：

（1）通过信号域佯动，欺骗电磁进攻方的电磁侦察。通过信号域（主要是频域、时域）上的无线电佯动，欺骗电磁进攻方的无线电侦收、测向和无线电信号的“指纹”判别，降低电磁进攻方正确区分通信方通信网的概率，增加其干扰模糊度；牵制和吸引干扰力量，掩护通信方指挥所和重点通信网台，减小其电磁干扰威胁；引诱电磁进攻方干扰机开机，便于通信方对其侦察定位，以引导火力打击，或消耗电磁进攻方由电池供电的侦察干扰机的电源能量等。实际上，这一作用是毛泽东军事思想（如游击战和诱敌深入等）在现代通信电磁战中的应用和升华，但赋予了新的内涵，已在多种场合得到了成功验证，效果明显。

（2）通过空域佯动，隐蔽通信方作战行动。通过空域（主要是陆、海、空、天）的无线电佯动，欺骗电磁进攻方对通信方作战行动的判定。在可能的方向实施大规模无线电佯动，模拟部队调动、集结、机动等军事行动所需的电磁信号，诱使敌方判断失误，以隐蔽通信方真实作战意图，增加作战的突然性。例如，在海湾战争中，多国部队在发起地面进攻之前，曾在科沙边境中段以频繁的电磁活动实施无线电佯动，诱使伊军构筑了所谓的“萨达姆防线”；但在地面进攻前两天，多国部队突然将主力隐蔽地向西机动，同时保持原地电磁活动的强度和规律，以声东击西的电磁欺骗成功地隐蔽了作战行动，取得了显著战果。

12.4.2　无线电佯动的一般战术方法

本节主要介绍无线电佯动的战术原则和编成结构，并讨论重点目标佯动模拟的原理[6]。

1. 无线电佯动战术原则

无线电佯动通常应与火力佯动、兵力造势、地物伪装等战术手段结合进行，即：与作战任务相一致，与新型通信体制相适应，与部队行动相协调，与战场态势相匹配，与不同作战方向的造势相呼应，因地制宜，适时应变，假戏真唱，诱敌上当。总之，要以整体性、灵活性、适应性、逼真性为原则。如果敌方信以为真，则起到预期的佯动效果；如果被敌方识破，则可顺势利导，在佯动频段或佯动频率上进行通信。

2. 无线电佯动编成结构

根据不同的作战需求和作战任务，无线电佯动的基本编成结构可以分为地面进攻佯动群、地面防御佯动群、空中佯动群、海上佯动群以及战场随机佯动群，甚至天基佯动群等，各佯动群又可根据作战需要分成若干佯动分队或佯动台站。当然，根据不同的用途，还可以采用其他的编成结构形式。必要时，佯动群也可承担通信任务。在实际操作中，可以使用常规的无线通信设备进行佯动，有条件时也可以采用专用佯动设备。

3. 重点目标的佯动模拟

这里的重点目标主要是指指挥所或重点通信网台。从战术上看，指挥所或重点通信网台在战时应该有明显的无线电频域特征和相应的地域特征，这是用无线电佯动模拟重点目标的基本依据。重点目标佯动模拟的指导思想是：用尽可能少的无线电佯动设备资源和人力资源模拟指挥所和通信网台等目标的效果。需要关心的问题是：至少要用多少部无线电佯动电台？各佯动电台之间至少设置多大距离才能欺骗敌方的测向定位而起到相应的模拟效果？

侦察方在实施电磁侦察过程中，通常用一部测向接收机即可完成测向任务，但至少要用两部测向接收机才能完成对同一目标进行交叉定位的任务。然而，任何测向手段都存在误差。目前国际上测向接收机测向精度的普通水平为1°～4°，最高水平为0.5°，从而使得交叉定位时会造成一定范围的定位误差和定位模糊，如图 12-4 所示。

以超短波通信为例（前沿指挥所和作战分队等重点目标多配有超短波电台），其通信距离一般为十几千米，敌方测向接收机会尽可能靠近通信方前沿，设敌方测向接收机与超短波佯动电台的距离为 8 km，测向误差以2°计，则定位误差距离为

$$X = 2\times 8\ \text{km}\times \tan 1^\circ \approx 280\ \text{m}$$

如果测向误差以0.5°计，则定位误差距离为

$$X = 2\times 8\ \text{km}\times \tan 0.25^\circ \approx 70\ \text{m}$$

测向接收机与超短波佯动电台的距离越远，或测向误差越大，定位误差距离就越大。

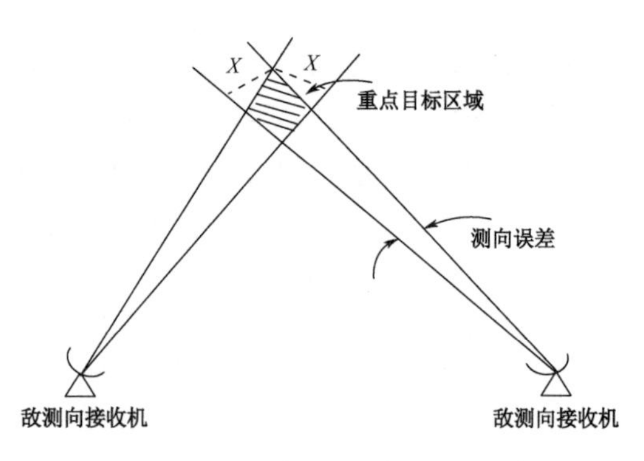

图 12-4　主要目标佯动模拟效果示意图

可见，两部测向接收机对一部超短波电台的定位误差范围构成了一个大约(100～300)m×(100～300)m 的模糊区域，该区域的大小几乎与一个指挥所或主要通信台站的几何地域大小相当。以此类推，如果用两部或两部以上的超短波佯动电台，只要其信号特征有所不同，且每部佯动电台本身具有收发特征，则基本上可以实现模拟前沿重点目标的效果，每部佯动电台的间距为 100～300 m，没有必要设置得太近。另外，也没有必要用专门的电台模拟接收，因为侦察接收机主要是针对发射信号的（干扰针对接收），无法监视接收台的活动；但可以根据空中信号的规律，判断通信方是否进行正常的收发过程。

以上只是讨论了利用无线电佯动实现重点目标模拟的一种可能的方法和原理，具有一定的指导性，但具体计算和具体应用未必如此，需要根据具体情况设计更合适的佯动模拟方案。

为了避免敌方通过全景显示区分通信方佯动网和通信网，同时为了弥补佯动电台在数量和人力上的不足，佯动电台与通信电台有时要在区域、频域和时域上交叉使用。当然，条件允许时，佯动电台的数量越多越好。

12.4.3　跳频佯动的一般战术方法

跳频佯动是在跳频通信的基础上发展起来的一种新的无线电佯动战术[6, 15]。它与传统的定频佯动之间既有相同之处，也有不同之处。

1. 跳频佯动的典型运用

与跳频通信的使用场合相适应，跳频佯动的典型运用主要包括以下几个方面：

（1）保护真实跳频通信网。跳频通信设备的大量使用，必然成为侦察和干扰的重点对象。为了更好地发挥跳频通信装备的作用，除了跳频通信设备本身的正常使用和组网以外，还需采取必要的跳频佯动措施，对真实跳频通信网予以保护。在使用中，应利用跳频通信规划剩余的资源或专门划出一定的资源，组成跳频佯动网，作为“敢死队”，吸引或分散敌方干扰。

（2）营造军事行动态势。无论是训练、执勤还是作战，跳频通信都是伴随着相应的军事行动展开的。所以，跳频通信的活动规律不可避免地反映了军事行动的一些态势，而军事行动态势和意图正是作战对象急于获取的。针对这一点，可以利用跳频通信规律与军事行动的对应关系，采用跳频佯动，营造相应的军事行动态势，甚至移动中佯动，诱敌发生判断错误。

（3）模拟重点军事目标。利用无线电佯动模拟重点军事目标的基本原理在 12.4.2 节中已有

涉及。但在用跳频伴动模拟重点目标时，需要与模拟对象的跳频通信规律相类似，并且不同重点目标可能具有的跳频通信规律及特征不尽相同，如工作频段、频率表、通信体制、通信时机、通信功率、业务种类、业务量以及地域设置等，多维空间和多种参数要相匹配。

（4）构造电磁环境。在很多场合，跳频伴动网与跳频通信网不是相互独立的，而是相互联系的。通过设置一定数量的跳频伴动网，与跳频通信网一起构造相对复杂和相对不变的电磁环境，可以起到隐蔽跳频通信网、对敌复杂对我简单、降低干扰方区分跳频通信网的概率、阻止干扰方检测和验证干扰效果等作用。这种方法既可用于作战，也可用于平时的训练和演习。

2. 跳频伴动网的规划

由于跳频通信与定频通信有较大的差别，干扰方判断真假跳频网的切入点也较多，在规划跳频伴动网时一般需要注意以下几点：

（1）应与跳频通信网一起规划。相比于定频通信和定频伴动，跳频通信和跳频伴动要占用更宽的频带，跳频伴动网同样具有较多的网络参数，需要考虑跳频通信网与跳频伴动网不能造成互扰，必要时跳频通信网与跳频伴动网互为替换，可以同时和分时工作，以及伴动网的部署和开通尽可能简单等问题。所以，跳频伴动网应与跳频通信网一起规划，综合资源分配和规定使用方法。

（2）跳频伴动网应具有跳频通信网的基本特征。为了跳频伴动的逼真性，跳频伴动网在工作时应与跳频通信网一样，具备一些基本的特征，尤其是跳频组网特征和运用特征。除了跳频参数外，应设置一定数量的跳频伴动电台，形成一定的跳频网络结构，伴动网之间应模拟跳频组网、同步、呼叫、应答、迟后入网、跳频互通等工作过程和地域等特征，并与定频伴动网相配合。

12.5　复杂电磁环境与通信抗干扰训练

国内外的军队都非常重视对未来战场电磁环境的认识和研究，其目的不在于电磁环境本身，而在于如何保证用频设备在复杂电磁环境中能正常运行。对于军用通信来说，重点是保证复杂电磁环境中的通信抗干扰。

12.5.1　复杂电磁环境的实质

对于什么是电磁环境和复杂电磁环境及其特征、要素、分类、分级、评估、构建等问题，很多文献都有不完全相同却又基本类同的描述和定义[18-22]。应该讲，目前对电磁环境或复杂电磁环境还没有一个权威的或公认的定义，但对其实质的理解没有多大的偏差。因此，这里不再对这些基本的概念展开讨论，也搁置对哪种定义或描述最准确的甄别，只关心电磁环境或复杂电磁环境的实质，即：在给定空间内同时存在的所有电磁信号的总和形成了电磁环境，当这种电磁环境足够复杂时，它可能对用频设备和作战行动产生很大甚至严重的影响。这些电磁信号有人为和自然的、民用和军用的、敌方和我方的、对抗的和非对抗的[20]。

对于什么是“复杂”，用频设备的使用者希望能对其复杂性或复杂度给出一个定量的概念；但从数学上讲，“复杂”是一个模糊概念，难以给“复杂”划定一个明确的定量范围，就像难以给“年轻”的概念划定一个明确的分界线一样。因此，只能根据模糊数学的原理，经过广泛征求意见，对复杂电磁环境给定一个模糊集，如简单电磁环境、轻度电磁环境、中度电磁环境和重度电磁环境等[20-21]，再根据用频设备作战需求，确定对应电磁环境等级的划分准则。

12.5.2 电磁环境对无线通信的影响

电磁环境是客观存在的，任何无线通信设备都是在一定的电磁环境中工作的，敌我双方的用频设备都是如此。电磁环境对无线通信的影响是不可避免的，是有规律可循的，可能主要有以下几个方面。

1. 无线通信设备与所处的电磁环境是相互影响的

无线通信发射机本身就是战场电磁环境的参与者，当其发射功率较大时，会对所处电磁环境产生不利影响。除了高功率发射时的电磁环境以外，常规的电磁环境对无线通信发射机不造成影响。而无线通信接收机需要根据约定的协议，从所处的电磁环境中识别和接收所需的信号。因此，电磁环境对无线通信的影响，主要是对接收机的影响。所以，无线通信一方面参与形成电磁环境，另一方面其接收机性能又受到电磁环境的影响。

2. 电磁环境的复杂性带来背景噪声的提高

无论何种通信体制，其无线电信号以及用频设备的主频及其杂散、谐波，甚至功率谱很低的直扩信号，都不可能做到处于白噪声以下；它们对于无线通信接收机来说，都相当于提高了背景噪声，在较低的短波和超短波频段尤为明显。而且，这种背景噪声的频率范围和功率强弱有时是固定的，有时是变化的，很难确切地知道和控制何时、何地、何种用频设备是否开机工作，用频发射装备越多，所处电磁环境的背景噪声越大。

3. 电磁环境对无线通信的影响具有多样性

相同的电磁环境对不同通信设备和不同频率的影响效果是不尽相同的。只有当电磁环境干扰超过相应频段或频率的无线通信接收机所能容忍的极限（门限）时，才造成接收性能下降，甚至不能工作。电磁环境对某些用频设备或某些局部频段、某些频点未必造成干扰。例如，工作于信号密集频段以外的无线通信，虽然工作频段相同但处于某些干扰空隙上的无线通信，对某些干扰不敏感的无线通信等。

4. 战时和平时电磁环境对无线通信的影响不一样

从一般意义上讲，无论是战时还是平时，电磁环境都具有时、频、空、能全域性和多样性，这是共性问题，但在战时又增加了激烈的人为对抗性。因为平时的电磁环境主要由自然干扰、工业干扰、人为无意干扰等要素构成，必要时可通过有效的频谱管控，减轻对军用无线通信的影响；但在战时不可避免地遭受无法管控的敌方恶意干扰，只有依靠干扰监测和通信设备的抗干扰能力了，或采用火力将其摧毁。

12.5.3 复杂电磁环境下的通信抗干扰训练

综上所述，复杂电磁环境是任何国家的军队都需要面对的，对无线通信设备的影响也不是一概而论的，关键是如何适应。所以，进行复杂电磁环境下的通信抗干扰训练尤为重要，可谓不打无准备之仗。

1. 因地制宜，营造相对复杂的电磁环境

从理论上讲，任何手段都不可能营造出真实的战场复杂电磁环境，并且战场电磁环境也不是一成不变的，每次战争的电磁环境都可能不一样，与作战对象、作战任务、武器装备、战术使用等有关。但是，为了配合复杂电磁环境下的通信抗干扰训练和必要的装备试验，可以从一些基本的共性问题出发，营造相对复杂的电磁环境。其中，相对复杂性的共性问题主要包括电磁信号的全域性、对抗性、针对性和相对性。

所谓全域性，是指电磁信号的种类繁多（含自扰）、特点各异，表现在时间上持续不断、在频谱上密集重叠、在空间上纵横交错、在功率上分布不均，即重点考察通信抗干扰设备所拥有的时域、频域、空域及功率域等资源受侵占的程度。

所谓对抗性，是指电磁环境中除了需要设置一些固定的背景噪声和背景信号外，还应设置一些动态的人为有意干扰信号，如定频瞄准干扰、跳频阻塞与跟踪干扰、直扩相关与非相关干扰等，并根据需要实时改变干扰方式和样式。

所谓针对性，是指针对待训、待试通信设备的频段和抗干扰体制（即考核对象），重点设置一些能直接影响其作战效能的电磁干扰信号，不必关注那些关系不大的信号，不能片面地认为在其旁边设置多少部其他用频设备就是复杂电磁环境。

所谓相对性，是指为了节约训练和试验成本，在设置干扰信号时，可不考虑干扰机的战术运用背景，只考虑干扰信号与无线通信接收端的干信比。因为无论干扰信号功率多大、距离多远，最终效果均在于到达通信接收端干扰功率的大小。

2. 通信抗干扰设备与电磁环境形成闭环

根据上述营造相对复杂电磁环境的基本思路和特点，以及通信抗干扰训练的需求，在条件受限时，可以营造有限频谱和局部地域的相对复杂电磁环境，用于单种设备和分队的通信抗干扰训练。有条件时，可营造频谱更宽、地域更大、干扰方式更多的相对完善的基地化复杂电磁环境，以进行成建制的复杂电磁环境下的通信抗干扰训练。

无论规模大小，复杂电磁环境下的通信抗干扰训练都由电磁环境、通信抗干扰设备和导调单元等基本要素组成。其中，导调的主要作用：一是设置电磁环境想定，包括环境参数、等级和干扰模式（干扰方式和干扰样式）等；二是评估通信抗干扰效果。

为了训练的科学性和取得应有的效果，电磁环境、通信抗干扰设备和导调单元等要连成一个有机的整体，形成闭环，即：可先由导调单元设置电磁环境初始想定和规定参训装备，继而营造所需的电磁环境和在该环境中组织多种多样的通信抗干扰训练，并通过设定的信道，将通信抗干扰效果实时反馈给导调单元；根据电磁环境初始想定和通信抗干扰效果，导调单元可再次改变电磁环境想定，并评估通信抗干扰效果；依此反复，实现闭环互动。

3. 高度重视训练中电磁频谱参数的安全

目前，国际上对电磁信号的侦察手段齐全，远程侦察技术已达到相当高的水平。在我国周边的境外地区，不仅建有很多固定无线电监测站，而且公海、空中和太空几乎每天都有来自大量不明国家的侦察船、侦察飞机和侦察卫星。相关国家军民用用频设备的使用几乎完全暴露在侦察监视之下，而平时又不可避免地需要进行大量的训练与使用活动，这实际上也成了一把“双刃剑”，电磁频谱使用的安全面临着极大挑战。

电磁频谱信号的参数、传输的信息及其相互之间的关系，可以反映用频设备的战术技术指标，以及用频部队的编成、部署和作战能力等信息，一旦被作战对象掌握，则在未来作战中将成为敌方对我方实施电磁频谱作战的重要依据。

因此，在平时的训练与使用中，无论是通信装备还是干扰设备，都需要高度重视电磁频谱使用的安全，采取有效措施，解决或缓解用频与安全的矛盾，严格控制有效频谱的使用，减少或减弱频谱及其参数的泄漏。例如，根据干扰的对抗性，通信抗干扰装备应区分训练与实战用频、图案、码型、算法和密码等；根据干扰的针对性，在设置一些有效干扰信号的同时，可以设置一些欺骗性信号；根据干扰的相对性，可采用近距离的弱干扰或遂行弱干扰，避免使用或少用实装干扰机，即使使用，也只能使用其部分功能，以保证其实战能力；若有可能，尽量利用有利地形和有利时间进行有关训练活动，并注意天线主瓣辐射方向。另外，还可以开发和使用复杂电磁环境生成系统和通信抗干扰训练模拟系统，利用计算机和半实物进行联合仿真和推演，以适应较高层次使用，与实装训练形成互补，减少频谱的泄漏。

4. 积极探索有效的通信抗干扰战术方法

复杂电磁环境下的通信抗干扰训练不仅仅是检验单台通信设备的抗干扰能力和使用的问题，还涉及通信抗干扰战术运用的问题，在面对恶劣电磁环境时尤为重要。

在之前的内容中，探讨了一些常规意义上的通信抗干扰战术及其运用问题。但是，通信抗干扰战术运用是与作战任务和作战环境密切相关的，复杂电磁环境下的通信抗干扰战术及其运用是值得深入研究的新问题，加上电磁频谱是一个开放的空间，谁都可以使用，什么样的手段都可以采用，由此可以导演出千变万化的战争剧本。

作者认为，至少需要考虑以下几个方面的因素：

（1）深入研究复杂电磁环境的形成机理、特点和规律。这是新形势下知己知彼的重要内容之一，也是战争形态演变和技术发展带来的新问题。未来战场上，不仅存在大量多类型、高密度的电磁信号，而且少数军事强国的技术优势可能导致单向透明，形成电磁空间的非对称作战，这是需要认真研究和引起高度重视的。

（2）深入研究复杂电磁环境下通信抗干扰战术与技术相结合的问题。以电磁频谱为纽带，在了解复杂电磁环境中对抗双方设备技术性能、力量部署、网系运用等的基础上，掌握通信设备对复杂电磁环境的技术适应性，扩展常规通信抗干扰战术运用范围，逐步完善适应复杂电磁环境的通信抗干扰战术方法。这也是我们需要认真面对的。

（3）深入研究非人为恶意干扰的规律及管控措施。由于电磁频谱的多样性，除了敌方恶意干扰外，复杂电磁环境中存在大量来自军用、民用设备的自扰和互扰以及自然干扰。尤其是自扰和互扰较为严重，这是军用通信在新的历史时期遇到的新问题。有效的解决方法主要是采用频谱管控和末端参数管控措施。

（4）深入研究通信抗干扰设备使用中的反侦察措施。在复杂电磁环境中，除了重点考虑抗干扰和防止频谱泄漏外，通信抗干扰体制参数的反侦察也是重要内容之一。如前所述，有效干扰的前提是对通信抗干扰体制参数的有效侦察。虽然复杂电磁环境为干扰方的侦察活动增加了难度，但可能性仍然存在。因此，通信方应探讨有效的反侦察使用方法。

本章小结

本章的主要目的是在掌握通信抗干扰基本技术的基础上，了解通信电磁进攻与电磁防御作战运用的一般方法，以提高对通信抗干扰设备的实际运用能力。讨论了通信干扰来源、通信干扰方式和通信干扰样式划分等问题，强调了通信干扰方式和通信干扰样式的差别，明确了常用通信干扰类型划分的方法。分析了通信电磁进攻几种典型的作战策略及可能的作战程序，对通信电磁进攻作战运用的基本内容有了一个大致的了解。在讨论通信电磁防御一般作战策略的基础上，分析了通信电磁防御的一般战术运用方法和基本内容。作为通信电磁防御作战运用的一个重要方面，讨论了现代通信电磁欺骗的作用和意义、无线电佯动的一般战术方法和跳频佯动的典型运用、跳频佯动网的规划等现代通信电磁欺骗及其运用等内容。最后，讨论了复杂电磁环境及其对无线通信的影响和复杂电磁环境下通信抗干扰训练的有关问题。

必要时，运用关键通信节点/设备冷热备份、迂回通信和网链重组等方法，提高通信网络忍受强功率定向能电磁攻击硬杀伤的能力。

本章的重点在于通信干扰类型的划分、通信电磁进攻与电磁防御的一般作战运用方法、现代通信电磁欺骗的基本思想和一般战术方法以及复杂电磁环境下通信抗干扰训练应注意的有关问题。对于从事科研工作的读者，应了解本章基本内容，以便于利用技术手段支撑战术使用；对于从事装备运用的读者，应在本章内容的基础上，举一反三，根据实际情况和需求予以扩展和延伸。

参考文献

[1] VEDULA P，TINGSTAD A，MENTHE L，et al. 在电磁频谱中智胜敏捷对手（Outsmarting agile adversaries in the electromagnetic spectrum）[R].《通信电子战》编辑部，译. 美国兰德公司，2023-02.

[2] 姚富强，李永贵，陆锐敏，等. 无线通信抗干扰作战运用方法教范[M]. 北京：解放军出版社，2015.

[3] ADAMY D L. 电子战建模与仿真导论[M]. 吴汉平，等译. 北京：电子工业出版社，2004.

[4] 李群英. 外军通信电子战装备技术特点及其发展趋势[J]. 通信电子战，2005（1）.

[5] 徐鸥凌，张春磊. “狼群”攻击敌方网络[J]. 通信电子战，2007（2）.

[6] 姚富强. 军事通信抗干扰及网系应用[M]. 北京：解放军出版社，2004.

[7] 总参通信部. 高技术条件下局部战争通信对抗[M]. 北京：解放军出版社，1996.

[8] 宋颖凤，陈军，张晶晶. 地域通信网干扰效果评估指标研究[J]. 通信对抗，2007（4）.

[9] 徐穆洵. 跳频通信的抗干扰研究[C]. 野战通信抗干扰研讨会，1994-01，北京.

[10] 徐穆询. 现代通信对抗研究[R]. 电子工业部第36研究所，1995-07.

[11] 姚富强. 通信电子战策略研究[J]. 现代军事通信，1996（3）.

[12] 姚富强. 关于军队创新体系的几点思考[J]. 解放军理工大学学报（综合版），2000（2）.

[13] 姚富强. 军事通信抗干扰的发展与建议[J]. 军队指挥自动化，2008（1）.

[14] 姚富强. 商议军事通信和电磁频谱管控若干问题[C]. 2008军事电子信息学术会议，2008-10，南昌.

[15] 赵丽屏，李永贵. 跳频佯动战术应用研究[C]. 2002军事电子信息学术会议，2002-12，海口.

[16] 刘伟. 固定无线台站在电子对抗中的电子防御[C]. 2003军事通信抗干扰研讨会，2003-11，合肥.

[17] 向华，李家远，徐宏飞. 通信保障部队抗毁能力的探讨[C]. 2003军事通信抗干扰研讨会，2003-11，合肥.

[18] 王汝群，胡以华，谈何易，等. 战场电磁环境[M]. 北京：解放军出版社，2006.

[19] STINE J A，PORTIGAL D L. An introduction to spectrum management[R]. MITRE Technical Report，March 2004.

[20] 尹成友. 战场电磁环境分类与分级方法研究[J]. 现代军事通信，2008（2）.

[21] 中国人民解放军总装备部. 战场电磁环境分类与分级方法：GJB 6520—2008[S]. 中华人民共和国国家军用标准，2008.

[22] Office of Assistant Secretary of Defense. Electromagnetic spectrum management strategic plan[R]. Department of Defense，Washington DC 20301，May 2007.

第 13 章　全数字发信机技术与实践

为应对智能干扰等威胁，提高对复杂电磁环境的适应性，主动改变抗干扰波形是必然要求。但传统模拟射频发信机存在射频重构难、功耗大等体制性缺陷，制约了波形的灵活配置和机动性等。全数字发信机是军用无线电平台的一项革命性基础前沿技术[1]，有望从体制上解决现有瓶颈问题。本章重点讨论全数字发信机射频可重构和基础性能提升的基本机理，并提出全数字发信机一种新的设计方法和下一步发展重点[2-3]。本章的讨论，有助于了解全数字发信机的设计理论和推广应用，为应对智能干扰威胁提供新的技术支撑。

13.1　研究背景

现代无线电系统一般由无线电平台、天线和应用软件等组成，无线电平台主要包括发信机和收信机（即接收机）等，直接关系到系统的信号处理能力、传输能力和体积重量等基础性能。相比于模拟射频（Analogue RF，ARF）在模拟域处理和实现无线电平台的射频功能，数字射频（Digial RF，DRF）是在数字域处理和实现无线电平台的射频功能，如数字射频功放、数字上下变频、数字射频信号处理、数字射频滤波等，最终目的是实现电磁环境适应性强的全数字收发信机。数字射频实现的过程称为射频数字化。

相比于综合模拟射频在模拟域综合集成多个无线电平台的射频功能，综合数字射频是在数字域同时实现和综合集成多个无线电平台的射频功能。综合数字射频是数字射频的扩展，数字射频是综合数字射频的前提和基础。

在过去几十年里，无线电技术的进步已成为信息技术迅速发展的重要推动力。随着业务需求的快速增加，新的通信体制不断涌现，对无线通信系统的频段、功耗、线性、体积和电磁兼容等性能提出了更高要求。针对上述问题，人们提出了软件无线电（Software Radio，SR）的概念[4-6]，希望通过对收发信机的软件重构，实现单一硬件平台适应多种通信体制的波形。软件化的前提是数字化，根据无线通信系统的数字化程度，其技术演进大致可划分为硬件无线电（Hardware Radio，HR）、软件控制无线电（Software Controlled Radio，SCR）、软件定义无线电（Software Defined Radio，SDR）和完整 SR 四个层次[7]。相比于 SDR，完整 SR 的重要标志是数字化靠近天线和射频可编程（可重构）。然而，自从一百多年前无线电技术问世以来，尽管器件经历了电子管、晶体管和集成电路等发展历程，但因受限于模拟射频体制及其技术，目前国内外研究还主要处于 SDR 层次，射频数字化是实现完整 SR 的必由之路。

在数字射频领域，其主要研究对象是数字发信机（Digital Transmitter，DTx）和数字接收机（Digital Receiver，DRx）。从目前情况看，数字接收机的发展态势要快于数字发信机，在接收机数字化方面目前可以做到对射频接收的模拟信号直接下变频采样，再进行数字化处理，即实现全数字接收机（All-Digital Receiver，ADRx）。不同于接收机，发信机要同时实现大功率（保证通信距离）和高线性（减小互扰，提高组网能力），不仅对器件要求更高，还面临强非线性等挑战。因此，同样是数字化靠近天线和射频可重构，发信机的射频数字化难度更大，以模拟射频功放（如 A 类、B 类及 AB 类等线性功放）为核心的模拟射频发信机（Analog Transmitter，ATx）架构至今仍没有改变[8]。由于模拟射频功放的效率和线性等主要性能指标在理论上相互矛盾、相互制约[9]，模拟射频发信机效率低、设备体积大等问题一直难以解决，而且模拟电路参数固定，难以射频重构，不便于灵活配置多模式波形。这种体制性缺陷已成为制约无线电系统在复杂电磁环境下的适应能力、机动能力、传输能力和综合集成能力等基础性能提升的关键因素，同时也是实现完整 SR 的重要瓶颈[2]。

要使发信机数字化靠近天线，需要完成从基带到射频混频和射频功放的数字化，其中射频功放的数字化是核心，只有实现数字射频功率放大，才能完全打通发信机的数字射频通道。随着数字信号处理（DSP）器件的进步，人们相继实现了不同数字化程度（基带→中频→部分射频）的发信机[10]。基于直接数字射频调制（Direct Digital Radio Frequency Modulation，DDRFM）技术[11]，图 13-1 所示的数字发信机（DTx）架构被提出，该架构完成了从基带到射频混频的数字化，但仍需采用射频数模转换器（DAC）和模拟射频功放。开关模式功放（Switched Mode Power Amplifier，SMPA）的理论效率可接近 100%，且易于数字控制[12-13]，该技术已在音频数字功放中获得成功应用，有望实现射频功放的数字化；但技术难度要比音频数字功放大得多，主要是射频数字功放的工作频段高，非线性问题更为突出，且对射频信号处理的速度和功率器件的开关速率等有更高要求。DDRFM 和 SMPA 的融合发展以及氮化镓（GaN）等第三代半导体器件的广泛应用[14]，使得全数字发信机（All-Digital Transmitter，ADTx）[15-16]的概念和架构（如图 13-2 所示）得以实现，即发信机的上变频和功率放大等主要功能都在数字域实现，在实现射频可重构（可编程）的同时，还能显著提高发信机性能[2]，使得实现完整的 SR 架构成为可能。

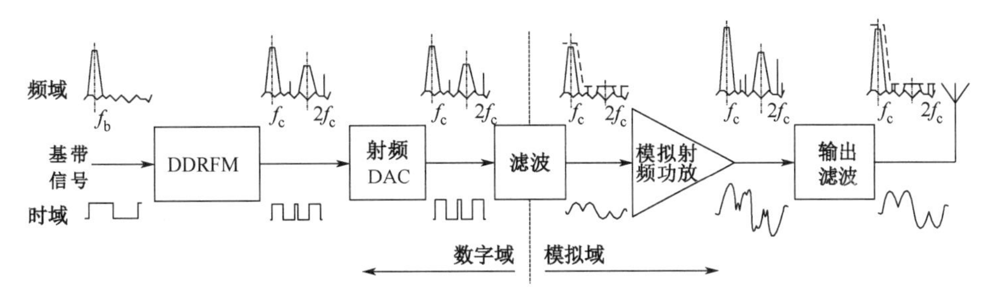

图 13-1　基于 DDRFM 和模拟射频功放的 DTx 架构

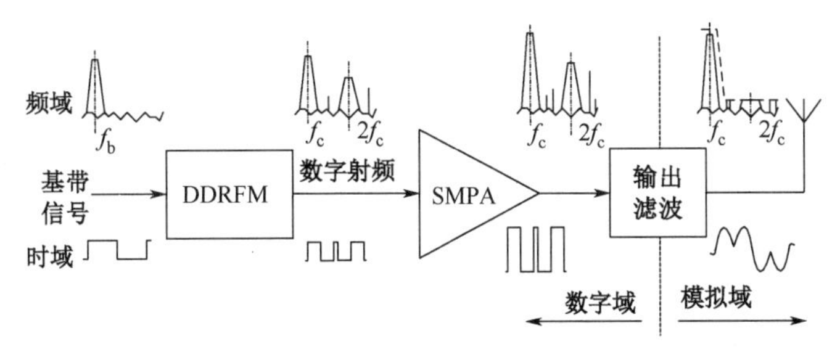

图 13-2　基于 DDRFM 和 SMPA 的 ADTx 架构

研究和实践表明，基于数字射频功放的全数字发信机颠覆了传统模拟射频功放和模拟发信机的设计理论和机理，有望解决模拟射频的体制性缺陷，并满足新一代无线电平台对射频可重构、高效率、高线性和宽频带等重大现实需求。因此，在新的时代背景下，针对现有无线电技术体制存在的基础性不足，借助快速发展的数字技术和微电子工艺，突破全数字发信机设计理论和关键技术，对于支撑智能抗干扰技术的发展和无线电平台基础性能的提高，具有十分重要的战略意义和现实意义。

13.2 射频技术的发展需求

以模拟射频功放为核心的模拟射频发信机，虽然在无线电历史进程中发挥了重要作用，但在信息化时代又成为制约无线电系统数字化、软件化发展的重要瓶颈，难以满足当今军事和社会的信息化发展需求。

需求一：射频功放应具有高效率、高线性和宽频带，以提高无线电系统的基础性能。

射频功放是发信机的核心[17]。理论和实践均表明，传统模拟射频功放的效率、线性、带宽等主要性能指标之间存在相互矛盾、相互制约的关系[9, 18]，工程中需要根据不同的要求予以折中，难以同时实现所有主要性能指标的提升，严重制约了无线电系统（尤其是便携式无线电设备）的持续工作时间、信号质量和体积重量等基础性能。无线通信系统的频谱利用率和数据速率的提高，对射频功放的线性和带宽等性能提出了更高的要求，这将进一步降低模拟射频功放的效率，从而限制了发信机综合性能的提升。在日益苛刻的线性和带宽指标条件下，如果能实现数字域射频功率放大，则可大幅提高射频功放的效率、线性和带宽性能，减小系统的体积重量并延长工作时间，在军事应用中提高系统的机动性和战场生存能力；对于民用，还可增加电池工作时间，为节能减排、降低运营成本作出贡献。

需求二：发信机射频可重构，以兼容不同传输波形和提高对复杂电磁环境的适应能力[19]。

抗干扰（尤其是抗智能干扰），在其 OODA 环路的执行环节需要主动改变抗干扰波形，这就要求发信机射频可重构（软件化），而没有数字化就无法真正实现软件化。虽然得益于数字信号处理（DSP）器件性能的显著提升和直接数字频率合成器（DDS）等技术的出现，实现了从基带到部分射频的数字化[20]（包括中频以下数字化），但由于位于发信机末端的射频功放仍为模拟体制，其参数固定，难以实现可重构或可编程，成为发信机全数字化进程和实现软件无线电架构的最后障碍。如果能实现通用性强的基于数字射频功放的全数字发信机，则对于军用无线电系统，将便于灵活使用多种通信模式（如不同频段、多种调制波形和可变频带等），提高系统的综合抗干扰能力；对于民用无线电系统，可以支持更多的通信体制，满足多模多频的应用要求，降低无线终端的成本，还便于增加传输带宽和支持更多的业务类型。

需求三：在相同平台上实现多种射频功能的高效集成，以提高系统的电磁兼容性能。

随着国家和军队信息化建设的逐步深入，需要同时使用越来越多的无线电系统，在很多情况下，需要将多种无线电系统装载于同一个平台（如车载、舰/船载、机载、星载、弹载等），这就要求在相应平台上同时实现多种射频功能的综合集成。例如，车载平台多种无线通信系统的射频综合设计，机载平台的航电系统一体化设计等。然而，在模拟域进行射频综合集成时，各种无线电系统的射频单元异构，参数固化，只能对各自射频单元进行射频信号合路的设计，通用性差，插入损耗大，还可能带来互扰等问题，制约了装载平台体积、重量和功耗等性能，形成多种系统射频单元的堆砌。如果能在数字域对不同射频功能进行综合处理和一体化高效集成，则可减小装载平台的射频载荷，对于军用便于装备减型增效，提高机动性，对于民用可进一步降低运营成本。

13.3 国内外研究进展

无线电平台的数字射频技术，尤其是基于数字射频功放的全数字发信机的研究，已经历了二十几年的时间，成为国际无线电领域的一个研究热点。

早期，由于模拟射频功放的主要指标相互之间存在矛盾，难以同时满足无线电系统对高效率、高线性和宽频带的要求，业界提出了数字预失真等射频功放线性化技术[21]，在一定程度上满足了一些使用场合的要求，但始终没有解决模拟射频功放体制存在的根本性矛盾。数字技术和微电子器件工艺的快速发展，以及数字音频功放的成功应用[22]，为数字射频功放的提出奠定了基础。

采用全数字发信机及其数字射频调制和数字射频功放等核心技术，设计和实现新一代军用通信装备和民用移动通信设备是当前国际上的一个研究热点[10, 23-41]，尤其是针对新体制、新技术和新工艺的研究十分活跃。2000 年前后，美国陆军部资助加州大学圣迭戈分校（UCSD）无线通信中心开展“数字射频发信机技术体系结构”的研究，其重点是以基带信号数字调制直接驱动以高效脉冲功放为核心的数字射频功放[23]。自 2004 年起，美国联合微波公司（MACOM）以联合战术无线电系统（JTRS）的新解决方案为目标，开展了以数字射频功率放大为突破口的可编程数字发信机技术研究，并提出了一种全数字宽带发信机结构[8, 24-25]，并称其为新一代军用无线电平台的革命性技术[1]。2005 年和 2009 年，美国 TI 公司先后报道或提出了一种基于全数字锁相环（ADPLL）的极化结构全数字发信机[26]和一种数字正交调制器（Digital Quadrature Modulator，DQM）及相应的全数字发信机架构[27]。2009 年，美国加州大学伯克利分校（UCB）的研究团队基于 90 nm CMOS 工艺，研制了世界上首款全集成全数字射频调制芯片，实现了基带低通增量求和调制（LP-DSM）和正交上变频，最大采样频率达到 4 GHz，可覆盖 1 GHz 以下工作频段[28]。同年，韩国“半导体技术与科学杂志”的一篇文献[29]提出下一代移动手持式无线通信设备功放和发信机的技术发展方向是单芯片集成工艺的数字射频功放。2011 年，德国一研究机构采用氮化镓（GaN）工艺，研制了一种基于增量求和调制（DSM）的 S 类数字射频功放原理样片（UHF 频段，20 W），其开关放大单元工作效率可达 80%以上[30]。2011 年和 2012 年，美国 DARPA 先后两次资助“新一代高效射频技术”项目，其核心是高效宽带射频功率放大技术[31]和基于高性能 GaN 的超高速开关功率器件[32]。2012 年，Balasubramanian 等论述了全数字发信机是实现全软件无线电“终极传输”的必经之路[10]。比利时 Leuven 大学的 Nuyts 等提出了一种采用数字延迟线（DDL）提高时间分辨率的脉宽调制方案，2012 年和 2013 年分别采用 65 nm 和 40 nm CMOS 工艺，实现了 8 ps 和 4 ps 的最小时间分辨率[33-34]。2014 年，Francois 等提出了一种基于射频脉宽调制（RF-PWM）的用于全数字发信机的可重构数字功放架构[35]。2016 年，美国 Texas 大学的 Cho 等采用 130 nm CMOS 工艺研制了一种基于 RF-PWM 和 D 类功放的全数字发信机芯片，对于高峰值平均功率比（PAPR，简称峰均比）正交频分复用（OFDM）信号，该芯片在平均输出功率为 18.3 dBm 时，获得了 16%的功率附加效率（PAE）[36]。2018 年，日本三菱电子实验室的 Dinis 等提出了一种基于 DSM 和 FPGA 实现的全数字发信机架构[37]。2019 年，Morales 等提出了一种适用于全数字发信机的查找表 PWM 实现方案[38]。2020 年，Raja 等研制了一种可覆盖 0.75～2.5 GHz 频段并集成 E 类功放的全数字发信机样机[39]。2021 年，Gonzalez 等提出了一种符号速率基带信号模型，可评估过采样率、符号速率、脉冲整形等对发信机调制性能的影响[40]。2023 年，Morales 等提出了一种基于噪声整形 PWM 的“无失真”全数字发信机架构[41]。

从 20 世纪 80 年代后期开始，国内部分高校和工业部门对基于开关模式的射频功放电路和基于 CMOS 工艺的射频开关功放 IC 等开展了研究[42-44]，为数字射频技术的发展打下了坚实基础。得益于国内微电子技术和工艺的不断进步，结合军民用通信的应用需求，相关高校在数字发信机和全数字发信机领域开展了卓有成效的研究工作[45-50]，取得了一批有益的学术和实验室研究成果。从 2010 年开始，作者所在团队结合军用通信的不同应用需求，对数字射频功放和全数字发信机进行了较为系统的研究与工程实践[2-3, 51-60]，提出了多种数字射频功放和全数字发信机的实现方案，并与国内具有器件工艺优势的部门进行协同创新，突破了主要关键核心技术，成功研制了相应频段的数字射频功放和全数字发信机原理样机及其所需的多种专用芯片，验证了数字射频功放和全数字发信机高效率、高线性、宽频带和可重构等综合优势，形成了初步的设计理论和方法，为实现全数字化无线电平台奠定了技术基础。

13.4 射频功放对发信机系统性能的影响

射频功放主要分为模拟射频功放和数字射频功放，前者技术成熟，后者还处于发展中，二者在工作机理上有重大区别，导致了其对发信机系统的作用效果差别明显。

13.4.1 模拟射频功放主要指标相互矛盾的机理

射频功放的主要指标包括效率、线性和带宽等，这些指标主要取决于实现功率放大的功率晶体管、直流偏置电路、输入输出匹配网络以及输出滤波器等。其中，功率晶体管的工作状态由直流偏置电路的静态工作点决定。

1. 模拟射频功放效率与线性相互矛盾的机理

假设模拟射频功放的输入、输出匹配网络和输出滤波器等是理想无损的，此时模拟射频功放的性能主要取决于功率晶体管的工作状态。传递到负载 R_L 的输出功率 P_{out} 是从直流电源输出功率 P_{dc} 中获得的，而且受输入信号功率 P_{in} 的控制。从 P_{dc} 到 P_{out} 的功率转换效率不是 100%，即功放输入总功率 $P_{dc}+P_{in}$ 中的一部分转换为包括热耗散和谐波、互调等输出失真在内的耗散功率 P_{dis}。根据能量守恒定律，功放输入总功率 $P_{dc}+P_{in}$ 必须与 P_{out}、P_{dis} 之和相等。要实现功率放大，功率晶体管必须能提供一个功率增益[9]

$$G=\frac{P_{out}}{P_{in}}=1+\frac{P_{dc}-P_{dis}}{P_{in}} \tag{13-1}$$

式（13-1）表明，要保证功放输出功率 P_{out} 与输入功率 P_{in} 之间的线性关系，就要求 G 是一个恒定值。而模拟射频功放的功率晶体管工作于线性区，在一定的有源区域内，功率晶体管输出电流与输入信号的电压线性相关。但由于晶体管的饱和特性，当输入信号的电压幅值超过某个门限时，功率晶体管输出电流不再随之增大，同时也限制了直流电源向功放输出电流的能力，使得 P_{out} 与 P_{dc} 均不再随 P_{in} 的增大而增大，而且 P_{dis} 永远不会是负数；因此 G 不再保持恒定（增益压缩），必定要显示出非线性特征。也就是说，P_{out} 与 P_{in} 之间不再是线性关系。

可用功放的功率附加效率（PAE）[9]来表示功放效率与功率增益 G 的关系：

$$\text{PAE}=\frac{P_{out}-P_{in}}{P_{dc}}=(G-1)\frac{P_{in}}{P_{dc}}=\frac{G-1}{G}\frac{P_{out}}{P_{dc}} \tag{13-2}$$

式（13-2）表明，若要保证线性度（G 恒定），PAE 将正比于 P_{in} 或 P_{out} 与 P_{dc} 之比。当 P_{in} 一定时，要提高 PAE 就要减小 P_{dc}。由前面分析可知，要减小 P_{dc}，功放需要进入饱和状态，这将带来非线性失真（增益压缩），因而功放效率与线性出现了矛盾。为便于理解，图 13-3 给出 A 类、B 类模拟射频功放的功率增益（线性）、效率与输入功率的关系曲线示意图。其中，功率增益与效率共用的横轴为相对输入功率，箭头指向为所用纵轴，P_{inFS} 为保证 G 恒定的额定输入功率。当 $P_{in}\leqslant P_{inFS}$ 时，G 保持恒定，对于全周期工作的 A 类射频功放，其 P_{dc} 为常量，而仅正半周期工作的 B 类射频功放的 P_{dc} 与输入信号电压幅值成正比；A 类、B 类射频功放的

效率理论上分别与 P_{in} 成正比和开平方关系[17]，均随 P_{in} 的减小而降低。在实际中，由于功率晶体管并非理想的线性化器件，即使在其线性区，也会表现出一定的非线性特性，且越靠近线性区的两端非线性越严重。因此，随着 P_{in} 的增大，虽然功放效率增大，但非线性失真也相应增加。特别是当 $P_{in}>P_{inFS}$ 时，功放逐渐进入饱和状态，开始出现由增益压缩引起的非线性失真，功放效率虽然仍随 P_{in} 的进一步增大而增大，但增加的趋势变缓。为获得更高的效率和线性折中，适当提高 B 类功放的静态偏置电流，即 AB 类功放设计成为采用较多的模拟射频功放类型。无论何种类型的模拟射频功放，要改善线性均需要减小输入功率，这将显著降低功放效率。因此，以 A 类、B 类、AB 类为代表的模拟射频功放设计都受到效率与线性之间矛盾关系的制约。

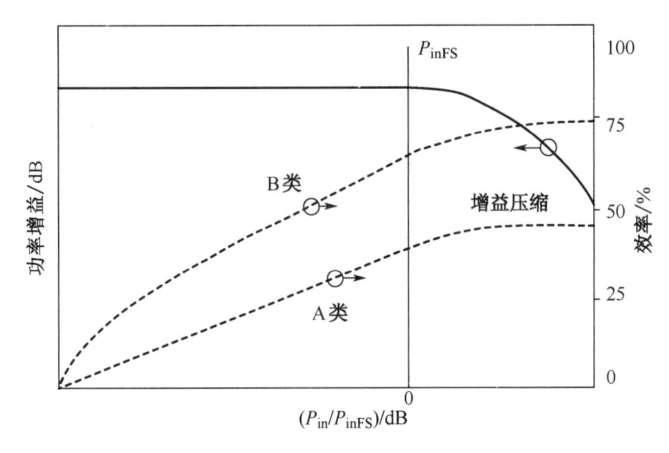

图 13-3 模拟射频功放的功率增益、效率与输入功率的关系曲线示意图

2. 模拟射频功放工作带宽与效率、线性相互矛盾的机理

由于射频功放的工作频率很高，要实现功放可用功率从信源到负载的最大传输，就必须进行阻抗匹配，将功率晶体管的输入、输出阻抗与所有传输线的特征阻抗（一般为 50 Ω）匹配，以减小由信号反射所引起的回波损耗和非线性失真。因此，即使功率晶体管工作在理想状态，功放输入、输出匹配网络的性能仍将在很大程度上影响功放的效率和线性。而模拟射频功放功率晶体管的输入、输出阻抗随输入、输出电压和电流的变化而变化，增加了输入、输出匹配网络的实现难度，有时甚至只能针对特定工作频段和工作方式进行专门设计，从而降低了模拟射频功放的通用性。特别是当功放工作带宽增加时，需要在更宽的频带内进行阻抗匹配；但受阻抗匹配原理的限制，带宽越宽则回波损耗越大，要实现理想的宽带阻抗匹配十分困难。图 13-4 给出了阻抗匹配网络回波损耗与功放工作带宽的关系示意图[2]。在工程实践中，为了实现模拟射频功放的宽带工作，只能牺牲匹配网络在工作频带内的性能，从而降低了功放的效率和线性性能。

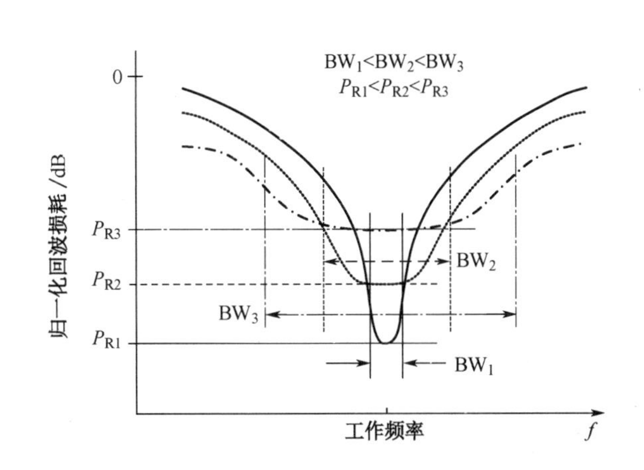

图 13-4 阻抗匹配网络回波损耗与功放工作带宽关系示意图

13.4.2 模拟射频功放对发信机系统性能的制约

由于模拟射频功放主要性能指标之间相互矛盾的理论限制，以及实际工程设计中的折中与妥协，不可避免地制约了发信机系统的基础性能。

1. 模拟射频功放的低效率制约了发信机综合性能的提升

如前所述，模拟射频功放利用晶体管线性区进行功率放大，使得它在放大功率（完成直流功率向射频功率的转换）的同时存在大量静态功耗；即使在没有输入信号时，静态损耗仍然存在。实践表明，在满足一定线性指标的条件下，模拟射频功放的效率一般只能达到30%~40%，且随着信号峰均比的增加而迅速降低；对于高峰均比的OFDM等复杂调制信号，其效率甚至不到10%。一般而言，模拟射频功放的功耗约占发信机功耗的60%～70%，即发信机一半以上的功率转换为对功放无益的损耗和发热，这限制了发信机工作效率的提高和体积重量的减小（需要增大电池容量和散热），不仅影响了系统的机动性能和便携式无线电系统的有效工作时间，还带来了散热设计问题，甚至由于温升保护频繁而影响系统的正常工作。

2. 模拟射频功放的非线性制约了信号质量和电磁兼容性能

模拟射频功放的非线性主要来源于输出功率增大时的过载失真、小信号时的过零失真和推挽功率器件特性不一致时的失配失真等，这些非线性效应降低了功放输出信噪比，增加了带外杂散，不仅制约了传输速率、线性范围等信号质量，而且成为无线电系统间互扰的主要来源，影响系统的组网效率、频谱利用率和网系运用能力。业界近年提出的功放线性化等技术，虽然使模拟射频功放的线性得到了改善，但带来了系统复杂度的增加。

3. 模拟射频功放的频带特性制约了发信机工作带宽的拓展

由于模拟射频功放中放大器件的阻抗特点和宽带阻抗匹配机理的限制，展宽模拟射频功放的工作带宽将影响功放的输出功率、工作效率、稳定性和输出负载适应性等性能。现代无线电系统发信机既希望在一定频段内能宽带工作，以提高数据速率，又希望工作频段可以灵活设置；但模拟射频功放的频带特性不仅难以适应宽带工作的需要，而且只能针对特定工作频段和工作方式进行定制设计，使得模拟射频功放的通用性和应用范围受到很大限制。

4. 模拟射频功放技术体制制约了发信机射频数字化进程

模拟射频功放由于在模拟域实现射频信号功率放大，难以满足软件无线电架构对射频数字化的要求。按照传统的设计原理与技术，射频功放的数字化是难以实现的。在中频以下数字化的发信机中，已调数字中频信号必须经过数模转换和模拟混频后才能经模拟射频功放进行功率放大，增加了系统复杂度。近些年来，射频信号的直接数字调制技术发展迅速[61]，但仍然需要采用高速数模转换和模拟射频功率放大技术，阻碍了无线电系统发信机的全数字化。

13.4.3 数字射频功放提高发信机系统性能的机理

得益于先进的DSP技术和高效开关功放技术，数字射频功放的主要性能指标之间在理论上不存在制约关系，可明显提高无线电系统发信机的基础性能。

1. 数字射频功放的工作效率高

与模拟射频功放不同，数字射频功放的功率晶体管在饱和区和截止区之间进行开关切换，不需要直流偏置电路提供静态偏置电流，几乎没有静态电流消耗，而将电源功率直接转换成输出功率，因此其效率和线性在理论上不再相关，理论效率可达100%。同时，当功率晶体管导通时，有输出电流而几乎没有输出电压；当功率晶体管截止时，有输出电压而几乎没有输出电流。因此，数字射频功放由输出电压、电流交叠带来的器件损耗远小于模拟射频功放。由于其损耗的减小，数字射频功放功率晶体管的发热大幅减少，降低了对散热的要求。实际效率与数字射频调制的编码效率、驱动和开关功率晶体管的性能以及开关功放电路的拓扑结构等因素有关。数字射频功放工作效率的提高，可延长由电池供电的无线电系统的持续工作时间，减小系统的体积、重量，提高系统的机动性。

2. 数字射频功放的线性性能好

尽管数字射频功放工作在饱和区和截止区，理论上存在比模拟射频功放更为严重的非线性，但正是由于数字射频功放功率晶体管要么饱和，要么截止，其工作状态不随输入功率的变化而变化，因此经数字射频调制处理后可抵消其非线性，反而能达到远优于模拟射频功放的线性性能。理论上，数字射频功放输出信号的线性范围主要取决于数字处理器的位数和工作频率，只要其位数和工作频率合适，就能保证数字射频功放所需的线性性能。实际线性性能与数字射频调制算法、实现工艺和输出滤波电路性能等因素有关。数字射频功放线性性能的提高，可改善信号质量，减小带外杂散，缓解抗干扰能力与数据速率的矛盾，提高无线电系统的组网效率和频谱利用率等系统级电磁兼容性能。

3. 数字射频功放的工作带宽宽

数字射频功放的功率晶体管本质上为一个开关，理论上可以不需要进行输入、输出阻抗匹配，从而避免了匹配网络对工作带宽的制约，其工作带宽理论上仅取决于数字处理器件的处理速度和开关功率晶体管所能达到的最高开关频率。在功率晶体管的最高开关频率满足要求的情况下，只要选择合适数字处理速度的器件，或数字处理速度足够高，就能保证射频功率放大所需的工作带宽。实际工作带宽与处理器最高频率、驱动速度和功率器件寄生参数等因素有关。数字射频功放带宽性能的提高，便于发信机系统宽带工作，提高系统的数据速率和抗干扰波形适应能力以及功放的通用性和灵活性等。

4. 数字射频功放便于射频可重构

数字射频功放是在数字域实现射频信号的功率放大，增加了数字上变频等处理之后，可实现基带数字信号输入、大功率模拟信号输出的全数字发信机，简化信道机设计，通过设置功放、滤波等参数，便于射频可重构。实际可重构性能主要与数字射频调制和成形滤波等因素有关。实现全数字发信机和射频可重构，可更好地满足软件无线电架构、多模式、射频信号低截获率和射频信号识别等电磁环境适应性需求。

13.5 数字射频功放及全数字发信机的基本原理

数字射频功放是全数字发信机的核心和基础，没有射频功放的数字化，发信机的全数字化就不可能实现。

13.5.1 数字射频功放的基本原理

相对于数字音频功放和模拟射频功放，数字射频功放指的是在数字域实现对射频信号的功率放大，从而得到预期射频功率的放大器。我们提出的一种数字射频功放，主要由数字射频调制、射频开关功放和射频成形滤波等单元组成[51-54]，其原理框图如图 13-5 所示。其工作流程为：将输入的数字射频信号通过数字射频调制转换成脉冲信号，控制有源开关器件进行功率放大，经射频成形滤波得到所需功率的模拟射频信号。

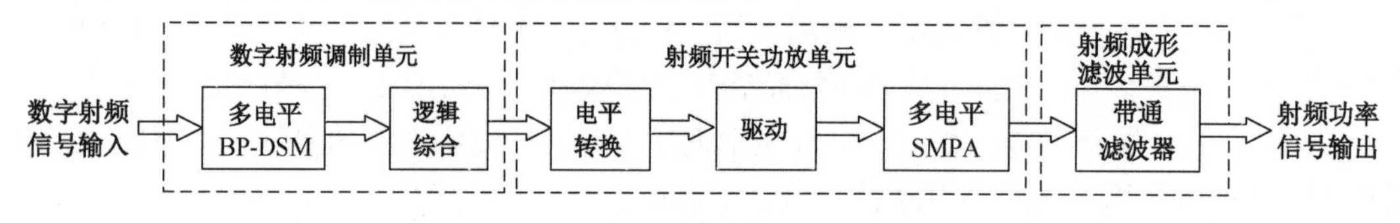

图 13-5　一种数字射频功放的原理框图

数字射频调制单元的主要原理是：对输入数字射频信号进行脉冲密度和幅度调制，输出多电平非周期脉冲调制信号。其中，通过多电平幅度量化和噪声整形，将调制信号带内均匀分布的量化噪声转移到工作频带以外，再经逻辑综合输出适合驱动功率晶体管高速开关工作的脉冲信号，目的是降低射频量化噪声和保证在开关功率放大条件下应有的线性性能。

射频开关功放单元的主要原理是：对多路多电平非周期脉冲信号进行电平转换和高速驱动，控制有源高速开关模式功放（SMPA）进行高效开关功率放大。其中，有源高速 SMPA 可设计成阵列，以满足多电平脉冲信号开关功率放大的要求，目的是大幅提高功放效率。

射频成形滤波单元的主要原理是：将开关功率放大后的脉冲信号经带通滤波器还原成适合天线发送的大功率模拟射频信号，实现数字到模拟的转换。其中，可调带通滤波器中心频率根据频率控制信息可调整，以满足工作频段内任意频率信号的成形滤波要求，目的是减少带外频谱污染。

可借鉴数字音频功放的原理，进一步理解数字射频功放的基本原理。首先，数字射频功放相当于一个射频调制解调器，即先对数字射频信号进行脉冲密度和幅度调制，经多电平开关功率放大后，再由成形滤波解调成模拟射频信号，从而在保证高效率的同时，弥补开关功放工作在饱和区、截止区所带来的非线性失真。其次，数字射频功放又可以理解为一个射频功率数模转换器（DAC），即输入为数字射频信号，输出为大功率模拟射频信号，其物理模型如图 13-6 所示。相比于该物理模型，模拟射频功放是一个输入、输出均为模拟射频信号的功放。数字射频功放物理模型的这种变化直接关系到全数字发信机与模拟发信机体系结构的重大差别，也是数字射频功放不宜在模拟发信机中直接替换应用的重要原因。

图 13-6　数字射频功放物理模型

根据以上基本原理，一种基于多电平开关功率放大的数字射频功放各单元的输出时域、频域波形示意图如图 13-7 所示。实践表明，在某战术通信频段和同等线性条件下，这种数字射频功放的射频可重构（带宽和中心频率可调等），实际效率约达到模拟射频功放的 3 倍。

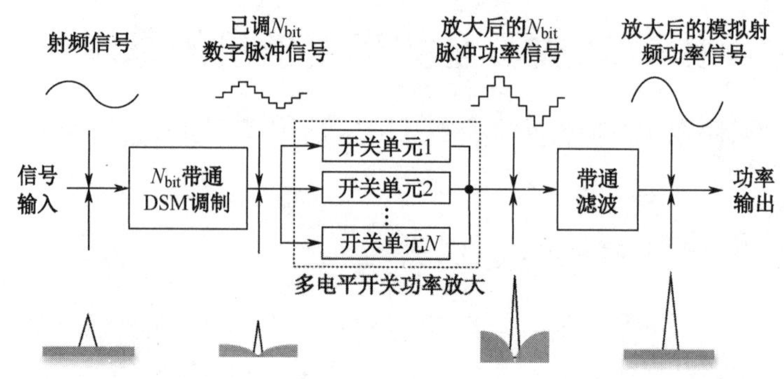

图 13-7　一种数字射频功放各单元的输出时域、频域波形示意图

13.5.2 全数字发信机的基本原理

一种适用于较低通信频段的基于数字射频功放的全数字发信机系统结构如图 13-8 所示。对于较高工作频段，其具体方案（尤其是数字射频功放技术方案）应作相应变化[58, 62-63]。

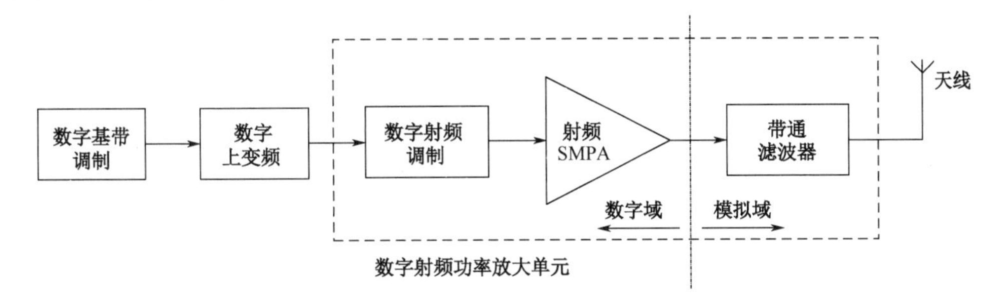

图 13-8 一种全数字发信机系统结构

根据图 13-8 中的系统结构，数字基带调制信号直接上变频到射频，不仅可省略传统模拟发信机的中频调制以及射频调制（模拟混频）等单元，大幅简化了发信机系统构成，还便于实现高速跳频控制，从而简化输出滤波器设计。数字基带调制信号经数字射频调制和功率放大后直接输出到天线口，从而更好地满足软件无线电架构的要求。此外，将数字上变频与数字射频调制相结合，实现了从数字基带信号到数字射频调制信号的直接变换，即直接数字射频调制。这有利于进一步简化全数字发信机的系统构成，是当前国内外研究的一个重要方向。可见，全数字发信机颠覆了传统模拟发信机的结构。

根据公开资料报道和工程实践体会，与传统模拟发信机相比，全数字发信机在保证更优线性和效率等性能条件下，传输带宽更宽，适应的波形种类更多，且可在最高工作频率以内重构工作频段和实现综合数字射频集成。这不仅有利于系统基础性能的跃升，更是无线电通信技术体制的突破，有望给通信抗干扰的发展提供新的技术支撑。但是，目前的全数字发信机技术还不够成熟，尤其是工作频段、输出功率和杂散等性能与器件水平、功率合成电路等有关，还需进一步优化设计。

13.6 全数字发信机主要关键技术

全数字发信机的核心是直接数字射频调制（DDRFM）和数字射频功放的设计与应用。为适应多种通信体制，软件无线电不仅要求其发信机实现全数字化（数字化靠近天线），还要求发信机能够在跨多倍频程的宽频段范围内工作，这对全数字发信机提出了更高的要求。基于国内现有器件工艺条件，需要运用系统设计与工艺相互弥补的科学方法，突破宽频段直接数字射频调制、高效低带外无用发射的脉冲编码、多电平射频开关功放与脉冲驱动、非线性抑制与补偿以及射频成形滤波等关键技术。

13.6.1 宽频段直接数字射频调制技术

直接数字射频调制是全数字发信机及数字射频功放实现高效线性放大的前提，它既要通过一定算法对输入的数字基带信号进行上变频和脉冲编码，以产生适合开关功率放大的脉冲信号，又要便于功率放大后的脉冲信号能通过成形滤波器恢复线性性能好的大功率模拟信号，其性能主要由调制器的实现结构、所采用的脉冲编码算法和工作频率决定。

根据上变频和脉冲编码的实现方式，直接数字射频调制可分为正交和极化两类结构，其中正交结构基于数字复混频来实现上变频。根据上变频与脉冲编码的位置和作用关系，直接数字射频调制正交结构又可分为基带、中频和射频调制等类型。不同的正交结构具有不同的频段特性。例如，正交基带调制[27-28]由于在基带完成噪声整形，再通过数字复混频到射频，易于实现高载波频率，但整形后的基带信号在数字复混频过程中会在载频附近引入镜像和混叠干扰，对滤波器要求很高，因此不适合低载频应用；正交射频调制[11]是在上变频到射频之后，再进行脉冲编码和噪声整形（参见图 13-8），可避免混频带来的镜像和混叠干扰，理论上可获得较优的信号质量，但由于在射频上进行调制编码，对器件要求高，实现难度大，目前还不适合高载频应用；正交中频调制[64]介于基带和射频调制之间，但仍存在镜像和混叠干扰问题，为减少混叠失真并让镜像和混叠干扰远离载频，一般用于较高频段。极化结构通过相位调制实现上变频，本质上仍是一个数字复混频过程，对幅度/相位调制的时间精度（分辨率）要求很高，否则将引入严重的非线性失真，一般用于较低频段。可见，不论何种调制器结构，由于脉冲编码算法和物理实现的限制，需要在不同频段特性之间进行折中，难以满足跨多倍频程的宽频段应用要求。特别对于易于实现的基带和中频调制，在通过数字复混频实现上变频的过程中，脉冲编码引入的非线性失真与载频（时钟本振）进行卷积，带来的镜像和混叠干扰是制约其宽频段应用的主要原因。因此，如何避免现有射频数字化方案存在的镜像和混叠干扰，实现适合宽频段应用的直接数字射频调制，是全数字发信机面临的首要挑战。

综上，需要跳开传统的全频段覆盖和分频段合成的常规宽频段发信机设计定式，利用全数字发信机优异的射频重构能力，在数字域实现发信机载波频段的动态重构，即基于单一硬件平台，使全数字发信机在任何时刻的工作带宽（调制器带宽）仅为通信波形的带宽，其工作频段根据通信体制要求实时重构，从而有望获得最优的宽频段特性，以满足跨多倍频程的宽频段适应能力。

13.6.2　高效低带外无用发射的脉冲编码技术

不同于模拟射频发信机，全数字发信机的效率和线性之间在理论上不再相互制约；但在物理实现中，特别对于宽频段应用，由于器件的非理想特性，使得直接数字射频调制的输出脉冲序列不仅决定全数字发信机的输出信号质量，还直接影响后级开关模式功放的工作效率。直接数字射频调制在实现数字上变频的同时，通过一定的脉冲编码算法将数字基带信号包含的幅度/相位信息编码为适合后级开关功率放大的脉冲序列，为避免射频数字化引入的量化噪声影响，还需通过脉冲编码的噪声整形功能将带内量化噪声转化为带外无用发射分量，最后通过成形滤波器进行滤除。由于开关模式功放的容性损耗在高频段时占功放损耗的主导地位，且与脉冲序列的平均开关频率成正比，与编码效率成反比，而平均开关频率、编码效率[65]与所采用的脉冲编码算法及采样频率和输入信号幅度（或信号峰均比）等直接相关，因而使得实际工程中全数字发信机的效率与线性之间仍存在一定的矛盾和制约关系，能否同时实现效率和线性的最优将受到限制。

编码效率是衡量脉冲编码算法性能的核心指标，与量化噪声直接相关，对全数字发信机的效率和信号质量都有显著影响。特别对于高峰均比信号，其极低的编码效率将显著降低开关功放及全数字发信机的效率。当前，增量求和调制（DSM）[11, 28]和脉冲宽度调制（PWM）[3, 35]是直接数字射频调制采用的主要两种脉冲编码技术。然而，为减小射频数字化引入的量化噪声及其影响，不论何种脉冲编码技术都要基于过采样和噪声整形：首先通过提高时间分辨率来减小量化噪声；其次通过噪声整形将过采样引入的量化噪声移至带外，将量化噪声转化为带外无用发射分量；最后通过成形滤波恢复为满足通信要求的射频发射信号。因此对 DSP 器件的处理速度和成形（输出）滤波器的带外抑制能力提出了很高要求。为了降低采样速率（提高时间分辨率），提高编码效率，人们提出了增加量化位数（电平数）来减小量化噪声和带外无用发射的方法[66]，即在一定线性条件下通过增加幅度分辨率来适当降低对时间分辨率的要求，是当前缓解减低采样速率与增大量化噪声（带外无用发射）之间矛盾的有效方法。在多电平基础上，为进一步减少带外无用发射，基于多个子脉冲波形合成的主动谐波消除 RF-PWM 方法被提出[3, 59]，该方法可有效降低对输出滤波的带外抑制要求，支持宽频段性能。但上述方法要求射频开关功放具有多电平输出能力，在实际中受到 DSP 器件性能和射频开关功放输出电平能力的限制。因此，仍需进一步研究高效、低带外无用发射的脉冲编码算法及其实现方法。

13.6.3 多电平射频开关功放及其脉冲驱动技术

射频开关功放的首要难点是设计适用于高速开关应用的射频功率器件及其实现工艺，以进一步降低功率器件的静态和瞬态功率消耗。同时，为支持多电平脉冲编码，多电平输出能力也是射频开关功放的重要特性之一，而不仅仅是实现二电平输出。

当前，基于第三代宽禁带半导体 GaN 材料的高电子迁移率晶体管（HEMT），因其低寄生参数、高击穿电压、高截止频率和高品质因数等独特优势而成为射频开关功放的首选功率器件[67]。射频开关功放的多电平输出主要基于多功放单元组合以及功率合成网络实现，由于功率合成网络也要实现宽频段，其宽带匹配必将带来较大的功率合成损耗，可能会抵消多电平带来的优势。针对这个问题，利用射频功率晶体管的开关特性，构建基于多个 GaN HEMT 的开关阵列，通过对开关功放等效输出路径的实时切换，有望实现基于电平合成的多电平输出[56]，从而避免低效的功率合成网络。因此，为实现多电平数字射频调制信号的高效放大，需要优化射频开关功放的电路拓扑结构，研究多电平合成策略和多 GaN HEMT 控制方法，实现具有多电平输出能力的射频开关功放电路结构（多电平射频开关功放）以及相同脉冲序列的最少平均开关频率控制，以减小多电平功率合成损耗。同时，还需研究针对开关阵列中多 GaN HEMT 的软开关技术和功率均衡控制方法，以避免因高频开关工作和热失配带来的损耗、非线性以及 GaN HEMT 器件性能退化、失效等问题。

为实现功率晶体管的高速开关切换，要求驱动电路在极短时间（1%～5%开关周期）内提供较大的瞬时驱动电流。但随着工作频率的提高，受器件和工艺的制约，功率晶体管寄生参数将对开关过程产生显著影响；若开关过渡过程较长，驱动损耗也随之显著增大，同时使功放输出的脉冲波形产生失真，从而制约射频开关功放的性能。主要难点是低功耗、大电流的高速驱动集成电路设计，旨在缩短开关过渡过程，减小驱动损耗，从而保证功率晶体管在高速开关状态下的高效、可靠转换。

13.6.4 非线性抑制与补偿技术

不同于一般的线性系统，全数字发信机的各功能单元在本质上都是非线性的，它通过多个非线性单元的相互耦合和相互作用来实现整个系统的线性化。在理论上，只要直接数字射频调制的噪声整形特性和输出滤波的带外抑制特性能很好匹配，全数字发信机就能获得较为理想的信号质量。但在实际工程中，一方面输出滤波特性并不理想；另一方面由于 DSP 和 GaN 器件的非理性特性，随着工作频段的提高，全数字发信机的非线性特性更加复杂，不仅非线性来源多样，而且非线性失真对输出信号的影响机理也存在多样性。对于宽频段应用，时钟稳定度、门电路延迟误差积累、器件及电路间的寄生效应等在低频时可以忽略的非线性分量，在高频时都可能带来显著的非线性问题。在数字域中，这些非线性可能表现为时域的脉冲畸变，呈现出不同特性，如时变性、确定性、记忆性等，给宽频段全数字发信机的线性化带来障碍。

因此，深入研究全数字发信机非线性产生和不同非线性失真分量对噪声、谐波和杂散等指标的作用机理，是全数字发信机亟待突破的又一关键技术。主要难点在于针对量化噪声和开关功率放大的器件带来的误差，建立合适的数学模型，对非线性失真进行抑制或补偿。

13.6.5 射频成形滤波技术

射频成形滤波的性能直接影响数字射频功放的输出信号质量和工作效率，其作用内涵主要有三个方面：一是滤除开关功放输出功率信号中的带外噪声和杂散分量；二是实现开关功率放大电路与输出负载间的宽带匹配；三是提供中心频率可变的低通或带通滤波，实现数模（D/A）转换。主要难点是突破传统的单一固定频率滤波器设计方法，在中心频率切换时保持滤波的主要性能基本不变，且滤波器阻抗特性满足开关功放输出所要求的阻抗特性，以实现开关模式下低功耗、中心频率可调的宽带阻抗匹配及噪声和谐波抑制。

13.7 下一步发展重点

基于全数字发信机对于无线电发展的战略意义和技术难度，需要结合已有基础，制定科学的技术路线，明确发展思路、方向、途径和重点。

1. 明确数字射频的技术发展路线

相对于全数字接收机，全数字发信机还不够成熟，而最终目标应是全数字收发信机、综合数字射频及其一体化设计。因此，一种可能的数字射频的技术发展路线为：数字射频功放—全数字发信机—全数字收发信机—综合数字射频，即先完成由模拟射频功放到数字射频功放、由较低频段到较高频段、由较小功率到较大功率、由模拟发信机到全数字发信机，再实现向全数字收发信机、综合数字射频的转变。目前，已突破了有关瓶颈关键技术，具备了后续发展的技术基础。

2. 努力实现核心技术的自主可控

目前，虽然我国在该领域的系统级设计方面与发达国家几乎处于相同起跑线上，但发达国家的微电子芯片基础和制造工艺具有明显优势。我们应该抓住数字射频技术的发展机遇，避免再次受制于人。实践表明，基于国内器件和工艺发展水平，只要需求明确，指标合理，方法得当，是可以实现一定频段内此项核心技术自主可控的。例如，必要时可采用系统设计与工艺相结合的方法，相互支撑；当工艺难以解决或成本较高时，尽可能在电路、算法设计上提高要求，不追求全部指标的先进性，分析、研究和验证多种可能的工艺，最终得出优化设计方案。

3. 大力推进已有成果的实用化进程

国内外在该领域虽然突破了不少关键核心技术，取得了可喜的进步，但离实用化要求还有不少工程科学问题需要解决和完善，例如技术和工艺最高性价比的匹配，工作频段拓展，非线性高效抑制，环境适应性，系统内部电磁兼容，以及与系统的联合设计等。应结合微电子器件技术的进步，边发展边推广应用，加快这些关键核心技术的实用化进程。根据图 13-6 所示的数字射频功放的物理模型，为使其应用效益最大化，应以全数字发信机形式推广应用，乃至全数字收发信机联合应用；如果仅在模拟发信机基础上更换数字功放单元，需要增加多余的模数转换器，还要保留原模拟发信机的其他单元，难以做到系统优化，多余的单元仍然占据体积和功耗，使得系统应用效益不高。

本章小结

本章主要介绍和总结了数字射频功放、全数字发信机两项核心技术，旨在为推进无线电射频全数字化进程和进一步提高通信抗干扰能力奠定基础。工程实践表明，只有理论进步与实际需求相结合，才能推动技术创新；只有技术创新与器件工艺相结合，才能实现自主可控。数字射频将给军民用无线电平台带来高效率、高线性、宽频带、可重构和综合数字射频集成等革命性进步；然而，这一技术目前还处于发展中，不少工程科学与实用化问题还需进一步研究。

本章的重点在于介绍数字射频功放和全数字发信机的基本概念和基本原理等，对于工程中的实际方案，还需根据实际微电子器件水平、系统技术和工程需求，制定具体的技术路线。

参考文献

[1] AHMED W K M ，BENGTSON D，O'HORO P．DTX：A revolutionary digital transmitter technology to provide multi-mode/multi-band capability[C]. Proceeding of the SDR 04 Technical Conference and Product Exposition，Phoenix，2004.

[2] 姚富强．新一代无线电平台数字射频核心技术研究与工程实践[J]．中国科学：信息科学，2014（8）.

[3] YAO F Q，ZHOU Q，WEI Z H．A novel multilevel RF-PWM method with active-harmonic elimination for all-digital transmitters[J]．IEEE Transactions on Microwave Theory and Techniques, 2018（7）.

[4] MITOLA J．Software radio：survey，critical evaluation and future directions[J]．IEEE Aero El Sys Mag，1993（8）.

[5] LACKY R J，UPMAL D W．Speakeasy：the military software radio[J]．IEEE Communication Magazine，1995（3）.

[6] 杨小牛，楼才义，徐建良．软件无线电原理与应用[M]．北京：电子工业出版社，2001.

[7] FETTE A B．RF & wireless technologies：know it all[M]．New York: Newnes Press，2007.

[8] HURWITZ S．WiNova-programmble digital transmitter[R]．M/A-Com，2004.

[9] LAVRADOR P，CUNHA T R，CABRAL P，et al. The linearity-efficiency compromise[J]. IEEE Microwave Magazine，2010（5）.

[10] BALASUBRAMANIAN S，BOUMAIZA S，SARBISHAEI H，et al．Ultimate transmission[J]．IEEE Microware Magazine，2012（1）.

[11] KEYZER J，HINRICHS J，METZGER A，et al．Digital generation of RF signals for wireless communications with band-pass delta-sigma modulation[C]．IEEE MTT-S Int. Microwave Symp. Dig.，Phoenix，2001.

[12] GREBENNIKOV A，SOKAL N O．Switchmode RF power amplifiers[M]．New York: Newnes Press，2007.

[13] LARSON L，ASBECK P，KIMBALL D．Digital control of RF power amplifiers for next-generation

wireless communications[C]. Proc.31st Eur Solid-State Circuits Conf., Grenoble, 2005.

[14] MELIANI C, FLUCKE J, WENTZEL A, et al. Switch-mode amplifier ICs with over 90% efficiency for class-S PAs using GaAs-HBTs and GaN-HEMTs[C]. 2008 IEEE Int. Microwave Symp. Dig., Atlanta, 2008.

[15] NIELSEN M, LARSEN T. A transmitter architecture based on delta-sigma modulation and switch-mode power amplification[J]. IEEE Transactions on Circuits and Systems II: Express Briefs, 2007 (8).

[16] J.VENKATARAMAN, O.COLLINS. An all-digital transmitter with a 1-bit DAC[J]. IEEE Transactions on Communications, NO.10, 2007.

[17] CRIPPS S C. RF power amplifiers for wireless communications[M]. Norwood, MA: Artech House, 2006.

[18] PEDRO J C, CARVALHO N B. Intermodulation distortion in microwave and wireless circuits[M]. Norwood, MA: Artech House, 2003.

[19] 姚富强，赵杭生，陆锐敏. 新一代军用指挥信息系统的复杂电磁环境适应性需求分析[J]. 中国工程科学，2012（2）.

[20] CHOI J, YIM J, YANG J, et al. A delta-sigma-digitized polar RF transmitter[J]. IEEE Transactions on Microwave Theory and Techniques, 2007 (55).

[21] 冯源，樊祥. 功放的线性化技术发展现状与趋势[J]. 电子对抗，2011（6）.

[22] ANDERSEN M. New principle for digital audio power amplifiers[C]. Conference: 92nd AES Convention, Vienna, 1992.

[23] ASBECK M, LARSON E, GALTON G. Synergistic design of DSP and power amplifiers for wireless communications[J]. IEEE Transactions on Microwave Theory and Techniques, 2001 (49).

[24] HURWITZ S. Digital polar design facilitates multimode transmitters[R/OL]. Power Electronics 公司官网.

[25] WALID K M, KPODZO E. Interface considerations for sdr using digital transmitters[R/OL]. Power Electronics 公司官网.

[26] STASZEWSKI R B, WALLBERG J, REZEQ S, et al. All-digital PLL and transmitter for mobile phones[J]. IEEE Journal of Solid-State Circuits, 2005 (12).

[27] PARIKH V K, BALSARA P T, ELIEZER O E. All digital-quadrature-modulator based wideband wireless transmitters[J]. IEEE Transactions on Circuits and Systems-I: Regular Papers, 2009 (11).

[28] FRAPPÉ A, FLAMENT A, STEFANELLI B, et al. An all-digital RF Signal generator using high-speed ΔΣ modulators[J]. IEEE Journal of Solid-State Circuits, 2009 (10).

[29] CHOI J, KANG D, KIM D, et al. Power amplifiers and transmitters for next generation mobile handsets[J]. Journal of Semiconductor Technology and Science, 2009 (4).

[30] MAROLDT S, QUAY R, HAUPT C, et al. Broadband GaN-based switch-mode core MMICs with 20W output power operating at UHF[C]. IEEE Compound Semiconductor Integrated Circuit Symposium (CSICS), Waikoloa, 2011.

[31] Northrop Grumman Corporation. Northrop Grumman awarded microscale power conversion contract [EB/OL]. [2011-11-1]. Northrop Grumman Corporation 官网.

[32] TriQuint Semiconductor Inc. TriQuint wins new $12.3M GaN DARPA contract to develop ultra-fast power switch technology[EB/OL]. [2012-3-1]. TriQuint Semiconductor 公司官网.

[33] NUYTS P A J, SINGER P L, DIELACHER F, et al. A fully digital delay line based GHz range multimode transmitter front-end in 65-nm CMOS[J]. IEEE Journal of Solid-State Circuits，2012（7）.

[34] NUYTS P A J，REYNAERT P，DEHAENE W. A fully digital PWM-based 1 to 3 GHz multistandard transmitter in 40-nm CMOS[C]. IEEE Radio Frequency Integrated Circuits Symposium，Seattle，2013.

[35] FRANCOIS B，REYNAERT P. Reconfigurable RF PWM PA architecture for efficiency enhancement at power back-off[C]. Proceedings of 2014 International Workshop on Integrated Nonlinear Microwave and Millimetre-wave Circuits（INMMiC），Leuven，2014.

[36] CHO K，GHARPUREY R. A digitally intensive transmitter/PA using RF-PWM with carrier switching in 130 nm CMOS[J]. IEEE Journal of Solid-State Circuits，2016（5）.

[37] DINIS D C，MA R，SHINJO S，et al. A real-time architecture for agile and FPGA-based concurrent triple-band all-digital RF transmission[J]. IEEE Transactions on Microwave Theory and Techniques，2018（11）.

[38] MORALES J I，CHIERCHIE F，MANDOLESI P S，et al. Table-based PWM for all-digital RF transmitters[J]. International Journal of Circuit Theory and Applications，2019（2）.

[39] RAJA I, BANERJEE G. A 0.75-2.5-GHz all-digital RF transmitter with integrated class-E power amplifier for spectrum sharing applications in 5G radios[J]. IEEE Transactions on Very Large-Scale Integration Systems，2020（10）.

[40] GONZALEZ G，CHIERCHIE F，GREGORIO F，et al. Symbol-rate baseband signal model for RF pulse-width modulation transmitters[J]. IEEE Transactions on Vehicular Technology，2021（8）.

[41] MORALES J I，CHIERCHIE F，MANDOLESI P S，et al. A distortion-free all-digital transmitter based on noise-shaped PWM[J]. IEEE Transactions on Circuits and Systems I：Regular Papers，2023（2）.

[42] 孙文宾，黄云新，刘鹏. 一种设计宽带高效 E 类功率放大器的方法——“参数补偿压缩法”[J]. 电子学报，2001（11).

[43] 徐国栋，朱丽军，兰盛昌. 2.45GHz 全集成 CMOS 功率放大器设计[J]. 半导体技术，2007（1).

[44] 张杨. 一体化数字功放模块的设计[J]. 中国科技信息，2009（15).

[45] YU Z，ZHOU J，ZHANG R，et al. A digital RF transmitter prototype for the future massive MIMO systems[C]. 2015 IEEE MTT-S International Wireless Symposium，Shenzhen，China，2015.

[46] 戈立军，王松，徐微. 基于 OFDM 信号的新型调制器研究[J]. 电子学报，2017（1).

[47] YANG J, YANG S Y, CHEN Z H, et al. An agile LUT-based all-digital transmitter[J]. IEEE Transactions on Circuits and Systems I-Regular Papers，2020（12）.

[48] 黄佳骏. S 波段开关功率放大器的 PWM 编码的研究与设计[D]. 成都：电子科技大学，2020.

[49] 舒晓霞. 直接数字射频调制器的研究[D]. 成都：电子科技大学，2021.

[50] YANG S Y，YANG J，HUANG L Y，et al. A dual-band rf all-digital transmitter based on MPWM encoding[J]. IEEE Transactions on Microwave Theory and Techniques，2022（3）.

[51] 姚富强，陈江，周强. 军民无线通信重要瓶颈--射频数字功放的工程实践[C]//中国通信学会国防通信技术委员会第九届学术研讨会论文集. 北京：兵器工业出版社，2014.

[52] 周强，朱蕾，陈江. 用于 S 类射频功放的频率可调带通ΔΣ调制器研究与设计[C]//中国电子学会微波分会. 2013 年全国微波毫米波会议论文集. 北京：电子工业出版社，2013.

[53] 姚富强，周强，陈江，等. 一种射频数字功率放大器和发信机：ZL201219802866.8[P]. 中国发明专利，2013-07.

[54] 姚富强，谭笑，周强，等．一种宽带可重构全数字发信机：ZL201218002868.7[P]．中国发明专利，2013-12.

[55] 周强，姚富强，魏志虎，等．一种特定谐波消除多电平 RF-PWM 方法[J]．电子学报，2019（3）.

[56] 周强，朱蕾，陈剑斌．4 电平 S 类数字功放的电平合成策略[J]．国防科技大学学报，2020（2）.

[57] 陈剑斌，周强，朱蕾，等．主动谐波消除多电平射频脉宽调制策略及其性能分析[J]．国防科技大学学报，2021（4）.

[58] ZHU L，ZHOU Q，WEI Z，et al．A novel all digital transmitter with three-level quadrature differential RF-PWM[C]．Journal of Physics：Conference Series，Harbin，2021.

[59] ZHOU Q，ZHU L，FU H，et al. A sub-pulses generation method for third-harmonic elimination of 5-level RF-PWM[C]．Proceedings of IEEE International Workshop on Electromagnetics：Applications and Student Innovation Competition（iWEM），Guangzhou，2021.

[60] ZENG S，ZHOU Q，YU S，et al. A three-level RF-PWM method based on phase-shift control and MPWM for ADTx[J]．Electronics，2022（18）.

[61] YE Z，GROSSPIETSCH J，MEMIK G. An FPGA based all-digital transmitter with radio frequency output for software defined radio[C]．2007 Design Automation and Test in Europe Conference and Exhibition，Nice，2007.

[62] SYLLAIOS I L，BALSARA P T，STASZEWSKI R B．Recombination of envelope and phase paths in wideband polar transmitters[J]．IEEE Trans Circuits-I，2010（8）.

[63] RONG L，ZHENG L．A polar transmitter architecture with digital switching amplifier for UHF RFID applications[C]．2011 IEEE International Conference on RFID，Orlando，2011.

[64] YOON S R，PARK S C．All-digital transmitter architecture based on bandpass delta-sigma modulator[C]．International Symposium on Communications and information Technology，Icheon，2009.

[65] SILVA N V，OLIVEIRA A S R，CARVALHO N B．Design and optimization of flexible and coding efficient all-digital RF transmitters[J]．IEEE Transactions on Microwave Theory and Techniques，2013（1）.

[66] CHEN J H，YANG H S，CHEN Y J E．A multi-level pulse modulated polar transmitter using digital pulse-width modulation[J]．IEEE Microwave Wireless Components Letters，2010（5）.

[67] LIN S，FATHY A E．Development of a wideband highly efficiency GaN VMCD VHF/UHF power amplifier[J]．Progress In Electromagnetics Research C，2011（19）.

第 14 章　无线通信内生抗干扰理论与技术

在已有无线通信抗干扰理论和技术遇到“天花板”的历史条件下，针对无线通信特点和未知电磁攻击威胁，本章重点讨论无线通信内生抗干扰的应用需求和内在逻辑，提出“N+1 维”内生通信抗干扰的基本构想，探讨内生通信抗干扰的关键技术和下一步发展重点[1]。本章的讨论，有助于了解通信抗干扰科学发展的思维方法，为应对未知干扰威胁寻求新突破。

14.1　研究背景

现有通信抗干扰理论与技术可以很好地应对已知干扰或确定性干扰，但在应对未知干扰（或不确定性干扰）和智能干扰等方面面临诸多挑战，或者说遇到了“天花板”，需要突破传统的研究思路，探索无线通信抗干扰的新方法和新目标。

已有通信抗干扰技术主要经历了常规扩谱抗干扰和智能抗干扰两个发展阶段[1]。常规扩谱抗干扰技术以香农信息论为基础，通过扩展通信信号频谱来分散干扰方的干扰功率，通信对抗双方的较量主要表现为频谱域和功率域的压制与反压制，其典型代表为跳频和直扩等[1-2]。常规扩谱是无感知的“盲扩谱”，完全是基于处理增益的硬抗，抗干扰能力（干扰容限）有限。例如，前已述及，若干扰带宽超过常规跳频带宽的 30%，会使通信中断。随着用频装备的增多和电磁环境的日益复杂，无线通信尤其战术无线通信常常面临无谱可扩的尴尬局面。为此，智能抗干扰技术应运而生，它在有效认知干扰的基础上动态调整通信参数，以适应变化的干扰环境，更快地规避干扰，从而希望在有限频谱资源条件下提高抗干扰性能，其核心技术主要有干扰认知、实时决策、波形机动和频谱机动等。智能抗干扰技术的典型代表是自适应抗干扰和认知抗干扰，二者的主要差别在于智能的程度有所不同，可将自适应抗干扰归为智能抗干扰的初级阶段。长期以来，常规扩谱抗干扰和智能抗干扰推动了通信抗干扰的技术进步与装备发展，成为当前国际上通信抗干扰技术的主流。但是，面向未来的智能化战场，基于干扰认知的智能抗干扰技术遵循“敌变我变”的策略，至少将面临两个难题：一是战场电磁环境复杂多变，通信方难以快速认知和适应陌生电磁环境。例如，若干扰方能产生 N 种不同干扰样式（如单音、扫频和噪声等），理论上则可以产生 2^N-1 种混合干扰样式，如此庞大的干扰样式集合容易使通信方陷入认知迷雾。二是当遭遇未知干扰或变异干扰时，智能抗干扰技术可能会陷入没完没了的“认知—抗干扰决策—波形调整—再认知—再抗干扰决策—再波形调整”的被动循环，特别是在面对以人工智能为基础的智能干扰时，通信对抗双方的较量主要表现为认知域的对抗博弈，即谁能利用强大的计算资源和先进的智能算法，谁能更迅速、准确地认知对方的行为规则，并形成有效对抗策略和实施方案，谁就能获得对抗优势[3]。实际上，对抗双方采用相同的“认知对抗认知”理论和类似的系统框架与实现算法，相当于师从同一师傅的两名武者比试武功，最终只能是体力上的“肉搏”和技术上的“内卷”。对于战术级机动通信，无论在计算资源、智能算法以及拥有干扰方先验知识等方面，都难以在对抗中获得绝对优势。

从方法论上看，“敌变我变”是被动的，是“亡羊补牢”式后天防疫，其方法所带来的效益必然遇到“天花板”。针对未知干扰和智能干扰等新威胁，希望能斩断“没完没了”的被动循环，由“敌变我变”向“以不变应万变”发展，由“亡羊补牢”式后天防疫向“自身稳健”

的先天免疫发展，这就是内生通信抗干扰的基本出发点。

14.2 内生通信抗干扰的内涵

14.2.1 内生的含义

邬江兴院士认为，一个系统或模型内互相依存或纠缠的因素称之为内生的或内源性的，不同于内嵌或内置因素，只有与系统或模型不可分离的因素才是内生的[4]。在此基础上，邬江兴院士提出了基于动态异构冗余架构的网络空间内生安全技术体系架构，在不依赖外部先验知识和附加防御措施的情况下，依靠异构配置、策略裁决、反馈控制和多维动态重构等机制，显著提升网络空间的抗恶意攻击能力[5]。胡爱群教授等分析了现有信息网络和信息安全“两张皮”的外壳式防御方法，认为该方法无法有效保证信息网络安全，并从仿生机理的角度，提出了一种以“与生俱来、自主生长”为特征的网络内生安全方法[6]。金梁教授等将网络空间内生安全的理念扩展到无线网络领域，将电磁波传播的开放性视为提高无线网络安全性的内因，提出了基于信道的无线内生安全概念[7-8]，利用无线信道的随机性、时变性和唯一性等特点，构造动态异构冗余的无线信道，从而达到无线内生安全的效果。

从哲学原理上看，网络空间内生安全与无线通信内生抗干扰是一致的，即由对外因精确认知的被动防御，向内因自身稳健的主动免疫转变。然而，电磁空间的内生通信抗干扰与网络空间的内生安全在工作环境、攻击手段、保护目标和防御技术等方面不尽相同，尤其是电磁空间的开放性、用频装备的机动性和无线电台天线的全向性，使得电磁攻击的不确定性增加（电磁攻击不留痕迹）、内生安全控制难度增加（电磁信息联合控制）、信道调控辨识难度增加（攻防双方信号混叠）。为了准确揭示常规扩谱抗干扰、智能抗干扰和内生抗干扰等抗干扰技术的内在发展逻辑，下面将利用子空间方法[9]，对上述三类通信抗干扰技术进行统一描述，并在此基础上逐步形成无线通信内生抗干扰的基本概念。

14.2.2 已有典型通信抗干扰技术的统一描述

常规扩谱抗干扰的基本框图如图 14-1 所示。

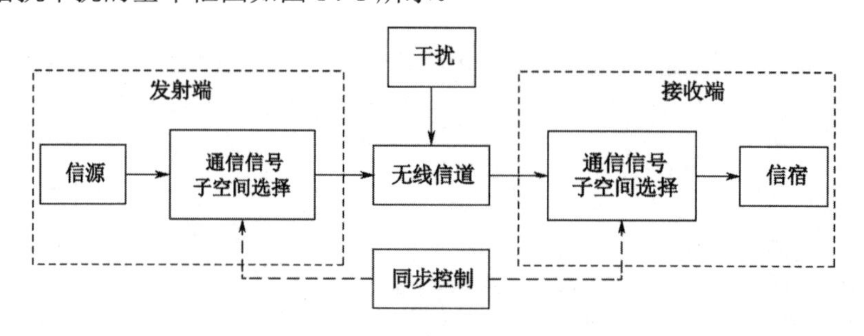

图 14-1 常规扩谱抗干扰的基本框图

令通信系统的总带宽为 W，每个符号周期为 T_s，那么，通信信号构成自由度为 $2T_sW$ 的信号空间，即所有可能的通信信号可以由 $2T_sW$ 个标准正交基 φ_k（$k=0,1,\cdots,2T_sW-1$）表示[2]。假设常规扩谱通信系统将整个通信信号空间平均分成 K 个子空间，每个子空间的自由度为 $D=2T_sW/K$。通信方每次随机选择其中一个子空间用于通信，那么通信信号可以表示为[2]

$$s_k = \sum_{i \in A_k} a_i \varphi_i \tag{14-1}$$

式中，$A_k = \{i : (k-1)D \leqslant i < kD\}$；$\{a_i\}$为发送信号集合，其能量为

$$E_{\mathrm{s}}^t = \sum_{i \in A_k} a_i^2 \tag{14-2}$$

受干扰的接收信号可以表示为

$$r_k = s_k + J \tag{14-3}$$

式中，J为干扰信号。为了简化模型，式（14-3）忽略了信道噪声对接收信号的影响。在未知当前通信信号子空间的条件下，干扰方为了实施有效干扰，需要将其能量分布于尽可能多的信号空间[2]：

$$J = \sum_{i=0}^{2T_{\mathrm{s}}W-1} J_i \varphi_i + J_0 \tag{14-4}$$

式中，$\{J_i\}$为落入通信信号子空间的干扰成分，J_0为通信信号子空间外的干扰信号分量，干扰信号能量为

$$E_{\mathrm{J}}^t = \sum_{i=0}^{2T_{\mathrm{s}}W-1} J_i^2 + E_{J_0} \tag{14-5}$$

接收端同步采用第k个子空间的基函数$\{\varphi_{A_k}\}$对接收信号r_k滤波处理后，输出信号为[2]

$$r_{k,i}^{\mathrm{out}} = a_i + J_i, \quad i \in A_k \tag{14-6}$$

其中通信信号和干扰信号的能量分别为

$$E_{\mathrm{s}}^r = \sum_{i \in A_k} a_i^2 \tag{14-7}$$

$$E_{\mathrm{J}}^r = \sum_{i \in A_k} J_i^2 \tag{14-8}$$

定义扩谱处理增益G_{p}为接收端输出与输入信干比之间的比值[2]，即

$$G_{\mathrm{p}} = \frac{E_{\mathrm{s}}^r}{E_{\mathrm{J}}^r} \bigg/ \frac{E_{\mathrm{s}}^t}{E_{\mathrm{J}}^t} \tag{14-9}$$

比较式（14-2）和式（14-7）可知：扩谱处理前后，通信信号能量没有变化，即$E_{\mathrm{s}}^t = E_{\mathrm{s}}^r$。因此，式（14-9）可以简化为$G_{\mathrm{p}} = E_{\mathrm{J}}^t / E_{\mathrm{J}}^r$。假设$J_0 = 0$，且干扰能量平均分布于$K$个子空间，通过比较式（14-5）和式（14-8）可知，扩谱处理增益$G_{\mathrm{p}} = K$，即常规扩谱抗干扰的实质是通过扩展通信信号子空间（实际应用中退化为通信信号频谱扩展）来分散干扰信号能量，从而达到抗干扰目的。然而，随着战场用频设备数量的显著增加和电磁战技术的发展，仅通过扩谱已难以满足未来通信抗干扰需求，有必要寻找新的通信抗干扰能力增长点。

智能抗干扰的基本框图如图 14-2 所示。与常规扩谱抗干扰相比，智能抗干扰的主要区别之一是在接收端增加了干扰认知与智能抗干扰决策功能模块。与常规扩谱抗干扰通过扩展通信信号子空间来分散干扰的策略不同，智能抗干扰在有限的通信信号子空间前提下，通过实时准确认知干扰信号子空间，有针对性地调整通信信号子空间，达到动态规避干扰的目的。由此可知，干扰认知直接影响智能抗干扰性能。

近年来，深度强化学习方法被用于智能抗干扰，其特点是将干扰认知与抗干扰决策过程融为一体，通信方通过与干扰方之间多次试探和博弈，直接学习得到最大回报的抗干扰决策结果[10-13]。从一定程度上说，基于深度强化学习的智能抗干扰方法在抗未知干扰方面取得了进步。

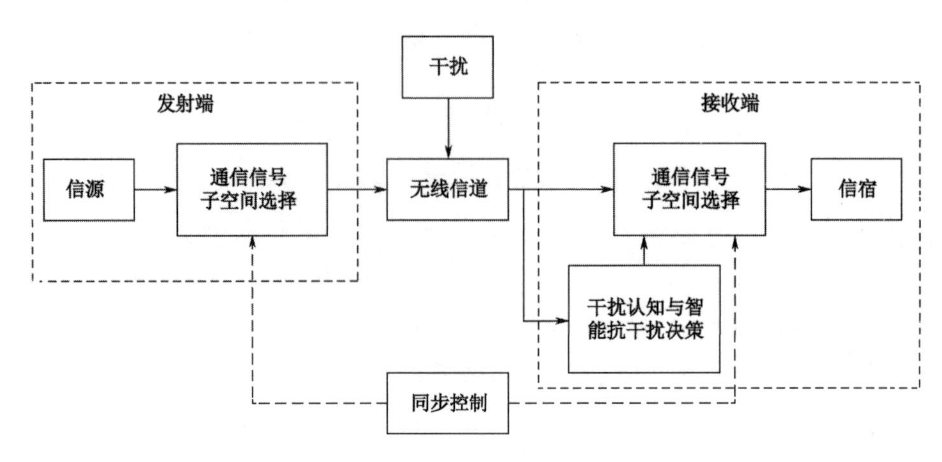

图 14-2　智能抗干扰的基本框图

从科学方法上看，现有智能抗干扰方法还是遵循了“敌变我变”的策略，即需要将干扰信号知识作为输入，用于调整和控制通信信号。该方法不可避免地存在干扰知识获取和使用两个分离的过程，当这两个过程中的干扰知识发生变化时，抗干扰效能将显著下降。特别是在人为对抗条件下，干扰方通过主动调整其干扰策略，将容易导致通信方陷入“学习死循环”[14]。另外，干扰方可能对通信方的干扰知识获取过程实施有针对性的攻击，从而对通信方构成新的威胁[15-17]。

应该讲，常规扩谱抗干扰和智能抗干扰推动了通信抗干扰技术和装备的发展，在很长一段时间内还将继续发挥作用；但通过以上分析可以看出，这两种技术都遇到了性能提升的“天花板”。图 14-3 给出了常规扩谱抗干扰、智能抗干扰与智能干扰的子空间关系示意图。可以看出，常规扩谱抗干扰和智能抗干扰技术均在有限的信号空间内与干扰方进行对抗和博弈。随着干扰功率的增加和干扰变化规律的日益复杂，现有抗干扰方法能够获得的性能增益下降。考虑一种极端情况，当干扰信号有足够功率充满整个通信信号子空间时，上述两种抗干扰方法将失效。也就是说，有限的信号空间已成为限制现有抗干扰技术性能提升的“天花板”。当通信子空间超过频率 f、时间 t 和能量 p 三维空间时，图 14-3 就成了一个超球。

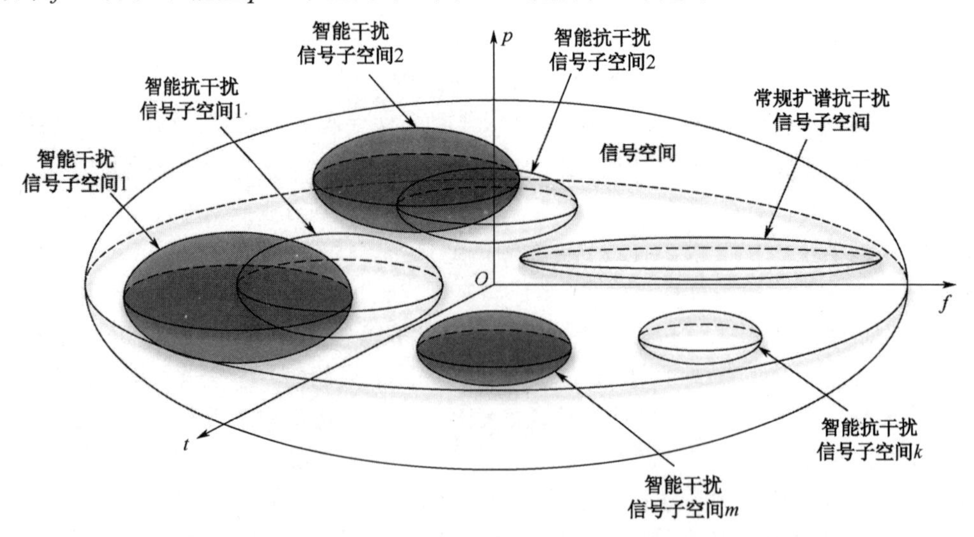

图 14-3　常规扩谱抗干扰、智能抗干扰与智能干扰的子空间关系示意图

14.2.3 内生通信抗干扰的基本概念及统一描述

典型无线通信系统主要由发射端、无线信道和接收端组成，它们构成了无线通信系统的基本内生因素，缺一不可[18]。与需要精确认知干扰并有针对性地采取抗干扰措施的智能抗干扰技术不同，内生抗干扰着眼于内因，充分挖掘和利用无线通信系统的内生抗干扰属性，构建属于通信发送方和接收方的特定传输通道或其他特定内生空间，使得无线通信系统具备自身稳健的先天免疫能力，在无须精确认知干扰的条件下，有效抵抗各种已知或未知干扰的影响。

无线通信系统中能够挖掘和利用的内生抗干扰属性主要包括语义空间、通信信号空间和通信信道空间等，如图 14-4 所示。上述三个空间构成了一个完备的抗干扰空间。其中，语义空间是指通信系统采用不同的知识库或语义编解码方式时，信息到符号的不同映射所构成的空间；通信信号空间是指通信系统采用不同的调制、编码、载波频率和极化方式时，符号到通信信号的不同映射所构成的空间；通信信道空间是指信号从发射端到达接收端经过的不同无线信道所构成的空间。

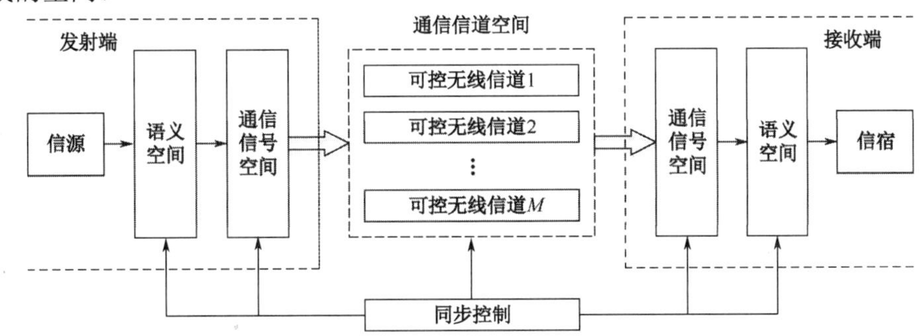

图 14-4 无线通信内生抗干扰基本原理图

语义空间的内生抗干扰属性主要体现在两个方面：一是在其他条件相同的情况下，语义通信可以大规模压缩传输数据量，从而可以预留更多资源用于抗干扰设计[19-20]；二是为无线通信系统从信息到符号的动态异构冗余映射提供了空间，从而为抵抗以攻击特定信息为目的的智能干扰奠定了基础[10]。

下面主要结合通信信号空间和通信信道空间论述内生抗干扰的可能性。

令通信信号空间的自由度为 K，其基函数为 φ_k（$k=1,2,\cdots,K$），φ_i 与 φ_j 相互正交（$i \neq j$）；无线传输信道由 M 个独立可控的通信信道 h_m（$m=1,2,\cdots,M$）组成，它们构成了可控的通信信道空间。其中，独立是指不同无线信道之间经历的噪声、衰落等特性统计独立，可控是指信道传输函数 h_m 的幅度、相位和极化方式等可控[21]，且接收端能够分辨和接收来自不同通信信道 h_i、h_j（$i \neq j$）的信号。通信方每次随机选择一个基函数 φ_k 生成的通信信号和一个通信信道 h_m 用于通信，其中，生成的通信信号为

$$s_k = a_k \varphi_k \tag{14-10}$$

那么，接收信号可以表示为

$$r_{k,m} = s_k h_m + J h_{\mathrm{J}} + n_0 \tag{14-11}$$

式中，J 为干扰信号，h_{J} 为干扰到接收端之间的传输函数，n_0 为噪声。

为了简化表述，将通信信号空间与通信信道空间统称为抗干扰空间，将干扰信号空间和干扰信道空间统称为干扰空间。在未知抗干扰空间的条件下，干扰方需要将其能量分布于更广的空间，即整个干扰空间。令干扰信道 h_{J} 与各通信信道 h_m 之间包络的相关系数为 β_m（$0 \leqslant \beta_m \leqslant 1$）[22]，那么，干扰信道 h_{J} 可以分解为

$$h_{\mathrm{J}}=\sum_{m=1}^{M}\beta_m h_m+h_0 \tag{14-12}$$

式中，h_0是位于信道空间外的成分，且$\sum_{m=1}^{M}\beta_m^2\leqslant 1$。

式（14-11）可以表示为

$$r_{k,m}=s_k h_m+\left(\sum_{k=1}^{K}J_k\varphi_k+J_0\right)\left(\sum_{m=1}^{M}\beta_m h_m+h_0\right)+n_0 \tag{14-13}$$

式中，$\{J_k\}$（$k=1,2,\cdots,K$）和 J_0 分别为落入通信信号空间内、外的干扰信号成分。由于不同通信信道 h_i、h_j（$i\neq j$）相互正交，不同信号基函数φ_k与φ_l（$k\neq l$）相互正交，因此当接收端同步对信道 h_m和信号基函数φ_k进行接收处理后，输出信号为

$$r_{m,k}^{\mathrm{out}}=a_k+\beta_m J_k+n_k \tag{14-14}$$

由式（14-14）可以看出，与通信信号［式（14-10）］的发送能量相比，经过接收处理之后的通信信号能量没有损失，为a_k^2，干扰信号能量由$\sum_{k=0}^{K}J_k^2$减小为$(\beta_m J_k)^2$。假设干扰信号能量平均分布于 K 个通信信号子空间，那么在不精确认知干扰的前提下，通信系统可以采取以下两种模式获得抗干扰处理增益：

（1）收发双方同步动态选择一个抗干扰空间用于传输通信信号，对应的抗干扰处理增益近似为

$$G_{\mathrm{p}}=\frac{\sum_{k=0}^{K}J_k^2}{E\left\{(\beta_m J_k)^2\right\}}=\frac{K}{E\left\{\beta_m^2\right\}}=\frac{KM}{\sum\limits_{m=0}^{M-1}\beta_m^2} \tag{14-15}$$

式中，$E\{\cdot\}$表示取期望，最后一个等号表示收发双方在所有通信信道空间中均匀选择各通信信道。

（2）接收端通过对来自不同通信信道空间的接收信号进行比较，选择信干比最大的通信信道进行传输，对应的抗干扰处理增益可以表示为

$$G_{\mathrm{p}}=\frac{K}{\min\limits_{m}\beta_m^2} \tag{14-16}$$

针对式（14-15)和式（14-16)，作如下讨论：

式（14-15）对应的通信抗干扰方法可以视为常规扩谱抗干扰理论从信号空间向整个抗干扰空间的扩展，也可以视为动态异构冗余框架在无线通信抗干扰中的应用。内生通信抗干扰的关键是如何从无线通信系统的内因出发，构建足够多具有相同功能的“异构执行体”。因此，与依赖于准确获取和有效利用干扰信息的智能抗干扰不同，内生通信抗干扰在方法论上摆脱了对干扰信号信息获取的依赖，从而在与干扰方的对抗博弈中打破“敌变我变”的被动局面，为实现抗变异干扰甚至抗未知干扰提供手段。

式（14-16）给出了在通信信道空间一定的前提下，通过选择最优信道而带来的抗干扰处理增益(不同于扩谱处理增益)。当无线信道 h_m($m=1,2,\cdots,M$)可重构或可定义时，式(14-16)对应的抗干扰方法能够获得更大的抗干扰处理增益，即通过调整 h_m（$m=1,2,\cdots,M$），使得 h_{J}与 h_m（$m=1,2,\cdots,M$）之间相关系数的最小值趋于 0，即$\min\limits_{m}\beta_m\to 0$，从而使得式（14-16）趋于无穷大。需要指出的是，当干扰与通信发射端的位置完全重合（最恶劣情况），且选择的无线信道完全一致，即干扰与通信发射端的时空坐标完全一致时，由无线信道调控带来的抗干扰处理增益将趋于 1，无线通信系统的抗干扰处理增益趋于常规扩谱处理增益 K。此时，定义

信道的通信模式退化为常规扩谱通信模式。

无线信道蕴含着无线通信内生抗干扰的巨大潜力。现有通信抗干扰技术主要在发射端和接收端通过对通信信号空间的开发与利用来生成抗干扰能力。从电磁波的传播机理出发对无线通信抗干扰进行重新审视，可以发现电磁波的传播表现为直射、反射、衍射、散射、折射等效应的组合，其机理决定了无线信道具有动态异构冗余的内生抗干扰属性。通过构造可控的无线信道空间来开发和利用无线信道的内生抗干扰属性，是认识自然、利用自然和改造自然的辩证世界观与科学方法论在无线通信抗干扰中的具体体现。

14.3 “N+1 维”内生通信抗干扰构想

现在的问题是：在无线开放信道条件下，如何实现内生通信抗干扰？希望在统一子空间描述和内生哲学思想指导下，建立一个统一的“N+1 维”内生通信抗干扰理论架构。在这个架构下，通信抗干扰都是实现“N+1 维”内生通信抗干扰的工程实践。

14.3.1 “N+1 维”内生通信抗干扰方法

由以上通信抗干扰的统一子空间描述可知，当干扰无法完全有效覆盖抗干扰空间时，通信方总可以找到一个子空间实现无干扰传输。也就是说，只要抗干扰空间的维数比干扰空间的维数多 1 维，理论上就一定可以分离和剔除干扰，这就是“N+1 维”抗干扰方法的基本观点。其中，抗干扰空间和干扰空间的维数可以变化，但“多 1 维”的原则恒定不变，当然也可大于 1 维，这取决于系统的复杂度和所需的处理时间。可见，“N+1 维”是内生抗干扰的本质，也是其边界条件，如何实现“N+1 维”则是一个工程技术问题。

为了准确描述“N+1 维”内生抗干扰方法，首先讨论域、自由度、空间和维等几个概念。

一般而言，域（Domain）指知识或活动的领域、范围。在无线通信应用中，域主要包括时域、频域、空间域、调制域、编码域、角度域、功率域和极化域等，分别指通信信号的时间、频率、空间、调制方式、码型、波束方向角和极化方式等参数的变化范围[23-27]。

自由度（Degree of Freedom）指在计算一个因变量时，取值不受限制的自变量个数。在无线通信应用中，自由度通常指在给定信道条件下，可以传输相互独立的通信信号的个数[28]。例如，Shannon 在其代表性论文中，给出了带宽为 W、时间为 T_s 的信道的自由度为 $2WT_s$[29]；文献[30] 进一步推导了采用天线口径为 A 、空间立体角为 $|\Omega|$ 的多天线通信系统的信道自由度为 $4T_sWA|\Omega|$ 。文献[31]和[32]分别针对采用智能超表面（Reconfigurable Intelligent Surface，RIS；也称为可重构智能表面）和轨道角动量的通信系统推导了相应的信道自由度。需要指出的是，自由度也存在与域混用的情况，例如文献[33-35]将自由度分别看作通信信号在频域、空间域、调制域等范围内的调整变化能力。

数学上，空间（Space）是指具有某种结构的集合，不同的结构定义不同的空间，如向量空间、欧氏空间等，这里主要涉及语义空间[36-37]、信号空间和信道空间。

维（Dimension）一般指构成空间的因素，如三维空间、降维打击等。这里将无线通信看作在由语义空间、通信信号空间和通信信道空间构成的通信空间内进行信息传输的活动，维是无线通信系统可以主动调整的通信空间的因素，或者具有相同信息传输功能的“异构执行体”。具体来说，通信空间的维数 C 可以表示为可控通信参数域的自由度之间的乘积：

$$C = \prod_{i} g_i \tag{14-17}$$

式中，g_i 为第 i 个参数域的自由度。

无线通信系统的参数域、自由度和维数关系示意图如图 14-5 所示。无线通信系统可控的参数域主要包括语义空间、通信信号空间和通信信道空间等参数。常规扩谱通信抗干扰主要限于通信信号空间参数的调整，而内生抗干扰基于整个抗干扰空间进行构造和调整。无线通信系统主动调整的参数域越多，每个参数域的自由度越大，无线通信系统可主动调整的维数就越大。

通信信道空间	通信信号空间					语义空间		
⋮								
信道7	⋮							
信道6	f_6	⋮						
信道5	f_5	直扩码 5	⋮			⋮	⋮	
信道4	f_4	直扩码 4	QAM	⋮	⋮			
信道3	f_3	直扩码 3	PSK	Turbo		知识库 3	语义编码3	…
信道2	f_2	直扩码 2	ASK	LDPC	垂直极化	知识库 2	语义编码2	
信道1	f_1	直扩码 1	FSK	RS	水平极化	知识库 1	语义编码1	
信道域	频域	直扩码域	调制域	信道编码域	极化域	背景知识域	语义编码域	参数域

（纵轴：自由度）

图 14-5　无线通信系统的参数域、自由度和维数关系示意图

“N+1 维”通信抗干扰方法可以简单概括为一个前提和两个能力。

一个前提是指人为干扰产生和存在的空间维数是有限且相对固定的。首先，因受器件和产生机理的限制，人为干扰信号空间的维数有限。例如，扫频干扰的瞬时频率是变化的，但其总的扫频带宽在实际系统中是有限的；智能干扰样式是变化的，但其反应时间、认知通信信号的种类、干扰波形库等在实际系统中是相对固定的。事实上，人为干扰信号在高维空间中往往表现出明显的稀疏性[38]。其次，因受位置空间的限制，从干扰源到通信接收机的信道空间维数有限。例如，从干扰源到通信接收机的有效无线多径个数有限[39]；当干扰源与通信发射机的位置不同时，二者到达通信接收机的信道传输函数不同[13]。

两个能力是指干扰空间表征能力和抗干扰空间构造能力。其中，干扰空间表征能力是指通信方利用抗干扰空间的基函数对干扰空间进行表征，并检测干扰落入相应抗干扰空间的能力；抗干扰空间构造能力是指在干扰空间表征的基础上，构造比干扰空间至少多 1 维的抗干扰空间的能力。需要指出的是，与智能抗干扰中的干扰认知不同，干扰空间表征并不以准确认知变化的干扰信号为目的，而是对干扰空间进行检测与识别。当干扰系统确定之后，其干扰空间往往是不变的。因此，干扰空间表征是对变化的干扰信号中不变量的表征，干扰信号与干扰空间之间的关系示意图如图 14-6 所示。

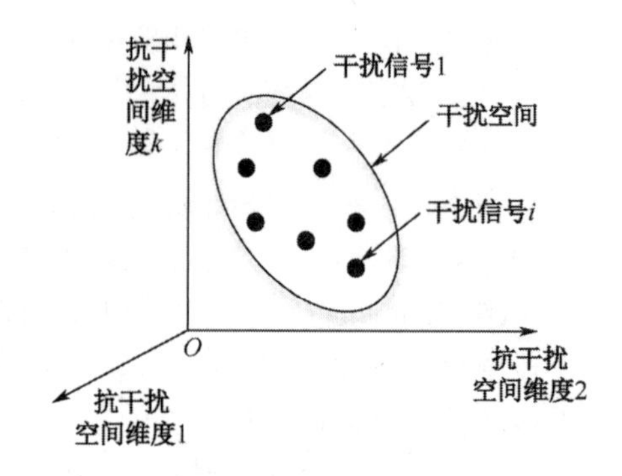

图 14-6　干扰信号与干扰空间关系示意图

14.3.2 “信道维”内生通信抗干扰方法

“信道维”内生通信抗干扰是指自定义无线信道的内生通信抗干扰方法，是“N+1 维”内生通信抗干扰方法的一种工程实践，主要是增加新的调控维度“信道维”，即通过对空间电磁波的智能调控，构建通信发射机到通信接收机之间只有通信信号才能通达的特定信道，从而主动屏蔽干扰的影响，达到“电磁地道战”的效果。

实现“信道维”内生通信抗干扰的关键在于两个环节：信道调控和信道辨识。

信道调控是指通信方根据需要构建并选择动态异构冗余的无线信道。在传统无线通信中，无线信道往往被认为是不可控制的，多种无线通信技术（如信道编码、分集、均衡等）都将无线信道视为不可改变的客观存在，通过调整收发信机来适应无线信道。近年来，正在发展中的智能超表面（RIS）技术给无线信道控制带来了可能，并由此产生了智能无线环境的概念[40-42]。RIS 由大量精心设计的电磁单元组成，通过对电磁单元上的可调元件施加控制信号，可以动态控制电磁单元的电磁性质，进而对空间电磁波进行可编程主动智能调控，形成幅度、相位、极化方式和频率等参数动态控制的电磁场，在民用通信中主要用于增大信号覆盖范围、热点增流、安全通信和频谱共享等[43]。在抗干扰应用中，RIS 技术为通信方主动控制无线信道的幅度、相位、频率、极化方式以及传播方向等参数，进而为开发和利用“信道维”内生抗干扰属性提供了基本手段[44-45]。RIS 可以用于发信机和接收机设计，也可以作为电磁波调控单元，用于构建可控无线信道。一个或多个 RIS 构成一条可控无线信道，收发信机通过控制 RIS 的可调元件构成自定义无线信道，如图 14-7 所示。其中，自然无线信道为 h_0，由 RIS 构成的自定义无线信道为 h_m（$1 \leqslant m \leqslant M$），对应的通信接收信号分别为 y_0 和 y_m（$1 \leqslant m \leqslant M$）；干扰信道和接收机接收到的干扰信号分别为 h_J 和 y_J。

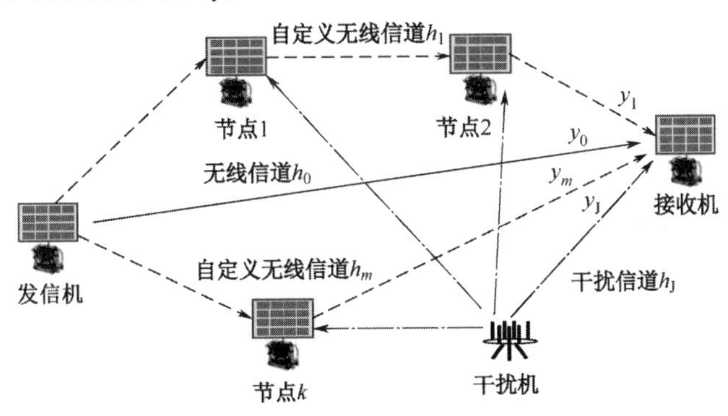

图 14-7 “信道维”内生通信抗干扰示意图

信道辨识是指通信方分辨经过不同无线信道传输的接收信号。这类似于传统无线通信中分集技术对经过多个统计独立信道到达接收端的信号进行辨识，并分别采取不同措施来获得分集增益。由图 14-7 可见，接收方能够分辨经过自定义无线信道 h_m（$1 \leqslant m \leqslant M$）传输的接收信号 y_m（$1 \leqslant m \leqslant M$）。

基于上述两个关键环节，通信方可以构建动态异构冗余的无线传输环境，并分别对接收信号 y_m（$1 \leqslant m \leqslant M$）进行处理，为无线通信系统提供内生抗干扰能力。需要指出的是，即使通信方不具备信道辨识能力，也可以提供一定的内生抗干扰能力。此时，图 14-7 中的接收信号可以表示为混合信号 $\sum_{i=1}^{M} y_i + y_0 + y_J$，由于自定义无线信道 h_m（$1 \leqslant m \leqslant M$）是可控的，因此可以通过对各子信道进行分步优化，使得接收信干噪比达到最大[46]。

14.4 内生通信抗干扰的关键技术

以上初步给出了无线通信内生抗干扰理论架构和设计思想，还应重点突破以下两类关键技术。

14.4.1 多维通信抗干扰空间构造

“N+1 维”内生抗干扰方法的本质是使抗干扰空间比干扰空间至少多 1 维。在人为干扰的空间维数有限且相对固定的前提下，可以通过尽可能增加抗干扰空间维数的方法来达到此目的，进而实现在不准确认知干扰的条件下抵抗已知和未知干扰。

假设 N 维空间 S 的一组基向量为$\{\boldsymbol{h}_n\}$（$n=1,2,\cdots,N$），抗干扰空间 S_{C} 和干扰空间 S_{J} 都是 N 维空间 S 的子空间，其中抗干扰空间的基向量为$\{\boldsymbol{h}_n^{\mathrm{C}}\}$（$n=1,2,\cdots,N_{\mathrm{C}}$），干扰空间的基向量为$\{\boldsymbol{h}_n^{\mathrm{J}}\}$（$n=1,2,\cdots,N_{\mathrm{J}}$）。干扰 $\boldsymbol{s}_{\mathrm{J}}$ 可以表示为

$$\boldsymbol{s}_{\mathrm{J}}=\sum_{i=1}^{N_{\mathrm{J}}}\alpha_i\boldsymbol{h}_i \tag{14-18}$$

式中，α_i（$i=1,2,\cdots,N_{\mathrm{J}}$）为干扰 $\boldsymbol{s}_{\mathrm{J}}$ 在各基向量上的分量。所谓干扰未知主要是指各系数 α_i 未知。

“N+1 维”内生抗干扰的出发点不是认知干扰信号（即准确估计 α_i），而是尽可能增加抗干扰空间维数，从而使其大于干扰空间维数：$N_{\mathrm{C}}>N_{\mathrm{J}}$。此时，将干扰空间看作抗干扰空间的子空间，那么抗干扰空间可以表示为

$$S_{\mathrm{C}}=S_{\mathrm{J}}+\overline{S}_{\mathrm{J}} \tag{14-19}$$

式中，$\overline{S}_{\mathrm{J}}$ 是维度为 $N_{\mathrm{C}}-N_{\mathrm{J}}$ 的干扰零空间，即干扰无法落入的空间。因此，只要存在干扰零空间，即抗干扰空间比干扰空间至少多 1 维，则通信方总可以通过干扰零空间在不受干扰影响的条件下传输信息，也可以理解为这是一种空间滤波的抗干扰新方法。因此，只要抗干扰空间的维数足够大，则即使无法准确估计干扰空间维数，也可以实现有效内生抗干扰。

无线通信新技术的发展为增加抗干扰空间维数提供了基本手段。常规跳频和直扩抗干扰技术主要通过增加频域和码域自由度来获得抗干扰处理增益。多天线技术为增加空间域和角度域自由度提供了手段[47]；盲源信号分离技术利用了通信信号与干扰信号在统计域的差别[48-49]；微波光子技术为进一步扩展通信带宽，为增加频域自由度提供了途径[50]；轨道角动量技术为利用电磁波不同模态的轨道角动量携带信息提供了手段[32]。总之，内生抗干扰的关键之一就是在动态异构冗余框架下，通过增加通信系统的“异构执行体”，或者说增加通信系统的维数，来提升通信系统自身抵抗恶意干扰的能力。对于能够增加无线通信系统维度的无线通信新技术，都应该保持开放态度，并在应用中根据实际需求加以选择。

14.4.2 基于 RIS 的“信道维”通信抗干扰

RIS 硬件架构主要由智能超表面（RIS）和智能控制单元两部分组成，与之对应，基于 RIS 的“信道维”抗干扰技术主要包括机动无线通信 RIS 设计和 RIS 无线信道调控两方面。

1. 机动无线通信 RIS 设计技术

RIS 电磁波调控参数主要包括频率、幅度、相位、极化方式以及传播方向等，它们为构建异构无线传输信道提供了基本手段[43, 51]。已有研究结果初步验证了 RIS 无线信道调控技术的

抗干扰能力[52-53]；但在机动无线通信抗干扰中，RIS 技术还有如下问题需要解决：

首先是 RIS 的低频段应用和小型化问题。RIS 往往通过亚波长尺寸的结构谐振来引入相位突变，其单元尺寸与工作频段紧密相关，一般为 1/4 波长左右[54-56]；工作频段越低，RIS 单元尺寸越大。目前的 RIS 技术研究主要面向 5G-Advanced 和 6G 等未来民用无线网络，为了适应短波、超短波等机动无线通信应用场景，必须研究低频段、小型化 RIS 技术。

其次是提高 RIS 的反射效率问题。在通过由 RIS 构成的可控无线信道传输时，通信信号将经历双重衰落，即接收信号能量与发送方到 RIS 的距离 d 和 RIS 到接收方的距离 r 的平方成反比[57]，这使得提高 RIS 的反射效率尤为重要。特别是在通常需要采用全向发射天线的机动无线通信中，到达 RIS 的通信信号能量往往已经比较微弱，再经过 RIS 处理后到达接收端的能量更小。尽管该问题可以通过增加 RIS 单元个数来解决，但对于短波、超短波等应用场景，过多的单元个数将导致 RIS 面积增加，从而严重影响其机动性。

最后是 RIS 调控参数的维度和宽频段应用问题。现有 RIS 大多是对单一参数进行调控的[58]，为了提高其调控参数的维度，需要推广到频率、相位、幅度等多域联合调控。另外，尽管理论上 RIS 可以工作在音频至光频很宽的频段[43]，但对于一种 RIS，其工作带宽往往比较窄。为了与跳频、直扩等扩谱通信抗干扰波形相匹配，需要研究支持较宽频段的 RIS 技术。

2. RIS 无线信道调控技术

RIS 无线信道调控主要分为 RIS 调控信息获取和 RIS 调控信息传输两部分。

首先，需要研究 RIS 辅助的无线通信信道模型和信道估计方法。传统无线通信系统往往采用统计信道模型，而 RIS 的引入使得自然不可控的电磁波传播信道变成人为可控的电磁波传播环境，其描述方法和模型都需要发生变化[57, 59]。为了获取 RIS 辅助的无线信道信息，可能的解决方案包括在 RIS 中嵌入少量信号处理单元，用于辅助信道估计；或者在接收端对级联信道进行整体估计[60-61]。另外，若能获取干扰到接收方的信道状态信息，则能够进一步提升抗干扰处理增益[53]。

其次，RIS 调控信息的高效可靠传输是抗干扰应用必须解决的问题。在民用无线通信应用中，往往假设 RIS 的部署位置固定，且采用有线网络传输控制信令。在抗干扰应用中，收发信机和 RIS 的位置往往是变化的（参见图 14-7），RIS 调控信息只能采用无线传输，同样可能遭受人为恶意干扰。因此，为了对 RIS 进行实时有效调控，必须研究控制信令的高效可靠传输方法。

此外，基于 RIS 的内生抗干扰不可避免地会引入额外的资源开销，如部署 RIS 所需的空间资源、调控 RIS 所需的计算资源以及传输 RIS 调控信息所需的传输资源等，这些应用问题需要在基于 RIS 的“信道维”抗干扰系统设计与技术研究中综合考虑。

14.5 下一步发展重点

以上阐释了无线通信内生抗干扰的基本概念、基本构想和关键技术，这是一条前人没有走过的路，还有很多工程科学问题需要深入研究。

1. 不断完善通信抗干扰空间

根据目前的认知，语义空间、通信信号空间和通信信道空间共同组成了抗干扰空间，与传统的信号空间相比，在概念和范围上都有所扩展。从理论和发展角度看，还应不断扩展，或在相应子空间内不断增加维数，以完善抗干扰空间。按照“你打你的，我打我的”的战术思想，在“N+1 维”内生抗干扰理论框架下，由获取干扰信息为前提的外挂式被动抗干扰研究思路，向提升无线通信系统可控空间维数转变，增强无线通信系统内生抗干扰的稳健性。

2. 开发机动通信内生抗干扰支撑技术

RIS 技术、语义通信技术等分别在通信信道空间和语义空间为实现内生抗干扰提供了可能，但不是唯一的途径。即使在通信信号空间，还有很多增维技术有待开发和充分利用，如极化[62]、角动量、变换域等。应充分利用无线通信、人工智能和材料科学等领域的交叉融合，进一步探索内生抗干扰的本质，深入挖掘语义空间、通信信号空间和通信信道空间的内生抗干扰因素，不断开发新技术，以支撑和完善“N+1 维”内生抗干扰理论框架。

本章小结

本章主要提出和讨论了无线通信内生抗干扰的重大需求和基本概念，以及“N+1 维”内生通信抗干扰的基本构想和关键技术。从方法论上看，是由传统的 N 维信号空间、“敌变我变”的被动适应、“亡羊补牢”式后天防疫、“没完没了”的被动循环和效益接近“天花板”，向“N+1 维”抗干扰空间、“以不变应万变”的内生适应、“自身稳健”的先天免疫等转变。

与常规扩谱抗干扰和智能抗干扰等已有手段不同，内生抗干扰通过寻找和扩展包括语义空间、通信信号空间和通信信道空间等在内的新的抗干扰空间维度，有望实现对电磁波与信息的统一控制，实际上也是在寻求一种低零功率通信新范式，这为提升通信抗干扰技术性能“天花板”，以有效应对未知干扰和智能干扰等新威胁提供了可能的思路和途径。

本章重点在于介绍无线通信内生抗干扰的基本概念和“N+1 维”内生通信抗干扰的基本机理及实现途径等。

参考文献

[1] YAO F Q，ZHU Y G，SUN Y F，et al．Wireless communications “N+1 dimensionality” endogenous anti-jamming：theory and techniques[J]．Security and Safety，2023，2.

[2] SIMON M K，OMURA J K，SCHOLTZ R A，et al．Spread spectrum communications[M]．New York：McGraw-Hill，1985.

[3] 王沙飞，鲍雁飞，李岩．认知电子战体系结构与技术[J]．中国科学：信息科学，2018（12）.

[4] 邬江兴．网络空间内生安全发展范式[J]．中国科学：信息科学，2022（2）.

[5] 邬江兴．网络空间内生安全——拟态防御与广义稳健控制（上册）[M]．北京：科学出版社，2020.

[6] 胡爱群，方兰婷，李涛．基于仿生机理的内生安全防御体系研究[J]．网络与信息安全学报，2021（1）.

[7] JIN L，HU X，LUO Y，et al. Introduction to wireless endogenous security and safety：problems. attributes，structures and functions[J]，China Communications，2021（9）.

[8] 金梁，楼洋明，孙小丽，等．6G 无线内生安全理念与构想[J]．中国科学：信息科学，2021（2）.

[9] 张贤达．矩阵分析与应用[M]．北京：清华大学出版社，2004.

[10] ERPEK T，SAGDUYU Y E，SHI Y．Deep learning for launching and mitigating wireless jamming attacks[J]．IEEE Transactions on Cognitive Communications and Networks，2019（1）.

[11] LIU X，XU Y，JIA L，et al. Anti-jamming communications using spectrum waterfall：a deep reinforcement learning approach[J]．IEEE Communications Letters，2018（5）.

[12] LI Y Y，XU Y H，XU Y T，et al．Dynamic spectrum anti-jamming in broadband communications：a

hierarchical deep reinforcement learning approach[J]. IEEE Wireless Communications Letters，2020（10）.

[13] XIAO L，JIANG D，XU D，et al. Two-dimensional antijamming mobile communication based on reinforcement learning[J]. IEEE Transactions on Vehicular Technology，2018（10）.

[14] PIRAYESH H，ZENG H. Jamming attacks and anti-jamming strategies in wireless networks：a comprehensive survey[J]. IEEE Communications Surveys & Tutorials，2022（2）.

[15] PENG Q，COSMAN P C，MILSTEIN L B. Spoofing or jamming：performance analysis of a tactical cognitive radio adversary[J]. IEEE Journal on Selected Areas in Communications，2011（4）.

[16] SADEGHI M，G. LARSSON E. Adversarial attacks on deep-learning based radio signal classification[J]. IEEE Wireless Communications Letters，2019（1）.

[17] SAGDUYU Y E，SHI Y，ERPEK T. Adversarial deep learning for over-the-air spectrum poisoning attacks[J]. IEEE Transactions on Mobile Computing，2021（2）.

[18] SHANNON C E. A mathematical theory of communication[J]. The Bell System Technical Journal，1948（3）.

[19] LUO X，CHEN H，GUO Q. Semantic communication：overview，open issues，and future research directions[J]. IEEE Wireless Communications，2022（1）.

[20] 张亦弛，张平，魏急波，等. 面向智能体的语义通信：架构与范例[J]. 中国科学：信息科学，2022（5）.

[21] DO T N，KADDOUM G，NGUYEN T L，et al. Multi-RIS-aided wireless systems: statistical characterization and performance analysis[J]. IEEE Transactions on Communications，2021（12）.

[22] MOLISCH A F. 无线通信[M]. 田斌，贴翊，任光亮，译. 2 版. 北京：电子工业出版社，2020.

[23] VENUGOPAL A，LEIB H. A tensor based framework for multi-domain communication systems[J]. IEEE Open Journal of the Communications Society，2020（1）.

[24] JIA L，XU Y，SUN Y，et al. A multi-domain anti-jamming defense scheme in heterogeneous wireless networks[J]. IEEE Access，2018，6.

[25] LI Y，BAI S，GAO Z. A multi-domain anti-jamming strategy using stackelberg game in wireless relay networks[J]. IEEE Access，2020（8）.

[26] XIAO J，YANG C，ANPALAGAN A，et al. Joint interference management in ultra-dense small-cell networks：a multi-domain coordination perspective[J]. IEEE Transactions on Communications，2018（11）.

[27] YUCEK T，ARSLAN H. A survey of spectrum sensing algorithms for cognitive radio applications[J]. IEEE Communications Surveys & Tutorials，2009（1）.

[28] SOMARAJU R，TRUMPF J. Degrees of freedom of a communication channel：using DOF singular values[J]. IEEE Transactions on Information Theory，2010（4）.

[29] SHANNON C E. Communication in the presence of noise[J]. Proceedings of the I.R.E，1949（1）.

[30] POON A S Y，BRODERSEN R W，TSE D N C. Degrees of freedom in multiple-antenna channels：a signal space approach[J]. IEEE Transactions on Information Theory，2005（2）.

[31] SEDDIK K G. On the degrees of freedom of IRS-assisted non-coherent MIMO communications[J]. IEEE Communications Letters，2022（5）.

[32] XU J. Degrees of freedom of OAM-based line-of-sight radio systems[J]. IEEE Transactions on Antennas and Propagation，2017（4）.

[33] LU L，LI Y，MAAREF A，et al. Opportunistic transmission exploiting frequency- and spatial-domain

degrees of freedom[J]. IEEE Wireless Communications，2014（2）.

[34] BOGUCKA H，CONTI A. Degrees of freedom for energy savings in practical adaptive wireless systems[J]. IEEE Communications Magazine，2011（6）.

[35] CHUNG S T，GOLDSMITH A J. Degrees of freedom in adaptive modulation：a unified view[J]. IEEE Transactions on Communications，2001（9）.

[36] WANG X，DONG J S，CHIN C，et al. Semantic space: an infrastructure for smart spaces[J]. IEEE Pervasive Computing，2004（3）.

[37] ZHANG S，YANG Z，YANG J，et al. Linguistic steganography：from symbolic space to semantic space[J]. IEEE Signal Processing Letters，2021，28.

[38] CHEN Y，CHI Y. Harnessing structures in big data via guaranteed low-rank matrix estimation[J]. IEEE Signal Processing Magazine，2018（4）.

[39] FRIEDLANDER B. Communications through time-varying subspace channels[J]. IEEE Journal of Selected Areas in Communications，2008（2）.

[40] RENZO M D，DEBBAH M，PHAN-HUY D，et al. Smart radio environments empowered by reconfigurable AI meta-surfaces：an idea whose time has come[J]. EURASIP Journal on Wireless Communications and Networks，2019（1）.

[41] WU Q，ZHANG R. Towards smart and reconfigurable environment：intelligent reflecting surface aided wireless network[J]. IEEE Communications Magazine，2020（1）.

[42] GACANIN H，RENZO M D. Wireless2.0：toward an intelligent radio environment empowered by reconfigurable metasurfaces and artificial intelligence[J]. IEEE Vehicular Technology Magazine，2020（4）.

[43] 崔铁军，金石，章嘉懿，等. 智能超表面技术研究报告[R]. IMT-2030（6G）推进组，2021.

[44] SUN Y，AN K，ZHU Y，et al. RIS-assisted robust hybrid beamforming against simultaneous jamming and eavesdropping attacks. IEEE Transactions on Wireless Communications，2022（11）.

[45] SUN Y，AN K，ZHU Y，et al. Energy-efficient hybrid beamforming for multilayer RIS-assisted secure integrated terrestrial-aerial networks[J]. IEEE Transactions on Communications，2022（6）.

[46] 孙艺夫，安康，朱勇刚，等. 基于智能反射面的无线抗干扰通信方法[J]. 电波科学学报，2021（6）.

[47] YUAN S A，HE Z，CHEN X，et al. Electromagnetic effective degree of freedom of a MIMO system in free space[J]. IEEE Antennas and Wireless Propagation Letters，2022（3）.

[48] LUO Z，LI C，ZHU L. A comprehensive survey on blind source separation for wireless adaptive processing：principles，perspectives，challenges and new research directions[J]. IEEE Access，2018，6.

[49] 姚富强，于淼，郭鹏程，等，盲源分离通信抗干扰技术与实践[J]，通信学报，2023（10）.

[50] YAN X，ZOU X，LI P，et al. Covert wireless communication using massive optical comb channels for deep denoising[J]. Photonics Research，2021（6）.

[51] ZHANG L，CHEN M Z，Tang W，et al. A wireless communication scheme based on space- and frequency-division multiplexing using digital metasurfaces[J]. Nature Electronics，2021，4.

[52] SUN Y，ZHU Y，AN K，et al. Robust design for RIS-assisted anti-jamming communications with imperfect angular information: a game-theoretic perspective[J]，IEEE Transactions on Vehicular Technology，2022（7）.

[53] SUN Y，AN K，ZHU Y，et al. RIS-assisted robust hybrid beamforming against simultaneous jamming and

eavesdropping attacks[J]. IEEE Transactions on Wireless Communications，2022（11）.
[54] GLYBOVSKI S B，TRETYAKOVB S A，BELOV P A，et al. Metasurfaces：from microwaves to visible[J]. Physics Reports，2016，634.
[55] DAI J Y，TANG W，CHEN M Z，et al. Wireless communication based on information metasurfaces[J]. IEEE Transactions on Microwave Theory and Techniques，2021（3）.
[56] YU N，GENEVET P，KATS M A，et al. Light propagation with phase discontinuities：generalized laws of reflection and refraction[J]. Science，2011（6054）.
[57] OZDOGAN O，BJORNSON E，LARSSON E G. Intelligent reflecting surfaces：physics，propagation，and pathloss modeling[J]. IEEE Wireless Communications Letters，2020（9）.
[58] 崔铁军，吴浩天，刘硕. 信息超材料研究进展[J]. 物理学报，2020（15）.
[59] TANG W，CHEN M Z，CHEN X，et al. Wireless communications with reconfigurable intelligent surface：path loss modeling and experimental measurement[J]. IEEE Transactions on Wireless Communications，2021（1）.
[60] ZHENG B，YOU C，MEI W，et al. A survey on channel estimation and practical passive beamforming design for intelligent reflecting surface aided wireless communications[J]. IEEE Communications Surveys & Tutorials，2020（2）.
[61] BASAE，YILDIRIM I. Reconfigurable intelligent surfaces for future wireless networks：a channel modeling perspective[J]. IEEE Wireless Communications，2021（3）.
[62] 王雪松. 瞬态极化雷达理论、技术及应用[M]. 北京：国防工业出版社，2023.

第 15 章　盲源分离通信抗干扰技术与实践

针对宽频段压制性干扰的威胁以及通信抗干扰能力与频谱资源之间的固有矛盾，本章重点讨论盲源分离（Blind Source Separation，BSS）通信抗干扰的应用需求，提出多通道、单通道盲源分离通信抗干扰关键技术和下一步发展重点[1]，这是一种在扩谱通信抗干扰基础上增加统计域维度的新方法。本章的讨论，有助于认识和完善盲源分离通信抗干扰从理论到实践、从硬抗到容扰的体系发展过程。盲源分离通信抗干扰也可以理解为一种内生通信抗干扰手段，为应对宽频段压制性干扰的威胁寻求新突破。

15.1　研究背景

由于信道的开放特性，无线通信容易受到无意和有意干扰。在战术通信领域，“通得上”和“抗得住”是两个永恒的主题，“抗得住”就是要保证在恶劣电磁环境和强电子对抗条件下的可靠传输[2]。根据电磁干扰威胁的变化，通信抗干扰大致经历了扩谱抗干扰和智能抗干扰两个发展阶段，目前正在向内生抗干扰方向发展[3]。

在第 3 章的 3.6.3 节中我们已经介绍过，频率自适应跳频通信系统维持正常运行的一个重要前提条件是：在工作频段内至少有 1 个或几个频率未被有效干扰，以传输自适应信令。然而，在实际中，尤其在宽频段压制性干扰的背景下，这个前提条件很难保证。

复杂电磁环境中，通信信号和干扰信号时频混叠，但通信信号和干扰信号的统计特性存在差异，该场景与语音信号处理领域的“鸡尾酒会问题”相似。盲源分离致力于解决“鸡尾酒会问题”，旨在分离出共存的各语音信号，已成为当前信号处理和神经网络领域的研究热点。

盲源分离是指在未知或只有少量先验信息的情况下，仅利用观测混合信号对源信号和混合情况进行估计的理论与技术[4-5]。盲源分离研究起源于 20 世纪 80 年代[6]，此后学术界针对源信号独立性等理论和实践问题开展了大量研究[4-32]，形成了独立成分分析（Independent Component Analysis，ICA；又称独立分量分析）等理论，目前 ICA 已经成为盲源分离的主要解决方法[4-8]。盲源分离已在生物医学、语音、图像、视频和水声等信号处理领域受到广泛关注[33-42]。由于无线通信信号分离和语音信号分离的相似性以及“盲”的优点，盲源分离技术被迅速用于无线电信号识别[43-45]，同时促进了盲源分离抗干扰技术的发展[46-57]。

根据接收通道数目 m，盲源分离可以分为多通道（$m>1$）和单通道（$m=1$）两种基本类型。再根据源信号数目 n 与 m 的关系，多通道盲源分离又可分为超定（$m>n$）、适定（$m=n$）和欠定（$2\leqslant m<n$）几种情况。单通道盲源分离原属于欠定盲源分离，但由于接收端仅有 1 个接收通道，基于矩阵的多通道盲源分离理论框架不再适用。

扩谱抗干扰以频谱资源为代价，其抗干扰能力与频谱资源之间存在固有矛盾，尤其在抗宽频段压制性干扰时这种矛盾更为突出。智能抗干扰需要认知电磁环境及协调抗干扰策略，需要增加勤务信令所需的时频资源开销，面临信令开销与系统效率之间的突出矛盾。实际应用中，以上两类矛盾往往难以调和，严重制约系统性能的提高。盲源分离在扩谱抗干扰基础上增加统计域维度，将时频混叠的通信信号与干扰信号分离开来，可在不增加频谱资源和不增加勤务信令条件下提高通信抗干扰能力，为解决以上两类矛盾提供了有效技术途径。

15.2 盲源分离通信抗干扰基本原理

盲源分离通信抗干扰是一种统计域抗干扰新方法，它不以认知干扰环境为前提，在不增加频谱资源条件下，可提高抗窄带和宽频段压制性干扰的性能。

结合无线通信系统，盲源分离通信抗干扰技术原理框图如图 15-1 所示。

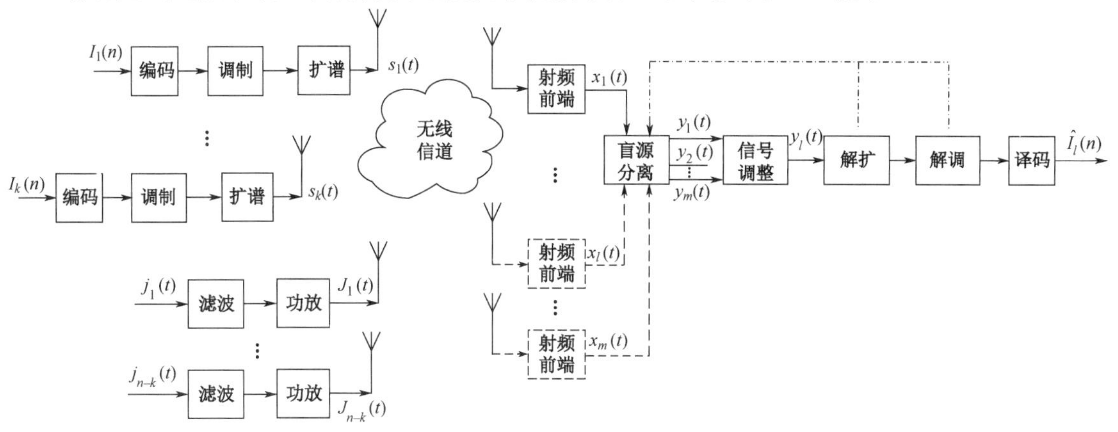

图 15-1 盲源分离通信抗干扰技术原理框图

图 15-1 中，源信号包括 k 个通信信号和 $n-k$ 个干扰信号，如式（15-1）所示。

$$\boldsymbol{u}(t)=\left[s_1(t),\cdots,s_k(t),J_1(t),\cdots,J_{n-k}(t)\right]^{\mathrm{T}} \tag{15-1}$$

源信号 $\boldsymbol{u}(t)$ 经无线信道传播后，接收信号 $\boldsymbol{x}(t)$ 可写成如下形式：

$$\boldsymbol{x}(t)=\left[x_1(t),x_2(t),\cdots,x_m(t)\right]^{\mathrm{T}} \tag{15-2}$$

式中，m 为天线数目。式（15-2）所示的接收信号为通信信号和干扰信号的混合形式，由于含有干扰信号成分，通信性能将受到影响。

盲源分离主要基于干扰信号和通信信号的统计特性，与具体的通信技术体制不形成直接关系，对于未采用扩谱通信技术的场景，图 15-1 所示的原理框图在去除扩谱和解扩模块后依然适用。

图 15-2 以理想的线性瞬时混合为例，对图 15-1 中的信号混合和分离情况进行说明。

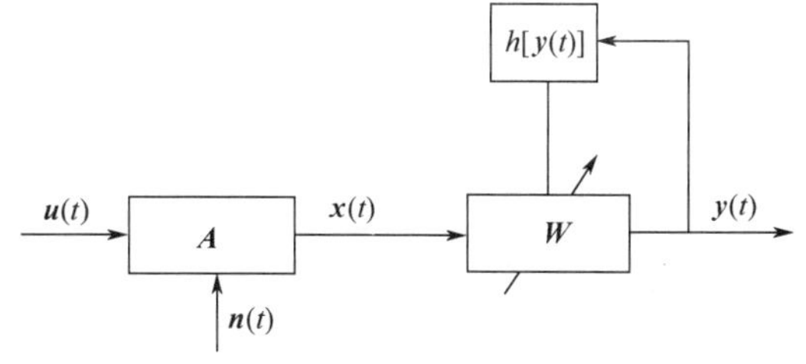

图 15-2 盲源分离主要流程

图 15-2 中，$\boldsymbol{A}$ 为接收信号混合矩阵，$\boldsymbol{W}$ 为分离矩阵，$\boldsymbol{y}(t)$ 为分离信号，$h[\boldsymbol{y}(t)]$ 为反映分离程度的目标函数，接收信号 $\boldsymbol{x}(t)$ 可表示为

$$\boldsymbol{x}(t)=\boldsymbol{A}\cdot\boldsymbol{u}(t)+\boldsymbol{n}(t) \tag{15-3}$$

式中，$\boldsymbol{A}=\{a_{ij}\}$，$a_{ij}$ 为混合系数，反映了第 j 个源信号到第 i 根天线传播信道的衰减情况；$\boldsymbol{n}(t)=\left[n_1(t),n_2(t),\cdots,n_m(t)\right]^{\mathrm{T}}$ 为噪声信号。为便于观察，将式（15-3）写成具体向量形式，可以得到

$$\begin{bmatrix} x_1(t) \\ x_2(t) \\ \vdots \\ x_m(t) \end{bmatrix}=\begin{bmatrix} a_{11}s_1(t)+\cdots+a_{1k}s_k(t)+a_{1(k+1)}J_1(t)+\cdots+a_{1n}J_{n-k}(t) \\ a_{21}s_1(t)+\cdots+a_{2k}s_k(t)+a_{2(k+1)}J_1(t)+\cdots+a_{2n}J_{n-k}(t) \\ \vdots \\ a_{m1}s_1(t)+\cdots+a_{mk}s_k(t)+a_{m(k+1)}J_1(t)+\cdots+a_{mn}J_{n-k}(t) \end{bmatrix}+\begin{bmatrix} n_1(t) \\ n_2(t) \\ \vdots \\ n_m(t) \end{bmatrix} \tag{15-4}$$

式（15-4）表明，每路接收信号 $x_i(t)(1\leqslant i\leqslant m)$ 均为 n 个源信号的线性组合，同时含有干扰和其他信号成分。

如图 15-2 所示，对于式（15-3）和式（15-4）所示的混合信号，盲源分离通过极大化 $h[\boldsymbol{y}(t)]$ 引导矩阵 $\boldsymbol{W}$ 迭代，使 $\boldsymbol{W}$ 逼近混合矩阵的逆矩阵（$\boldsymbol{W}\approx\boldsymbol{A}^{-1}$），从而实现信号分离，如式（15-5）所示。

$$\begin{aligned}\boldsymbol{y}(t)&=\boldsymbol{W}\boldsymbol{x}(t)=\boldsymbol{W}\left[\boldsymbol{A}\boldsymbol{u}(t)+\boldsymbol{n}(t)\right]\\&\approx\boldsymbol{u}(t)+\boldsymbol{n}'(t)\end{aligned} \tag{15-5}$$

将式（15-5）写成具体向量形式，可以得到

$$\begin{bmatrix}y_1(t)\\ \vdots\\ y_k(t)\\ y_{k+1}(t)\\ \vdots\\ y_n(t)\end{bmatrix}\approx\begin{bmatrix}s_1(t)\\ \vdots\\ s_k(t)\\ J_1(t)\\ \vdots\\ J_{n-k}(t)\end{bmatrix}+\begin{bmatrix}n_1'(t)\\ \vdots\\ n_k'(t)\\ n_{k+1}'(t)\\ \vdots\\ n_n'(t)\end{bmatrix} \tag{15-6}$$

式中，每路分离信号 $y_i(t)(1\leqslant i\leqslant n)$ 对应 1 个源信号。与式（15-4）对比发现，信号得到有效分离。

实际应用中，式（15-6）所示的分离信号和源信号的次序对应关系具有不确定性，还需进行相关处理。图 15-1 中的信号调整模块从分离信号中识别出有用信号并调整其幅度。设第 l 个信号为目标信号，后续模块对 $y_l(t)$ 进行解扩、解调、译码以恢复用户信息 $\hat{I}_l(n)$。当接收端具有多个接收通道时，可通过多通道盲源分离技术进行分离；当接收端仅有 1 个接收通道时，可采用单通道盲源分离技术。接收端还可利用载频、跳频图案、直扩码等先验信息进行半盲源分离，以进一步提高分离性能。

可见，以上给出的盲源分离通信抗干扰原理框图、数学模型和主要流程等，阐明了扩谱抗干扰与盲源分离抗干扰、通信信号与干扰信号、多通道与单通道、输入与输出等重要关系，进而明确了盲源分离通信抗干扰的研究框架。

15.3 盲源分离通信抗干扰主要关键技术

根据使用需求，本节重点讨论多通道和单通道盲源分离抗干扰等关键技术，其用途和技术难度差异较大。

15.3.1 多通道盲源分离抗干扰技术

多通道盲源分离抗干扰技术已相对成熟，但考虑到背景噪声、信道衰落及天线数目等因素，需要关注小波降噪处理、卷积混合信号盲源分离及欠定盲源分离等问题。

1. 小波降噪处理

独立成分分析（ICA）通常先对混合信号进行白化处理，使之互不相关；再以独立性为目标函数，引导信号分离[5-6]。当混合矩阵各行的相关性增大时，白化处理会放大噪声，对后续信号分离产生不利影响。因此，在信号分离前，需要对接收信号进行降噪处理。小波变换作为

有效的降噪手段，可为盲源分离抗干扰提供帮助。

信号 $x(t)$ 的连续小波变换的数学表达式为[58]

$$\mathcal{T}\left[x(t)\right]=|a|^{-1/2}\int x(t)\varphi\left(\frac{t-b}{a}\right)\mathrm{d}t \tag{15-7}$$

式中，$\mathcal{T}[x(t)]$ 为小波变换系数，a 为缩放因子，b 为平移因子，$\varphi(\cdot)$ 为小波基函数。小波变换可以反映信号不同频率成分的细节特征，在正信噪比情况下，信号的小波系数较大，而噪声的小波系数较小。

根据阈值选取规则确定门限值，保留（硬阈值方法）或者收缩（软阈值方法）超过门限值的小波系数，利用处理后的小波系数重构信号即可消除或减小噪声[58]。

但是，小波降噪性能受小波基、阈值选取规则、分解层数、阈值处理方法等的影响，参数空间巨大。文献[59]结合理论分析和仿真实验，明确了适合跳频信号盲源分离抗干扰的降噪参数集，当干信比为 10 dB 时，小波降噪盲源分离相比于未降噪盲源分离所能容忍的噪声强度提高了约 2.5 dB。

2. 卷积混合信号盲源分离

当无线信道存在多径衰落时，接收信号为源信号的卷积混合形式。参考线性瞬时混合模型图[60]，卷积混合信号盲源分离的过程如图 15-3 所示。

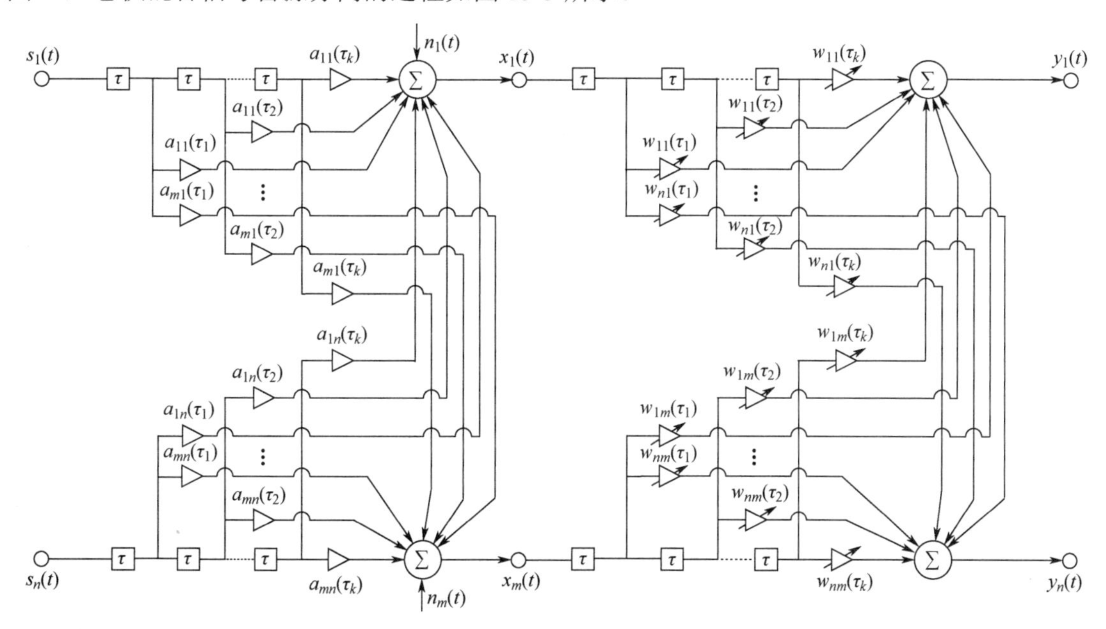

图 15-3　卷积混合信号盲源分离过程

图 15-3 表明，在混合过程中，信号不但存在幅度衰减，还出现多条传播路径，接收信号可表示为[4]

$$x_i(t)=\sum_{j=1}^{n}\sum_{k=1}^{K_j}a_{ij}(\tau_k)s_j(t-\tau_k)+n_i(t) \tag{15-8}$$

式中，每个源信号 $s_j(t)$ 有 K_j 条路径，每条路径的幅度衰减为 $a_{ij}(\tau_k)$，时延为 τ_k，$n_i(t)$ 为噪声。由图 15-3 可见，对式（15-8）所示的混合信号，直观的方法是通过有限冲激响应（Finite Impulse Response，FIR）滤波器滤波的方式进行信号分离，如式（15-9）所示[4]。

$$y_i(t)=\sum_{j=1}^{m}\sum_{k=1}^{K_j}w_{ij}(\tau_k)x_j(t-\tau_k)+n_i'(t) \tag{15-9}$$

由于时域卷积对应频域相乘，可将卷积混合信号转换至频域进行分离[4, 15-17]。对式（15-8）进行短时傅里叶变换，可以得到[16]

$$\boldsymbol{X}(\omega,v)=\boldsymbol{A}(\omega)\boldsymbol{S}(\omega,v)+\boldsymbol{N}(\omega) \tag{15-10}$$

式中，v 为短时傅里叶变换的帧（段）号。转换至频域后，信号的混合模型重新变成线性瞬时混合形式，已有的复数盲源分离算法均可以实现频域分离。

频域分离信号需要进行次序和幅度修正，最后通过傅里叶逆变换恢复时域信号，而盲源分离固有的次序和幅度模糊问题会给信号拼接带来困难。每段数据的长度与多径数目存在一定关系，在实际中要合理选取分段长度[16-17]。分离矩阵含有的波束信息以及相邻分段间信号的相关性，均可用于对分离信号的次序和幅度进行修正[17]。

20 世纪 90 年代，一种基于独立成分分析（ICA）思想的特征矩阵联合近似对角化（Joint Approximate Diagonalization of Eigenmatrices，JADE）算法被提出，该算法以其出色的分离精度和处理速度[49]，已经成为经典的盲源分离算法之一。一些研究工作直接采用 JADE 算法[61]或将其作为对比算法[62]。这里给出频域分离算法和时域 JADE 算法进行时域分离的一组卷积混合信号盲源分离结果，如图 15-4 所示。

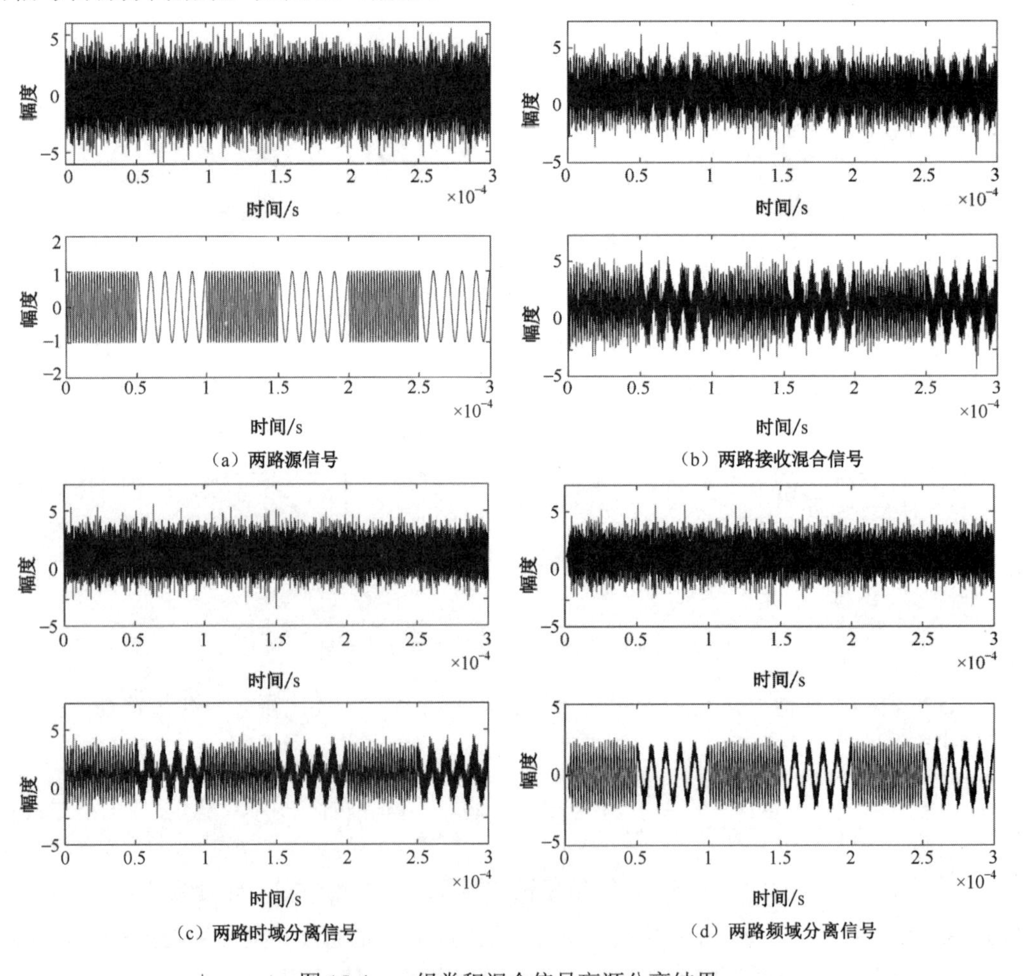

（a）两路源信号　（b）两路接收混合信号

（c）两路时域分离信号　（d）两路频域分离信号

图 15-4　一组卷积混合信号盲源分离结果

图 15-4（a）展示了两路源信号，上面为噪声阻塞干扰信号，下面为通信信号（2FSK 调制）波形；两路接收的混合信号波形如图 15-4（b）所示，仿真中设定每路信号含有 3 条路径。图 15-4（c）为采用 JADE 算法的两路时域分离信号波形，图 15-4（d）为两路频域分离信号对应的时域波形。从图 15-4（c）和（d）可以定性看出，频域盲源分离方法对卷积混合信号的分离性能优于时域分离方法。

相关系数是衡量信号相似程度的重要指标，信号 $\boldsymbol{X}$ 和信号 $\boldsymbol{Y}$ 的相关系数定义式为[63]

$$\rho_{XY}=\frac{E\left\{\left[\boldsymbol{X}-E\left(\boldsymbol{X}\right)\right]\left[\boldsymbol{Y}-E\left(\boldsymbol{Y}\right)\right]\right\}}{\sqrt{E\left\{\left[\boldsymbol{X}-E\left(\boldsymbol{X}\right)\right]^{2}\right\}}\sqrt{E\left\{\left[\boldsymbol{Y}-E\left(\boldsymbol{Y}\right)\right]^{2}\right\}}} \tag{15-11}$$

式（15-11）所示的相关系数取值在 0 到 1 之间：当 $\rho_{XY}=0$ 时，两个信号不相关；当 $\rho_{XY}=1$ 时，两个信号相关性最强。盲源分离抗干扰追求的主要目标是从含有干扰的混合信号中分离出的通信信号与原通信信号完全相关，即其相关系数为 1。在图 15-4 所示的结果中，时域 JADE 分离通信信号与原通信信号的相关系数为 0.8131，频域盲源分离信号对应的相关系数为 0.9627，性能提升约 18.40%。

3. 欠定盲源分离

传统的超定和适定盲源分离可以通过矩阵求逆的方法估计混合矩阵，进而实现信号分离[7]。但是，无线通信经常遇到接收天线数目少于源信号数目的欠定情况。此时，盲源分离需要通过较少混合信号分离出较多源信号，由于混合矩阵为“病态”的（Ill-conditioned），求解过程比超定和适定情况更加复杂。针对欠定盲源分离的特殊性，通常采取“两步走”的方法：先估计分离矩阵，再恢复源信号[18]。

学术界将基于稀疏性的信号处理方法称为稀疏分量分析（Sparse Component Analysis，SCA）[19]，SCA 已经成为欠定盲源分离的重要解决途径[19-22]。稀疏是指矩阵或向量中多数元素取值为零，仅有极少数元素取值非零[20]。一般来说，时域信号非稀疏信号，经过短时傅里叶变换或小波包变换后，变换域信号通常具有较好的稀疏性[20-21]。利用信号稀疏性进行欠定盲源分离的原理比较直观，即使源信号数目较多，但只要每个时刻“活跃”（取值非零）的源信号数目少于或等于接收天线数目，即可实现信号分离。

为便于分析，假设源信号足够稀疏，多数时刻仅有 1 个非零元素。对于非零元素多于 1 个的情况，该方法仍然成立。对于第一个源信号取值为非零的 L 个源信号列向量 $\boldsymbol{u}\left(i_1\right),\boldsymbol{u}\left(i_2\right),\cdots,\boldsymbol{u}\left(i_L\right)$，$\boldsymbol{u}\left(i_1\right)=[s\left(i_1\right),\cdots,J\left(i_1\right)]^{\mathrm{T}}$，有[20]

$$\left[\boldsymbol{x}\left(i_1\right),\boldsymbol{x}\left(i_2\right),\cdots,\boldsymbol{x}\left(i_L\right)\right]=\boldsymbol{A}\left[\boldsymbol{u}\left(i_1\right),\boldsymbol{u}\left(i_2\right),\cdots,\boldsymbol{u}\left(i_L\right)\right] \tag{15-12}$$

在 1 到 n 之间选取一个数值 q，利用式（15-12）可以构建如下矩阵[21]：

$$\begin{bmatrix} \dfrac{x_1\left(i_1\right)}{x_q\left(i_1\right)} & \cdots & \dfrac{x_1\left(i_L\right)}{x_q\left(i_L\right)} \\ \vdots & & \vdots \\ \dfrac{x_n\left(i_1\right)}{x_q\left(i_1\right)} & \cdots & \dfrac{x_n\left(i_L\right)}{x_q\left(i_L\right)} \end{bmatrix}=\begin{bmatrix} \dfrac{a_{11}}{a_{q1}} & \cdots & \dfrac{a_{11}}{a_{q1}} \\ \vdots & & \vdots \\ \dfrac{a_{n1}}{a_{q1}} & \cdots & \dfrac{a_{n1}}{a_{q1}} \end{bmatrix} \tag{15-13}$$

式（15-13）右边每一列均对应着混合矩阵 $\boldsymbol{A}$ 的第 1 列 $\boldsymbol{a}_1$，经过平均后即可得到 $\boldsymbol{a}_1$ 的近似估计。因此，在 K 个时刻按照式（15-13）构建矩阵，由于存在 n 个源信号，K 列将主要有 n 种取值，对应着混合矩阵的 n 个列向量。已知数据的分类数目 n，较多算法可以将信号聚类并估计其中心位置$d_i(1 \leqslant i \leqslant n)$。由式（15-13）可知，每个聚类的中心对应着混合矩阵的1个列向量[18]，从而可以实现混合矩阵估计[20-21]。当源信号稀疏性稍弱时，聚类性能会受到影响，可以通过信号角度变化剔除发散点来提高聚类性能[64]，也可以通过密度聚类方法来提高聚类中心的估计精度[22]。

估计出混合矩阵以后，考虑到信号的稀疏性，可在最小化源信号范数的情况下恢复源信号，如式（15-14）所示[19-21]。

$$\min \sum_{i=1}^{n} \sum_{j=1}^{K} \left\| u_i(j) \right\|_l \qquad (15\text{-}14)$$
$$\text{s.t.} \quad \boldsymbol{Au} + \boldsymbol{n} = \boldsymbol{x}$$

式（15-14）是典型的线性规划问题，其求解方法比较成熟，这里不再赘述。

文献[50]利用通用软件无线电设备（USRP）构建了原型系统，对天线发射和接收信号进行了多通道盲源分离实验，在阻塞干扰条件下，抗干扰能力可提升20 dB以上。在实际工程中，盲源分离抗干扰性能的提升还将受到诸多非理想因素的限制。

15.3.2 单通道盲源分离抗干扰技术

由于大量通信设备仅设置单根天线，多通道盲源分离抗干扰技术难以直接应用，因此单通道盲源分离抗干扰技术的需求十分迫切，但技术难度显著增大。

1. 单通道盲源分离的基本思路

在加性信道情况下，当存在通信和干扰两个源信号时，单通道接收混合信号可表示为

$$x(t) = as(t) + bJ(t) + n(t) \qquad (15\text{-}15)$$

式中，$s(t)$为通信信号，$J(t)$为干扰信号，$n(t)$为噪声，a和b分别为通信信号和干扰信号的衰减系数。为便于分析，此处未考虑多径的情况。式（15-15）表明，单通道盲源分离本质上是极端欠定方程的求解问题，旨在利用有限已知量$x(t)$求解较多未知量，难度极大。由于问题本身的复杂性，单通道盲源分离目前还尚未形成统一的理论框架，学术界主要针对特定场景提出了一些有针对性的解决方案。对于通信抗干扰场景，主要关注利用信号变换域差异的单通道盲源分离技术。

单天线接收的多个信号在时域和频域都相互混叠，但只要各信号在变换域互不重合，即可进行分离[65]。因此，可利用信号在变换域的差异构建多个虚拟观测信号，使混合信号变为适定甚至超定的情况，为信号分离创造条件，其基本思路如图15-5所示。

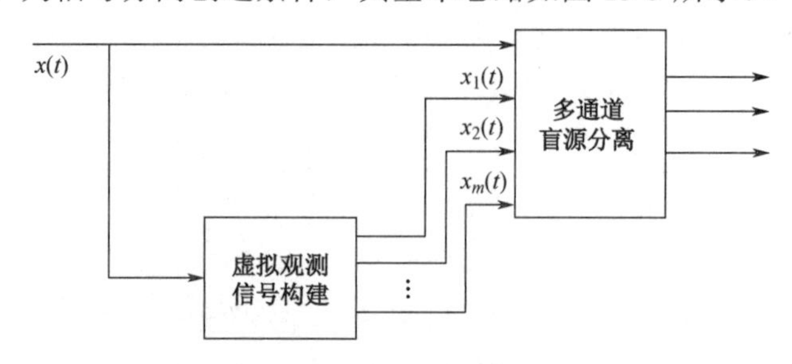

图15-5 单通道盲源分离的基本思路

在图15-5中，通过单路混合信号构建多个虚拟观测信号，进而可利用多通道盲源分离技术实现信号分离[27, 66]。目前，循环平稳[67-69]和经验模态分解（Empirical-Mode Decomposition，

EMD）[70-71]等信号处理方法为虚拟观测信号构建提供了理论基础。

2. 基于循环平稳的虚拟观测信号构建

如果随机过程 $x(t)$ 的自相关函数具有周期性，则 $x(t)$ 为循环平稳随机过程[67]，即

$$\begin{aligned} R_x(t,\tau) &= E\left[x(t+\tau/2)x^*(t-\tau/2)\right] \\ &= R_x(t+kT,\tau) \end{aligned} \tag{15-16}$$

式中，*表示共轭，$E[\cdot]$ 表示数学期望。

对 $R_x(t,\tau)$ 进行傅里叶级数展开，可以得到[67]

$$R_x(t,\tau) = \sum_{i=1}^{\infty} R_x^{\alpha}(\tau)\,\mathrm{e}^{\mathrm{j}2\pi\alpha t} \tag{15-17}$$

式中，傅里叶系数可表示为

$$R_x^{\alpha}(\tau) = \lim_{T\to\infty}\frac{1}{T}\int_{-T/2}^{T/2} R_x(t,\tau)\,\mathrm{e}^{-\mathrm{j}2\pi\alpha t}\mathrm{d}t \tag{15-18}$$

$R_x^{\alpha}(\tau)$ 为循环自相关函数，α 为循环频率[68]。

对 $R_x^{\alpha}(\tau)$ 进行傅里叶变换，得到

$$S_x^{\alpha}(f) = \int_{-\infty}^{+\infty} R_x^{\alpha}(\tau)\,\mathrm{e}^{-\mathrm{j}2\pi f\tau}\mathrm{d}\tau \tag{15-19}$$

式中，$S_x^{\alpha}(f)$ 称为循环谱，也称为谱相关函数[68]。

根据循环平稳理论，循环谱具有如下性质[69]：

①统计独立信号之和的循环谱为各信号循环谱之和；

②仅当循环频率 $\alpha = 0$ 时，高斯白噪声的循环谱非零；

③循环谱由载频、符号速率和调制方式等决定。

根据性质①，混合信号的循环谱 $S_x^{\alpha}(f)$ 为通信信号循环谱 $S_{\mathrm{s}}^{\alpha}(f)$、干扰信号循环谱 $S_{\mathrm{J}}^{\alpha}(f)$ 和噪声的循环谱 $S_{\mathrm{n}}^{\alpha}(f)$ 之和。根据性质②，在非零循环频率处进行处理，可去除高斯白噪声的影响。根据性质③，接收端可以根据通信参数构建通信信号的近似循环谱 $\hat{S}_{\mathrm{s}}^{\alpha}(f)$。对于式（15-15）所示的混合信号，如果源信号在时域和频域互不重叠，可通过滤波的方法实现信号分离。但是，在通信抗干扰场景中，干扰信号与通信信号在时域和频域高度重叠，常规的滤波方法不再适用。根据循环谱的性质③，由于干扰信号和通信信号的载频、符号速率和调制方式不可能完全一致，因此 $S_{\mathrm{s}}^{\alpha}(f)$ 和 $S_{\mathrm{J}}^{\alpha}(f)$ 必将有所差异。W. A. Gardner 等提出了线性共轭线性频移（LCL FRESH）滤波器[67]，可以实现信号的循环平稳滤波。对于复信号 $x(t)$，设 LCL FRESH 滤波器的输出结果为通信信号 $s(t)$的估计 $\hat{s}(t)$，即

$$\hat{s}(t) = \sum_{m=1}^{M} a_m(t)\otimes x_{\alpha_m}(t) + \sum_{n=1}^{N} b_n(t)\otimes x_{-\beta_n}^{*}(t) \tag{15-20}$$

式中，$a_m(t)$ 和 $b_n(t)$ 为滤波器的脉冲响应函数，$x_{a_m}(t) = x(t)\exp(\mathrm{j}2\pi\alpha_m t)$，$x_{-\beta_n}^{*}(t) = x^{*}(t)\exp(\mathrm{j}2\pi\beta_n t)$，$\{\alpha_m\}$ 和 $\{\beta_n\}$ 为频率集[68]。式（15-20）等价于多变量维纳滤波器[69]：

$$\begin{cases} \boldsymbol{h}(t) = \left[a_1(t),\cdots,a_M(t),b_1(t),\cdots,b_n(t)\right]^{\mathrm{T}} \\ \boldsymbol{z}(t) = \left[x_{\alpha_1}(t),\cdots,x_{\alpha_M}(t),x_{-\beta_1}^{*}(t),\cdots,x_{-\beta_N}^{*}(t)\right]^{\mathrm{T}} \end{cases} \tag{15-21}$$

因此，式（15-20）可以写成[69]

$$\hat{s}(t)=\boldsymbol{h}^{\mathrm{T}}(t)\otimes \boldsymbol{z}(t) \tag{15-22}$$

通过求解式（15-22）的线性方程，使 $\hat{s}(t)$ 和 $s(t)$ 的误差最小，即可求得 LCL FRESH 滤波器的所有参数[69]。

在实际计算中，参数空间不可能无穷大，因而 $\hat{s}(t)$ 中仍将含有干扰信号成分。可在 $\hat{s}(t)$ 基础上通过施密特正交对消方法获得干扰信号的近似估计 $\hat{J}(t)$[48]。由此，利用混合信号可构建出两个虚拟观测信号，使混合信号变成超定情况，再利用多通道盲源分离技术进一步实现信号分离[66]。

3. 基于 EMD 的虚拟观测信号构建

经验模态分解（EMD）是处理非线性非平稳信号的有效手段，无须预先指定基函数即可将信号自适应地拆分成若干本征模函数（Intrinsic Mode Function，IMF）。由于各 IMF 包含原信号不同时间尺度的局部特征信息，EMD 能够获得信号的时-频-能量细节表征[70]。

对于混合信号 $x(t)$，令第一个分量 $h_0=x(t)$，EMD 首先构建其上包络和下包络，得到平均包络信号 m_1，从 $x(t)$ 中去除 m_1，得到第一个分量 h_1[71]，有

$$h_1=x(t)-m_1 \tag{15-23}$$

将 h_1 作为信号，重复上述去除平均包络的过程。定义标准偏差

$$\Gamma=\sum_{t=0}^{T}\left[\frac{\left|h_i-h_{i-1}\right|^2}{h_{i-1}^2}\right],\quad i=1,2,\cdots \tag{15-24}$$

当 Γ 小于给定的阈值时，即得到第一个 IMF，记为 c_1[71]。

得到 c_1 以后，用信号 $x(t)$ 减去 c_1，继续上述步骤，当最后的 IMF 足够单调时迭代结束。因此，原信号即为全部 IMF 和残差 r_n 之和，即[71]

$$x(t)=\sum_{k=1}^{P}c_k+r_n \tag{15-25}$$

由此，原信号 $x(t)$ 可分解为 P 个 IMF 和 1 路残差，各 IMF 中含有不同程度的 $s(t)$和 $J(t)$，实现了多个虚拟观测信号的构建。

上述方法为单通道盲源分离创造了条件，但与多通道盲源分离技术相比，目前单通道盲源分离技术所能达到的分离精度和计算复杂度等性能还有差距，需要从理论和实践上对其进行进一步完善。

15.4 盲源分离通信抗干扰技术的主要特点

1. 抗宽频段压制性干扰

盲源分离是利用通信信号和干扰信号在统计域特征上的差异进行信号分离，在传统的空间域、频域、码域、时域等抗干扰技术架构基础上，增加了统计域这一维度。对于宽频段压制性干扰甚至全工作频段压制性干扰，传统抗干扰技术将面临无频可用且难以硬抗的被动局面。但是，只要接收机未饱和溢出，通过盲源分离依然可实现通信信号与宽频段甚至全工作频段压制性干扰信号的分离，从而为抵抗极端恶劣干扰提供了一种有效手段。

2. 缓解抗干扰能力与频谱资源之间的固有矛盾

扩谱技术（如跳频、直扩等）是当前国内外通信抗干扰的主流技术手段，其抗干扰能力以频谱资源为代价。随着用频设备和用频需求的不断增加，频谱资源日益紧张。香农公式表明[72]，抗干扰能力不能随着带宽的增加而无限制地增加，频谱资源的有限性也限制了扩谱抗干扰能力的进一步提升。盲源分离通信抗干扰技术具有“容扰”的特点，可实现通信信号与干扰信号共存，能够在不增加频谱资源的条件下显著提高通信抗干扰能力，为缓解抗干扰能力与频谱资源之间的固有矛盾提供了一种有效解决方案。

3. 节省勤务信令开销

智能抗干扰技术通过智能认知、智能决策、波形机动和频谱机动等步骤，能够根据电磁环境的变化自动调整通信参数，从而提高抗干扰能力[3]。一般来说，通信双方需要采取相同的通信参数才能正常通信。因此，智能抗干扰需要交互勤务信令，以确保收发端同步调整。在点对点通信中，上述信令交互的系统开销问题尚不明显，但在大规模组网运用情况下，多节点间交互干扰认知结果和协调抗干扰策略等信令将需要大量系统开销。干扰严重时需要交互更多的信令，而受扰信道又难以提供更多的时频资源。盲源分离通信抗干扰技术在接收端的信号空间进行盲处理，几乎不需要与发送端交互信令，可节省勤务信令所需的系统开销。

4. 具有内生抗干扰属性

盲源分离的性能主要受源信号相关性的影响，几乎不受载频、带宽、调制方式等通信要素的影响。因此，盲源分离对宽频段阻塞、梳状阻塞、扫频等常见干扰具有较好的适应性，不依赖电磁环境感知结果进行调整。盲源分离通信抗干扰技术在信号空间增加了统计域维度，符合“N+1 维”的内生通信抗干扰框架[3]。

15.5 下一步发展重点

1. 解决模型理想化问题

传统盲源分离是在源信号统计独立情况下发展起来的，目标函数多以独立性或非相关性为前提。但是，在实际应用中，无线通信还可能面临跳频跟踪干扰和直扩相关干扰，其波形与通信信号具有很强的相关性[1]，源信号统计独立的假设不再成立，即已有的盲源分离方法难以对抗相关干扰。

另外，盲源分离的已有混合模型过于理想化，主要以线性瞬时混合模型和卷积混合模型为主，较少考虑电波的大尺度和小尺度模型，尤其是城市、郊区、丘陵等地形地貌对信号的影响。

深度神经网络能够从原始数据中提取复杂特征，还可实现复杂的非线性系统建模，已经成为信号处理的有力工具[28-29, 73]。深度神经网络能够深入挖掘信号和信道的细节特征，有望为相关信号和复杂信道混合信号分离[74]提供解决方法。

神经网络的深度和训练数据的广度还可弥补单通道盲源分离维度的不足。近年来，基于深度神经网络的语音信号单通道盲源分离研究取得了较大进展[30-31]，有望进一步提高无线信号单通道盲源分离技术的性能[75]。

2. 降低处理时延

传统超定和适定盲源分离技术利用多通道数据估计高阶积累量或非线性函数，涉及大量矩阵和高阶运算，计算复杂度较高。欠定盲源分离通常需要对信号进行短时傅里叶变换和逆变换以及聚类运算，计算复杂度进一步增加[18-22]。基于粒子滤波的单通道盲源分离技术需要对未知变量的后验概率分布进行采样，在粒子多样性匮乏时还需要重采样，计算复杂度太大[25]。基于深度神经网络的单通道盲源分离技术在训练阶段需要大量的卷积和梯度运算，计算复杂度随网络规模的增大而增大[30-31]。随着复杂度的不断增加，盲源分离算法的处理时延也相应增加，满足无线通信实时性要求的压力越来越大。

光器件具有超大带宽、低功耗和极低时延等优点[57]，有望为实时盲源分离提供新的技术支撑。近年来，光器件信号处理取得巨大突破[76]，已开发出基于卷积神经网络的硅基集成光子处理器[77]，实验验证了光学卷积处理器对手写数字的分类能力[78]，实现了 50 GBaud（吉波特）的光信号盲源分离[57]，提高了病态混合情况下分离信号的信干比[79]。

上述工作为光器件盲源分离创造了有利条件，为盲源分离在超大带宽和超高速率无线通信场景下的抗干扰应用奠定了基础。但是，光模拟运算及光神经网络还面临着在低精度和噪声累积条件下实现高准确率计算等问题[80]。

3. 提高信号分离精度

分离精度直接影响抗干扰效果，盲源分离抗干扰对分离精度的追求没有止境。在强干扰情况下，通信信号功率远远小于干扰信号功率，分离矩阵的微小偏差可能会使通信信号出现较大损失，残留干扰仍将对通信性能造成不利影响。例如，当干信比为 20 dB 时，即使 99%的干扰成分得到了分离，1%残留干扰的功率仍然与通信信号相当。因此，在强干扰条件下，特别需要关注信号的高精度分离问题。

无线通信收发双方共享跳频图案、直扩码、调制方式、信息速率、载频等先验信息。在通信过程中，导频、同步等信号还可实时提供额外的先验信息。在信号处理领域，随着先验信息的增加，估计和求解的精度将相应提升。如果能够利用先验信息设计高精度半盲分离算法，以进一步提高抗强干扰的能力，则对无线通信抗干扰具有非常重要的意义。但是，传统盲源分离是从“盲”的角度建立起来的，如何打破全盲的理论框架，使先验信息的利用成为可能，是需要重点研究的问题。

本章小结

盲源分离通信抗干扰技术实质上是在已有信号空间抗干扰基础上，基于“N+1 维”内生通信抗干扰理论框架，增加统计域信号处理，进一步提升抗干扰能力，具有不增加频谱资源和节省勤务信令开销等独特优点。实践表明，盲源分离通信抗干扰技术体系已经建立并取得一些实用化成果，但在模型构建和实时性、精确性等方面还面临一些新的挑战。

后续研究需要关注基于深度学习的单通道盲源分离以及基于光器件的盲源分离和半盲源分离等技术，为盲源分离通信抗干扰提供新的能力增量。同时，还需要推进盲源分离通信抗干扰技术与智能抗干扰技术联合设计，实现优势互补，以提高无线通信系统的抗干扰能力。

参考文献

[1] 姚富强，于淼，郭鹏程，等．盲源分离通信抗干扰技术与实践[J]．通信学报，2023（10）．

[2] 于全．战术通信[M]．北京：人民邮电出版社，2021．

[3] YAO F Q，ZHU Y G，SUN Y F，et al．Wireless communications “N+1 dimensionality”endogenous

anti-jamming[J]. Security and Safety，2023（2）.

[4] HYVÄRINEN A，KARHUNEN J，OJA E. Independent component analysis[M]. New Jersey: John Wiley & Sons，2001.

[5] HYVÄRINEN A，OJA E. Independent component analysis：algorithms and applications[J]. Neural Networks，2000，13(4-5)：411-430.

[6] HÉRAULT J，JUTTEN C. Space or time adaptive signal processing by neural network models[C]// AIP Conference Proceedings，American Institute of Physics，1986（1）.

[7] COMON P，JUTTEN C. Handbook of blind source separation：independent component analysis and applications[M]. Academic Press is An Imprint of Elsevier，Burlington，MA 01803，USA，2010.

[8] COMON P. Independent component analysis，a new concept?[J]. Signal Processing，1994（3）.

[9] CARDOSO J F. Source separation using higher order moments[C]// International Conference on Acoustics，Speech，and Signal Processing，IEEE，1989.

[10] BELOUCHRANI A，ABED-MERAIM K，CARDOSO J F，et al. A blind source separation technique using second-order statistics[J]. IEEE Transactions on Signal Processing，1997（2）.

[11] GEORGIEV P，CICHOCKI A. Robust blind source separation utilizing second and fourth order statistics[C]//Artificial Neural Networks-ICANN 2002：International Conference Madrid. Spain，August 28–30，2002 Proceedings 12，Springer Berlin Heidelberg，2002.

[12] BELOUCHRANI A，CARDOSO J F. Maximum likelihood source separation for discrete sources[C]. EUSIPCO'94,1994.

[13] YANG H H，AMARI S I. Adaptive online learning algorithms for blind separation：maximum entropy and minimum mutual information[J]. Neural Computation，1997（7）.

[14] CARDOSO J F. Infomax and maximum likelihood for blind source separation[J]. IEEE Signal Processing Letters，1997（4）.

[15] PARRA L，SPENCE C. Convolutive blind separation of non-stationary sources[J]. IEEE Transactions on Speech and Audio Processing，2000（3）.

[16] ARAKI S，MUKAI R，MAKINO S，et al. The fundamental limitation of frequency domain blind source separation for convolutive mixtures of speech[J]. IEEE Transactions on Speech and Audio Processing，2003（2）.

[17] SAWADA H，MUKAI R，ARAKI S，et al. A robust and precise method for solving the permutation problem of frequency-domain blind source separation[J]. IEEE Transactions on Speech and Audio Processing，2004（5）.

[18] BOFILL P，ZIBULEVSKY M. Underdetermined blind source separation using sparse representations[J]. Signal Processing，2001（11）.

[19] GEORGIEV P，THEIS F，CICHOCKI A. Sparse component analysis and blind source separation of underdetermined mixtures[J]. IEEE Transactions on Neural Networks，2005（4）.

[20] LI Y Q，CICHOCKI A，AMARI S I. Analysis of sparse representation and blind source separation[J]. Neural Computation，2004（6）.

[21] LI Y Q，AMARI S I，CICHOCKI A，et al. Underdetermined blind source separation based on sparse representation[J]. IEEE Transactions on Signal Processing，2006（2）.

[22] LI C J，ZHU L D，LUO Z Q. Underdetermined blind source separation of adjacent satellite interference

based on sparseness[J]. China communications，2017（4）.

[23] 解元，邹涛，孙为军，等. 面向高混响环境的欠定卷积盲源分离算法[J]. 通信学报，2023（2）.

[24] JANG G J，LEE T W. A maximum likelihood approach to single-channel source separation[J]. The Journal of Machine Learning Research，2003（4）.

[25] 万坚，涂世龙，廖灿辉，等. 通信混合信号盲分离理论与技术[M]. 北京：国防工业出版社，2012.

[26] MIJOVIĆ B，DE VOS M，GLIGORIJEVIĆ I，et al. Source separation from single-channel recordings by combining empirical-mode decomposition and independent component analysis[J]. IEEE Transactions on Biomedical Engineering，2010（9）.

[27] GAO B，WOO W L，DLAY S S. Single-channel source separation using EMD-subband variable regularized sparse features[J]. IEEE Transactions on Audio，Speech，and Language Processing，2011（4）.

[28] HINTON G，DENG L，YU D，et al. Deep neural networks for acoustic modeling in speech recognition：the shared views of four research groups[J]. IEEE Signal Processing Magazine，2012（6）.

[29] LECUN Y，BENGIO Y，HINTON G. Deep learning[J]. Nature，2015（7553）.

[30] LUO Y，MESGARANI N. TasNet：Time-domain audio separation network for real-time，single-channel speech separation[C]//2018 IEEE International Conference on Acoustics，Speech and Signal Processing(ICASSP)，IEEE，2018.

[31] LUO Y，MESGARANI N. Conv-tasNet：Surpassing ideal time–frequency magnitude masking for speech separation[J]. IEEE/ACM Transactions on Audio，Speech，and Language Processing，2019（8）.

[32] WANG D L，CHEN J T. Supervised speech separation based on deep learning：an overview[J]. IEEE/ACM Transactions on Audio，Speech，and Language Processing，2018（10）.

[33] CHEN X，XU X Y，LIU A P，et al. Removal of muscle artifacts from the EEG：a review and recommendations[J]. IEEE Sensors Journal，2019（14）.

[34] YE C，TOYODA K，OHTSUKI T. Blind source separation on non-contact heartbeat detection by non-negative matrix factorization algorithms[J]. IEEE Transactions on Biomedical Engineering，2020（2）.

[35] GURVE D，KRISHNAN S. Separation of fetal-ECG from single-channel abdominal ECG using activation scaled non-negative matrix factorization[J]. IEEE Journal of Biomedical and Health Informatics，2020（3）.

[36] KARAMATLI E，KIRBIZ S. MixCycle：Unsupervised speech separation via cyclic mixture permutation invariant training[J]. IEEE Signal Processing Letters，2022，29.

[37] PEZZOL I M，CARABIAS-ORTI J J，COBOS M，et al. Ray-space-based multichannel nonnegative matrix factorization for audio source separation[J]. IEEE Signal Processing Letters，2021，28.

[38] CHIEN J T. Source Separation and Machine Learning[M]. London：Academic Press，2019.

[39] NERI J，BADEAU R，DEPALLE P. Unsupervised blind source separation with variational auto-encoders[C]. 2021 29th European Signal Processing Conference（EUSIPCO），IEEE，2021.

[40] 彭聪，刘彬，周乾. 基于机器视觉和盲源分离的机械故障检测[J]. 上海交通大学学报，2020（9）.

[41] RAHMATI M，POMPILI D. UNISeC：Inspection，separation，and classification of underwater acoustic noise point sources[J]. IEEE Journal of Oceanic Engineering，2018（3）.

[42] 王景景，李爽，李嘉恒，等. 一种基于盲源分离的水声信号高斯/非高斯噪声抑制方法：CN112133321B[P]. 2021-05-14.

[43] 李红光，郭英，张东伟，等. 基于欠定盲源分离的同步跳频信号网台分选[J]. 电子与信息学报，2021（2）.

[44] TESTI E，GIORGETTI A. RSS-based localization of multiple radio transmitters via blind source separation[J]. IEEE Communications Letters，2022（3）.

[45] LIU X B，GUAN Y L. Single-channel blind separation of unsynchronized multiuser PSK signals with non-identical sampling frequency offsets[J]. IEEE Communications Letters，2022（11）.

[46] XU Z H，YUAN M. An interference mitigation technique for automotive millimeter wave radars in the tunable Q-factor wavelet transform domain[J]. IEEE Transactions on Microwave Theory and Techniques，2021（12）.

[47] JIN B，SUN J，YE P，et al. Data-driven sparsity-based source separation of the aliasing signal for joint communication and radar systems[J]. IEEE Transactions on Vehicular Technology，2023（2）.

[48] 黄知涛，王翔，彭耿，等. 欠定盲源分离理论与技术[M]. 北京：国防工业出版社，2018.

[49] 于淼，王曰海，汪国富. 基于 BSS 的跳频通信抗部分频带噪声阻塞干扰方法[J]. 系统工程与电子技术，2013（5）.

[50] YU M. The Blind Separation of Wireless communication signals utilizing USRP[C]. 2016 5th International Conference on Computer Science and Network Technology(ICCSNT)，IEEE，2017.

[51] YU M，LI C，ZENG X W，et al. A wireless communication receiving method based on blind source separation with adaptive mode switching[C]. 2020 IEEE 20th International Conference on Communication Technology(ICCT)，IEEE，2020.

[52] YU M，YU L，LI C，et al. A Time-frequency information based method for BSS output FH signal recognition[C]. 2021 13th International Conference on Communication Software and Networks(ICCSN)，IEEE，2021.

[53] GU M，GUO P，YU M. Improving separation performance of wireless communication signals with antenna angle adjustment[C]. 2022 IEEE 22nd International Conference on Communication Technology(ICCT)，IEEE，2023.

[54] FOUDA M E，SHEN C G，ELTAWIL A E. Blind source separation for full-duplex systems: potential and challenges[J]. IEEE Open Journal of the Communications Society，2021，2.

[55] CHEN S，LIN Y，YUAN Y，et al. Airborne SAR suppression of blanket jamming based on second order blind identification and fractional order Fourier transform[J]. IEEE Transactions on Geoscience and Remote Sensing，2023，61.

[56] LEI Z，QU Q，CHEN H，et al. Mainlobe jamming suppression with space-time multichannel via blind source separation[J]. IEEE Sensors Journal，2023（15）.

[57] HUANG C，WANG D，ZHANG W，et al. High-capacity space-division multiplexing communications with silicon photonic blind source separation[J]. Journal of Lightwave Technology，2022（6）.

[58] DONOHO D L. De-noising by soft-thresholding[J]. IEEE Transactions on Information Theory，1995（3）.

[59] 齐扬阳，于淼，关志强. 基于小波降噪和盲源分离的跳频通信抗干扰方法研究[J]. 南京邮电大学学报（自然科学版），2015（1）.

[60] 余先川，胡丹. 盲源分离理论与应用[M]. 北京：科学出版社，2011.

[61] LI S，GUO J. An angle error extraction algorithm based on JADE for three-channel radar seeker system with the existence of deception jamming[J]. Digital Signal Processing，2022，131.

[62] MIKA D. Fast gradient algorithm for complex ICA and its application to the MIMO systems[J]. Scientific Reports，2023（1）.

[63] 盛骤，谢式千，潘承毅．概率论与数理统计[M]．北京：高等教育出版社，2001.

[64] REJU V G，KOH S N，SOON Y．An algorithm for mixing matrix estimation in instantaneous blind source separation[J]．Signal Processing，2009（9）.

[65] HOPGOOD J R，RAYNER P J W．Blind single channel deconvolution using nonstationary signal processing[J]．IEEE Transactions on Speech and Audio Processing，2003（5）.

[66] CAI X，WANG X，HUANG Z T，et al．Single-channel blind source separation of communication signals using pseudo-MIMO observations[J]．IEEE Communications Letters，2018（8）.

[67] GARDNER W A，NAPOLITANO A，PAURA L．Cyclostationarity：half a century of research[J]．Signal Processing，2006（4）.

[68] GARDNER W A，SPOONER C M．The cumulant theory of cyclostationary time-series. I. Foundation[J]．IEEE Transactions on Signal Processing: A publication of the IEEE Signal Processing Society，1994（12）.

[69] GARDNER W A．Cyclic Wiener filtering：theory and method[J]．IEEE Transactions on Communications，1993（1）.

[70] ZEILER A，FALTERMERIER R，KECK I R，et al．Empirical mode decomposition - an introduction[C]．The 2010 International Joint Conference on Neural Networks(IJCNN)，IEEE，2010.

[71] HUANG N E，SHEN Z，LONG S R，et al．The empirical mode decomposition and the Hilbert spectrum for nonlinear and non-stationary time series analysis[J]．Proceedings of the Royal Society of London，Series A：Mathematical，Physical and Engineering Sciences，1998（1971）.

[72] SHANNON C E．A mathematical theory of communication[J]．The Bell System Technical Journal，1948（3）.

[73] BENGIO Y，LECUN Y，HINTON G．Deep Learning for AI[J]．Communications of the ACM，2021（7）.

[74] ZAMANI H，RAZAVIKIA S，OTROSHI-SHAHREZA H，et al．Separation of nonlinearly mixed sources using end-to-end deep neural networks[J]．IEEE Signal Processing Letters，2020，27.

[75] LUO W L，YANG R J，JIN H B，et al．Single channel blind source separation of complex signals based on spatial - temporal fusion deep learning[J]．IET Radar，Sonar & Navigation，2023（2）.

[76] PAI S，SUN Z H，HUGHES T W，et al．Experimentally realized in situ backpropagation for deep learning in photonic neural networks[J]．Science，2023，380（6643）：398–404.

[77] BAI B W，YANG Q P，SHU H W，et al．Microcomb-based integrated photonic processing unit[J]．Nature Communications，2023（1）.

[78] MENG X Y，ZHANG G J，SHI N N，et al．Compact optical convolution processing unit based on multimode interference[J]．Nature Communications，2023（1）.

[79] ZHANG W P，TAIT A，HUANG C R，et al．Broadband physical layer cognitive radio with an integrated photonic processor for blind source separation[J]．Nature Communications，2023（1）.

[80] 陈蓓，张肇阳，戴庭舸，等．光学神经网络及其应用[J]．激光与光电子学进展，2023（6）.

缩略语

ABCS	Adaptive Burst Communication System	自适应瞬间通信系统
ACK	Acknowledgement	（链路、信令）确认
ADC	Analog to Digital Converter	模数转换器
ADPLL	All-Digital Phase Locked Loop	全数字锁相环
ADRx	All-Digital Receiver	全数字接收机
ADTx	All-Digital Transmitter	全数字发信机
AEHF	Advanced EHF	先进极高频卫星通信系统（美军）
AFC	Automatic Frequency Control	自动频率控制
AFH	Adaptive Frequency Hopping	自适应跳频
AGC	Automatic Gain Control	自动增益控制
AHP	Analytical Hierarchy Process	层次分析法
AJ	Anti-Jamming	抗干扰
ALE	Automatic Link Establishment	自动链路建立
AM	Amplitude Modulation	调幅
AOA	Angle of Arrival	（信号）到达角
APC	Automatic Power Control	自动功率控制
ARF	Analogue Radio Frequency	模拟射频
ARQ	Automatic Repeat Request	自动请求重发
ASK	Amplitude Shift Keying	幅移键控
ATLAS		战术、后勤、空战模拟（美国陆军）
ATx	Analog Transmitter	模拟射频发信机
AWGN	Additive White Gaussian Noise	加性高斯白噪声
BER	Bit Error Rate	误码率（又称误比特率）
BFSK	Binary Frequency Shift Keying	二进制频移键控
BPH	Bits Per Hop	每跳传输的比特数或信息量
BPSK	Binary Phase Shift Keying	二进制相移键控
BSS	Blind Source Separation	盲源分离
BW	Bandwidth	带宽
CAJ	Communication Anti-jamming	通信抗干扰
CCM	Communication Countermeasures	通信对抗
CDM	Code Division Multiplexing	码分复用
CDMA	Code Division Multiple Access	码分多址
CDMA/SDMA		码分/空分多址
CFH	Conventional Frequency Hopping	常规跳频
CH	Code Hopping	跳码
CH/BPSK		跳码/二进制相移键控

CHESS	Correlated Hopping Enhanced Spread Spectrum	相关跳频增强型扩谱（电台）
CH/FH		跳码/跳频
CHSS	Code Hopping Spread Spectrum	跳码扩谱，或跳码直扩
CH/TH		跳码/跳时
CI	Communication Interception	通信截获
CJ	Communication Jamming	通信干扰
CNR	Combat Network Radio	战斗网电台（营以下）
CPU	Central Processing Unit	中央处理器
CR	Cognitive Radio	认知无线电
CR	Communication Reconnaissance	通信侦察
CW	Continuous Wave	连续波，在无线电中常指等幅报
DAC	Digital to Analog Converter	数模转换器
DARE	Decision Alternative Ratio Evaluation	一种评估方法
DARPA	Defense Advanced Research Projects Agency	美国国防部高级研究计划局
DCO	Digitally Controlled Oscillator	数字控制振荡器
DDC	Digital Down Converter	数字下变频
DDL	Digital Delay Line	数字延迟线
DDRFM	Direct Digital Radio Frequency Modulation	直接数字射频调制
DDS	Direct Digital Frequency Synthesizer	直接数字频率合成器
DF	Direction Finding	测向
DFH	Differential Frequency Hopping	差分跳频
DFH	Duplex Frequency Hopping	双工跳频
DFSK	Differential Frequency Shift Keying	差分频移键控
DFT	Discrete Fourier Transform	离散傅里叶变换
DOA	Direction of Arrival	（信号）到达方向
DPLL	Digital Phase locked Loop	数字锁相环
DPSK	Differential Phase Shift Keying	差分相移键控
DQM	Digital Quadrature Modulator	数字正交调制器
DRF	Digital Radio Frequency	数字射频
DRx	Digital Receiver	数字接收机
DS		直扩（见 DSSS）
DS/BPSK		直扩/二进制相移键控
DS/CDMA		直扩/码分多址
DS/FDMA		直扩/频分多址
DS/FH		直扩/跳频
DSM	Delta-Sigma Modulation	增量求和调制
DSP	Digital Signal Processing	数字信号处理
DS/SDMA		直扩/空分多址
DSSS	Direct Sequence Spread Spectrum	直接序列扩谱（简称直扩或 DS）
DS/TDMA		直扩/时分多址

DSTFT	Discrete Short Time Fourier Transform	离散短时傅里叶变换
DTx	Digital Transmitter	数字发信机
EA	Electronic Attack	电子进攻，电子攻击
EA	Electromagnetic Attack	电磁进攻，电磁攻击
ECCM	Electronic Counter-counterrmeasures	电子反对抗
ECM	Electronic Countermeasures	电子对抗
ECM	Electromagnetic Countermeasures	电磁对抗
ED	Electromagnetic Defense	电磁防御
ED	Electronic Defense	电子防御
EHF	Extremely High Frequency	极高频（毫米波）
ELF	Extremely Low Frequency	极低频（极长波）
EMC	Electromagnetic Compatibility	电磁兼容
EMD	Empirical-Mode Decomposition	经验模态分解
EMP	Electromagnetic Pulse	电磁脉冲
EPROM	Erasable Programmable Read-Only Memory	可擦除可编程只读存储器
EP	Electronic Protection	电子防护
EP	Electromagnetic Protection	电磁防护
ES	Electromagnetic Support	电磁支援
ES	Electronic Support	电子支援
ESM	Electronic Support Measures	电子支援措施
ESM	Electromagnetic Support Measures	电磁支援措施
EW	Electronic Warfare	电子战
EW	Electromagnetic Warfare	电磁战
FCW	Frequency Control Word	频率控制字（用于控制频率合成器）
FCS	Free Channel Search	空闲信道搜索
FDD	Frequency Division Duplexing	频分双工
FDM	Frequency Division Multiplexing	频分复用
FDMA	Frequency Division Multiple Access	频分多址
FDMA/CDMA		频分/码分多址
FDMA/SDMA		频分/空分多址
FDTD	Finite-difference Time-domain	时域有限差分法
FEC	Forward Error Correction	前向纠错
FFH	Fast Frequency Hopping	快速跳频，高速跳频
FFT	Fast Fourier Transform	快速傅里叶变换
FH		跳频（见 FHSS）
FH/CDMA		跳频/码分多址
FH/FDD		跳频频分双工
FH/FDMA		跳频/频分多址
FHP	Frequency Hopping Parameter	跳频参数
FH/SDMA		跳频/空分多址

FHSS	Frequency Hopping Spread Spectrum	跳频扩谱（简称跳频）
FH/TDD		跳频/时分双工
FH/TDMA		跳频/时分多址
FIFO	First Input First Output	先入先出（存储器）
FIR	Finite Impulse Response	有限冲激响应（滤波器）
FM	Frequency Modulation	频率调制
FP	Fixed Position	定位
FPGA	Field Programmable Gate Array	现场可编程门阵列
FSK	Frequency Shift Keying	频移键控
GaN		氮化镓
GMSK	Gaussian-filtered Minimum-frequency Shift Keying	高斯（滤波）最小频移键控
GPS	Global Positioning System	全球定位系统（美国）
HEMT	High Electron Mobility Transistor	高电子迁移率晶体管
HF	High Frequency	高频（短波，即米波）
HR	Hardware Radio	硬件无线电
ICA	Independent Component Analysis	独立成分分析（又称独立分量分析）
IMF	Intrinsic Mode Function	本征模函数
IO	Information Operation	信息作战
IRFH	Impairment Ratio of Frequency Hopping	跳频（信号）损伤比
ISI	Intersymbol Interference	码间干扰（又称码间串扰），符号间干扰
ITU	International Telecommunication Union	国际电信联盟（简称国际电联）
IW	Information Warfare	信息战
JADE	Joint Approximate Diagonalization of Eigenmatrices	特征矩阵联合近似对角化
J/S	Jammer Power-to-Signal Power Ratio	干信比
JTIDS	Joint Tactical Information Distribution System	联合战术信息分发系统（美军）
JTRS	Joint Tactical Radio System	联合战术无线电系统（美军）
LCL FRESH	Linear Conjugate Linear Frequency Shift	线性共轭线性频移（滤波器）
LF	Low Frequency	低频（长波）
LL-DPLL	Lead Lag Digital Phase Locked Loop	超前 / 滞后全数字锁相环
LMS	Least Mean Square	最小均方（算法）
LPD	Low Probability of Detection	低检测概率
LP-DSM	Low Pass Delta-Sigma Modulation	低通增量求和调制
LPE	Low Probability of Employ	低利用概率
LPE	Low Probability of Exploitation	低探测概率
LPI	Low Probability of Interception	低截获概率
LQA	Link Quality Analysis	链路质量分析
LR	Likelihood Ratio	似然比
LRR	Least-Resistance Routing	最小阻挡路由（协议）
LSB	Lower Sideband	下边带

LUF	Lowest Usable Frequency	最低可用频率
MAP	Maximum Posterior Probability	最大后验概率
MCPM	Multiary Continous Phase Modulation	多进制连续相位调制
MDS	Multiary Direct Sequence Spread Spectrum	多进制直扩
MF	Medium Frequency	中频（中波）
MFH	Medium Frequency Hopping	中速跳频
MFSK	Multiary Frequency Shift Keying	多进制移频键控
MIMO	Multiple-input Multiple-output	多输入多输出
MLR	Maximum Likelihood Ratio	最大似然比
MODEM	Modulator-demodulator	调制解调器
MPSK	Multiary Phase Shift Keying	M 进制相频键控
MSK	Minimum-frequency Shift Keying	最小移频键控
MTBF	Mean Time Between Failures	平均故障间隔时间
MTTR	Mean Time to Repair	平均维修时间
MUF	Maximum Usable Frequency	最高可用频率
NCW	Network-centric Warfare	网络中心战
NELC		（美国）海军电子实验中心
NVIS	Near-vertical Incidence Sky Wave	近垂直入射天波
OCHM	Orthogonal Code Hopping Multiplexing	正交跳码复用
OFDM	Orthogonal Frequency Division Multiplexing	正交频分复用
OODA	Observation, Orientation, Decision, Action	OODA 环路
OOK	On-of Keying	通断键控
OWF	Optimum Working Frequency	最佳工作频率
PAE	Power Added Efficiency	功率附加效率
PAPR	Peak-to-Average Power Ratio	峰值平均功率比（简称峰均比）
PDI	Post Detection Integrating	检波后积分（接收机）
PESS	Pre-encoded Spread Spectrum	预编码扩谱
PK	Primary Key	原始密钥
PLL	Phase Locked Loop	锁相环（路）
PM	Phase Modulation	相位调制
PN	Pseudo Noise	伪噪声（有时直接指伪噪声码，或称为伪随机码、伪码、伪随机序列）
PRG	Pseudo Random Generator	伪随机码产生器（跳频图案产生器）
PSD	Power Spectral Density	功率谱密度
PSK	Phase Shift Keying	相移键控
PTT	Push to Talk	按键通话
PWM	Pulse Width Modulation	脉宽调制
QAM	Quadrature Modulation	正交调制
QPSK	Quadrature Phase Shift Keying	正交相移键控（又称四相相移键控）
RIS	Reconfigurable Intelligent Surface	智能超表面，可重构智能表面
RTCE	Real-time Channel Estimate	实时信道估计

SAWD	Surface Acoustic Wave Device	声表面波器件
SCA	Sparse Component Analysis	稀疏分量分析
SCR	Software Control Radio	软件控制无线电
SDM	Space Division Multiplexing	空分复用
SDMA	Space Division Multiple Access	空分多址
SDR	Software Defined Radio	软件定义无线电
SESS	Self-encoded Spread Spectrum	自编码扩谱
SFH	Slow Frequency Hopping	慢速跳频，低速跳频
SHF	Superhigh Frequency	超高频（厘米波）
SJNR	Signal-to-Jamming-Noise Ratio	信干噪比
SJR	Signal-to-Jamming Ratio	信干比
SLF	Superlow Frequency	超低频（超长波）
SMPA	Switched Mode Power Amplifier	开关模式功放
SNR	Signal-to-noise Ratio	信噪比
SR	Software Radio	软件无线电
SS	Spread Spectrum	扩展频谱（简称扩谱）
SSB	Single Sideband	单边带
SSMA	Spread Spectrum Multiple Access	扩谱多址
STFT	Short Time Fourier Transform	短时傅里叶变换
TDD	Time Division Duplexing	时分双工
TDM	Time Division Multiplexing	时分复用
TDM/TDMA		时分复用/时分多址
TDM/DS	TDM/Direct Sequence Spread Spectrum	时分/直扩
TDMA	Time Division Multiple Access	时分多址
TDMA/CDMA		时分/码分多址
TDMA/FDMA		时分/频分多址
TDMA/SDMA		时分/空分多址
TDOA	Time Difference of Arrival	（信号）到达时间差
TH	Time Hopping	跳时
THSS	Time Hopping Spread Spectrum	跳时扩谱
TOA	Time of Arrival	（信号）到达时间
TOD	Time of Day	实时时间（又称实时时钟）
TPRN	Tactical Packet Radio Network	战术分组无线网
UHF	Ultra High Frequency	特高频（分米波）
USB	Upper Sideband	上边带
UWB	Ultra Wide Bandwidth	超宽带
VHF	Very High Frequency	甚高频（超短波）
VLF	Very Low Frequency	甚低频（甚长波）
WPAN	Wireless Personal Area Network	无线个人区域网/局域网